基于 MATLAB 的人工智能模式识别

周润景　武立群　蔺雨露　编著

電子工業出版社
Publishing House of Electronics Industry
北京·BEIJING

内容简介

本书广泛涉及了统计学、神经网络、模糊控制、人工智能及群智能计算等学科的先进思想和理论，将各种算法应用到模式识别领域中。以一种新的体系，系统而全面地介绍模式识别的理论、方法及应用。本书共分为12章，内容包括：模式识别概述、基于贝叶斯决策理论的分类器设计、判别函数分类器设计、聚类分析、模糊聚类分析、神经网络聚类设计、模拟退火算法聚类设计、遗传算法聚类设计、蚁群算法聚类设计、粒子群算法聚类设计、模板匹配法、余弦相似度算法。

本书将理论与实际相结合，针对具体案例进行了算法设计与分析，并将各种算法运用在MATLAB程序中，为广大研究工作者和工程技术人员提供了便利。本书适合从事智能控制系统研发的高级工程技术人员阅读，也可作为高等学校相关专业本科生和研究生的教学用书。

图书在版编目（CIP）数据

基于MATLAB的人工智能模式识别 / 周润景，武立群，蔺雨露编著．—北京：电子工业出版社，2021.5
ISBN 978-7-121-41045-1

Ⅰ.①基… Ⅱ.①周… ②武… ③蔺… Ⅲ.①模式识别-Matlab软件 ②智能计算机-Matlab软件 Ⅳ.①O235 ②TP387

中国版本图书馆CIP数据核字（2021）第076685号

责任编辑：张　剑　　文字编辑：曹　旭
印　　刷：北京七彩京通数码快印有限公司
装　　订：北京七彩京通数码快印有限公司
出版发行：电子工业出版社
北京市海淀区万寿路173信箱　邮编 100036
开　　本：787×1 092　1/16　印张：27.5　字数：704千字
版　　次：2021年5月第1版
印　　次：2024年7月第2次印刷
定　　价：118.00元

凡所购买电子工业出版社图书有缺损问题，请向购买书店调换。若书店售缺，请与本社发行部联系，联系及邮购电话：(010)88254888，88258888。

质量投诉请发邮件至 zlts@phei.com.cn，盗版侵权举报请发邮件至 dbqq@phei.com.cn。

本书咨询联系方式：zhang@phei.com.cn。

前　言

模式识别技术迅猛发展，目前已经成为当代科技研究的重要领域之一。模式识别不仅取得了丰富的理论成果，而且其应用也扩展到了人工智能、机器人、系统控制、遥感数据分析、生物医学工程、军事目标识别等领域，几乎遍及各个学科，在国民经济、国防建设、社会发展的各个方面得到了广泛应用，因而越来越多的人认识到模式识别技术的重要性。

本书以实用性、可操作性和实践性为宗旨，以酒瓶颜色分类器的设计为例，将理论与实践相结合，介绍各种相关分类器的设计。

第 1 章的主要内容为模式识别的概念、模式识别的方法及其应用。

第 2 章为基于贝叶斯决策理论的分类器设计，首先介绍了贝叶斯决策的概念，让读者在理论上对贝叶斯分类器有所了解，然后介绍了基于最小错误率和最小风险的贝叶斯分类器的设计，将理论应用到实践，让读者真正学会用该算法解决实际问题。

第 3 章为判别函数分类器的设计，判别函数包括线性判别函数和非线性判别函数，主要介绍了判别函数的相关概念，然后介绍了线性判别函数 Fisher 分类器的设计和 LDA 分类器的设计，针对新蒙文字母识别实例进行了支持向量机算法的设计与分析，使读者可以感受到算法在具体实例中的应用。

第 4 章为聚类分析，聚类分析作为最基础的分类方法，它涵盖了大量经典的聚类算法及衍生出来的改进算法，首先介绍了相关理论知识，然后依次介绍了 K-均值算法、PAM 算法、ISODATE 算法、AP 算法、粗糙集聚类及层次聚类的分类器设计，还针对具体实例介绍了基于 PCA 算法的新蒙文字母识别的研究。

第 5 章为模糊聚类分析，首先介绍了模糊逻辑的发展、模糊相关的一些数学理论、模糊逻辑与模糊推理一整套模糊控制的理论，然后介绍了模糊 ISODATA 分类器的设计，针对具体实例介绍了模糊聚类 C 均值算法的车牌字符分割方法，还介绍了利用模糊聚类进行数据分类的 MATLAB 实现。

第 6 章为神经网络聚类设计，首先介绍了神经网络的概念及其模型等理论知识，然后介绍了 PNN 网络、BP 网络、RBF 网络、Hopfield 网络、卷积神经网络、小波神经网络及其他一些应用广泛的神经网络相关的分类器。

第 7 章为模拟退火算法聚类设计，首先介绍了模拟退火算法的基本原理、基本过程，然后介绍了其分类器的设计。

第 8 章为智群优化算法中的遗传算法，包括遗传算法的原理及遗传算法分类器设计的详细过程。

第 9 章为蚁群优化算法中的蚁群算法，包括蚁群算法的基本原理、基于蚁群基本算法的分类器设计，并将蚁群算法与 C 均值算法做了比较。

第 10 章为粒子群算法，包括粒子群算法的运算过程、进化模型、原理及其模式分类的设计过程，并介绍了基于 K-均值算法的粒子群算法。

第 11 章为模板匹配法在模式识别中的应用，并选择具体的实例进行了设计与分析。

第 12 章为余弦相似度算法的原理与应用。

本书特点如下：

实用性强：针对实例介绍理论和技术，使理论和实践相结合，避免了空洞的理论说教。

符合认知规律：每一种模式识别算法，本书都分为理论基础和实例两部分进行讲解，掌握基础理论后，读者通过实例就可以了解算法的实现思路和方法，再进一步掌握核心代码，可以很快掌握模式识别技术。

本书的内容大多来自作者的科研与教学实践，在介绍各种理论和方法的同时，将不同算法应用于实际中。

本书由周润景、武立群、蔺雨露、周敬编著。其中，武立群编写了第 1 章，蔺雨露编写了第 2 章，张红敏编写了第 3 章，周敬编写了第 4 章，周润景编写了第 5~12 章，全书由周润景统稿、定稿。

在本书的编写过程中，作者力求完美，但由于水平有限，书中不足之处敬请指正。

编著者

目　录

第 1 章　模式识别概述

1.1　模式识别的基本概念

模式识别（Pattern Recognition）就是机器识别、计算机识别或机器自动识别，目的在于让机器自动识别事物。例如，数据分类就是将待分类数据按属性分类；智能交通管理系统的识别，就是判断是否有汽车闯红灯，以及识别闯红灯汽车的车牌号码；还有文字识别、语音识别、图像中物体识别等。该学科研究的内容是使机器能做以前只能由人类才能做的事，具备人所具有的对各种事物与现象进行分析、描述和判断的部分能力。模式识别是直观的、无所不在的，实际上人类在日常生活的每个环节，都从事着模式识别活动，人和动物较容易做到模式识别，但计算机要做到模式识别是非常困难的。让机器能识别、分类，就需要研究识别的方法，这就是这门学科的任务。

模式识别是信号处理与人工智能的一个重要分支。人工智能是专门研究用机器人模拟人的工作、感觉和思维过程与规律的一门学科，而模式识别则利用计算机专门对物理量及其变化过程进行描述与分类，通常用来对图像、文字、照片及声音等信息进行处理、分类和识别。它所研究的理论和方法在很多科学和技术领域都得到了广泛的重视与应用，推动了人工智能系统的发展，增大了计算机应用的可能性。模式识别诞生于 20 世纪 20 年代，随着 20 世纪 40 年代计算机的出现，以及 20 世纪 50 年代人工智能的兴起，模式识别在 20 世纪 60 年代初迅速发展为一门科学。其研究的目的是利用计算机对物理对象进行分类，在错误概率最小的条件下，使识别的结果尽量与客观物体相符。让机器辨别事物的基本方法是计算，原则上讲，是对计算机要分析的事物与标准模板的相似程度进行计算。例如，要根据训练样本预测待测数据类别，就要将待测数据与训练样本做比较，看测试样本与哪个训练样本相似，或者接近。因此首先要能从度量中看出不同事物之间的差异，才能分辨当前要识别的事物。因此，最关键的是找到有效地度量不同类别事物差异的方法。

在模式识别学科中，就“模式”与“模式类”而言，模式类是一类事物的代表，而模式则是某一事物的具体体现。从广义上说，模式（Pattern）是供模仿用的完美无缺的标本。通常，把通过对具体的个别事物进行观察所得到的具有时间和空间分布的信息称为模式，而把模式所属的类别或同一类别中模式的总体称为模式类。模式识别是指对表征事物或现象的各种形式的信息进行处理和分析。

1. 模式的描述方法

在模式识别技术中，被观测的每个对象称为样品，对于一个样品来说，必须确定一些与识别有关的因素，作为研究的根据，每一个因素称为一个特征。模式的特征集又可写成处于同一个特征空间的特征向量，特征向量的每个元素称为特征。一般我们用小写英文字母 x、y、z 来表示特征。如果一个样品 $\boldsymbol{X}$ 有 n 个特征，则可把 $\boldsymbol{X}$ 看作一个 n 维列向量，该向量 $\boldsymbol{X}$ 称为特征向量，记作

$$\boldsymbol{X}=\{x_1,x_2,\cdots,x_n\}^{\mathrm{T}} \tag{1-1}$$

若一批样品共有 N 个，每个样品有 n 个特征，则这些数值可以构成一个 n 行 N 列的矩阵，称为原始资料矩阵，如表 1-1 所示。

模式识别问题就是根据 $\boldsymbol{X}$ 的 n 个特征来判别模式 $\boldsymbol{X}$ 属于 $\omega_1,\omega_2,\cdots,\omega_M$ 类中的哪一类。待识别的不同模式都在同一特征空间中考察，由于不同模式类性质上的不同，它们在各特征取值范围内有所不同，因而会在特征空间的不同区域中出现。要记住向量的运算是建立在各个分量基础之上的。因此，模式识别系统的目标是在特征空间和解释空间之间找到一种映射关系。特征空间是由从模式得到的对分类有用的度量、基元构成的空间，解释空间由 M 个所属类别的集合构成。

表 1-1　原始资料矩阵

特征	样品的矩阵元素					
	X_1	X_2	…	X_j	…	X_N
x_1	x_{11}	x_{21}	…	x_{j1}	…	x_{N1}
x_2	x_{12}	x_{21}	…	x_{j2}	…	x_{N2}
…	…	…	…	…	…	…
x_i	x_{1i}		…	x_{ji}	…	x_{Ni}
…	…	…	…	…	…	…
x_n	x_{1n}	x_{2n}	…	x_{jn}	…	x_{Nn}

如果一个对象的特征观察值为$(x_1,x_2,\cdots,x_n)$，则它可构成一个 n 维的特征向量 $\boldsymbol{X}$，即 $\boldsymbol{X}=(x_1,x_2,\cdots,x_n)^{\mathrm{T}}$，式中 $x_1,x_2,\cdots,x_n$ 为特征向量 $\boldsymbol{X}$ 的各个分量。一个模式可以看作 n 维空间中的向量或点，此空间称为模式的特征空间 $\boldsymbol{R}_n$。在模式识别过程中，要对许多具体对象进行测量，以获得许多观测值，其中包括均值、方差、协方差与协方差矩阵等。

2. 模式识别系统

典型的模式识别过程如图 1-1 所示。模式识别系统由数据获取、预处理、特征提取、分类决策及分类器设计五部分组成，一般分为上、下两部分。上半部分完成未知类别模式的分类；下半部分属于分类器设计的训练过程，利用样品进行训练，确定分类器的具体参数，完成分类器的设计。而分类决策在识别过程中起作用，对待识别的样品进行分类决策。

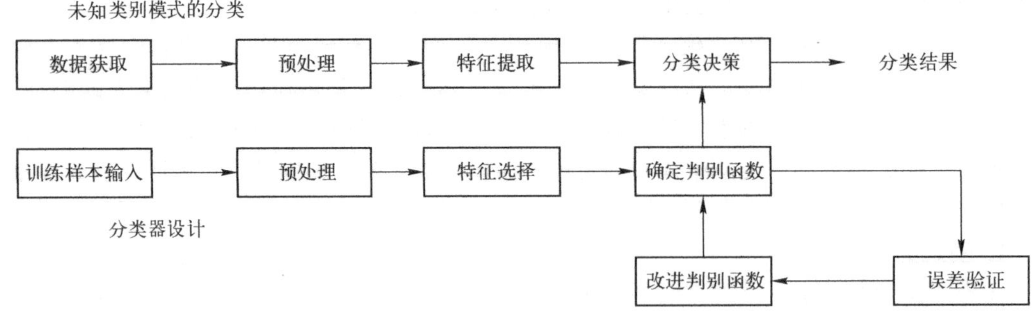

图 1-1　典型的模式识别过程

在设计模式识别系统时，需要注意模式类的定义、应用场合、模式表示、特征提取和选择、聚类分析、分类器的设计和学习、训练和测试样本的选取、性能评价等。针对不同的应用目的，模式识别系统各部分的内容可以有很大的差异，特别是在数据处理和模式分类这两部分，为了提高识别结果的可靠性，往往需要加入知识库（规则）以对可能产生的错误进行修正，或通过引入限制条件大大缩小待识别模式在模型库中的搜索空间，以减少匹配计算量。在某些具体应用中，如机器视觉，除要给出被识别对象是什么物体外，还要得出该物体所处的位置和姿态以引导机器人的工作。下面简单介绍模式识别系统的工作原理。

模式识别系统组成单元功能如下所述。

(1) 数据获取：利用各种传感器把被研究对象的各种信息转换为计算机可以接收的数值或符号（串）集合。习惯上，称这种数值或符号（串）所组成的空间为模式空间。这一步的关键是传感器的选取。为了从这些数字或符号（串）中抽取出对识别有效的信息，必须进行数据处理，包括数字滤波和特征提取。所获取的数据利用计算机可以运算的符号来表示所研究的对象，一般获取的数据类型有以下几种。

二维图像：文字、指纹、地图、照片等。

一维波形：脑电图、心电图、季节震动波形等。

物理参量和逻辑值：体温、化验数据、参量正常与否的描述。

(2) 预处理：能够消除输入数据或信息中的噪声，排除不相干的信号，只留下与被研究对象的性质和采用的识别方法密切相关的特征（如表征物体的形状、周长、面积等特征）。举例来说，在进行指纹识别时，指纹扫描设备每次输出的指纹图像会随着图像的对比度、亮度或背景等的不同而不同，有时可能还会变形，而人们感兴趣的仅仅是图像中的指纹线、指纹分叉点、端点等，而不需要指纹的其他部分或背景。因此，需要采用合适的滤波算法，如基于块方图的方向滤波、二值滤波等，过滤指纹图像中这些不必要的部分。需要对输入测量仪器或其他因素造成的退化现象进行复原、去噪声，提取有用信息。

(3) 特征提取：从滤波数据中衍生出有用的信息，从许多特征中寻找出最有效的特征，将维数较高的测量空间（原始数据组成的空间）转变为维数较低的特征空间（分类识别得以进行的空间），以降低后续处理过程的难度。特征选择和提取后形成模式的特征空间。人类很容易获取的特征，对于机器来说就很难获取了，特征选择和提取是模式识别的一个关键问题。一般情况下，候选特征种类越多，得到的结果应该越好。但是，由此可能会引发维数灾害，即特征维数过高，计算机难以求解。因此，数据处理阶段的关键是滤波算法和特征提取方法的选取。不同的应用场合，采用的滤波算法和特征提取方法，以及提取出来的特征也会不同。

(4) 分类决策：在特征空间中用模式识别方法把被识别对象归为某一类别。该阶段最后输出的可能是对象所属的类型，也可能是模型数据库中与对象最相似的模式编号。

(5) 分类器设计：模式分类或描述通常是基于已经得到分类或描述的模式集合进行的。人们称这个模式集合为训练集，由此产生的学习策略称为监督学习。学习也可以是非监督学习，在此意义下产生的系统不需要提供模式类的先验知识，而是基于模式的统计规律或模式的相似性学习判断模式的类别。基本做法是在样品训练集基础上确定判别函数，改进判别函数和误差检验。

研究模式识别的主要目的是利用计算机进行模式识别，对样本进行分类。执行模式识别的计算机系统称为模式识别系统。设计人员按需要设计模式识别系统，而该系统被用来执行模式分类的具体任务。

1.2 模式识别的基本方法

模式识别方法（Pattern Recognition Method）是一种借助计算机对信息进行处理、分类的数学统计方法。应用模式识别方法的首要步骤是建立模式空间。所谓模式空间是指在考察一客观现象时影响目标的众多指标构成的多维空间。模式识别对多维空间中各种模式的分布特点进行分析，对模式空间进行划分，识别各种模式的聚类情况，从而做出判断或决策。分析方法需要利用“映射”和“逆映射”技术。映射是指将多维模式空间通过数学变换投影到二维平面，多维空间的所有模式（样本点）都投影在该平面内。在二维平面内，不同类别的模式分布在不同的区域，这些区域之间有较明显的分界域。由此确定优化方向并返回到多维空间（原始空间），得出真实信息，帮助人们找出规律或做出决策，指导实际工作或实验研究。

在 d 维特征空间已经确定的前提下，讨论分类器设计问题，其实是一个选择什么准则、使用什么方法，并将已确定的 d 维特征空间划分成决策域的问题。针对不同的对象和不同的目的，可以用不同的模式识别理论或方法，目前基本的技术方法有统计模式识别、句法模式识别。

1. 统计模式识别

统计模式识别是发展较早也比较成熟的一种方法。被识别的对象首先数字化，变换为适合计算机处理的数字信息。一个模式常常要用很大的信息量来表示。许多模式识别系统在数字化环节之后还要进行预处理，用于除去混入的干扰信息并减少某些变形和失真。随后再进行特征抽取，即从数字化后或预处理后的输入模式中抽取一组特征，模式可用特征空间中的一个点或一个特征矢量表示。特征是选定的一种度量，它对一般的变形和失真保持不变或几乎不变，并且只含尽可能少的冗余信息。特征抽取过程将输入模式从对象空间映射到特征空间。这种映射不仅压缩了信息量，而且易于分类。在决策理论方法中，特征抽取占有重要的地位，但尚无通用的理论指导，只能通过分析具体识别对象决定选取何种特征。特征抽取后可进行分类，即从特征空间再映射到决策空间。为此引入鉴别函数，由特征矢量计算出相应的各类别的鉴别函数值，通过鉴别函数值的比较实现分类。

统计模式识别方法适用于给定的有限数量样本集，其基本思想是将特征提取阶段得到的特征向量定义在一个特征空间中，这个空间包含了所有的特征向量。不同的特征向量，或者不同类别的对象，都对应于此空间中的一点。在分类阶段，利用统计决策的原理对特征空间进行划分，从而达到识别不同特征对象的目的。在已知研究对象统计模型或已知判别函数类的条件下，根据一定的准则通过学习算法能够把 d 维特征空间划分为 c 个区域，每一个区域与每一类别相对应，模式识别系统在进行工作时只要判断被识别的对象落入哪一个区域，就能确定它所属的类别。统计识别中应用的统计决策分类理论相对比较成熟，研究的重点是特征提取。基于统计模式识别的方法有多种，通常较为有效，现已形成了完整的体系。尽管方法很多，但从根本上讲，都是直接利用各类的分布特征，即利用各类的概率分布函数、后验概率或隐含地利用上述概念进行分类识别。其中，基本的技术为聚类分析、判别类域界面法、统计判决等。

（1）聚类分析：在聚类分析中，利用待分类模式之间的“相似性”进行分类，更相似的作为一类，更不相似的作为另外一类。在分类过程中不断地计算所分划的各类的中心，下一个待分类模式以其与各类中心的距离为分类的准则。聚类准则的确定，基本上有两种方式。一种是试探方式，即凭直观和经验，针对实际问题定义一种相似性测度的阈值，然后按最近邻规则指定某些模式样本属于某一聚类类别。例如，欧氏距离测度，它反映样本间的近邻性，但当将一个样本分到两个类别中的一个时，必须规定一距离测度的阈值作为聚类的判别准则，按最近邻规则进行的简单试探法和最大最小聚类算法就采用了这种方式。另一种是聚类准则函数法，即规定一种准则函数，其函数值与样品的划分有关。取得极小值时，就认为得到了最佳划分。实际工作中采用最多的聚类方法之一是系统聚类法。它将模式样本按距离准则逐步聚类，类别由多到少，直到满足合适的分类要求为止。

（2）判别类域界面法：判别类域界面法中，用已知类别的训练样本产生判别函数，这相当于学习或训练。根据待分类模式判别函数所得值的正负来确定其类别。判别函数提供了相邻两类判决域的界面，最简单、最实用的判别函数是线性判别函数。利用线性判别函数进行决策就是用一个超平面对特征空间进行分割。超平面的方向由权向量决定，而位置由阈值权的数值确定，超平面把特征空间分割为两个决策区域。

（3）统计判决：在统计判决中，在一些分类识别准则下严格地按照概率统计理论导出各种判决准则，这些判决准则要用到各类的概率密度函数、先验概率或条件概率，即贝叶斯法则。

2. 句法模式识别

句法模式识别是对统计模式识别的补充。统计模式识别方法用数值来描述图像特征，句法模式识别方法则用符号来描述图像特征。它模仿了语言学中句法的层次结构，采用分层描述的方法，其基本思想是把一个模式描述为较简单的子模式的组合，子模式又可描述为更简单的子模式的组合，最终得到一个树形的结构描述，在底层的最简单的子模式称为模式基元。在句法模式识别方法中选取基元的问题相当于在决策理论方法中选取特征的问题。通常要求所选的基元能对模式提供一个紧凑的反映其结构关系的描述，又要易于用非句法模式识别方法加以抽取。显然，基元本身不应该含有重要的结构信息。模式以一组基元和它们的组合关系来描述，称为模式描述语句，这相当于在语言中，句子和短语用词组合，词用字符组合一样。基元组合成模式的规则，由所谓语法来指定。一旦基元被鉴别，识别过程即可通过句法分析进行，即分析给定的模式语句是否符合指定的语法，满足某类语法的即被分入该类。

句法模式识别方法又称结构方法或语言学方法，主要用于文字识别、遥感图形识别与分析，以及纹理图像的分析。该方法的特点是识别方便，能够反映模式的结构特征，能够描述模式的性质，对图像畸变的抗干扰能力较强。如何选择基元是本方法的一个关键问题，尤其是当存在干扰及噪声时，抽取基元更困难，且易失误。把复杂图像分解为单层或多层的简单子图像，主要突出识别对象的结构信息。图像识别是从统计模式识别发展起来的，而句法模式识别扩大了识别的能力范围，使其不局限于对象物的分类，而且还用于景物的分析和物体结构的识别。

模式识别方法的选择取决于问题的性质。当被识别的对象极为复杂，而且包含丰富的结构信息时，一般采用句法模式识别，当被识别对象不很复杂或不含明显的结构信息时，一般采用统计模式识别。统计模式识别方法发展较早，比较成熟，取得了不少应用成果，能考虑干扰、噪声等影响，识别模式基元能力强；但是它对结构复杂的模式抽取特征困难，不能反映模式的结构特征，难以描述模式的性质，对模式本身的结构关系很少利用，难以从整体角度考虑识别问题。而很多识别问题，并不是用简单的分类就能解决的，更重要的是要弄清楚这些模式的结构关系。句法模式识别能反映模式的结构特性，识别方便，可从简单的基元开始，由简至繁描述模式的性质；但单纯的句法模式识别方法没有考虑模式所受环境、噪声干扰等不稳定因素的影响，当存在干扰及噪声时，抽取基元困难，且易失误。

在应用中，常常将这两种模式识别方法结合起来，分别施加在不同的层次上，会收到较好的效果。两者的结合已是模式识别问题的一个研究方向，如随机文法、属性文法等研究方向，并取得了一定的成果。

1.3 模式识别的应用

我们在生活中时时刻刻都在进行模式识别，如分类、识物、辨声、辨味等行为均属于模式识别的范畴。计算机出现后，人们试图用计算机实现人或动物所具有的模式识别能力。当前主要是模拟人的视觉能力、听觉能力和嗅觉能力，如现在比较热门的图像识别技术和语音识别技术。这些技术已经被广泛应用于军事与民用工业中。模式识别已经广泛应用于数据分类、文字识别、语音识别、指纹识别、遥感、医学诊断、工业产品检测、天气预报、卫星航空图片解释等领域。近年来，用模式识别方法发展起来的“模式识别优化技术”在化工、冶金、石化、轻工等领域用于配方、工艺过程的优化设计和优化控制，产生了巨大的经济效益。在节约原料、提高产品质量和产量、降低单位能耗等方面充分显示了这一高新技术的巨大潜力。模式识别技术除可以对配方、工艺进行优化设计外，还可以用于工业过程控制，这就是模式识别智能控制优化专家系统。它的特别之处是根据目标（如降低能耗、提高产量等）优化影响目标的参量（如原料的组成、工艺参数等），在众多影响参量中筛选出对目标具有较重要影响的参量。经过模式分类、网络训练，确定优化区域，找出优化方向，动态建立模型，定量预报结果，使生产操作条件始终保持在优化状态，尽可能地挖掘生产潜力，在过程工业（包括化工、冶金、轻工、建材等）领域有广阔的应用前景。

所有的这些应用都是和问题的性质密不可分的，至今还没有发展成统一的、有效的可应用于所有模式识别的理论。当前的一种普遍的看法是不存在对所有的模式识别问题都适用的单一模型和解决识别问题的单一技术，我们现在拥有的是一个“工具袋”，我们所要做的是，结合具体问题，把模式识别方法结合起来，把模式识别与人工智能中的启发式搜索结合起来，把人工神经元网络、不确定方法、智能计算结合起来，深入掌握各种工具的效能和应用的可能性，互相取长补短，开创模式识别应用的新局面。

模式识别技术是人工智能的基础技术，21 世纪是智能化、信息化、计算化、网络化的世纪，在这个以数字计算为特征的时代里，作为人工智能技术基础学科的模式识别技术，必将获得巨大的发展空间。

分类器的设计是模式识别的一个重要应用，本书将以酒瓶颜色的分类为例来介绍各种模式识别的方法。由不同材料制成的不同颜色的玻璃必须被分类，以获得高质量的可回收原料。在玻璃回收厂，玻璃瓶被分类到容器中，然后一起熔化处理产生新的玻璃。在这个过程中，玻璃瓶被分选到混合容器是很重要的步骤，因为生产玻璃的不同用户需要不同的颜色，并且回收的瓶子颜色混杂，瓶子的分类没有清楚地被设定。多数操作员利用经验手工分选混合的瓶子，以使生产的玻璃达到期望的颜色，这既费时又费力。通过模式识别的方法进行分

类，既解放了生产力，又提高了效率。表 1-2 为 59 组三原色数据，其中前 29 组作为训练数据，后 30 组作为测试数据，前 29 组数据的类别已经给出。

表 1-2　三原色数据

序号	*A*	*B*	*C*	所属类别	序号	*A*	*B*	*C*	所属类别
1	1739.94	1675.15	2395.96	3	31	1877.93	1860.96	1975.3	—
2	373.3	3087.05	2429.47	4	32	867.81	2334.68	2535.1	—
3	1756.77	1652	1514.98	3	33	1831.49	1713.11	1604.68	—
4	864.45	1647.31	2665.9	1	34	460.69	3274.77	2172.99	—
5	222.85	3059.54	2002.33	4	35	2374.98	3346.98	975.31	—
6	877.88	2031.66	3071.18	1	36	2271.89	3482.97	946.7	—
7	1803.58	1583.12	2163.05	3	37	1783.64	1597.99	2261.31	—
8	2352.12	2557.04	1411.53	2	38	198.83	3250.45	2445.08	—
9	401.3	3259.94	2150.98	4	39	1494.63	2072.59	2550.51	—
10	363.34	3477.95	2462.86	4	40	1597.03	1921.52	2126.76	—
11	1571.17	1731.04	1735.33	3	41	1598.93	1921.08	1623.33	—
12	104.8	3389.83	2421.83	4	42	1243.13	1814.07	3441.07	—
13	499.85	3305.75	2196.22	4	43	2336.31	2640.26	1599.63	—
14	2297.28	3340.14	535.62	2	44	354	3300.12	2373.61	—
15	2092.62	3177.21	584.32	2	45	2144.47	2501.62	591.51	—
16	1418.79	1775.89	2772.9	1	46	426.31	3105.29	2057.8	—
17	1845.59	1918.81	2226.49	3	47	1507.13	1556.89	1954.51	—
18	2205.36	3243.74	1202.69	2	48	343.07	3271.72	2036.94	—
19	2949.16	3244.44	662.42	2	49	2201.94	3196.22	935.53	—
20	1692.62	1867.5	2108.97	3	50	2232.43	3077.87	1298.87	—
21	1680.67	1575.78	1725.1	3	51	1580.1	1752.07	2463.04	—
22	2802.88	3017.11	1984.98	2	52	1962.4	1594.97	1835.95	—
23	172.78	3084.49	2328.65	4	53	1495.18	1957.44	3498.02	—
24	2063.54	3199.76	1257.21	2	54	1125.17	1594.39	2937.73	—
25	1449.58	1641.58	3405.12	1	55	24.22	3447.31	2145.01	—
26	1651.52	1713.28	1570.38	3	56	1269.07	1910.72	2701.97	—
27	341.59	3076.62	2438.63	4	57	1802.07	1725.81	1966.35	—
28	291.02	3095.68	2088.95	4	58	1817.36	1927.4	2328.79	—
29	237.63	3077.78	2251.96	4	59	1860.45	1782.88	1875.13	—
30	1702.8	1639.79	2068.74	—					

MATLAB 软件是实现各种相关算法的大众化软件，2016 版的 MATLAB 已经集成了 100 多种神经网络算法的工具箱及其他算法的工具箱，使用简单方便。本书分类器的设计都是基于 MATLAB 2016 设计的。

(1) 什么是模式识别？

(2) 模式识别的基本方法有哪些？

第 2 章　基于贝叶斯决策理论的分类器设计

分类有基于规则的分类（查询）和基于非规则的分类（有指导学习）。贝叶斯（Bayes）分类是非规则分类，它通过训练集（已分类的例子集）训练归纳出分类器，并利用分类器对未分类的数据进行分类。基本思想是依据类的概率或概率密度，按照某种准则使分类结果从统计学上讲是最佳的。

2.1　贝叶斯决策简介

2.1.1　贝叶斯决策所讨论的问题

当分类器的设计完成后，对待测样品进行分类，一定能正确分类吗？如果有错分类的情况发生，那么是在哪种情况下出现的？错分类的可能性有多大？这些问题是模式识别所涉及的重要问题，本节用概率论的方法分析造成错分类的原因，并说明其与哪些因素有关。

这里以某制药厂生产的药品检验识别为例，以此说明贝叶斯决策所要解决的问题。如图 2-1 所示的线性可分示意图，正常药品用“+”表示，异常药品用“-”表示。识别的目的是要依据 $\boldsymbol{X}$ 向量将药品划分为两类。对于图 2-1 来说，可以用一条直线作为分界线，这条直线是关于 $\boldsymbol{X}$ 的线性方程，称为线性分类器。如果 $\boldsymbol{X}$ 向量被划分到直线右侧，则其为正常药品，若被划分到直线左侧，则其为异常药品，可见做出决策是很容易的，也不会出现什么差错。

问题在于可能会出现模棱两可的情况，线性不可分示意图如图 2-2 所示。此时，任何决策都存在判错的可能性。由图 2-2 可见，在直线 A、B 之间，不同类的样品在特征空间中相互穿插，很难用简单的分界线将它们完全分开，即所观察到的某一样品的特征向量为 $\boldsymbol{X}$，在 M 类中又有不止一类可能呈现这一特征值 $\boldsymbol{X}$，无论直线参数如何设计，总会有错分类的情况发生。如果以错分类最小为原则分类，则图中 A 直线可能是最佳的分界线，它使错分类的样品数量最

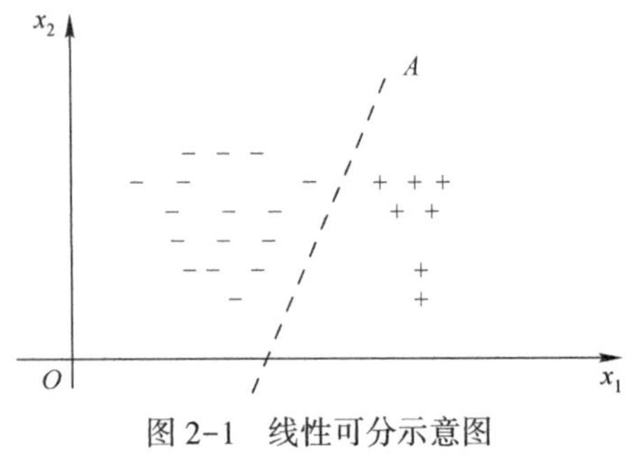

图 2-1　线性可分示意图

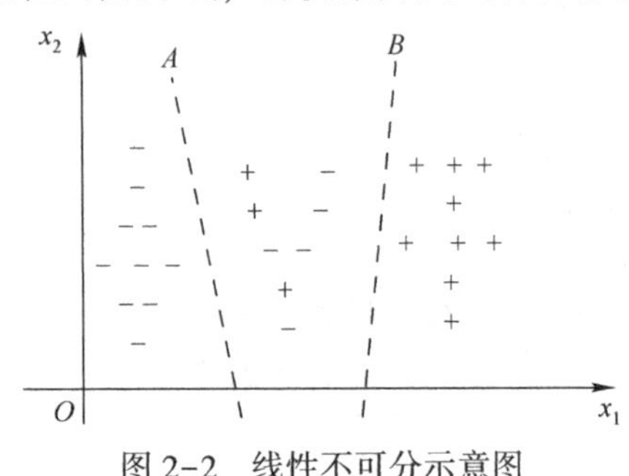

图 2-2　线性不可分示意图

少。但是将一个“-”样品错分成“+”类所造成的损失要比将“+”分成“-”类严重，这是由于将异常药品误判为正常药品会使患者失去较早治疗的机会而遭受极大的损失；如果把正常药品误判为异常药品，虽然会给企业带来一点损失，但可以使总的损失为最小，那么 B 直线就可能比 A 直线更适合作为分界线。可见，分类器参数的选择或者学习过程得到的结果取决于设计者选择什么样的准则函数。不同准则函数的最优解对应不同的学习结果，得到性能不同的分类器。

错分类往往难以避免，这种可能性可用 $P(\omega_i|\boldsymbol{X})$ 表示。如何得出合理的判决就是贝叶斯决策所要讨论的问题。其中最具有代表性的是最小错误率贝叶斯决策和最小风险贝叶斯决策。

（1）最小错误率贝叶斯决策：包括指出机器自动识别出现错分类的条件，错分类的可能性如何计算，以及如何实现使错分类出现的可能性最小。

（2）最小风险贝叶斯决策：错分类有不同情况，从图 2-2 中可见，两种错误造成的损失不一样，不同的错误分类方式造成的损失会不相同，后一种错误更可怕，因此就要考虑减少错分类造成的危害损失。为此，引入一种“风险”与“损失”的概念，希望做到使风险最小，减少危害大的错分类情况的发生。

2.1.2　贝叶斯公式

若已知总共有 M 类物体，以及各类物体在 n 维特征空间的统计分布情况，具体来说就是已知各类别 ω_i（$i=1,2,\cdots,M$）的先验概率 $P(\omega_i)$ 及类条件概率密度函数 $P(\boldsymbol{X}|\omega_i)$。对于待测样品，贝叶斯公式可以计算出该样品分属各类别的概率（称之为后验概率）；看 $\boldsymbol{X}$ 属于哪个类的可能性最大，就把 $\boldsymbol{X}$ 归于可能性最大的那个类，后验概率作为识别对象归属的依据。贝叶斯公式为

$$P(\omega_i|\boldsymbol{X})=\frac{P(\boldsymbol{X}|\omega_i)P(\omega_i)}{\sum_{i=1}^{M}P(\boldsymbol{X}|\omega_i)P(\omega_i)} \tag{2-1}$$

类别的状态是一个随机变量，而某种状态出现的概率是可以估计的。贝叶斯公式体现了先验概率、类条件概率密度函数、后验概率三者之间的关系。

1. 先验概率 $P(\omega_i)$

先验概率 $P(\omega_i)$ 针对 M 个事件出现的可能性，不考虑其他任何条件。例如，有统计资料表明总药品数为 N，其中，正常药品数为 N_1，异常药品数为 N_2，则

$$P(\omega_1)=\frac{N_1}{N} \tag{2-2}$$

$$P(\omega_2)=\frac{N_2}{N} \tag{2-3}$$

我们称 $P(\omega_1)$ 及 $P(\omega_2)$ 为先验概率。显然在一般情况下正常药品所占比例大，即 $P(\omega_1)>P(\omega_2)$。仅按先验概率来决策，就会把所有药品都划归为正常药品，并没有达到将正常药品与异常药品区分开的目的。这表明先验概率所提供的信息太少。

2. 类条件概率密度函数 $P(\boldsymbol{X}|\omega_i)$

类条件概率密度函数 $P(\boldsymbol{X}|\omega_i)$ 是指在已知某种类别的特征空间中，出现特征值 $\boldsymbol{X}$ 的概率密度，指第 ω_i 类样品的属性 $\boldsymbol{X}$ 的分布情况。假定只用其中一个特征进行分类，即 $n=1$，并已知这两类的类条件概率密度函数分布，如图 2-3 所示，概率密度函数 $P(\boldsymbol{X}|\omega_1)$ 是正常

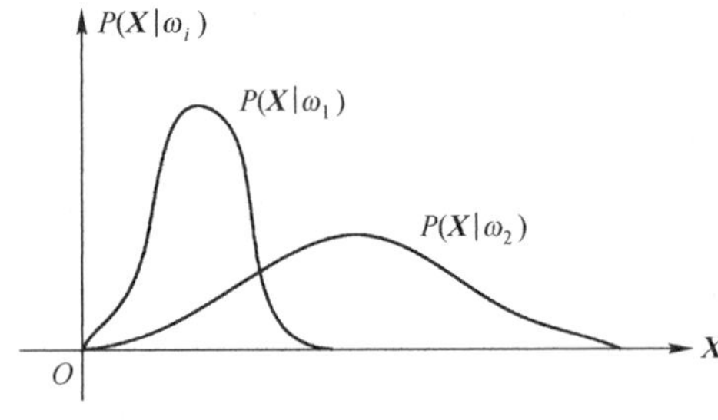

图 2-3 类条件概率密度函数分布

药品的属性分布，概率密度函数 $P(\boldsymbol{X}|\omega_2)$ 是异常药品的属性分布。

例如，全世界华人约占地球人口总数的 20%，但各个国家华人所占当地人口比例是不同的，类条件概率密度函数 $P(\boldsymbol{X}|\omega_i)$ 是指 ω_i 条件下出现 $\boldsymbol{X}$ 的概率密度，即第 ω_i 类样品属性 $\boldsymbol{X}$ 是如何分布的。

在工程上的许多问题中，统计数据往往满足正态分布规律。正态分布规律简单、分析方便、参量少，是一种适宜的数学模型。如果采用正态概率密度函数作为类条件概率密度的函数形式，则函数内的参数，如期望和方差是未知的。这时问题就变成了如何利用大量样品对这些参数进行估计，只要估计出这些参数，类条件概率密度函数 $P(\boldsymbol{X}|\omega_i)$ 也就确定了。

单变量正态密度函数为

$$P(x)=\frac{1}{\sqrt{2\pi\sigma}}\exp\left[-\frac{1}{2}\left(\frac{x-\mu}{\sigma}\right)^2\right] \tag{2-4}$$

式中，μ 为数学期望（均值）；σ^2 为方差。

$$\mu = E(x) = \int_{-\infty}^{+\infty} xP(x)\,\mathrm{d}x \tag{2-5}$$

$$\sigma^2 = E[(x-\mu)^2] = \int_{-\infty}^{+\infty}(x-\mu)^2 P(x)\,\mathrm{d}x \tag{2-6}$$

多维正态密度函数为

$$P(\boldsymbol{X})=\frac{1}{(2\pi)^{n/2}|\boldsymbol{S}|^{1/2}}\exp\left[-\frac{1}{2}(\boldsymbol{X}-\bar{\boldsymbol{\mu}})^{\mathrm{T}}\boldsymbol{S}^{-1}(\boldsymbol{X}-\bar{\boldsymbol{\mu}})\right] \tag{2-7}$$

式中，$\boldsymbol{X}=(x_1,x_2,\cdots,x_n)$ 为 n 维特征向量；$\bar{\boldsymbol{\mu}}=(\mu_1,\mu_2,\cdots,\mu_n)$ 为 n 维均值向量；$\boldsymbol{S}$ 为 n 维协方差矩阵，$\boldsymbol{S}=E[(\boldsymbol{X}-\bar{\boldsymbol{\mu}})(\boldsymbol{X}-\bar{\boldsymbol{\mu}})^{\mathrm{T}}]$；$\boldsymbol{S}^{-1}$ 是 $\boldsymbol{S}$ 的逆矩阵；$|\boldsymbol{S}|$ 是 $\boldsymbol{S}$ 的行列式。

在大多数情况下，类条件概率密度可以采用多维变量的正态密度函数来模拟。

$$\begin{aligned}P(\boldsymbol{X}|\omega_i)&=\ln\left\{\frac{1}{(2\pi)^{n/2}|\boldsymbol{S}_i|^{1/2}}\exp\left[-\frac{1}{2}(\boldsymbol{X}-\overline{\boldsymbol{X}^{(\omega_i)}})^{\mathrm{T}}\boldsymbol{S}_i^{-1}(\boldsymbol{X}-\overline{\boldsymbol{X}^{(\omega_i)}})\right]\right\}\\&=-\frac{1}{2}(\boldsymbol{X}-\overline{\boldsymbol{X}^{(\omega_i)}})^{\mathrm{T}}\boldsymbol{S}_i^{-1}(\boldsymbol{X}-\overline{\boldsymbol{X}^{(\omega_i)}})-\frac{n}{2}\ln 2\pi-\frac{1}{2}\ln|\boldsymbol{S}_i|\end{aligned} \tag{2-8}$$

式中，$\overline{\boldsymbol{X}^{(\omega_i)}}$ 为 ω_i 类的均值向量。

3. 后验概率

后验概率是指呈现状态 $\boldsymbol{X}$ 时，该样品分属各类别的概率，这个概率值可以作为识别对象归属的依据。由于属于不同类的待识别对象存在着呈现相同观测值的可能，即所观测到的某一样品的特征向量为 $\boldsymbol{X}$，而在类中又有不止一类可能呈现这一 $\boldsymbol{X}$ 值，它属于各类的概率又是多少呢？这种可能性可用 $P(\omega_i|\boldsymbol{X})$ 表示。可以利用贝叶斯公式来计算这种条件概率，称为状态的后验概率 $P(\omega_i|\boldsymbol{X})$。

$$P(\omega_i|\boldsymbol{X}) = \frac{P(\boldsymbol{X}|\omega_i)P(\omega_i)}{\sum_{i=1}^{M}P(\boldsymbol{X}|\omega_i)P(\omega_i)} \tag{2-9}$$

$P(\omega_i|\boldsymbol{X})$表示在$\boldsymbol{X}$出现的条件下，样品为$\omega_i$类的概率。在这里要弄清楚条件概率这个概念。$P(A|B)$是条件概率的通用符号，在“|”后边出现的$B$的为条件，之前的$A$为某个事件，即在某条件$B$下出现某个事件$A$的概率。

4. $P(\omega_1|\boldsymbol{X})$和$P(\omega_2|\boldsymbol{X})$与$P(\boldsymbol{X}|\omega_1)$和$P(\boldsymbol{X}|\omega_2)$的区别

① $P(\omega_1|\boldsymbol{X})$和$P(\omega_2|\boldsymbol{X})$是在同一条件$\boldsymbol{X}$下，比较$\omega_1$与$\omega_2$出现的概率，若$P(\omega_1|\boldsymbol{X})>P(\omega_2|\boldsymbol{X})$，则可以下结论：在$\boldsymbol{X}$条件下，事件$\omega_1$出现的可能性大，有$P(\omega_1|\boldsymbol{X})+P(\omega_2|\boldsymbol{X})=1$。

② $P(\boldsymbol{X}|\omega_1)$与$P(\boldsymbol{X}|\omega_2)$都是指各自条件下出现$\boldsymbol{X}$的可能性，两者之间没有联系，比较两者没有意义。$P(\boldsymbol{X}|\omega_1)$和$P(\boldsymbol{X}|\omega_2)$是在不同条件下讨论的问题，即使只有$\omega_1$与$\omega_2$两类，$P(\boldsymbol{X}|\omega_1)+P(\boldsymbol{X}|\omega_2)\neq 1$。不能仅因为$P(\boldsymbol{X}|\omega_1)>P(\boldsymbol{X}|\omega_2)$，就认为$A$是第一类事物的可能性较大。只有考虑先验概率这一因素，才能确定在$\boldsymbol{X}$条件下，判为ω_1类或ω_2类哪类的可能性比较大。

2.2　最小错误率贝叶斯决策

在模式分类问题中，人们往往希望尽量减少分类的错误，从这样的要求出发，利用概率论中的贝叶斯公式，就能得出错误率最小的分类规则，称为最小错误率贝叶斯决策。

2.2.1　最小错误率贝叶斯决策理论

假定得到一个待识别量的特征$\boldsymbol{X}$，每个样品$\boldsymbol{X}$有n个特征，即$\boldsymbol{X}=(x_1,x_2,\cdots,x_n)^{\mathrm{T}}$，通过样品库，计算先验概率$P(\omega_j)$及类条件概率密度函数$P(\boldsymbol{X}|\omega_j)$，得到呈现状态$\boldsymbol{X}$时该样品分属各类别的概率，显然这个概率值可以作为识别对象判属的依据。从如图 2-4 所示的后验概率分布图可见，在$\boldsymbol{X}$值小时，药品被判为正常是比较合理的，判断错误的可能性小。基于最小错误率的贝叶斯决策就是按后验概率的大小决策的。这个规则又可以根据类别数目，写成几种不同的等价形式。

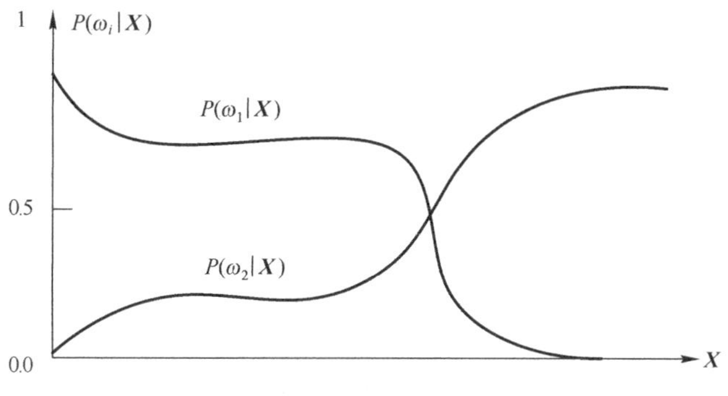

图 2-4　后验概率分布图

1. 两类问题

若每个样品属于ω_1、ω_2类中的一类，已知两类的先验概率分别为$P(\omega_1)$、$P(\omega_2)$，两类的类条件概率密度为$P(\boldsymbol{X}|\omega_1)$、$P(\boldsymbol{X}|\omega_2)$。则任给一$\boldsymbol{X}$，判断$\boldsymbol{X}$的类别。由贝叶斯公式可知

$$P(\omega_j|\boldsymbol{X})=P(\boldsymbol{X}|\omega_j)P(\omega_j)/P(\boldsymbol{X}) \tag{2-10}$$

由全概率公式可知

$$P(\boldsymbol{X})=\sum_{j=1}^{M}P(\boldsymbol{X}|\omega_j)P(\omega_j) \tag{2-11}$$

其中，M 为类别。

对于两类问题，有

$$P(\boldsymbol{X})=P(\boldsymbol{X}|\omega_1)P(\omega_1)+P(\boldsymbol{X}|\omega_2)P(\omega_2) \tag{2-12}$$

所以用后验概率来判别

$$P(\omega_1|\boldsymbol{X})\begin{cases}>\\<\end{cases}P(\omega_2|\boldsymbol{X})\Rightarrow\boldsymbol{X}\in\begin{cases}\omega_1\\\omega_2\end{cases} \tag{2-13}$$

判别函数还有另外两种形式。

(1) 似然比形式：

$$l(\boldsymbol{X})=\frac{p(\boldsymbol{X}|\omega_1)}{P(\boldsymbol{X}|\omega_2)}\begin{cases}>P(\omega_2)\\<P(\omega_1)\end{cases}\Rightarrow\boldsymbol{X}\in\begin{cases}\omega_1\\\omega_2\end{cases} \tag{2-14}$$

(2) 对数形式：

$$\ln P(\boldsymbol{X}|\omega_1)-\ln P(\boldsymbol{X}|\omega_2)\begin{cases}>\\<\end{cases}\ln P(\omega_2)-P(\omega_1)\Rightarrow\boldsymbol{X}\in\begin{cases}\omega_1\\\omega_2\end{cases} \tag{2-15}$$

2. 多类问题

现在讨论多类问题的情况。

若样本分为 M 类$(\omega_1,\omega_2,\cdots,\omega_M)$，各类的先验概率分别为 $P(\omega_1),P(\omega_2),\cdots,P(\omega_M)$，各类的类条件概率密度分别为 $P(\boldsymbol{X}|\omega_1),P(\boldsymbol{X}|\omega_2),\cdots,P(\boldsymbol{X}|\omega_M)$，有 M 个判别函数。在取得一个观察特征 $\boldsymbol{X}$ 之后，在特征 $\boldsymbol{X}$ 的条件下，看哪个类的概率最大，应该把 $\boldsymbol{X}$ 归于概率最大的那个类。因此对于任一模式 $\boldsymbol{X}$，可以通过比较各个判别函数来确定 $\boldsymbol{X}$ 的类别。

$$P(\omega_i)P(\boldsymbol{X}|\omega_i)=\max_{1\leqslant j\leqslant M}\{P(\omega_j)P(\boldsymbol{X}|\omega_j)\}\Rightarrow\boldsymbol{X}\in\omega_i\quad i=1,2,\cdots,M \tag{2-16}$$

就是把 $\boldsymbol{X}$ 代入 M 个判别函数中，看哪个判别函数最大，就把 $\boldsymbol{X}$ 归于这一类。

判别函数的对数形式为

$$\ln P(\omega_i)+\ln p(\boldsymbol{X}|\omega_i)=\max_{1\leqslant j\leqslant M}\{\ln P(\omega_j)+\ln p(\boldsymbol{X}|\omega_j)\}\quad \boldsymbol{X}\in\omega_i \tag{2-17}$$

先验概率通常是很容易求出的，贝叶斯分类器的核心问题就是求出类条件概率密度 $P(\boldsymbol{X}|\omega_i)$，如果求出了条件概率，则后验概率就可以求出了，判别问题就解决了。在大多数情况下，类条件概率密度可以采用多维变量的正态分布密度函数来模拟。所以此时正态分布的贝叶斯分类器判别函数为

$$\begin{aligned}h_i(\boldsymbol{X})&=P(\boldsymbol{X}|\omega_i)p(\omega_i)=\frac{1}{(2\pi)^{n/2}|\boldsymbol{S}_i|^{1/2}}\exp\left[-\frac{1}{2}(\boldsymbol{X}-\overline{\boldsymbol{X}^{(\omega_i)}})\boldsymbol{S}_i^{-1}(\boldsymbol{X}-\overline{\boldsymbol{X}^{(\omega_i)}})\right]P(\omega_i)\\&=-\frac{1}{2}(\boldsymbol{X}-\overline{\boldsymbol{X}^{(\omega_i)}})^{\mathrm{T}}\boldsymbol{S}_i^{-1}(\boldsymbol{X}-\overline{\boldsymbol{X}^{(\omega_i)}})-\frac{n}{2}\ln 2\pi-\frac{1}{2}|\boldsymbol{S}_i|+\ln P(\omega_i)\end{aligned} \tag{2-18}$$

使用什么样的决策原则可以做到错误率最小呢？前提是要知道一个样品 $\boldsymbol{X}$ 分属不同类别的可能性，表示成 $P(\omega_i|\boldsymbol{X})$，然后根据后验概率最大的类来分类。后验概率要通过贝叶斯公式从先验概率与类分布函数开始计算。

3. 最小错误率证明

最小错误率贝叶斯决策根据：如果

$$P(\omega_i|\boldsymbol{X})=\max_{j=1,2}p(\omega_j|\boldsymbol{X})\text{，则 }\boldsymbol{X}\in\omega_i \tag{2-19}$$

由于统计判别方法是基于统计参数决策的，因此错误率也只能从平均意义上讲，表示为在观测值可能取值的整个范围内错误率的均值。

为了方便观察，假设 $\boldsymbol{X}$ 只有一个特征，$n=1$，于是 $P(\boldsymbol{X}|\omega_1)$、$P(\boldsymbol{X}|\omega_2)$ 都是一元函数，将整个特征空间分为不相交的两个部分 R_1 和 R_2。当模式落在 R_1 内时就判定它属于 ω_1 类，求分类器相当于求 R_1 和 R_2 的分界线。

（1）第一类判错：如果 $\boldsymbol{X}$ 原属于 ω_1 类，却落在 R_2 内，称为第一类判错，错误率为

$$P_1(e)=P(\boldsymbol{X}\in R_2|\omega_1)=\int_{R_2}P(\boldsymbol{X}|\omega_1)\mathrm{d}x \tag{2-20}$$

（2）第二类判错：如果 $\boldsymbol{X}$ 原属于 ω_2 类，却落在 R_1 内，称为第二类判错，错误率为

$$P_2(e)=P(\boldsymbol{X}\in R_1|\omega_2)=\int_{R_1}P(\boldsymbol{X}|\omega_2)\mathrm{d}x \tag{2-21}$$

贝叶斯决策式表明每个样本所属类别都使 $P(\omega_i|\boldsymbol{X})$ 为最大，实际上使 $\boldsymbol{X}$ 判错的可能性达到最小时总的错误率为最小。按贝叶斯决策分类时，$\int_{R_2}P(\boldsymbol{X}|\omega_1)\mathrm{d}x=\int_{R_1}P(\boldsymbol{X}|\omega_2)\mathrm{d}x$。

2.2.2　最小错误率贝叶斯分类的计算过程

1. 先期进行的计算

（1）求出每一类样本的均值。

$$\overline{\boldsymbol{X}_i}=\frac{1}{N}\sum_{j=1}^{N_1}\boldsymbol{X}_{ij}=(\overline{\boldsymbol{X}_{j1}},\overline{\boldsymbol{X}_{j2}},\cdots,\overline{\boldsymbol{X}_{jN1}})^{\mathrm{T}}\quad i=0,1,2,\cdots,N_i \tag{2-22}$$

共有 29 个样本，$N=29$；分 4 类 $w=4$。

第一类，N_1(样本数目)$=4$；第二类，$N_2=7$；第三类，$N_3=8$；第四类，$N_4=10$。

第一类样本为：

```
A=[ 864.45 877.88 1418.79 1449.58
    1647.31 2031.66 1775.89 1641.58
    2665.9 3071.18 2772.9 3045.12];
```

求出第一类样本的均值为：

```
X1 =
  1.0e+03
    1.1527
    1.7741
2.8888
```

（2）求出每一类样本的协方差矩阵 $\boldsymbol{S}_i$，并求出其逆矩阵 $\boldsymbol{S}_i^{-1}$ 和行列式，l 为样本在每一类的序号，j 和 k 为特征值序号，N_i 为每类学习样本中包含元素的个数。

$$\boldsymbol{S}_i=\begin{bmatrix} u_{11}^l & u_{12}^l & \cdots & u_{1n}^l \\ u_{21}^l & u_{22}^l & \cdots & u_{2n}^l \\ \vdots & \vdots & \cdots & \vdots \\ u_{n1}^l & u_{n2}^l & \cdots & u_{nn}^l \end{bmatrix} \tag{2-23}$$

式中

$$u_{jk}^l=\frac{1}{N_i-1}\sum_{i=1}^{N_1}(x_{ij}-\overline{x_j})(x_{lk}-\overline{x_k})\quad j,k=0,1,2,\cdots,n \tag{2-24}$$

第一类样本的协方差矩阵：

```
S1 =
   1.0e+05 *
    1.0585   -0.2437    0.0990
   -0.2437    0.3333    0.1810
    0.0990    0.1810    0.4027
```

（3）求第一类样本的协方差矩阵的逆矩阵：

```
S1_ =
   1.0e-04 *
    0.1419    0.1624   -0.1079
    0.1624    0.5828   -0.3019
   -0.1079   -0.3019    0.4106
```

（4）求第一类样本的协方差矩阵的行列式值：

```
S11 =
   7.1458e+13
```

2. 其他各类求值

第二类样本为：

B=[2352.12 2297.28 2092.62 2205.36 2949.16 2802.88 2063.54
2557.04 3340.14 3177.21 3243.74 3244.44 3017.11 3199.76
1411.53 535.62 584.32 1202.69 662.42 1984.98 1257.21]；

均值为：

```
X2 =
   1.0e+03 *
    2.3947
    3.1113
    1.0913
```

协方差矩阵为：

```
S2 =
   1.0e+05 *
    1.2035   -0.0627    0.4077
   -0.0627    0.6931   -0.7499
    0.4077   -0.7499    2.8182
```

协方差矩阵的逆矩阵为：

```
S2_ =
   1.0e-04 *
    0.0877   -0.0081   -0.0149
   -0.0081    0.2033    0.0553
   -0.0149    0.0553    0.0523
```

协方差矩阵的行列式值为：

```
S22 =
   1.5862e+15
```

第三类样本为：

C=[1739.94 1756.77 1803.58 1571.17 1845.59 1692.62 1680.67 1651.52
1675.15 1652 1583.12 1731.04 1918.81 1867.5 1575.78 1713.28
2395.96 1514.98 2163.05 1735.33 2226.49 2108.97 1725.1 1570.38];

样本均值为：

```
X3 =
1.0e+03 *
    1.7177
    1.7146
    1.9300
```

样本协方差矩阵为：

```
S3 =
   1.0e+05 *
    0.0766    0.0150    0.1536
    0.0150    0.1534    0.1294
    0.1536    0.1294    1.1040
```

样本协方差矩阵逆矩阵为：

```
S3_ =
   1.0e-03 *
    0.1813     0.0040    -0.0257
    0.0040     0.0724    -0.0090
   -0.0257    -0.0090     0.0137
```

样本协方差矩阵行列式的值为：

```
S33 =
   8.4164e+12
```

第四类样本为：

D=[373.3 222.85 401.3 363.34 104.8 499.85 172.78 341.59 291.02 237.63 3087.05
3059.54 3259.94 3477.95 3389.83 3305.75 3084.49 3076.62 3095.68 3077.78
2429.47 2002.33 2150.98 2462.86 2421.83 3196.22 2328.65 2438.63 2088.95
2251.96];

样本均值为：

```
X4 =
   1.0e+03 *
    0.3008
```

```
    3.1915
    2.3772
```

样本协方差矩阵为：

```
S4 =
  1.0e+05 *
    0.1395    0.0317    0.2104
    0.0317    0.2380    0.2172
    0.2104    0.2172    1.0883
```

样本协方差矩阵的逆矩阵为：

```
S4_ =
  1.0e-03 *
    0.1018     0.0054    -0.0208
    0.0054     0.0517    -0.0114
   -0.0208    -0.0114     0.0155
```

样本协方差矩阵行列式的值为：

```
S44 =
  2.0812e+13
```

计算每类数据的先验概率：

```
N=29;w=4;n=3;N1=4;N2=7;N3=8;N4=10;
Pw1=N1/N
Pw1 =
    0.1379
Pw2=N2/N
Pw2 =
    0.2414
Pw3=N3/N
Pw3 =
    0.2759
Pw4=N4/N
Pw4 =
    0.3448
```

到此，前期的计算基本完成。

2.2.3 最小错误率贝叶斯分类的MATLAB实现

1. 初始化

初始化程序如下：

```
%输入训练样本数、类别数、特征数，以及属于各类别的样本个数
N=29;w=4;n=3;N1=4;N2=7;N3=8;N4=10;
```

2. 参数计算

```
%计算每一类训练样本的均值
X1=mean(A')';X2=mean(B')';X3=mean(C')';X4=mean(D')';
%求每一类样本的协方差矩阵
  S1=cov(A');S2=cov(B');S3=cov(C');S4=cov(D');
%计算协方差矩阵的逆矩阵
  S1_=inv(S1);S2_=inv(S2);S3_=inv(S3);S4_=inv(S4);
%计算协方差矩阵的行列式
  S11=det(S1);S22=det(S2);S33=det(S3);S44=det(S4);
%计算训练样本的先验概率
  Pw1=N1/N;Pw2=N2/N;Pw3=N3/N;Pw4=N4/N;%Priori probability
%计算后验概率：在这里定义了一个循环
for k=1:30
P1=-1/2*(sample(k,:)'-X1)'*S1_*(sample(k,:)'-X1)+log(Pw1)-1/2*log(S11);
P2=-1/2*(sample(k,:)'-X2)'*S2_*(sample(k,:)'-X2)+log(Pw2)-1/2*log(S22);
P3=-1/2*(sample(k,:)'-X3)'*S3_*(sample(k,:)'-X3)+log(Pw3)-1/2*log(S33);
P4=-1/2*(sample(k,:)'-X4)'*S4_*(sample(k,:)'-X4)+log(Pw4)-1/2*log(S44);
```

3. MATLAB 完整程序及仿真结果

MATLAB 程序如下：

```
clear;
clc;
N=29;w=4;n=3;N1=4;N2=7;N3=8;N4=10;
A=[864.45 877.88 1418.79 1449.58;
   1647.31 2031.66 1775.89 1641.58;
   2665.9   3071.18   2772.9 3045.12];
% A belongs to w1
B=[2352.12 2297.28 2092.62 2205.36 2949.16 2802.88 2063.54
   2557.04 3340.14 3177.21 3243.74 3244.44 3017.11 3199.76
   1411.53 535.62 584.32 1202.69 662.42 1984.98 1257.21];
%B belongs to w2
C=[1739.94 1756.77 1803.58 1571.17 1845.59 1692.62 1680.67 1651.52
   1675.15 1652 1583.12 1731.04 1918.81 1867.5 1575.78 1713.28
   2395.96 1514.98 2163.05 1735.33 2226.49 2108.97 1725.1 1570.38];
%C belongs to w3
D=[373.3 222.85 401.3 363.34 104.8 499.85 172.78 341.59 291.02 237.63
   3087.05 3059.54 3259.94 3477.95 3389.83 3305.75 3084.49 3076.62 3095.68 3077.78
   2429.47 2002.33 2150.98 2462.86 2421.83 3196.22 2328.65 2438.63 2088.95 2251.96];
% D belongs to w4
%以上为学习样本数据的输入
X1=mean(A')';X2=mean(B')';X3=mean(C')';X4=mean(D')';   %求样本均值
S1=cov(A');S2=cov(B');S3=cov(C');S4=cov(D');           %求样本协方差矩阵
S1_=inv(S1);S2_=inv(S2);S3_=inv(S3);S4_=inv(S4);       %求协方差矩阵的逆矩阵
```

```
S11=det(S1);S22=det(S2);S33=det(S3);S44=det(S4);          %求协方差矩阵的行列式
Pw1=N1/N;Pw2=N2/N;Pw3=N3/N;Pw4=N4/N;                      %先验概率
%这部分为初始样本数据计算
sample=[1702.8 1639.79 2068.74
1877.93 1860.96 1975.3
867.81 2334.68 2535.1
1831.49 1713.11 1604.68
460.69 3274.77 2172.99
2374.98 3346.98 975.31
2271.89 3482.97 946.7
1783.64 1597.99 2261.31
198.83 3250.45 2445.08
1494.63 2072.59 2550.51
1597.03 1921.52 2126.76
1598.93 1921.08 1623.33
1243.13 1814.07 3441.07
2336.31 2640.26 1599.63
354 3300.12 2373.61
2144.47 2501.62 591.51
426.31 3105.29 2057.8
1507.13 1556.89 1954.51
343.07 3271.72 2036.94
2201.94 3196.22 935.53
2232.43 3077.87 1298.87
1580.1 1752.07 2463.04
1962.4 1594.97 1835.95
1495.18 1957.44 3498.02
1125.17 1594.39 2937.73
24.22 3447.31 2145.01
1269.07 1910.72 2701.97
1802.07 1725.81 1966.35
1817.36 1927.4 2328.79
1860.45 1782.88 1875.13];
%这部分为测试数据输入
for k=1:30
P1=-1/2*(sample(k,:)'-X1)'*S1_*(sample(k,:)'-X1)+log(Pw1)-1/2*log(S11);
%第一类的判别函数
P2=-1/2*(sample(k,:)'-X2)'*S2_*(sample(k,:)'-X2)+log(Pw2)-1/2*log(S22);
%第二类的判别函数
P3=-1/2*(sample(k,:)'-X3)'*S3_*(sample(k,:)'-X3)+log(Pw3)-1/2*log(S33);
%第三类的判别函数
P4=-1/2*(sample(k,:)'-X4)'*S4_*(sample(k,:)'-X4)+log(Pw4)-1/2*log(S44);
%第四类的判别函数
```

```
P=[ P1 P2 P3 P4]
Pmax=max(P)
if P1==max(P)
    w=1
      plot3(sample(k,1),sample(k,2),sample(k,3),'ro');grid on;hold on;
elseif P2==max(P)
    w=2
      plot3(sample(k,1),sample(k,2),sample(k,3),'b>');grid on;hold on;
elseif P3==max(P)
      w=3
      plot3(sample(k,1),sample(k,2),sample(k,3),'g+');grid on;hold on;
elseif P4==max(P)
      w=4
      plot3(sample(k,1),sample(k,2),sample(k,3),'y*');grid on;hold on;
else
    return%判别函数最大值对应的类别
end
end
```

运行程序，出现如图 2-5 所示的测试数据分类图。

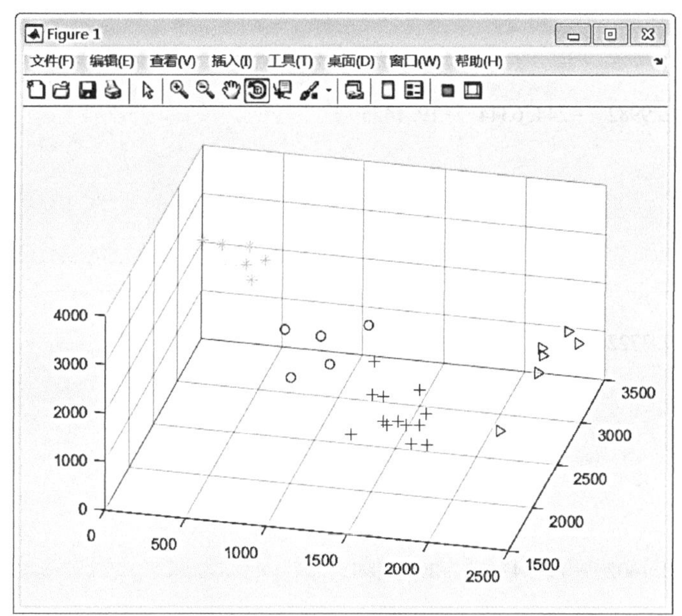

图 2-5　测试数据分类图

从图中可以看出分类效果比较好。

MATLAB 程序运行结果如下。

```
P =
-34.7512   -37.7619   -16.6744   -171.1604
Pmax =
```

```
-16.6744
w =
3
P =
-49.5808   -32.0756   -19.1319   -185.7206
Pmax =
-19.1319
w =
3
P =
-32.5380   -36.8429   -105.8245   -48.9684
Pmax =
-32.5380
w =
1
P =
-61.5273   -36.6998   -19.0123   -196.0725
Pmax =
-19.0123
w =
3
P =
-107.6977   -42.9982   -244.6344   -19.1425
Pmax =
-19.1425
w =
4
P =
-323.1237   -19.3722   -192.5329   -315.7399
Pmax =
-19.3722
w =
2
P =
-344.0690   -20.1602   -197.4786   -298.5021
Pmax =
-20.1602
w =
2
P =
-28.8735   -37.9474   -17.5637   -182.7101
Pmax =
-17.5637
```

```
w =
3
P =
-84.2886   -50.7629   -316.2804   -17.1190
Pmax =
-17.1190
w =
4
P =
-29.6605   -31.8272   -29.1895   -112.1975
Pmax =
-29.1895
w =
3
P =
-39.9950   -32.5544   -19.4480   -138.2933
Pmax =
-19.4480
w =
3
P =
-65.6213   -33.2003   -19.1755   -148.7788
Pmax =
-19.1755
w =
3
P =
-23.1508   -42.2485   -69.4564   -108.1711
Pmax =
-23.1508
w =
1
P =
-150.6823   -20.5669   -92.9234   -261.7163

Pmax =
-20.5669
w =
2
P =
-95.2729   -47.3863   -277.7827   -16.8863
Pmax =
-16.8863
```

```
w =
4
P =
-235.4394   -25.0041   -92.9044   -273.8238
Pmax =
-25.0041
w =
2
P =
-98.6750   -41.1397   -233.0440   -18.6408
Pmax =
-18.6408
w =
4
P =
-34.3114   -41.4903   -21.3935   -152.9500
Pmax =
-21.3935
w =
3
P =
-114.2256   -43.9679   -269.1704   -18.1769
Pmax =
-18.1769
w =
4
P =
-293.2196   -19.1168   -152.2279   -273.4275
Pmax =
-19.1168
w =
2

P =
-231.6066   -19.1683   -129.1233   -256.2709
Pmax =
-19.1683
w =
2
P =
-24.4899   -35.9915   -21.5651   -142.4473
Pmax =
-21.5651
```

```
w =
3
P =
-47.4226   -38.2727   -22.5483   -219.5498
Pmax =
-22.5483
w =
3
P =
-22.7587   -38.1842   -44.9330   -118.0112
Pmax =
-22.7587
w =
1
P =
-19.2874   -44.7372   -72.1963   -112.7623
Pmax =
-19.2874
w =
1
P =
-117.7652   -53.9295   -379.5944   -21.3597
Pmax =
-21.3597
w =
4
P =
-20.5508   -36.8251   -47.0716   -98.7984
Pmax =
-20.5508

w =
1
P =
-43.0681   -35.3828   -16.7483   -181.9830
Pmax =
-16.7483
w =
3
P =
-36.4518   -31.0477   -18.0932   -165.2229
Pmax =
-18.0932
```

```
w =
3
P =
-50.6918   -34.0120   -18.4786   -189.7615
Pmax =
-18.4786
w =
3
```

待测样本分类表如表 2-1 所示。

表 2-1　待测样本分类表

A	*B*	*C*	*P*1	*P*2	*P*3	*P*4	类别
1702. 8	1639. 79	2068. 74	-34. 7512	-37. 7619	-16. 6744	-171. 1604	3
1877. 93	1860. 96	1975. 3	-49. 5808	-32. 0756	-19. 1319	-185. 7206	3
867. 81	2334. 68	2535. 1	-32. 5380	-36. 8429	-105. 8245	-48. 9684	1
1831. 49	1713. 11	1604. 68	-61. 5273	-36. 6998	-19. 0123	-196. 0725	3
460. 69	3274. 77	2172. 99	-107. 6977	-42. 9982	-244. 6344	-19. 1425	4
2374. 98	3346. 98	975. 31	-323. 1237	-19. 3722	-192. 5329	-315. 7399	2
2271. 89	3482. 97	946. 7	-344. 0690	-20. 1602	-197. 4786	-298. 5021	2
1783. 64	1597. 99	2261. 31	-28. 8735	-37. 9474	-17. 5637	-182. 7101	3
198. 83	3250. 45	2445. 08	-84. 2886	-50. 7629	-316. 2804	-17. 1190	4
1494. 63	2072. 59	2550. 51	-29. 6605	-31. 8272	-29. 1895	-112. 1975	3
1597. 03	1921. 52	2126. 76	-39. 9950	-32. 5544	-19. 4480	-138. 2933	3
1598. 93	1921. 08	1623. 33	-65. 6213	-33. 2003	-19. 1755	-148. 7788	3
1243. 13	1814. 07	3441. 07	-23. 1508	-42. 2485	-69. 4564	-108. 1711	1
2336. 31	2640. 26	1599. 63	-150. 6823	-20. 5669	-92. 9234	-261. 7163	2
354	3300. 12	2373. 61	-95. 2729	-47. 3863	-277. 7827	-16. 8863	4
2144. 47	2501. 62	591. 51	-235. 4394	-25. 0041	-92. 9044	-273. 8238	2
426. 31	3105. 29	2057. 8	-98. 6750	-41. 1397	-233. 0440	-18. 6408	4
1507. 13	1556. 89	1954. 51	-34. 3114	-41. 4903	-21. 3935	-152. 9500	3
343. 07	3271. 72	2036. 94	-114. 2256	-43. 9679	-269. 1704	-18. 1769	4
2201. 94	3196. 22	935. 53	-293. 2196	-19. 1168	-152. 2279	-273. 4275	2
2232. 43	3077. 87	1298. 87	-231. 6066	-19. 1683	-129. 1233	-256. 2709	2
1580. 1	1752. 07	2463. 04	-24. 4899	-35. 9915	-21. 5651	-142. 4473	3
1962. 4	1594. 97	1835. 95	-47. 4226	-38. 2727	-22. 5483	-219. 5498	3
1495. 18	1957. 44	3498. 02	-22. 7587	-38. 1842	-44. 9330	-118. 0112	1
1125. 17	1594. 39	2937. 73	-19. 2874	-44. 7372	-72. 1963	-112. 7623	1
24. 22	3447. 31	2145. 01	-117. 7652	-53. 9295	-379. 5944	-21. 3597	4
1269. 07	1910. 72	2701. 97	-20. 5508	-36. 8251	-47. 0716	-98. 7984	1
1802. 07	1725. 81	1966. 35	-43. 0681	-35. 3828	-16. 7483	-181. 9830	3
1817. 36	1927. 4	2328. 79	-36. 4518	-31. 0477	-18. 0932	-165. 2229	3
1860. 45	1782. 88	1875. 13	-50. 6918	-34. 0120	-18. 4786	-189. 7615	3

对比正确分类后，发现只有一组数据（1494.63 2072.59 2550.51）与正确分类不一致，该分类是第 3 类，但正确分类为第 1 类。

反过来验证一下学习样本，程序不变，只将数据输入改成学习样本，并将循环次数进行调整，得到学习样本分类图如图 2-6 所示。

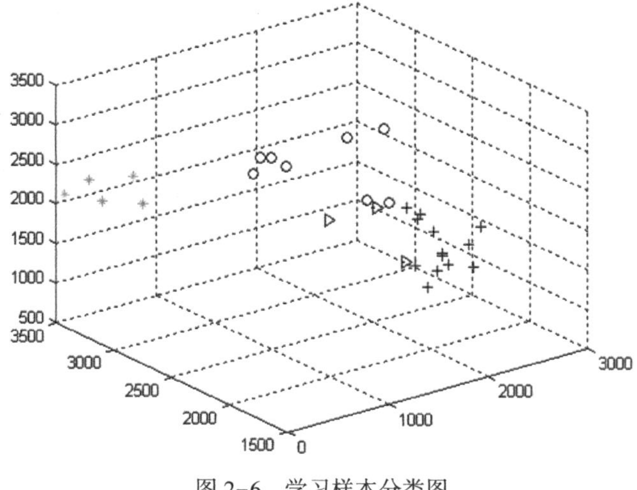

图 2-6　学习样本分类图

我们可以看到结果与原始学习样本的分类是吻合的。因此我们判定最小错误贝叶斯判别方法基本正确。

从理论上讲，依据贝叶斯决策理论所设计的分类器应该有最优的性能，如果所有的模式识别问题都可以这样来解决，那么模式识别问题就成了一个简单的计算问题，但是实际问题往往更复杂。贝叶斯决策理论要求两个前提条件：一个是分类类别数目已知；另一个是类条件概率密度和先验概率已知。前者很容易满足，但后者通常就不容易满足了。基于贝叶斯决策理论的分类器设计方法是在已知类条件概率密度的情况下讨论的，贝叶斯判别函数中的类条件概率密度是利用样本估计的，估计出来的类条件概率密度函数可能是线性函数，也可能是各种各样的非线性函数。这种设计判别函数的思路，在用样本估计之前，是不知道判别函数是线性函数还是别的什么函数的。而且，有时候受样本空间大小、维数等的影响，类条件概率密度函数更难以确定。

2.3　最小风险贝叶斯决策

2.3.1　最小风险贝叶斯决策理论

决策理论就是为了实现特定的目标，根据客观可能性，在一定信息和经验的基础上，借助一定的工具、技巧和方法，对影响未来目标实现的诸多因素进行准确的计算和判断优选后，对未来行动做出决定。在某些情况下，引入风险的概念，以求风险最小的决策更为合

理，如对癌细胞的识别，因为识别的正确与否直接关系到患者的身体健康甚至生命。风险的概念常与损失相联系。损失函数用于计算当参数的真值和决策结果不一致时带来的损失，这种损失作为参数的真值和决策结果的函数，称为损失函数。而损失函数的期望值便称为风险函数。为了分析，引入损失函数 $\lambda(\alpha_i,\omega_j)$，$i=1,2,\cdots,a$，$j=1,2,\cdots,m$。这个函数表示当处于状态 ω_j 时采取决策为 α_i 所带来的损失。在决策理论中，常用决策表一目了然地表示各种情况下的决策损失，如表 2-2 所示。这是在已知先验概率 $P(\omega_j)$ 及类条件概率密度 $P(\boldsymbol{X}|\omega_j)$，$j=1,2,\cdots,m$ 的条件下进行讨论的。

表 2-2 贝叶斯决策表

决策	状态					
	ω_1	ω_2	…	ω_j	…	ω_m
α_1	$\lambda(\alpha_1,\omega_1)$	$\lambda(\alpha_1,\omega_2)$	…	$\lambda(\alpha_1,\omega_j)$	…	$\lambda(\alpha_1,\omega_m)$
α_2	$\lambda(\alpha_2,\omega_1)$	$\lambda(\alpha_2,\omega_2)$	…	$\lambda(\alpha_2,\omega_j)$	…	$\lambda(\alpha_2,\omega_m)$
…	…	…	…	…	…	…
α_i	$\lambda(\alpha_i,\omega_1)$	$\lambda(\alpha_i,\omega_2)$	…	$\lambda(\alpha_i,\omega_j)$	…	$\lambda(\alpha_i,\omega_m)$
…	…	…	…	…	…	…
α_a	$\lambda(\alpha_a,\omega_1)$	$\lambda(\alpha_a,\omega_2)$	…	$\lambda(\alpha_a,\omega_j)$	…	$\lambda(\alpha_a,\omega_m)$

根据贝叶斯公式，后验概率为

$$P(\omega_j|\boldsymbol{X})=\frac{P(\boldsymbol{X}|\omega_j)P(\omega_j)}{\sum_{i=1}^{M}P(\boldsymbol{X}|\omega_i)P(\omega_i)} \tag{2-25}$$

引入“损失”的概念后，当考虑错判所造成的损失时，就不能只根据后验概率的大小做决策了，还必须考虑所采用的决策是否损失最小。对于给定的 $\boldsymbol{X}$，如果采取决策 α_i，λ 可以在 m 个 $\lambda(\alpha_i,\omega_j)(i=1,2,\cdots,m)$ 当中任取一个，其相应概率为 $P(\omega_j|\boldsymbol{X})$。因此采取决策 α_i 时的条件期望损失 $R(\alpha_i/\boldsymbol{X})$ 为

$$R(\alpha_i|\boldsymbol{X})=E[\lambda(\alpha_i,\omega_j)]=\sum_{j=1}^{m}\lambda(\alpha_i,\omega_j)P(\omega_j|\boldsymbol{X}) \quad i=1,2,\cdots,a \tag{2-26}$$

在决策论中又把采取决策的 α_i 的条件期望损失 $R(\alpha_i|\boldsymbol{X})$ 称为条件风险。由于 $\boldsymbol{X}$ 是随机向量的观察值，对 $\boldsymbol{X}$ 的不同观察值，采取 α_i 决策时，其条件风险的大小是不同的。所以究竟采取哪一种决策将随 $\boldsymbol{X}$ 的取值而定。决策 α 可以看成随机向量 $\boldsymbol{X}$ 的函数，记为 $\alpha(\boldsymbol{X})$，这里定义期望风险 R 为

$$R=\int R[\alpha(\boldsymbol{X})|\boldsymbol{X}]P(\boldsymbol{X})\mathrm{d}x \tag{2-27}$$

式中，$\mathrm{d}x$ 是特征空间的体积元，积分在整个特征空间进行。期望风险 R 反映对整个特征空间所有 $\boldsymbol{X}$ 的取值都采取相应的决策 $\alpha(\boldsymbol{X})$ 所带来的平均风险；而条件风险 $R(\alpha_i|\boldsymbol{X})$ 只是反映了对某一 $\boldsymbol{X}$ 的取值采取决策 α_i 时所带来的风险。显然，需要采取一系列决策 $\alpha(\boldsymbol{X})$ 使期望风险 R 最小。在考虑错判带来的损失时，我们希望损失最小。如果在采取每一个决策或行动时，都使其风险最小，则对所有的 $\boldsymbol{X}$ 做出决策时，其期望风险也必然最小，这样的决策就是最小风险贝叶斯决策。

最小风险贝叶斯决策规则为：如果

$$R(\alpha_k|\boldsymbol{X})=\min R(\alpha_i|\boldsymbol{X}) \quad i=1,2,\cdots,a \tag{2-28}$$

则有 $\alpha=\alpha(k)$（即采取决策 α_k）。对于实际问题，最小风险贝叶斯决策可按下列步骤实现。

（1）在已知 $P(\omega_j)$，$P(\boldsymbol{X}|\omega_j)$，$j=1,2,\cdots,m$，并给出待识别的 $\boldsymbol{X}$ 的情况下，根据贝叶斯公式可以计算出后验概率

$$P(\omega_j|\boldsymbol{X})=\frac{P(\boldsymbol{X}|\omega_j)P(\omega_j)}{\sum_{i=1}^{m}P(\boldsymbol{X}|\omega_i)P(\omega_i)}\quad j=1,2,\cdots,m \tag{2-29}$$

（2）利用计算出的后验概率及决策表，按式（2-29）有

$$R(\alpha_i|\boldsymbol{X})=E[\lambda(\alpha_i,\omega_j)]=\sum_{j=1}^{m}\lambda(\alpha_i,\omega_j)P(\omega_j|\boldsymbol{X})\quad i=1,2,\cdots,a \tag{2-30}$$

计算出 $\alpha_i(i=1,2,\cdots,a)$ 的条件风险 $R(\alpha_i|\boldsymbol{X})$。

（3）对步骤（2）中得到的 a 个条件风险值 $R(\alpha_i|\boldsymbol{X})$，$i=1,2,\cdots,a$，进行比较，找出使条件风险最小的决策 α_k，即

$$R(\alpha_k|\boldsymbol{X})=\min P(\alpha_i|\boldsymbol{X})\text{，}i=1,2,\cdots,a \tag{2-31}$$

则 α_k 就是最小风险贝叶斯决策。

最小风险贝叶斯决策除了要满足符合实际情况的先验概率 $P(\omega_j)$ 及类条件概率密度 $P(\boldsymbol{X}|\omega_j)$，$j=1,2,\cdots,m$ 的条件，还必须有适合的损失函数 $\lambda(\alpha_i,\omega_j)$，$i=1,2,\cdots,a$，$j=1,2,\cdots,m$。实际工作中要列出合适的决策表很不容易，往往要根据研究的具体问题，分析错误决策所造成损失的严重程度，并与有关专家共同商讨来确定。

2.3.2　最小错误率与最小风险贝叶斯决策的比较

最小错误率贝叶斯决策规则与最小风险贝叶斯决策规则有着某种联系。这里再讨论一下两者的关系。设损失函数为

$$\lambda(\alpha_i,\omega_j)=\begin{cases}0,\ i=j\\1,\ i\neq j\end{cases}\quad i,j=1,2,\cdots,m \tag{2-32}$$

式（2-32）中假设对 m 类只有 m 个决策，即不考虑“拒绝”的情况，对正确决策（即 $i=j$）来说，$\lambda(\alpha_i,\omega_j)=0$，就是没有损失；对任何错误决策来说，其损失为 1。这样定义的损失函数称为 0-1 损失函数。此时条件风险为

$$R(\alpha_i|\boldsymbol{X})=\sum_{j=1}^{m}\lambda(\alpha_i,\omega_j)P(\omega_j|\boldsymbol{X})=\sum_{j=1,j\neq i}^{m}P(\omega_j|\boldsymbol{X})\quad i=1,2,\cdots,a \tag{2-33}$$

式中，$\sum_{j=1,j\neq i}^{m}P(\omega_j|\boldsymbol{X})$ 表示对 $\boldsymbol{X}$ 采取决策 ω_j（此时 ω_j 就相当于 α_i）的条件错误概率。所以在采取 0-1 损失函数时，使

$$R(\alpha_k|\boldsymbol{X})=\min P(\alpha_i|\boldsymbol{X})\quad i=1,2,\cdots,a \tag{2-34}$$

最小风险贝叶斯决策这时就等价于式（2-35）的最小错误率贝叶斯决策。

$$\sum_{j=1,j\neq i}^{m}P(\omega_j|\boldsymbol{X})=\min\sum_{j=1,j\neq i}^{m}P(\omega_j|\boldsymbol{X})\quad i=1,2,\cdots,m \tag{2-35}$$

由此可见，最小错误率贝叶斯决策就是采用 0-1 损失函数条件下的最小风险贝叶斯决策，即前者是后者的特例。

2.3.3 贝叶斯算法的计算过程

（1）输入类数 M、特征数 n、待分样本数 m。

（2）输入训练样本数 N 和训练集矩阵 $\boldsymbol{X}(N\times n)$，并计算有关参数。

（3）计算待分析样本的后验概率。

（4）若按最小风险原则分类，则输入各值，并计算各样本属于各类时的风险并判定各样本类别。

2.3.4 最小风险贝叶斯分类的 MATLAB 实现

1. 初始化

初始化程序如下：

```
%输入训练样本数、类别数、特征数，以及属于各类别的样本个数
N=29;w=4;n=3;N1=4;N2=7;N3=8;N4=10;
```

2. 参数计算

```
%计算每一类训练样本的均值
X1=mean(A')';X2=mean(B')';X3=mean(C')';X4=mean(D')';
%求每一类样本的协方差矩阵
  S1=cov(A');S2=cov(B');S3=cov(C');S4=cov(D');
%计算协方差矩阵的逆矩阵
  S1_=inv(S1);S2_=inv(S2);S3_=inv(S3);S4_=inv(S4);
%计算协方差矩阵的行列式
  S11=det(S1);S22=det(S2);S33=det(S3);S44=det(S4);
%计算训练样本的先验概率
  Pw1=N1/N;Pw2=N2/N;Pw3=N3/N;Pw4=N4/N;%Priori probability
%定义损失函数
loss=ones(4)-diag(diag(ones(4))); %   define the riskloss function (4*4)
%计算后验概率：在这里定义了一个循环
for k=1:30
P1=-1/2*(sample(k,:)'-X1)'*S1_*(sample(k,:)'-X1)+log(Pw1)-1/2*log(S11);
P2=-1/2*(sample(k,:)'-X2)'*S2_*(sample(k,:)'-X2)+log(Pw2)-1/2*log(S22);
P3=-1/2*(sample(k,:)'-X3)'*S3_*(sample(k,:)'-X3)+log(Pw3)-1/2*log(S33);
P4=-1/2*(sample(k,:)'-X4)'*S4_*(sample(k,:)'-X4)+log(Pw4)-1/2*log(S44);
%计算采取决策αi所带来的风险
risk1=loss(1,1)*P1+loss(1,2)*P2+loss(1,3)*P3+loss(1,4)*P4;
risk2=loss(2,1)*P1+loss(2,2)*P2+loss(2,3)*P3+loss(2,4)*P4;
risk3=loss(3,1)*P1+loss(3,2)*P2+loss(3,3)*P3+loss(3,4)*P4;
risk4=loss(4,1)*P1+loss(4,2)*P2+loss(4,3)*P3+loss(4,4)*P4;
risk=[risk1 risk2 risk3 risk4]
%找出最小风险值
minriskloss=min(risk)   % find the least riskloss
```

3. 完整程序及仿真结果

程序代码如下：

```
% bayesleastrisk classifier(文件说明)
%清空工作空间及命令行
clear;
clc;
%输入训练样本数、类别数、特征数，以及属于各类别的样本个数
N=29;w=4;n=3;N1=4;N2=7;N3=8;N4=10;
%输入训练样本，分别输入1、2、3、4类的矩阵A、B、C、D
A=[864.45 877.88 1418.79 1449.58
   1647.31 2031.66 1775.89 1641.58
2665.9   3071.18   2772.9 3045.12]; % A belongs to w1
B=[2352.12 2297.28 2092.62 2205.36 2949.16 2802.88 2063.54
   2557.04 3340.14 3177.21 3243.74 3244.44 3017.11 3199.76
   1411.53 535.62 584.32 1202.69 662.42 1984.98 1257.21];
%B belongs to w2
C=[1739.94 1756.77 1803.58 1571.17 1845.59 1692.62 1680.67 1651.52
   1675.15 1652 1583.12 1731.04 1918.81 1867.5 1575.78 1713.28
   2395.96 1514.98 2163.05 1735.33 2226.49 2108.97 1725.1 1570.38];
%C belongs to w3
D=[373.3 222.85 401.3 363.34 104.8 499.85 172.78 341.59 291.02 237.63
   3087.05 3059.54 3259.94 3477.95 3389.83 3305.75 3084.49 3076.62 3095.68 3077.78
   2429.47 2002.33 2150.98 2462.86 2421.83 3196.22 2328.65 2438.63 2088.95 2251.96];
% D belongs to w4
%计算每一类训练样本的均值
X1=mean(A')';X2=mean(B')';X3=mean(C')';X4=mean(D')';   % mean of training samples for
                                                        % each category
%求每一类样本的协方差矩阵
 S1=cov(A');S2=cov(B');S3=cov(C');S4=cov(D'); % covariance matrix of training samples for
                                               % each type
%计算协方差矩阵的逆矩阵
S1_=inv(S1);S2_=inv(S2);S3_=inv(S3);S4_=inv(S4);% inverse matrix of training samples for
                                                 % each type
%计算协方差矩阵的行列式
S11=det(S1);S22=det(S2);S33=det(S3);S44=det(S4); %   determinant of convariance matrix
%计算训练样本的先验概率
Pw1=N1/N;Pw2=N2/N;Pw3=N3/N;Pw4=N4/N;%Priori probability
sample=[1702.8   1639.79   2068.74
1877.93   1860.96   1975.3
867.81     2334.68   2535.1
1831.49   1713.11   1604.68
460.69    3274.77   2172.99
2374.98   3346.98   975.31
2271.89   3482.97   946.7
1783.64   1597.99   2261.31
198.83    3250.45   2445.08
```

```
1494.63    2072.59    2550.51
1597.03    1921.52    2126.76
1598.93    1921.08    1623.33
1243.13    1814.07    3441.07
2336.31    2640.26    1599.63
3543       300.12     2373.61
2144.47    2501.62    591.51
426.31     3105.29    2057.8
1507.13    1556.89    1954.51
343.07     3271.72    2036.94
2201.94    3196.22    935.53
2232.43    3077.87    1298.87
1580.1     1752.07    2463.04
1962.4     1594.97    1835.95
1495.18    1957.44    3498.02
1125.17    1594.39    2937.73
24.22      3447.31    2145.01
1269.07    1910.72    2701.97
1802.07    1725.81    1966.35
1817.36    1927.4     2328.79
1860.45    1782.88    1875.13];
% Posterior probability as the following
%定义损失函数
loss=ones(4)-diag(diag(ones(4)));  %   define the riskloss function (4*4)
plot(loss); grid on;
xlabel('type');ylabel('Loss function value');
%计算后验概率：在这里定义了一个循环
for k=1:30
P1=-1/2*(sample(k,:)'-X1)'*S1_*(sample(k,:)'-X1)+log(Pw1)-1/2*log(S11);
P2=-1/2*(sample(k,:)'-X2)'*S2_*(sample(k,:)'-X2)+log(Pw2)-1/2*log(S22);
P3=-1/2*(sample(k,:)'-X3)'*S3_*(sample(k,:)'-X3)+log(Pw3)-1/2*log(S33);
P4=-1/2*(sample(k,:)'-X4)'*S4_*(sample(k,:)'-X4)+log(Pw4)-1/2*log(S44);
%计算采取决策αi所带来的风险
risk1=loss(1,1)*P1+loss(1,2)*P2+loss(1,3)*P3+loss(1,4)*P4;
risk2=loss(2,1)*P1+loss(2,2)*P2+loss(2,3)*P3+loss(2,4)*P4;
risk3=loss(3,1)*P1+loss(3,2)*P2+loss(3,3)*P3+loss(3,4)*P4;
risk4=loss(4,1)*P1+loss(4,2)*P2+loss(4,3)*P3+loss(4,4)*P4;
risk=[risk1 risk2 risk3 risk4]
%找出最小风险值
minriskloss=min(risk)   % find the least riskloss
%返回测试样本的所属类别
% return the category of the least riskloss as following
if risk1==min(risk)
    w=1
```

```
elseif risk2= = min(risk)
      w=2
elseif   risk3= =min(risk)
         w=3
elseif risk4= =min(risk)
      w=4
else
return
end
end
```

运行程序得到的损失函数的矩阵为：

```
loss =
      0     1     1     1
      1     0     1     1
      1     1     0     1
      1     1     1     0
```

得到贝叶斯决策表，如表 2-3 所示。

表 2-3　贝叶斯决策表

类　别	ω_1	ω_2	ω_3	ω_4
α_1	0	1	1	1
α_2	1	0	1	1
α_3	1	1	0	1
α_4	1	1	1	0

损失函数图如图 2-7 所示。

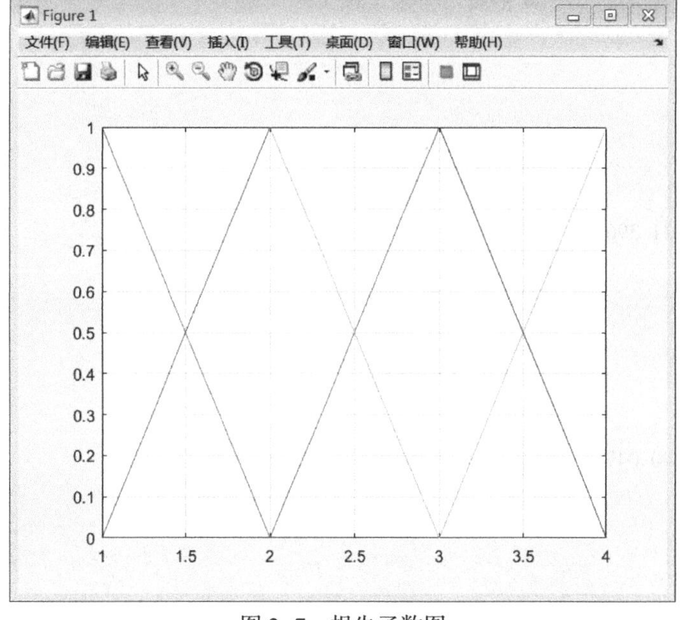

图 2-7　损失函数图

继续运行程序，MATLAB 命令窗口显示的结果如下：

```
risk =
  -225.5967  -222.5860  -243.6736  -89.1876
minriskloss =
-243.6736
w =
3
risk =
-236.9281  -254.4333  -267.3770  -100.7884
minriskloss =
-267.3770
w =
3
risk =
-191.6357  -187.3309  -118.3493  -175.2054
minriskloss =
-191.6357
w =
1
risk =
-251.7846  -276.6121  -294.2996  -117.2393
minriskloss =
-294.2996
w =
3
risk =
-306.7751  -371.4747  -169.8384  -395.3304
minriskloss =
-395.3304
w =
4
risk =
-527.6450  -831.3965  -658.2358  -535.0288
minriskloss =
-831.3965
w =
2
risk =
-516.1409  -840.0497  -662.7313  -561.7078
minriskloss =
-840.0497
w =
2
```

```
risk =
-238.2212   -229.1473   -249.5309   -84.3845
minriskloss =
-249.5309
w =
3
risk =
-384.1623   -417.6881   -152.1706   -451.3320
minriskloss =
-451.3320
w =
4
risk =
-173.2142   -171.0475   -173.6852   -90.6772
minriskloss =
-173.6852
w =

3
risk =
-190.2958   -197.7363   -210.8427   -91.9974
minriskloss =
-210.8427
w =
3
risk =
-201.1545   -233.5756   -247.6003   -117.9971
minriskloss =
-247.6003
w =
3
risk =
-219.8759   -200.7782   -173.5703   -134.8556
minriskloss =
-219.8759
w =
1
risk =
-375.2066   -505.3220   -432.9655   -264.1726
minriskloss =
-505.3220
w =
2
```

```
risk =
-342.0554  -389.9420  -159.5456  -420.4420
minriskloss =
-420.4420
w =
4
risk =
-391.7323  -602.1676  -534.2673  -353.3480
minriskloss =
-602.1676
w =

2
risk =
-292.8245  -350.3599  -158.4555  -372.8588
minriskloss =
-372.8588
w =
4
risk =
-215.8337  -208.6549  -228.7517  -97.1952
minriskloss =
-228.7517
w =
3
risk =
-331.3153  -401.5729  -176.3704  -427.3639
minriskloss =
-427.3639
w =
4
risk =
-444.7721  -718.8749  -585.7638  -464.5642
minriskloss =
-718.8749
w =
2
risk =
-404.5625  -617.0008  -507.0459  -379.8982
minriskloss =
-617.0008
w =
2
```

```
risk =
-200.0040   -188.5023   -202.9287   -82.0465
minriskloss =
-202.9287
w =
3
risk =
-280.3708   -289.5207   -305.2451   -108.2437
minriskloss =
-305.2451
w =
3
risk =
-201.1284   -185.7029   -178.9540   -105.8759
minriskloss =
-201.1284
w =
1
risk =
-229.6958   -204.2460   -176.7869   -136.2208
minriskloss =
-229.6958
w =
1
risk =
-454.8835   -518.7193   -193.0544   -551.2891
minriskloss =
-551.2891
w =
4
risk =
-182.6951   -166.4209   -156.1743   -104.4475
minriskloss =
-182.6951
w =
1
risk =
-234.1142   -241.7995   -260.4340   -95.1993
minriskloss =
-260.4340
w =
3
risk =
```

```
-214.3639   -219.7679   -232.7225   -85.5928
minriskloss =
-232.7225
w =
3
risk =
-242.2520   -258.9318   -274.4652   -103.1823
minriskloss =
-274.4652
w =
3
```

运行 m 个文件程序，将得到的结果整理成表，如表 2-4 所示。

表 2-4 待测样本分类表

待测样本特征			属于 1 类风险	属于 2 类风险	属于 3 类风险	属于 4 类风险	最小风险	所属类别
1702.8	1639.79	2068.74	-225.5967	-222.5860	-243.6736	-89.1876	-243.6736	3
1877.93	1860.96	1975.3	-236.9281	-254.4333	-267.3770	-100.7884	-267.3770	3
867.81	2334.68	2535.1	-191.6357	-187.3309	-118.3493	-175.2054	-191.6357	1
1831.49	1713.11	1604.68	-251.7846	-276.6121	-294.2996	-117.2393	-294.2996	3
460.69	3274.77	2172.99	-306.7751	-371.4747	-169.8384	-395.3304	-395.3304	4
2374.98	3346.98	975.31	-527.6450	-831.3965	-658.2358	-535.0288	-831.3965	2
2271.89	3482.97	946.7	-516.1409	-840.0497	-662.7313	-561.7078	-840.0497	2
1783.64	1597.99	2261.31	-238.2212	-229.1473	-249.5309	-84.3845	-249.5309	3
198.83	3250.45	2445.08	-384.1623	-417.6881	-152.1706	-451.3320	-451.3320	4
1494.63	2072.59	2550.51	-173.2142	-171.0475	-173.6852	-90.6772	-173.6852	3
1597.03	1921.52	2126.76	-190.2958	-197.7363	-210.8427	-91.9974	-210.8427	3
1598.93	1921.08	1623.33	-201.1545	-233.5756	-247.6003	-117.9971	-247.6003	3
1243.13	1814.07	3441.07	-219.8759	-200.7782	-173.5703	-134.8556	-219.8759	1
2336.31	2640.26	1599.63	-375.2066	-505.3220	-432.9655	-264.1726	-505.3220	2
354	3300.12	2373.61	-342.0554	-389.9420	-159.5456	-420.4420	-420.4420	4
2144.47	2501.62	591.51	-391.7323	-602.1676	-534.2673	-353.3480	-602.1676	2
426.31	3105.29	2057.8	-292.8245	-350.3599	-158.4555	-372.8588	-372.8588	4
1507.13	1556.89	1954.51	-215.8337	-208.6549	-228.7517	-97.1952	-228.7517	3
343.07	3271.72	2036.94	-331.3153	-401.5729	-176.3704	-427.3639	-427.3639	4
2201.94	3196.22	935.53	-444.7721	-718.8749	-585.7638	-464.5642	-718.8749	2
2232.43	3077.87	1298.87	-404.5625	-617.0008	-507.0459	-379.8982	-617.0008	2
1580.1	1752.07	2463.04	-200.0040	-188.5023	-202.9287	-82.0465	-202.9287	3
1962.4	1594.97	1835.95	-280.3708	-289.5207	-305.2451	-108.2437	-305.2451	3
1495.18	1957.44	3498.02	-201.1284	-185.7029	-178.9540	-105.8759	-201.1284	1
1125.17	1594.39	2937.73	-229.6958	-204.2460	-176.7869	-136.2208	-229.6958	1
24.22	3447.31	2145.01	-454.8835	-518.7193	-193.0544	-551.2891	-551.2891	4

续表

待测样本特征			属于 1 类风险	属于 2 类风险	属于 3 类风险	属于 4 类风险	最小 风险	所属类别
1269. 07	1910. 72	2701. 97	-182. 6951	-166. 4209	-156. 1743	-104. 4475	-182. 6951	1
1802. 07	1725. 81	1966. 35	-234. 1142	-241. 7995	-260. 4340	-95. 1993	-182. 6951	3
1817. 36	1927. 4	2328. 79	-214. 3639	-219. 7679	-232. 7225	-85. 5928	-232. 7225	3
1860. 45	1782. 88	1875. 13	-242. 2520	-258. 9318	-274. 4652	-274. 4652	-274. 4652	3

该分类结果与标准分类存在一个数据类别不同的差异：即数据“1494. 63，2072. 59，2550. 51”。用上述方法得到的分类结果中该数据属于类别 3，而在标准分类中该数据属于类别 1。出现这种情况的原因可能是基于最小风险的贝叶斯分类的分类方法存在误差。

反过来验证分类结果的正确性。

修改 MATLAB 循环语句的循环次数与后验概率的输入向量：

```
for k=1:29
  P1=-1/2*(pattern(k,:)'-X1)'*S1_*(pattern(k,:)'-X1)+log(Pw1)-1/2*log(S11);
  P2=-1/2*(pattern(k,:)'-X2)'*S2_*(pattern(k,:)'-X2)+log(Pw2)-1/2*log(S22);
  P3=-1/2*(pattern(k,:)'-X3)'*S3_*(pattern(k,:)'-X3)+log(Pw3)-1/2*log(S33);
  P4=-1/2*(pattern(k,:)'-X4)'*S4_*(pattern(k,:)'-X4)+log(Pw4)-1/2*log(S44);
```

得到 MATLAB 命令窗显示的结果，部分结果如下：

```
risk =
-223.2045   -213.1886   -231.9085   -80.3811
minriskloss =
-231.9085
w =
3
risk =
-315.9476   -345.1539   -136.7743   -373.5723
minriskloss =
-373.5723
w =
4
risk =
-246.9909   -270.3278   -291.5826   -119.2448
minriskloss =
-291.5826
w =
3
risk =
-241.1256   -213.7000   -157.3226   -168.3969
minriskloss =
-241.1256
w =
1
```

可以看出，其与训练样本的分类结果是完全吻合的。

以贝叶斯决策理论为核心内容的统计决策理论是统计模式识别的重要基础，理论上该分类理论有最优性能：即分类错误或风险在所有分类器中是最小的，常可以作为衡量其他分类器设计方法优劣的标准。

但是该方法明显的局限性体现为：该方法需要已知类别数，以及各类别的先验概率和类条件概率密度，也就是说要分两步来解决模式识别问题——先根据训练样本设计分类器，再对测试样本进行分类。因此有必要研究直接从测试样本出发设计分类器的其他方法。

（1）什么是最小错误率贝叶斯决策？

（2）什么是最小风险贝叶斯决策？

（3）最小错误率贝叶斯决策与最小风险贝叶斯决策的区别是什么？

第3章　判别函数分类器设计

3.1　判别函数简介

直接使用贝叶斯决策需要首先得到有关样本总体分布的知识，包括各类先验概率$P(\omega_1)$及类条件概率密度函数，计算出样本的后验概率 $P(\omega_1|\boldsymbol{X})$，并以此作为产生判别函数的必要数据，设计出相应的判别函数与决策面，这种方法称为判别函数法。它的前提是对特征空间中的各类样本的分布已很清楚，一旦待测试分类样本的特征向量值$\boldsymbol{X}$已知，就可以确定$\boldsymbol{X}$对各类的后验概率，也就可按相应的准则计算与分类。所以判别函数等的确定取决于样本统计分布的有关知识。因此，参数分类判别方法一般只能用在有统计知识的场合，或能利用训练样本估计出参数的场合。

由于一个模式通过某种变换映射为一个特征向量后，该特征向量可以理解为特征空间中的一个点，在特征空间中，属于一个类的点集，总是在某种程度上与属于另一个类的点集相分离，各个类之间确定可分离。因此，如果能够找到一个分离函数（线性或非线性函数），把不同类的点集分开，则分类任务就解决了。判别函数法不依赖于条件概率密度的知识，可以理解为通过几何的方法，把特征空间分解为对应于不同类别的子空间。而且图形呈线性的分离函数，将使计算简化。

假定样品$\boldsymbol{X}$有两个特征，即$\boldsymbol{X}=(x_1,x_2)^{\mathrm{T}}$，每一个样本都对应二维空间中的一个点，每个点属于一类图像，共分3类：ω_1、ω_2和ω_3。那么待测$\boldsymbol{X}$属于哪一类呢？对这个问题的解答就要看它最接近于哪一类，若最接近于ω_1则为ω_1类，若最接近于ω_2则为ω_2类，若最接近于ω_3则为ω_3类。在各类之间要有一个边界，若能知道各类之间的边界，那么就知道待测样品属于哪一类了。所以，要进一步掌握如何去寻找这条分界线。找分界线的方法就是判别函数法，判别函数法就是提供一个确定的分界线方程，这个分界线方程称为判别函数，因此，判别函数描述了各类之间的分界线的具体形式。

判别函数法按照分界函数的形式可以划分为线性判别函数和非线性判别函数两大类。线性分类器由于涉及的数学方法较为简单，在计算机上实现容易，故在模式识别中被广泛应用。但是，这并不意味着在模式识别中只有线性分类器就足够了。在模式识别的许多问题中，由于线性分类器固有的局限性，它并不能提供理想的识别效果，必须求助于非线性分类器。而且，有些较为简单的非线性分类器，对某些模式识别问题的解决，显得既简单，效果又好。

3.2　线性判别函数

判别函数分为线性判别函数和非线性判别函数。最简单的判别函数是线性判别函数，它是由所有特征量线性组合构成的。

1. 两类情况

两类情况分类器如图 3-1 所示，根据计算结果的符号将 $\boldsymbol{X}$ 分类。

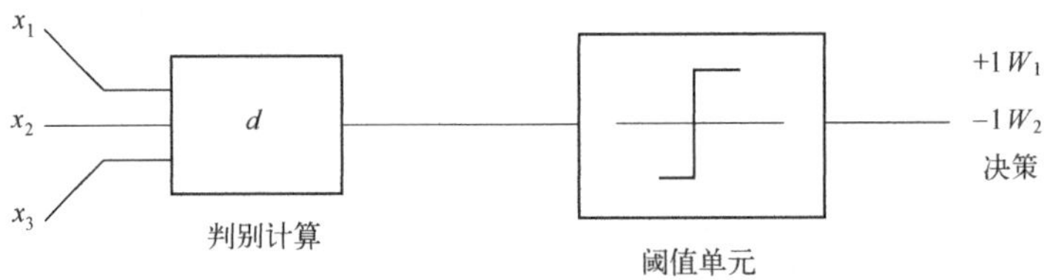

图 3-1　两类情况分类器

(1) 2 个特征：每类模式有 2 个特征，样本是二维的，在二维模式空间中存在线性判别函数，为

$$d(\boldsymbol{X})=\omega_1x_1+\omega_2x_2+\omega_3=0 \tag{3-1}$$

式中，ω_1、ω_2、ω_3 为参数，可称为权值；x_1 和 x_2 为坐标变量，即模式的特征值。

可以很明显地看到，属于 ω_1 类的任一模式代入 $d(\boldsymbol{X})$后为正值，而属于 ω_2 类的任一模式代入 $d(\boldsymbol{X})$后为负值，如图 3-2 所示。

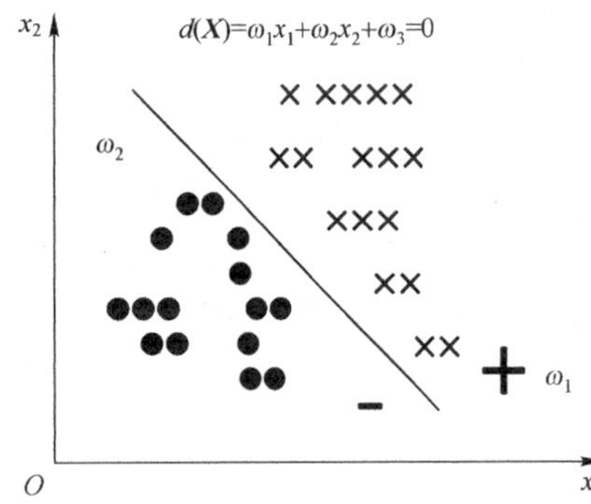

图 3-2　两类模式的线性判别函数

因此，$d(\boldsymbol{X})$可以用来判断某一模式所属的类别，在此称 $d(\boldsymbol{X})$为判别函数。给定某一未知类别的模式 $\boldsymbol{X}$，若 $d(\boldsymbol{X})>0$，则 $\boldsymbol{X}$ 属于 ω_1 类；若 $d(\boldsymbol{X})<0$，则 $\boldsymbol{X}$ 属于 ω_2 类；若 $d(\boldsymbol{X})=0$，则此时 $\boldsymbol{X}$ 落在分界线上，即 $\boldsymbol{X}$ 的类别处于不确定状态，这一概念不仅局限于两类别情况，还可推广到有限维欧氏空间的非线性边界的一般情况中。

(2) 3 个特征：每类模式有 3 个特征，样品是三维的，判别边界为一平面。

(3) 3 个以上特征：每类模式有 3 个以上特征，判别边界为一超平面。

对于 n 维空间，用矢量 $\boldsymbol{X}=(x_1,x_2,\cdots,x_n)^{\mathrm{T}}$ 来表示模式，一般的线性判别函数形式为

$$d(\boldsymbol{X})=w_1x_1+w_2x_2+\cdots+w_nx_n+w_{n+1}=\boldsymbol{W}_0^{\mathrm{T}}\boldsymbol{X}+w_{n+1} \tag{3-2}$$

式中，$\boldsymbol{W}_0=(w_1,w_2,\cdots,w_n)^{\mathrm{T}}$ 称为权矢量或参数矢量。如果在所有模式矢量的最末元素后再附加元素 1，则式（3-2）可以写成

$$d(\boldsymbol{X})=\boldsymbol{W}^{\mathrm{T}}\boldsymbol{X} \tag{3-3}$$

的形式。式中 $\boldsymbol{X}=(x_1,x_2,\cdots,x_n,1)^{\mathrm{T}}$ 和 $\boldsymbol{W}=(w_1,w_2,\cdots,w_n,w_{n+1})^{\mathrm{T}}$ 分别称为增 1 模式矢量和权矢量。式（3-3）仅仅是为了方便而提出来的，模式类的基本几何性质并没有改变。

在两种类别情况下，判别函数 $d(\boldsymbol{X})$有下述性质，即

$$d(\boldsymbol{X})=\boldsymbol{W}^{\mathrm{T}}\boldsymbol{X}\begin{cases}>0, & \boldsymbol{X}\in\omega_1\\<0, & \boldsymbol{X}\in\omega_2\end{cases} \tag{3-4}$$

满足 $d(\boldsymbol{X})=\boldsymbol{W}^{\mathrm{T}}\boldsymbol{X}=0$ 的点为两类的判别边界。

2. 多类情况

对于多类别问题，假设有 M 类模式 $\omega_1,\omega_2,\cdots,\omega_M$。对于 n 维空间中的 M 个类别，就要给出 M 个判别函数：$d_1(\boldsymbol{X})$，$d_2(\boldsymbol{X})$，…，$d_M(\boldsymbol{X})$，分类器基本形式如图 3-3 所示，若 $\boldsymbol{X}$ 属

于第 i 类，则有

$$d_i(\boldsymbol{X})=d_j(\boldsymbol{X})\quad j=1,2,\cdots,M;i\neq j \tag{3-5}$$

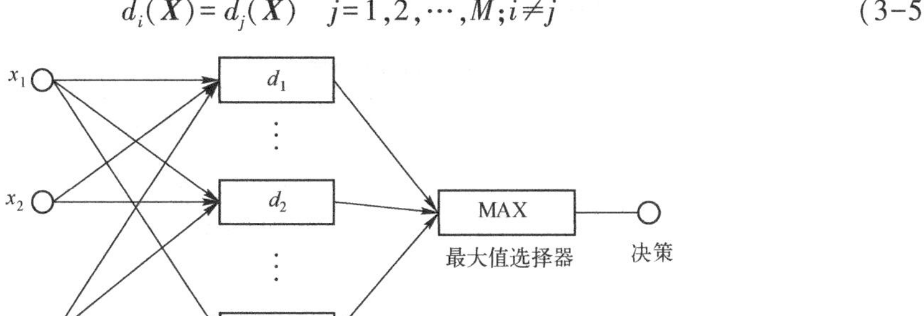

图 3-3　判别函数构成的多类分类器基本形式

（1）第一种情况：每一个类别可用单个判别平面分割，因此 M 类有 M 个判别函数，具有下面的性质

$$d_i(\boldsymbol{X})=\boldsymbol{W}_i^{\mathrm{T}}(\boldsymbol{X})\begin{cases}>0, & \boldsymbol{X}\in\omega_i\\ <0, & \text{其他}\end{cases}\quad i=1,2,\cdots,M \tag{3-6}$$

如图 3-4 所示，有 3 个模式类，每一类别可用单个判别边界与其余类别划分开。

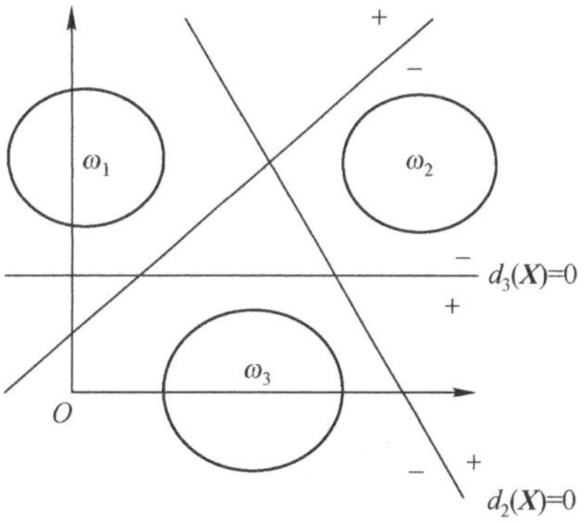

图 3-4　多类情况（1）

（2）第二种情况：每两个类别之间可用判别平面分开，有 $M(M-1)/2$ 个判别函数，判别函数形式为

$$d_{ij}(\boldsymbol{X})=\boldsymbol{W}_{ij}^{\mathrm{T}}(\boldsymbol{X})\text{，且 }d_{ij}(\boldsymbol{X})=-d_{ji}(\boldsymbol{X}) \tag{3-7}$$

若 $d_{ij}(\boldsymbol{X})>0$，$\forall j\neq i$，则 $\boldsymbol{X}$ 属于 ω_i 类。

没有一个类别可以用一个判别平面与其他类分开，如图 3-5 所示，每个边界只能分割两类。

（3）第三种情况：存在 M 个判别函数，判别函数形式为

$$d_i(\boldsymbol{X})=\boldsymbol{W}_i^{\mathrm{T}}(\boldsymbol{X})\quad i=1,2,\cdots,M \tag{3-8}$$

把 $\boldsymbol{X}$ 代入 M 个判别函数中，判别函数最大的那个类就是 $\boldsymbol{X}$ 所属类别。与第一种情况的区别在于此种情况下可以有多个判别函数的值大于 0，而第一种情况下只有一个判别函数的值大于 0，如图 3-6 所示。

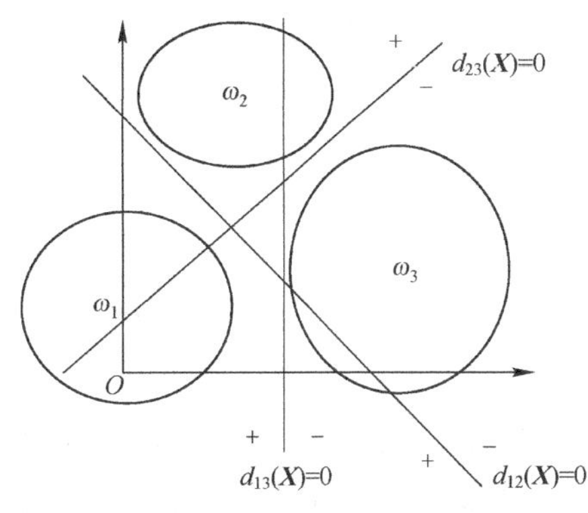

图 3-5　多类情况（2）

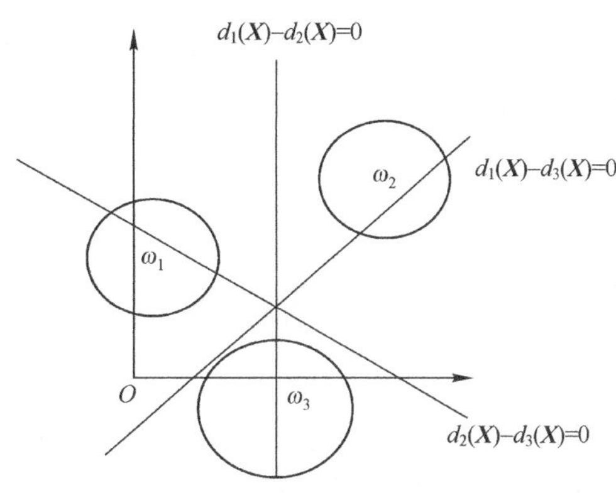

图 3-6　多类情况（3）

若可用以上几种情况中的任一种线性判别函数来进行分类，则这些模式类称为线性可分的。如表 3-1 所示为线性分类器判别函数形式。

表 3-1　线性分类器判别函数形式

<table>
<tr><th>类 别 情 况</th><th>判 别 平 面</th><th>判别函数形式</th></tr>
<tr><td rowspan="3">（两类情况）
x_1　x_2　x_3
d
判别计算
阈值单元</td><td>样本是二维的，判别边界为一直线
$d(\boldsymbol{X})=w_1x_1+w_2x_2+w_3=0$</td><td>若 $d(\boldsymbol{X})>0$，则 $\boldsymbol{X}$ 属于 ω_1 类；
若 $d(\boldsymbol{X})<0$，则 $\boldsymbol{X}$ 属于 ω_2 类；
若 $d(\boldsymbol{X})=0$，则 $\boldsymbol{X}$ 落在分界线上，类别不确定</td></tr>
<tr><td>样本是三维的，判别边界为一平面
$d(\boldsymbol{X})=w_1x_1+w_2x_2+w_3x_3+w_4=0$</td><td>同上</td></tr>
<tr><td>有 3 个以上特征，判别边界为一超平面
$d(\boldsymbol{X})=w_1x_1+w_2x_2+\cdots+w_nx_n+w_{n+1}=0$</td><td>$d(\boldsymbol{X})=\boldsymbol{W}^{\mathrm{T}}\boldsymbol{X}\begin{cases}>0, & \boldsymbol{X}\in\omega_1\\<0, & \boldsymbol{X}\in\omega_2\end{cases}$
$d(\boldsymbol{X})=\boldsymbol{W}^{\mathrm{T}}\boldsymbol{X}=0$ 为两类的判别边界</td></tr>
<tr><td rowspan="3">（多类情况）
x_1　x_2　x_3
d_1　d_2　d_M
MAX
最大值选择器
决策</td><td>每一个类别可用单个判别平面分割，M 类有 M 个判别函数。
存在不满足条件的不确定区域</td><td>$d_i(\boldsymbol{X})=\boldsymbol{W}_i^{\mathrm{T}}(\boldsymbol{X})\begin{cases}>0, & \boldsymbol{X}\in\omega_i\\<0, & 其他\end{cases}$</td></tr>
<tr><td>每两个类别之间可用判别平面分开，有 $M(M-1)/2$ 个判别函数，存在不满足条件的不确定区域</td><td>$d_{ij}(\boldsymbol{X})=\boldsymbol{W}_{ij}^{\mathrm{T}}(\boldsymbol{X})$，
若 $d_{ij}(\boldsymbol{X})>0$，$\forall j\neq i$，则 $\boldsymbol{X}$ 属于 ω_i 类</td></tr>
<tr><td>存在 M 个判别函数，$i=1,2,\cdots,M$，除边界以外，没有不确定区域，是第 2 种情况的特殊状态。在此条件下可分，则在第 2 种情况下也可分；反之不然</td><td>$d_i(\boldsymbol{X})=\boldsymbol{W}_i^{\mathrm{T}}\boldsymbol{X}_{\max}(d_i(\boldsymbol{X}))$，把 $\boldsymbol{X}$ 代入 M 个判别函数中，判别函数值最大的那个类就是 $\boldsymbol{X}$ 所属的类</td></tr>
</table>

模式分类方案取决于两个因素：判别函数 $d(\boldsymbol{X})$ 的形式和系数 $\boldsymbol{W}$。前者和所研究模式类的集合形式直接有关。一旦前者确定后，需要确定的就是后者，它们可通过模式的样本来确定。

3.3　线性判别函数的实现

前面介绍了判别函数的形式。对于判别函数，应该确定两方面内容：一方面是方程的形式，另一方面是方程所带的系数。对于线性判别函数，方程的形式固定为线性，维数固定为特征向量的维数，方程组的数量取决于待识别对象的类数。既然方程组的数量、维数和形式已定，则对判别函数的设计就是确定函数的各系数，即线性方程的各个权值。下面将讨论怎样确定线性判别函数的系数。

首先按需要确定一准则函数，如费希尔（Fisher）准则、LMSE 算法。确定准则函数 J 达到极值时 $\boldsymbol{W}^*$ 及 $\boldsymbol{W}_0^*$ 的具体数值，从而确定判别函数，完成分类器设计。线性分类器设计任务是在给定样品集的条件下，确定线性判别函数的各项系数；对待测样品进行分类时，能满足相应的准则函数 J 为最优的要求。这种方法的具体过程大致如下。

（1）确定判别函数类型或决策面方程类型，如线性分类器、分段线性分类器、非线性分类器或近邻法等。

（2）按需要确定一准则函数 J，如费希尔准则、LMSE 算法。LMSE 算法以最小均方误差为准则。

（3）确定准则函数 J 达到极值时 $\boldsymbol{W}^*$ 及 $\boldsymbol{W}_0^*$ 的具体数值，从而确定判别函数，完成分类器设计。

在计算机上确定各权值时采用的是“训练”或“学习”的方法，就是挑选一批已分类的样品，把这批样品输入计算机的“训练”程序中去，通过多次迭代后，准则函数 J 达到极值，得到正确的线性判别函数。

下面具体介绍各种分类器的设计与实现。

3.4　费希尔分类器的设计与实现

1. 费希尔判别法简介和基本原理

费希尔（Fisher）判别法作为一种分类方法是 1936 年由 R. A. Fisher 首先提出的。费希尔判别法是一种线性判别法，线性判别又称线性准则，与线性准则相对应的还有非线性准则，其中一些非线性准则在变换条件下可以化为线性准则，因此对应于 d 维特征空间，线性判别函数虽然最简单，但是在应用上具有普遍意义，便于对分类问题进行理解与描述。

基于线性判别函数的线性分类方法，虽然使用有限样本集合来构造，但是从严格意义上来讲属于统计分类方法。也就是说，对于线性分类器的检验，应建立在样本扩充的条件下，以基于概率的尺度来评价才是有效的评价。尽管线性分类器的设计在满足统计学要求的评价下并不完美，但是由于其具有简单性与实用性，在分类器设计中还是获得了广泛的应用。

在用统计学方法进行模式识别时，许多问题涉及维数，在低维空间行得通的方法，在高维空间往往不行。因此，降低维数成为解决实际问题的关键。费希尔判别法就是解决维数压缩问题的方法。

对 $\boldsymbol{X}_n$ 的分量做线性组合可得到标量，如式（3-9）

$$y_n = \boldsymbol{W}^{\mathrm{T}}\boldsymbol{X}_n \quad i=1,2 \tag{3-9}$$

首先要解决的问题就是怎样找到最好的投影直线方向和怎样向这个方向实现投影。这个投影变换就是要寻求的解向量 $\boldsymbol{W}^*$。

设计线性分类器首先要确定准则函数，然后利用训练样本集确定该分类器的参数，以求使所确定的准则达到最佳效果。在使用线性分类器时，样本的分类由其判别函数值决定，而每个样本的判别函数值是其各分量的线性加权和，再加上一阈值 y_0。

如果我们只考虑各分量的线性加权和，则它是各样本向量与向量 $\boldsymbol{W}$ 的向量点积。如果向量 $\boldsymbol{W}$ 的幅度为单位长度，则线性加权和可看作各样本向量在向量 $\boldsymbol{W}$ 上的投影。

费希尔判别法基本原理是，对于 d 维空间的样本，投影到一维坐标上，样本特征将混杂在一起，难以区分。费希尔判别法的目的，就是要找到一个最合适的投影轴 $\boldsymbol{W}$，使两类样本在该轴上投影的交叠部分最少，从而使分类效果为最佳。如何寻找一个投影方向，使得样本集合在该投影方向上最易区分，这就是费希尔判别法所要解决的问题。费希尔投影原理如图 3-7 所示。

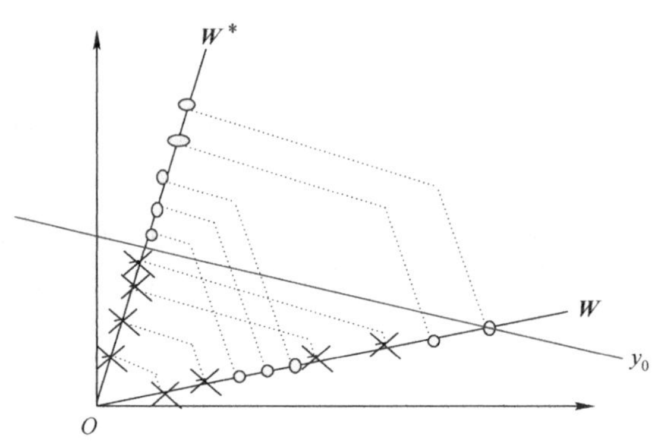

图 3-7 费希尔投影原理

费希尔准则函数的基本思路：向量 $\boldsymbol{W}$ 的方向应能使两类样本投影的均值之差尽可能大，以及使类内样本的离散程度尽可能小。

2. 费希尔分类器的设计

已知 N 个 d 维样本数据集合 $\boldsymbol{X}=\{x_1,x_2,\cdots,x_N\}$，其中类别为 ω_i $(i=1,2)$，样本容量为 N_i，其子集为 x_i，求投影坐标向量 $\boldsymbol{W}$ 与原特征向量 $\boldsymbol{X}$ 的数量积，可得投影表达式为 $y_n=\boldsymbol{W}^{\mathrm{T}}\boldsymbol{X}_n$，$n=1,2,\cdots,N$。

相应地，y_n 也有两个子集 y_1 和 y_2。如果只考虑投影向量 $\boldsymbol{W}$ 的方向，不考虑其长度，即默认其长度为 1，则 y_n 即为 $\boldsymbol{X}_n$ 在 $\boldsymbol{W}$ 方向上的投影。费希尔准则的目的就是寻找最优投影方向，使得 $\boldsymbol{W}$ 为最好的投影向量 $\boldsymbol{W}^*$。

样本在 d 维特征空间的一些描述量如下。

（1）各类样本均值向量 $\boldsymbol{m}_i$

$$\boldsymbol{m}_i=\frac{1}{N_i}\sum_{X\in\omega_i}\boldsymbol{X}\quad i=1,2 \tag{3-10}$$

（2）样本类内离散度矩阵 $\boldsymbol{S}_i$ 与总类内离散度矩阵 $\boldsymbol{S}_w$

$$\boldsymbol{S}_i=\sum_{X\in\omega_i}(\boldsymbol{X}-\boldsymbol{m}_i)(\boldsymbol{X}-\boldsymbol{m}_i)^{\mathrm{T}}\quad i=1,2 \tag{3-11}$$

$$\boldsymbol{S}_w=\boldsymbol{S}_1+\boldsymbol{S}_2 \tag{3-12}$$

（3）样本类间离散度矩阵 $\boldsymbol{S}_b$

$$\boldsymbol{S}_b=(\boldsymbol{m}_1-\boldsymbol{m}_2)(\boldsymbol{m}_1-\boldsymbol{m}_2)^{\mathrm{T}} \tag{3-13}$$

如果在一维空间内投影，则有：

各类样本均值向量 $\overline{\boldsymbol{m}}_i$

$$\overline{m}_i = \frac{i}{N_i}\sum_{y\in y_i} y \quad i = 1,2 \tag{3-14}$$

样本类内离散度矩阵$\overline{S}_i$ 与总类内离散度矩阵$\overline{S}_w$ 为

$$\overline{S}_i = \sum_{y\in y_i}(y - \overline{m}_i)^2 \quad i = 1,2 \tag{3-15}$$

$$\overline{S}_w = \overline{S}_1 + \overline{S}_2 \tag{3-16}$$

费希尔准则函数定义的原则为：投影后一维空间中的样本类别区分清晰，两类样本的距离越大越好，也就是均值向量之差$(\overline{\boldsymbol{m}}_1-\overline{\boldsymbol{m}}_2)$越大越好；各类样本内部密集，即类内离散度$\overline{S}_w=\overline{S}_1+\overline{S}_2$ 越小越好。根据上述两条原则，构造费希尔准则函数

$$J_{\mathrm{F}}(\boldsymbol{W}) = \frac{(\overline{\boldsymbol{m}}_1-\overline{\boldsymbol{m}}_2)^2}{\overline{S}_1+\overline{S}_2} \tag{3-17}$$

使得 $J_{\mathrm{F}}(\boldsymbol{W})$ 为最大值的 $\boldsymbol{W}$ 即为要求的投影向量 $\boldsymbol{W}^*$。

式(3-17)称为费希尔准则函数，需进一步化为 $\boldsymbol{W}$ 的显函数，为此要对$\overline{\boldsymbol{m}}_1$、$\overline{\boldsymbol{m}}_2$ 等项进一步演化。由于

$$\overline{m}_i = \frac{1}{N}\sum_{y\in y_i} y = \frac{1}{N}\sum_{y\in y_i}\boldsymbol{W}^{\mathrm{T}}\boldsymbol{X} = \boldsymbol{W}^{\mathrm{T}}\left(\frac{1}{N}\sum_{y\in y_i}\boldsymbol{X}\right) = \boldsymbol{W}^{\mathrm{T}}\boldsymbol{m}_i \tag{3-18}$$

则有

$$(\overline{\boldsymbol{m}}_1-\overline{\boldsymbol{m}}_2)^2 = (\boldsymbol{W}^{\mathrm{T}}\boldsymbol{m}_1-\boldsymbol{W}^{\mathrm{T}}\boldsymbol{m}_2)^2 = \boldsymbol{W}^{\mathrm{T}}(\boldsymbol{m}_1-\boldsymbol{m}_2)(\boldsymbol{m}_1-\boldsymbol{m}_2)^{\mathrm{T}}\boldsymbol{W} = \boldsymbol{W}^{\mathrm{T}}\boldsymbol{S}_b\boldsymbol{W} \tag{3-19}$$

其中 $\boldsymbol{S}_b=(\boldsymbol{m}_1-\boldsymbol{m}_2)(\boldsymbol{m}_1-\boldsymbol{m}_2)^{\mathrm{T}}$ 为类间离散矩阵。类内离散度为

$$\overline{S}_i = \sum_{y\in y_i}(y - \overline{m}_i)^2 = \sum_{y\in y_i}(\boldsymbol{W}^{\mathrm{T}}\boldsymbol{X} - \boldsymbol{W}^{\mathrm{T}}\boldsymbol{m}_i)^2 = \boldsymbol{W}^{\mathrm{T}}\left[\sum_{x\in x_i}(\boldsymbol{X} - \boldsymbol{m}_i)(\boldsymbol{X} - \boldsymbol{m}_i)^{\mathrm{T}}\right]\boldsymbol{W} = \boldsymbol{W}^{\mathrm{T}}\boldsymbol{S}_i\boldsymbol{W} \tag{3-20}$$

其中

$$\boldsymbol{S}_i = \sum_{x\in x_i}(\boldsymbol{X} - \boldsymbol{m}_i)(\boldsymbol{X} - \boldsymbol{m}_i)^{\mathrm{T}} \tag{3-21}$$

则总类内离散度为

$$\overline{S}_w = \overline{S}_1+\overline{S}_2 = \boldsymbol{W}^{\mathrm{T}}(\boldsymbol{S}_1+\boldsymbol{S}_2)\boldsymbol{W} = \boldsymbol{W}^{\mathrm{T}}\boldsymbol{S}_w\boldsymbol{W} \tag{3-22}$$

将式（3-19）与式（3-22）代入式（3-17），得到费希尔准则函数关于变量 $\boldsymbol{W}$ 的公式为

$$J_{\mathrm{F}}(\boldsymbol{W}) = \frac{\boldsymbol{W}^{\mathrm{T}}\boldsymbol{S}_b\boldsymbol{W}}{\boldsymbol{W}^{\mathrm{T}}\boldsymbol{S}_w\boldsymbol{W}} \tag{3-23}$$

对 $\boldsymbol{X}_n$ 的分量做线性组合 $y_n=\boldsymbol{W}^{\mathrm{T}}\boldsymbol{X}_n$，$n=1,2,\cdots,N$，从几何意义上看，$\|\boldsymbol{W}\|=1$，则每个 y_n 就是相对应的 $\boldsymbol{X}_n$ 到方向为 $\boldsymbol{W}$ 的直线上的投影。$\boldsymbol{W}$ 的方向不同，将使样本投影后的可分离程序不同，从而直接影响识别效果。寻找最好投影方向 $\boldsymbol{W}^*$，即是求解费希尔准则函数的条件极值的过程。为求取费希尔准则函数有极大值时的 $\boldsymbol{W}^*$。可以采用拉格朗日乘子算法解决，令分母非零，即 $\boldsymbol{W}^{\mathrm{T}}S_w\boldsymbol{W}=c\neq 0$

构造拉格朗日函数

$$L(\boldsymbol{W},\lambda) = \boldsymbol{W}^{\mathrm{T}}\boldsymbol{S}_b\boldsymbol{W}-\lambda(\boldsymbol{W}^{\mathrm{T}}\boldsymbol{S}_w\boldsymbol{W}-c) \tag{3-24}$$

对 $\boldsymbol{W}$ 求偏导，并令其为零，即

$$\frac{\partial L(\boldsymbol{W},\lambda)}{\partial \boldsymbol{W}}=\boldsymbol{S}_b\boldsymbol{W}-\lambda\boldsymbol{S}_w\boldsymbol{W}=0 \tag{3-25}$$

得到

$$\boldsymbol{S}_b\boldsymbol{W}^*=\lambda\boldsymbol{S}_w\boldsymbol{W}^* \tag{3-26}$$

由于 $\boldsymbol{S}_w$ 非奇异，两边左乘 $\boldsymbol{S}_w^{-1}$，得到 $\boldsymbol{S}_w^{-1}\boldsymbol{S}_b\boldsymbol{W}^*=\lambda\boldsymbol{W}^*$，该式为矩阵 $\boldsymbol{S}_w^{-1}\boldsymbol{S}_b$ 的特征值问题：拉格朗日算子 λ 为矩阵 $\boldsymbol{S}_w^{-1}\boldsymbol{S}_b$ 的特征值，$\boldsymbol{W}^*$ 为对应于特征值 λ 的特征向量，即最佳投影的坐标向量。

矩阵特征值的问题有标准的求解方法。在此给出一种直接求解方法，不求特征值直接得到最优解 $\boldsymbol{W}^*$。

由于

$$\boldsymbol{S}_b=(\boldsymbol{m}_1-\boldsymbol{m}_2)(\boldsymbol{m}_1-\boldsymbol{m}_2)^{\mathrm{T}} \tag{3-27}$$

所以

$$\boldsymbol{S}_b\boldsymbol{W}^*=(\boldsymbol{m}_1-\boldsymbol{m}_2)(\boldsymbol{m}_1-\boldsymbol{m}_2)^{\mathrm{T}}\boldsymbol{W}^*=(\boldsymbol{m}_1-\boldsymbol{m}_2)R \tag{3-28}$$

其中，$R=(\boldsymbol{m}_1-\boldsymbol{m}_2)^{\mathrm{T}}\boldsymbol{W}^*$ 为限定标量。由于

$$\lambda\boldsymbol{W}^*=\boldsymbol{S}_w^{-1}\boldsymbol{S}_b\boldsymbol{W}^*=\boldsymbol{S}_w^{-1}(\boldsymbol{S}_b\boldsymbol{W}^*)=\boldsymbol{S}_w^{-1}(\boldsymbol{m}_1-\boldsymbol{m}_2)R \tag{3-29}$$

得到 $\boldsymbol{W}^*=\frac{R}{\lambda}\boldsymbol{S}_w^{-1}(\boldsymbol{m}_1-\boldsymbol{m}_2)$。忽略比例因子 R/λ，得到最优解 $\boldsymbol{W}^*=\boldsymbol{S}_w^{-1}(\boldsymbol{m}_1-\boldsymbol{m}_2)$。因此，使得 $J_{\mathrm{F}}(\boldsymbol{W})$ 取极大值时的 $\boldsymbol{W}$ 即为 d 维空间到一维空间的最好投影方向 $\boldsymbol{W}^*=\boldsymbol{S}_w^{-1}(\boldsymbol{m}_1-\boldsymbol{m}_2)$。

向量 $\boldsymbol{W}^*$ 就是使费希尔准则函数 $J_{\mathrm{F}}(\boldsymbol{W})$ 达到极大值的解，也就是按费希尔准则将 d 维 $\boldsymbol{X}$ 空间投影到一维 $\boldsymbol{Y}$ 空间的最佳投影方向，$\boldsymbol{W}^*$ 的各分量值是对原 d 维特征向量求加权和的权值。

由上述方法表示的最佳投影方向是容易理解的，因为其中一项$(\boldsymbol{m}_1-\boldsymbol{m}_2)$是一向量，对与$(\boldsymbol{m}_1-\boldsymbol{m}_2)$平行的向量投影可使两均值点的距离最远。

如何使类间分得较开，同时又使类内密集程度较高，解决这个问题需要根据两类样本的分布离散程度对投影方向进行相应的调整，这就体现在对$(\boldsymbol{m}_1-\boldsymbol{m}_2)$向量按 $\boldsymbol{S}_w^{-1}$ 做线性变换上，从而使费希尔准则函数达到极值点。

以上内容讨论了线性判别函数加权向量 $\boldsymbol{W}$ 的确定方法，并讨论了使费希尔准则函数值极大的 d 维向量 $\boldsymbol{W}^*$ 的计算方法。由费希尔准则函数得到最佳一维投影后，还需确定一个阈值点 y_0，一般可采用以下几种方法确定 y_0，即

$$y_0=\frac{\overline{\boldsymbol{m}}_1+\overline{\boldsymbol{m}}_2}{2} \tag{3-30}$$

$$y_0=\frac{N_1\overline{\boldsymbol{m}}_1+N_2\overline{\boldsymbol{m}}_2}{N_1+N_2} \tag{3-31}$$

$$y_0=\frac{\overline{\boldsymbol{m}}_1+\overline{\boldsymbol{m}}_2}{2}+\frac{\ln(P(\omega_1)/P(\omega_2))}{N_1+N_2-2} \tag{3-32}$$

式（3-30）是根据两类样本均值之间的平均距离来确定阈值点的。式（3-31）既考虑了样本均值之间的平均距离，又考虑了两类样本的容量大小，为阈值位置的偏移进行修正。式（3-32）既使用了先验概率 $P(\omega_i)$，又考虑了两类样本的容量大小，为阈值位置的偏移进行修正，目的都是使分类误差尽可能小。

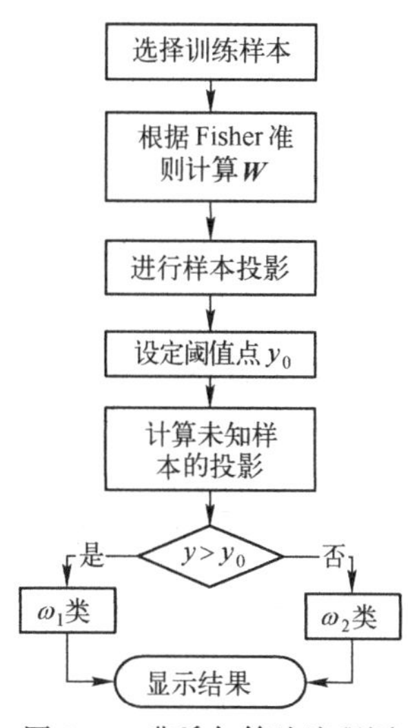

图 3-8　费希尔算法流程图

为了确定具体的分界面，还要指定线性方程的常数项。实际工作中可以通过对 y_0 进行逐次修正的方式，选择不同的 y_0 值，计算其对训练样本集的错误率，找到错误率较小的 y_0 值。

对于任意未知类别的样本 $\boldsymbol{X}$，计算它的投影点 $y=\boldsymbol{W}^{\mathrm{T}}\boldsymbol{X}$，决策规则为

$$
\begin{aligned}
y>y_0,\ \boldsymbol{X}\in\omega_1 \\
y<y_0,\ \boldsymbol{X}\in\omega_2
\end{aligned}
\tag{3-33}
$$

3. 费希尔算法的 MATLAB 实现

根据上面所介绍的费希尔准则函数，可得出其算法实现流程图，如图 3-8 所示。

算法具体实现如下。

首先利用 MATLAB 程序得到训练样本均值：

```
clear,close all;
N=29;
X = [1495.18 1957.44 3498.02
1125.17 1594.39 2937.73
1269.07 1910.72 2701.97
1237.91 2055.13 3405.09
688.94  2104.72 3198.51
576.6   2140.98 3320
565.74  2284.97 3024.58
790.29  2419.98 3051.16
2232.43 3077.87 1298.87
2173.92 2608.55 1803.57
2501.21 2652.65 984.56
1580.1  1752.07 2463.04
1962.4  1594.97 1835.95
1802.07 1725.81 1966.35
1817.36 1927.4  2328.79
1860.45 1782.88 1875.13
1675.65 1747.23 1580.39
1806.02 1810.19 2191.12
1988.27 1657.51 2069.2
1724.13 1704.49 1798.75
1656.94 1913.34 2459.07
1978.06 1536.13 2375.64
1661.06 1552.4  2005.05
1557.27 1746.27 1879.13
24.22   3447.31 2145.01
74.56   3288.02 2433.87
```

```
307.35 3363.84 2021.61
372.16 3077.44 2163.46
362.51 3150.03 2472]
fig=figure;
plot3(X(1:8,1),X(1:8,2), X(1:8,3),'ro')
hold on,plot3(X(9:11,1),X(9:11,2), X(9:11,3),'gd')
hold on,plot3(X(12:24,1),X(12:24,2), X(12:24,3),'bs')
hold on,plot3(X(25:29,1),X(25:29,2), X(25:29,3),'k*');grid;box
title('训练样本分布图')
legend('第1类','第2类','第3类','第4类')
```

本节设计的 Fisher 分类器进行两次分类，将选取的居民收入分为 4 类，如图 3-9 所示。

由训练样本分布图（见图 3-10）可以看出有两种分类方法：

第 1、3 类作为第一类，第 2、4 类作为第二类。

第 1、4 类作为第一类，第 2、3 类作为第二类。

MATLAB 仿真结果如图 3-11 所示。

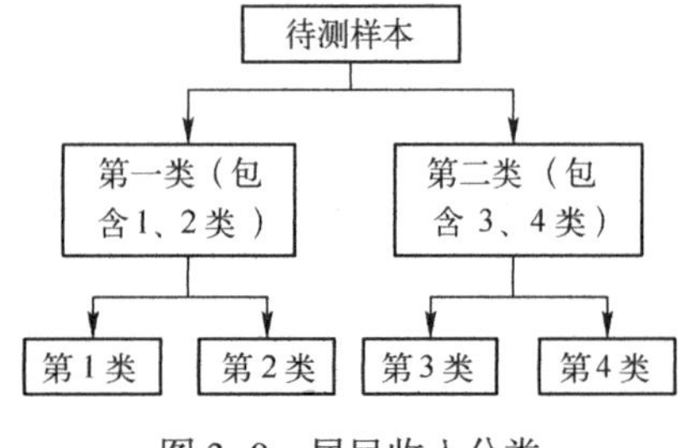

图 3-9 居民收入分类

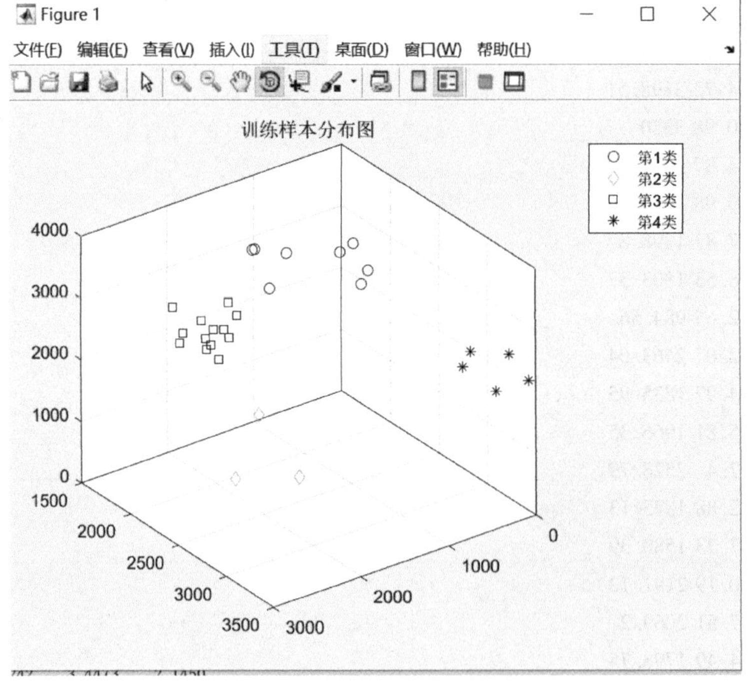

图 3-10 训练样本分布图

图 3-11 中，第 1 列代表经营收入，第 2 列代表财产性收入，第 3 列代表转移性收入。

比较这两种分类方法，有一组数据的分类结果不同。根据给定的标准分类结果计算出每种分类法的识别率，哪个识别率高哪个即为最好的分类方法。

2793.36	3009.26	1073.55	2	2
1766.08	1803.14	1895.18	3	3
1207.88	1600.62	3123.07	1	1
245.75	3373.67	2248.45	4	4
2785.36	3052.81	1035.65	2	2
315.42	3088.29	2187.12	4	4
1243.28	2451.72	3111.99	1	1
829.84	1555.91	3139.21	1	1
1347.07	2364.31	3096.88	1	1
1926.98	1507.34	1626.47	3	3
1808.57	1608.78	1565.95	3	3
1124.1	1840.98	2819.41	1	1
2661	3302.39	1710.32	2	2
1805.55	1899.09	2400.6	3	3
1130.18	1902.42	2753.7	1	1
1355.19	1566.16	2927.81	1	1
1651.14	1774.03	1725.56	3	3
2110.63	3308.04	702.06	2	2
2788.11	3395.23	1684.45	2	2
1807.61	1680.56	2356.65	3	3
1363.58	1729.44	2749.55	1	3
1992.42	1526.9	1581.42	3	3

图 3-11　MATLAB 仿真结果图

3.5　LDA 判别器的设计与实现

1. LDA 算法原理

假设一个 n 维空间有 m 个样本，分别为 $\boldsymbol{x}_1,\boldsymbol{x}_2,\cdots,\boldsymbol{x}_m$，即每个样本是一个 n 行的矩阵，其中 n_i 表示属于第 i 类的样本个数，假设一共有 c 类，则 $n_1+n_2+\cdots+n_i+\cdots+n_c=m$。

类 i 的样本均值为

$$\boldsymbol{M}_i=\frac{1}{n_i}\sum_{\boldsymbol{x}_k\in \boldsymbol{X}_i}\boldsymbol{x}_k \tag{3-34}$$

通过变换向量 $\boldsymbol{W}$ 映射到一维空间的均值为

$$\boldsymbol{m}_i=\frac{1}{n_i}\sum_{\boldsymbol{x}_k\in \boldsymbol{X}_i}\boldsymbol{x}_k \tag{3-35}$$

类间离散度矩阵：不同类样本集之间的距离构成的矩阵，它表示某一类样本集在空间的分布情况。

类内离散度矩阵：同一类样本集内，各样本间的均方距离构成的矩阵，它表示各样本点围绕均值的分布情况。

类内离散度矩阵和类内总离散度矩阵的表达式分别为

$$\overline{\boldsymbol{S}_i}=\sum_{\boldsymbol{x}_k=\boldsymbol{X}_i}(\boldsymbol{x}_k-\boldsymbol{M}_i)(\boldsymbol{x}_k-\boldsymbol{M}_i)^{\mathrm{T}} \tag{3-36}$$

$$\overline{\boldsymbol{S}_w}=S_1+S_2 \tag{3-37}$$

LDA 作为一个分类的算法，我们当然希望它所分的类之间的耦合度低，类内的聚合度高，即类内离散度矩阵的中的数值要小，而类间离散度矩阵中的数值要大，这样的分类效果才好。这里我们引入 Fisher 准则函数：

$$J_F(\boldsymbol{W})=\frac{|\boldsymbol{m}_1-\boldsymbol{m}_2|}{\boldsymbol{S}_1^2+\boldsymbol{S}_2^2} \tag{3-38}$$

希望在映射之后，两类的平均值之间的距离越大越好，而各类的样本类内离散度越小越好，因此，可知 $\boldsymbol{W}$ 取最大值是最佳解向量。

2. LDA 线性判别分析的算法步骤

由费希尔线性判别式 $\boldsymbol{W}^*=\boldsymbol{S}_w^{-1}(\boldsymbol{M}_1-\boldsymbol{M}_2)$ 求解向量 $\boldsymbol{W}^*$ 的步骤：

(1) 把来自两类 ω_1、ω_2 的训练样本集 $\boldsymbol{X}$ 分成两个子集 $\boldsymbol{X}_1$ 和 $\boldsymbol{X}_2$。

(2) 由 $\boldsymbol{M}_i=\frac{1}{n_i}\sum_{\boldsymbol{x}_k\in \boldsymbol{X}_i}\boldsymbol{x}_k(i=1,2)$ 计算 $\boldsymbol{M}_i$。

(3) 由 $\boldsymbol{S}_i=\sum_{\boldsymbol{x}_k=\boldsymbol{X}_i}(\boldsymbol{x}_k-\boldsymbol{M}_i)(\boldsymbol{x}_k-\boldsymbol{M}_i)^{\mathrm{T}}$ 计算各类的类内离散度矩阵 $\boldsymbol{S}_i$，其中 $i=1,2$。

(4) 计算类内总离散度矩阵 $\boldsymbol{S}_w=\boldsymbol{S}_1+\boldsymbol{S}_2$。

(5) 计算 $\boldsymbol{S}_w$ 的逆矩阵 $\boldsymbol{S}_w^{-1}$。

(6) 由 $\boldsymbol{W}^*=\boldsymbol{S}_w^{-1}(\boldsymbol{M}_1-\boldsymbol{M}_2)$ 求解 $\boldsymbol{W}^*$。

3. LDA 算法的 MATLAB 实现

LDA 算法的 MATLAB 实现流程图如图 3-12 所示。

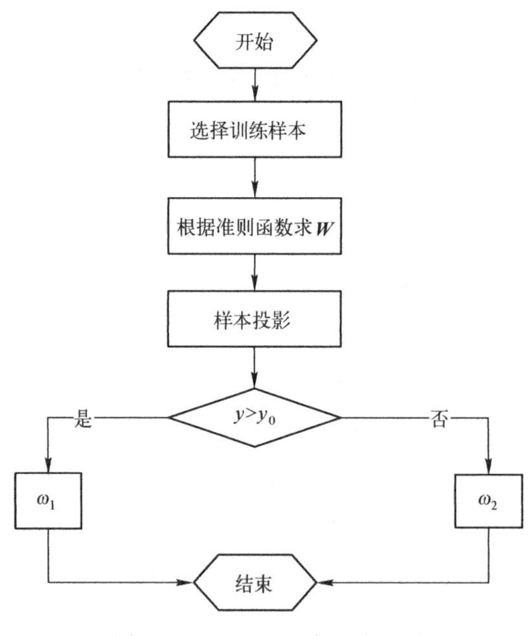

图 3-12　MATLAB 实现流程图

实现 LDA 算法的 MATLAB 程序如下：

```
clc;clear all;
w1=[-0.4 0.58 0.089;-0.31 0.27 -0.04;-0.38 0.055 -0.035;-0.15 0.53 0.011;-0.35 0.47 0.034;
0.17 0.69 0.1;-0.011 0.55 -0.18;-0.27 0.61 0.12;-0.065 0.49 0.0012;-0.12 0.054 -0.063];
w2=[0.83 1.6 -0.014;1.1 1.6 0.48;-0.44 -0.41 0.32;0.047 -0.45 1.4;0.28 0.35 3.1;-0.39 -0.48
0.11;0.34 -0.079 0.14;-0.3 -0.22 2.2;1.1 1.2 -0.46;0.18 -0.11 -0.49];
```

```
xx=[-0.7 0.58 0.089;0.047 -0.4 1.04];
%求 w1 的均值、w2 的均值及 sw，最后可得到最佳投影方向
p=zeros(1,3);
for i=1:10
q=w1(i,:);
p=q+p;
end
m1=p/10;
m11=m1';
p=zeros(1,3);
for i=1:10
q=w2(i,:);
p=q+p;
end
m2=p/10;
m22=m2';
p1=zeros(3,3);
for i=1:10
q=w1(i,:);
q11=q';
s=q11-m11;
ss=s';
s1=s * ss;
p1=s1+p1;
end
p2=zeros(3,3);
for i=1:10
q=w2(i,:);
q22=q';
s=q22-m22;
ss=s';
s2=s * ss;
p2=s2+p2;
end
sw=p1+p2;
sw1=inv(sw);
W=sw1 * (m11-m22);
%画出样本点的空间分布及 xx1 和 xx2 的空间分布及投影方向
wx1=W' * xx(1,:)';
wx2=W' * xx(2,:)';
wx11=wx1 * W;
wx22=wx2 * W;
figure; plot3(w1(:,1),w1(:,2),w1(:,3),'linestyle','none','marker','*','color','g');
hold on;
grid on;
```

```
plot3(w2(:,1),w2(:,2),w2(:,3),'linestyle','none','marker','o','color','r');
x=-pi:0.01:pi;
y=W(2,1)/W(1,1)*x;
z=W(3,1)/W(1,1)*x;
plot3(x,y,z,'b');
hold on;
plot3(xx(1,1),xx(1,2),xx(1,3),'linestyle','none','marker','+','color','b');
hold on;
plot3(xx(2,1),xx(2,2),xx(2,3),'linestyle','none','marker','d','color','m');
hold on;
plot3(wx11(1),wx11(2),wx11(3),'linestyle','none','marker','+','color','b');
hold on;
plot3(wx22(1),wx22(2),wx22(3),'linestyle','none','marker','d','color','m');
%得到样本点在最优方向上的投影
figure;
x=-pi:0.01:pi;
y=W(2,1)/W(1,1)*x;
z=W(3,1)/W(1,1)*x;
plot3(x,y,z,'b');
hold on;
grid on;
for i=1:10
wp1=W'*w1(i,:)';
wp11=wp1*W;
hold on;
plot3(wp11(1),wp11(2),wp11(3),'linestyle','none','marker','o','color','b');
end
hold on;
grid on;
for i=1:10
wp2=W'*w2(i,:)';
wp22=wp2*W;
hold on;
plot3(wp22(1),wp22(2),wp22(3),'linestyle','none','marker','*','color','g');
end
w0=-(W'*m11+W'*m22);
for i=1:2
x=xx(i,:)';
gg=W'*x+w0;
if gg>0
disp (sprintf('xx1ÊôÓÚw1'));
else
disp (sprintf('xx2ÊôÓÚw2'));
end
end
```

```
sb=(m11-m22)*(m11-m22)';
[v,d]=eig(sw1*sb);
w=v(:,1);
wp=sqrt(W'*W);
ww1=[W(1,1)/wp,W(2,1)/wp,W(3,1)/wp,];
```

样本点及待分类样本点在原始空间的分布结果图如图 3-13 所示，样本点在最优方向上的投影的分布结果图如图 3-14 所示，两个待分类样本利用分类准则得到的结果图如图 3-15 所示。

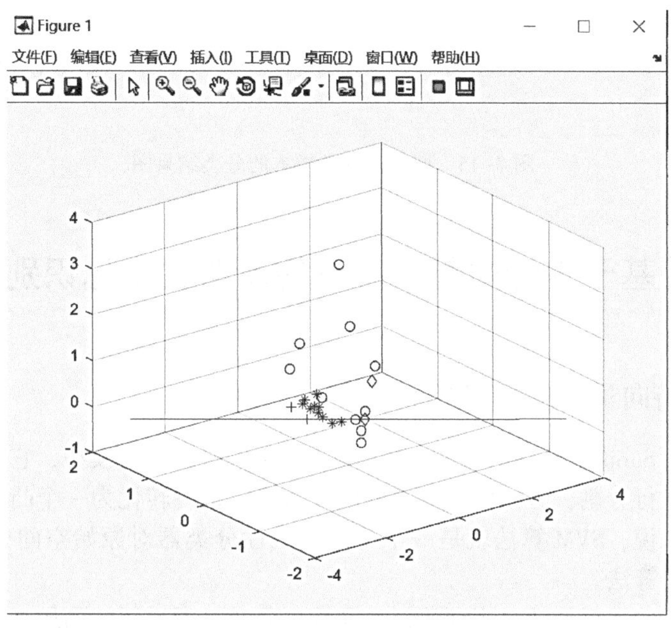

图 3-13　原始空间的分布结果图

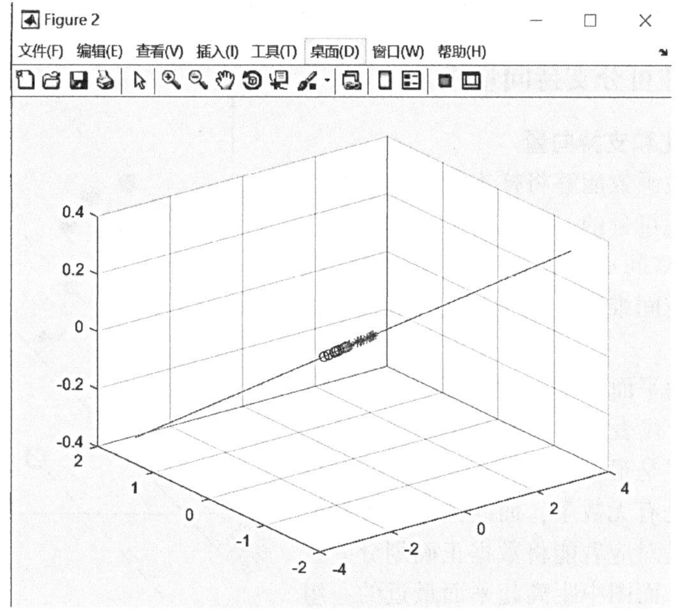

图 3-14　最优方向上的投影的分布结果图

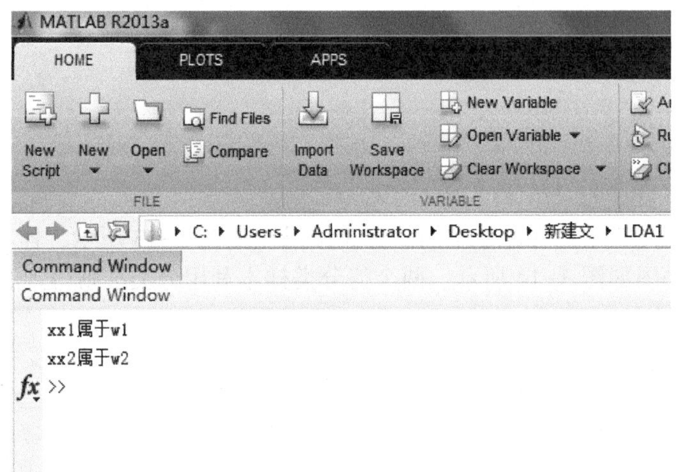

图 3-15　两个待分类样本的分类结果图

3.6　基于支持向量机算法的新蒙文字母识别系统的研究

3.6.1　支持向量机模型和工作原理

支持向量机（Support Vector Machines，SVM）是一种二分类模型，它的目标是寻找一个超平面来对样本进行分割，分割的原则是间隔最大化，最终转化为一个凸二次规划问题来求解，所以，总体来说，SVM 算法就是一个可以用线性分类器对原始空间中并非线性可分隔的数据进行分类的算法。

由简单至复杂的模型包括：当训练样本线性可分时，通过硬间隔最大化，学习一个线性可分支持向量机；当训练样本近似线性可分时，通过软间隔最大化，学习一个线性支持向量机；当训练样本线性不可分时，通过核技巧和软间隔最大化，学习一个非线性支持向量机。

3.6.2　线性可分支持向量机

1. 间隔最大化和支持向量

如果一个线性函数能够将样本分开，则称这些数据样本是线性可分的。在二维空间中它是一条直线，在三维空间中它是一个平面，以此类推，如果不考虑空间维数，这样的线性函数统称为超平面。

二维平面的超平面如图 3-16 所示。

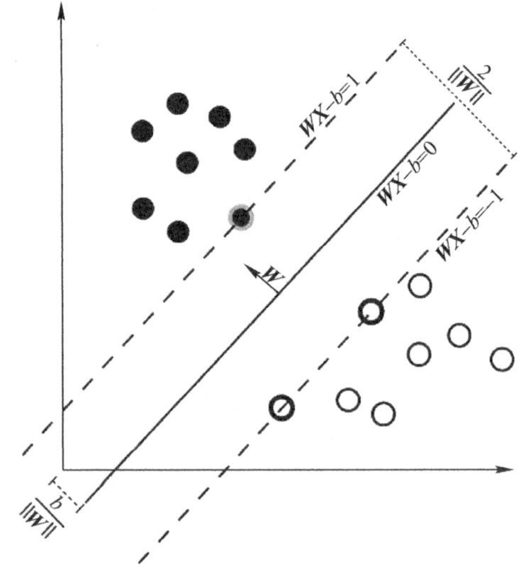

图 3-16　二维平面的超平面示意图

图 3-16 中○代表正类，●代表负类，样本是线性可分的，但是很显然不只有一条直线可以将样本分开，而是有无数条，而线性可分支持向量机的超平面就是对应着能将数据正确划分并且间隔最大的直线，而图中距离超平面最近的一组○和●就称为这个超平面的支持向量。

决定分离超平面时，只有支持向量起作用，因为它们决定了函数间隔和几何间隔，其他点不起作用。

设这个超平面为 $\boldsymbol{W}$，正类支持向量○为向量 $\boldsymbol{X}_+$，负类支持向量●为向量 $\boldsymbol{X}_-$，两个支持向量之间的间隔为 γ，则 γ 等于他们的差在超平面 $\boldsymbol{W}$ 上面的投影，即

$$\gamma=\frac{(\boldsymbol{X}_+-\boldsymbol{X}_-)\cdot\boldsymbol{W}^{\mathrm{T}}}{\|\boldsymbol{W}\|}=\frac{\boldsymbol{X}_+\cdot\boldsymbol{W}^{\mathrm{T}}-\boldsymbol{X}_-\cdot\boldsymbol{W}^{\mathrm{T}}}{\|\boldsymbol{W}\|}\tag{3-39}$$

其中 $\boldsymbol{X}_+$ 和 $\boldsymbol{X}_-$ 满足 $y_i(\boldsymbol{W}^{\mathrm{T}}\boldsymbol{X}_i+b)=1$，即

$$\begin{cases}1\times(\boldsymbol{W}^{\mathrm{T}}\boldsymbol{X}_++b)=1,\ y_i=+1\\-1\times(\boldsymbol{W}^{\mathrm{T}}\boldsymbol{X}_-+b)=1,\ y_i=-1\end{cases}\tag{3-40}$$

推出

$$\begin{cases}\boldsymbol{W}^{\mathrm{T}}\boldsymbol{X}_+=1-b\\\boldsymbol{W}^{\mathrm{T}}\boldsymbol{X}_-=1-b\end{cases}\tag{3-41}$$

将式（3-41）代入式（3-39）得

$$\gamma=\frac{1-b+(1+b)}{\|\boldsymbol{W}\|}=\frac{2}{\|\boldsymbol{W}\|}\tag{3-42}$$

即间隔 γ 最大的条件就是使 $\frac{2}{\|\boldsymbol{W}\|}$ 最大化，为了计算方便，通常将式（3-42）变形成式（3-43）的样子。

$$\min_{\boldsymbol{W},b}\frac{1}{2}\|\boldsymbol{W}\|^2\quad \text{s. t.}\quad y_i(\boldsymbol{W}^{\mathrm{T}}\boldsymbol{X}_i+b)\geqslant 1\quad i=1,2,\cdots,m\tag{3-43}$$

式（3-43）就是支持向量机的基本型。

2. 对偶问题

式（3-43）本身是一个凸二次规划问题，可以使用现有的优化计算工具来计算，但是它的约束条件是一个不等式，不便于数学分析，为了把它变为等式，就要选取它的对偶形式，这样还可以引出原问题不能反映而对偶可以反映的特征。

对式（3-43）使用拉格朗日法得到式（3-44）。

$$L(\boldsymbol{W},b,\alpha)=\frac{1}{2}\|\boldsymbol{W}\|^2+\sum_{i=1}^{m}\alpha_i(1-y_i(\boldsymbol{W}^{\mathrm{T}}\boldsymbol{X}_i+b))\tag{3-44}$$

因为要求 $L(\boldsymbol{W},b,\alpha)$ 的极值，分别对式（3-44）的 $\boldsymbol{W}$ 和 b 求偏导，得

$$\begin{cases}\dfrac{\partial L}{\partial \boldsymbol{W}}=\boldsymbol{W}-\displaystyle\sum_{i=1}^{m}\alpha_i y_i\boldsymbol{X}_i\\\dfrac{\partial L}{\partial b}=\displaystyle\sum_{i=1}^{m}\alpha_i y_i\end{cases}\tag{3-45}$$

令其分别等于零，得

$$\begin{cases}\boldsymbol{W}=\displaystyle\sum_{i=1}^{m}\alpha_i y_i\boldsymbol{X}_i\\\displaystyle\sum_{i=1}^{m}\alpha_i y_i=0\end{cases}\tag{3-46}$$

将式（3-46）代入式（3-44），可得

$$L(\boldsymbol{W},b,\alpha)=\sum_{i=1}^{m}\alpha_i-\frac{1}{2}\sum_{i=1}^{m}\sum_{j=1}^{m}\alpha_i\alpha_j y_i y_j \boldsymbol{X}_i\boldsymbol{X}_j \tag{3-47}$$

这里，式（3-44）加号后面的部分就是将约束条件加入后的转化式，而这时候的约束条件变成了 $\sum_{i=1}^{m}\alpha_i y_i=0$，$\alpha_i\geqslant 0, i=1,2,\cdots,m$，可见经拉格朗日变换后，它由原来的不等式变成了等式。

在 KKT 条件下进一步整理之后，得到它的模型为

$$f(x)=\boldsymbol{W}^{\mathrm{T}}\boldsymbol{X}+b=\sum_{i=1}^{m}\alpha_i y_i \boldsymbol{X}_i^{\mathrm{T}}\boldsymbol{X}+b \tag{3-48}$$

这就是 SVM 的线性模型，对于任意样本$(\boldsymbol{X}_i,y_i)$，若 $\alpha_i=0$，则其不会出现，也就是说，它不影响模型的训练；若 $\alpha_i>0$，则 $y_i f(x_i)-1=0$，也就是 $y_i f(x_i)=1$，即该样本一定在边界上，是一个支持向量。即当训练完成后，大部分样本都不需要保留，最终模型与支持向量有关。

3.6.3 非线性可分支持向量机

对于非线性问题，要使用非线性模型，才能很好地分类。非线性情况下支持向量机超平面示意图如图 3-17 所示。

图 3-17 的问题很明显，如果在二维平面内，则需要用一个椭圆才能将其分类。对于这样的问题，可以将训练样本从原始空间映射到一个更高维的空间，使得样本在这个空间中线性可分。令 $\phi(\boldsymbol{X})$ 表示将 $\boldsymbol{X}$ 映射到高维空间后的特征向量，于是超平面的模型可表示为

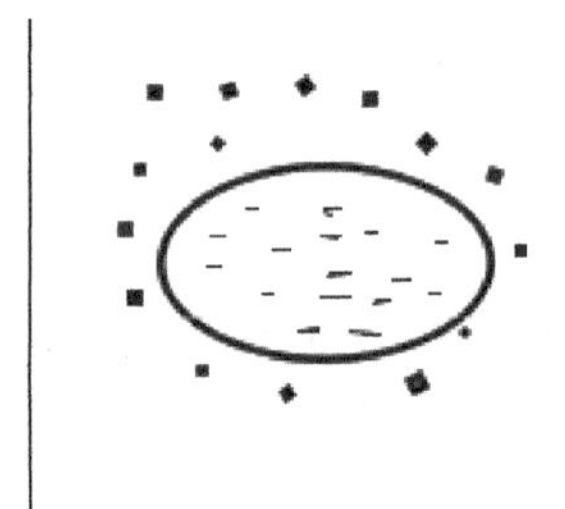

图 3-17 非线性情况下支持向量机超平面示意图

$$f(x)=\boldsymbol{W}^{\mathrm{T}}\phi(\boldsymbol{X})+b \tag{3-49}$$

于是有最小化函数

$$\min_{\boldsymbol{W},b}\frac{1}{2}\|\boldsymbol{W}\|^2 \tag{3-50}$$

它的约束条件是 $y_i(\boldsymbol{W}^{\mathrm{T}}\phi(\boldsymbol{X}_i)+b)\geqslant 1(i=1,2,\cdots,m)$。其对偶问题为

$$\max_{\alpha}\sum_{i=1}^{m}\alpha_i-\frac{1}{2}\sum_{i=1}^{m}\sum_{j=1}^{m}\alpha_i\alpha_j y_i y_j \phi(\boldsymbol{X}_i)^{\mathrm{T}}\phi(\boldsymbol{X}_j) \tag{3-51}$$

它的约束条件是 $\sum_{i=1}^{m}\alpha_i y_i=0$，$\alpha_i\geqslant 0, i=1,2,\cdots,m$。

若要对式（3-51）求解，会计算 $\phi(\boldsymbol{X}_i)^{\mathrm{T}}\phi(\boldsymbol{X}_j)$，这是样本 $\boldsymbol{X}_i$ 和 $\boldsymbol{X}_j$ 映射到特征空间之后的内积，由于特征空间维数是提高之后的，它可能会很高，甚至是无穷维的，因此直接计算 $\phi(\boldsymbol{X}_i)^{\mathrm{T}}\phi(\boldsymbol{X}_j)$通常是困难的，于是可以构造一个函数

$$k(\boldsymbol{X}_i,\boldsymbol{X}_j)=\langle\phi(\boldsymbol{X}_i),\phi(\boldsymbol{X}_j)\rangle=\phi(\boldsymbol{X}_i)^{\mathrm{T}}\phi(\boldsymbol{x}_j) \tag{3-52}$$

即 $\boldsymbol{X}_i$ 和 $\boldsymbol{X}_j$ 在特征空间中的内积等于它们在原始样本空间中通过函数 $k(\boldsymbol{X}_i,\boldsymbol{X}_j)$计算的函数值，于是式（3-49）就变成

$$\max_{\alpha}\sum_{i=1}^{m}\alpha_i-\frac{1}{2}\sum_{i=1}^{m}\sum_{j=1}^{m}\alpha_i\alpha_j y_i y_j k(\boldsymbol{X}_i,\boldsymbol{X}_j) \tag{3-53}$$

它的约束条件是 $\sum_{i=1}^{m}\alpha_i y_i=0$，$\alpha_i\geqslant 0, i=1,2,\cdots,m$。

求解后得到

$$\begin{aligned} f(\boldsymbol{X}) &= \boldsymbol{W}^{\mathrm{T}}\phi(\boldsymbol{X}) + b \\ &= \sum_{i=1}^{m}\alpha_i y_i \phi(\boldsymbol{X}_i)^{\mathrm{T}}\phi(\boldsymbol{X}_j) + b \\ &= \sum_{i=1}^{m}\alpha_i y_i k(\boldsymbol{X}_i,\boldsymbol{X}_j) + b \end{aligned} \tag{3-54}$$

这里的函数 $k(\boldsymbol{X}_i,\boldsymbol{X}_j)$ 就是核函数，在实际应用中，人们通常会从一些常用的核函数里面选择使用，根据样本数据的不同，选择不同的参数，核函数也因此不同，常用的核函数有：

线性核函数

$$k(\boldsymbol{X}_i,\boldsymbol{X}_j) = \boldsymbol{X}_i^{\mathrm{T}}\boldsymbol{X}_j \tag{3-55}$$

多项式核函数

$$k(\boldsymbol{X}_i,\boldsymbol{X}_j) = (\boldsymbol{X}_i^{\mathrm{T}}\boldsymbol{X}_j)^d \tag{3-56}$$

高斯核函数（$\sigma>0$）

$$k(\boldsymbol{X}_i,\boldsymbol{X}_j) = \exp\left(-\frac{\|\boldsymbol{X}_i-\boldsymbol{X}_j\|^2}{2\sigma^2}\right) \tag{3-57}$$

拉普拉斯核函数（$\sigma>0$）

$$k(\boldsymbol{X}_i,\boldsymbol{X}_j) = \exp\left(-\frac{\|\boldsymbol{X}_i-\boldsymbol{X}_j\|}{\sigma}\right) \tag{3-58}$$

可见，线性核函数其实就是当 $d=1$ 时多项式和函数的特殊形式。

3.6.4　L1 软间隔支持向量机

在前面的讨论中，我们假设训练样本在样本空间或者特征空间中是线性可分的，但在现实任务中往往很难确定合适的核函数使训练集在特征空间中线性可分，退一步说，即使找到了这样的核函数使得样本在特征空间中线性可分，也很难判断是不是由于过拟合造成的。

线性不可分意味着某些样本点$(\boldsymbol{X}_i,\boldsymbol{X}_j)$不能满足间隔大于或等于 1 的条件，样本点落在超平面与边界之间。为解决这一个问题，可以对每个样本点引入一个误差因子$(\xi_i \geqslant 0)$，使得约束条件变为

$$y_i(\boldsymbol{W}^{\mathrm{T}}\phi(\boldsymbol{X}_i)+b) \geqslant 1-\xi_i \tag{3-59}$$

同时，对于每一个误差因子 $\xi_i \geqslant 0$，支付一个代价 $\xi_i \geqslant 0$，使目标函数变为

$$\frac{1}{2}\|\boldsymbol{W}\|^2 + C\sum_{i=1}^{m}\xi_i \tag{3-60}$$

其中，C 为惩罚函数，C 值越大对误差分类的惩罚越大，C 值越小对误差分类的惩罚越小，式（3-60）包含两个含义：

☺ 使$\frac{1}{2}\|\boldsymbol{W}\|^2$尽量小，即间隔尽量大。

☺ 使误分类点的个数尽量少，C 是调和两者的因数。

有了式（3-60），L1 软间隔支持向量机可以和线性可分支持向量机一样考虑线性支持向量机的学习过程，此时，线性支持向量机的学习问题变成对凸二次规划问题的求解（原始问题）。

$$\min_{\boldsymbol{W},b}\frac{1}{2}\|\boldsymbol{W}\|^2+C\sum_{i=1}^{m}\xi_i \quad \text{s.t.} \quad y_i(\boldsymbol{W}^{\mathrm{T}}\boldsymbol{X}_i+b)\geqslant 1-\xi_i \quad i=1,2,\cdots,m \tag{3-61}$$

与线性可分支持向量机的对偶问题解法一致，式（3-61）的拉格朗日函数为

$$L(\boldsymbol{W},b,\alpha,\xi,\mu)=\frac{1}{2}\|\boldsymbol{W}\|^2+C\sum_{i=1}^{m}\xi_i+\sum_{i=1}^{m}\alpha_i(1-\xi_i-y_i(\boldsymbol{W}^{\mathrm{T}}\boldsymbol{X}_i+b))-\sum_{i=1}^{m}\mu_i\xi_i \tag{3-62}$$

其中 $\alpha_i\geqslant 0,\mu_i\geqslant 0$，它们都是拉格朗日乘子。

令 $L(\boldsymbol{W},b,\alpha,\xi,\mu)$ 对 $\boldsymbol{W},b,\alpha$ 求偏导，得

$$\begin{cases}\boldsymbol{W}=\sum_{i=1}^{m}\alpha_i y_i\boldsymbol{X}_i\\ \sum_{i=1}^{m}\alpha_i y_i=0\\ C=\alpha_i+\mu_i\end{cases} \tag{3-63}$$

将式（3-63）代入式（3-61）得到对偶问题

$$\max_{\alpha}\sum_{i=1}^{m}\alpha_i-\frac{1}{2}\sum_{i=1}^{m}\sum_{j=1}^{m}\alpha_i\alpha_j y_i y_j\boldsymbol{X}_i\boldsymbol{X}_j \tag{3-64}$$

它的约束条件是 $\sum_{i=1}^{m}\alpha_i y_i=0$，$\alpha_i\geqslant 0,\mu_i\geqslant 0,C=\alpha_i+\mu_i,i=1,2,\cdots,m$。

可以得到模型

$$f(\boldsymbol{X})=\boldsymbol{W}^{\mathrm{T}}\boldsymbol{X}+b=\sum_{i=1}^{m}\alpha_i y_i\boldsymbol{X}_i^{\mathrm{T}}\boldsymbol{X}+b \tag{3-65}$$

上述过程的 KKT 条件是

$$\begin{cases}\alpha_i\geqslant 0\\ y_i f(\boldsymbol{X}_i)\geqslant 1-\xi_i\\ \alpha_i(y_i f(\boldsymbol{X}_i)-1+\xi_i)=0\\ \xi_i\geqslant 0,\mu_i\xi_i=0\end{cases} \tag{3-66}$$

对于任意训练样本$(\boldsymbol{X}_i,y_i)$，总有 $\alpha_i=0$ 或者 $y_i f(\boldsymbol{X}_i)-1+\xi_i=0$。

若 $\alpha_i=0$，则该样本不出现在式（3-65）中，不影响模型。

若 $\alpha_i>0$，则必有 $y_i f(\boldsymbol{X}_i)-1+\xi_i=0$，即 $y_i f(\boldsymbol{X}_i)=1+\xi_i$，此时该样本为支持向量。

由于 $C=\alpha_i+\mu_i$：

若 $\alpha_i<C$，则必有 $\mu_i>0$，根据 KKT 公式知 $\xi_i=0$，即该样本恰好落在最大间隔的边界上。

若 $\alpha_i=C$，则 $\mu_i>0$，此时若 $\xi_i\leqslant 1$，则该样本在最大间隔内部。

若 $\xi_i>1$，则样本分类错误。

3.6.5 支持向量机的构建、初始化、仿真

1. 支持向量机的分类步骤

应用 SVM 进行分类的步骤如下：首先收集各个类的训练集和测试集，接着选择合适的用来分类的图像特征，从训练集中提取特征，然后用 SVM 分类器训练，从而得到分类模板，最后通过模板对待分类图像进行分类。支持向量机的分类步骤如图 3-18 所示。

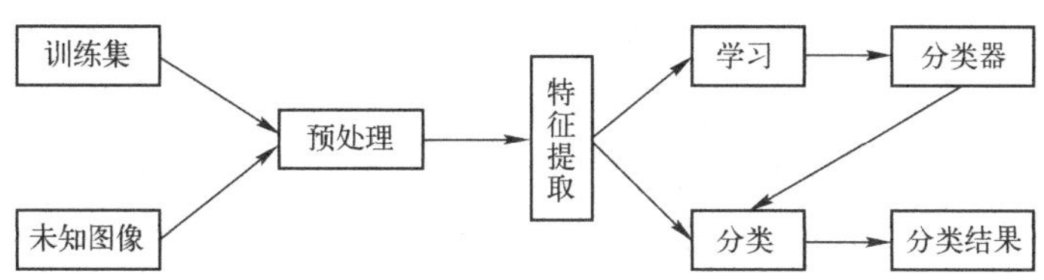

图 3-18　支持向量机的分类步骤

2. 支持向量机的训练集与测试集

在进行图像分类前，从待处理的数据中取出相当数量的具有代表性的数据作为训练样本。另外，取出一定数量的样本作为测试样本。这个工作很重要，当算法没有改进空间时，通常通过建立好的训练集来提高分类效果。训练集要满足以下的条件：

☺ 训练集要有代表性。

☺ 训练集中不能有错误的样本。

☺ 训练集要尽量完备。

本实验的样本图像采集处理工作为先建立 35 个新蒙文字母的数据文件夹，每个文件夹内放入手写的蒙文图片字体包括粗、中、细字体，共计 100 张，图片的大小为 72px×72px，其中 70 张作为训练集，30 张作为测试集，将训练集与测试集分别放入两个不同的新蒙文数据文件夹，分别命名为 pictures 与 testPictures。采集图片数据信息时调用 imageset 函数即可。

样本采集处理代码为 trainingset = imageset(dir,'recursive')；。

imageset 是图像集整理函数，dir 代表输入图片集的地址，recursive 代表现在函数选取的是标准模式，最后输出的 trainingset 包含三种信息。

依据本课题设置的训练集，它是一个 1×35 的矩阵，取其中之一 imagetset(1,1)，它包含 Description 属性，即本实验的标签“36”；Imagelocation，即“36”文件夹内 70 张图片的位置；Count，即“36”文件夹内图片的数量是 70 张。本示例的 35 种字母被分别命名为 36～70。图像采集结果如图 3-19 所示。

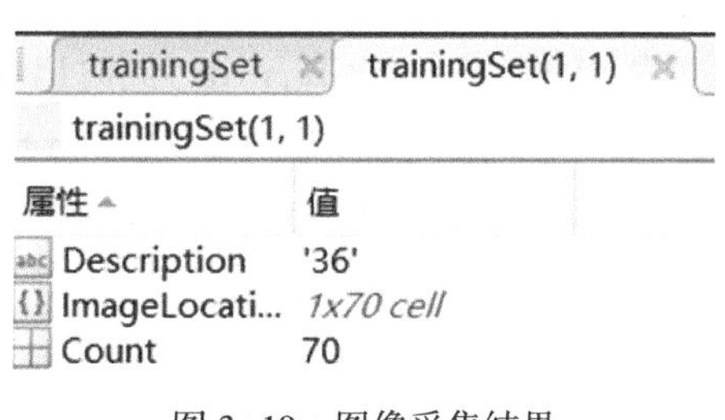

图 3-19　图像采集结果

测试集的图片处理工作与训练集一样。

3. 特征选择与提取

特征的选择过程分为目测和实验两个步骤。

（1）目测：对两类图像的颜色、纹理、形状进行分析，选择可能分开两类的特征。

（2）实验：提取特征，用 SVM 进行训练，由测试效果来决定是否进行优化（如分块）或更换其他特征。

在本实验中，选择了 2 个特征，即方向梯度直方图、灰度共生矩阵。

（1）方向梯度直方图：HOG 特征描述子，它通过计算和统计图像局部区域的梯度方向直方图来构成特征，广泛应用于图像处理的物体检测中。

① 归一化图像。首先把输入的彩色图像转为灰度图像，然后对图像进行平方根 Gamma 压缩，从而达到归一化效果。这种压缩处理能够有效地减少图像局部阴影和光照变化，从而提高 HOG 特征对于光照变化的鲁棒性。

② 计算图像梯度。首先用一维离散微分模版[-1,0,1]及其转置分别对归一化后的图像

进行卷积运算，得到水平方向的梯度分量及垂直方向的梯度分量。然后根据当前像素点的水平梯度和垂直梯度，得到当前像素点的梯度幅值和梯度方向。

③ 为每个细胞单元构建梯度方向直方图。首先把尺寸为 64px×64px 的图像分为 8×16 个 Cell，即每个 Cell 为 8px×8px。然后把梯度方向限定在[1,0,-1]，并将梯度方向平均分为 9 个区间（Bin），每个区间 20°。最后对 Cell 内每个像素用梯度方向在直方图中进行加权投影，也就是说 Cell 中的每个像素点都根据该像素点的梯度幅值为某个方向的 Bin 进行投票，这样就可以得到这个 Cell 的梯度方向直方图，也就是该 Cell 对应的 9 维特征向量。

④ 把细胞单元组合成大的块（Block），块内归一化梯度直方图。把相邻的 2×2 个 Bell 形成一个 Block，这样每个 Block 就对应着 36 维的特征向量。由于局部光照的变化及前景和背景对比度的变化，使得梯度强度的变化范围非常大。为了进一步消除光照的影响，最后对 Block 内的 36 维特征向量进行归一化。

⑤ 采用滑动窗口法通过 Block 对样本进行扫描，收集 HOG 特征。

实现它的 MATLAB 程序是：`[hog_feature, vis_hog] = extractHOGFeatures(img,'CellSize',cellSize);`。

输入图片信息 img，并规定一个细胞的大小 CellSize 为 4px×4px，在 MATLAB 中运行就可得到 hog_feature。

（2）灰度共生矩阵：一幅图像的灰度共生矩阵能反映出图像灰度关于方向、相邻间隔、变化幅度的综合信息，它是分析图像的局部模式和它们排列规则的基础。1973 年 Haralick 从纯数学的角度，研究了图像纹理中灰度级的空间依赖关系，提出灰度共生矩阵的纹理描述方法，其实质是从图像中灰度为 i 的像素点［其位置为(x,y)］出发，统计与其距离为 d、灰度为 J 的像素点$(x+\mathrm{d}x,y+\mathrm{d}y)$同时出现的次数 $p(i,j,d,\theta)$，数学表达式为

$$p(i,j,d,\theta)=[(x,y),(x+\mathrm{d}x,y+\mathrm{d}y)\,|f(x,y)=i,f(x+\mathrm{d}x,y,\mathrm{d}y)=j] \tag{3-67}$$

式中：$x,y=0,1,2,\cdots,N-1$，是图像中的像素坐标；$\mathrm{d}x,\mathrm{d}y$ 是位置偏移量；d 为生成灰度共生矩阵的步长；$i,j=0,1,2,\cdots,L-1$ 是灰度级；θ 是生成方向，可以取 0°、45°、90°、135°这 4 个方向，从而生成不同方向的共生矩阵。

要使特征值不受区域范围的影响，还需对此灰度共生矩阵进行归一化处理

$$\begin{aligned}
\mathrm{ASM} &= \sum_{i=0}^{L-1}\sum_{j=0}^{L-1}[p(i,j,d,\theta)] \\
\mathrm{ENT} &= \sum_{i=0}^{L-1}\sum_{i=0}^{L-1}p(i,j,d,\theta)\ln p(i,j,d,\theta) \\
\mathrm{ENT} &= \sum_{i=0}^{L-1}\sum_{j=0}^{L-1}(i-j)^2[p(i,j,d,\theta)] \\
\mathrm{ASM} &= \sum_{i=0}^{L-1}\sum_{j=0}^{L-1}\frac{p(i,j,d,\theta)}{[1+(i-j)^2]}
\end{aligned} \tag{3-68}$$

由灰度共生矩阵能够导出许多纹理特征，可以计算出 14 种灰度共生矩阵特征统计量。对图像上的每一像元求出某种邻域的灰度共生矩阵，再由该灰度共生矩阵求出各统计量，就得到对应纹理图像的统计量。若干统计量可以组成图像分类的特征向量。

这 4 个特征之间不相关，可以有效地描述光学或遥感图像的纹理特征，便于计算又具有较好的鉴别能力。由于要处理的原始图像灰度级比较大，需要从计算时间和纹理可分性上将

其灰度级压缩至 9 级；考虑到参数的旋转不变性，选取 4 个方向上的均值作为纹理特征参数，步长 d 为 1。利用灰度共生矩阵的定义求出原始图像的灰度共生矩阵，并依据公式进行归一化处理，计算出灰度共生矩阵下的 4 个纹理特征，作为分类器的输入。

MATLAB 中灰度共生矩阵的提取可以调用 graycomatrix 函数。本实验为了取不同方向（0、45°、90°、135°）的灰度共生矩阵，通过循环计算各个方向的灰度共生矩阵并进行归一化处理（计算对比度、逆差距、熵、自相关），然后取平均值和方差作为最终提取的特征。

其中，通过 glcm = graycomatrix(image, 'Offset', [i,i]) 从图像 image 中创建一个灰度共生矩阵，设置 Offset 表明这是一个 p 行 2 列的整型矩阵，说明感兴趣的是像素与其相邻像素之间的距离。通过 stats = graycoprops(glcm) 从灰度共生矩阵 glcm 来计算静态属性。

本实验一共设置 4 个角度的灰度共生矩阵，最终通过一个矩阵计算将所有特征值整合到一个矩阵中去。

具体的特征提取及合并程序如图 3-20 和图 3-21 所示。

```
编辑器 - getGLCMFeatures.m    变量 - trainingSet(1, 1)
getGLCMFeatures.m × | extractFeature.m × | Predict.m × | main.m × | +
function [features] = getGLCMFeatures(image)
features_all  = [];
for i = 1:10
    glcm = graycomatrix(image, 'Offset', [0,i]);
    stats = graycoprops(glcm);

    glcm45 = graycomatrix(image, 'Offset', [-i,i]);
    stats45 = graycoprops(glcm45);

    glcm90 = graycomatrix(image, 'Offset', [-i,0]);
    stats90 = graycoprops(glcm90);

    glcm135 = graycomatrix(image, 'Offset', [-i,-i]);
    stats135 = graycoprops(glcm135);

    stats7x4 = [stats.Contrast stats.Correlation stats.Energy stats.Homogeneity;
        stats45.Contrast stats45.Correlation stats45.Energy stats45.Homogeneity;
        stats90.Contrast stats90.Correlation stats90.Energy stats90.Homogeneity;
        stats135.Contrast stats135.Correlation stats135.Energy stats135.Homogeneity];
    features_all = [features_all mean(stats7x4,1) std(stats7x4,0,1)];
end
features = features_all;
```

图 3-20　GLCM 特征提取及合并

```
function [trainingFeatures, trainingLabels, testFeatures, testLabels]=extractFeature(trainingSet, testSet)
%% 确定特征向量尺寸
img = read(trainingSet(1), 1);
%转化为灰度图像
img=rgb2gray(img);
%转化为2值图像
lvl = graythresh(img);
img = im2bw(img, lvl);
img=imresize(img,[32 32]);
cellSize = [4 4];
[hog_feature, vis_hog] = extractHOGFeatures(img,'CellSize',cellSize);
glcm_feature = getGLCMFeatures(img);
SizeOfFeature = length(hog_feature)+ length(glcm_feature);
```

图 3-21　HOG 特征提取及合并

最后通过 features(i, :) = [hog_feature glcm_feature]函数将两个特征整合到一起。

4. 用 SVM 进行图像分类

在支持向量机中，采用不同的内积函数将导致使用不同的支持向量机算法，因此内积函数的选择对支持向量机的构建有重要作用，本文采用 MATLAB 自带的 fitcecoc 函数，默认情况下，fitcecoc 函数使用线性 SVM 二进制学习器。

5. 图像仿真

本实验提取特征值的时候会先利用 img=imresize(img,[i i])调整图片的像素大小，i 为像素值的大小，下面分别将待处理图片的大小改为 256px×256px、64px×64px、32px×32px，分别运行程序，择优选取最好的像素大小。

(1) 默认线性多 BSVM 分类（处理图像 256px×256px，见图 3-22）。

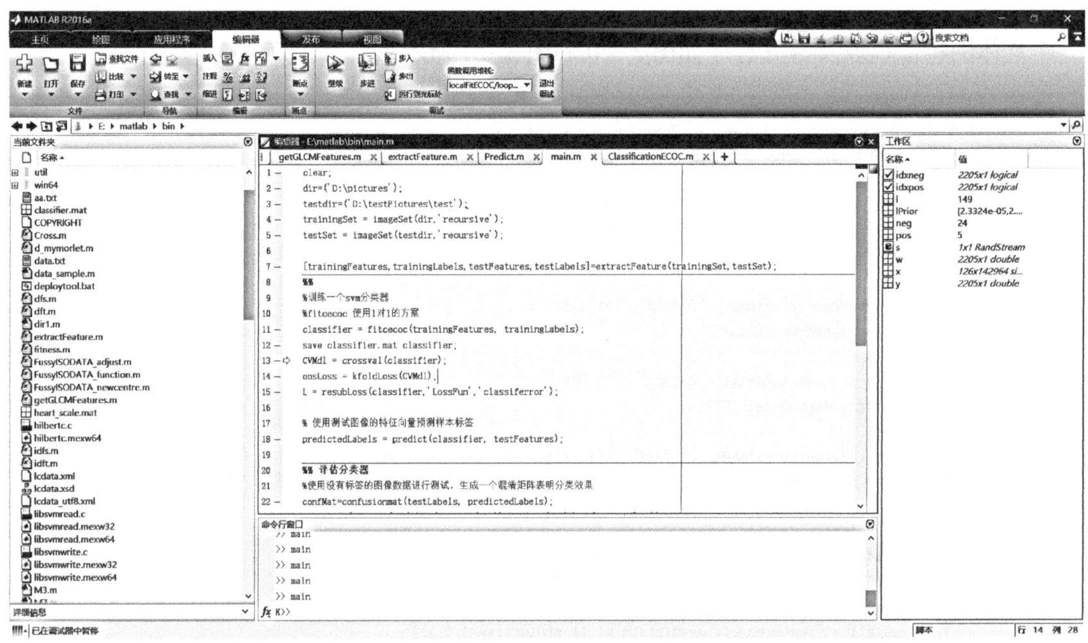

图 3-22 默认线性多 BSVM 分类（处理图像 256px×256px）

其中，默认线性多分类的代码为：classifier =fitcecoc(trainingFeatures, trainingLabels);。程序经过了过了两个小时还在运行，所以不采用这个像素设置。

(2) 默认线性多 BSVM 分类（处理图像 64px×64px，见图 3-23）。

其中，默认线性多分类的代码为 classifier =fitcecoc(trainingFeatures, trainingLabels);。程序运行了 11 分 50 秒，正确率是 96.95%，oosLoss 值是 0.0143，说明分类结果比较理想。

(3) 默认线性多 BSVM 分类（处理图像 32px×32px，见图 3-24）。

其中，默认线性多分类的代码为 classifier =fitcecoc(trainingFeatures, trainingLabels);。程序运行了 5 分 06 秒，正确率是 97.33%，oosLoss 值是 0.0155。

(4) 默认线性多 BSVM 分类（处理图像 8px×8px，见图 3-25）。

其中，默认线性多分类的代码为 classifier =fitcecoc(trainingFeatures, trainingLabels);。程序运行了 5 分 06 秒，正确率是 79.33%，oosLoss 值是 0.1910。

各类分辨率比较汇总情况如表 3-2 所示。

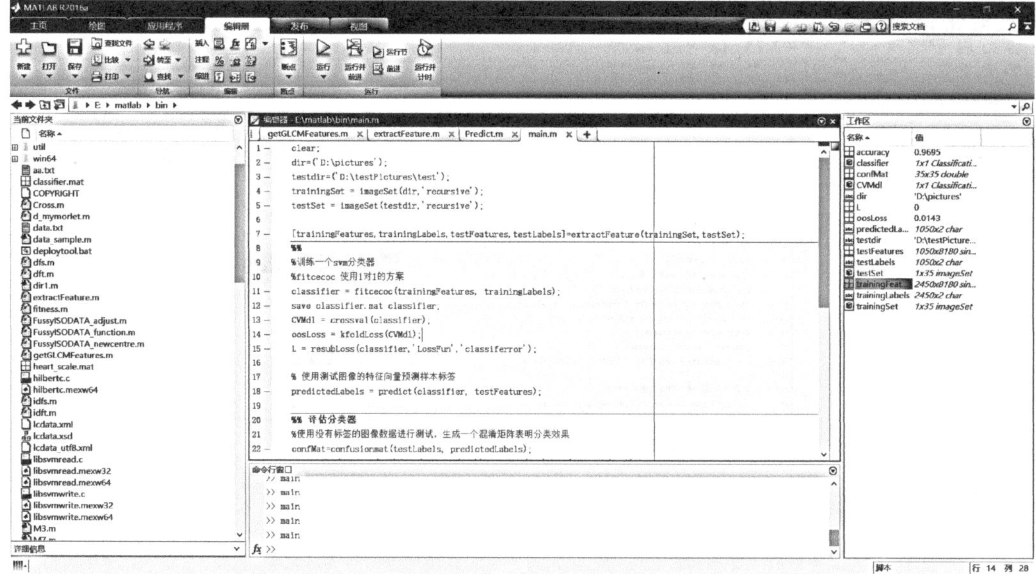

图 3-23 默认线性多 BSVM 分类（处理图像 64px×64px）

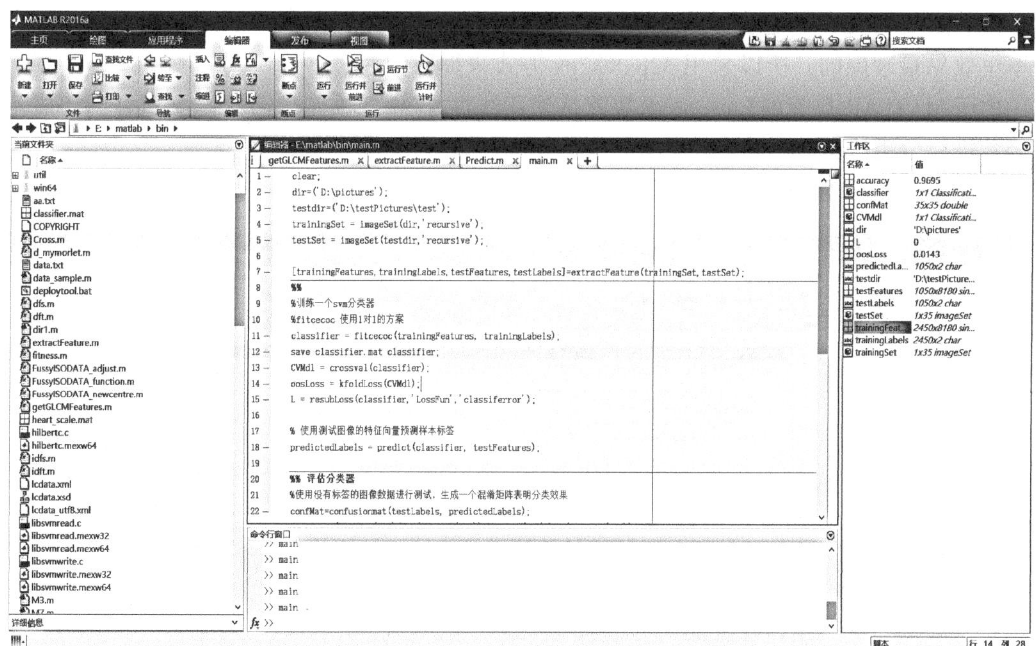

图 3-24 默认线性多 BSVM 分类（处理图像 32px×32px）

表 3-2 各类分辨率比较汇总情况

默认线性多 BSVM 分类/px	运 行 时 间	正 确 率	oosLoss 值
处理图像 256×256	超过 120 分钟	—	—
处理图像 64×64	11 分 50 秒	96. 95%	0. 0143
处理图像 32×32	5 分 06 秒	97. 33%	0. 0155
处理图像 8×8	3 分 51 秒	79. 33%	0. 1910

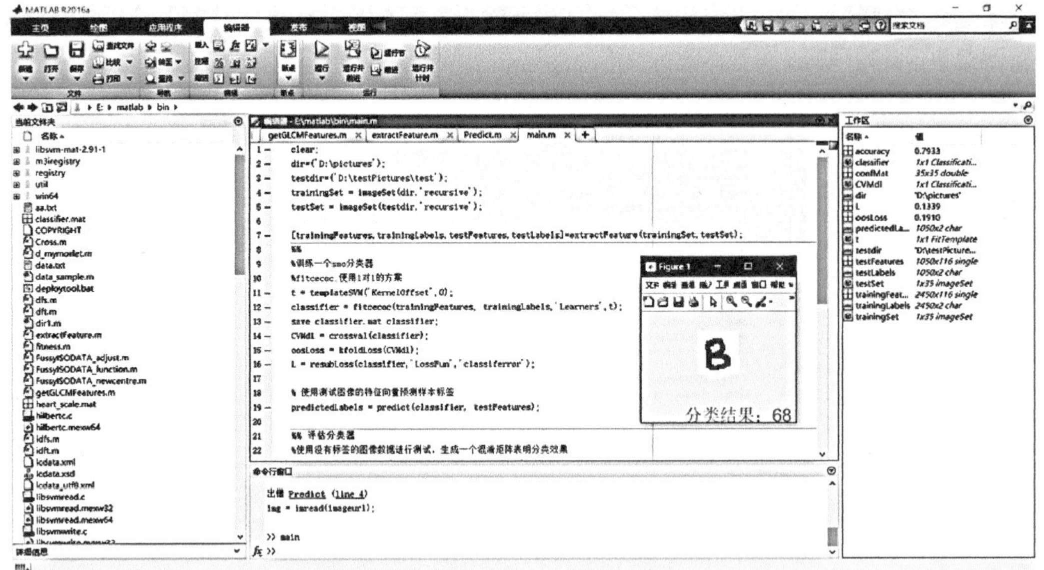

图 3-25　默认线性多 BSVM 分类（处理图像 8px×8px）

由表 3-2 可见，默认线性多 BSVM 分类（处理图像 32px×32px）的分类结果是这 4 个分辨率里效果最理想的，所以采用 32px×32px 方式来提取图片。

由于 MATLAB 自带的 fitcecoc 函数默认使用线性 SVM 二进制学习器，下面分别换成其他核函数进行分类测试。

（1）线性核函数如图 3-26 所示。

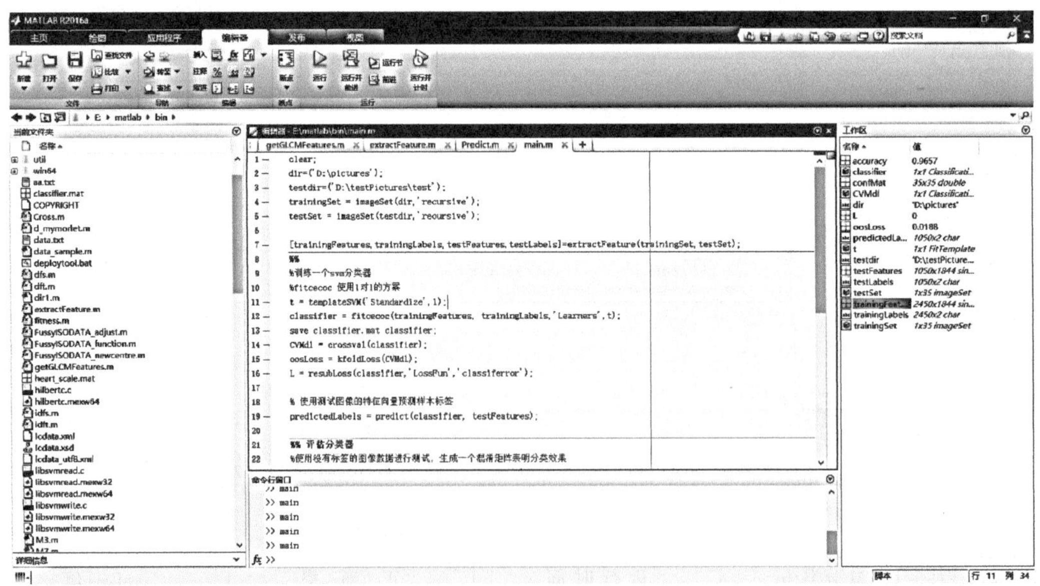

图 3-26　线性核函数

其中，线性核函数的代码为 t =templateSVM('Standardize',1);classifier = fitcecoc(trainingFeatures, trainingLabels,'Learners',t);。程序运行了 6 分 43 秒，正确率是 96.57%，oosLoss 值是 0.0188。

（2）高斯核函数如图 3-27 所示。

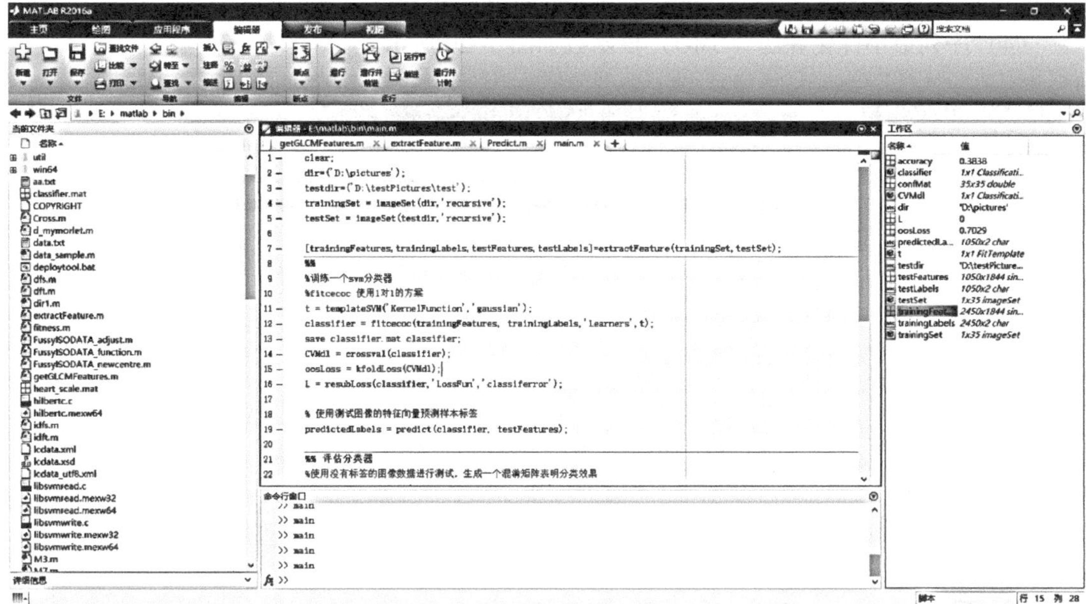

图 3-27　高斯核函数

其中，高斯核函数的代码为 t = templateSVM('KernelFunction','gaussian'); classifier = fitcecoc(trainingFeatures, trainingLabels,'Learners',t);。程序运行了 7 分 39 秒，正确率是 38.38%，oosLoss 值是 0.7029，说明这个核函数不适合当作蒙文识别的 SVM 分类器。

（3）多项式核函数如图 3-28 所示。

图 3-28　多项式核函数

其中，多项式核函数的代码为 t = templateSVM('KernelFunction','polynomial'); classifier =

fitcecoc(trainingFeatures, trainingLabels,'Learners',t);。程序运行超过了 100 分钟，相较其他的分类器，这个核函数不适合当作蒙文识别的 SVM 分类器。

（4）序列最小优化算法（SMO）核函数如图 3-29 所示。

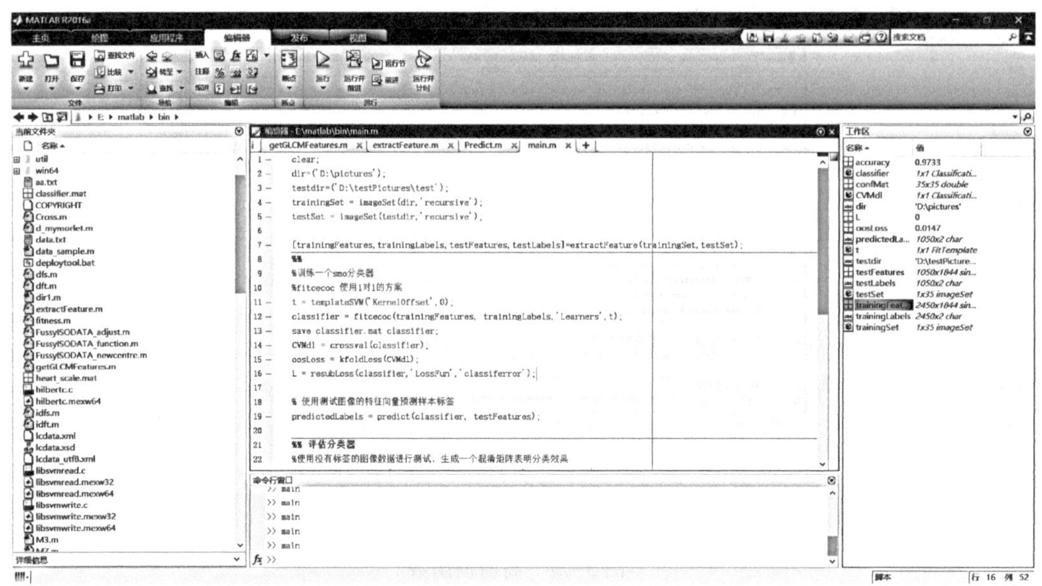

图 3-29　序列最小优化算法核函数

其中，序列最小优化算法核函数的代码为 t =templateSVM('KernelOffset',0);classifier = fitcecoc(trainingFeatures, trainingLabels,'Learners',t);。程序运行了 5 分 14 秒，正确率是 97.73%，oosLoss 值是 0.0147，说明这个方法适合当作蒙文识别的 SVM 分类器。

综合比较上述 4 种分类器，最终选择序列最小优化算法核函数来作为蒙文识别的 SVM 分类器。各种核函数分类方法的比较汇总如表 3-3 所示。

表 3-3　各种核函数分类方法的比较汇总表

核函数分类	运行时间	正确率	oosLoss 值
线性标准化预测变量	6 分 43 秒	96.57%	0.0188
高斯核函数	7 分 39 秒	38.38%	0.7029
多项式核函数	超过 100 分钟	—	—
序列最小优化算法	5 分 14 秒	97.73%	0.0147

最后使用核函数 predictedLabels = predict(classifier, testFeatures)进行预测，classifier 是训练出来的 SVM 分类器，testFeatures 是测试集的特征值矩阵。

本实验最终采用序列最小优化算法核函数进行分类，使用自定义的代码 Predict('D:\testPictures\test\38\38.60.png')来调出测试图片的分类结果。本次用来测试图片的标签是 38。

```
str = ['分类结果:' predictedLabel];
dim = [0.25 0.0004 0.2 0.2];
annotation('textbox', dim, 'string', str, 'fontsize', 20, 'color', 'g','edgecolor', 'none');
```

最终的识别分类结果如图 3-30 所示。

图 3-30　识别分类结果

3.6.6　支持向量机各层及各层间传输函数的设计选择

支持向量机的传输示意图如图 3-31 所示。

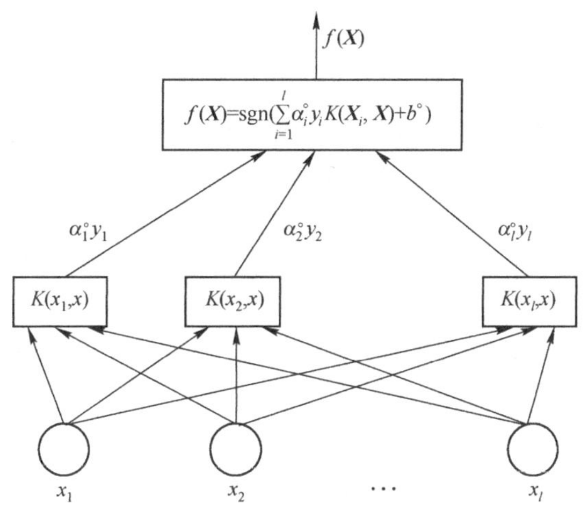

图 3-31　支持向量机的传输示意图

输入层是提取的各个特征值，将它们传递给隐含层，隐含层是核函数 $K(x_i,x)$，通过选取不同的隐含层函数，会得到不同的分类效果。本文通过实验采用序列最小优化算法线性核函数进行分类，之后将它加权，使用坐标上升法，同时改变参数 α_i 与 α_j，使得超平面 $\boldsymbol{W}$ 最优。同时满足约束条件，α_i 每一次改变，会使 $\boldsymbol{W}(\alpha)$ 变得更好，α_i 也会逐渐接近某一个特定值，当它确定时再保持这个 α_i 去确定 α_{i+2}，当所有的 α 都确定的时候代入公式计算 b 的值，最后代入线性核函数的公式，输出层即可输出分类结果。

支持向量机的二分类过程前面已经介绍过了，但是现实中遇到的往往是多分类的情况。支持向量机应对多分类情况主要有两种方式。

（1）一对一的支持向量机分类（One Against One SVMs）：一对一方式就是对每两个类样本之间构建出一个分类超平面，所有 k 类样本共能构造出 $k(k-1)/2$ 个分类超平面。具体分类操作如下：

取出所有满足条件 $y_i=s, y_i=t$，通过二分类法构造最优分类函数

$$f_{st}(x) = \boldsymbol{W}_{st} \cdot \phi(\boldsymbol{X}) + b_{st} = \sum_{i=sv} \alpha_i^{st} y_i K(\boldsymbol{X}_i, \boldsymbol{X}) + b_{st} \tag{3-69}$$

新样本的预测方式就是将它输入 $k(k-1)/2$ 个分类器内，最后通过投票的方式将获得票数最多的类别作为它的预测值。把多分类的问题变成二分类的问题。

这种方式的优点是：对于每一个子 SVM，由于训练样本少，因此其训练速度显著快于一对多 SVM 方式，同时其精度也较高。这种方式的缺点：随着类数 k 的增多，SVM 的个数也越来越多，随着 k 个数的增多，其训练速度也会越来越慢，这是需要改进的地方。

（2）一对多的支持向量机分类（One Against Rest SVMs）：一对多方式与一对一方式的区别就是一对多方式为每一个独立样本与其余样本之间构建出一个分类超平面，所有 k 类样本共能构造出 k 个分类超平面。

3.7 决策树算法与随机森林

3.7.1 决策树算法

1. 决策树算法

决策树是机器学习领域中，用于分类的一种常用的工具，它已经被广泛应用到很多具体问题中。例如，在医疗方面，根据患者的疾病数据记录，可以用计算机直接分类患者的病症；在商场超市等零售业领域，根据消费者消费物品的记录，将消费者的可购买力进行分类，以期更好地安排物品摆放顺序和举办定期优惠等促销活动，以提高整体的营业额；在金融方面，根据用户账户上拖欠支付的信息来分类贷款申请等。对于这些分类问题，都可以通过决策树这种分类工具，把未知类别的样例分类到各个对应的类别中去。这种方法分类速度快、精度高，生成的分类规则相对简单。

2. 决策树的结构

决策树是典型的树形结构，一般都是以自上而下的方式生成的。每个决策或者属性的选择都可能引出不同的事件，导致不同的分类结果，因此把这种决策分支画成图形就很像一棵倒长着的树，底端则是分类的结果。

图 3-32 中给出了决策树的一般结构示意图。

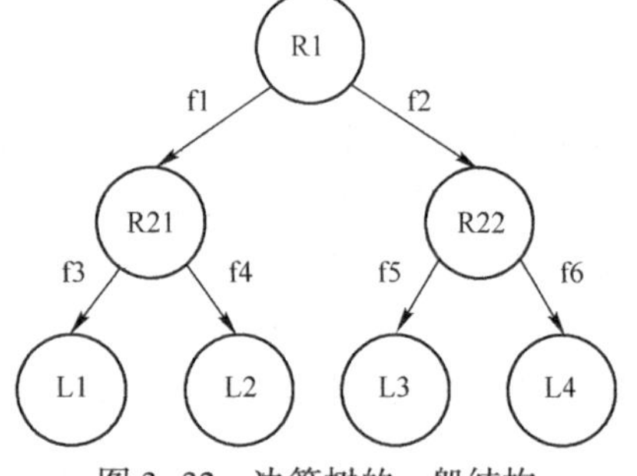

图 3-32 决策树的一般结构

整体来看，决策树由节点和分支组成。决策树中的每一个内节点都代表一个属性，其中节点有两种：内节点和叶子节点。最顶端的内节点称为根节点（如 R1），整棵树最下端的称为叶子节点，每一个叶子节

点，都代表一个分类的类别标签如 L1、L2、L3 和 L4。其他内节点为图 3-32 中的 R21 和 R22 节点。每一个树形的分支，也就是树的边，代表属性值的一个判断标准，如图中的 f1、f2、f3、f4、f5 和 f6。

用决策树进行分类，就是把所有样例从根节点按照分类标准，逐级分配到某个叶子节点的过程，叶子节点则标识了样例的最终类别。

决策树这种分类方式表达形式简洁、直观，从决策树中就可以直接看出属性的重要程度，越靠近根节点，属性重要程度越高。同时，从根节点到一个叶子节点，即是一条分类规则，统计出这些规则和数目也很简单。

3. 决策树生成算法

为了描述决策树的生成过程，我们对决策树分类时用到的相关概念和数据定义给予解释。

（1）整个数据集在分类时，被分为训练集和测试集。我们用 S 表示全体 s 个样例的集合。

（2）样例的条件属性和类别属性：数据集中表示样例类别的决策属性个数为 k 个，分别为 $C=\{C_1,C_2,\cdots,C_k\}$，用于将样例进行分类的条件属性个数为 j 个，分别为 $A_1,A_2,\cdots,A_j$。

我们可以用一个简单的示意图表示用决策树对数据集进行分类的过程，如图 3-33 所示。首先用训练数据集构造一棵决策树；对于每一个测试样例 $t_i\in S$，用构造好的决策树来确定它的类别。

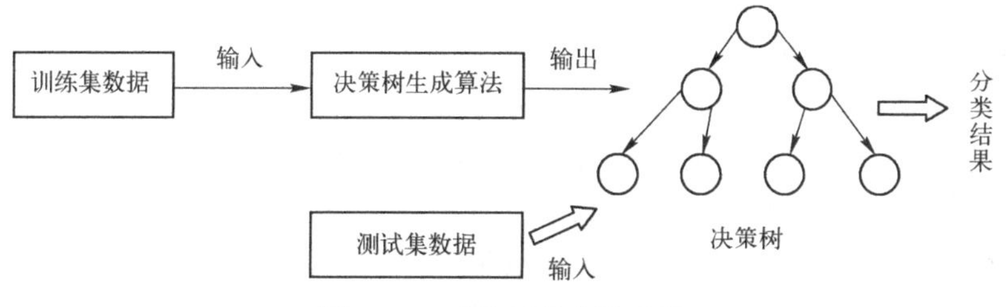

图 3-33　决策树的分类过程

3.7.2　ID3 算法

1. ID3 详述

著名的 ID3 算法是由昆兰（Quinlan）在 1986 年提出的。这个算法以信息熵和信息增益作为属性选取的标准，这个标准的使用使每一个非叶子节点在进行属性选择时，都能够选择得到能获得最大数据类别信息的属性。

具体做法是：首先验证所有的属性，选择信息增益最大的属性作为决策树的根节点，由该属性的不同取值进行分支，产生下级子树的根节点。然后对子树的各分支使用同样的属性选择标准，生成其下一级的子树，直到生成的节点上只包含同一类别的数据记录为止。当算法结束后即可得到一棵决策树，对新来的无类别标签的样本就可以进行分类操作了。

通过计算每个属性的信息增益，并比较它们的大小，就能获得当前数据集中具有最大信息增益的属性。ID3 算法的原理如下。

设 $S=E_1\times E_2\times E_3\times\cdots\times E_n$ 是 n 维的有穷向量空间，其中 E_j 是有穷的离散符号集，S 中的元素 $e=\langle d_1,d_2,d_3,\cdots,d_n\rangle$ 称为样例，其中 $d_j\in E_j$，$j=1,2,3,\cdots,n$，即 $E_1,E_2,E_3,\cdots,E_n$ 是整个数据集的属性集合，$d_1,d_2,d_3,\cdots,d_n$ 是相应属性下的具体属性值。

通常数据集中有两个相对的样例子集，一个正例集合和一个反例集合。假设向量空间 $\boldsymbol{S}$ 中正例集合和反例集合中样例的大小分别为 p 和 n，则 ID3 算法基于一种常见的假设：在向量空间 $\boldsymbol{S}$ 中，一颗决策树对正例和反例的判断概率相同。

ID3 算法确定决策树对一个样例做出正确判断所需的信息量为

$$I(p,n)=-\frac{p}{p+n}\log_2\frac{p}{p+n}-\frac{n}{p+n}\log_2\frac{n}{p+n} \tag{3-70}$$

对于多类问题，信息熵则为

$$\text{Entropy}(s)=\sum_{j=1}^{k}[-p_i\log_2 p_i] \tag{3-71}$$

p_i 表示第 i 类样例在整个样例集中所占的比例。

如果以属性 Q 作为选取的属性，成为当选的节点，Q 具有 m 个值 $\{M_1,M_2,M_3,\cdots,M_m\}$，这些属性的取值将数据集 S 分为 i 个子集 $\{S_1,S_2,S_3,\cdots,S_i\}$。假设 S_i 中含有 p_i 个正例和 n_i 个反例，那么子集 S_i 中所需的期望信息是 $I(p_i,n_i)$，属性 Q 作为当前所选节点的期望熵就为

$$E(Q)=\sum_{j}^{n}\frac{p_i+n_i}{p+n}I(p_i+n_i) \tag{3-72}$$

那么 Q 作为所选节点的信息增益就为

$$\text{gain}(Q)=I(p,n)-E(Q) \tag{3-73}$$

ID3 算法在对每个节点进行选择时，都会选择信息增益 gain(Q)最大的属性。在以后生成节点时递归调用上述过程就可以生成所有的节点。直到在一个节点上，样例的类别一致，选择属性结束。此时的节点就是叶子节点。

ID3 算法的优点是理论清晰并且简单，对比较小的数据集效果不错。当数据集很大时，决策树规模可能非常大，并且对噪声比较敏感，可能影响分类的准确性。

2. ID3 算法在 MATLAB 中的应用

本节利用基于决策树理论的分类方法对酒瓶进行分类识别，其实现步骤如下。

（1）构建训练样本集：从酒瓶样本库中的各类中分别提取 29 个训练样本，共 59 个样本。每个酒瓶样本只有 3 个特征，分别代表 red、blue、green 3 个颜色隶属度，酒瓶类别为训练类别，为 1、2、3、4 共 4 类。

（2）构建分类决策树：本文采用 MATLAB 中的决策树工具箱函数进行分类决策树的构建。构建分类决策树函数的基本定义为 T =treefit(X,y)。

其中参数 X 为训练样本属性集合，对应酒瓶三原色数据训练集为 X 的矩阵，矩阵每一行为一个训练样本，每列对应一个属性。参数 y 为类别集合，对于酒瓶三原色数据训练集：y 为 29 维的向量，每一维对应一个训练样本的类别，一共有 4 类，返回值 T 是一个决策树结构，保存了已建好的分类决策树的信息。

（3）利用决策树分类：输入待测样本，利用 MATLAB 中的决策树工具箱函数进行决策树分类。决策树分类函数的基本定义为：YFIT = treeval（T，Z）。

其中，参数 T 为步骤（2）中已构建的决策树结构，Z 为待测样本特征矩阵，可以表示多个待测样本。YFIT 为分类结果向量，保存每个待测样本的分类结果。

（4）显示决策树：为了更清楚地检验决策树分类，将决策树显示出来，可以更加直观地理解决策树理论，MALLAB 中决策树工具箱提供了显示决策树功能。

显示决策树函数为 treedisp(T)，参数 T 为已构建的决策树结构。

程序如下所示：

```
%%使用 ID3 决策树算法预测酒瓶分类
%函数名称：DecisionTree()
%参数：sample：待测样本
%返回值：result：分类结果
%函数功能：决策树分类算法
function result
clear ;
tr=[1739.94   1675.15   2395.96
    373.3     3087.05   2429.47
    1756.77   1652      1514.98
    864.45    1647.31   2665.9
    222.85    3059.54   2002.33
    877.88    2031.66   3071.18
    1803.58   1583.12   2163.05
    2352.12   2557.04   1411.53
    401.3     3259.94   2150.98
    363.34    3477.95   2462.86
    1571.17   1731.04   1735.33
    104.8     3389.83   2421.83
    499.85    3305.75   2196.22
    2297.28   3340.14   535.62
    2092.62   3177.21   584.32
    1418.79   1775.89   2772.9
    1845.59   1918.81   2226.49
    2205.36   3243.74   1202.69
    2949.16   3244.44   662.42
    1692.62   1867.5    2108.97
    1680.67   1575.78   1725.1
    2802.88   3017.11   1984.98
    172.78    3084.49   2328.65
    2063.54   3199.76   1257.21
    1449.58   1641.58   3405.12
    1651.52   1713.28   1570.38
    341.59    3076.62   2438.63
    291.02    3095.68   2088.95
    237.63    3077.78   2251.96];
cl=[3
4
3
1
4
1
```

```
3
2
4
4
3
4
4
2
2
1
3
2
2
3
3
2
4
2
1
3
4
4
4
];
sample =[1702.8   1639.79   2068.74
1877.93   1860.96   1975.3
867.81    2334.68   2535.1
1831.49   1713.11   1604.68
460.69    3274.77   2172.99
2374.98   3346.98   975.31
2271.89   3482.97   946.7
1783.64   1597.99   2261.31
198.83    3250.45   2445.08
1494.63   2072.59   2550.51
1597.03   1921.52   2126.76
1598.93   1921.08   1623.33
1243.13   1814.07   3441.07
2336.31   2640.26   1599.63
354       3300.12   2373.61
2144.4    72501.62  591.51
426.31    3105.29   2057.8
1507.13   1556.89   1954.51
343.07    3271.72   2036.94
```

```
2201.94   3196.2   2935.53
2232.43   3077.87  1298.87
1580.11   752.07   2463.04
1962.41   594.97   1835.95
1495.18   1957.44  3498.02
1125.17   1594.39  2937.73
24.22     3447.31  2145.01
1269.07   1910.72  2701.97
1802.07   1725.81  1966.35
1817.36   1927.4   2328.79
1860.45   1782.88  1875.13
];
cm=[3
    3
    1
    3
    4
    2
    2
    3
    4
    1
    3
    3
    1
    2
    4
    2
    4
    3
    4
    2
    2
    3
    3
    1
    1
    4
    1
    3
    3
    3
```

```
    ];
%%构造 ID3 决策树，其中 id3()为自定义函数
disp('数据预处理完成，正在进行构造树...');
t=treefit(tr,cl);
disp('ID3 算法构建决策树完成！');
%%决策树分类
disp('调用工具箱预测函数，正在进行分类预测...');
result=treeval(t,sample);
disp('分类预测完成，正在显示分类结果...');
%%显示分类结果
result
treedisp(t);
%% 3D 图像化显示
figure;
disp('建立 3D 图像化显示');
hold off
f=result;
index1=find(f==1);
index2=find(f==2);
index3=find(f==3);
index4=find(f==4);
plot3(sample(:,1),sample(:,2),sample(:,3),'o');
line(sample(index1,1),sample(index1,2),sample(index1,3),'linestyle','none','marker','*','color','g');
line(sample(index2,1),sample(index2,2),sample(index2,3),'linestyle','none','marker','x','color','r');
line(sample(index3,1),sample(index3,2),sample(index3,3),'linestyle','none','marker','v','color','b');
line(sample(index4,1),sample(index4,2),sample(index4,3),'linestyle','none','marker','+','color','y');
box;grid on;hold on;
xlabel('A');
ylabel('B');
zlabel('C');
title('决策树分类结果');
disp('3D 图像化显示完成');
%%显示原始分类结果
disp('原始分类结果');
cm
%%预测结果与原始分类结果
disp('原始分类结果');
composer=[cm result]
%%预测结果准确率
sub=[cm]-[result];
n=sum(sub==0);
disp('分类结果正确率');
accuracy=n/30
```

程序输出结果：

```
数据预处理完成，正在进行构造树...
ID3算法构建决策树完成!
调用工具箱预测函数，正在进行分类预测...
分类预测完成，正在显示分类结果...

result =

     3
     3
     1
     3
     4
     2
     2
     3
     4
     1
     3
     3
     1
     2
     4
     2
     4
     1
     4
     2
     2
     3
     2
     1
     1
     4
     1
     3
     3
     3
```

决策树结构如图 3-34 所示。

决策树分类结果 3D 图像化显示如图 3-35 所示。

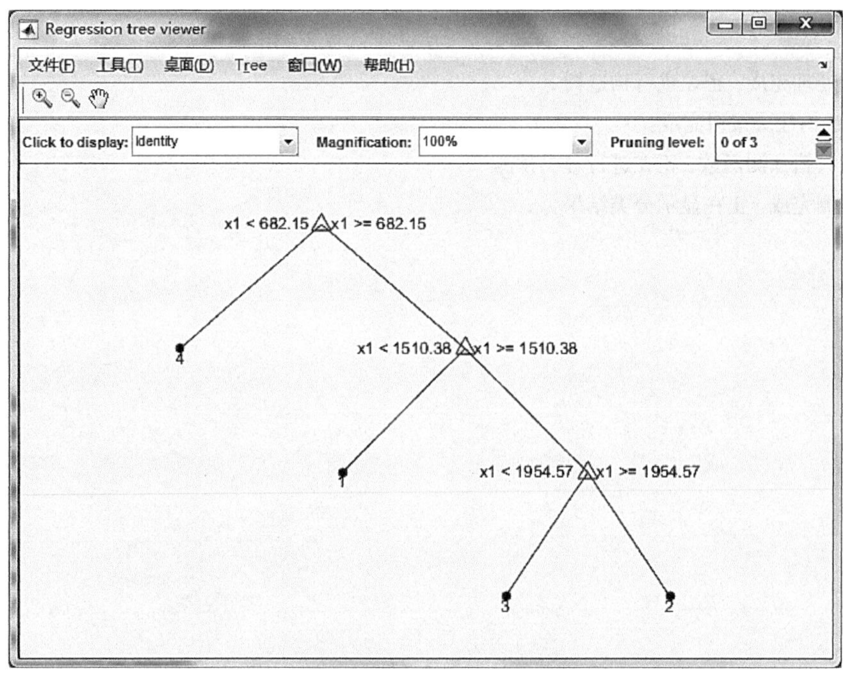

图 3-34　决策树结构图

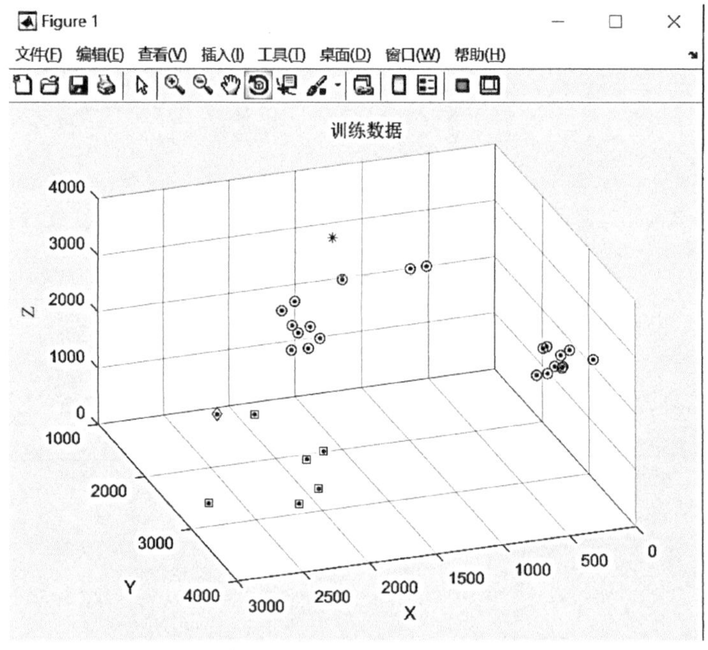

图 3-35　决策树分类结果 3D 图像化显示

显示原始分类结果：

```
cm =

    3
```

```
3
1
3
4
2
2
3
4
1
3
3
1
2
4
2
4
3
4
2
2
3
3
1
1
4
1
3
3
3
```

原始分类结果

```
composer =
    3    3
    3    3
    1    1
    3    3
    4    4
    2    2
    2    2
    3    3
    4    4
    1    1
    3    3
    3    3
```

```
     1     1
     2     2
     4     4
     2     2
     4     4
     3     1
     4     4
     2     2
     2     2
     3     3
     3     2
     1     1
     1     1
     4     4
     1     1
     3     3
     3     3
     3     3

输出分类结果正确率
accuracy =
    0.9333
>>
```

应用以上程序进行决策树分类的正确率为 0.9333。

由此可见，对于简单的数据，使用 ID3 算法能够较为有效地分类，但是还有进一步提升的空间。算法还可以进一步优化使分类的准确性提高。

3.7.3 随机森林算法

随机森林是一种比较新的机器学习模型。经典的机器学习模型是神经网络，神经网络模型的应用已有半个多世纪的历史了。神经网络预测精确，但是计算量很大。随机森林在运算量没有显著提高的前提下提高了预测精度。随机森林对多元共线性不敏感，结果对缺失数据和非平衡的数据比较稳健，可以很好地预测多达几千个解释变量的作用，被誉为当前最好的算法之一。

随机森林是由一棵棵决策树组成的，属于一种包含多个决策树的分类器。这些决策树中，每一棵决策树都是由一些随机选择的属性（一个或确定的数目）组合，通过决策树生成算法构造成的，这些决策树就组成了随机森林。而随机森林的输出类别是由个别树输出的类别的众数而定的。

1. 随机森林算法

可以根据下列算法建造每棵树：

（1）用 N 来表示训练例子的个数，M 表示变量的数目。

（2）我们会被告知一个数 m，被用来决定当在一个节点上做决定时，会使用到多少个变量，m 应小于 M。

（3）从 N 个训练例子中以可重复取样的方式，取样 N 次，形成一组训练集（即 bootstrap 取样）。并使用这棵树来对剩余例子预测类别，并评估其误差。

（4）对于每一个节点，随机选择 m 个基于此点的变量。根据这 m 个变量，计算最佳的分割方式。

（5）每棵树都会完整成长而不会剪枝（Pruning）（有可能在建完一棵正常树状分类器后被采用）。

2. 随机森林算法的优缺点

随机森林的优点有：

☺ 对于很多种资料，它可以产生高准确度的分类器。

☺ 它可以处理大量的输入变量。

☺ 它可以在决定类别时，评估变量的重要性。

☺ 在建造森林时，它可以在内部对一般化后的误差产生不偏差的估计。

☺ 它包含一个好方法，可以估计遗失的资料，并且如果有很大一部分资料遗失，那么也可以维持准确度。

☺ 它提供一个实验方法，可以去侦测 variable interactions。

☺ 对不平衡的分类资料集来说，它可以平衡误差。

☺ 它计算各例子的亲近度，对数据挖掘、侦测偏离者（Outlier）和将资料视觉化非常有用。

☺ 它可被延伸应用在未标记的资料上，这类资料通常使用非监督式聚类，也可侦测偏离者和观看资料。

☺ 学习过程是很快速的。

随机森林算法的缺点有：

☺ 随机森林已经被证明在某些噪声较大的分类或回归问题上会过拟合。

☺ 对于有不同级别属性的数据，级别划分较多的属性会对随机森林产生更大的影响，所以随机森林在这种数据上产出的属性权值是不可信的。

3. 随机森林应用——酒瓶分类三原色数据

（1）设计思路：将酒瓶的 3 个量化特征作为网络输入，将酒瓶分类结果作为网络输出。用训练数据对设计的随机森林网络进行训练，然后对测试数据进行测试并对测试结果进行分析。

（2）设计步骤：根据上述设计思路，设计步骤主要包括以下几个方面，如图 3-36 所示。

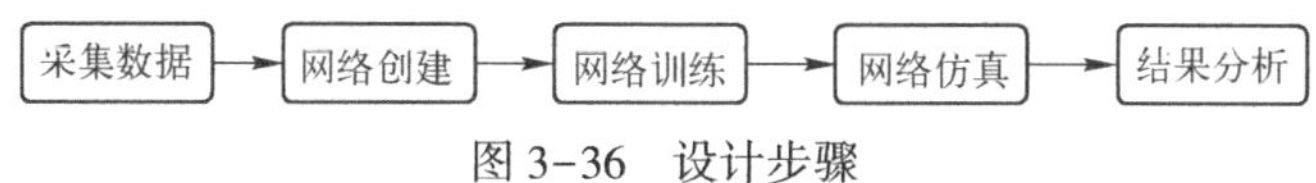

图 3-36　设计步骤

☺ 采集数据：本方案采用酒瓶分类三原色数据。

☺ 网络创建：数据输入后，利用 MATLAB 自带的神经网络工具箱函数 TreeBagger 创建随机森林神经网络。

☺ 网络训练：网络创建完毕后，将训练集的酒瓶分类三原色数据输入网络，便可以对网络进行训练。

☺ 网络仿真：网络通过训练后，将测试集中的数据输入网络，便可以得到对应的输出（即分类）。

☺ 结果分析：通过对网络仿真结果的分析，对该方法的可行性进行评价。

（3）MATLAB 程序实现：

```
%%使用随机森林算法预测酒瓶分类
%函数名称：random forests( )
%参数：sample：待测样本
%返回值：result：分类结果
%函数功能：随机森林分类算法
tr=[1739.94  1675.15  2395.96
373.3    3087.05  2429.47
1756.77  1652     1514.98
864.45   1647.31  2665.9
222.85   3059.54  2002.33
877.88   2031.66  3071.18
1803.58  1583.12  2163.05
2352.12  2557.04  1411.53
401.33   259.94   2150.98
363.34   3477.95  2462.86
1571.17  1731.04  1735.33
104.83   389.83   2421.83
499.85   3305.75  2196.22
2297.28  3340.14  535.62
2092.62  3177.21  584.32
1418.79  1775.89  2772.9
1845.59  1918.81  2226.49
2205.36  3243.74  1202.69
2949.16  3244.44  662.42
1692.62  1867.5   2108.97
1680.67  1575.78  1725.1
2802.88  3017.11  1984.98
172.78   3084.49  2328.65
2063.54  3199.76  1257.21
1449.58  1641.58  3405.12
1651.52  1713.28  1570.38
341.59   3076.62  2438.63
291.02   3095.68  2088.95
237.63   3077.78  2251.96
];
cl=[3
4
3
1
4
1
3
```

```
2
4
4
3
4
4
2
2
1
3
2
2
3
3
2
4
2
1
3
4
4
4
];
sample=[1702.8        1639.79   2068.74
1877.93   1860.96   1975.3
867.81    2334.68   2535.1
1831.49   1713.11   1604.68
460.69    3274.77   2172.99
2374.98   3346.98   975.31
2271.89   3482.97   946.7
1783.64   1597.99   2261.31
198.83    3250.45   2445.08
1494.63   2072.59   2550.51
1597.03   1921.52   2126.76
1598.93   1921.08   1623.33
1243.13   1814.07   3441.07
2336.31   2640.26   1599.63
354       3300.12   2373.61
2144.47   2501.62   591.51
426.31    3105.29   2057.8
1507.13   1556.89   1954.51
343.07    3271.72   2036.94
2201.94   3196.22   935.53
2232.43   3077.87   1298.87
```

```
1580.1    1752.07    2463.04
1962.4    1594.97    1835.95
1495.18   1957.44    3498.02
1125.17   1594.39    2937.73
24.22     3447.31    2145.01
1269.07   1910.72    2701.97
1802.07   1725.81    1966.35
1817.36   1927.4     2328.79
1860.45   1782.88    1875.13
];

cm=[3
   3
   1
   3
   4
   2
   2
   3
   4
   1
   3
   3
   1
   2
   4
   2
   4
   3
   4
   2
   2
   3
   3
   1
   1
   4
   1
   3
   3
   3
   ];
Factor =TreeBagger(50,tr, cl);
[Predict_label,Scores] = predict(Factor, sample);
```

```
disp('输出分类结果');
result = char(Predict_label)
disp('分类结果完成');
```

寻找最佳叶片尺寸：对于回归树模型，一般的规则是设置叶的大小为 5，并选择 1/3 的袋外样本。在接下来的步骤中，通过比较各种叶片尺寸的回归得到的平均平方误差来验证最佳叶片尺寸，袋外数据计算均方误差与生长树的数量程序如下。

```
disp('建立均方误差树生长曲线...');
isCategorical = [zeros(3,1);ones(size(tr,2)-3,1)];
leaf = [5 10 15 20 25];
col = 'rbcmy';
figure
for i=1:length(leaf)
    b =TreeBagger(50,tr,cl,'Method','R','OOBPred','On',...
            'CategoricalPredictors',find(isCategorical == 1),...
            'MinLeafSize',leaf(i));
plot(oobError(b),col(i))
hold on
end
xlabel 'Number of Grown Trees'
ylabel 'Mean Squared Error'
legend({'5' '10' '15' '20' '25'},'Location','NorthEast')
hold off
disp('均方误差图像显示完成');
```

均方误差对比曲线如图 3-37 所示。

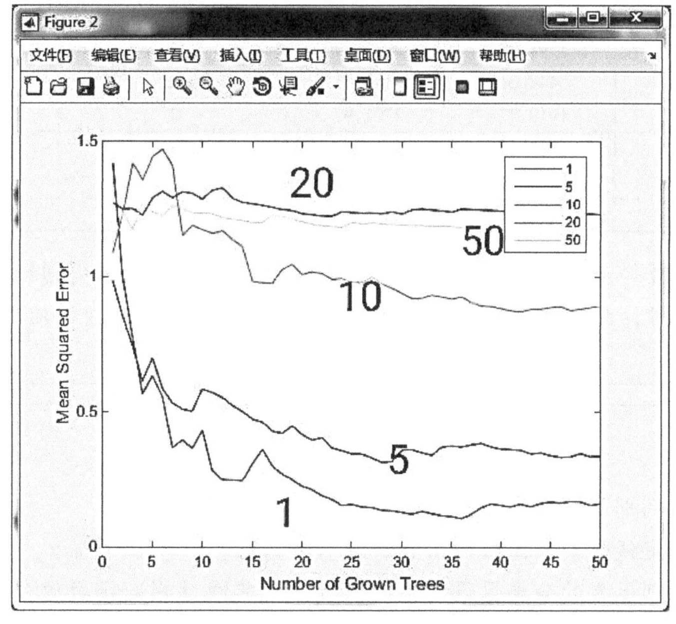

图 3-37　均方误差对比曲线

随机森林网络分类结果如表 3-4 所示。

表 3-4 随机森林网络分类结果

序号	*A*	*B*	*C*	标准分类结果	随机森林分类结果
1	1702.8	1639.79	2068.74	3	3
2	1877.93	1860.96	1975.3	3	3
3	867.81	2334.68	2535.1	1	1
4	1831.49	1713.11	1604.68	3	3
5	460.69	3274.77	2172.99	4	4
6	2374.98	3346.98	975.31	2	2
7	2271.89	3482.97	946.7	2	2
8	1783.64	1597.99	2261.31	3	3
9	198.83	3250.45	2445.08	4	4
10	1494.63	2072.59	2550.51	1	1
11	1597.03	1921.52	2126.76	3	3
12	1598.93	1921.08	1623.33	3	3
13	1243.13	1814.07	3441.07	1	1
14	2336.31	2640.26	1599.63	2	2
15	354	3300.12	2373.61	4	4
16	2144.47	2501.62	591.51	2	2
17	426.31	3105.29	2057.8	4	4
18	1507.13	1556.89	1954.51	3	3
19	343.07	3271.72	2036.94	4	4
20	2201.94	3196.22	935.53	2	2
21	2232.43	3077.87	1298.87	2	2
22	1580.1	1752.07	2463.04	3	3
23	1962.4	1594.97	1835.95	3	3
24	1495.18	1957.44	3498.02	1	1
25	1125.17	1594.39	2937.73	1	1
26	24.22	3447.31	2145.01	4	4
27	1269.07	1910.72	2701.97	1	1
28	1802.07	1725.81	1966.35	3	3
29	1817.36	1927.4	2328.79	3	3
30	1860.45	1782.88	1875.13	3	3

由以上结果可知，随着森林中树木的增加，分类准确率能够得到较大的提升，当森林中树木足够多时，如案例中的 20 棵树时，随机森林算法袋外数据均方误差趋于平缓，分类准确率最高。

（1）什么是判别函数法？

（2）怎样确定线性判别函数的系数？

（3）线性判别函数的分类器设计方法有哪些？非线性判别函数的分类器设计方法有哪些？它们有什么异同？

第4章 聚类分析

4.1 聚类分析概述

聚类分析是指事先不了解一批样品中的每一个样品的类别或其他的先验知识，而唯一的分类根据是样品的特征，利用某种相似度的度量方法，把特征相同或相似的归为一类，实现聚类划分。

聚类分析就是对探测数据进行分类分析的一个工具，许多学科要根据所测得的或感知到的相似性特征对数据进行分类，把探测数据归入各个聚合类中，且在同一个聚合类中的模式比不同聚合类中的模式更相似，从而对模式间的相互关系做出估计。聚类分析的结果可以被用来对数据提出初始假设、分类新数据、测试数据的同类型及压缩数据。

聚类算法的重点是寻找特征相似的聚合类。人类在日常生活中采用的分类方法可以被理解为二维的域值分类器，然而大多数实际的问题涉及高维的聚类。对高维空间内的数据进行直观解释，其困难是显而易见的。另外，数据也不会服从规则理想分布，这就是大量聚类算法出现在文献中的原因。

4.1.1 聚类的定义

学者 Evertt 提出，一个聚合类是一些相似的实体集合，而且不同聚合类的实体是不相似的。在一个聚合类内的两个点间的距离小于在这个类内任一点和不在这个类内的另一任一点间的距离。聚合类可以被描述成在 n 维空间内存在较高密度点的连续区域和较低密度点的区域，而较低密度点的区域把其他较高密度点的区域分开。

在模式空间 S 中，若给定 N 个样品 $X_1,X_2,\cdots,X_N$，聚类的定义是：按照相互类似的程度找到相应的区域 $R_1,R_2,\cdots,R_M$，将任意 $X_i(i=1,2,\cdots,N)$ 归入其中一类，而且不会同时属于两类，即

$$R_1 \cup R_2 \cup \cdots \cup R_M = R \tag{4-1}$$

$$R_i \cap R_j = \varnothing \ (i \neq j) \tag{4-2}$$

这里∪、∩分别为并集、交集。

选择聚类的方法应以一个理想的聚类概念为基础。然而，如果数据不满足聚类技术所做的假设，则算法不是去发现真实的结构而是在数据上强加某种结构。

4.1.2 聚类准则

设有未知类别的 N 个样品，要把它们划分到 M 类中去，可以有多种优劣不同的聚类方法。怎样评价聚类方法的优劣，这就需要确定一种聚类准则。但客观地说，聚类方法的优劣是就某一种评价准则而言的，很难有对各种准则均呈优良表现的聚类方法。

聚类准则的确定，基本上有两种方法。一种是试探法，根据所分类的问题，确定一种准

则，并用它来判断样品分类是否合理。例如，以距离函数作为相似性的度量，用不断修改的阈值来探究对此种准则的满足程度，当取得极小值时，就认为得到了最佳划分。另一种是规定一种准则函数，其函数值与样品的划分有关，当取得极小值时，就认为得到了最佳划分。下面给出一种简单而又广泛应用的准则，即误差平方和准则。

设有 N 个样品，分属于 $\omega_1,\omega_2,\cdots,\omega_M$ 类，设有 N_i 个样品的 ω_i 类，其均值为

$$m_i = \frac{1}{N_i}\sum_{X\in\omega_i} X \tag{4-3}$$

$$\overline{X(\omega_i)} = \frac{1}{N_i}\sum_{X\in\omega_i} X \tag{4-4}$$

因为有若干种方法可将 N 个样品划分到 M 类中去，因此对应一种划分，可求得一个误差平方和 J，要找到使 J 值最小的那种划分。定义误差平方和

$$J = \sum_{i=1}^{M}\sum_{X\in\omega_i}\|X - m_i\|^2 \tag{4-5}$$

$$J = \sum_{i=1}^{M}\sum_{X\in\omega_i}\|X - X(\omega_i)\|^2 \tag{4-6}$$

经验表明，当各类样品均很密集，各类样品数相差不大，而类间距离较大时，适合采用误差平方和准则。当各类样品数相差很大，类间距离较小时，就有可能将样品数多的类一分为二，而得到的 J 值却比大类保存完整时小，误以为得到了最优划分，实际上得到了错误分类。

4.1.3 基于试探法的聚类设计

基于试探法的聚类设计假设某种分类方法，确定一种聚类准则，然后计算 J 值，找到 J 值最小的那一种分类方法，则认为该种方法为最优分类。基于试探的未知类别聚类算法，包括最临近规则的试探法、最大最小距离试探法和层次聚类试探法。

1. 最临近规则的试探法

假设前 i 个样品已经被分到 k 个类中，则第 i+1 个样品应该归入哪个类中呢？假设归入 ω_a 类，要使 J 最小，则应满足第 i+1 个样品到 ω_a 类的距离小于给定的阈值，若大于给定的阈值 T，则应为其建立一个新的类 ω_{k+1}。在未将所有的样品分类前，类数是不能确定的。

这种算法与第一个中心的选取、阈值 T 的大小、样品排列次序及样品分布的几何特性有关。这种方法运算简单，当有关于模式几何分布的先验知识作为指导给出阈值 T 及初始点时，则能较快地获得合理的聚类结果。

2. 最大最小距离试探法

最临近规则的试探法受到阈值 T 的影响很大。阈值的选取是聚类成败的关键之一。最大最小距离试探法充分利用样品内部特性，计算出所有样品间的最大距离作为归类阈值的参考，改善了分类的准确性。例如，某样品到某一个聚类中心的距离小于最大距离的一半，则归入该类，否则建立新的聚类中心。

3. 层次聚类试探法

层次聚类试探法对给定的数据集进行层次分解，直到某种条件满足为止。具体又可分为合并、分裂两种方法。

合并的层次聚类是一种自底向上的策略，首先将每个对象作为一个类，然后根据类间距离的不同，合并距离小于阈值的类，合并一些相似的样品，直到终结条件被满足，合并算法

会在每一步减少聚类中心数量，聚类产生的结果来自前一步的两个聚类的合并；绝大多数层次聚类方法属于这一类，它们只是在相似度的定义上有所不同。

分裂的层次聚类与合并的层次聚类相反，其采用自顶向下的策略，它首先将所有对象置于同一个簇中，然后逐渐细分为越来越小的样品簇，直到达到了某个终止条件为止。分裂算法与合并算法的原理相反，在每一步增加聚类中心数目，每一步聚类产生的结果，都是将前一步的一个聚类中心分裂成两个得到的。

常用的聚类方法有均值聚类方法、分层聚类方法和模糊聚类方法。

4.2 数据聚类——K-均值算法

4.2.1 K-均值算法概述

K-均值算法是 Mac Queen J. 在 1967 年提出来的一种经典的聚类算法。该算法属于基于距离的聚类算法，由于该算法的效率较高，所以在科学和工业领域中，需要对大规模数据进行聚类时被广泛应用，是一种极有影响力的技术。

K-均值算法是先随机选取 k 个对象作为初始聚类中心。然后计算每个对象与各个初始聚类中心之间的距离，把每个对象分配给距离它最近的聚类中心。聚类中心及分配给它们的对象就代表一个聚类。一旦全部对象都被分配了，每个聚类的聚类中心会根据聚类中现有的对象被重新计算。这个过程将不断重复直到满足某个终止条件为止。终止条件可以是没有（或最小数目）对象被重新分配给不同的聚类，没有（或最小数目）聚类中心再发生变化，或者误差平方和局部最小。

4.2.2 K-均值算法的主要流程

K-均值算法在进行聚类之前需要用户给定类的个数和数据样本等参数，然后根据特定的算法对数据集进行聚类。当满足收敛条件时，算法处理结束，输出最终的聚类结果。其具体过程如下。

K-均值算法使用的聚类准则函数是误差平方和准则 J_K。

$$J_K = \sum_{j=1}^{K} \sum_{k=1}^{n_j} \| x_k - m_j \|^2 \tag{4-7}$$

为了使聚类结果优化，应该使准则 J_K 最小化。

K-均值算法的主要流程为：

输入：初始数据集 DATA 和类的数目 k。

输出：k 个类，满足聚类准则函数收敛。

(1) 任意选择 k 个数据对象作为初始聚类中心；

(2) 根据类中对象的平均值，将每个对象赋给最类似的类；

(3) 更新类的平均值，即计算每个对象类中对象的平均值；

(4) 计算聚类准则函数 J_K，重复进行 (2) ~ (4)；

(5) 直到准则函数 J_K 值不再进行变化（收敛）。

K-均值算法的流程如图 4-1 所示。

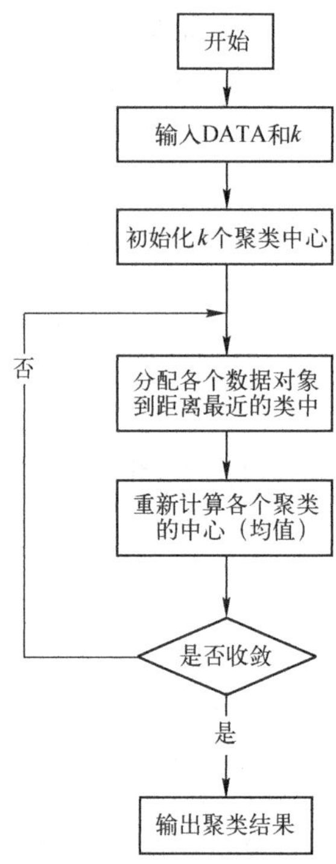

图 4-1 K-均值算法的流程

4.2.3 K-均值算法的特点

K-均值算法是一种基于划分的聚类算法，其尝试找出使得聚类准则函数值最小的 k 个划分，当类与类之间的特征区别比较明显的时候，并且结果类是密集的，K-均值算法聚类结果的效果较好。K-均值算法的优点主要集中在：算法快速、简单；对大数据集有较高的效率并且是可伸缩的；时间复杂度近似于线性，而且适合挖掘大规模数据集。K-均值算法的时间复杂度是 $O(nkt)$，其中 n 代表数据集中对象的数量，t 代表着算法迭代的次数，k 代表着类的数目。但是，目前为止，K-均值算法也存在着许多缺点，在应用中面临着许多问题，有待于进一步的优化。

（1）K-均值算法的收敛中心随着初始点选取的不同而变化，迄今还没有统一有效的方法来确定初始划分和聚类数目 k。

（2）K-均值算法的迭代最优化不能保证收敛到全局最优点。基于随机优化技术的 K-均值算法虽然能较好地找到全局最优解，但这是以耗费计算量为代价的。

（3）“均值”的定义将算法限制在只能处理数值变量。而 K-中心点算法是一种自然的解决方案，当计算均值没有意义时，中心不需要计算并且总是存在的。

（4）K-均值算法对孤立点和噪声敏感。即使对于一个远离聚类中心的目标，算法也强行将其划分到一个类中，从而扭曲了聚类的形状。

4.2.4 K-均值算法的 MATLAB 实现

```
[IDX,C,SUMD,D]=kmeans(data,K);
```

其中，data 为要聚类的数据集合，每一行为一个样本；IDX 为聚类结果；C 为聚类中心；SUMD 为每一个样本到该聚类中心的距离和；D 为每一个样本到各个聚类中心的距离；K 为分类的个数。

如果使用命令[IDX,C,SUMD,D]=kmeans(data,4)进行聚类，要想画出 4 个聚类的图形，可用如下程序：

```
D=D'                              %得到每一个样本到四个聚类中心的距离
minD=min(D);                      %找到每一个样本到四个聚类中心的最小距离
index1=find(D(1,:)==min(D))       %找到属于第一类的点
index2=find(D(2,:)==min(D))       %找到属于第二类的点
index3=find(D(3,:)==min(D))       %找到属于第三类的点
index4=find(D(4,:)==min(D))       %找到属于第四类的点
```

为了提高图形的区分度，添加如下命令：

```
line(data(index1,1),data(index1,2),data(index1,3),'linestyle','none','marker','*','color','g');
line(data(index2,1),data(index2,2),data(index2,3),'linestyle','none','marker','*','color','r');
line(data(index3,1),data(index3,2),data(index3,3),'linestyle','none','marker','+','color','b');
line(data(index4,1),data(index4,2),data(index4,3),'linestyle','none','marker','+','color','y');
```

完整的 K-均值算法的代码如下：

```
clear all;
data=[1702.8 1639.79 2068.74
1877.93 1860.96 1975.3
867.81   2334.68 2535.1
1831.49 1713.11 1604.68
460.69   3274.77 2172.99
2374.98 3346.98 975.31
2271.89 3482.97 946.7
1783.64 1597.99 2261.31
198.83   3250.45 2445.08
1494.63 2072.59 2550.51
1597.03 1921.52 2126.76
1598.93 1921.08 1623.33
1243.13 1814.07 3441.07
2336.31 2640.26 1599.63
354      3300.12 2373.61
2144.47 2501.62 591.51
426.31   3105.29 2057.8
1507.13 1556.89 1954.51
343.07   3271.72 2036.94
2201.94 3196.22 935.53
2232.43 3077.87 1298.87
1580.1   1752.07 2463.04
1962.4   1594.97 1835.95
```

```
1495.18 1957.44 3498.02
1125.17 1594.39 2937.73
24.22   3447.31 2145.01
1269.07 1910.72 2701.97
1802.07 1725.81 1966.35
1817.36 1926.4  2328.79
1860.45 1782.88 1875.13];
[IDX,C,SUMD,D]=kmeans(data,4);
plot3(data(:,1),data(:,2),data(:,3),'.');
grid;
D=D'
minD=min(D);
index1=find(D(1,:)==min(D))
index2=find(D(2,:)==min(D))
index3=find(D(3,:)==min(D))
index4=find(D(4,:)==min(D))
line(data(index1,1),data(index1,2),data(index1,3),'linestyle','none','marker','>','color','g');
line(data(index2,1),data(index2,2),data(index2,3),'linestyle','none','marker','o','color','r');
line(data(index3,1),data(index3,2),data(index3,3),'linestyle','none','marker','s','color','b');
line(data(index4,1),data(index4,2),data(index4,3),'linestyle','none','marker','+','color','k');
title('K-均值算法聚类分析图');
xlabel('第一特征坐标');
ylabel('第二特征坐标');
zlabel('第三特征坐标');
```

K-均值算法的聚类仿真结果如图 4-2 所示。

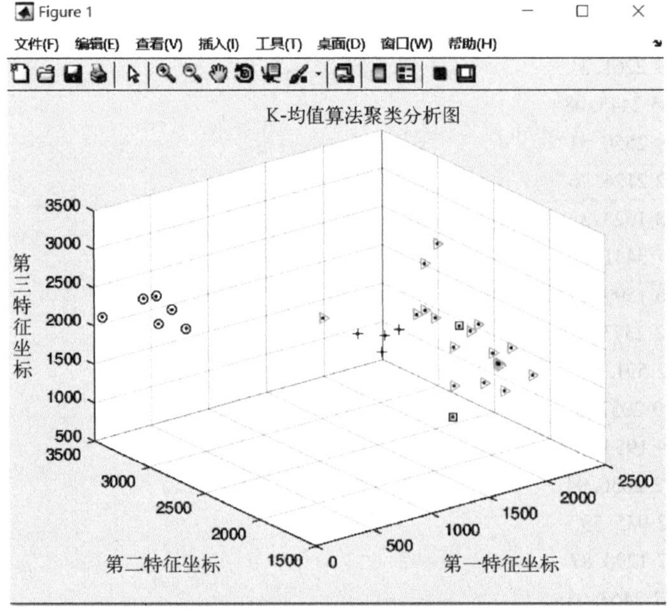

图 4-2 K-均值算法的聚类仿真结果

K-均值算法主要通过迭代搜索获得聚类的划分结果，虽然 K-均值算法运算速度快，占用内存小，比较适合大样本量的情况，但是聚类结果受初始聚类点的影响很大，不同的初始聚类点选择会导致截然不同的结果。并且当按最近邻归类时，如果遇到两个聚类点距离相等的情况，那么不同的选择也会造成不同的结果。因此，K-均值算法具有因初始聚类点的不确定性而存在较大偏差的情况。

K-均值算法使用的聚类准则是误差平方和准则。在算法迭代过程中，样本分类不断调整，因此误差平方和 J_K 也在逐步减小，直到没有样本调整为止，此时 J_K 不再变化，聚类达到最优。但是，此算法中没有计算 J_K 值，也就是说 J_K 不是算法结束的明显依据。因此，有待进一步对 K-均值算法进行改进，以优化 K-均值算法。

4.3 PAM 算法的研究

4.3.1 PAM 算法概述

PAM（Partitioning Around Medoid，围绕中心点的划分）是聚类分析算法中划分法的一种，是最早提出的 K-中心点算法之一。

如今数据挖掘的理论被越来越广泛地应用在商业、制造业、金融业、医药业、电信业等领域。数据挖掘的目标之一是进行聚类分析。聚类就是把一组个体按照相似性归成若干类别，它的目的是使属于同一类别的个体之间的差别尽可能小，而不同类别上的个体间的差别尽可能大。PAM 算法是众多聚类算法之一。PAM 算法的优势在于：PAM 算法比 K-均值算法更健壮，对“噪声”和孤立点数据不敏感；它能够处理不同类型的数据点；它对小的数据集非常有效。

4.3.2 PAM 算法的主要流程

输入：簇的数目 k 和包含 n 个对象的数据库。

输出：k 个簇，使所有对象与其最近中心点的相异度总和最小。

（1）任意选择 k 个对象作为初始的簇中心点；

（2）重复；

（3）指派每个剩余对象给离它最近的中心点所表示的簇；

（4）重复；

（5）选择一个未被选择的中心点 O_i；

（6）重复；

（7）选择一个未被选择的非中心点对象 O_h；

（8）计算用 O_h 代替 O_i 的总代价并记录在 S 中；

（9）直到所有非中心点都被选择过；

（10）直到所有中心点都被选择过；

（11）如果在 S 中的所有非中心点代替所有中心点后计算出的总代价小于 0，则找出 S 中的用非中心点替代中心点后代价最小的一个，并用该非中心点替代对应的中心点，形成一

个新的 k 个中心点的集合；

（12）直到没有簇的重新分配为止，即所有的 S 都大于 0。

PAM 算法需用簇中位置最靠近中心的对象作为代表对象，然后反复地用非代表对象来代替代表对象，试图找出更好的中心点，在反复迭代的过程中，所有可能的“对象对”被分析，每个对象对中的一个对象是中心点，另一个对象是非代表对象。一个对象代表可以被最大平方-误差的值减少的对象代替。

一个非代表对象 O_h是否是当前一个代表对象 O_i的一个好的替代，对于每个非中心点对象 O_j，有以下 4 种情况需要考虑。

（1）O_j当前隶属于 O_i，如果 O_i被 O_h替换，且 O_j离另一个中心点 O_m 最近，$i \neq m$，那么 O_j被分配给 O_m，则替换代价为 $C_{jih}=d(j,m)-d(j,i)$，如图 4-3 所示。

（2）O_j当前隶属于 O_i，如果 O_i被 O_h替换，且 O_j离 O_h最近，那么 O_j被分配给 O_h，则替换代价为 $C_{jih}=d(j,h)-d(j,i)$，如图 4-4 所示。

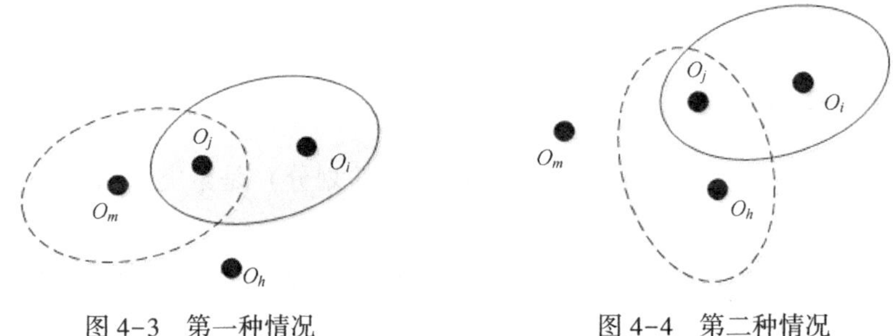

图 4-3　第一种情况　　图 4-4　第二种情况

（3）O_j当前隶属于 O_m，$m \neq i$，如果 O_i被 O_h替换，且 O_j仍然离 O_m最近，那么 O_j被分配给 O_m，则替换代价为 $C_{jih}=0$，如图 4-5 所示。

（4）O_j当前隶属于 O_m，$m \neq i$，如果 O_i被 O_h替换，且 O_j离 O_h最近，那么 O_j被分配给 O_h，则替换代价为 $C_{jih}=d(j,h)-d(j,m)$，如图 4-6 所示。

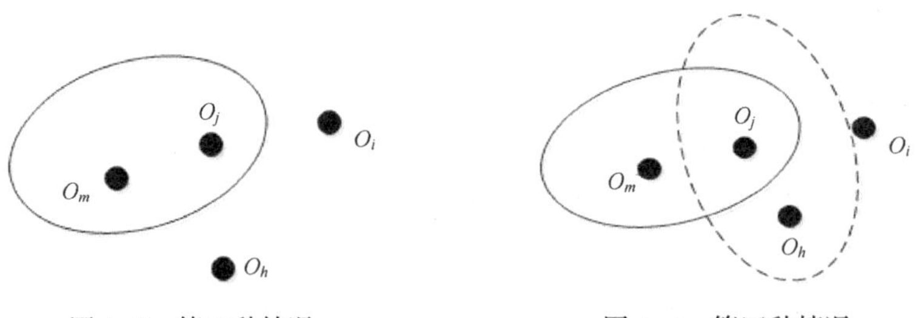

图 4-5　第三种情况　　图 4-6　第四种情况

每当重新分配发生时，平方-误差的值所产生的差别对代价函数有影响。因此，如果一个当前的中心点对象被非中心点对象代替，那么代价函数计算平方-误差的值所产生的差别。替换的总代价是所有非中心点对象所产生的代价之和。如果总代价是负的，那么实际的平方-误差的值将会减小，O_i可以被 O_h替代。如果总代价是正的，则当前的中心点 O_i被认为是可接受的，在本次迭代中没有变化。

4.3.3　PAM 算法的 MATLAB 实现

```
clc;clear all;
data=[1702.8 1639.79 2068.74
1877.93 1860.96   1975.3
867.81   2334.68   2535.1
1831.49 1713.11   1604.68
460.69   3274.77   2172.99
2374.98 3346.98   975.31
2271.89 3482.97   946.7
1783.64 1597.99   2261.31
198.83   3250.45   2445.08
1494.63 2072.59   2550.51
1597.03 1921.52   2126.76
1598.93 1921.08   1623.33
1243.13 1814.07   3441.07
2336.31 2640.26   1599.63
354      3300.12   2373.61
2144.47 2501.62   591.51
426.31   3105.29   2057.8
1507.13 1556.89   1954.51
343.07   3271.72   2036.94
2201.94 3196.22   935.53
2232.43 3077.87   1298.87
1580.1   1752.07   2463.04
1962.4   1594.97   1835.95
1495.18 1957.44   3498.02
1125.17 1594.39   2937.73
24.22    3447.31   2145.01
1269.07 1910.72   2701.97
1802.07 1725.81   1966.35
1817.36 1926.4    2328.79
1860.45 1782.88   1875.13];
k=4;
[N,n]=size(data);                 %将数据分为[N,n]矩阵
index=randperm(N);                %打乱 N 个数的顺序

v=data(index(1:k),:);             %初始化速度%
for t=1:100
%指派每个剩余的对象到离它最近的中心点所代表的簇
for i=1:k                         % i 从 1 到 k 取值
```

```
        label(index(i))=i;                          %数据（随机排列的行号i）行属于第i个中心
    end
    for j=k+1:N                                     % j从k+1到N取值
        for i=1:k                                   % i从1到k取值
        dist(:,i)=sqrt(sum((data(index(j),:)-v(i,:)).^2));     %计算距离%
        end
        [m,l]=min(dist');                           %选取距离最小%
        label(index(j))=l;                          %数据（随机排列的行号i）行属于第l个中心
        end
    end
    for i=1:k                                       % i从1到k取值
        c(i,:)=v(i,:);                              %将v的前k行赋给中心点c
    end
    %所有非中心点被选择过，所有的中心点被选择过
    for i=1:k                                       % i从1到k取值
        for h=k+1:N                                 % h从k+1到N取值
            for j=1:N                               % j从1到N取值
              c(i,:)=data(index(h),:);              %数据的h行赋给c
              dist1=sqrt(sum((data(j,:)-c(i,:)).^2));   %计算距离%
    for z=1:k                                       %z从1到k取值
        dist2(z)=sqrt(sum((data(j,:)-c(z,:)).^2));  %计算距离%
    end
    for y=1:k                                       %y从1到k取值
        dist4(y)=sqrt(sum((data(j,:)-v(y,:)).^2));  %计算距离%
    end
        dist3=sqrt(sum((data(j,:)-v(i,:)).^2));
    %计算距离%
    if label(j)==i                                  %数据第j行属于第i个中心
         if dist1==min(dist2)

        cjih(j,:)=dist1-dist3;
        else
        cjih(j,:)=min(dist2)-dist3;
        end
        else
            if dist1==min(dist4)

                cjih(j,:)=dist1-min(dist4);
            else
                cjih(j,:)=0;
            end
        end
```

```
            c(i,:)=v(i,:);

    end
    %一个非中心点代替一个中心点的总代价 s
    %将 cjih 的列向量的和赋给 s 的第 i 层的(h-k)行
    s((h-k),:,i)=sum(cjih(:,:),1);
    end
    end
    for i=1:k                    % i 从 1 到 k 中取值
            for  h=k+1:N  % h 从 k+1 到 N 中取值
                if s((h-k),:,i)==min(min(s))
                        s((h-k),:,i)=1;
                end
            end
    end
    % end
    %if 在 s 中的所有非中心点代替所有中心点后，计算出总代价有小于 0 的存在，then 找出 s 中的用非
    %中心点替代中心点后代价最小的一个，并用该非中心点替代对应的中心点，形成一个新的 k 个中
    %心点的集合
    if min(min(s))<0
        for i=1:k
          for  h=k+1:N
            if s((h-k),:,i)==min(min(s))
                v(i,:)=data(index(h),:);
            end
          end


        end
            if data(index(i),:)~=data(index(h),:)
            %如果第 i 行数据不等于第 h 行数据
            if v(i,:)==data(index(h),:)
            end
            end
    end

    a=index(i);
    b=index(h);
    index(i)=b;
    index(h)=a;

    %所有的 s 都大于 0 则聚类完成
    if min(min(s))>0
```

```
end

for i=1:k
for j=1:N
if label(j)==i
  result(j,:,i)=data(j,:)
end
end
end
figure
plot3(result(:,1,1),result(:,2,1),result(:,3,1),'.');
hold on;
plot3(result(:,1,2),result(:,2,2),result(:,3,2),'.');
plot3(result(:,1,3),result(:,2,3),result(:,3,3),'.');
plot3(result(:,1,4),result(:,2,4),result(:,3,4),'.');
grid on;
line(result(:,1,1),result(:,2,1),result(:,3,1),'linestyle','none','marker','x','color','k');
line(result(:,1,2),result(:,2,2),result(:,3,2),'linestyle','none','marker','s','color','b');
line(result(:,1,3),result(:,2,3),result(:,3,3),'linestyle','none','marker','o','color','g');
line(result(:,1,4),result(:,2,4),result(:,3,4),'linestyle','none','marker','d','color','m');
```

PAM 算法的仿真结果如图 4-7 所示。

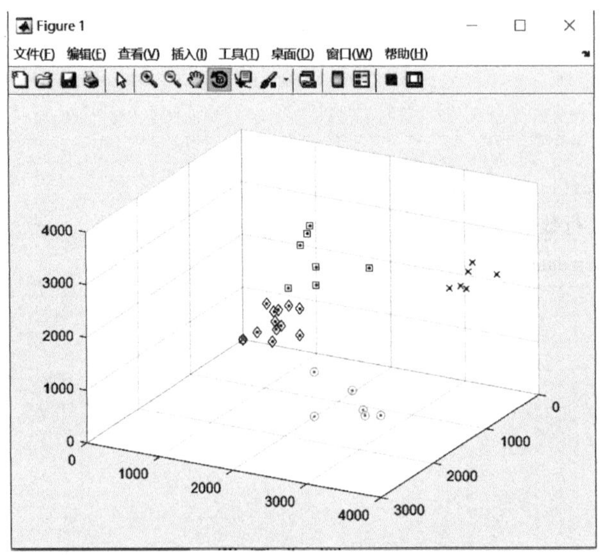

图 4-7　PAM 算法的仿真结果

4.4 ISODATA 算法

4.4.1 ISODATA 算法概述

1. ISODATA 算法的核心思想

ISODATA 算法（Iterative Self-Organizing Data Analysis Techniques Algorithm，迭代自组织的数据分析算法）是聚类分析中的一种常用算法，称为动态聚类或迭代自组织数据分析。与硬性分类的传统分类方法相比，它是一种软性分类方法。软性分类可以认识到大多数分类对象在初始认知或初始分类时不太可能显示的最本质属性，这种模糊聚类的过程以一种逐步进化的方式来逼近事物的本质，可以客观地反映人们认识事物的过程，从而使得分类方法更加科学。ISODATA 算法是在没有先验知识的情况下进行的分类，是一种非监督分类的方法，与 K-均值算法有相似之处，即聚类中心通过样本均值的迭代运算决定。但 ISODATA 算法能够吸取中间结果所得的经验，具有自组织性。它通过预先设定的迭代参数，加入了一些试探步骤，并且可以结合成为人机交互的结构，使其能够利用中间结果所取得的经验更好地进行分类。

动态聚类的特点在于，聚类过程通过不断迭代完成，且在迭代中通常允许样本从一个聚类转移到另一个聚类。ISODATA 算法认为同类事物在某种属性空间上具有一种密集型的特点，它假定样本集中的全体样本分为 m 类，并选定 Z_k 为初始聚类中心，然后根据最小距离原则将每个样本分配到某一类中，之后不断迭代，计算各类的聚类中心，以新的聚类中心调整聚类情况，并在迭代过程中，根据聚类情况自动地进行类的合并和分裂。

2. ISODATA 算法的特点

ISODATA 算法的特点：①无先验知识，启发性推理；②无监督分类。

K-均值算法比较简单，但它的自我调整能力也比较差。这主要表现为：类别数不能改变，受代表点初始选择的影响比较大。

ISODATA 算法的基本思想是在每轮迭代过程中，样本重新调整类别之后计算类内及类间有关参数，并和设定的门限比较，确定是两类合并为一类还是一类分裂为两类，不断地“自组织”，以达到在各参数满足设计要求的条件下，使各模式到其类心的距离的平方和最小。与 K-均值算法相比，ISODATA 算法在以下方面做了改进。

(1) 考虑了类别的合并与分裂，因而有了自我调整类别数的能力。合并主要发生在某一类内样本个数太少，或者两类聚类中心之间距离太小的情况时。

为此设有最小类内样本数限制值，以及类间中心距离参数。若出现两类聚类中心距离小于设定参数的情况，则可考虑将这两类合并。

分裂主要发生在某一类别的某分量类内方差过大时，因而宜分裂成两个类别，以维持合理的类内方差。给出一个对类内分量方差的限制参数，用以决定是否需要将某一类分裂成两类。

(2) 由于算法有自我调整的能力，因而需要设置若干个控制用的参数，如聚类中心数期望值 K、每次迭代允许合并的最大聚类对数 L 及允许迭代的次数 I 等。

3. ISODATA 算法的基本步骤

首先明确几个参数：

N_C——预选聚类中心个数；

K——希望的聚类中心的个数；

θ_N——每个聚类中心的最少样本数；

θ_S——一个聚类域中样本距离分布的样本差；

θ_C——两个聚类中心之间的最小距离；

L——在一次迭代中允许合并的聚类中心的最大对数；

I——允许迭代的次数。

设有 N 个模式样本 $X_1,X_2,\cdots,X_N$，ISODATA 算法的详细步骤如下：

第一步：预选 N_C 个聚类中心 $\{Z_1,Z_2,\cdots,Z_{N_c}\}$，$N_C$ 不要求等于希望的聚类中心个数。

第二步：计算每个样本与聚类中心的距离，把 N 个样本按最近邻原则（最小距离原则）分配到 N_C 个聚类中，若

$$\|\boldsymbol{X}-\boldsymbol{Z}_j\| = \min\{\|\boldsymbol{X}-\boldsymbol{Z}_i\|, i=1,2,\cdots,N_C\} \tag{4-8}$$

则

$$X \in S_j \tag{4-9}$$

第三步：判断 S_j 中的样本个数，若

$$N_j \in \theta_N \tag{4-10}$$

则删除该类，并且 N_C 减去 1，并转至第二步。

第四步：计算分类后的参数，即各聚类样本中心、类内平均距离及总体平均距离。

各聚类样本中心为

$$Z_j = \frac{1}{N_j}\sum_{X \in S_j} X \quad j = 1,2,\cdots,N_C \tag{4-11}$$

类内平均距离为

$$\overline{D_j} = \frac{1}{N_j}\sum_{X \in S_j} \|\boldsymbol{X} - \boldsymbol{Z}_j\| \quad j = 1,2,\cdots,N_C \tag{4-12}$$

总体平均距离为

$$\overline{D} = \frac{1}{N}\sum_{j=1}^{N_C}\sum_{X \in S_j} \|\boldsymbol{X} - \boldsymbol{Z}_j\| = \frac{1}{N}\sum_{j=1}^{N_C} N_j \overline{D_j} \tag{4-13}$$

第五步：根据迭代次数和 N_C 的大小判断算法是分裂、合并还是结束。

（1）如若迭代次数已达到 I 次，即最后一次迭代，则置

$$\theta_C = 0 \tag{4-14}$$

并且跳到最后一步。

（2）如若

$$N_C \leqslant \frac{K}{2} \tag{4-15}$$

即聚类中心数小于或等于希望数的一半，则进入分裂步骤。

（3）如若

$$N_C \geqslant 2K \tag{4-16}$$

即聚类中心数大于或等于希望数的两倍，或者迭代次数为偶数，则进入合并步骤，否则进入分裂步骤。

第六步：分裂步骤如下。

（1）计算各类类内距离的标准差矢量

$$\boldsymbol{\sigma}_j=[\sigma_{j1},\sigma_{j2},\cdots,\sigma_{jn}]^{\mathrm{T}}\quad j=1,2,\cdots,N_C \tag{4-17}$$

其中，$j=1,2,\cdots,N_C$ 为聚类中心数。

（2）求每个标准差的最大分量，记为 $\sigma_{j\max}$。

（3）在集合 $\{\sigma_{j\max}\}$，若有

$$\sigma_{j\max}>\theta_S \tag{4-18}$$

说明 S_j 类样本在对应方向上的标准差大于允许值，若同时满足下面两个条件之一

$$\overline{D_j}>\overline{D}\text{和 } N_j>2(\theta_N+1) \tag{4-19}$$

$$N_C\leqslant\frac{K}{2} \tag{4-20}$$

则 Z_j 分裂成 Z_j^+ 和 Z_j^-，N_C 加 1。Z_j^+ 这样构成：Z_j 中对应分量 $\sigma_{j\max}$ 加上 $k\sigma_{j\max}$。Z_j^- 这样构成：Z_j 中对应分量 $\sigma_{j\max}$ 减去 $k\sigma_{j\max}$。$0\leqslant k\leqslant 1$，为分裂系数，若完成分裂，迭代次数加 1 转回第二步，否则继续下一步。

第七步：合并步骤如下。

（1）计算所有聚类中心之间的距离

$$D_{ij}=\|\boldsymbol{Z}_i-\boldsymbol{Z}_j\|\begin{cases}i=1,2,\cdots,N_C-1\\ j=i+1,i+2,\cdots,N_C\end{cases} \tag{4-21}$$

（2）比较所有的 D_{ij} 与 θ_C 的值，将小于 θ_C 的 D_{ij} 按升序排列，形成集合 $\{D_{i_1j_1},D_{i_2j_2},\cdots,D_{i_Lj_L}\}$

（3）将集合 $\{D_{i_1j_1},D_{i_2j_2},\cdots,D_{i_Lj_L}\}$ 中每个元素对应的两类合并，得到新的聚类，其中心为

$$Z_l^*=\frac{1}{N_{i_l}+N_{i_l}}(N_{i_l}Z_{i_l}+N_{j_l}Z_{j_l})\quad l=1,2,3,\cdots,L \tag{4-22}$$

每合并一对，N_C 减 1。

第八步：如果是最后一次迭代运算，则算法结束，否则有两种情况：

（1）需要操作者修改参数时，跳到第一步；

（2）输入参数不需要改变时，跳到第二步。

选择两者之一，迭代次数加 1，然后继续进行运算。

4.4.2　聚类数据背景

本节聚类实例的数据来源是 Iris 数据。Iris 数据以鸢尾花的特征作为数据来源，常用在分类操作中。该数据集由 3 种不同类型的鸢尾花的 50 个样本数据构成，总计 150 个样本数据。其中的一个种类与另外两个种类是线性可分离的，后两个种类是非线性可分离的。该数据集包含了 5 个属性：

& Sepal. Length（花萼长度），单位是 cm；

& Sepal. Width（花萼宽度），单位是 cm；

& Petal. Length（花瓣长度），单位是 cm；

& Petal. Width（花瓣宽度），单位是 cm；

& 种类：Iris Setosa（山鸢尾）、Iris Versicolour（杂色鸢尾），以及 Iris Virginica（弗吉尼亚鸢尾）。

4.4.3 ISODATA 算法的 MATLAB 实现

步骤 1：数据导入。

```
iris_dataset = load('iris_dataset. txt'); %导入 iris 数据集
x = iris_dataset; %待分类样本
%给数据添加类别标签
label = [ones(50,1);ones(50,1) * 2;ones(50,1) * 3];
iris_dataset = [iris_dataset,label];
%使用数据前两维画出真实分类图
figure(1);
subplot(2,1,1);
plot(x(1:50,3),x(1:50,4),'r * ');          %红色 * 表示第 1 类
hold on;
plot(x(51:100,3),x(51:100,4),'b+');      %蓝色+表示第 2 类
hold on;
plot(x(100:150,3),x(100:150,4),'go'); %绿色 0 表示第 3 类
hold on;
title('数据原始分类图');
legend('第 1 类','第 2 类','第 3 类');
%-------------ISODATA---------------%
Imax = 20;%迭代次数
Nc = 10;%预选初始聚类中心个数
% %记录聚类数目
record = zeros(1,Imax);
%随机选取 Nc 个初始聚类中心
r =randperm(150);
for i=1:Nc
center(i,:) = x(r(i),:);
end
clear i;
clear r;
[n,d] = size(x);                            %n 为数据个数，d 为数据维数
I=1
while I<Imax
```

步骤 2：初始化。

```
T = input('是否要设置输入参数？是请输入‘1’，否请输入‘0’:T=');
if(T==1)
K = input('请输入预期聚类中心数目:K=');
%预期的聚类中心个数
Qn = input('请输入每一聚类中最少样本数：Qn=');
%每一类中最少的样本数目
Qs = input('请输入一个聚类中样本距离分布的标准差：Qs=');
```

```
%一个聚类中样本距离分布的标准差
Qc = input('请输入两类聚类中心间的最小距离：Qc=')；
%两类聚类中心间的最小距离
%L = input('请输入一次迭代中可以合并聚类中心的最多个数:L=');%一次迭代中可以合并聚类中心
的最多个数
end
% K = 3;          %预期的聚类中心个数
% Qn = 5;         %每一类中最少的样本数目
% Qs = 1.8;       %一个聚类中样本距离分布的标准差
% Qc = 1.5;       %两类聚类中间的最小距离
seperate = 1;     %分裂标识，为1时可进入分裂循环，为0时跳出分裂循环
while(seperate==1)
```

步骤 3：将待分类数据分别分配给距离最近的聚类中心。

```
distance = zeros(n,Nc);
for i=1:n
for j=1:Nc
distance(i,j) = norm(x(i,:)-center(j,:));
end
end
[m,index] = min(distance,[],2);
class = index;
clear m;
clear index;
clear distance;
%统计各子集的样本数目
num = zeros(1,Nc);
for i=1:Nc
index = find(class==i);
num(i) = length(index);%子集 i 的样本数目
end
clear i;
clear index;
```

步骤 4：取消样本数目小于 Qn 的子集。

```
index = find(num>=Qn);
Nc = length(index);
center_hat = zeros(Nc,d);
for i=1:Nc
center_hat(i,:) = center(index(i),:);
end
center = center_hat;
clear center_hat;
```

```
clear index;
%重新将待分类数据分别分配给距离最近的聚类中心
distance = zeros(n,Nc);
for i=1:n
for j=1:Nc
distance(i,j) = norm(x(i,:)-center(j,:));
end
end
[m,index] = min(distance,[],2);
class = index;
clear m;
clear index;
clear distance;
```

步骤 5：修正聚类中心。

```
new_center = zeros(Nc,d);
num = zeros(1,Nc);
for i=1:Nc
index = find(class==i);
num(i) = length(index);%子集 i 的样本数目
new_center(i,:) = mean(x(index,:));%子集 i 的聚类中心
end
center = new_center;
clear new_center;
clear index;
```

步骤 6：计算各子集中的样本到中心的平均距离 dis。

步骤 7：计算全部模式样本与其对应聚类中心总平均距离 ddis。

```
dis = zeros(1,Nc);
ddis = 0;
for i=1:Nc
index = find(class==i);
for j=1:num(i)
dis(i) = dis(i)+norm(x(index(j),:)-center(i,:));
end
ddis =ddis+dis(i);
dis(i) = dis(i)/num(i);
end
ddis = ddis/n;
clear index;
```

步骤 8：判断分裂、合并及迭代。

```
%如果迭代次数到达 Imax 次,置 Qc=0,跳出循环
```

```
if I= =Imax %(1)
Qc = 0;
break;
end
if (Nc<=K/2) %(2)如果不进入分裂则跳到合并
seperate = 1;
end
if( mod(I,2)= =0|Nc>=2 * K) %(3)
break;
else
seperate = 1;
End
```

步骤 9：分裂。

```
%计算每个聚类中,各样本到中心的标准差向量
sigma = zeros(Nc,d);%sigma(i)代表第 i 个聚类的标准差向量
for i=1:Nc
index = find(class= =i);
for j=1:num(i)
sigma(i,:) = sigma(i,:)+(x(index(j),:)-center(i,:)).^2;
end
sigma(i,:) =sqrt(sigma(i,:)/num(i));
end
clear index;
%求各个标准差{sigma_j}的最大分量
[sigma_max,max_index] = max(sigma,[],2);
%分裂
k=0.5;%分裂聚类中心时使用的系数
temp_Nc = Nc;
for i=1:temp_Nc
if sigma_max(i)>Qs&((dis(i)>ddis&num(i)>2 * (Qn+1))|Nc<=K/2)
Nc = Nc+1;
%将 z(i)分裂为两个新的聚类中心
center(Nc,:) = center(i,:);
center(i,max_index(i)) = center(i,max_index(i))+k * sigma_max(i);
center(Nc,max_index(i)) = center(Nc,max_index(i))+k * sigma_max(i);
end
end
record(I) = Nc;
%绘制聚类效果图
subplot(2,1,2);
hold off;
for i=1:150
```

```
if class(i)= =1
plot(x(i,3),x(i,4),'r*');%红色*表示第1簇
hold on;
end
if class(i)= =2
plot(x(i,3),x(i,4),'b+');%蓝色+表示第2簇
hold on;
end
if class(i)= =3
plot(x(i,3),x(i,4),'go');%绿色o表示第3簇
hold on;
end
if class(i)= =4
plot(x(i,3),x(i,4),'kx');%黑色x表示第4簇
hold on;
end
if class(i)= =5
plot(x(i,3),x(i,4),'md');%品红色菱形表示第5簇
hold on;
end
if class(i)= =6
plot(x(i,3),x(i,4),'c.');%青色实心点表示第6簇
hold on;
end
if class(i)= =7
plot(x(i,3),x(i,4),'yp');%黄色五角星表示第7簇
hold on;
end
end
title('聚类效果图');
I = I+1
end
%disp('正在运行合并');
if(I<Imax)
```

步骤 10：合并。

```
center_Dis = zeros(Nc-1,Nc);
for i=1:Nc
for j=i+1:Nc
center_Dis(i,j) = norm(center(i,:)-center(j,:));
end
end
%如果距离最小的两个中心之间距离小于Qc,将其合并
```

```
%找出距离最近的两个中心
min_Dis = center_Dis(1,2); %最小距离
min_index = [1,2]; %距离最近的两个中心的标号
for i=1:Nc
for j=i+1:Nc
if center_Dis(i,j)<min_Dis
min_Dis = center_Dis(i,j);
min_index = [i,j];
end
end
end
if min_Dis<Qc
%合并距离最近的两个中心
%合并产生的新中心为
new_center = (center(min_index(1),:) * num(min_index(1))+center(min_index(2),:) * num(min_
index(2)))/(num(min_index(1))+num(min_index(2)));
temp_center = zeros(1,Nc);
temp_center = center;
temp_center(min_index(1),:) = new_center;
temp_center(min_index(2),:) = center(Nc,:);
Nc = Nc-1;%聚类数目减 1
center = temp_center(1:Nc,:);
clear temp_center
end
end
record(I)= Nc;
I =I+1
%绘制聚类效果图
subplot(2,1,2);
hold off;
for i=1:150
if class(i)= =1
plot(x(i,3),x(i,4),'r *');  %红色 * 表示第 1 簇
hold on;
end
if class(i)= =2
plot(x(i,3),x(i,4),'b+');  %蓝色+表示第 2 簇
hold on;
end
if class(i)= =3
plot(x(i,3),x(i,4),'go');  %绿色 o 表示第 3 簇
hold on;
end
```

```
if class(i)= =4
plot(x(i,3),x(i,4),'kx');%黑色 x 表示第 4 簇
hold on;
end
if class(i)= =5
plot(x(i,3),x(i,4),'md');%品红色菱形表示第 5 簇
hold on;
end
if class(i)= =6
plot(x(i,3),x(i,4),'c.');%青色实心点表示第 6 簇
hold on;
end
if class(i)= =7
plot(x(i,3),x(i,4),'yp');%黄色五角星表示第 7 簇
hold on;
end
end
title('聚类效果图');
end
Nc
center
class;
figure(2);
plot(record);
title('聚类数目变化曲线');
```

4.4.4 聚类效果评价

1. 人工标注簇 *F* 值评价聚类效果简介

本节根据文献采用人工标注簇的 F 值来评价聚类效果的优劣。对于每个人工标注的簇 P_j，假设在 C 结构中存在一个与之对应的簇 C_j，但这个对应关系是未知的，为了发现 C_j，遍历 C 中的 m 个簇，分别计算准确率、召回率和 F 值，从中挑选最优指标值及其对应的簇，以最优指标值来判定 P_j 的质量。

对于任何的人工标注簇 P_j 和聚类簇 C_j，准确率、召回率和 F 值的计算公式如下。

（1）准确率：

$$P(P_j,C_j)=\frac{|P_j \cap C_j|}{|C_i|} \tag{4-23}$$

（2）召回率：

$$R(P_j,C_j)=\frac{|P_j \cap C_j|}{|P_j|} \tag{4-24}$$

（3）F 值：

$$F(P_j,C_j)=\frac{2 \cdot P(P_j,C_j) \cdot R(P_j,C_j)}{P(P_j,C_j)+R(P_j,C_j)} \tag{4-25}$$

利用式（4-25），我们对每一个人工标注簇 P_j 定义其 F 值

$$F(P_j)=\max F(P_j,C_j) \tag{4-26}$$

$$F=\sum_{j=1}^{s} w_j\cdot F(P_j),\qquad w_j=\frac{|P_j|}{\sum_{i=1}^{s}|P_i|}=\frac{P_j}{n} \tag{4-27}$$

其中，式（4-26）计算某个人工标注簇的 F 值；式（4-27）通过评价全局所有的人工标注簇来评价整个聚类结果，最终的 F 值我们称为 Class_F 值。Class_F 值强调以人工标注簇为基准，聚类的结果尽量地逼近事先确定的人工标注结果。该指标是一个非常有用的指标，目前在相关文献中使用比较频繁。Class_F 值指标对聚类结果优劣情况的整体区分能力比较强。

2. 人工标注簇 *F* 值的 MATLAB 实现

```
%统计聚类效果
%result(i,j)代表第 i 类数据被聚类至第 j 簇的数量
result = zeros(3,Nc);
clear m;
for m=1:3
for i=(50*(m-1)+1):1:50*m
for j=1:Nc
if class(i)==j
result(m,j) = result(m,j)+1;
end
end
end
end
%计算准确率、召回率、F 值
%P(i,j)代表第 i 类数据与第 j 簇相应的准确率
%R(i,j)代表第 i 类数据与第 j 簇相应的召回率
for i=1:3
for j=1:Nc
P(i,j) = result(i,j)/num(j);
R(i,j) = result(i,j)/50;
F(i,j) = 2*P(i,j)*R(i,j)/(P(i,j)+R(i,j));
end
end
%disp('F(i,j)代表第 i 类数据与第 j 簇相应的 F 值');
% F
disp('FF(i)代表第 i 类数据的 F 值');
FF = max(F,[],2)
disp('整个聚类结果的 F 值')
F_final = mean(FF)
```

4.4.5 实验结果与分析

实验一：初始参数设置为 $N_C=10$、$K=3$、$\theta_N=5$、$\theta_S=1.8$、$\theta_C=1.5$、$I=20$，聚类结果如图 4-8 所示。

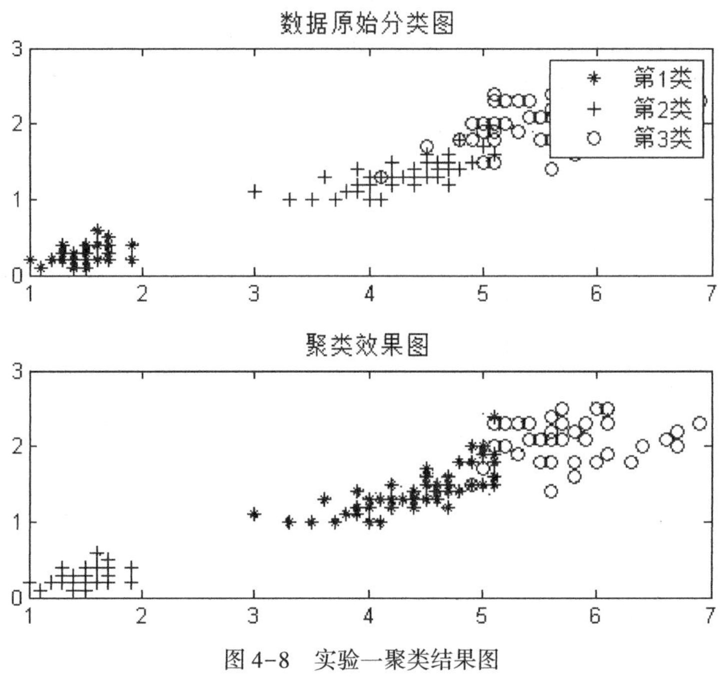

图 4-8 实验一聚类结果图

实验一的聚类数目变化曲线如图 4-9 所示。

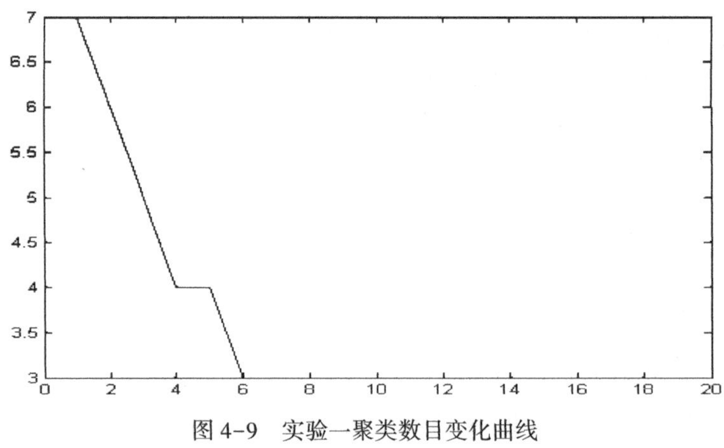

图 4-9 实验一聚类数目变化曲线

最终聚类结果 $N_C=3$。各类数据的 F 值为：第一类，1.0000；第二类，0.8574；第三类，0.8182。

整个聚类结果的 Class_F 值为 0.8918，可见本次聚类效果较好。

实验二：初始参数设置为 $N_C=10$、$K=3$、$\theta_N=5$、$\theta_S=1.8$、$\theta_C=1.8$、$I=20$，聚类结果如图 4-10 所示。

实验二的聚类数目变化曲线如图 4-11 所示。

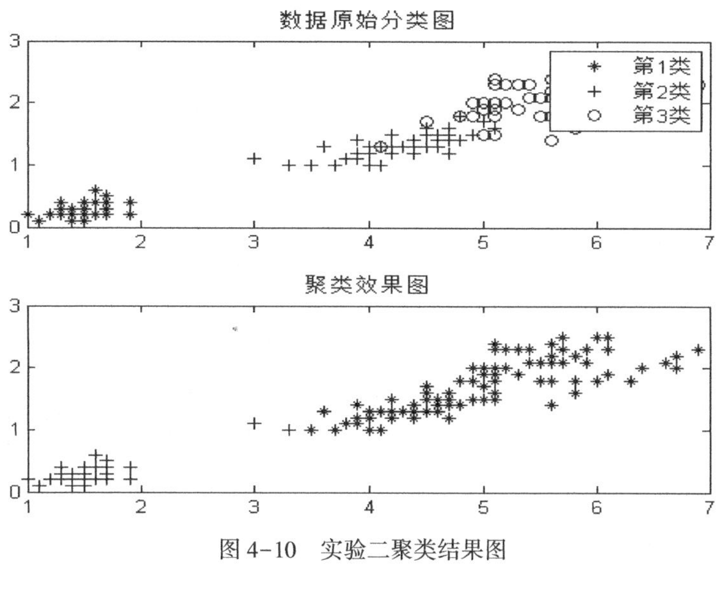

图 4-10 实验二聚类结果图

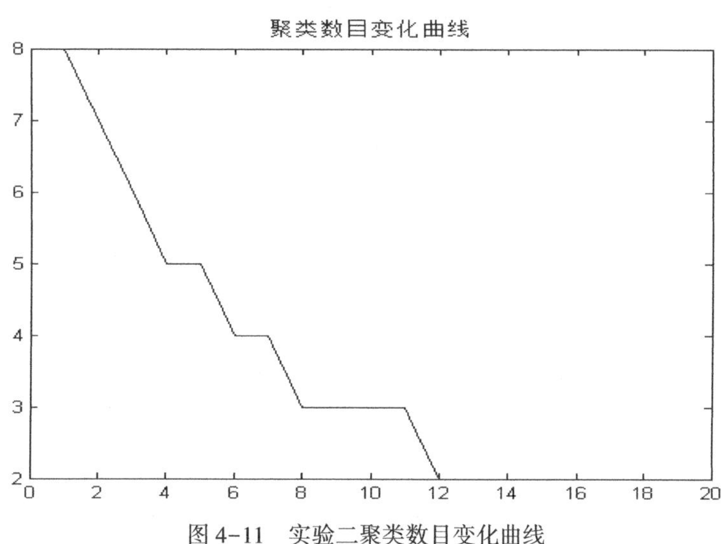

图 4-11 实验二聚类数目变化曲线

最终聚类结果 $N_C=2$，聚类数目少于期望聚类数目。各类数据的 F 值为：第一类，0.9709；第二类，0.6395；第三类，0.6803。

整个聚类结果的 Class_F 值为 0.7635，可见本次聚类效果不好。

实验三：初始参数设置为 $N_C=10$、$K=3$、$\theta_N=5$、$\theta_S=1.8$、$\theta_C=1.2$、$I=20$，聚类结果如图 4-12 所示。

实验三的聚类数目变化曲线如图 4-13 所示。

最终聚类结果 $N_C=4$，聚类数目变多。各类数据的 F 值为：第一类，1.0000；第二类，0.6923；第三类，0.6842。

整个聚类结果的 Class_F 值为 0.7922，可见本次聚类效果不好。

实验四：在实验一的基础上，改变一个聚类中样本聚类分布的标准差，即参数 θ_S 的大小，通过观察实验结果，发现 θ_S 在一定范围内不会改变聚类结果，但当 θ_S 过小时，如 $\theta_S=0.5$，聚类数目 N_C 会发生振荡，如图 4-14 所示。

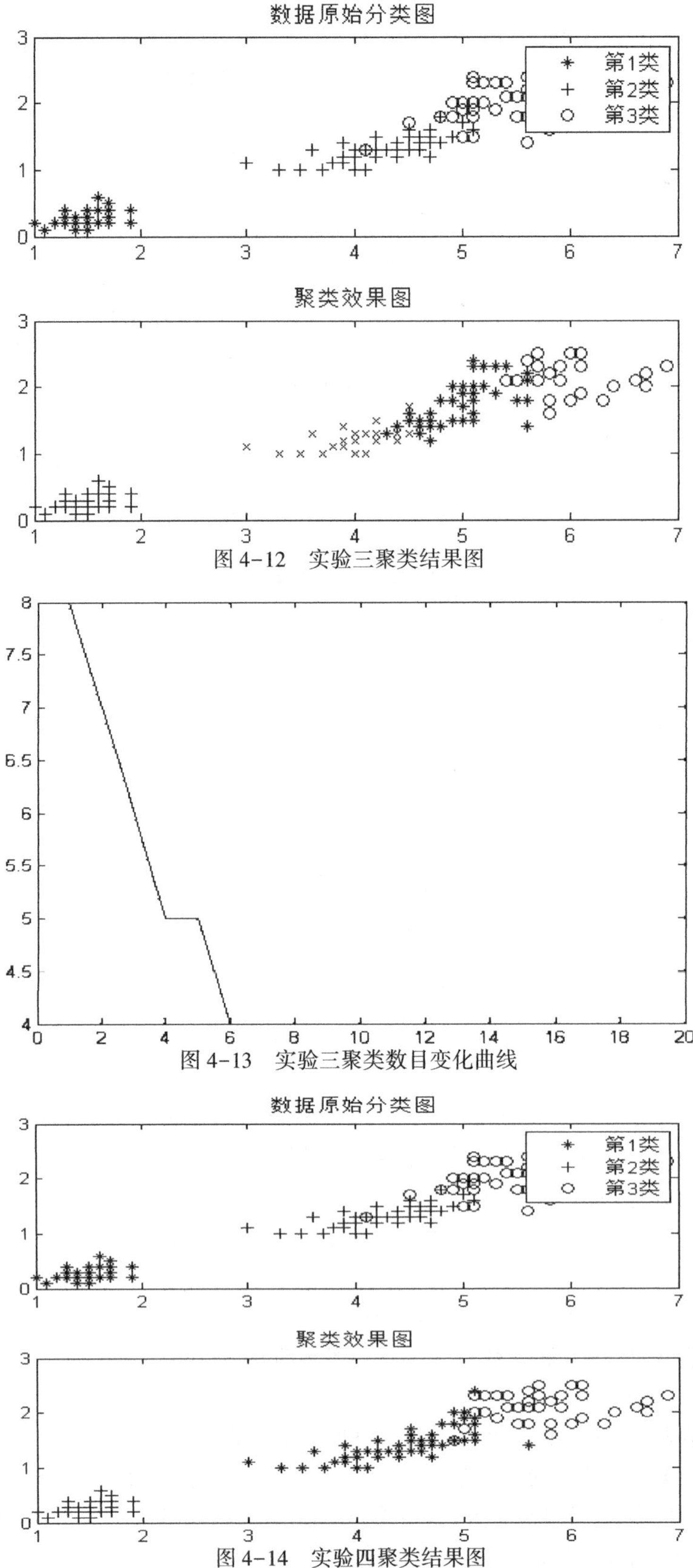

图 4-12 实验三聚类结果图

图 4-13 实验三聚类数目变化曲线

图 4-14 实验四聚类结果图

实验四的聚类数目变化曲线如图 4-15 所示。

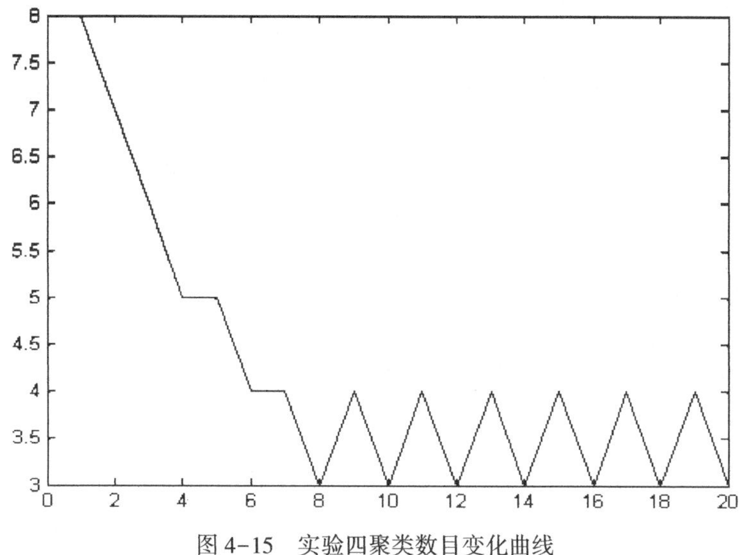

图 4-15 实验四聚类数目变化曲线

4.5 AP 算法

4.5.1 AP 算法概述

“物以类聚，人以群分”，聚类分析是一种常见的人类活动，其用途十分广泛。近邻传播（Affinity Propagation，AP）算法是 Frey 和 Dueck 在 2007 年发表于《科学》上的一种新型无监督聚类算法。该算法不需要指定聚类个数，只需要构造相似度矩阵，便可通过消息传递机制，自动确定合适的类代表点，并将其余数据分配到与其相似度最大的代表点所属的类别中，最终使得所有数据与自己的类代表点相似度之和最大。在 AP 算法中，初始时将相似度矩阵对角线上的倾向度参数 Preference 设置为相同的值，表明所有数据成为类代表点的可能性相同。AP 算法应用简单，聚类效果稳定，使得该聚类算法已应用于很多领域，如设施选址、图像识别、图像分割、文本挖掘、生物医学、视频关键帧提取和图像检索等领域。

4.5.2 AP 算法原理

近邻传播算法既不需要指定聚类个数，也不需要初始聚类中心，而是将每个数据点都当作候选的类代表点，称之为 Exemplar，这样就避免因初始聚类中心选择的不同而对聚类结果产生影响。

1. 相似度矩阵 S 的构造

AP 算法是基于数据的相似度矩阵 $\boldsymbol{S}$ 进行聚类的，一般采用负的欧氏距离的平方来度量相似度，如 $\boldsymbol{S}(i,k)=-\|x_i-x_k\|^2$ 且 $\boldsymbol{S}(i,k)\in(-\infty,0]$。假设有 N 个数据，这些数据点构成一个 $N\times N$ 的相似度矩阵 $\boldsymbol{S}$，$\boldsymbol{S}(i,k)$ 表示数据点 k 和数据点 i 之间的相似度。

矩阵 $\boldsymbol{S}$ 主对角线上的数值通常称为倾向度参数（Preference），是 AP 算法中的一个重要参数。Preference 表示数据点 k 在多大程度上适合作为类代表点，其值越大表示该点成为聚类中心的可能性就越大。我们假设在初始时所有数据点被选作类代表点的可能性相同，因此设定主对角线元素具有相同的 Preference 值。一般情况下，Preference 值越大，越多的数据点倾向成为类代表点，则聚类数目就越多；反之，则聚类数目就越少。这一参数不仅影响聚类结果的数目，而且会影响之后的消息传递过程。由于消息的传递过程是由 Preference 和非对角线上的数据相似度共同决定的，因此 Preference 与聚类结果的数目并不存在严格的线性关系。通常我们将 Preference 值设为相似度矩阵的均值。

2. 吸引度矩阵 $\boldsymbol{R}$ 与归属度矩阵 $\boldsymbol{A}$

AP 算法的主要思想是借助上述的相似度矩阵来进行一种“消息传递”，以实现数据集的聚类。这种消息传递机制主要包含两类信息：吸引度 $\boldsymbol{R}$(Responsibility) 和归属度 $\boldsymbol{A}$(Availability)。

AP 算法的主要过程就是这两种信息交替更新的迭代过程，如图 4-16、图 4-17 所示。

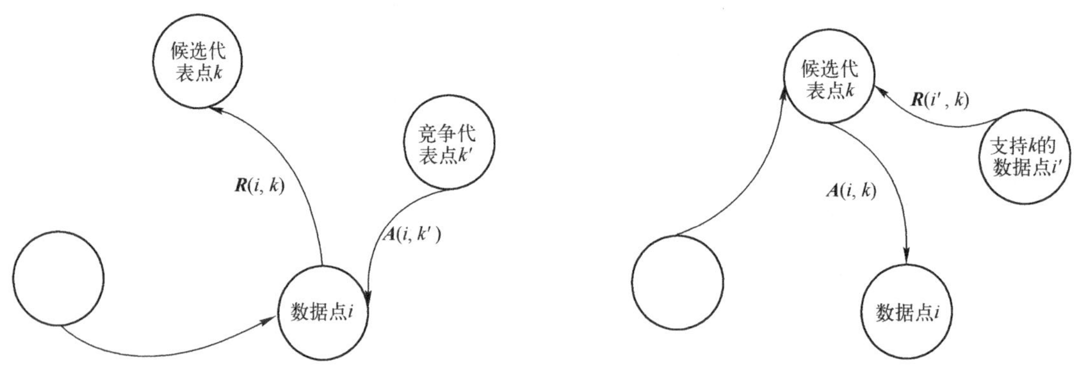

图 4-16 吸引度的迭代过程　　图 4-17 归属度的迭代过程

（1）吸引度矩阵 $\boldsymbol{R}$：吸引度 $\boldsymbol{R}(i,k)$ 是由样本点 i 向候选类中心 k 发出的信息，表明样本点 i 对候选类中心 k 的支持程度，该值越大表明候选类中心 k 越有机会成为样本点 i 的实际类中心，计算时不考虑其他样本点 i' 对这个候选中心 k 的喜爱程度，但要考虑其他候选类中心 k' 作为样本点 i 的类代表点的可能程度。吸引度 $\boldsymbol{R}(i,k)$ 的迭代过程如图 4-16 所示。

当 $i \neq k$ 时，吸引度矩阵 $\boldsymbol{R}$ 的计算方式如式（4-28）所示。

$$\boldsymbol{R}(i,k) \leftarrow \boldsymbol{S}(i,k) - \max\{\boldsymbol{A}(i,k)+\boldsymbol{S}(i,k)\} \tag{4-28}$$

在首次迭代过程中，先将归属度矩阵 $\boldsymbol{A}$ 初始化为零矩阵，$\boldsymbol{R}(i,k)$ 设为相似度 $\boldsymbol{S}(i,k)$ 减去除 k 以外与 i 最相似的数据点的相似度。由公式可知，$\boldsymbol{R}(i,k)$ 可能为正也可能为负，显然 $\boldsymbol{R}(i,k)$ 越大，第 i 个点选择第 k 个点作为代表点的可能性越大。在之后的迭代过程中，一些样本点被有效地分配给了各个代表点，若第 i 个点选择第 k 个点作为类代表点，那么说明 i 选择其他候选类代表点的可能性较小，即 $\boldsymbol{A}(i,k')+\boldsymbol{S}(i,k')$ 的最大值较小，此时 $\boldsymbol{R}(i,k)$ 较大，作为同时竞争数据点 i 作为从属点的 k 和 k'，k' 更有可能被排除掉。

当 $i=k$ 时，$\boldsymbol{R}(k,k)$ 按照式（4-29）来计算选择自身为类代表点的可能性。

$$\boldsymbol{R}(k,k) \leftarrow \boldsymbol{S}(k,k) - \max_{k' \text{ s.t. } k' \neq k}\{\boldsymbol{A}(k,k')+\boldsymbol{S}(k,k')\} \tag{4-29}$$

这种“自吸引度”表示该点在多大程度上能作为自身的代表点。$\boldsymbol{S}(k,k)$ 等于参数 Preference 的值，$\boldsymbol{R}(k,k)$ 表示在事先设置的参数 Preference 的影响下，考虑最有可能与点

k 形成竞争的点 k' 作为聚类代表的点的可能程度，算出 k 点选择自身作为聚类代表点的可能程度。

(2) 归属度矩阵 $\boldsymbol{A}$：如果说上面的公式只考虑了让所有候选代表点竞争某个数据点的所有权，那么归属度 $\boldsymbol{A}(i,k)$ 则是由候选类中心向样本点 i 发出的信息，表明候选类中心作为样本点 i 的中心的适合程度，该值越大表明样本点 i 越可能属于以 i 为中心的类，并且要考虑其他样本点 i' 对候选中心的支持程度，反映作为样本点 i 的聚类代表点的好坏程度。归属度 $\boldsymbol{A}(i,k)$ 的迭代过程如图 4-17 所示。

当 $i\neq k$ 时，归属度矩阵 $\boldsymbol{A}$ 的计算公式为

$$\boldsymbol{A}(i,k)=\min\{0,\boldsymbol{R}(k,k)+\sum_{i'\text{s. t. } i'\neq\{i,k\}}\max\{0,\boldsymbol{R}(i',k)\}\} \tag{4-30}$$

$\boldsymbol{A}(i,k)$ 设为数据点 k 的“自吸引度” $\boldsymbol{R}(k,k)$ 与 k 对其他样本点的正吸引度之和，只计算支持 k 作为类代表点的支持程度（拥有正的吸引度），不计算那些不支持 k 作为类代表点的不支持程度（拥有负的吸引度）。

从归属度的更新规则可以看出，当“自吸引度” $\boldsymbol{R}(k\ ,k)$ 为负时，表示当前样本点 k 更适合作为从属点而不是类代表点。如果其他数据点选择 k 点作为它的代表点，即拥有正的吸引度，则点被视为类代表点的证据就会增加。当增加后的 $\boldsymbol{R}(k,k)+\sum_{i'\text{s. t. } i\notin\{i,k\}}\max\{0,\boldsymbol{R}(i',k)\}>0$ 时，$\boldsymbol{A}(i,k)=0$，表明第 k 个数据点成为样本点 i 的类代表点的可能性大；反之，表明第 k 个数据点作为从属点的可能性较大。为了限制归属度矩阵 $\boldsymbol{A}(i,k)$ 的值不断增长的现象，总和需要设置一个最高阈值进行限制，使得 $\boldsymbol{A}(i,k)$ 不能超过 0。

当 $i=k$ 时，$\boldsymbol{A}(k,k)$ 的更新公式如下：

$$\forall i,k:\ \boldsymbol{A}(k,k)=\sum_{i'\text{s. t. } i'\neq k}\max\{0,\boldsymbol{R}(i',k)\} \tag{4-31}$$

表示点 k 选择自身作为聚类代表点的合适程度，由 k 对其他所有样本点的正吸引度 $\boldsymbol{R}(i',k)$ 相加得到。

3. 决策矩阵

AP 算法通过迭代不断更新吸引度矩阵 $\boldsymbol{R}$ 和归属度矩阵 $\boldsymbol{A}$，当算法迭代次数达到事先设定的上限或最终的聚类结果连续不变时，算法停止迭代。我们由结束时的吸引度矩阵 $\boldsymbol{R}$ 与归属度矩阵 $\boldsymbol{A}$ 之和确定聚类结果。

$$\boldsymbol{A}(i,k)+\boldsymbol{R}(i,k)\leftarrow\boldsymbol{S}(i,k)+\boldsymbol{A}(i,k)-\max\{\boldsymbol{A}(i,k')+\boldsymbol{S}(i,k')\} \tag{4-32}$$

设决策矩阵 $\boldsymbol{E}=\boldsymbol{R}+\boldsymbol{A}$，$\mathbf{AS}=\boldsymbol{A}+\boldsymbol{S}$，则有 $\boldsymbol{E}(i,k)\leftarrow\mathbf{AS}(i,k)-\max\limits_{k'\text{s. t. } k'\neq k}\mathbf{AS}(i',k)$，由 $\boldsymbol{E}$ 的性质可得出最终的聚类结果。若 $\boldsymbol{E}(k,k)>0$，则第 k 个点是类代表点。

4.5.3 AP 算法步骤

AP 算法的基本流程如图 4-18 所示。

AP 算法具体步骤如下。

步骤 1：计算数据点之间的相似度矩阵 $\boldsymbol{S}$，其中对角线元素 Preference 初始值为 $\boldsymbol{S}$ 的均值，并把吸引度矩阵 $\boldsymbol{R}$ 和归属度矩阵 $\boldsymbol{A}$ 都初始化为 0。

步骤 2：运用式（4-28）~式（4-31）计算吸引度 $\boldsymbol{R}(i,k)$ 和归属度 $\boldsymbol{A}(i,k)$。

步骤 3：运用式（4-33）、式（4-34）更新吸引度 $\boldsymbol{R}(i,k)$ 和归属度 $\boldsymbol{A}(i,k)$ 消息。

$$\boldsymbol{R}_T=\boldsymbol{R}_T(1-\lambda)+\boldsymbol{R}_{T-1}\lambda \tag{4-33}$$

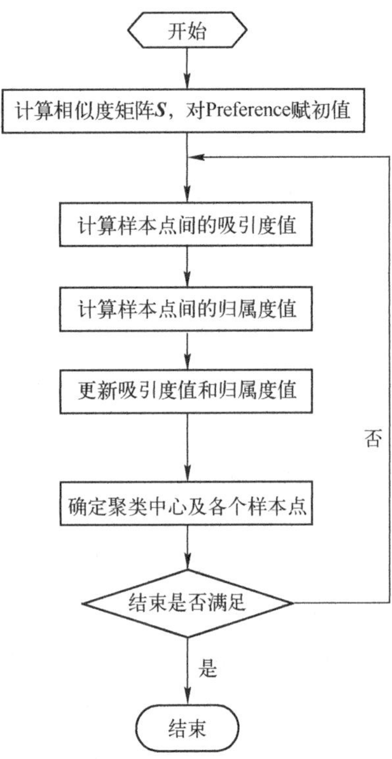

图 4-18 AP 算法的流程图

$$A_T = A_T(1-\lambda) + A_{T-1}\lambda \tag{4-34}$$

其中，R_{T-1}、A_{T-1}表示第 $T-1$ 次迭代的吸引度和归属度，R_T、A_T 表示第 T 次迭代的吸引度和归属度。另外，阻尼系数（Damping Factor，即 λ）作为平衡因子，平衡前后两次迭代的吸引度和归属度，并得到本次迭代最终的吸引度和归属度，目的是避免迭代过程中数值产生振荡，其范围为[0.5,1]。阻尼系数的主要作用是影响算法迭代的平稳性。也就是说，当迭代次数一定时，迭代循环将可能会发生振荡导致算法不能收敛，这时可以用增大阻尼系数的方法使算法得到收敛。阻尼系数越大，代表吸引度矩阵和归属度矩阵更新的速度越慢，迭代越平稳，算法的运行时间越长；反之，阻尼系数越小，代表吸引度矩阵和归属度矩阵更新的速度越快，迭代越振荡，算法的运行时间越短。阻尼系数默认为 0.5。

步骤 4：判断是否满足停止条件（聚类结果在连续的迭代过程中保持不变或者迭代次数达到设置的最大数目），是则转入步骤 5，否则转入步骤 2。

步骤 5：由吸引度矩阵 $\boldsymbol{R}$ 与归属度矩阵 $\boldsymbol{A}$ 之和得到决策矩阵 $\boldsymbol{E}$。对于点 k，若 $\boldsymbol{E}(k,k)>0$，则认为点 k 是一个类代表点，第 k 行的最大值 $\boldsymbol{E}(k,j)$ 表示第 k 个点属于第 j 个点所在的类。

4.5.4 近邻传播聚类相关参数研究

本节结合实验对相关参数进行研究分析。本次设计的数据来源是 iris. data，即 Iris 数据文件。在相似度矩阵确定的情况下，在 AP 算法的运行过程中可调整的参数有倾向度参数 P 和阻尼系数 λ。

1. P 对聚类中心数目的影响

如图 4-19 所示，$N=200$，$\lambda=0.5$，其中左图 P 取 $\boldsymbol{S}$ 的中值，聚类中心数为 12；右图 P

取 S 中值的1/2，聚类中心数为18。对比可得：当 P 越大时，得到的聚类数目越多，聚类数目主要受 P 值（负值）的影响。

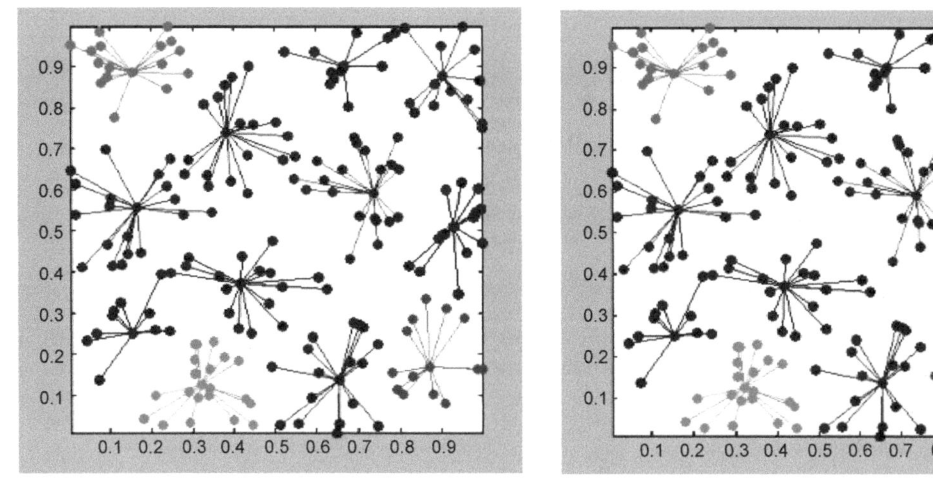

图4-19 P 对聚类中心数目的影响

2. λ 对 AP 聚类的影响

AP 算法不需要事先指定聚类数，其最终产生的聚类中心数也无法明确知道，在实际应用中我们往往希望产生指定的聚类数。因此研究聚类数与相关参数的关系，对预知 AP 聚类中心数具有指导意义。

阻尼系数是一个重要的参数，它主要用来消除数据振荡，因而对算法的收敛有重要影响。我们主要关注的是其与数据振荡及算法运行时间的关系。λ 对 AP 聚类的影响如图4-20所示。

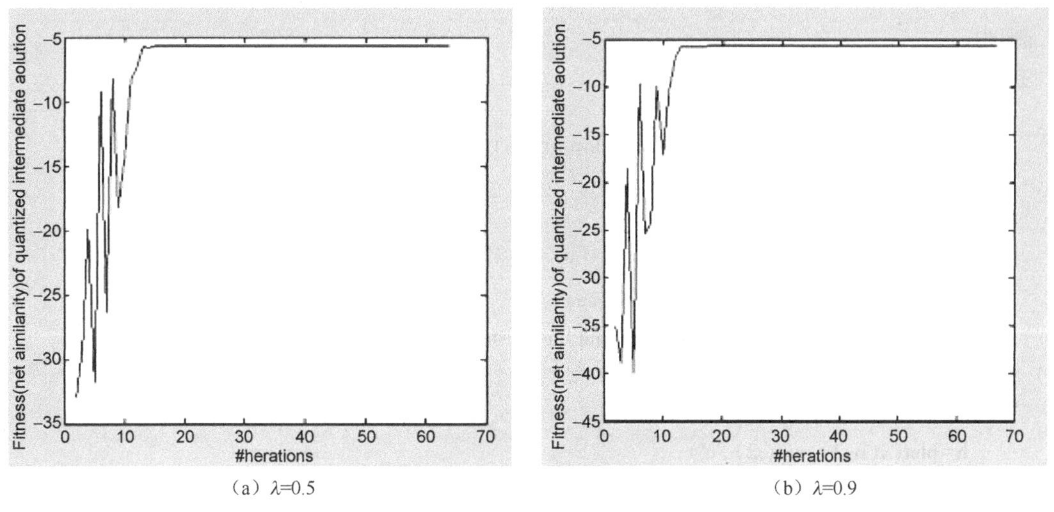

（a）λ=0.5 （b）λ=0.9

图4-20 λ 对 AP 聚类的影响

在图4-20中，$N=200$，P 值取 S 的中值。取不同的 λ（阻尼系数）值时，迭代次数和迭代过程中数据的摆动情况都会有很大不同。当 λ 值越小时，迭代次数就会越少，但是迭代过程中 net similarity 值波动会很大；当 λ 值越大时，迭代次数会越多，但是迭代过程中

net similarity 值变化比较平稳。

4.5.5 AP 算法的 MATLAB 实现

```
if 1
% original example shown in that paper
    N=200; x=rand(N,2); % Create N, 2-D data points
else
    % my example for iris data
    data=load('iris.txt');
    [nrow, dim] = size(data);
    N=nrow;
    truelabels = data(:,1);
    x = data(:,2:dim);
    dim = dim-1;
end
M=N*N-N;
s=zeros(M,3); % Make ALL N^2-N similarities
j=1;
for i=1:N
  for k=[1:i-1,i+1:N]
    s(j,1)=i;
    s(j,2)=k;
    s(j,3)=-sum((x(i,:)-x(k,:)).^2);
    j=j+1;
  end;
end;
% Set preference to median similarity
p=0.5*median(s(:,3));
[idx,labels,NC,netsim,dpsim,expref]=apcluster(s,p);%,'plot'
C=unique(idx)';
labels = idx;
fprintf('Number of clusters: %d\n',length(C));
fprintf('Fitness (net similarity): %f\n',netsim);
figure; % Make a figures showing the data and the clusters
for i=C
ii=find(idx==i);
    h=plot(x(ii,1),x(ii,2),'o');
    hold on;
    col=rand(1,3);
    set(h,'Color',col,'MarkerFaceColor',col);
    xi1=x(i,1)*ones(size(ii));
    xi2=x(i,2)*ones(size(ii));
```

```
    line([x(ii,1),xi1]',[x(ii,2),xi2]','Color',col);
end;axis equal tight;
```

(1) AP 算法中，P（倾向度参数）值的选取比较关键。P 值的大小直接影响最后的聚类数。P 值越大，生成的聚类数越多；P 值越小，生成的聚类数越少。

(2) AP 算法中，λ（阻尼系数）值的选取比较关键。AP 算法可能会出现数据振荡现象，即迭代过程中产生的聚类数不断发生变化，不能收敛。增大 λ 值可消除振荡现象。但一味增大 λ 值，会使 $\boldsymbol{R}$ 和 $\boldsymbol{A}$ 的更新变得缓慢，增加了计算时间，选取合适的 λ 值是提升算法运行速度的重要因素。

本节主要对 AP 算法的主要参数进行了研究。由于实际情况可能更为复杂，本节的研究只能作为一种参考。对于有些参数，实际上可以进行更深入的研究，如如何依据倾向度参数和聚类数的关系快速地运用 AP 算法实现指定类数的聚类。在消除数据振荡方面，倾向度参数和阻尼系数都可以改善数据振荡的烈度。

4.6　基于 PCA 算法的新蒙文字母识别研究

4.6.1　相关原理

1. PCA 算法原理

PCA 是一种使用最广泛的数据降维算法。其主要思想是将 n 维特征映射到 k 维空间上，这 k 维全新的正交特征也被称为主成分，是在原有 n 维特征的基础上重新构造出来的 k 维特征。PCA 算法就是从原始的空间中顺序地找一组相互正交的坐标轴，新的坐标轴的选择与数据本身是密切相关的。其中，第一个新坐标轴选择的是原始数据中方差最大的方向，第二个新坐标轴选取的是与第一个坐标轴正交的平面中方差最大的方向，第三个新坐标轴是与第一、二个新坐标轴正交的平面中方差最大的方向。通过这种方式获得的新的坐标轴，我们发现，大部分方差都包含在前面 k 个坐标空间中，后面的坐标轴所含的方差几乎为 0。于是，我们可以忽略余下的坐标轴，只保留前面 k 个含有绝大部分方差的坐标轴。事实上，这相当于只保留包含绝大部分方差的特征维度，而忽略包含方差几乎为 0 的特征维度，实现对数据特征的降维处理。

2. 数据降维

在许多领域的研究与应用中，通常需要对含有多个变量的数据进行观测，收集大量数据后进行分析，寻找规律。多变量大数据集无疑会为研究和应用提供丰富的信息，但是也在一定程度上增加了数据采集的工作量。更重要的是在很多情形下，许多变量之间可能存在相关性，从而增加了问题分析的复杂性。如果分别对每个指标进行分析，分析往往是孤立的，不能完全利用数据中的信息，因此盲目减少指标会损失很多有用的信息，从而产生错误的结论。

因此需要找到一种合理的方法，在减少需要分析的指标的同时，尽量减少原指标包含信息的损失，以达到对所收集数据进行全面分析的目的。由于各变量之间存在一定的相关性，因此可以考虑将关系紧密的变量变成尽可能少的新变量，使这些新变量是两两不相关的，那么就可以用较少的综合指标分别代表存在于各个变量中的各类信息。主成分分析与因子分析就属于这类降维算法。

降维就是一种对高维度特征数据预处理的方法。降维是将高维度的数据保留下最重要的一些特征，去除噪声和不重要的特征，从而实现提升数据处理速度的目的。在实际的生产和应用中，降维在一定的信息损失范围内，可以为我们节省大量的时间和成本。降维也成为应用非常广泛的数据预处理方法。

降维具有如下一些优点：

（1）使数据集更易使用；

（2）降低算法的计算开销；

（3）去除噪声；

（4）使结果容易理解。

降维的算法有很多，如奇异值分解（SVD）、主成分分析（PCA）、因子分析（FA）、独立成分分析（ICA）。

3. K-L 变换

PCA 算法的基础就是 Kauhunen-Loeve 变换，简称 K-L 变换。其以原始数据的协方差矩阵的归一化正交特征矢量构成的正交矩阵作为变换矩阵，对原始数据进行正交变换，在变换域上实现数据压缩。它具有去相关性、能量集中等特性，属于均方误差测度下，失真最小的一种变换，最能去除原始数据之间相关性。PCA 算法选取协方差矩阵前 K 个最大特征值的特征向量构成 K-L 变换矩阵。它保留了字符的完整信息，完整的字母识别步骤如下：

（1）读入数据集；

（2）计算 K-L 变换的生成矩阵；

（3）利用 SVD 定理计算特征值和特征向量；

（4）把训练图像和测试图像投影到特征空间；

（5）比较测试图像和训练图像，确定待识别样本类别。

4.6.2 PCA 算法步骤

（1）对于每个手写字母，选取 90 副共 3150 副图像作为训练样本，将每一副图像（72×72）写成 $\boldsymbol{X}_i$（5184×1），排列成数据矩阵：

$$\boldsymbol{X}=(\boldsymbol{X}_1,\boldsymbol{X}_2,\cdots,\boldsymbol{X}_n)\quad n=3150 \tag{4-35}$$

（2）求均值向量。

$$\boldsymbol{\mu}=\frac{1}{n}\sum_i^n\boldsymbol{X}_i \tag{4-36}$$

数据矩阵中心化

$$\boldsymbol{C}=(\boldsymbol{X}_1-\boldsymbol{\mu},\boldsymbol{X}_2-\boldsymbol{\mu},\cdots,\boldsymbol{X}_n-\boldsymbol{\mu}) \tag{4-37}$$

协方差矩阵为

$$\boldsymbol{S}=\frac{1}{n}\boldsymbol{C}\boldsymbol{C}^{\mathrm{T}} \tag{4-38}$$

（3）通过求 $\boldsymbol{C}\boldsymbol{C}^{\mathrm{T}}$ 来求协方差矩阵特征值，选取最大的 k 个，求出特征向量 $\boldsymbol{e}_i$，将 k 个这样的特征向量按列排成变换矩阵（$5184\times k$）。

$$\boldsymbol{W}=(\boldsymbol{e}_1,\boldsymbol{e}_2,\cdots,\boldsymbol{e}_k) \tag{4-39}$$

（4）计算每幅图像的投影（k 维列向量）。

$$\boldsymbol{Y}_i=\boldsymbol{W}^{\mathrm{T}}(\boldsymbol{X}_i-\boldsymbol{\mu}) \tag{4-40}$$

（5）计算待识别字母的投影（k 维列向量），设待识别字母为 $\boldsymbol{Z}$。

$$\boldsymbol{Z}=\boldsymbol{W}^{\mathrm{T}}(\boldsymbol{Z}-\boldsymbol{\mu}) \tag{4-41}$$

（6）遍历搜索进行匹配。

$$\boldsymbol{Y}_i=\min\|\boldsymbol{Y}_i-\boldsymbol{Z}_{\mathrm{ch}}\| \tag{4-42}$$

那么 $\boldsymbol{Z}$ 就是第 i 个字符。

4.6.3　PCA 算法实现

1. 算法流程

PCA 算法通过抽取字母的主要成分，构成特征空间，识别时将测试图像投影到此空间，得到一组投影系数，通过与训练样本库中的字母图像比较进行识别，选择最佳匹配字母，并显示在 GUI 界面上。PCA 算法识别流程如图 4-21 所示。

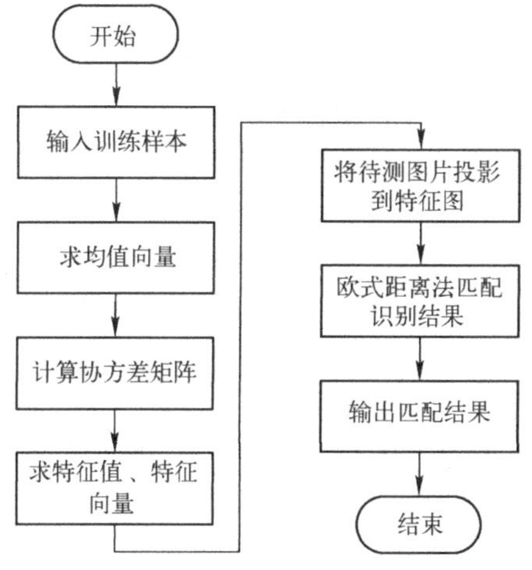

图 4-21　PCA 算法识别流程

2. 训练阶段

（1）一张图片在计算机上表示为一个像素矩阵，即是一个二维数组，现在把这个二维数组变成一维数组，即把第一行后面的数全部添加到第一行。这样一张图片就能表示为一个向量 $\boldsymbol{d}=(x_1,x_2,\cdots,x_n)$。$x_n$ 表示像素。

（2）每个字母选取 90 张字母图片，共 3150 张，把这些图片都表示成上述的向量形式，即 $\boldsymbol{d}_1,\boldsymbol{d}_2,\cdots,\boldsymbol{d}_m$，把这 m 个向量取平均值得向量 $\mathbf{avg}=(y_1,y_2,\cdots,y_n)$，得到平均图如图 4-22（a）所示。

（3）用 $\boldsymbol{d}_1,\boldsymbol{d}_2,\cdots,\boldsymbol{d}_m$ 分别减去 **avg** 后组成一个矩阵 $\boldsymbol{A}$，即矩阵 $\boldsymbol{A}$ 的第一行为 $\boldsymbol{d}_1-\mathbf{avg}$，后面类似。$\boldsymbol{A}$ 的大小为 $m\times n$。因为找特征空间不能基于一张图片，而要在所有的图片上提取出共同特征，所以要取各个字母向量到平均字母向量的向量差。依据每个字母向量跟平均字母向量的向量差组成矩阵 $\boldsymbol{A}$，然后依据矩阵 $\boldsymbol{A}$ 来求解特征空间。

（4）矩阵 $\boldsymbol{A}$ 乘以 $\boldsymbol{A}$ 的逆矩阵 $\boldsymbol{A}'$ 得 $\boldsymbol{A}$ 的协方差矩阵 $\boldsymbol{B}$，$\boldsymbol{B}$ 的大小为 $m\times m$，求 $\boldsymbol{B}$ 的特征向量。取最大的 K 个特征向量组成新的矩阵 $\boldsymbol{T}$，$\boldsymbol{T}$ 的大小为 $m\times k$。

（5）使用 $\boldsymbol{A}'$ 乘以 $\boldsymbol{T}$ 得到特征向量 $\boldsymbol{C}$，$\boldsymbol{C}$ 的大小为 $n\times k$。

（6）用图片向量 $\boldsymbol{d}$ 乘以 $\boldsymbol{C}$ 得到图片向量 $\boldsymbol{d}$ 在特征向量的投影向量 $\boldsymbol{p}_n$，有多少张图片就有多少个投影向量 $\boldsymbol{p}_n$。$\boldsymbol{p}_n$ 的大小为 $l\times k$。

3. 探究各特征值所占有的能量数

计算第 n 个特征值占所有特征值之和的百分比（特征值从小到大排列）。再计算前 n 个特征值占所有特征值之和的百分比（特征值从小到大排列）。在实验中，要求保留 95%的能量，所以当取前 57 个特征值时，就可以满足要求了。特征图如图 4-22（b）所示。

4. 测试阶段

（1）一张新的图片也表示为 $\boldsymbol{d}$ 的向量，记为 $\boldsymbol{D}$，$\boldsymbol{D}$ 的大小为 $l\times n$。

（2）$\boldsymbol{D}$ 乘以上面训练得到的特征向量 $\boldsymbol{C}$ 得到这个图片向量 $\boldsymbol{D}$ 在 $\boldsymbol{C}$ 上的投影向量 $\boldsymbol{p}$，$\boldsymbol{p}$ 的大小为 $l\times k$。

（3）计算 $\boldsymbol{p}$ 与上面所有 $\boldsymbol{p}_n$ 的向量距离，与 $\boldsymbol{p}$ 距离最小的那个向量所对应的字母图片跟这张新字母图片最像。

（4）作为识别结果输出。匹配图如图 4-22（c）所示。

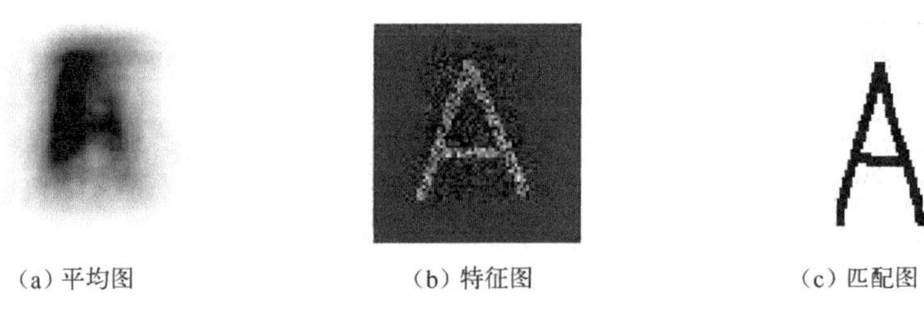

（a）平均图　（b）特征图　（c）匹配图

图 4-22　PCA 算法实现示例

5. 识别结果

每个新蒙文字母都有 100 幅手写图像，选取其中 90 幅作为训练集（见图 4-23），另外 10 幅作为待识别对象（见图 4-24）。

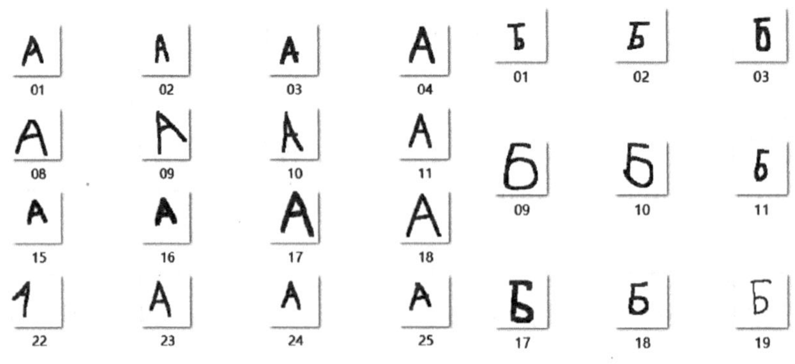

图 4-23　部分训练集

程序采用 MATLAB 的 GUI 界面显示（见图 4-25），识别效果如图 4-26 所示。

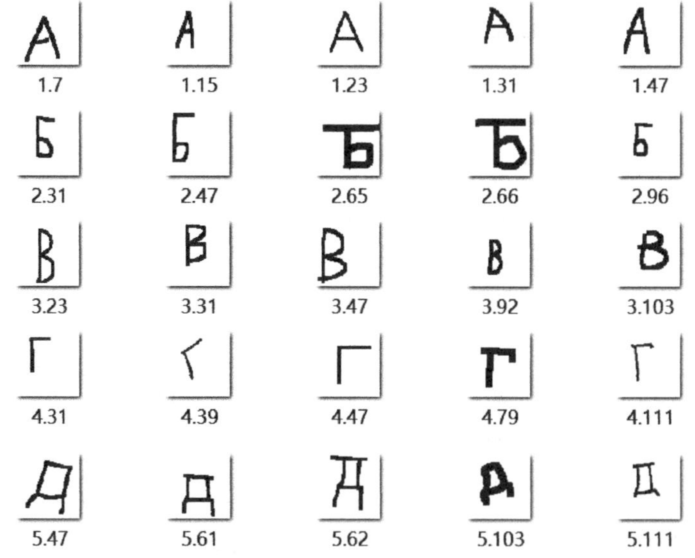

图 4-24 部分待识别对象

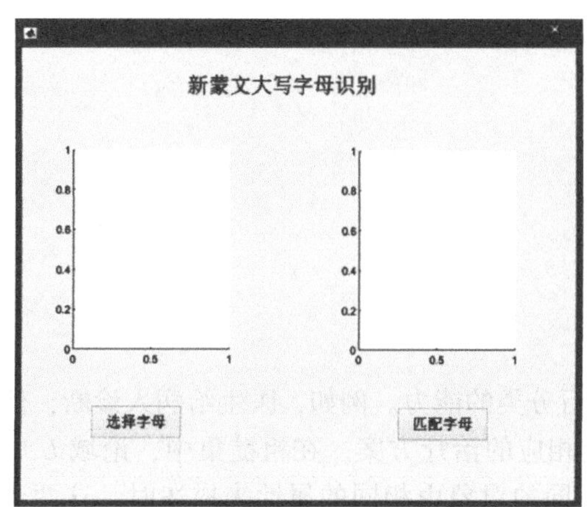

图 4-25 GUI 界面显示

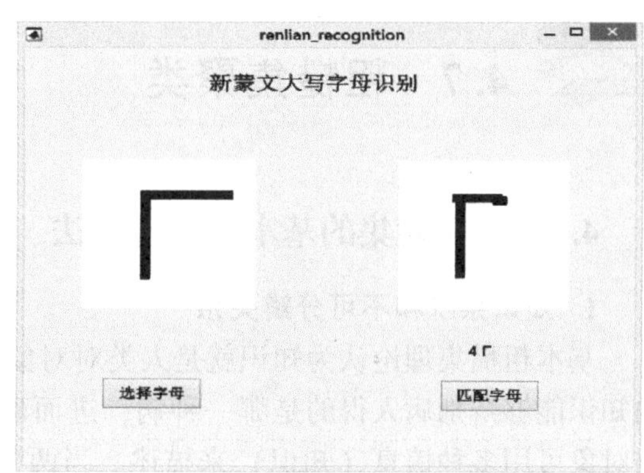

图 4-26 识别效果

每个字母有 10 张待测字符为测试集，手写大写字母识别率如表 4-1 所示。

表 4-1 手写大写字母识别率

序　　号	字　　母	识别率/%	序　　号	字　　母	识别率/%
1	А	70	9	З	60
2	Б	70	10	И	60
3	В	50	11	Й	40
4	Г	90	12	К	50
5	Д	40	13	Л	40
6	Е	90	14	м	60
7	Ё	90	15	Н	50
8	Ж	50	16	О	40

续表

序　号	字　母	识别率/%	序　号	字　母	识别率/%
17	Ө	30	27	Ч	70
18	П	50	28	Ш	50
19	Р	40	29	Щ	50
20	С	30	30	Ъ	100
21	Т	100	31	Ы	30
22	У	80	32	Ь	50
23	Y	80	33	Э	50
24	Ф	50	34	Ю	60
25	Х	30	35	Я	50
26	Ц	40	总体识别率		52

经过测试，识别准确率为 52%。其中识别正确率较低的有：Д、О、Й、Ж、Л、К、Ө、С、Х、Ы。其中，Й 有 4 次被识别成 N；Л 有 3 次被识别成 П；О 有 3 次被识别为 C；Ө 有 3 次被识别为 O。

4.7　粗糙集聚类

4.7.1　粗糙集的基本理论与方法

1. 知识系统和不可分辨关系

基本粗糙集理论认为知识就是人类对对象进行分类的能力。例如，医生给病人诊断，他的知识能够辨别病人得的是哪一种病，进而确定相应的治疗方案。在粗糙集中，论域 U 中的对象可用多种信息（知识）来描述。当两个不同的对象由相同的属性来描述时，这两个对象在该系统中被归于同一类，它们的关系被称为不可分辨关系，不可分辨关系又称为等价关系。

例如：只用黑白两种颜色把空间中的一些物体划分成两类：{黑色物体}、{白色物体}，那么同为黑色的物体就是不可分辨的，因为描述它们特征属性的信息是相同的，都是黑色。如果引入方、圆属性，可将物体进一步划分为 4 类：{黑色方物体}、{黑色圆物体}、{白色方物体}、{白色圆物体}。这时，如果有两个同为黑色的方物体，则它们还是不可分辨的。

不可分辨关系这一概念在 RS（粗糙集）中十分重要，它反映了我们对世界观察的不精确性，不可分辨关系也反映了论域知识的颗粒性，即分类的细化程度。知识库中的知识越多，知识的粒度就越小，随着新知识不断加入知识库中，粒度会不断减小，直至将每个对象区分开来。但知识库中的知识粒度减小，会导致信息量增大，存储知识库的代价会增大。由论域中相互不可分辨的对象组成的集合称为基本集合，它是组成论域知识的颗粒。

2. 近似集

下近似集：根据现有知识 R，判断论域 U 中所有肯定属于集合 X 的对象所组成的集合，即

$$R_{-}(X)=\{x\in U,[x]_R\subseteq X\} \tag{4-43}$$

其中，$[x]_R$ 表示等价关系 R 下包含元素 x 的等价类。

上近似集：根据现有知识 R，判断 U 中一定属于和可能属于集合 X 的对象所组成的集合，即

$$R^{-}(X)=\{x\in U,[x]_R\cap X\neq\varnothing\} \tag{4-44}$$

其中，$[x]_R$ 表示等价关系 R 下包含元素 x 的等价类。

下近似集包含了所有使用知识 R 可确切分类到 X 的元素；上近似则包含了所有那些可能属于 X 的元素的最小集合。

正域：$\text{Pos}(X)=R_{-}(X)$，即根据知识 R，U 中能完全确定地归入集合 X 的元素的集合。

负域：$\text{Neg}(X)=U-R_{-}(X)$，即根据知识 R，U 中不能确定一定属于集合 X 的元素的集合，它们属于 X 的补集。

边界域：$\text{Bnd}(X)=R^{-}(X)-R_{-}(X)$，边界域是某种意义上论域的不确定域，根据知识 R，是 U 中既不能肯定归入集合 X，又不能肯定归入集合 $\sim X$ 的元素构成的集合。

边界域为集合 X 的上近似集与下近似集之差，如果 $\text{Bnd}(X)$ 是空集，则称集合 X 关于 R 是清晰的；反之，如果 $\text{Bnd}(X)$ 不是空集，则称集合 X 为关于 R 的粗糙集。因此，粗糙集中的“粗糙”（不确定性）主要体现在边界域的存在上。集合 X 的边界域越大，其确定性程度就越小。

粗糙度（近似精确度）：对于知识 R（即属性子集），样本子集 X 的不确定程度可以用粗糙度 $\alpha_R(X)$ 表示为

$$\alpha_R(X)=\frac{\text{Card}(R_{-}(X))}{\text{Card}(R^{-}(X))} \tag{4-45}$$

$\alpha_R(X)$ 亦称为近似精确度，式中 Card 表示集合的基数（集合中元素的个数），$0\leqslant\alpha_R(X)\leqslant1$。如果 $\alpha_R(X)=1$，则称集合 X 相对于 R 是确定的；如果 $\alpha_R(X)<1$ 则称集合 X 相对于 R 是粗糙的。$\alpha_R(X)$ 可认为是在等价关系 R 下逼近集合 X 的精度。

下面通过具体事例对以上概念进行具体说明，医疗信息表如表 4-2 所示。对于属性子集 $R=\{头疼,肌肉疼\}=\{r_1,r_2\}$、样本子集 $X=\{x_1,x_2,x_5\}$ 的上近似集、下近似集、正域、边界域的计算过程如下。

表 4-2 医疗信息表

对象	属性			
	条件属性 C			决策属性 D
	头疼 r_1	肌肉疼 r_2	体温 r_3	流感
x_1	是	是	正常	否
x_2	是	是	高	是
x_3	是	是	很高	是
x_4	否	是	正常	否
x_5	否	否	高	否
x_6	否	是	很高	是

知识 R 关于论域 U 的基本集为 $U|\text{Ind}(R)=\{\{X_1,X_2,X_3\},\{X_4,X_6\},\{X_5\}\}$，令基本集中 $R_1=\{X_1,X_2,X_3\}$，$R_2=\{X_4,X_6\}$，$R_3=\{X_5\}$。样本子集 X 与基本集的关系为

$$X \cap R_1 = \{X_1, X_2\} \neq \varnothing \tag{4-46}$$

$$X \cap R_2 = \varnothing \tag{4-47}$$

$$X \cap R_3 = \{X_5\} \neq \varnothing \tag{4-48}$$

则下近似集 $R_-(X) = R_3 = \{x_5\}$，上近似集 $R^-(X) = R_1 \cup R_3 = \{x_1, x_2, x_3, x_5\}$，边界域 $\mathrm{Bnd}(X) = R^-(X) - R_-(X) = \{x_1, x_2, x_3\}$。计算近似精确度为

$$\alpha_R(X) = \frac{\mathrm{Card}(R_-(X))}{\mathrm{Card}(R^-(X))} = \frac{1}{4} = 0.25 \tag{4-49}$$

4.7.2 粗糙集聚类方法

粗糙集聚类以决策规则为依据对数据进行聚类。而决策规则的生成需要先对数据进行预处理，即属性值的离散归一化。通过预处理将知识表达系统中的初始数据信息转换为粗糙集形式，并明确条件属性和决策属性，根据决策表发现决策规则。

1. 属性值的离散归一化

运用粗糙集处理决策表时，要求决策表中的值用离散数据表达。因此在智能信息处理中，对定性的属性或属性的值域是连续的数据要进行预先处理，将其离散化，转换为粗糙集理论所识别的数据，从而提取有用信息，从中发现知识。

将属性值的定性和定量描述都叫作连续值，把粗糙集方法中的数据处理称为离散归一化。离散归一化方法应使属性离散归一化后的空间维数尽量小，也就是离散归一化后的属性值的种类尽量少。同时，属性值被离散归一化后的信息丢失也应该尽量少。

1）定性说明型属性值的离散化

对每一种属性定性说明概念，可用一种字母或数字代替，作为属性值的离散归一化值。例如，颜色属性，属性值为红、黄、蓝、白，可以使用 r、y、b、w 或 1、2、3、4 表示。

对每一种层次说明概念，可用一种字母或数字代替，作为属性值的离散归一化值。例如，温度属性，属性值为冷、凉、暖、热，可以使用 a、b、c、d 或 1、2、3、4 表示。

2）连续型属性值的离散化

（1）等距离划分。

在每个属性上，根据给定的参数把属性值简单地划分为距离相等的断点段，不考虑每个断点段中属性值个数的多少。假设某个属性的最大属性值是 $x_{\max}$，最小属性值是 $x_{\min}$，给定的参数为 k，则断点间隔为

$$\delta = (x_{\max} - x_{\min})/k \tag{4-50}$$

由式（4-50）可得到此属性上的断点为 $x_{\min} + i\delta$，其中 $i = 0, 1, \cdots, k$，这些断点间的距离相等。

（2）等频率划分。

根据给定的参数 k 把 m 个对象按段划分，每段有 m/k 个对象。假设某个属性的最大属性值为 $x_{\max}$，最小属性值为 $x_{\min}$，给定参数 k，则需将这个属性在所有实例上的取值从大到小排列，然后平均分成 k 段，即得断点集。

（3）Naive Scaler 算法。

对于每一个属性 $a \in C$，运用 Naive Scaler 算法的过程如下：

根据 $a(x)$ 的值，从小到大排列实例 $x \in U$。

从上到下扫描，设 x_i 和 x_j 代表相邻实例：如果 $a(x_i) = a(x_j)$，则继续扫描；如果 $d(x_i) =$

$d(x_j)$，即决策相同，则继续扫描；否则，得到一个断点 C，$C=(a(x_i)+a(x_j))/2$。

本节设计选用等距离方法对数据进行离散化。

2. 决策规则的生成

决策表是一类特殊的知识表达系统，用于判断当满足某些条件时应该怎样进行决策。多数决策问题都可以用决策表形式表达，这一工具在决策应用中起着重要作用。

设 $S=(U,R)$ 为一知识表达系统，其中 U 为论域，R 为属性。若 R 可划分为条件属性集 C 和决策属性集 D，则 $C \cup D=R$，$C \cap D=\varnothing$，具有条件属性和决策属性的知识表达系统可表示为决策表。决策表的实例如表 4-3 所示，其中 b 和 c 为条件属性，d 为决策属性。

表 4-3　决策表实例

U	b	c	d
x_1	0	2	1
x_2	0	2	1
x_3	2	0	2
x_4	2	2	0
x_5	1	0	2
x_6	1	1	2
x_7	1	2	1

决策表中所有决策规则的集合称为决策算法。从决策表中提取决策规则时，如果多个对象的信息（属性值）完全相同，则只保留其中一个（它们反映相同的决策规则）。由表 4-3 生成的决策规则如下：

$(b,0) \wedge (c,2) \rightarrow (e,1)$

$(b,2) \wedge (c,0) \rightarrow (e,2)$

$(b,2) \wedge (c,2) \rightarrow (e,0)$

$(b,1) \wedge (c,0) \rightarrow (e,2)$

$(b,1) \wedge (c,1) \rightarrow (e,2)$

$(b,1) \wedge (c,2) \rightarrow (e,1)$

通过离散归一化得出决策表，最终得到决策规则，由决策规则即可实现聚类。

4.7.3　粗糙集聚类的 MATLAB 实现

1. 粗糙集基本函数代码

1）不可分辨函数 ind(a,x)

粗糙集中可以通过自编函数 ind(a,x)实现不可分辨关系，具体代码如下：

```
function aa=ind(a,x)
[p,q]=size(x);
[ap,aq]=size(a);
z=1:q;
tt=setdiff(z,a);
x(:,tt(size(tt,2):-1:1))=-1;
for r=q:-1:1
```

```
        if x(1,r)= =-1
            x(:,r)=[];
        end
end
for i=1:p
        v(i)=x(i,:) * 10.^(aq-[1:aq]');
end
y=v';
[yy,I]=sort(y);
y=[yy I];
[b,k,l]=unique(yy);
y=[l I];
m=max(l);
aa=zeros(m,p);
for ii=1:m
        for j=1:p
            if l(j)= =ii
                aa(ii,j)=I(j);
            end
        end
end
```

2）下近似集函数 rslower(y,a,x)

粗糙集中可以通过自编函数 rslower(y,a,x)实现下近似集的求解，具体代码如下：

```
function w=rslower(y,a,x)
z=ind(a,x);
w=[];
[p,q]=size(z);
for u=1:p
        zz=setdiff(z(u,:),0);
        if ismember(zz,y);
                w=cat(2,w,zz);
            end
end
```

2. 粗糙集聚类的实现

原始数据如表 4-4 所示。

表 4-4　原始数据

r_1	r_2	r_3	d	r_1	r_2	r_3	d
1739.94	1675.15	2395.96	3	864.45	1647.31	2665.9	1
373.3	3087.05	2429.47	4	222.85	3059.54	2002.33	4
1756.77	1652	1514.98	3	877.88	2031.66	3071.18	1

续表

r_1	r_2	r_3	d	r_1	r_2	r_3	d
1803. 58	1583. 12	2163. 05	3	2949. 16	3244. 44	662. 42	2
2352. 12	2557. 04	1411. 53	2	1692. 62	1867. 5	2108. 97	3
401. 3	3259. 94	2150. 98	4	1680. 67	1575. 78	1725. 1	3
363. 34	3477. 95	2462. 86	4	2802. 88	3017. 11	1984. 98	2
1571. 17	1731. 04	1735. 33	3	172. 78	3084. 49	2328. 65	4
104. 8	3389. 83	2421. 83	4	2063. 54	3199. 76	1257. 21	2
499. 85	3305. 75	2196. 22	4	1449. 58	1641. 58	3405. 12	1
2297. 28	3340. 14	535. 62	2	1651. 52	1713. 28	1570. 38	3
2092. 62	3177. 21	584. 32	2	341. 59	3076. 62	2438. 63	4
1418. 79	1775. 89	2772. 9	1	291. 02	3095. 68	2088. 95	4
1845. 59	1918. 81	2226. 49	3	237. 63	3077. 78	2251. 96	4
2205. 36	3243. 74	1202. 69	2				

1）原始数据的离散化及决策表的生成

按列对原始数据进行离散化，程序代码如下：

```
AA1_max=max(date1(:,1));
BB1_min=min(date1(:,1));
DDif1= (AA1_max-BB1_min)/5
rr1=date1(:,1);
for i=1:30
    if rr1(i)<BB1_min+DDif1
        rr1(i)=1;
    elseif rr1(i)>=BB1_min+DDif1&rr1(i)<BB1_min+2*DDif1
            rr1(i)=2;
        elseif rr1(i)>=BB1_min+2*DDif1&rr1(i)<BB1_min+3*DDif1
                rr1(i)=3;
          elseif rr1(i)>=BB1_min+3*DDif1&rr1(i)<BB1_min+4*DDif1
                rr1(i)=4;
                  else rr1(i)=5;
    end
end
```

用离散化的数据生成决策表，生成的决策表如表 4-5 所示。

表 4-5　原始数据决策表

r_1	r_2	r_3	d	r_1	r_2	r_3	d
3	1	4	3	2	1	4	1
1	4	4	4	1	4	3	4
3	1	2	3	2	2	5	1

续表

r_1	r_2	r_3	d	r_1	r_2	r_3	d
3	1	3	3	5	5	1	2
4	3	2	2	3	1	3	3
1	5	3	4	3	1	3	3
1	5	4	4	5	4	3	2
3	1	3	3	1	4	4	4
1	5	4	4	4	5	2	2
1	5	3	4	3	1	5	1
4	5	1	2	3	1	2	3
4	5	1	2	1	4	4	4
3	1	4	1	1	4	3	4
4	1	3	3	1	4	3	4
4	5	2	2				

由决策表可得四类数据的集合：第一类 $y=[4,6,16,25]$；第二类 $y1=[8,14,15,18,19,22,24]$；第三类 $y2=[1,3,7,11,17,20,21,26]$；第四类 $y3=[2,5,9,10,12,13,23,27,28,29]$。

2）测试数据聚类

测试数据如表 4-6 所示。

表 4-6 测试数据

r_1	r_2	r_3	r_1	r_2	r_3
1702.8	1639.79	2068.74	2144.47	2501.62	591.51
1877.93	1860.96	1975.3	426.31	3105.29	2057.8
867.81	2334.68	2535.1	1507.13	1556.89	1954.51
1831.49	1713.11	1604.68	343.07	3271.72	2036.94
460.69	3274.77	2172.99	2201.94	3196.22	935.53
2374.98	3346.98	975.31	2232.43	3077.87	1298.87
2271.89	3482.97	946.7	1580.1	1752.07	2463.04
1783.64	1597.99	2261.31	1962.4	1594.97	1835.95
198.83	3250.45	2445.08	1495.18	1957.44	3498.02
1494.63	2072.59	2550.51	1125.17	1594.39	2937.73
1597.03	1921.52	2126.76	24.22	3447.31	2145.01
1598.93	1921.08	1623.33	1269.07	1910.72	2701.97
1243.13	1814.07	3441.07	1802.07	1725.81	1966.35
2336.31	2640.26	1599.63	1817.36	1927.4	2328.79
354	3300.12	2373.61	1860.45	1782.88	1875.13

将测试数据按列离散化，离散化代码与原始数据离散化代码相同，测试数据离散化表如表 4-7 所示。

表 4-7　测试数据离散化表

r_1	r_2	r_3	r_1	r_2	r_3
4	1	3	5	3	1
4	1	3	1	5	3
2	3	4	4	1	3
4	1	2	1	5	3
1	5	3	5	5	1
5	5	1	5	4	2
5	5	1	4	1	4
4	1	3	5	1	3
1	5	4	4	2	5
4	2	4	3	1	5
4	1	3	1	5	3
4	1	2	3	1	4
3	1	5	4	1	3
5	3	2	4	1	3
1	5	4	4	1	3

由离散化结果，调用下近似集函数 rslower(y,a,x)求 y,y1,y2,y3 的下近似集，代码如下：

```
a=[1,2,3];
S1=rslower(y,a,xx)
S2=rslower(y1,a,xx)
S3=rslower(y2,a,xx)
S4=rslower(y3,a,xx)
```

进而求得 y、y1、y2、y3 的下近似集 S1=[3,10,13,24,25,27]、S2=[6,7,14,16,20,21]、S3=[1,2,4,8,11,12,18,22,23,28,29,30]、S4=[5,9,15,17,19,26]。

3）聚类结果分析

将以上聚类结果用三维图显示，实现代码如下：

```
[~,S11] = size(S1);                    %%提取各聚类结果的维数
[~,S21] = size(S2);
[~,S31] = size(S3);
[~,S41] = size(S4);
C = [];                                %%生成聚类结果矩阵
for i = 1:S11
    for j = 1:30
        if S1(i) == j
            C(j) = 1;
        end
```

```
    end
end
for i = 1:S21
    for j = 1:30
        if S2(i) == j
            C(j) = 2;
        end
    end
end
for i = 1:S31
    for j = 1:30
        if S3(i) == j
            C(j) = 3;
        end
    end
end
for i = 1:S41
    for j = 1:30
        if S4(i) == j
            C(j) = 4;
        end
    end
end
plot3(date1(:,1),date1(:,2),date1(:,3),'*');          %%将聚类结果绘成三维图
grid; box;
    for i = 1:30
        if C(i) == 1
line(date1(i,1),date1(i,2),date1(i,3),'linestyle','none','marker','*','color','g');
        elseif C(i) == 2
line(date1(i,1),date1(i,2),date1(i,3),'linestyle','none','marker','*','color','r');
        elseif C(i) == 3
line(date1(i,1),date1(i,2),date1(i,3),'linestyle','none','marker','*','color','b');
        elseif C(i) == 4
line(date1(i,1),date1(i,2),date1(i,3),'linestyle','none','marker','*','color','black');
        end
    end
```

当离散化后属性种类为 5 时，聚类结果如表 4-8 及图 4-27 所示。当离散化后属性种类为 6 时，聚类结果如表 4-8 及图 4-28 所示。

由表 4-8 可知，当离散化后属性种类为 5 时，第 1 组和第 16 组样本数据未被识别，数据识别率为 27/29≈93.1%，准确率为 27/27=100%。其原因为离散归一化后的信息有丢失，应增加离散化后属性的种类。当离散化后属性种类为 6 时，样本数据全部被识别，准确率为 29/29=100%。

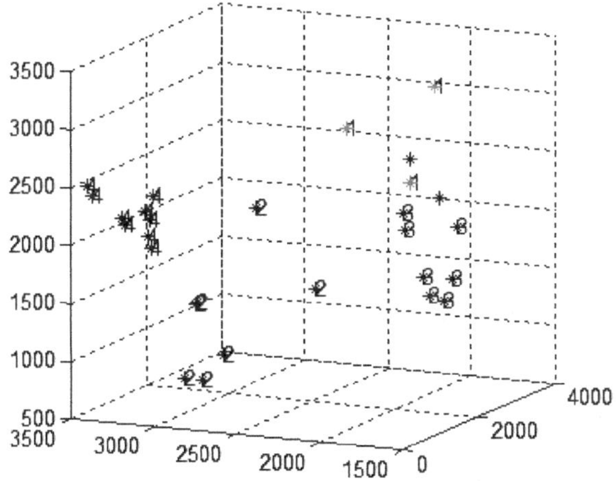

图 4-27　离散化后属性种类为 5 时聚类结果三维图

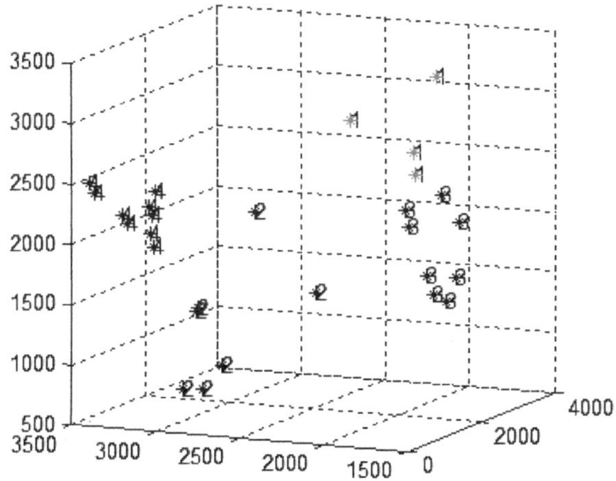

图 4-28　离散化后属性种类为 6 时聚类结果三维图

表 4-8　样本数据聚类结果

序号	*A*	*B*	*C*	目标结果	粗糙集属性种类为 5 时聚类结果	粗糙集属性种类为 6 时聚类结果
1	2949. 16	3477. 95	3405. 12	3		3
2	2802. 88	3389. 83	3071. 18	4	4	4
3	2352. 12	3340. 14	2772. 9	3	3	3
4	2297. 28	3305. 75	2665. 9	1	1	1
5	2205. 36	3259. 94	2462. 86	4	4	4
6	2092. 62	3244. 44	2438. 63	1	1	1
7	2063. 54	3243. 74	2429. 47	3	3	3
8	1845. 59	3199. 76	2421. 83	2	2	2
9	1803. 58	3177. 21	2395. 96	4	4	4
10	1756. 77	3095. 68	2328. 65	4	4	4
11	1739. 94	3087. 05	2251. 96	3	3	3

续表

序号	A	B	C	目标结果	粗糙集属性种类为 5 时聚类结果	粗糙集属性种类为 6 时聚类结果
12	1692.62	3084.49	2226.49	4	4	4
13	1680.67	3077.78	2196.22	4	4	4
14	1651.52	3076.62	2163.05	2	2	2
15	1571.17	3059.54	2150.98	2	2	2
16	1449.58	3017.11	2108.97	1		1
17	1418.79	2557.04	2088.95	3	3	3
18	877.88	2031.66	2002.33	2	2	2
19	864.45	1918.81	1984.98	2	2	2
20	499.85	1867.5	1735.33	3	3	3
21	401.3	1775.89	1725.1	3	3	3
22	373.3	1731.04	1570.38	2	2	2
23	363.34	1713.28	1514.98	4	4	4
24	341.59	1675.15	1411.53	2	2	2
25	291.02	1652	1257.21	1	1	1
26	237.63	1647.31	1202.69	3	3	3
27	222.85	1641.58	662.42	4	4	4
28	172.78	1583.12	584.32	4	4	4
29	104.8	1575.78	535.62	4	4	4

离散化后属性种类为 6 时，测试数据聚类结果如表 4-9 及图 4-29 所示。由表 4-9 可知，粗糙集聚类结果与原始模糊聚类结果相比，第 16 组数据未被识别，第 14 组和第 25 组数据预测结果不同。以资料库模糊聚类结果为依据，识别率为 29/30≈96.7%，错误率为 2/29≈6.9%。

表 4-9　测试数据聚类结果

序号	A	B	C	资料库模糊聚类结果	粗糙集聚类结果
1	1702.8	1639.79	2068.74	3	3
2	1877.93	1860.96	1975.3	3	3
3	867.81	2334.68	2535.1	1	1
4	1831.49	1713.11	1604.68	3	3
5	460.69	3274.77	2172.99	4	4
6	2374.98	3346.98	975.31	2	2
7	2271.89	3482.97	946.7	2	2
8	1783.64	1597.99	2261.31	3	3
9	198.83	3250.45	2445.08	4	4
10	1494.63	2072.59	2550.51	1	1
11	1597.03	1921.52	2126.76	3	3

续表

序号	*A*	*B*	*C*	资料库模糊聚类结果	粗糙集聚类结果
12	1598. 93	1921. 08	1623. 33	3	3
13	1243. 13	1814. 07	3441. 07	1	1
14	2336. 31	2640. 26	1599. 63	2. 5	2
15	354	3300. 12	2373. 61	4	4
16	2144. 47	2501. 62	591. 51	2	
17	426. 31	3105. 29	2057. 8	4	4
18	1507. 13	1556. 89	1954. 51	3	3
19	343. 07	3271. 72	2036. 94	4	4
20	2201. 94	3196. 22	935. 53	2	2
21	2232. 43	3077. 87	1298. 87	2	2
22	1580. 1	1752. 07	2463. 04	3	3
23	1962. 4	1594. 97	1835. 95	3	3
24	1495. 18	1957. 44	3498. 02	1	1
25	1125. 17	1594. 39	2937. 73	1	3
26	24. 22	3447. 31	2145. 01	4	4
27	1269. 07	1910. 72	2701. 97	1	1
28	1802. 07	1725. 81	1966. 35	3	3
29	1817. 36	1927. 4	2328. 79	3	3
30	1860. 45	1782. 88	1875. 13	3	3

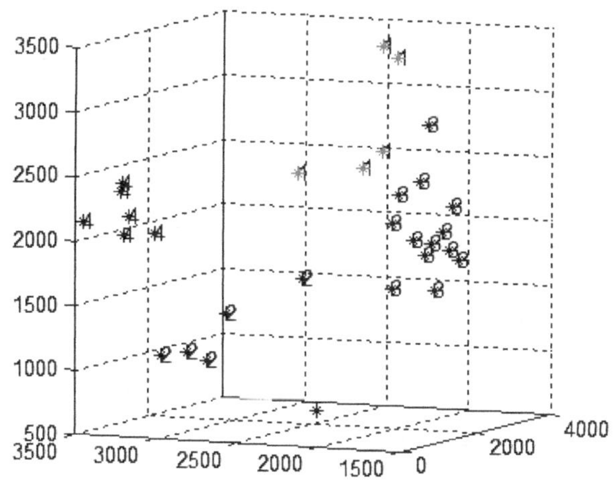

图 4-29　测试数据聚类结果三维图

聚类结果的好坏受离散化后属性种类多少的影响，属性种类越多，聚类效果越好。但这与离散化后属性种类应尽量少的原则相矛盾，所以应不断尝试寻找合适的离散化后属性种类的数量。

4.8 层次聚类算法

4.8.1 层次聚类理论分析

层次聚类法也称系统聚类法或分级聚类法，是实际工作中采用最多的方法之一。这种方法同样将距离阈值作为决定聚类数目的标准，基本思路是每个样本先自成一类，然后按距离准则逐步合并，减少类别数，直至达到分类要求为止。

1. 算法描述

（1）N 个初始模式样本自成一类，即建立 N 类 $G_1(0), G_2(0), \cdots, G_N(0)$。计算各类之间（各样本间）的距离，得到一个 $N\times N$ 维的距离矩阵 $\boldsymbol{D}(0)$。标号 0 表示聚类开始运算前的状态。

（2）如果在前一步聚类运算中，已求得距离矩阵 $\boldsymbol{D}(n)$（n 为逐次聚类合并的次数），则找出 $\boldsymbol{D}(n)$ 中的最小元素，将其对应的两类合并为一类。由此建立新的分类：$G_1(n+1), G_2(n+1), \cdots$。

（3）计算合并后新类之间的距离，得到距离矩阵 $\boldsymbol{D}(n+1)$。

（4）调至第（2）步，重复计算及合并。

结束条件：设定一个距离阈值 T，当 $\boldsymbol{D}(n)$ 的最小分量超过给定值 T 时，算法停止运行。这意味着，所有的类间距离均大于要求的 T 值，各类已经足够分开了，这时所得的分类即为聚类结果。或者不设阈值 T，直到将全部样本聚成一类为止，输出聚类树状图。层次聚类流程图如图 4-30 所示。

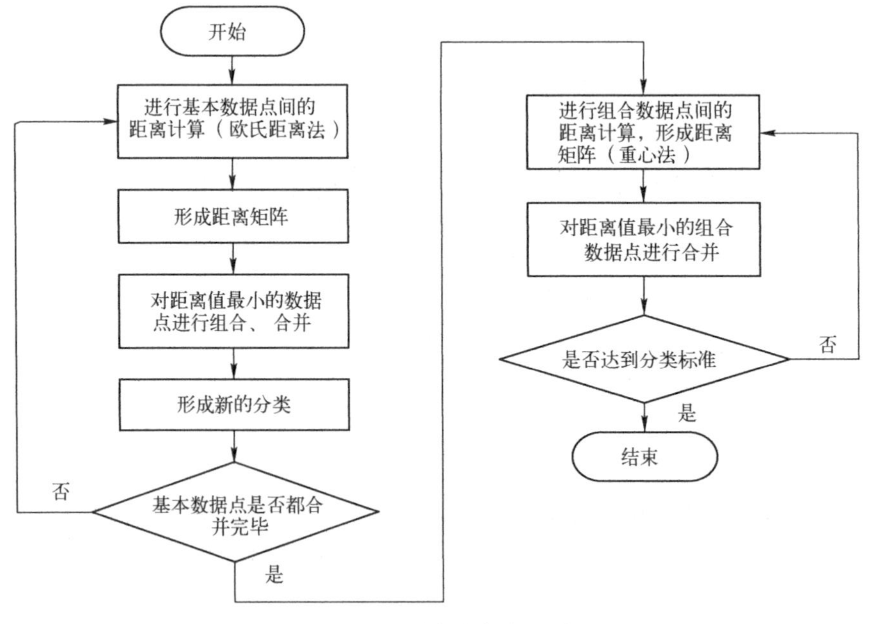

图 4-30 层次聚类流程图

2. 不同的类间距离计算准则

下面简单介绍几种不同的类间距离计算准则。

(1) 最短距离法。如 H、K 是两个聚类，则两类间的最短距离定义为

$$D_{HK}=\min\{D(X_H,X_K)\} \quad X_H\in H,X_K\in K \tag{4-51}$$

式中，$D(X_H,X_K)$ 表示 H 类中的样本 X_H 和 K 类中的样本 X_K 之间的欧氏距离；D_{HK} 表示 H 类中的所有样本与 K 类中所有样本之间的最小距离。

如果 K 类由 I 和 J 两类合并而成，则

$$D_{HI}=\min\{D(X_H,X_I)\} \quad X_H\in H,X_I\in I \tag{4-52}$$

$$D_{HJ}=\min\{D(X_H,X_J)\} \quad X_H\in H,X_J\in J \tag{4-53}$$

得到递推公式 $D_{HK}=\min\{D_{HI},D_{HJ}\}$。

(2) 最长距离法。与最短距离法类似，H 和 K 类之间的距离定义为

$$D_{HK}=\max\{D(X_H,X_K)\} \quad X_H\in H,X_K\in K \tag{4-54}$$

若 K 类由 I 和 J 两类合并而成，则

$$D_{HI}=\max\{D(X_H,X_I)\} \quad X_H\in H,X_I\in I \tag{4-55}$$

$$D_{HJ}=\max\{D(X_H,X_J)\} \quad X_H\in H,X_J\in J \tag{4-56}$$

得到递推公式 $D_{HK}=\max\{D_{HI},D_{HJ}\}$。

(3) 中间距离法。中间距离介于最长与最短的距离之间。如果 K 类由 I 类和 J 类合并而成，则 H 和 K 类之间的距离为

$$D_{HK}=\sqrt{\frac{1}{2}D_{HI}^2+\frac{1}{2}D_{HJ}^2-\frac{1}{4}D_{IJ}^2} \tag{4-57}$$

(4) 重心法。以上定义的类间距离中并未考虑每一类中所包含的样本数目，重心法在这一方面有所改进。如果 I 类中有 n_I 个样本，J 类中有 n_J 个样本，则 I 和 J 合并后共有(n_I+n_J)个样本。用 $n_I/(n_I+n_J)$ 和 $n_J/(n_I+n_J)$ 代替中间距离法中的系数，即可得到重心法的类与类之间的距离递推公式

$$D_{HK}=\sqrt{\frac{n_I}{n_I+n_J}D_{HI}^2+\frac{n_J}{n_I+n_J}D_{HJ}^2-\frac{n_In_J}{(n_I+n_J)^2}D_{IJ}^2} \tag{4-58}$$

4.8.2 各函数表示的意义

运用 MATLAB 中的函数，可以实现层次聚类算法，在此简单介绍一下各函数。

1. 元素间距离的各类算法

Y=pdist(X) 和 Y=pdist(X, 'metric')，表示计算数据集向量中两两元素间的距离的函数，metric 表示使用特定的方法，如欧氏距离法、标准欧氏距离法、马氏距离法、明可夫斯基距离法等。下面介绍几种常用的元素之间的距离算法。

(1) 欧氏距离（Euclidean Distance）。

欧氏距离是最易于理解的一种距离计算方法，源自欧氏空间中两点间的距离公式。

二维平面上两点 $a(x_1,y_1)$ 与 $b(x_2,y_2)$ 间的欧氏距离为

$$d_{12}=\sqrt{(x_1-x_2)^2+(y_1-y_2)^2} \tag{4-59}$$

三维空间内两点 $a(x_1,y_1,z_1)$ 与 $b(x_2,y_2,z_2)$ 间的欧氏距离为

$$d_{12}=\sqrt{(x_1-x_2)^2+(y_1-y_2)^2+(z_1-z_2)^2} \tag{4-60}$$

两个 n 维向量 $\boldsymbol{a}=(x_{11},x_{12},\cdots,x_{1n})$ 与 $\boldsymbol{b}=(x_{21},x_{22},\cdots,x_{2n})$ 间的欧氏距离为

$$d_{12}=\sqrt{\sum_{k=1}^{n}(x_{1k}-x_{2k})^2} \quad k=1,2,\cdots,n \tag{4-61}$$

也可以表示成向量运算的形式，为

$$d_{12}=\sqrt{(\boldsymbol{a}-\boldsymbol{b})(\boldsymbol{a}-\boldsymbol{b})^{\mathrm{T}}} \tag{4-62}$$

（2）曼哈顿距离（Manhattan Distance）。

从名字就可以猜出这种距离的计算方法了。想象你在曼哈顿要从一个十字路口开车到另外一个十字路口，驾驶距离是两点间的直线距离吗？显然不是，除非你能穿越大楼。实际驾驶距离就是这个“曼哈顿距离”。而这也是曼哈顿距离名称的来源，曼哈顿距离也称为城市街区距离（CityBlock Distance）。

二维平面两点 $a(x_1,y_1)$ 与 $b(x_2,y_2)$ 间的曼哈顿距离

$$d_{12}=|x_1-x_2|+|y_1-y_2| \tag{4-63}$$

两个 n 维向量 $\boldsymbol{a}=(x_{11},x_{12},\cdots,x_{1n})$ 与 $\boldsymbol{b}=(x_{21},x_{22},\cdots,x_{2n})$ 间的曼哈顿距离

$$d_{12}=\sum_{k=1}^{n}|x_{1k}-x_{2k}| \quad k=1,2,\cdots,n \tag{4-64}$$

（3）杰卡德距离（Jaccard Distance）。

① 杰卡德相似系数（Jaccard Similarity Coefficient）。

两个集合 A、B 的交集元素在 A、B 的并集中所占的比例，称为两个集合的杰卡德相似系数，用符号 $J(A,B)$ 表示。

$$J(A,B)=\frac{|A\cap B|}{|A\cup B|} \tag{4-65}$$

杰卡德相似系数是衡量两个集合相似度的一种指标。

② 杰卡德距离计算。

与杰卡德相似系数相反的概念是杰卡德距离（Jaccard Distance）。杰卡德距离计算公式为

$$J_\delta(A,B)=1-J(A,B)=\frac{|A\cup B|-|A\cap B|}{|A\cup B|} \tag{4-66}$$

杰卡德距离用两个集合中不同元素占所有元素的比例来衡量两个集合的区分度。

③ 杰卡德相似系数与杰卡德距离的应用。

可将杰卡德相似系数用在衡量样本的相似度上。样本 $\boldsymbol{A}$ 与样本 $\boldsymbol{B}$ 是两个 n 维向量，而且所有维度的取值都是 0 或 1。例如：$\boldsymbol{A}=(0111)$ 和 $\boldsymbol{B}=(1011)$。我们将样本看成一个集合，1 表示集合包含该元素，0 表示集合不包含该元素。

p：样本 A 与 B 都是 1 的维度个数。

q：样本 A 是 1、样本 B 是 0 的维度个数。

r：样本 A 是 0、样本 B 是 1 的维度个数。

s：样本 A 与 B 都是 0 的维度个数。

$p+q+r$ 可理解为 A 与 B 的并集的元素个数，而 p 是 A 与 B 的交集的元素个数。

样本 A 与 B 的杰卡德相似系数表示为

$$J=\frac{p}{p+q+r} \tag{4-67}$$

而样本 A 与 B 的杰卡德距离表示为

$$J=\frac{q+r}{p+q+r} \tag{4-68}$$

（4）马氏距离（Mahalanobis Distance）。

① 马氏距离定义。

有 M 个样本向量 $\boldsymbol{X}_1 \sim \boldsymbol{X}_m$，协方差矩阵记为 $\boldsymbol{S}$，均值记为向量 $\boldsymbol{u}$，则其中样本向量 $\boldsymbol{X}$ 到 $\boldsymbol{u}$ 的马氏距离表示为

$$D(\boldsymbol{X})=\sqrt{(\boldsymbol{X}-\boldsymbol{u})^{\mathrm{T}}\boldsymbol{S}^{-1}(\boldsymbol{X}-\boldsymbol{u})} \tag{4-69}$$

而其中向量 $\boldsymbol{X}_i$ 与 $\boldsymbol{X}_j$ 之间的马氏距离定义为

$$D(\boldsymbol{X}_i,\boldsymbol{X}_j)=\sqrt{(\boldsymbol{X}_i-\boldsymbol{X}_j)^{\mathrm{T}}\boldsymbol{S}^{-1}(\boldsymbol{X}_i-\boldsymbol{X}_j)} \tag{4-70}$$

若协方差矩阵是单位矩阵（各个样本向量之间独立同分布），则公式就变成了

$$D(\boldsymbol{X}_i,\boldsymbol{X}_j)=\sqrt{(\boldsymbol{X}_i-\boldsymbol{X}_j)^{\mathrm{T}}(\boldsymbol{X}_i-\boldsymbol{X}_j)} \tag{4-71}$$

若协方差矩阵是对角矩阵，则公式变成了标准化欧氏距离公式。

② 马氏距离的特点：量纲无关，排除变量之间的相关性干扰。

2. 创建聚类树状图

Z = linkage(Y)和 Z = linkage(Y, 'method')，其中 Y 是由 pdist 函数产生的 $n(n-1)/2$ 阶向量，method 表示用何种方法，默认值是欧氏距离法（single）。此外，complete 表示最长距离法；average 表示类平均距离法；centroid 表示重心法；ward 表示递增平方和法等。

3. 构造聚类

T = cluster(Z, cutoff)，表示从逐级聚类树中构造聚类，其中 Z 是由 linkage 函数产生的 $(n-1)\times 3$ 阶矩阵，cutoff 是创建聚类的临界值。

4. 聚类树状图

H = dendrogram(Z)和 H = dendrogram(Z,p)，Z 是由 linkage 产生的数据矩阵，画聚类树状图。p 是节点数，默认值是 30。

4.8.3　实例说明

在本设计中，元素之间距离分别采用 4.8.2 节中详细介绍的 4 种距离算法进行验证，类与类之间的距离采用重心法进行验证。根据所给数据进行聚类，验证如下。

1. 欧式距离法

元素之间距离采用欧式距离（Euclidean Distance）法进行验证，前 29 组测试如下。

1）程序

```
clear
X1=[1739.94 1675.15 2395.96
 373.3   3087.05   2429.47
 1756.77   1652   1514.98
 864.45   1647.31   2665.9
 222.85   3059.54   2002.33
 877.88   2031.66   3071.18
```

```
1803.58    1583.12    2163.05
2352.12    2557.04    1411.53
401.3    3259.94    2150.98
363.34    3477.95    2462.86
1571.17    1731.04    1735.33
104.8    3389.83    2421.83
499.85    3305.75    2196.22
2297.28    3340.14    535.62
2092.62    3177.21    584.32
1418.79    1775.89    2772.9
1845.59    1918.81    2226.49
2205.36    3243.74    1202.69
2949.16    3244.44    662.42
1692.62    1867.5    2108.97
1680.67    1575.78    1725.1
2802.88    3017.11    1984.98
172.78    3084.49    2328.65
2063.54    3199.76    1257.21
1449.58    1641.58    3405.12
1651.52    1713.28    1570.38
341.59    3076.62    2438.63
291.02    3095.68    2088.95
237.63    3077.78    2251.96];
%数据转化
%将数据进行标准化变换
Q1=zscore(X1);
%计算样本间的距离
Y1=pdist(Q1,'euclid')              %欧式距离，计算矩阵 X1 中各向量之间的距离
D1=squareform(Y1)                  %将距离的输出向量形式定格为矩阵形式
Z1=linkage(Y1,'centroid');         %用重心距离法定义类间距离
T1=cluster(Z1,4)
plot3(X1(:,1),X1(:,2),X1(:,3),'.','MarkerSize',8);
grid;
%颜色标记
hold on;
for t=1:length(T1)
 if(T1(t)==1)
 plot3(X1(t,1),X1(t,2),X1(t,3),'Marker','>','Color','r');
 elseif(T1(t)==2)
 plot3(X1(t,1),X1(t,2),X1(t,3),'Marker','*','Color','b');
 elseif(T1(t)==3)
 plot3(X1(t,1),X1(t,2),X1(t,3),'Marker','+','Color','g');
 elseif(T1(t)==4)
```

```
  plot3(X1(t,1),X1(t,2),X1(t,3),'Marker','d','Color','k');
  end
end
hold on;
xlabel ('X');
ylabel ('Y');
zlabel ('Z');
title('训练数据');
%树状图
dendrogram(Z1);%画出系统聚类树图
xlabel('样本');
ylabel('类间距离');
title('训练数据');
```

2）运行结果（见图 4-31、图 4-32）

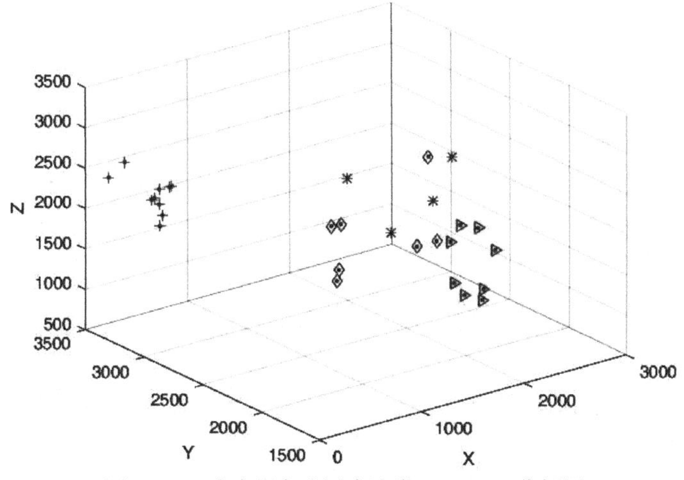

图 4-31　欧式距离法层次聚类 MATLAB 分析图

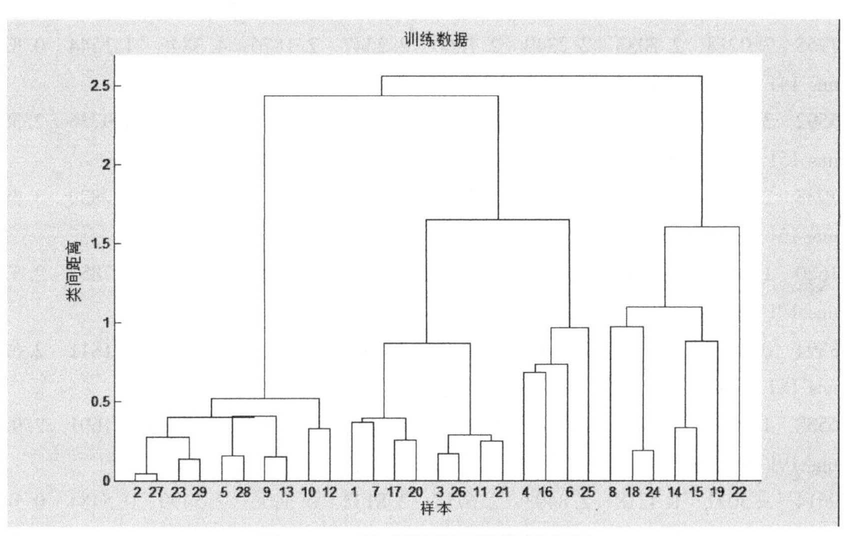

图 4-32　欧式距离法聚类树状图

程序运行中各数据如下：

```
Y1 =
  Columns 1 through 10
    2.48431.27151.08252.63181.47360.36601.98832.67432.92220.9757
  Columns 11 through 20
    2.9988    2.6542    3.5697    3.3420    0.6720    0.4294    2.7932    3.5711    0.4928    0.9796
  Columns 21 through 30
    2.2768    2.6358    2.6715    1.4945    1.1965    2.4971    2.5920    2.5849    2.8449 2.0666
  Columns 31 through 40
    0.6412    1.8043    2.6552    2.8072    0.4666    0.5339    2.5121    0.5153 0.4722    3.5359
  Columns 41 through 50
    3.3210    2.2086    2.3433    2.7638    3.9195    2.2974    2.7438    2.8750    0.2731    2.5847
  Columns 51 through 60
    2.7176    2.6829    0.0414    0.5005    0.3003    1.9532    2.6992    2.5166    0.9411    1.4172
  Columns 61 through 70
    2.8400    3.2584    0.3980    3.3052    2.8503    2.7668    2.5010    1.8637    1.0935    2.2708
  Columns 71 through 80
    2.8448    0.9087    0.3322    2.3154    2.9168    2.1666    2.7497    0.1675    2.8620    2.7195
  Columns 81 through 90
    2.8209    2.2699    0.7844    1.3062    2.7833    2.3763    2.5725    1.5745    2.5509    2.3923
  Columns 91 through 100
4.1801    3.9181    0.6803    1.3482    3.3999    4.3414    1.2833    1.6544    3.0707    2.1663
  Columns 101 through 110
    3.2401    1.2619    1.8246    2.0614    2.2383    2.1595    2.2140    2.7215    2.6869    0.4032
  Columns 111 through 120
    0.8896    2.4143    0.7659    0.5407    3.2159    2.9760    2.4868    2.4518    2.5724    3.6984
  Columns 121 through 130
    2.3501    2.6564    2.9751    0.4755    2.3864    3.1328    2.5403    0.6445    0.1556    0.3614
  Columns 131 through 140
    1.7965    3.0218    2.2033    2.2340    2.1260    2.2547    2.1876    4.3845    4.1544    0.8337
  Columns 141 through 150
    1.6592    3.5107    4.5274    1.6908    2.2387    3.0293    1.9643    3.3526    0.9736    2.3813
  Columns 151 through 160
    1.7985    2.1353    1.9914    1.8247    2.7954    3.0959    0.7021    3.1642    2.7839    3.3979
  Columns 161 through 170
    3.1620    1.0196    0.4681    2.6897    3.3964    0.4148    0.6476    2.2796    2.7858    2.5752
  Columns 171 through 180
    1.8394    0.8906    2.6692    2.6988    2.7217    2.6664    3.0209    1.5135    3.1811    2.6226
  Columns 181 through 190
    1.6538    1.4916    2.4786    1.5737    0.9958    1.5861    1.5716    1.6077    1.1601    2.9287
  Columns 191 through 200
    0.9614    3.3021    1.4218    2.8403    2.6717    2.8132    0.5406    2.5499    0.5484    0.1451
  Columns 201 through 210
```

3.1969 2.9871 2.5009 2.4720 2.4895 3.6386 2.4096 2.7927 2.7986 0.4382

Columns 211 through 220

2.3112 3.0948 2.6839 0.4890 0.2722 0.3438 2.9470 0.3267 0.4770 3.5688

Columns 221 through 230

3.3891 2.6531 2.7445 2.8135 3.9666 2.7214 3.1830 2.9628 0.6100 2.6477

Columns 231 through 240

3.1070 3.1021 0.5475 0.7538 0.6401 2.9880 2.5601 2.9129 2.6432 1.5083

Columns 241 through 250

0.8169 2.3146 3.0258 0.5870 0.2465 2.2815 2.5922 2.1881 2.4160 0.2565

Columns 251 through 260

2.5274 2.4254 2.5047 0.5713 3.7145 3.5160 2.7146 2.8477 2.9995 4.1514

Columns 261 through 270

2.8002 3.2245 3.2139 0.4435 2.8264 3.1731 3.1444 0.5065 0.6609 0.5134

Columns 271 through 280

3.1678 2.9681 2.4786 2.4427 2.4346 3.5884 2.3943 2.8019 2.7012 0.5189

Columns 281 through 290

2.2596 3.0598 2.6960 0.5027 0.4044 0.4404 0.3312 3.9961 3.1556 0.9770

Columns 291 through 300

0.7843 3.1063 3.0344 2.2146 3.5792 1.0921 4.8402 2.7709 3.5705 3.2375

Columns 301 through 310

3.4491 3.7688 2.9364 0.9060 0.9981 2.8676 2.7708 2.1911 3.3536 0.9718

Columns 311 through 320

4.6337 2.4992 3.3541 3.0063 3.2217 0.9493 3.1525 4.0462 1.0162 1.5653

Columns 321 through 330

2.5860 2.3752 3.0139 0.9308 1.7575 2.2145 2.4260 2.3567 2.3665 3.1560

Columns 331 through 340

0.2544 0.8815 1.8896 2.5008 2.2479 1.8005 1.0120 2.3621 2.4110 2.4335

Columns 341 through 350

1.1588 2.3584 2.4657 1.3576 2.8594 0.1910 3.9499 2.2408 2.8013 2.5585

Columns 351 through 360

2.7365 3.1560 3.1046 1.9402 4.0088 1.3351 4.8369 2.8792 3.9566 3.6969

Columns 361 through 370

3.8835 0.6814 2.0285 2.4310 2.2306 1.9155 0.8062 2.3143 2.3242 2.3591

Columns 371 through 380

2.3784 2.8267 2.3512 2.4399 0.2931 2.7584 2.6674 2.7419 3.0738 1.3750

Columns 381 through 390

3.1829 2.2943 2.9131 2.9017 2.9835 2.6768 2.9033 2.7533 0.2513 0.3720

Columns 391 through 400

0.1338 3.8201 2.1252 2.6218 2.3739 2.5530 2.6588 2.7175 3.0496 2.9214

Columns 401 through 406

2.6995 2.5601 2.6585 0.5085 0.2948 0.2443

D1 =

Columns 1 through 10

```
        0   2.4843   1.2715   1.0825   2.6318   1.4736   0.3660   1.9883   2.6743   2.9222
   2.4843        0   2.8449   2.0666   0.6412   1.8043   2.6552   2.8072   0.4666   0.5339
   1.2715   2.8449        0   1.9532   2.6992   2.5166   0.9411   1.4172   2.8400   3.2584
   1.0825   2.0666   1.9532        0   2.2699   0.7844   1.3062   2.7833   2.3763   2.5725
   2.6318   0.6412   2.6992   2.2699        0   2.2140   2.7215   2.6869   0.4032   0.8896
   1.4736   1.8043   2.5166   0.7844   2.2140        0   1.7965   3.0218   2.2033   2.2340
   0.3660   2.6552   0.9411   1.3062   2.7215   1.7965        0   1.8247   2.7954   3.0959
   1.9883   2.8072   1.4172   2.7833   2.6869   3.0218   1.8247        0   2.6664   3.0209
   2.6743   0.4666   2.8400   2.3763   0.4032   2.2033   2.7954   2.6664        0   0.5406
   2.9222   0.5339   3.2584   2.5725   0.8896   2.2340   3.0959   3.0209   0.5406        0
   0.9757   2.5121   0.3980   1.5745   2.4143   2.1260   0.7021   1.5135   2.5499   2.9470
   2.9988   0.5153   3.3052   2.5509   0.7659   2.2547   3.1642   3.1811   0.5484   0.3267
   2.6542   0.4722   2.8503   2.3923   0.5407   2.1876   2.7839   2.6226   0.1451   0.4770
   3.5697   3.5359   2.7668   4.1801   3.2159   4.3845   3.3979   1.6538   3.1969   3.5688
   3.3420   3.3210   2.5010   3.9181   2.9760   4.1544   3.1620   1.4916   2.9871   3.3891
   0.6720   2.2086   1.8637   0.6803   2.4868   0.8337   1.0196   2.4786   2.5009   2.6531
   0.4294   2.3433   1.0935   1.3482   2.4518   1.6592   0.4681   1.5737   2.4720   2.7445
   2.7932   2.7638   2.2708   3.3999   2.5724   3.5107   2.6897   0.9958   2.4895   2.8135
   3.5711   3.9195   2.8448   4.3414   3.6984   4.5274   3.3964   1.5861   3.6386   3.9666
   0.4928   2.2974   0.9087   1.2833   2.3501   1.6908   0.4148   1.5716   2.4096   2.7214
   0.9796   2.7438   0.3322   1.6544   2.6564   2.2387   0.6476   1.6077   2.7927   3.1830
   2.2768   2.8750   2.3154   3.0707   2.9751   3.0293   2.2796   1.1601   2.7986   2.9628
   2.6358   0.2731   2.9168   2.1663   0.4755   1.9643   2.7858   2.9287   0.4382   0.6100
   2.6715   2.5847   2.1666   3.2401   2.3864   3.3526   2.5752   0.9614   2.3112   2.6477
   1.4945   2.7176   2.7497   1.2619   3.1328   0.9736   1.8394   3.3021   3.0948   3.1070
   1.1965   2.6829   0.1675   1.8246   2.5403   2.3813   0.8906   1.4218   2.6839   3.1021
   2.4971   0.0414   2.8620   2.0614   0.6445   1.7985   2.6692   2.8403   0.4890   0.5475
   2.5920   0.5005   2.7195   2.2383   0.1556   2.1353   2.6988   2.6717   0.2722   0.7538
   2.5849   0.3003   2.8209   2.1595   0.3614   1.9914   2.7217   2.8132   0.3438   0.6401

  Columns 11 through 20

   0.9757   2.9988   2.6542   3.5697   3.3420   0.6720   0.4294   2.7932   3.5711   0.4928
   2.5121   0.5153   0.4722   3.5359   3.3210   2.2086   2.3433   2.7638   3.9195   2.2974
   0.3980   3.3052   2.8503   2.7668   2.5010   1.8637   1.0935   2.2708   2.8448   0.9087
   1.5745   2.5509   2.3923   4.1801   3.9181   0.6803   1.3482   3.3999   4.3414   1.2833
   2.4143   0.7659   0.5407   3.2159   2.9760   2.4868   2.4518   2.5724   3.6984   2.3501
   2.1260   2.2547   2.1876   4.3845   4.1544   0.8337   1.6592   3.5107   4.5274   1.6908
   0.7021   3.1642   2.7839   3.3979   3.1620   1.0196   0.4681   2.6897   3.3964   0.4148
   1.5135   3.1811   2.6226   1.6538   1.4916   2.4786   1.5737   0.9958   1.5861   1.5716
   2.5499   0.5484   0.1451   3.1969   2.9871   2.5009   2.4720   2.4895   3.6386   2.4096
   2.9470   0.3267   0.4770   3.5688   3.3891   2.6531   2.7445   2.8135   3.9666   2.7214
        0   2.9880   2.5601   2.9129   2.6432   1.5083   0.8169   2.3146   3.0258   0.5870
   2.9880        0   0.5713   3.7145   3.5160   2.7146   2.8477   2.9995   4.1514   2.8002
   2.5601   0.5713        0   3.1678   2.9681   2.4786   2.4427   2.4346   3.5884   2.3943
```

```
2.9129    3.7145    3.1678         0    0.3312    3.9961    3.1556    0.9770    0.7843    3.1063
2.6432    3.5160    2.9681    0.3312         0    3.7688    2.9364    0.9060    0.9981    2.8676
1.5083    2.7146    2.4786    3.9961    3.7688         0    0.9493    3.1525    4.0462    1.0162
0.8169    2.8477    2.4427    3.1556    2.9364    0.9493         0    2.3665    3.1560    0.2544
2.3146    2.9995    2.4346    0.9770    0.9060    3.1525    2.3665         0    1.1588    2.3584
3.0258    4.1514    3.5884    0.7843    0.9981    4.0462    3.1560    1.1588         0    3.1560
0.5870    2.8002    2.3943    3.1063    2.8676    1.0162    0.2544    2.3584    3.1560         0
0.2465    3.2245    2.8019    3.0344    2.7708    1.5653    0.8815    2.4657    3.1046    0.6814
2.2815    3.2139    2.7012    2.2146    2.1911    2.5860    1.8896    1.3576    1.9402    2.0285
2.5922    0.4435    0.5189    3.5792    3.3536    2.3752    2.5008    2.8594    4.0088    2.4310
2.1881    2.8264    2.2596    1.0921    0.9718    3.0139    2.2479    0.1910    1.3351    2.2306
2.4160    3.1731    3.0598    4.8402    4.6337    0.9308    1.8005    3.9499    4.8369    1.9155
0.2565    3.1444    2.6960    2.7709    2.4992    1.7575    1.0120    2.2408    2.8792    0.8062
2.5274    0.5065    0.5027    3.5705    3.3541    2.2145    2.3621    2.8013    3.9566    2.3143
2.4254    0.6609    0.4044    3.2375    3.0063    2.4260    2.4110    2.5585    3.6969    2.3242
2.5047    0.5134    0.4404    3.4491    3.2217    2.3567    2.4335    2.7365    3.8835    2.3591

Columns 21 through 29

0.9796    2.2768    2.6358    2.6715    1.4945    1.1965    2.4971    2.5920    2.5849
2.7438    2.8750    0.2731    2.5847    2.7176    2.6829    0.0414    0.5005    0.3003
0.3322    2.3154    2.9168    2.1666    2.7497    0.1675    2.8620    2.7195    2.8209
1.6544    3.0707    2.1663    3.2401    1.2619    1.8246    2.0614    2.2383    2.1595
2.6564    2.9751    0.4755    2.3864    3.1328    2.5403    0.6445    0.1556    0.3614
2.2387    3.0293    1.9643    3.3526    0.9736    2.3813    1.7985    2.1353    1.9914
0.6476    2.2796    2.7858    2.5752    1.8394    0.8906    2.6692    2.6988    2.7217
1.6077    1.1601    2.9287    0.9614    3.3021    1.4218    2.8403    2.6717    2.8132
2.7927    2.7986    0.4382    2.3112    3.0948    2.6839    0.4890    0.2722    0.3438
3.1830    2.9628    0.6100    2.6477    3.1070    3.1021    0.5475    0.7538    0.6401
0.2465    2.2815    2.5922    2.1881    2.4160    0.2565    2.5274    2.4254    2.5047
3.2245    3.2139    0.4435    2.8264    3.1731    3.1444    0.5065    0.6609    0.5134
2.8019    2.7012    0.5189    2.2596    3.0598    2.6960    0.5027    0.4044    0.4404
3.0344    2.2146    3.5792    1.0921    4.8402    2.7709    3.5705    3.2375    3.4491
2.7708    2.1911    3.3536    0.9718    4.6337    2.4992    3.3541    3.0063    3.2217
1.5653    2.5860    2.3752    3.0139    0.9308    1.7575    2.2145    2.4260    2.3567
0.8815    1.8896    2.5008    2.2479    1.8005    1.0120    2.3621    2.4110    2.4335
2.4657    1.3576    2.8594    0.1910    3.9499    2.2408    2.8013    2.5585    2.7365
3.1046    1.9402    4.0088    1.3351    4.8369    2.8792    3.9566    3.6969    3.8835
0.6814    2.0285    2.4310    2.2306    1.9155    0.8062    2.3143    2.3242    2.3591
     0    2.3784    2.8267    2.3512    2.4399    0.2931    2.7584    2.6674    2.7419
2.3784         0    3.0738    1.3750    3.1829    2.2943    2.9131    2.9017    2.9835
2.8267    3.0738         0    2.6768    2.9033    2.7533    0.2513    0.3720    0.1338
2.3512    1.3750    2.6768         0    3.8201    2.1252    2.6218    2.3739    2.5530
2.4399    3.1829    2.9033    3.8201         0    2.6588    2.7175    3.0496    2.9214
0.2931    2.2943    2.7533    2.1252    2.6588         0    2.6995    2.5601    2.6585
```

```
2.7584  2.9131  0.2513  2.6218  2.7175  2.6995       0  0.5085  0.2948
2.6674  2.9017  0.3720  2.3739  3.0496  2.5601  0.5085  0  0.2443
2.7419  2.9835  0.1338  2.5530  2.9214  2.6585  0.2948  0.2443     0
T1 =
1  3  1  2  3  2  1  4  3  3  1  3  3  4  4  2  1  4  4  1  1  4  3  4  2  1  3  3  3
```

Y1 即各向量之间的距离，D1 为距离矩阵，T1 表示分类结果。可见 2、27、23、29、5、28、9、13、10、12 为一类，1、7、17、20、3、26、11、21 为一类，4、16、6、25 为一类，8、18、24、14、15、19、22 为一类。

欧式距离法所划分的所有 1 类别数据是测试数据的所有 3 类别数据，所划分的所有 2 类别数据是测试数据的所有 1 类别数据，所划分的所有 3 类别数据是测试数据的所有 4 类别数据，所划分的所有 4 类别是测试数据的所有 2 类别数据。也就是说，只是所属类别的标号不一样，但数据分类是一致的，即划分得完全正确。训练数据表如图 4-10 所示。

表 4-10　训练数据表

指标一	指标二	指标三	类别一	类别二	指标一	指标二	指标三	类别一	类别二
864.45	1647.31	2665.9	1	2	1845.59	1918.81	2226.49	3	1
877.88	2031.66	3071.18	1	2	1692.62	1867.5	2108.97	3	1
1418.79	1775.89	2772.9	1	2	1680.67	1575.78	1725.1	3	1
1449.58	1641.58	3405.12	1	2	1651.52	1713.28	1570.38	3	1
2352.12	2557.04	1411.53	2	4	373.3	3087.05	2429.47	4	3
2297.28	3340.14	535.62	2	4	222.85	3059.54	2002.33	4	3
2092.62	3177.21	584.32	2	4	401.3	3259.94	2150.98	4	3
2205.36	3243.74	1202.69	2	4	363.34	3477.95	2462.86	4	3
2949.16	3244.44	662.42	2	4	104.8	3389.83	2421.83	4	3
2802.88	3017.11	1984.98	2	4	499.85	3305.75	2196.22	4	3
2063.54	3199.76	1257.21	2	4	172.78	3084.49	2328.65	4	3
1739.94	1675.15	2395.96	3	1	341.59	3076.62	2438.63	4	3
1756.77	1652	1514.98	3	1	291.02	3095.68	2088.95	4	3
1803.58	1583.12	2163.05	3	1	237.63	3077.78	2251.96	4	3
1571.17	1731.04	1735.33	3	1					

2. 曼哈顿距离法（城市街区距离法）

元素之间距离采用曼哈顿距离（Manhattan Distance）法进行验证，前 29 组测试如下。

1）程序

```
clear
X1=[1739.94  1675.15  2395.96
    373.3    3087.05  2429.47
    1756.77  1652     1514.98
    864.45   1647.31  2665.9
    222.85   3059.54  2002.33
```

```
877.88    2031.66    3071.18
1803.58   1583.12    2163.05
2352.12   2557.04    1411.53
401.3     3259.94    2150.98
363.34    3477.95    2462.86
1571.17   1731.04    1735.33
104.8     3389.83    2421.83
499.85    3305.75    2196.22
2297.28   3340.14    535.62
2092.62   3177.21    584.32
1418.79   1775.89    2772.9
1845.59   1918.81    2226.49
2205.36   3243.74    1202.69
2949.16   3244.44    662.42
1692.62   1867.5     2108.97
1680.67   1575.78    1725.1
2802.88   3017.11    1984.98
172.78    3084.49    2328.65
2063.54   3199.76    1257.21
1449.58   1641.58    3405.12
1651.52   1713.28    1570.38
341.59    3076.62    2438.63
291.02    3095.68    2088.95
237.63    3077.78    2251.96];
%将数据进行标准化变换
Q1=zscore(X1);
%计算样本间的距离
Y1=pdist(Q1,'cityblock')        %城市街区距离，计算矩阵X1中各向量之间的距离
D1=squareform(Y1)               %将距离的输出向量形式定格为矩阵形式
Z1=linkage(Y1,'centroid');      %用重心距离法定义类间距离
T1=cluster(Z1,4)
plot3(X1(:,1),X1(:,2),X1(:,3),'.','MarkerSize',8);
grid;
%颜色标记
hold on;
for t=1:length(T1)
    if(T1(t)==1)
        plot3(X1(t,1),X1(t,2),X1(t,3),'Marker','>','Color','r');
    elseif(T1(t)==2)
        plot3(X1(t,1),X1(t,2),X1(t,3),'Marker','*','Color','b');
    elseif(T1(t)==3)
        plot3(X1(t,1),X1(t,2),X1(t,3),'Marker','d','Color','g');
    elseif(T1(t)==4)
```

```
        plot3(X1(t,1),X1(t,2),X1(t,3),'Marker','+','Color','k');
    end
end
hold on;
xlabel ('X');
ylabel ('Y');
zlabel ('Z');
title('训练数据');
```

2）运行结果（见图 4-33）

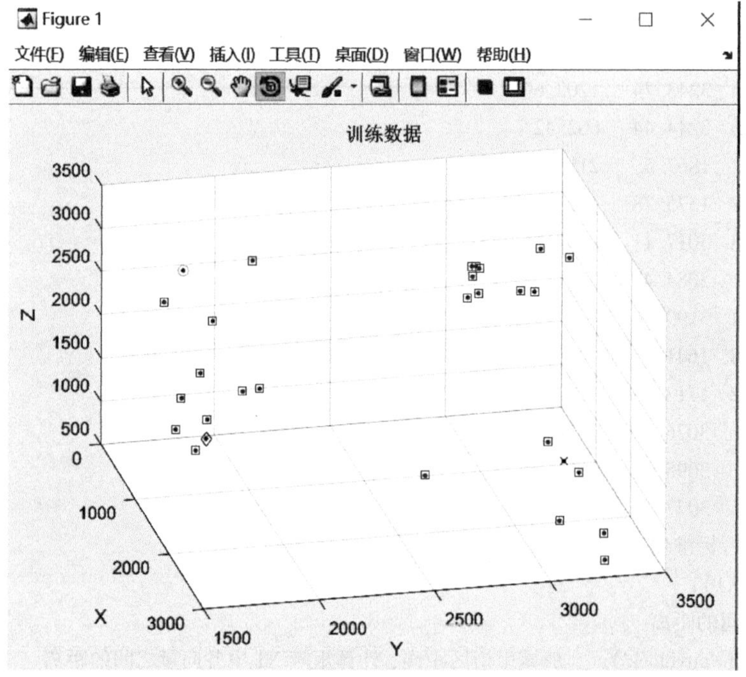

图 4-33 曼哈顿距离法层次聚类 MATLAB 分析图

程序运行中各数据如下：

```
T1 =
4 3 4 4 3 4 4 2 3 3 4 3 3 2 2 4 4 2 2 4 4 1 3 2 4 4 3 3 3
```

3. 杰卡德距离法

元素之间距离采用杰卡德距离（Jaccard Distance）法进行验证，前 29 组测试如下。

1）程序

```
clear
X1=[1739.94   1675.15   2395.96
    373.3     3087.05   2429.47
    1756.77   1652      1514.98
    864.45    1647.31   2665.9
```

```
    222.85    3059.54    2002.33
    877.88    2031.66    3071.18
    1803.58   1583.12    2163.05
    2352.12   2557.04    1411.53
    401.3     3259.94    2150.98
    363.34    3477.95    2462.86
    1571.17   1731.04    1735.33
    104.8     3389.83    2421.83
    499.85    3305.75    2196.22
    2297.28   3340.14    535.62
    2092.62   3177.21    584.32
    1418.79   1775.89    2772.9
    1845.59   1918.81    2226.49
    2205.36   3243.74    1202.69
    2949.16   3244.44    662.42
    1692.62   1867.5     2108.97
    1680.67   1575.78    1725.1
    2802.88   3017.11    1984.98
    172.78    3084.49    2328.65
    2063.54   3199.76    1257.21
    1449.58   1641.58    3405.12
    1651.52   1713.28    1570.38
    341.59    3076.62    2438.63
    291.02    3095.68    2088.95
    237.63    3077.78    2251.96];
%将数据进行标准化变换
Q1=zscore(X1);
%计算样本间的距离
Y1=pdist(Q1,'jaccard')          %杰卡德距离，计算矩阵X1中各向量之间的距离
D1=squareform(Y1)               %将距离的输出向量形式定格为矩阵形式
Z1=linkage(Y1,'centroid');      %用重心距离法定义类间距离
T1=cluster(Z1,4)
plot3(X1(:,1),X1(:,2),X1(:,3),'.','MarkerSize',8);
grid;
%颜色标记
hold on;
for t=1:length(T1)
    if(T1(t)==1)
        plot3(X1(t,1),X1(t,2),X1(t,3),'Marker','x','Color','r');
    elseif(T1(t)==2)
        plot3(X1(t,1),X1(t,2),X1(t,3),'Marker','s','Color','b');
    elseif(T1(t)==3)
        plot3(X1(t,1),X1(t,2),X1(t,3),'Marker','o','Color','g');
```

```
        elseif(T1(t)= =4)
            plot3(X1(t,1),X1(t,2),X1(t,3),'Marker','d','Color','m');
        end
end
hold on;
xlabel ('X');
ylabel ('Y');
zlabel ('Z');
title('训练数据');
```

2）运行结果（见图 4-34）

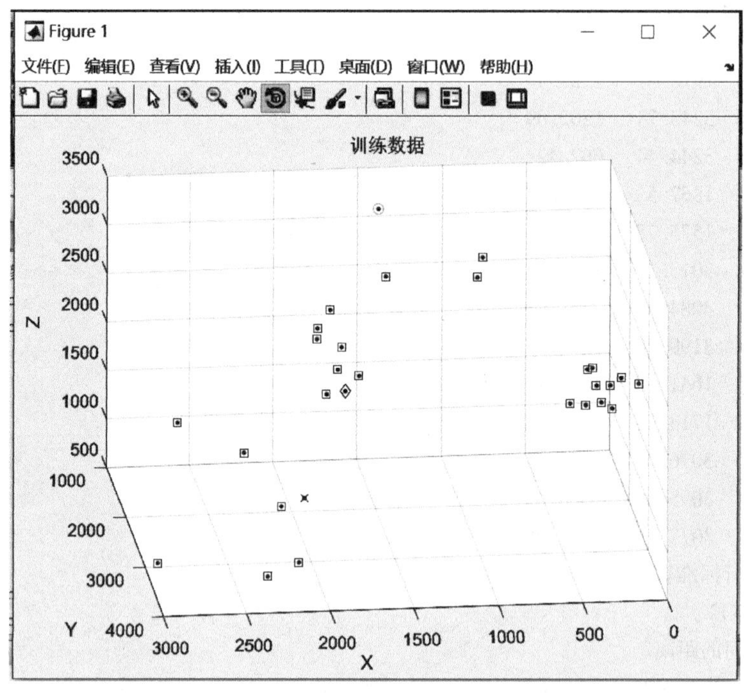

图 4-34　杰卡德距离法层次聚类 MATLAB 分析图

程序运行中各数据如下：

```
T1 =
2  2  2  2  2  2  2  2  2  2  2  2  2  2  2  2  2  2  2  2  2  2  2  1  3  4  2  2  2
```

4. 马氏距离法

元素之间距离采用马氏距离（Mahalanobis Distance）法进行验证，前 29 组测试如下。

1）程序

```
clear
X1=[1739.94   1675.15   2395.96
    373.3     3087.05   2429.47
    1756.77   1652      1514.98
    864.45    1647.31   2665.9
```

```
    222.85    3059.54    2002.33
    877.88    2031.66    3071.18
    1803.58   1583.12    2163.05
    2352.12   2557.04    1411.53
    401.3     3259.94    2150.98
    363.34    3477.95    2462.86
    1571.17   1731.04    1735.33
    104.8     3389.83    2421.83
    499.85    3305.75    2196.22
    2297.28   3340.14    535.62
    2092.62   3177.21    584.32
    1418.79   1775.89    2772.9
    1845.59   1918.81    2226.49
    2205.36   3243.74    1202.69
    2949.16   3244.44    662.42
    1692.62   1867.5     2108.97
    1680.67   1575.78    1725.1
    2802.88   3017.11    1984.98
    172.78    3084.49    2328.65
    2063.54   3199.76    1257.21
    1449.58   1641.58    3405.12
    1651.52   1713.28    1570.38
    341.59    3076.62    2438.63
    291.02    3095.68    2088.95
    237.63    3077.78    2251.96];
%将数据进行标准化变换
Q1=zscore(X1);
%计算样本间的距离
Y1=pdist(Q1,'mahalanobis')          %马氏距离，计算矩阵X1中各向量之间的距离
D=squareform(Y1)                    %将距离的输出向量形式定格为矩阵形式
Z1=linkage(Y1,'centroid');          %用重心距离法定义类间距离
T1=cluster(Z1,4)
plot3(X1(:,1),X1(:,2),X1(:,3),'.','MarkerSize',8);
grid;
%颜色标记
hold on;
for t=1:length(T1)
if(T1(t)==1)
plot3(X1(t,1),X1(t,2),X1(t,3),'Marker','*','Color','r');
elseif(T1(t)==2)
plot3(X1(t,1),X1(t,2),X1(t,3),'Marker','s','Color','b');
elseif(T1(t)==3)
plot3(X1(t,1),X1(t,2),X1(t,3),'Marker','d','Color','g');
```

```
elseif(T1(t)==4)
plot3(X1(t,1),X1(t,2),X1(t,3),'Marker','o','Color','m');
end
end
hold on;
xlabel ('X');
ylabel ('Y');
zlabel ('Z');
title('训练数据');
```

2）运行结果（见图 4-35）

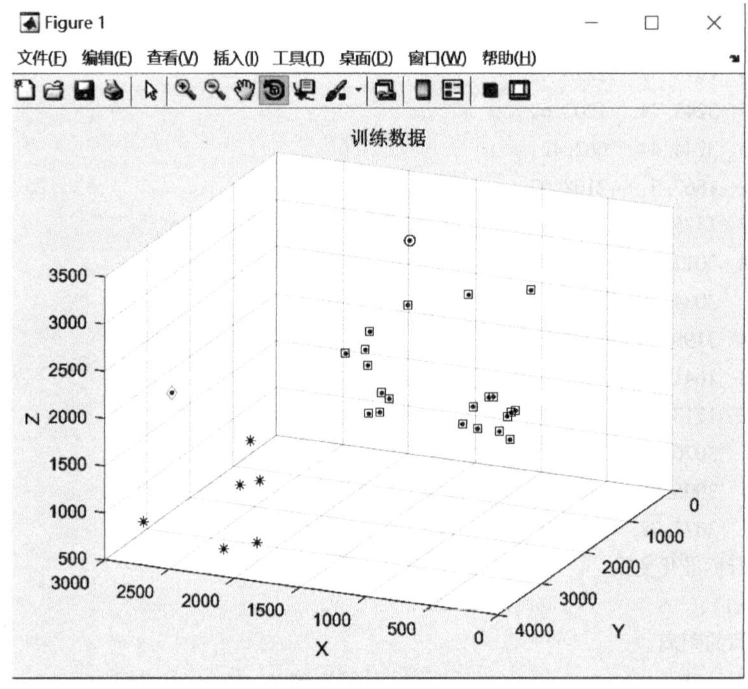

图 4-35　马氏距离法层次聚类 MATLAB 分析图

程序运行中各数据如下：

```
T1 =
2 2 2 2 2 2 2 2 1 2 2 2 2 2 1 1 2 2 1 1 2 2 3 2 1 4 2 2 2 2
```

5. 欧氏距离法对 30 组数据聚类

通过对四种层次聚类算法的测试对比，可见样本之间通过欧式距离法聚类的效果最为显著，用此算法对测试的 30 组数据进行聚类，情况如下：

1）程序

```
X2=[1702.8    1639.79   2068.74
    1877.93   1860.96   1975.3
    867.81    2334.68   2535.1
```

```
    1831.49   1713.11   1604.68
    460.69    3274.77   2172.99
    2374.98   3346.98   975.31
    2271.89   3482.97   946.7
    1783.64   1597.99   2261.31
    198.83    3250.45   2445.08
    1494.63   2072.59   2550.51
    1597.03   1921.52   2126.76
    1598.93   1921.08   1623.33
    1243.13   1814.07   3441.07
    2336.31   2640.26   1599.63
    354       3300.12   2373.61
    2144.47   2501.62   591.51
    426.31    3105.29   2057.8
    1507.13   1556.89   1954.51
    343.07    3271.72   2036.94
    2201.94   3196.22   935.53
    2232.43   3077.87   1298.87
    1580.1    1752.07   2463.04
    1962.4    1594.97   1835.95
    1495.18   1957.44   3498.02
    1125.17   1594.39   2937.73
    24.22     3447.31   2145.01
    1269.07   1910.72   2701.97
    1802.07   1725.81   1966.35
    1817.36   1927.4    2328.79
    1860.45   1782.88   1875.13];

figure;
%数据转化
%将数据进行标准化变换
Q2=zscore(X2);
%进行样本间的距离计算
Y2=pdist(Q2,'euclid')          %欧式距离，计算矩阵 X2 中各向量间的距离
D1=squareform(Y2)              %将距离的输出向量形式定格为矩阵形式
Z2=linkage(Y2,'centroid');     %用重心距离法定义类间距离
T2=cluster(Z2,4)
plot3(X2(:,1),X2(:,2),X2(:,3),'.','MarkerSize',8);
grid;
%颜色标记
hold on;
for t=1:length(T2)
    if(T2(t)==1)
```

```
            plot3(X2(t,1),X2(t,2),X2(t,3),'Marker','x','Color','r');
        elseif(T2(t)==2)
            plot3(X2(t,1),X2(t,2),X2(t,3),'Marker','s','Color','b');
        elseif(T2(t)==3)
            plot3(X2(t,1),X2(t,2),X2(t,3),'Marker','o','Color','g');
        elseif(T2(t)==4)
            plot3(X2(t,1),X2(t,2),X2(t,3),'Marker','d','Color','m');
        end
    end
    hold on;
    xlabel ('X');
    ylabel ('Y');
    zlabel ('Z');
    title('测试数据');
    dendrogram(Z2); %画出系统聚类树状图
    xlabel('样本 1');
    ylabel('类间距离 1');
    title('测试数据');
    box on
```

2）运行结果（见图 4-36、图 4-37）

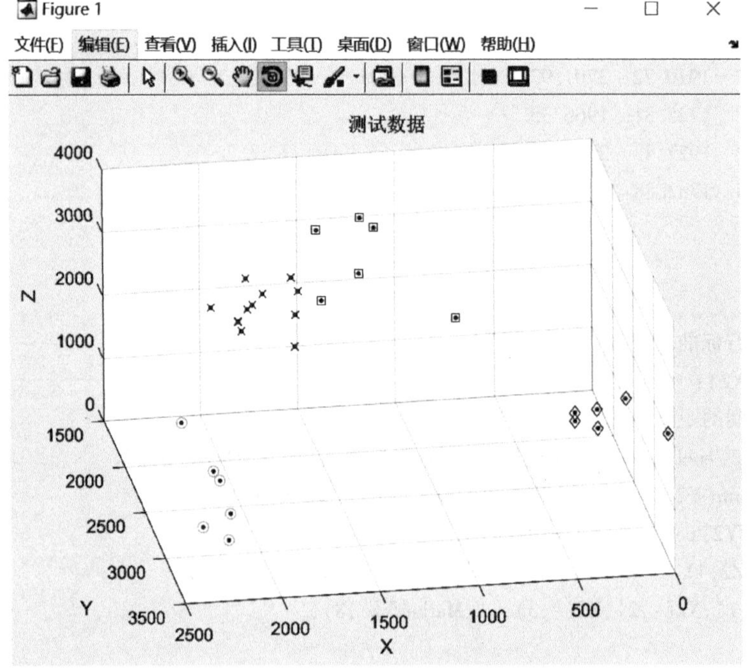

图 4-36　欧式距离法层次聚类 MATLAB 分析图

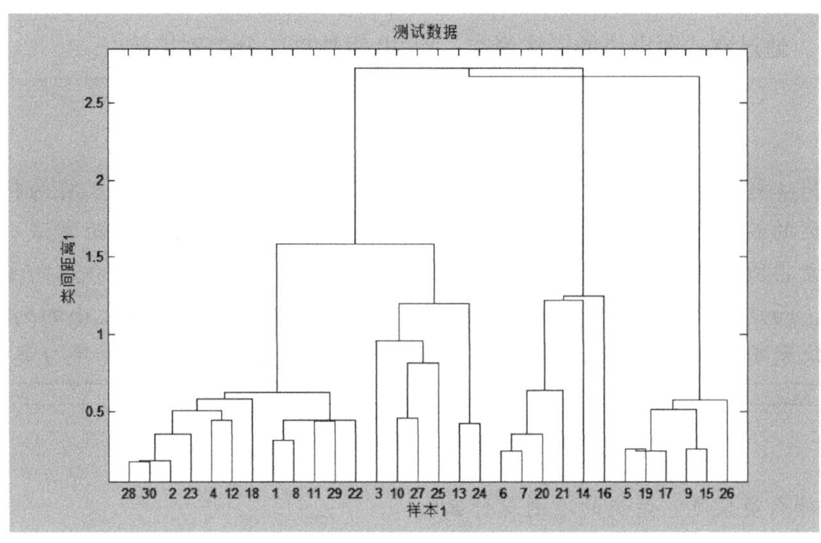

图 4-37　欧式距离法聚类树状图

程序运行中各数据如下：

```
T2 =
1 1 2 1 4 3 3 1 4 2 1 1 2 3 4 3 4 1 4 3 3 1 1 2 2 4 2 1 1 1
```

欧式距离法所划分的所有 1 类别是教材的所有 3 类别数据，所划分的所有 2 类别是教材的所有 1 类别数据，所划分的所有 3 类别是教材的所有 2 类别数据，所划分的所有 4 类别是教材的所有 4 类别数据。也就是说，只是所属类别的标号不一样，但数据分类是一致的，即划分得完全正确。测试数据表（30 组数据）如表 4-11 所示。

表 4-11　测试数据表（30 组数据）

指标一	指标二	指标三	类别一	类别二	指标一	指标二	指标三	类别一	类别二
1702.8	1639.79	2068.74	3	1	2144.47	2501.62	591.51	2	3
1877.93	1860.96	1975.3	3	1	426.31	3105.29	2057.8	4	4
867.81	2334.68	2535.1	1	2	1507.13	1556.89	1954.51	3	1
1831.49	1713.11	1604.68	3	1	343.07	3271.72	2036.94	4	4
460.69	3274.77	2172.99	4	4	2201.94	3196.22	935.53	2	3
2374.98	3346.98	975.31	2	3	2232.43	3077.87	1298.87	2	3
2271.89	3482.97	946.7	2	3	1580.1	1752.07	2463.04	3	1
1783.64	1597.99	2261.31	3	1	1962.4	1594.97	1835.95	3	1
198.83	3250.45	2445.08	4	4	1495.18	1957.44	3498.02	1	2
1494.63	2072.59	2550.51	1	2	1125.17	1594.39	2937.73	1	2
1597.03	1921.52	2126.76	3	1	24.22	3447.31	2145.01	4	4
1598.93	1921.08	1623.33	3	1	1269.07	1910.72	2701.97	1	2
1243.13	1814.07	3441.07	1	2	1802.07	1725.81	1966.35	3	1
2336.31	2640.26	1599.63	2	3	1817.36	1927.4	2328.79	3	1
354	3300.12	2373.61	4	4	1860.45	1782.88	1875.13	3	1

很明显，通过欧式距离法的层次聚类，对 30 组数据的分类效果较好。

通过用 4 种样本元素间距离的计算分类，可以得出欧式距离法是求解两样本元素之间最短距离的最好方法。而城市街区距离法并非求最短距离。杰卡德距离法用两个集合中不同元素占所有元素的比例来衡量两个集合的区分度，该算法没有考虑向量中潜在数值的大小，而是简单的处理为 0 和 1，没有对具体样本数值进行距离大小的划分。所以，在进行层次聚类时，更适合使用欧式距离法进行分类，且验证时数据结果分类全部正确。

(1) 什么是聚类？聚类的准则是什么？

(2) 简述 K-均值算法的原理。

(3) 简述 K-均值算法的优缺点。

(4) 简述 K-均值算法及 PAM 算法的区别。

(5) 层次聚类算法的原理是什么？

(6) 简述 IOSDATA 算法的原理。

第 5 章　模糊聚类分析

这是一个古老的希腊悖论："一粒种子肯定不叫一堆，两粒也不是，三粒也不是……另外，所有人都同意，一亿粒种子肯定叫一堆。那么，适当的界限在哪里？我们能不能说，123585 粒种子不叫一堆而 123586 粒就叫一堆呢？"

这一古老的问题向"精确"求解问题提出了挑战。那么"模糊"是否可以给这一古老的问题画上圆满的句号呢？

5.1　模糊逻辑的发展

许多概念没有一个清晰的外延，如我们不能在年龄上划线，线内是年轻人，线外就是老年人；另外，有些概念本身具有开放性，比如智慧，我们不可能列举出具有"智慧"应满足的全部条件。因此，出现了"模糊"。模糊性是伴随着复杂性而出现的，比如判断一个人是否年轻，可能就会从年龄、外貌、心态等方面综合考察。模糊性也是起源于事物的发展变化性的，比如人是从年轻逐渐走向年老的，这一过程是渐变的，处于过渡阶段的事物的基本特征是不确定的，其类属是不清楚的。所以，总是存在不确定性，即模糊。

有关模糊逻辑的第一次提出要追溯到 1965 年。美国加利福尼亚大学伯克利分校的系统理论专家 L. A. Zadeh 教授把经典集合与 J. Lukasievicz 的多值逻辑融为一体，创立了模糊逻辑理论。

模糊逻辑的首次应用发生在欧洲。1974 年，英国伦敦 Queen Mary 学院的 E. H. Mamdani 教授使用模糊逻辑控制不能使用传统技术控制的蒸汽机，从而开创了模糊控制的历史。

之后，德国亚琛工业大学的 Hans Jürgen Zimmermann 将模糊逻辑用于决策支持系统。随后，模糊逻辑相继被应用到其他工业领域，如多变量非线性热水场的控制和水泥窑的控制等，但此时模糊逻辑在工业上仍未得到广泛肯定。而为数不多的使用模糊逻辑的应用也通过使用多值逻辑或连续逻辑限制模糊逻辑，从而掩盖了模糊逻辑的思维模式。

在欧洲，从 1980 年左右开始，模糊逻辑在决策支持和数据分析应用方面具有强劲的发展势头。

5.2　模糊集合

医生在评估患者是否患有重感冒时，大脑中没有精确的阈值，那么他们是如何下定论的呢？心理学研究已经表明：医生在做出结论时要与两个"原型"对照，一个"原型"为理性的重感冒患者，脸色苍白、出汗并伴有寒战；另一个"原型"为没有发热且没有发热征兆的理想患者。医生参照这两个极端确诊患者属于这两个极端的程度。

5.2.1 由经典集合到模糊集合

如何对医生的诊断过程建立数学模型？根据集合理论，首先定义一个包括所有重感冒患者的集合，然后定义一个函数，用于表明每一个患者是否属于这个集合。在传统数学中，这个指标函数可以唯一鉴定患者是集合的成员还是非成员，如图 5-1 所示。图中黑色区域为“重感冒患者”的集合，体温高于或等于 102℉的患者属于重感冒患者。

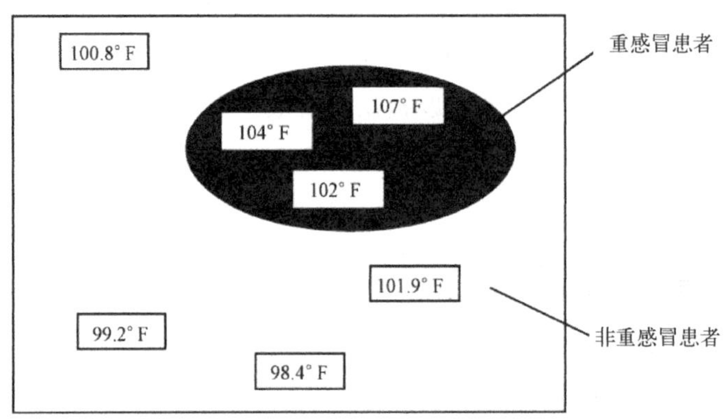

图 5-1 重感冒患者集合（体温高于 102℉的患者属于重感冒患者）

在经典集合中涉及如下概念。

☺ 论域：被讨论对象的全体，又称为全域，通常用大写字母 U、E、X、Y 等来表示。

☺ 元素：组成某个集合的单个对象就称为该集合的一个元素，通常用小写字母 a、b、x、y 等来表示。

☺ 子集：由同一集合的部分元素组成的一个新集合，称为原集合的一个子集，通常用大写字母 A、B、C 等来表示。

通常将集合分为有限集（含有有限多个元素）和无限集（含有无限多个元素）。有限集常用枚举法表示，如 $A=\{x_1,x_2,\cdots,x_n\}$，表明集合 A 含有 n 个元素；如果对象个体 x 是属于 A 的一个元素，就记为 $x\in A$，读作 x 属于 A；如果对象个体 x 不是集合 A 的元素，就记为 $x\notin A$，读作 x 不属于 A。无限集常用描述法表示，如 $B=\{x\mid x>2\}$，表明所有大于 2 的数都属于集合 B。

经典集合还有一种表示方法，即特征函数（或隶属度函数）法，它用特征函数来确定一个集合。

设集合 A 是论域 U 的一个子集。所谓 A 的特征函数 $\chi_A(x)$：$\forall x\in U$，若 $x\in A$，则规定 $\chi_A(x)=1$；否则 $\chi_A(x)=0$，即 $\chi_A(x)=\begin{cases}1, & x\in A\\ 0, & x\notin A\end{cases}$。任一特征函数都唯一确定了一个集合。也就是说，对于经典集合，论域 U 中的任何一个元素 x，对于某一确定的集合 A，要么 $x\in A$，要么 $x\notin A$。特征函数示意图如图 5-2 所示。

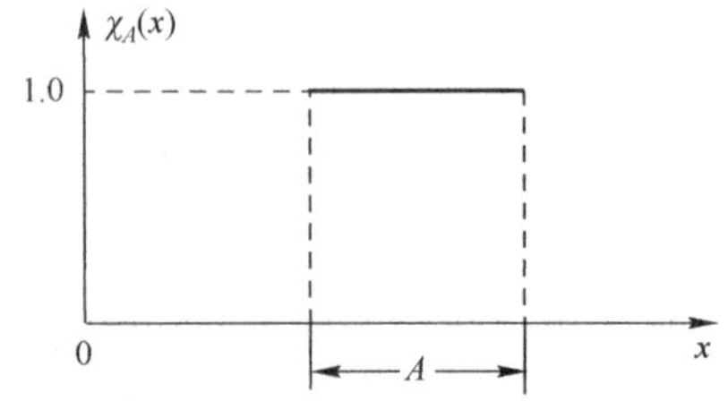

图 5-2 特征函数示意图

显然，通过患者是否患重感冒来定义一个 U 上的经典集合，将存在一定的困难。对于某些不具有清晰边界的集合，使用经典集合无法定义。

由于经典理论存在这样的局限性，而人们又希望使用集合的概念表述模糊的事物，这就需要有新的理论弥补经典集合的局限性，因而引出了模糊集合论。

5.2.2 模糊集合的基本概念

模糊集合论是一门用清晰的数学方法描述边界不清晰的事物的数学理论。1965 年，美国教授 L. A. Zadeh 将经典集合里的特征函数的取值范围由 {0, 1} 扩展到闭区间[0,1]，认为某一事物属于某个集合的特征函数值不仅只有 0 或 1，而是可以取 0~1 的任何数值，即一个事物属于某个集合的程度，可以是 0~1 的任何值。如图 5-3 所示的为用模糊集合表示的重感冒患者集合。图中通过颜色深浅来表示不同体温隶属于重感冒集合的程度。从图中可以看出：体温为 94℉的患者肯定不是重感冒患者，而体温为 110℉的患者一定是重感冒患者，而体温介于两者之间的患者仅在一定程度上趋向于重感冒，这样就引出了模糊集合的概念。

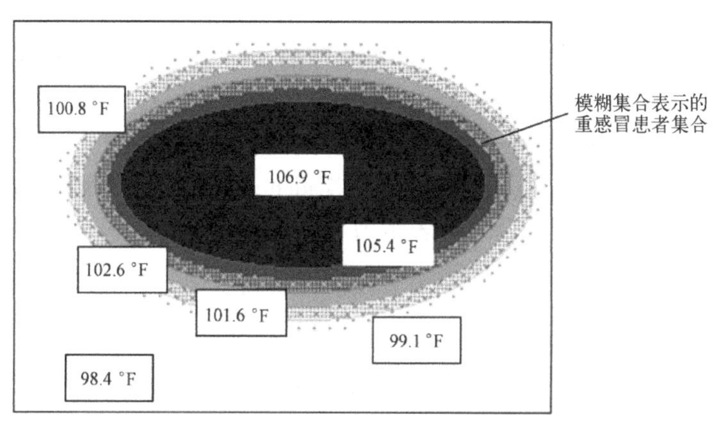

图 5-3 用模糊集合表示的重感冒患者集合

【定义 5-1】 设 U 是论域，U 上的一个实值函数用 $\mu_A(x)$ 来表示，即 $\mu_A(x): x \to [0,1]$，则称集合 A 为论域 U 上的模糊集合或模糊子集；对于 $x \in A$，$\mu_A(x)$ 称为 x 对 A 的隶属度，而 $\mu_A(x)$ 称为隶属度函数。

这样，对于论域 U 的一个元素 x 和 U 上的一个模糊子集 A，我们不再简单地问 x 是否属于 A，而是问 x 在多大程度上属于 A。隶属度 $\mu_A(x)$ 正是 x 属于 A 的程度的数量指标。若：

☺ $\mu_A(x)=1$，则认为 x 完全属于 A；

☺ $\mu_A(x)=0$，则认为 x 完全不属于 A；

☺ $0<\mu_A(x)<1$，则认为 x 在 $\mu_A(x)$ 程度上属于 A。

这时，在完全属于 A 和不完全属于 A 的元素之间，呈现出中间过渡状态，或者称为连续变化状态，这就是我们所说的 A 的外延表现出不分明的变化层次，或者说表现出模糊性。

此时，根据模糊的定义就可以在患者体温和重感冒之间做出如下分析：

☺ $\mu_A(94\ ℉)=0$，$\mu_A(100\ ℉)=0.1$，$\mu_A(106\ ℉)=0.9$；

☺ $\mu_A(96\ ℉)=0$，$\mu_A(102\ ℉)=0.35$，$\mu_A(108\ ℉)=1$；

☺ $\mu_A(98\ ℉)=0$，$\mu_A(104\ ℉)=0.65$，$\mu_A(110\ ℉)=1$。

为了清晰地判断患者的体温是否已达到重感冒的程度，或者患者的体温属于重感冒的程度，可以使用如图 5-4 所示的隶属度函数表示。从图中可以看出，102℉的体温和 101.9℉

的体温被评估为重感冒的程度是不同的，但它们之间的差别特别小。这样的表示方法更接近人的思维习惯。

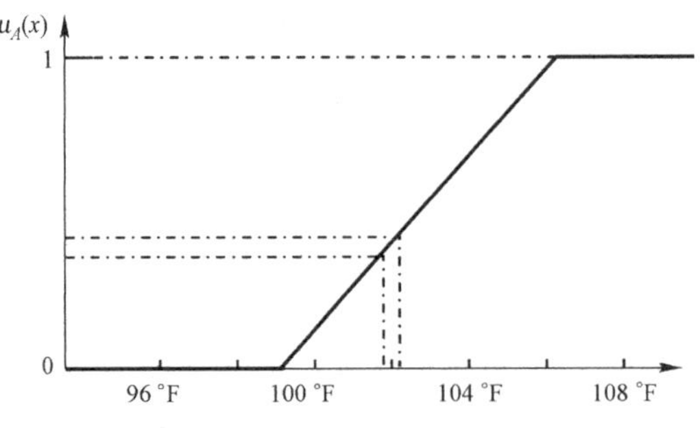

图 5-4　属于重感冒的隶属度函数图

综上所述，我们可以得出这样的结论：模糊集是传统集合的推广；传统指标函数的值为 0 或 1 时，刚好是模糊集合的特例。

模糊集合 A 是抽象的，而函数 $\mu_A(x)$ 则是具体的，即重感冒患者的模糊集合很难把握，因此只能通过体温属于重感冒的隶属度函数来认识和掌握集合 A。

常用的模糊集合有以下 3 种表示方法。

①序偶表示法：$A=\{(x,\mu_A(x)),x\in U\}$。②Zadeh 表示法：当论域 U 为有限集，即 $U=\{x_1,x_2,\cdots,x_n\}$时，U 上的模糊集合 A 可表示为 $A=\{\mu_A(x_1)/x_1+\mu_A(x_2)/x_2+\cdots+\mu_A(x_n)/x_n\}$；当论域 U 为无限集时，记作 $A=\int_x[\mu_A(x)/x]\mathrm{d}x$。③隶属度函数解析式表示法：当论域 U 为实数集 $\mathbf{R}$ 上的某区间时，直接给出模糊集合隶属度函数的解析式，是使用十分方便的一种表达形式。例如，Zadeh 给出“年轻”的模糊集合 Y，其隶属度函数为

$$\mu_Y(x)=\begin{cases}1 & 0\leqslant x\leqslant 25\\ \left[1+\left(\dfrac{x-25}{5}\right)^2\right]^{-1} & 25<x\leqslant 100\end{cases} \tag{5-1}$$

Zadeh 给出“年轻”的模糊集合 Y 的隶属度函数图如图 5-5 所示。

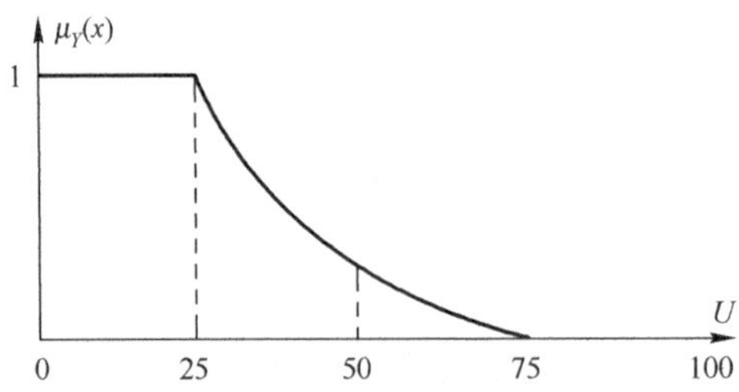

图 5-5　Zadeh 给出“年轻”的模糊集合 Y 的隶属度函数图

为了书写方便，模糊集合可写成 F 集（模糊集，F 是 Fuzzy 的首字母）；F 集合 A 的隶属度函数 $\mu_A(x)$ 简记为 $A(x)$。

【定义 5-2】 设 A 和 B 均为 U 上的模糊集，如果对所有的 x，即 $\forall x\in U$，均有 $\mu_A(x)=\mu_B(x)$，则称 A 和 B 相等，记作 $A=B$。

【定义 5-3】 设 A 和 B 均为 U 上的模糊集，如果 $\forall x\in U$，均有 $\mu_A(x)\leqslant\mu_B(x)$，则称 B 包含 A，或者称 A 是 B 的子集，记作 $A\subseteq B$。

【定义 5-4】设 A 为 U 中的模糊集，如果对 $\forall x \in U$，均有 $\mu_A(x)=0$，则称 A 为空集，记作$\varnothing$。

【定义 5-5】设 A 为 U 中的模糊集，如果对 $\forall x \in U$，均有 $\mu_A(x)=1$，则称 A 为全集，记作 Ω。

显然，$\varnothing \leqslant A \leqslant \Omega$。

对于同样的背景，我们可能有多个主观判断，相应的隶属度函数图如图 5-6 所示。其中，low 曲线为“体温低于正常体温”隶属度函数图；normal 曲线为“正常体温”隶属度函数图；raised 曲线为“体温高于正常体温但低于重感冒患者体温”隶属度函数图；strong_fever 曲线为“重感冒患者体温”的隶属度函数图。

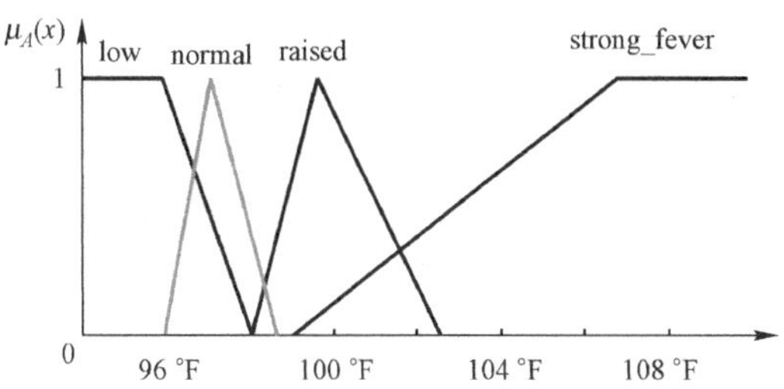

图 5-6　同样背景的不同主观判断隶属度函数图

【定义 5-6】论域 U 上的模糊集 A 包含了 U 中所有在 A 上具有非零隶属度值的元素，即 $\mathrm{supp}(A)=\{x \in U | \mu_A(x)>0\}$，式中 $\mathrm{supp}(A)$ 表示模糊集合 A 的支集。模糊集的支集是经典集合。

【定义 5-7】如果一个模糊集的支集是空的，则称该模糊集为空模糊集。

【定义 5-8】如果模糊集的支集仅包含 U 中的一个点，则称该模糊集为模糊单值。

【定义 5-9】论域 U 上的模糊集 A 包含了 U 中所有在 A 上隶属度值为 1 的元素，即 $\mathrm{Ker}(A)=\{x \in U | \mu_A(x)=1\}$，式中 $\mathrm{Ker}(A)$ 表示模糊集合 A 的核。模糊集的核也是经典集合。

【定义 5-10】如果模糊集的隶属度函数达到其最大值的所有点的均值是有限值，则将该均值定义为模糊集的中心；如果该均值为正（负）无穷大，则将该模糊集的中心定义为所有达到最大隶属度值的点中的最小（最大）点的值，如图 5-7 所示。

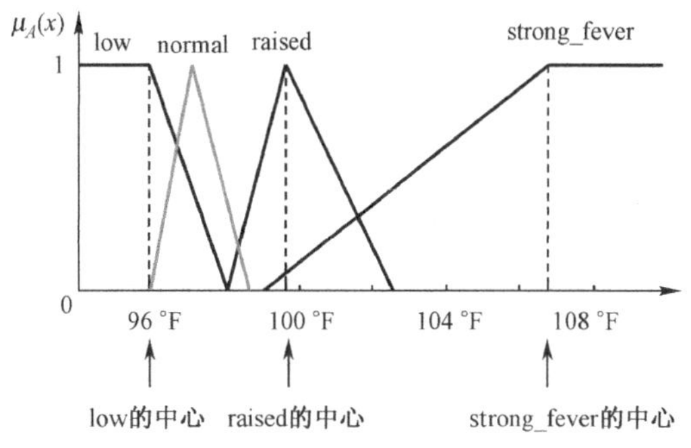

图 5-7　一些典型模糊集的中心

【定义 5-11】一个模糊集的交叉点就是 U 中隶属于 A 的隶属度值等于 0.5 的点。

【定义 5-12】模糊集的高度是指任意点所达到的最大隶属度值。如图 5-8 所示的隶属度函数的高度均等于 1。

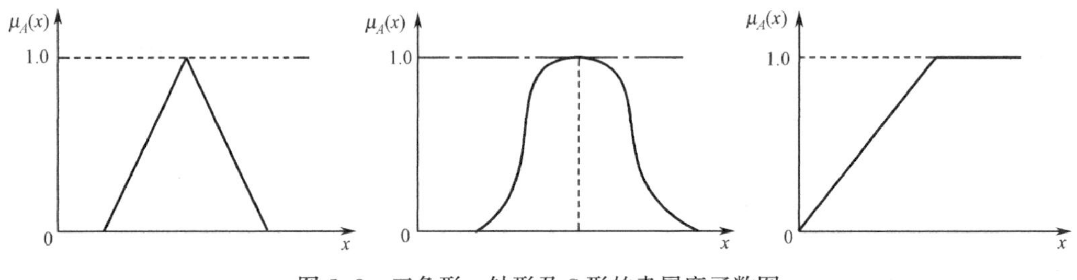

图 5-8 三角形、钟形及 S 形的隶属度函数图

如果一个模糊集的高度等于 1，则称其为标准模糊集。

【定义 5-13】 设 A 是以实数集 $\mathbf{R}$ 为论域的模糊集，其隶属度函数为 $\mu_A(x)$，如果对任意实数 $a<x<b$，都有 $\mu_A(x) \geqslant \min(\mu_A(a), \mu_A(b))$，$a,b,x \in \mathbf{R}$，则称 A 是一个凸模糊集。

与凸模糊集相对的为非凸模糊集，凸模糊集与非凸模糊集的示意图如图 5-9 所示。

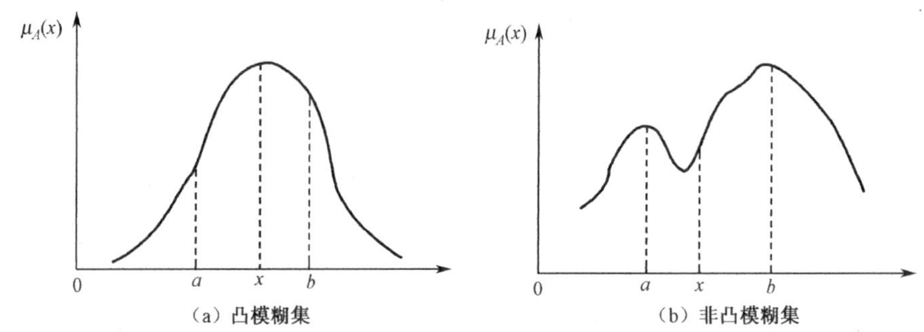

图 5-9 凸模糊集与非凸模糊集示意图

5.2.3 隶属度函数

经典集合使用特征函数进行描述，模糊集合使用隶属度函数进行定量描述。因此，隶属度函数是模糊集合的核心。定义一个模糊集合就是定义论域中各个元素对该模糊集合的隶属度。

经典集合的特征函数的值域为集合 {0，1}，模糊集合的隶属度函数的值域为区间 [0，1]。隶属度函数是特征函数的扩展和一般化。

从使用模糊集合表示重感冒患者一例中可以看出，体温隶属于重感冒的程度需要人为确定，即模糊集合隶属度函数是人为主观定义的一种函数。从隶属度函数的确定过程看，隶属度函数本质上应该是客观的，但每个人对同一个模糊概念的认识理解又有差异。因此，隶属度函数的确定带有主观性。所以，隶属度函数包含了太多的人的主观意志，从而很难使用统一的方法确定隶属度函数。

对于同一个模糊概念，不同的人会建立不完全相同的隶属度函数，尽管形式不完全相同，只要能反映同一个模糊概念，在解决和处理实际模糊信息的问题时仍然殊途同归，这是因为隶属度函数是人们长期实践经验的总结，可以反映客观实际，还具有一定的客观性、科学性和准确性。至今为止，确定隶属度函数的方法大多依靠经验、实践和实验数据，经常使用的确定隶属度函数的方法有以下 4 种。

（1）模糊统计法。其基本思想是，对论域 U 上的一个确定元素 x_1 是否属于论域上的一个可变动的经典集合 B 做出清晰的判断。对于不同的试验者，经典集合 B 可以有不同的边界，但它们都对应于同一个模糊集 A。在每次统计中，x_1 是固定的，B 是可变的，做 n 次试验，其模糊统计可按式（5-2）进行计算。

$$x_1\text{对}A\text{的隶属频率}=\frac{x_1\in A\text{的次数}}{n} \tag{5-2}$$

随着 n 的增大，隶属频率也会趋向稳定，这个稳定值就是 x_1 对 A 的隶属度值。这种方法较直观地反映了模糊概念中的隶属程度，但计算量较大。

（2）例证法。其主要思想是，通过已知的有限个 $\mu_A(x)$ 的值，来估计论域 U 上的模糊子集 A 的隶属度函数。假如论域 U 代表全体人类，A 是“高个子的人”，显然 A 是一个模糊子集。为了确定 μ_A，先确定一个高度值 h，然后选定几个语言真值（即一句话的真实程度）中的一个来回答某人是否算“高个子”。语言真值可分为“真的”“大致真的”“似真似假”“大致假的”“假的”5 种情况，并且分别用数字 1、0.75、0.5、0.25、0 来表示这些语言真值。对 n 个不同的高度值 h_1，h_2，…，h_n 都进行同样的询问，就可以得到 A 的隶属度函数的离散表示。

（3）专家经验法。这是根据专家的实际经验，通过其给出的模糊信息处理算式或相应权系数值来确定隶属度函数的一种方法。在许多情况下，首先确定粗略的隶属度函数，然后再通过“学习”和实践检验、逐步修改和完善，而实际效果正是检验和调整隶属度函数的依据。

（4）二元对比排序法。这是一种较实用的确定隶属度函数的方法。它通过对多个事物的两两对比来确定某种特征下的事物顺序，由此来决定这些事物对该特征的隶属度函数的大体形状。二元对比排序法根据对比测度不同，可分为相对比较法、对比平均法、优先关系定序法和相似优先对比法等。

在实际工作中，为了兼顾计算和处理的简便性，经常把使用不同方法得出的数据近似地表示成常用的解析函数形式，构成常用的隶属度函数。

（1）三角形。三角形隶属度曲线对应的数学表达式为

$$f(x,a,b,c)=\begin{cases}0 & x\leqslant a\\ \dfrac{x-a}{b-a} & a\leqslant x\leqslant b\\ \dfrac{c-x}{c-b} & b\leqslant x\leqslant c\\ 0 & x\geqslant c\end{cases} \tag{5-3}$$

（2）钟形。钟形隶属度曲线对应的数学表达式为

$$f(x,a,b,c)=\frac{1}{1+\left|\dfrac{x-c}{a}\right|^{2b}} \tag{5-4}$$

式中，c 决定函数的中心位置；a、b 决定函数的形状。

（3）高斯形：高斯形隶属度曲线对应的数学表达式为

$$f(x,\sigma,c)=\mathrm{e}^{-\frac{(x-c)^2}{2\sigma^2}} \tag{5-5}$$

式中，c 决定函数的中心位置；σ 决定函数曲线的宽度。

（4）梯形：梯形隶属度曲线对应的数学表达式为

$$f(x,a,b,c,d)=\begin{cases}0 & x\leqslant a\\ \dfrac{x-a}{b-a} & a\leqslant x\leqslant b\\ 1 & b\leqslant x\leqslant c\\ \dfrac{d-x}{d-c} & c\leqslant x\leqslant d\\ 0 & x\geqslant d\end{cases} \tag{5-6}$$

式中，$a\leqslant b$，$c\leqslant d$。

（5）Sigmoid 形：Sigmoid 形隶属度曲线对应的数学表达式为

$$f(x,a,c)=\frac{1}{1+e^{-a(x-c)}} \tag{5-7}$$

式中，a、c 决定函数的形状。

5.3 模糊集合的运算

和经典集合一样，模糊集合也包含“交”“并”“补”运算。例如，选购衣服时到底选择哪件衣服呢？花色较好、样式不错、价格也合理的衣服应该是理想的选择，这就应用到了模糊集合的“交”运算；点菜时要荤素搭配，此时就需要进行模糊集合的“并”运算；租一处面积不大的房子时，则可求取“面积大的房子”的集合的补集。可见，通过对模糊集合进行运算，可得到更多衍生结论。

5.3.1 模糊集合的基本运算

【定义 5-14】 设 A、B 为 U 中的两个模糊集。隶属度函数分别为 $\mu_A(x)$ 和 $\mu_B(x)$，则模糊集 A 和 B 的并集 $A\cup B$、交集 $A\cap B$ 和补集 A^C 的运算可通过它们的隶属度函数来定义：

☺ 并集：$\mu_{A\cup B}(x)=\mu_A(x)\vee\mu_B(x)$，其中“$\vee$”表示两者比较后取大值。

☺ 交集：$\mu_{A\cap B}(x)=\mu_A(x)\wedge\mu_B(x)$，其中“$\wedge$”表示两者比较后取小值。

☺ 补集：$\mu_{A^C}(x)=1-\mu_A(x)$。

模糊集合的基本运算可用如图 5-10 所示的曲线加以说明。

【例 5-1】 设 $U=\{u_1,u_2,u_3,u_4,u_5\}$，若 $A,B\in F(U)$，$A=\frac{0.2}{u_1}+\frac{0.7}{u_2}+\frac{1}{u_3}+\frac{0.5}{u_5}$，$B=\frac{0.5}{u_1}+\frac{0.3}{u_2}+\frac{0.1}{u_4}+\frac{0.7}{u_5}$，求 $A\cup B$、$A\cap B$、A^C、$A\cup A^C$ 和 $A\cap A^C$。

解：
$$A\cup B=\frac{0.2\vee0.5}{u_1}+\frac{0.7\vee0.3}{u_2}+\frac{1\vee0}{u_3}+\frac{0\vee0.1}{u_4}+\frac{0.5\vee0.7}{u_5}$$
$$=\frac{0.5}{u_1}+\frac{0.7}{u_2}+\frac{1}{u_3}+\frac{0.1}{u_4}+\frac{0.7}{u_5}$$

$$A\cap B=\frac{0.2\wedge0.5}{u_1}+\frac{0.7\wedge0.3}{u_2}+\frac{1\wedge0}{u_3}+\frac{0\wedge0.1}{u_4}+\frac{0.5\wedge0.7}{u_5}$$

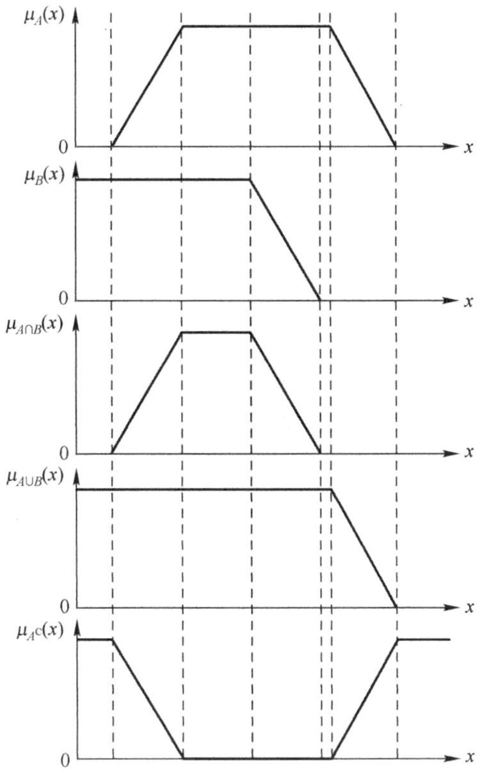

图 5-10　模糊集合的基本运算示意图

$$=\frac{0.2}{u_1}+\frac{0.3}{u_2}+\frac{0.5}{u_5}$$

$$A^C=\frac{1-0.2}{u_1}+\frac{1-0.7}{u_2}+\frac{1-1}{u_3}+\frac{1-0}{u_4}+\frac{1-0.5}{u_5}$$

$$=\frac{0.8}{u_1}+\frac{0.3}{u_2}+\frac{1}{u_4}+\frac{0.5}{u_5}$$

$$A\cup A^C=\frac{0.2\vee 0.8}{u_1}+\frac{0.7\vee 0.3}{u_2}+\frac{1\vee 0}{u_3}+\frac{0\vee 1}{u_4}+\frac{0.5\vee 0.5}{u_5}$$

$$=\frac{0.8}{u_1}+\frac{0.7}{u_2}+\frac{1}{u_3}+\frac{1}{u_4}+\frac{0.5}{u_5}\quad\text{（不是全集）}$$

$$A\cap A^C=\frac{0.2\wedge 0.8}{u_1}+\frac{0.7\wedge 0.3}{u_2}+\frac{1\wedge 0}{u_3}+\frac{0\wedge 1}{u_4}+\frac{0.5\wedge 0.5}{u_5}$$

$$=\frac{0.2}{u_1}+\frac{0.3}{u_2}+\frac{0.5}{u_5}\quad\text{（不是空集）}$$

在经典集合中，集合 A 和它的补集 A^C 的并集为全集，集合 A 和它的补集 A^C 的交集为空集，但在模糊集合论中却没有这样的结论，这里用图示的方法加以理解，如图 5-11 所示。

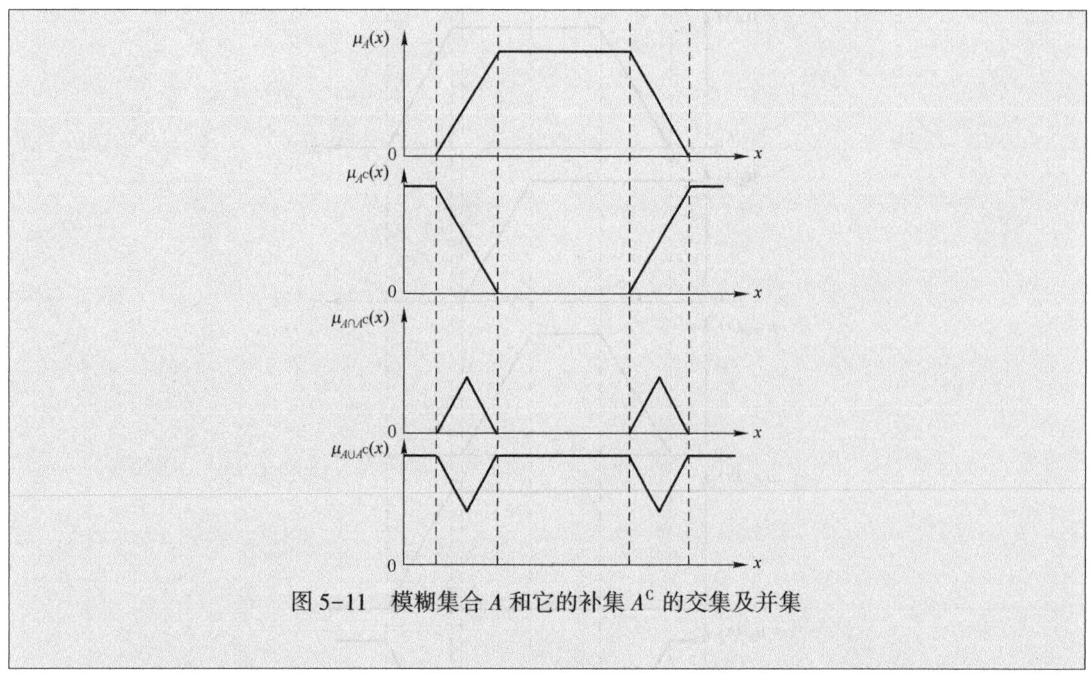

图 5-11　模糊集合 A 和它的补集 A^C 的交集及并集

虽然模糊集合的基本运算与经典集合的基本运算有许多相似之处，但是经典集合的基本运算是对论域中元素的归属做新的划分，而模糊集合的运算是对论域中的元素对于模糊集合的隶属度做新的调整。

【定义 5-15】 设 A、B 为 U 中的两个模糊集，隶属度函数分别为 $\mu_A(x)$ 和 $\mu_B(x)$，则模糊集 A 和 B 的代数积($A \cdot B$)、代数和($A+B$)、有界和($A \oplus B$)、有界积($A \odot B$)可通过它们的隶属度函数定义如下。

☺ 代数积：$\mu_{A\cdot B}(x)=\mu_A(x)\times\mu_B(x)$。

☺ 代数和：$\mu_{A+B}(x)=\mu_A(x)+\mu_B(x)-\mu_A(x)\cdot\mu_B(x)$。

☺ 有界和：$\mu_{A\oplus B}(x)=(\mu_A(x)+\mu_B(x))\wedge 1=\min(A(x)+B(x),1)$。

☺ 有界积：$\mu_{A\odot B}(x)=(\mu_A(x)+\mu_B(x))\vee 0=\max(0,A(x)+B(x)-1)$。

其中，min 为取最小值运算；max 为取最大值运算。如图 5-12 所示的为模糊集合代数和、代数积、有界和、有界积的图示。

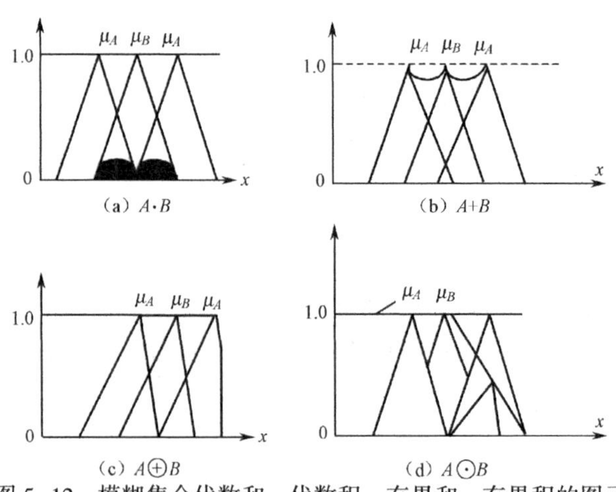

图 5-12　模糊集合代数和、代数积、有界和、有界积的图示

5.3.2　模糊集合的基本运算规律

两个模糊集合的运算，实际上就是逐点对其隶属度进行相应的运算。模糊集合 $A,B,C\in F(U)$ 的并、交、补运算满足以下性质。

☺ 幂等律：$A\cup A=A$，$A\cap A=A$。

☺ 交换律：$A\cup B=B\cup A$，$A\cap B=B\cap A$。

☺ 结合律：$(A\cup B)\cup C=A\cup(B\cup C)$，$(A\cap B)\cap C=A\cap(B\cap C)$。

☺ 吸收律：$(A\cap B)\cup A=A$，$(A\cup B)\cap A=A$。

☺ 分配律：$A\cap(B\cup C)=(A\cap B)\cup(A\cap C)$，$A\cup(B\cap C)=(A\cup B)\cap(A\cup C)$。

☺ 零一律：$A\cup U=U$；$A\cap U=A$；$A\cup\varnothing=A$；$A\cap\varnothing=\varnothing$。

☺ 复原律：$(A^{C})^{C}=A$。

☺ 摩根律：$(A\cup B)^{C}=A^{C}\cap B^{C}$；$(A\cap B)^{C}=A^{C}\cup B^{C}$。

模糊集合与经典集合的显著不同：模糊集合的并、交、补运算一般不满足补余律，即 $A\cup A^{C}\neq U$，$A\cap A^{C}\neq\varnothing$。

5.3.3　模糊集合与经典集合的联系

当医生诊断发热患者是否为重感冒患者时，就需要对“重感冒”这一模糊概念有明确的认识和判断；当判断某个发热患者对“重感冒”集合的明确归属时，就要求模糊集合与经典集合可以依据某种法则相互转换。模糊集合与经典集合之间的联系可通过 λ-截集和分解定理表示。

【定义 5-16】 一个模糊集的 λ-截集是指包含 U 中所有隶属于 A 的、隶属度值大于等于 λ 的元素，即 $A_\lambda=\{x\in U|\mu_A(x)\geqslant\lambda\}$。$\lambda$ -截集示意图如图 5-13 所示。

其中，如图 5-13（b）所示的为 λ_1-截集的特征函数描述；如图 5-13（c）所示的为 λ_2-截集的特征函数描述。从图中可以看出，λ-截集是经典集合。对于 λ-截集，我们可以这样理解：模糊集合 A 本身是一个没有确定边界的集合，但是如果约定，凡 x 对 A 的隶属度达到或超过某个 λ 水平者才算是 A 的成员，那么模糊集合 A 就变成了普通集合 A_λ。

当 $\lambda=1$ 时，得到最小水平 λ-截集 A_1，即模糊集 A 的核；当 $\lambda=0^+$ 时，得到最大水平的 λ-截集，即模糊集 A 的支集。

若模糊集 A 的核非空，则称 A 为正规模糊集；否则，称 A 为非正规模糊集。

【定义 5-17】 设 A 是普通集合，$\lambda\in[0,1]$，做数量积运算，得到一个特殊的模糊集 λ_A，其隶属度函数为

$$\mu_{\lambda_A}(x)=\begin{cases}\lambda & x\in A\\ 0 & x\notin A\end{cases}\tag{5-8}$$

分解定理：设 A 为论域 x 上的模糊集合，A_λ 是 A 的 λ-截集，则 $A=\bigcup\limits_{\lambda\in[0,1]}\lambda A_\lambda$。

分解定理如图 5-14 所示。

如果 λ 遍取区间 $[0,1]$ 中的实数，按照模糊集合求并运算的法则，$\bigcup\limits_{\lambda\in[0,1]}\lambda A_\lambda$ 恰好取各 λ 点隶属度函数的最大值，将这些点连成一条曲线，正是 A 的隶属度函数 $\mu_A(x)$。

【例 5-2】 设 $A=\dfrac{0.2}{u_1}+\dfrac{0.7}{u_2}+\dfrac{1}{u_3}+\dfrac{0.6}{u_4}+\dfrac{0.5}{u_5}$，则

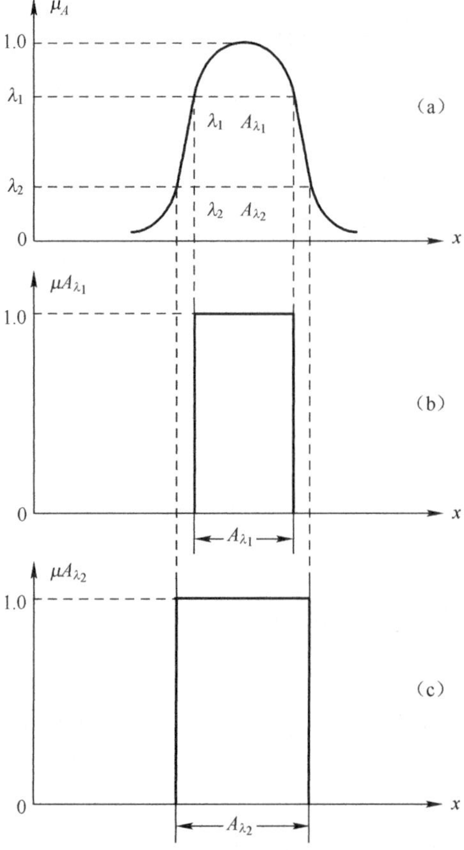

图 5-13 λ-截集示意图

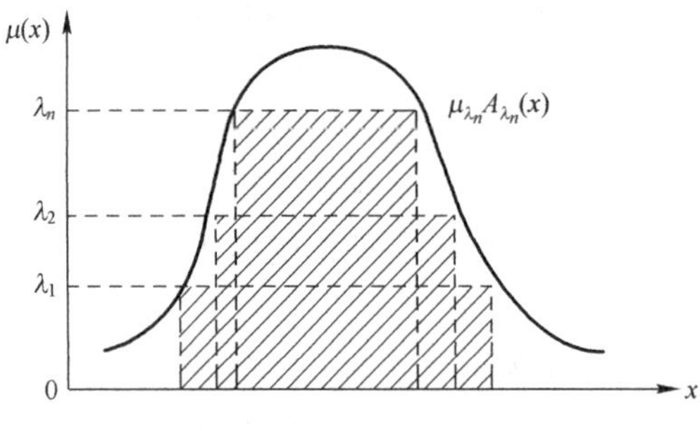

图 5-14 分解定理图示

$$A_{0.2}=\{u_1,u_2,u_3,u_4,u_5\}$$

$$0.2A_{0.2}=\frac{0.2}{u_1}+\frac{0.2}{u_2}+\frac{0.2}{u_3}+\frac{0.2}{u_4}+\frac{0.2}{u_5}$$

$$A_{0.5}=\{u_2,u_3,u_4,u_5\}$$

$$0.5A_{0.5}=\frac{0.5}{u_2}+\frac{0.5}{u_3}+\frac{0.5}{u_4}+\frac{0.5}{u_5}$$

$$A_{0.6}=\{u_2,u_3,u_4\}$$

$$0.6A_{0.6}=\frac{0.6}{u_2}+\frac{0.6}{u_3}+\frac{0.6}{u_4}$$

$$A_{0.7}=\{u_2,u_3\}$$

$$0.7A_{0.7}=\frac{0.7}{u_2}+\frac{0.7}{u_3}$$

$$A_1=\{u_3\}$$

$$1\times A_1=\frac{1}{u_3}$$

则 $A=\bigcup_{\lambda\in[0,1]}\lambda A_\lambda=0.2A_{0.2}\cup 0.5A_{0.5}\cup 0.6A_{0.6}\cup 0.7A_{0.7}\cup A_1$

$$=\frac{0.2}{u_1}+\frac{0.7}{u_2}+\frac{1}{u_3}+\frac{0.6}{u_4}+\frac{0.5}{u_5}$$

A 是模糊集合，A_λ 是经典集合，它们之间的联系和转化由分解定理用数学语言表达出来，这个定理也说明了模糊性的成因，大量甚至无限多的清晰事物叠加在一起，总体上就形成了模糊事物。

5.4 模糊关系与模糊关系的合成

事物都是普遍联系的，集合论中的“关系”抽象地刻画了事物“精确性”的联系，而模糊关系则从更深刻的意义上表现了事物间更广泛的联系。从某种意义上讲，模糊关系的抽象更接近于人的思维方式。

5.4.1 模糊关系的基本概念

元素间的联系不是简单的有或无，而是不同程度的隶属关系，因此这里引入模糊关系。

【定义 5-18】 给定集合 X 和 Y，由全体(x, y) $(x\in X, y\in Y)$ 组成的集合，叫作 X 和 Y 的笛卡儿积（或称直积），记作 $X\times Y$，$X\times Y=\{(x,y)\mid(x\in X,y\in Y)\}$。

【例 5-3】 国际上常用的人的体重计算公式为标准体重=(身高(cm)−100)×0.9(kg)，那么实际身高与实际体重之间就存在模糊关系。如果身高的集合 $X=\{150,155,160,165\}$，体重的集合 $Y=\{45,49.5,54,58.5\}$，则

$$\begin{aligned}X\times Y=\{&(150,45),(150,49.5),(150,54),(150,58.5),\\&(155,45),(155,49.5),(155,54),(155,58.5),\\&(160,45),(160,49.5),(160,54),(160,58.5),\\&(165,45),(165,49.5),(165,54),(165,58.5)\}\end{aligned}$$

【定义 5-19】 存在集合 X 和 Y，它们的笛卡儿积 $X\times Y$ 的一个子集 R 叫作 X 到 Y 的二元关系，简称关系，$R\subseteq X\times Y$。序偶(x,y)是笛卡儿积 $X\times Y$ 的元素，它是无约束的组对。若给组对以约束，便体现了一种特定的关系。受到约束的序偶则形成了 $X\times Y$ 的一个子集。

若 $X=Y$，则称 R 是 X 中的关系。

如果$(x,y)\in R$，则称 X 和 Y 有关系 R，记作 xRy。

【例 5-4】 身高集合 $X=\{150,155,160,165\}$，体重集合 $Y=\{45,49.5,54,58.5\}$，根据国际上常用的人的体重计算公式，标准体重=(身高(cm)−100)×0.9(kg)，则对应身高“非标准”体重时，可采用模糊关系表示身高、体重与标准体重之间的关系，如表 5-1 所示。

表 5-1 身高、体重与标准体重的模糊关系表

$\mu_R(x,y)$	45	49.5	54	58.5
150	1	0.75	0.3	0
155	0.75	1	0.75	0.3
160	0.3	0.75	1	0.75
165	0	0.3	0.75	1

如果$(x,y)\notin R$，则称 X 和 Y 没有关系，记作 $x\overline{R}y$，也可用特征函数表示为

$$\mu_R(x,y)=\begin{cases}1, & (x,y)\in R\\ 0, & (x,y)\notin R\end{cases} \tag{5-9}$$

当 X 和 Y 都是有限集合时，关系可以用矩阵来表示，称关系矩阵。设 $X=\{x_1,x_2,\cdots,x_m\}$，$Y=\{y_1,y_2,\cdots,y_n\}$，则 R 可以表示为 $\boldsymbol{R}=[r_{ij}]$。其中 $r_{ij}=\mu_R(x_i,y_j)$；$i=1,2,\cdots,m$；$j=1,2,\cdots,n$。

【例 5-5】 身高集合 $X=\{150,155,160,165\}$，体重集合 $Y=\{45,49.5,54,58.5\}$，根据国际上常用的人的体重计算公式：标准体重=(身高(cm)−100)×0.9(kg)，则对应身高“非标准”体重时，可采用模糊矩阵表示身高、体重与标准体重之间的关系。

$$\boldsymbol{R}=\begin{bmatrix}1 & 0.75 & 0.3 & 0\\ 0.75 & 1 & 0.75 & 0.3\\ 0.3 & 0.75 & 1 & 0.75\\ 0 & 0.3 & 0.75 & 1\end{bmatrix}$$

当矩阵中的元素等于 1 或等于 0 时，将这种矩阵称为布尔矩阵。

【定义 5-20】 设有集合 X、Y，如果有一对关系存在，则对于任意 $x\in X$，有唯一的一个 $y\in Y$ 与之对应，我们就说，其对应关系是一个由 X 到 Y 的映射 f，记作 f：$X\rightarrow Y$。

对任意 $x\in X$ 经映射后变成 $y\in Y$，记作 $Y=f(x)$，此时 X 叫作 f 的定义域，而集合 $f(x)=\{f(x)\mid x\in X\}$ 称为 f 的值域，显然 $f(x)\subseteq Y$。

映射有时也称函数，但它通常是函数概念的推广。

【定义 5-21】 设 $f:X\rightarrow Y$。

如果 $x_1,x_2\in X$，且 $x_1\neq x_2$，则称 f 为单射（或称一一映射）。

如果 f 的值域是整个 Y，则称 f 为满射。

如果 f 既是单射的，又是满射的，则称 f 为一一对应的映射。

模糊关系是指笛卡儿积上的模糊集合，表示多个集合的元素间所具有的某种关系的程度。

【定义 5-22】 所谓 X、Y 两集合的笛卡儿积 $X\times Y=\{(x,y)\mid(x\in X,y\in Y)\}$ 中的一个模糊关系 R，是指以 $X\times Y$ 为论域的一个模糊子集，序偶(x,y)的隶属度为 $\mu_R(x,y)$。$\mu_R(x,y)$在实轴的闭区间内取值，它的大小反映了(x,y)具有关系 R 的程度。

由于模糊关系是一种模糊集合，因此模糊集合的相等、包含等概念对模糊关系同样具有意义。

设 X 是 m 个元素构成的有限论域，Y 是 n 个元素构成的有限论域。对于 X 到 Y 的一个模糊关系 R，可以用一个 $m\times n$ 阶矩阵表示为

$$R=\begin{bmatrix} r_{11} & r_{12} & \cdots & r_{1n} \\ r_{21} & r_{22} & \cdots & r_{2n} \\ \vdots & \vdots & \vdots & \vdots \\ r_{m1} & r_{m2} & \cdots & r_{mn} \end{bmatrix} \tag{5-10}$$

或表示为 $\boldsymbol{R}=[r_{ij}]$，$r_{ij}=\mu_R(x_i,x_j)$，$i=1,2,\cdots,m$，$j=1,2,\cdots,n$。

如果一个矩阵是模糊矩阵，它的每一个元素属于[0,1]，则令

$$F_{m\times n}=\{\boldsymbol{R}=[r_{ij}];0\leqslant r_{ij}\leqslant 1\} \tag{5-11}$$

$F_{m\times n}$表示 $m\times n$ 阶模糊矩阵的全体。

在有限论域区间，普通集合与布尔矩阵建立了一一对应的关系，模糊关系和模糊矩阵建立了一一对应的关系。

由于模糊矩阵本身表示一个模糊关系的子集 R，因此根据模糊集的并、交、补运算的定义，模糊矩阵也可看作相应的运算。

设模糊矩阵 $\boldsymbol{R}$ 和 $\boldsymbol{Q}$ 是 $X\times Y$ 的模糊关系，$\boldsymbol{R}=[r_{ij}]_{m\times n}$，$\boldsymbol{Q}=[q_{ij}]_{m\times n}$，模糊集合的并、交、补运算如下。

模糊矩阵并运算：$\boldsymbol{R}\cup\boldsymbol{Q}=[r_{ij}\vee q_{ij}]_{m\times n}$

模糊矩阵交运算：$\boldsymbol{R}\cap\boldsymbol{Q}=[r_{ij}\wedge q_{ij}]_{m\times n}$

模糊矩阵补运算：$\boldsymbol{R}^{\mathrm{C}}=[1-r_{ij}]_{m\times n}$

如果 $r_{ij}\leqslant q_{ij}$，$i=1,2,\cdots,m$，$j=1,2,\cdots,n$，则称 $\boldsymbol{R}$ 被模糊矩阵 $\boldsymbol{S}$ 包含，记为 $\boldsymbol{R}\subseteq\boldsymbol{S}$；如果 $r_{ij}=q_{ij}$，$i=1,2,\cdots,m$，$j=1,2,\cdots,n$，则称 $\boldsymbol{R}$ 与模糊矩阵 $\boldsymbol{S}$ 相等。

必须指出，一般 $\boldsymbol{R}\cup\boldsymbol{R}^{\mathrm{C}}\neq\boldsymbol{F}$，$\boldsymbol{R}\cup\boldsymbol{R}^{\mathrm{C}}\neq\boldsymbol{O}$，即对模糊矩阵互补律不成立。其中，$\boldsymbol{O}$、$\boldsymbol{F}$ 分别称为零矩阵及全矩阵，即

$$\boldsymbol{O}=\begin{bmatrix} 0 & 0 & \cdots & 0 \\ 0 & 0 & \cdots & 0 \\ \vdots & \vdots & \vdots & \vdots \\ 0 & 0 & \cdots & 0 \end{bmatrix} \quad \boldsymbol{F}=\begin{bmatrix} 1 & 1 & \cdots & 1 \\ 1 & 1 & \cdots & 1 \\ \vdots & \vdots & \vdots & \vdots \\ 1 & 1 & \cdots & 1 \end{bmatrix} \tag{5-12}$$

与模糊集的 λ-截集相似，在模糊矩阵的矩阵截集定义为

$$\boldsymbol{R}_\lambda=[\lambda r_{ij}]_{m\times n},\quad \lambda\in[0,1] \tag{5-13}$$

或

$$\boldsymbol{R}_\lambda=\{(x,y)\,|\,\mu_R(x,y)\geqslant\lambda\} \tag{5-14}$$

【例 5-6】身高集合 $X=\{150,155,160,165\}$，体重集合 $Y=\{45,49.5,54,58.5\}$，根据国际上常用的人的体重计算公式：标准体重=(身高(cm)-100)×0.9(kg)，则 $X\times Y$ 中的 $\boldsymbol{R}$ 为

$$\boldsymbol{R}=\begin{bmatrix} 1 & 0.75 & 0.3 & 0 \\ 0.75 & 1 & 0.75 & 0.3 \\ 0.3 & 0.75 & 1 & 0.75 \\ 0 & 0.3 & 0.75 & 1 \end{bmatrix}$$

则 $R_{0.75}=\{(x,y)\,|\,\mu_R(x,y)\geqslant 0.75\}$，即 $R_{0.75}=\{(x_1,y_1),(x_1,y_2),(x_2,y_1),(x_2,y_2),(x_2,y_3),(x_3,y_2),(x_3,y_3),(x_3,y_4),(x_4,y_3),(x_4,y_4)\}$。

如果用矩阵表示，则 $\boldsymbol{R}_\lambda=\begin{bmatrix}1&1&0&0\\1&1&1&0\\0&1&1&1\\0&0&1&1\end{bmatrix}$。

5.4.2 模糊关系的合成

模糊关系合成是指由第一个集合和第二个集合之间的模糊关系及第二个集合和第三个集合之间的模糊关系得到第一个集合和第三个集合之间的模糊关系的一种运算。

模糊关系的合成的计算方法有取大-取小合成法、取大-乘积合成法、加法-相乘合成法。下面给出常用的取大-取小合成法的定义。

【定义 5-23】 设 R 是 $X\times Y$ 中的模糊关系，S 是 $Y\times Z$ 中的模糊关系，R 和 S 的合成是下列定义在 $X\times Z$ 上的模糊关系 Q，记作

$$Q=R\circ S \tag{5-15}$$

或

$$\mu_{R\circ S}(x,z)=\vee\{\mu_R(x,y)\wedge\mu_S(y,z)\} \tag{5-16}$$

式中，$\wedge$代表取小，$\vee$代表取大。因此，这一计算方法称为取大-取小（max-min）合成法。

【定义 5-24】 设 $\boldsymbol{Q}=(q_{ij})_{n\times m}$，$\boldsymbol{R}=(r_{jk})_{m\times l}$是两个模糊矩阵，它们的合成 $\boldsymbol{Q}\circ\boldsymbol{R}$ 指的是一个 n 行 l 列的模糊矩阵 $\boldsymbol{S}$，$\boldsymbol{S}$ 的第 i 行第 k 列的元素 s_{ik}等于 $\boldsymbol{Q}$ 的第 i 行元素与第 k 列对应元素两两相比先取较小者，然后在所有的结果中取较大者，即

$$s_{ik}=\bigvee_{i=1}^{m}(q_{ij}\wedge r_{jk})\quad 1\leqslant i\leqslant n,\ 1\leqslant k\leqslant l \tag{5-17}$$

模糊矩阵 $\boldsymbol{Q}$ 与 $\boldsymbol{R}$ 的合成 $\boldsymbol{Q}\circ\boldsymbol{R}$ 又称为 $\boldsymbol{Q}$ 对 $\boldsymbol{R}$ 的模糊乘积，或者称模糊矩阵的乘法。

【例 5-7】 现对某一餐馆的品质进行评判，评判的指标包括饭菜口感、饭菜色相、环境舒适度、服务态度及卫生状况 5 个方面，用论域 Y 来表示，即 $Y=\{$饭菜口感,饭菜色相,环境舒适度,服务态度,卫生状况$\}$，而评判论域用 Z 来表示，即

$Z=\{$很好,较好,可以,不好$\}$。

现邀请一些专家对这一餐馆给出评价，得出 $Y\times Z$ 中的模糊关系 S，表 5-2 列出了 $Y\times Z$ 中的模糊关系 S。

表 5-2 $Y\times Z$ 中的模糊关系 S

Y	Z			
	很好	较好	可以	不好
饭菜口感	0.8	0.15	0.05	0
饭菜色相	0.7	0.2	0.1	0
环境舒适度	0.5	0.3	0.15	0.05
服务态度	0.4	0.25	0.2	0.15
卫生状况	0	0.2	0.3	0.5

上述表格使用模糊矩阵表示为

$$S=\begin{bmatrix}0.8 & 0.15 & 0.05 & 0\\0.7 & 0.2 & 0.1 & 0\\0.5 & 0.3 & 0.15 & 0.05\\0.4 & 0.25 & 0.2 & 0.15\\0 & 0.2 & 0.3 & 0.5\end{bmatrix}$$

在对餐馆进行综合评定时，各指标对综合评定结果的影响因子不同，对餐馆饭菜口感（0.5）和餐馆卫生状况（0.25）要求较高，其次为服务态度（0.1）和饭菜色相（0.1），对环境的舒适度要求较低（0.05），则得出影响因子集合 X 与评判指标 Y 之间的模糊关系 R，表 5-3 列出了 $X\times Y$ 中的模糊关系 R。

表 5-3　$X\times Y$ 中的模糊关系 R

影响因子				
饭菜口感	饭菜色相	环境舒适度	服务态度	卫生状况
0.5	0.1	0.05	0.1	0.25

上述表格使用模糊矩阵表示为 $\boldsymbol{R}=[0.5 \quad 0.1 \quad 0.05 \quad 0.1 \quad 0.25]$。

现要求在不同影响因子下，得出餐馆综合品质结论。

此时就要求进行模糊关系的合成，即餐馆的综合品质 $\boldsymbol{Q}$ 为

$$\boldsymbol{Q}=\boldsymbol{R}\circ\boldsymbol{S}=[0.5 \quad 0.1 \quad 0.05 \quad 0.1 \quad 0.25]\circ\begin{bmatrix}0.8 & 0.15 & 0.05 & 0\\0.7 & 0.2 & 0.1 & 0\\0.5 & 0.3 & 0.15 & 0.05\\0.4 & 0.25 & 0.2 & 0.15\\0 & 0.2 & 0.3 & 0.5\end{bmatrix}$$

根据取大-取小合成法的原则，有

$q_1=(0.5\wedge0.8)\vee(0.1\wedge0.7)\vee(0.05\wedge0.5)\vee(0.1\wedge0.4)\vee(0.25\wedge0)=0.5$

$q_2=(0.5\wedge0.15)\vee(0.1\wedge0.2)\vee(0.05\wedge0.3)\vee(0.1\wedge0.25)\vee(0.25\wedge0.2)=0.2$

$q_3=(0.5\wedge0.05)\vee(0.1\wedge0.1)\vee(0.05\wedge0.15)\vee(0.1\wedge0.2)\vee(0.25\wedge0.3)=0.25$

$q_4=(0.5\wedge0)\vee(0.1\wedge0)\vee(0.05\wedge0.05)\vee(0.1\wedge0.15)\vee(0.25\wedge0.5)=0.25$

即 $\boldsymbol{Q}=\boldsymbol{R}\circ\boldsymbol{S}=[0.5 \quad 0.2 \quad 0.25 \quad 0.25]$。

根据计算结果可知，该餐馆综合品质为很好。

根据模糊关系合成的计算方式可知，模糊关系合成不满足交换律。在例 5-7 中，$\boldsymbol{R}\circ\boldsymbol{S}$ 有意义，而 $\boldsymbol{S}\circ\boldsymbol{R}$ 没有意义。

设 R、$S(T)$ 及 U 分别为 $X\times Y$、$Y\times Z$ 及 $Z\times W$ 中的模糊关系，则有以下 5 个基本性质。

（1）结合律：如果 $S\subseteq T$，则有 $R\circ S\subseteq R\circ T$ 或 $S\circ U\subseteq T\circ U$。

（2）并运算上的弱分配律：$R\circ(S\cup T)\subseteq(R\circ S)\cup(S\circ T)$ 或 $(S\cup T)\circ U\subseteq(S\circ U)\cup(T\circ U)$。

（3）交运算上的弱分配律：$R\circ(S\cap T)\subseteq(R\circ S)\cap(S\circ T)$ 或 $(S\cap T)\circ U\subseteq(S\circ U)\cap(T\circ U)$。

（4）$O\circ R=R\circ O$ 或 $I\circ R=R\circ I=R$（O 为零关系，I 为全称关系）。

（5）若 $R_1\subseteq R_2$，$S_1\subseteq S_2$，则 $R_1\circ S_1\subseteq R_2\circ S_2$。

5.4.3　模糊关系的性质

【定义 5-25】 设 R 是 X 中的模糊关系。若对 $\forall x\in X$，都有 $\mu_R(x,x)=1$，则称 R 为具有

自反性的模糊关系。

对应于自反关系的模糊矩阵的对角元素为 1。

【定义 5-26】设 $R\in U(X\times X)$，$\boldsymbol{R}^{\mathrm{T}}$ 是 $\boldsymbol{R}$ 的转置形式。即 $R^{\mathrm{T}}\in U(X\times X)$，并且满足 $\mu_R^{\mathrm{T}}(y,x)\in\mu_R(y,x)$，其中 $(x,y)\in Y\times X$。

【定义 5-27】设 $R\in U(X\times X)$，若 $\boldsymbol{R}^{\mathrm{T}}=\boldsymbol{R}$，则称 R 为对称的模糊关系，在有限论域中时，称其为对称模糊矩阵。

【例 5-8】设身高集合 $X=\{150,155,160,165\}$，体重集合 $Y=\{45,49.5,54,58.5\}$，根据国际上常用的人的体重计算公式：标准体重=(身高(cm)−100)×0.9(kg)，则对应身高"非标准"体重时，可采用模糊矩阵表示身高、体重与标准体重之间的关系。

$$\boldsymbol{R}=\begin{bmatrix}1&0.75&0.3&0\\0.75&1&0.75&0.3\\0.3&0.75&1&0.75\\0&0.3&0.75&1\end{bmatrix}$$

由于 $\mu_R(1,1)=\mu_R(2,2)=\mu_R(3,3)=\mu_R(4,4)=1$，则 $\boldsymbol{R}$ 为具有自反性的模糊关系；由于 $\boldsymbol{R}^{\mathrm{T}}=\boldsymbol{R}$，则 $\boldsymbol{R}$ 为具有对称性的模糊关系，即 $\boldsymbol{R}$ 是自反的对称模糊矩阵。

【定义 5-28】设 $R\in U(X\times X)$，即 R 是 X 中的模糊关系。若 R 满足 $R\circ R\subseteq R$，则称 R 为传递的模糊关系。

从定义可见，传递性关系包含着它与它自己的关系合成。传递性关系可以等价表示为 $\mu_R(x,y)\geqslant\vee(\mu_R(x,y)\wedge\mu_R(y,z))$，$\forall x,y,z\in X$。

【例 5-9】设 $\boldsymbol{R}=\begin{bmatrix}0.1&0.5&0.8&1\\0&0.2&0.6&0.8\\0&0&0.3&0.7\\0&0&0&0.4\end{bmatrix}$

则 $\boldsymbol{R}\circ\boldsymbol{R}=\begin{bmatrix}0.1&0.5&0.8&1\\0&0.2&0.6&0.8\\0&0&0.3&0.7\\0&0&0&0.4\end{bmatrix}\circ\begin{bmatrix}0.1&0.5&0.8&1\\0&0.2&0.6&0.8\\0&0&0.3&0.7\\0&0&0&0.4\end{bmatrix}=\begin{bmatrix}0.1&0.2&0.5&0.7\\0&0.2&0.3&0.6\\0&0&0.3&0.4\\0&0&0&0.4\end{bmatrix}$

根据定义，$\boldsymbol{R}\circ\boldsymbol{R}\subseteq\boldsymbol{R}$，则 $\boldsymbol{R}$ 为传递的模糊关系。

【定义 5-29】设 R 是 X 中的模糊关系，若 R 具有自反性和对称性，则 R 称为模糊相似关系。若 R 同时具有自反性、对称性和传递性，则称 R 是模糊等价关系。

利用模糊等价关系对事物进行分类，称为模糊聚类分析。

5.4.4 模糊变换

模糊变换是指给定两个集合之间的一个模糊关系，是据此将一个集合上的模糊子集经运算得到另一个集合上的模糊子集的过程。

【定义 5-30】称映射 $F:X\to Y$ 为从 X 到 Y 的模糊变换。模糊变换实现了将 X 中的模糊集变为 Y 上的模糊集，实际上实现了论域的转换。

当 X、Y 均为有限集时，映射 $F:\mu_{1\times m}\to\mu_{1\times n}$ 就是模糊变换。

【定义 5-31】给定一个模糊变换 $F:X\to Y$，若存在 $R\subseteq X\times Y$，使得 $\forall A\in X$，有

$$F(A)=A\circ R\in V \tag{5-18}$$

此处$\mu_{X\circ R}=\vee(\mu_X(x)\wedge\mu_R(x,y))$，$\forall y\in Y$，称为线性模糊变换。

【例 5-10】 某一水位控制系统，当前水位的模糊集合$A=(0.6,0.3,0.1)$，水位与阀门开度的模糊矩阵为

$$\boldsymbol{R}=\begin{bmatrix}0.1 & 0.3 & 0.6\\0.2 & 0.5 & 0.3\\0.6 & 0.3 & 0.1\end{bmatrix}$$

则在当前水位下，阀门开度为

$$\boldsymbol{Y}=\boldsymbol{A}\circ\boldsymbol{R}=[0.6\quad 0.3\quad 0.1]\circ\begin{bmatrix}0.1 & 0.3 & 0.6\\0.2 & 0.5 & 0.3\\0.6 & 0.3 & 0.1\end{bmatrix}=[0.2\quad 0.3\quad 0.6]$$

在模糊集合论中还有一个重要的原理，即扩张原理。它是指模糊集合A经过映射f之后，记为$f(A)$，而A和$f(A)$的相应元素的隶属度保持不变，也就是模糊集合A的元素隶属度可以通过映射，无保留地传递到模糊集合$f(A)$的相应元素中。

【定义 5-32】 设有映射$f:X\to Y$，并且A是X中的模糊集合，记A在f下的像为$f(A)$，它是Y中的模糊集合，并且具有如下隶属度函数

$$\mu_{f(A)}(y)=\begin{cases}\bigvee\limits_{x\in f^{-1}(y)}(\mu_A(x)) & f^{-1}(y)\neq\varnothing\\0 & f^{-1}(y)=\varnothing\end{cases} \tag{5-19}$$

即若$A=\frac{\mu_1}{x_1}+\frac{\mu_2}{x_2}+\cdots+\frac{\mu_m}{x_m}$，则由映射$f$作用之后有$f(A)=\frac{\mu_1}{f(x_1)}+\frac{\mu_2}{f(x_2)}+\cdots+\frac{\mu_m}{f(x_m)}$。

当f为一一映射时，$f(A)$的隶属度函数公式可简化为$\mu_{f(A)}(y)=\begin{cases}(\mu_A(x)) & f^{-1}(y)\neq\varnothing\\0 & f^{-1}(y)=\varnothing\end{cases}$

【例 5-11】 设$A=\frac{0.1}{x_1}+\frac{0.3}{x_2}+\frac{0.4}{x_3}+\frac{0.7}{x_4}+\frac{0.5}{x_5}+\frac{0.2}{x_6}$，$Y=\{y_1,y_2,y_3\}$，映射$f:X\to Y$，它具有$f(x_1)=y_1$，$f(x_2)=y_2$，$f(x_3)=y_2$，$f(x_4)=y_2$，$f(x_5)=y_3$及$f(x_6)=y_3$，则$f(y_1)=\{x_1\}$，$f(y_2)=\{x_2,x_3,x_4\}$，$f(y_3)=\{x_5,x_6\}$。得

$$\mu_{f(A)}(y_1)=\bigvee_{\{x_1\}}(0.1)=0.1$$

$$\mu_{f(A)}(y_2)=\bigvee_{\{x_2,x_2,x_4\}}(0.3,0.4,0.7)=0.7$$

$$\mu_{f(A)}(y_3)=\bigvee_{\{x_5,x_6\}}(0.5,0.2)=0.5$$

即$f(A)=\frac{0.1}{y_1}+\frac{0.7}{y_2}+\frac{0.5}{y_3}$。

5.5 模糊逻辑及模糊推理

模糊集合是经典集合的真实概括，经典集合是模糊集合的特例。使用隶属度函数定义的模糊集合称为模糊逻辑。模糊集合中的隶属度函数用于鉴定“陈述”为“真”的程度。例如，体温为104℉的患者隶属于“重感冒患者”集合的程度为0.65。任一体温的患者隶属于

“重感冒患者”集合的程度可用如图 5-15 所示的隶属度函数曲线表示。

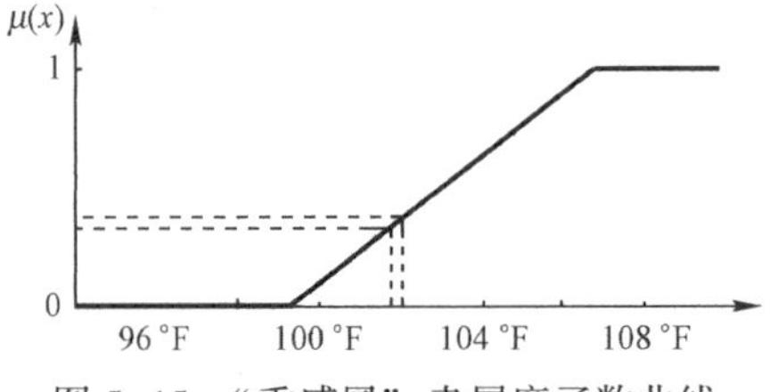

图 5-15 “重感冒”隶属度函数曲线

语言变量是模糊逻辑系统的基本构成，它对同样背景使用多个主观分类进行描述。以发热为例，将描述发热的程度用高烧（strong_fever）、发热（raised）、正常（normal）和低烧（low）4个语言变量来描述。如图 5-16 所示为所有语言变量就“发热”事件的隶属度函数曲线。

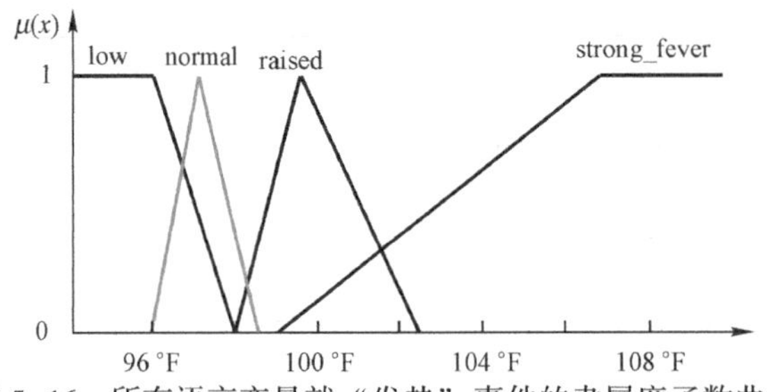

图 5-16 所有语言变量就“发热”事件的隶属度函数曲线

使用模糊隶属度函数后，以华氏温度测量的体温可以转换为语言描述。例如，体温为 100℉的患者将被确诊为基本属于发烧状态，并有轻微的高烧现象。

5.5.1 模糊逻辑技术

随着人们对模糊逻辑理解的加深，使用模糊集合的方法不断更新。本书只涉及基于规则的模糊逻辑技术。几乎所有的近期的模糊逻辑应用都是基于该方法的。这里简要介绍集装箱起重机控制实例的基于规则的模糊逻辑系统的基本技术。

集装箱起重机控制系统如图 5-17 所示。

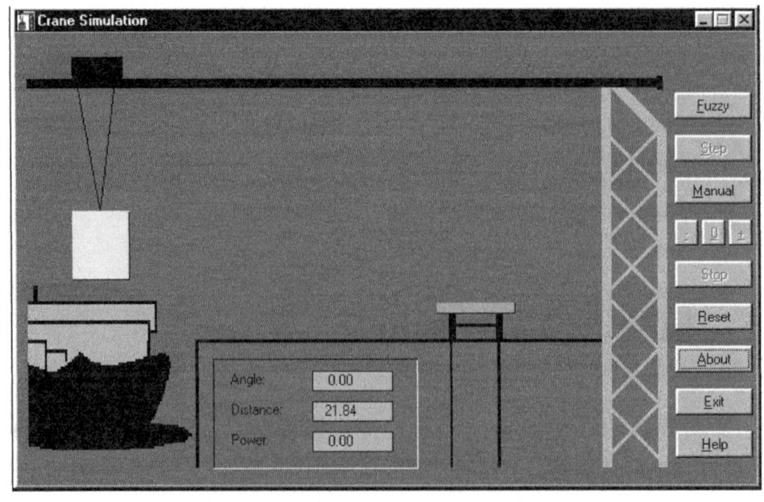

图 5-17 集装箱起重机控制系统

集装箱起重机用于装载集装箱到船上或从港口的船上卸载集装箱。其使用连接到起重机头上的软电缆吊起单个集装箱，起重机头采用水平移动方式。当一个集装箱被提起时，起重机头开始移动，此时集装箱随着起重机头的移动和在惯性的作用下开始晃动。集装箱的晃动基本不会影响运输过程，但晃动的集装箱必须稳定后才能放下。

解决这个问题有两种方法。第一种方法是将起重机头准确定位到目标位置上方，接着一直等待集装箱的摆动达到规定的稳定状态。当然，摆动的集装箱最终会稳定，但等待会造成相当多时间的浪费。由于成本原因一个集装箱船需要在最短时间内被装载和卸载，因此第一种方法不符合成本最小化的要求。第二种方法就是提起集装箱，然后慢慢移动它，使集装箱不发生晃动，但这一方法也将花费大量的时间。

一个比较折中的方法就是，在操作过程中使用附加电缆固定集装箱的位置来构建集装箱起重机。但这个方案花费较高，很少有起重机利用这个技术。

由于这些原因，大多数集装箱起重机在操作员的指导下对起重机电动机采用连续速度控制。操作员在控制晃动的同时，确保集装箱在最短时间内达到目标位置。实现这个目标，对操作人员来说非常不容易，但熟练的操作员能够做到。为了降低操作的难度，工程师们曾尝试采用控制策略实现自动控制，如线性 PID 控制、基于模型的控制和模糊逻辑控制。

传统的 PID（比例-积分-微分）控制试验未能成功，因为控制任务是非线性的。当集装箱接近目标时，晃动最小化是重要的；在进行基于模型的控制试验时，工程师推导出描述起重机机械行为的数学模型为五阶微分方程式，这在理论上说明基于模型的控制策略是可行的，但试验却不成功。造成这一策略不成功的原因如下：

（1）起重机电动机行为不是模型中假设的那样线性。

（2）起重机头移动时有摩擦。

（3）在模型中未包含干扰量，如风的干扰。

鉴于以上控制策略的不足，引入了基于模糊逻辑的语言控制策略。

5.5.2　语言控制策略

在人为控制中，操作员并非按照微分方程式进行控制的，甚至无须使用基于模型的控制策略中的电缆长度传感器。当起重机提起集装箱时，首先使用中功率电动机，以查看集装箱如何晃动。然后依据晃动的程度，调整电动机功率使集装箱在起重机头后面一点，这时系统将获得最大的传输速度，并且使集装箱的晃动最小。

当接近目标位置时，操作员减小电动机功率或使用负电压刹车。当起重机很接近目标且电压进一步减小或反向时，使集装箱的位置稍微超过起重机头，直到集装箱基本达到目标位置。最终，电动机功率增加以致起重机头超过目标位置且不晃动。在整个操作过程中，不需要微分方程式，系统干扰或非线性行为通过操作员对集装箱位置的观察，依据经验进行了补偿。

在对操作员操作过程的分析中，使用了一些经验规则描述控制策略：①在起动时使用中功率电动机，以便观察集装箱的晃动情况；②如果已经起动且仍然远离目标，增加电动机功率，以使集装箱在起重机头后面一点；③如果接近目标，降低速度使集装箱在起重机头前面一点；④当集装箱超过目标，并且不晃动，停止电动机。

用距离传感器测量起重机头的位置，用相角传感器测量集装箱晃动相角，并将测量结果应用到自动控制起重机中。使用测量结果描述起重机的当前状况，并采用“如果……则……”格式描述经验控制规则。

（1）如果起重机头与目标位置之间的距离较远，并且集装箱与垂直方向的相角等于零，则使用中功率电动机。

（2）如果起重机头与目标位置之间的距离较远，并且集装箱与垂直方向的相角小于零，则使用大功率电动机。

（3）如果起重机头与目标位置之间的距离较近，并且集装箱与垂直方向的相角小于零，则使用中功率电动机。

（4）如果起重机头与目标位置之间的距离适中，并且集装箱与垂直方向的相角小于零，则使用中功率电动机。

（5）如果起重机头到达目标位置，并且集装箱与垂直方向的相角等于零，则停止电动机。

从经验控制规则可知，采用“如果……则……”格式描述经验控制规则的通用式为：

如果 <状态> 则 <动作>。

就集装箱起重机而言，状态由两个条件确定：第一个条件描述起重机头与目标位置之间的距离；第二个条件描述集装箱与垂直方向的相角。当两个条件同时满足相应的状态时，系统给出控制策略。

设置规则会使用到语言变量。

5.5.3 模糊语言变量

具有模糊性的语言称为模糊语言，如高、矮、胖、瘦、轻、重、缓、急等。此外，在自然语言中有一些词可以表达语气的肯定程度，如“非常”“很”“极”等。也有一类词，如“大概”“近似于”等，将这些词置于某个词前面，如年轻，则使该词意义变得模糊，如大概年轻。还有些词，如“偏向”“倾向于”等可使词义由模糊变为肯定，如倾向于短发等。在模糊控制中，常见的模糊语言还有正大、正中、正小、零、负小、负中、负大等。

人类自然语言具有模糊性，而计算机语言通常有严格的语法规则和语义，不存在任何的模糊性和歧义，即计算机对模糊性缺乏识别和判断能力。为了实现用自然语言跟计算机进行直接对话，就必须把人类的语言和思维过程提炼成数学模型。

语言变量是指以自然或人工语言的词、词组或句子作为值的变量。如模糊控制中的“偏差”“偏差变化率”等，并且语言变量的取值通常不是数，而是用模糊语言表示的模糊集合，如“偏差很大”“偏差大”“偏差适中”“偏差小”“偏差较小”。

【定义 5-33】 一个语言变量可定义为多元组 $(x,T(x),U,G,M)$。其中，x 为变量名；$T(x)$ 为 x 的词集，即语言值名称的集合；U 为论域；G 是产生语言值名称的语法规则；M 是与各语言值含义有关的语法规则。语言变量的每个语言值对应一个定义在论域 U 中的模糊数。语言变量基本词集把模糊概念与精确值联系起来，实现对定性概念的定量化及对定量数据的定性模糊化。

依然以偏差为例，则 T(偏差)=｛很大、大、适中、小、较小｝。

上述每个模糊语言（如大、适中等）是定义在论域 U 上的一个模糊集合。假设论域 $U=[0,5]$，则可大致认为小于 1 为小，2 左右为适中，大于 3 以上为大。

语法规则是原子单词生成的语言值集合 $T(x)$ 中各个合成词语的语法规则。

（1）前缀限制词 H 方式，在原子单词 C 之前引入算子 H 概念，形成合成语言词 T=HC。例如：“极”“很”“相当”等都可以作为算子来处理。算子有很多种，经常使用的有语气算子（“极”“很”）、散漫化算子（“略”“微”）、概率算子（“大概”“将近”）、判定化算子（“倾向于”“多半是”）等。

（2）加连接词“或”“且”，或者加否定词“非”，如“非大于”等。

（3）混合式，即上述两种合成方式重复或交叉使用，形成各种复杂的语言值。

以偏差为例的语言变量的结构如图 5-18 所示。

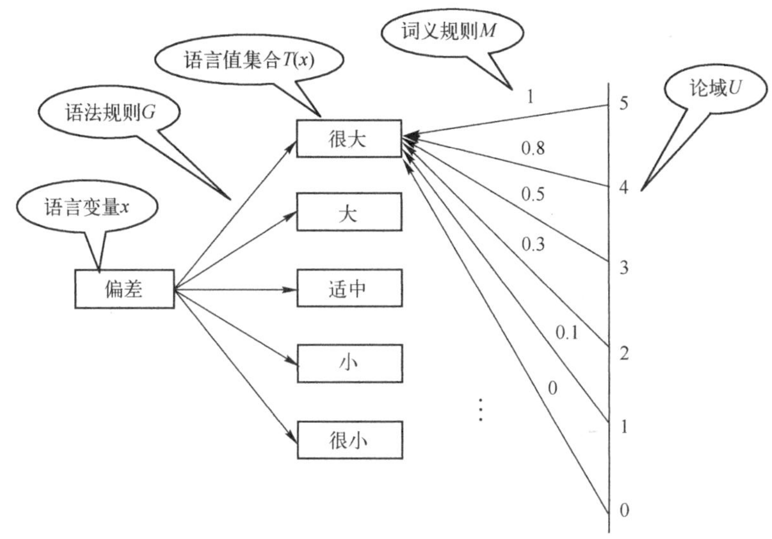

图 5-18　以偏差为例的语言变量的结构

5.5.4　模糊命题与模糊条件语句

人们把具有模糊概念的陈述句称为模糊命题，如“天气很热”。模糊命题的标识符通常用下面带有“~”符号的大写字母（P、Q、R 等）表示。

表征模糊命题真实程度的量称为模糊命题的真值，记作

$$V(\underset{\sim}{P})=x,\ 0\leqslant x\leqslant 1 \tag{5-20}$$

当 $V(\underset{\sim}{P})=1$ 时，表示 $\underset{\sim}{P}$ 陈述的信息完全真；当 $V(\underset{\sim}{P})=0$ 时，表示 $\underset{\sim}{P}$ 陈述的信息完全假；而当 $V(\underset{\sim}{P})$ 的值介于 0~1 时，表示 $\underset{\sim}{P}$ 陈述的信息不完全真，也不完全假，并且 $V(\underset{\sim}{P})$ 的值越接近于 1，表示 $\underset{\sim}{P}$ 陈述的信息越真实。模糊命题比二值逻辑中的命题更符合人脑的思维方式，反映了真或假的程度。

模糊命题的一般形式为 $\underset{\sim}{P}$：“u 是 A”（或 u is A）。

其中，u 是个体变元，它属于论域 U，即 $u\in U$；A 是某个模糊概念所对应的模糊集合。模糊命题的真值由该变元对模糊集合的隶属程度表示，定义为

$$V(\underset{\sim}{P})=\mu_A(u) \tag{5-21}$$

在模糊命题中，“is A”是表示一个个体模糊性质或多个个体之间的模糊关系的部分，称为模糊谓词。和二值逻辑一样，使用析取、合取、取非、蕴涵及等价运算可构成复合模糊命题。

设有模糊命题$\underset{\sim}{P}$：偏差大，$\underset{\sim}{Q}$：偏差变化率小，则：

☺ 析取：表示两者间的关系为"或"，记为$\underset{\sim}{P}\cup\underset{\sim}{Q}$，其真值为 $V(\underset{\sim}{P})\vee V(\underset{\sim}{Q})=\mu_A(p)\vee\mu_B(q)$，意为偏差大或偏差变化率小，即两者满足其一即可。

☺ 合取：表示两者间的关系为"且"，记为$\underset{\sim}{P}\cap\underset{\sim}{Q}$，其真值为 $V(\underset{\sim}{P})\wedge V(\underset{\sim}{Q})=\mu_A(p)\wedge\mu_B(q)$，意为偏差大，并且偏差变化率小，即要求两者同时满足。

☺ 取非：表示两者间的关系为"非"，记为$\underset{\sim}{P}^{C}$，其真值为 $1-V(\underset{\sim}{P})=1-\mu_A(p)$，意为偏差不大。

☺ 蕴涵：表示两者间的关系为"若……则……"，记为 $V(\underset{\sim}{P})\rightarrow V(\underset{\sim}{Q})$。

☺ 等价：表示两者间的关系为"互相蕴涵"，记为 $V(\underset{\sim}{P})\leftrightarrow V(\underset{\sim}{Q})$。

从真值表达式可知，模糊命题真值之间的运算，也就是其相应隶属度函数之间的运算。

在使用模糊策略时，会用到一系列模糊控制规则，如"如果起重机头与目标位置之间的距离较远，并且集装箱与垂直方向的相角等于零，则使用中等功率电动机"，以及"如果偏差较大，而偏差变化率较小，则阀门半开"等。其中"远""中等""大""小""半开"等词均为模糊词，这些带模糊词的条件语句就是模糊条件语句。

在模糊控制中，经常用到 3 种条件语句。

（1）if 条件 then 语句，其简记形式为 if *A* then *B*。其中"if *A*"部分称为前件或条件部分，"then *B*"部分称为后件或结论部分。

例句：如果水位达到要求，则关闭进水阀门。

（2）if 条件 then 语句 1 else 语句 2，其简记形式为 if *A* then *B* else *C*。

例句：如果苹果比橘子贵，则买橘子；否则，买苹果。

（3）if 条件 1 and 条件 2 then 语句，其简记形式为 if *A* and *B* then *C*。

例句：如果他跑得快，并且球技好，则让他当前锋。

5.5.5 判断与推理

判断和推理是思维形式的一种。判断是概念与概念的联合，而推理则是判断与判断的联合。推理根据一定的原则，从一个或几个已知判断引出一个新判断。一般情况下，推理包含两个部分的判断：一部分是已知的判断，作为推理的出发点，称为前提或前件；另一部分是由前提所推出的新判断，叫作结论或后件。

只有一个前提的推理称为直接推理，有两个或两个以上前提的推理称为间接推理。间接推理依据认识的方向，又可分为演绎推理、归纳推理和类比推理等。

演绎推理是前提与结论之间有蕴涵关系的推理。演绎推理中最常用的形式是假言推理，有肯定式推理和否定式推理两类。

肯定式：

大前提（规则）	若 x 是 A，则 y 是 B
小前提（已知）	x 是 A
结论	y 是 B

否定式：

大前提（规则）	若 x 是 A，则 y 是 B
小前提（已知）	y 不是 B
结论	x 不是 A

这就是“三段论”推理模式，用数学形式表达如下：

$$\begin{array}{cc} A\to B & A\to B \\ A & B^{C} \\ \hline B & A^{C} \end{array}$$

肯定式　否定式

“三段论”推理模式给出了大前提 $A\to B$，若小前提是 A，则可推出结论为 B。然而，当小前提不是严格的 A，而只是在某种程度上接近于 A，记为 A'时，此时结论应该是什么呢？“三段论”推理模式没能给出答案，即三段论对模糊性问题的推理无能为力，此时需要使用模糊推理方法。

5.5.6　模糊推理

模糊推理又称模糊逻辑推理，是应用模糊关系表示模糊条件句，将推理的判断过程转化为对隶属度的合成及演算的过程。即已知模糊命题（包括大前提和小前提），推出新的模糊命题作为结论的过程。模糊推理即近似推理，这两个术语不加区分，可以混用。

L. A. Zadeh 在 1973 年对于模糊命题“若 A 则 B”，利用模糊关系的合成运算提出了一种近似推理的方法，称为“关系合成推理法”，简称 CRI 法，是实际控制中应用较广的一种模糊推理算法。其原理表述为：用一个模糊集合表述大前提中全部模糊条件语句前件的基础变量和后件的基础变量间的关系；用一个模糊集合表述小前提；进而用基于模糊关系的模糊变换运算给出推理结果。

常用的推理方法有 Zadeh 的推理方法、Mamdani 推理方法、多输入模糊推理方法和多输入多规则推理方法。

1. Zadeh 推理方法

设 A 是 X 上的模糊集合，B 是 Y 上的模糊集合，模糊蕴涵关系为“若 A 则 B”，用 $A\to B$ 表示。Zadeh 把它定义成 $X\times Y$ 的模糊关系，即

$$R=A\to B=(A\times B)\cup(A^{C}\times Y) \tag{5-22}$$

其隶属度函数式为 $R(x,y)=[A(x)\wedge B(x)]\vee(1-A(x))$。

给定一个模糊关系 R，就决定了一个模糊变换，利用模糊关系的合成有如下推理规则。

（1）已知模糊蕴涵关系 $A\to B$ 的模糊关系 R，对于给定的 A'，$A'\in X$，则可推出结论 B'，$B'\in Y$，$B'=A'\circ R$。其中“$\circ$”表示合成运算。即当 Y 为有限论域时，有

$$B'(y)=\vee\{A'(x)\wedge[A(x)\wedge B(y)\vee(1-A(x))]\} \tag{5-23}$$

（2）已知模糊蕴涵关系 $A\to B$ 的模糊关系 R，对于给定的 B'，$B'\in Y$，则可推出结论 A'，$A'\in X$，$A'=R\circ B'$。其中“$\circ$”表示合成运算。即当 X 为有限论域时，有

$$A'(x)=\vee\{[A(x)\wedge B(y)\vee(1-A(x))]\wedge B'(y)\} \tag{5-24}$$

2. Mamdani 推理方法

Mamdani 推理方法本质上是一种 CRI 法，只是 Mamdani 把模糊蕴涵关系 $A\to B$ 用 A 和 B 的笛卡儿积表示了，即 $R=A\to B=A\times B$，也可写为 $R(x,y)=A(x)\times B(y)$。

（1）已知模糊蕴涵关系 $A\to B$ 的模糊关系 R，对于给定的 A'，$A'\in X$，则可推出结论 B'，$B'\in Y$，$B'=A'\circ R$，其中“$\circ$”表示合成运算。即当 Y 为有限论域时，有

$$B'(y)=\vee\{A'(x)\wedge[A(x)\wedge B(y)]\} \tag{5-25}$$

或者使用隶属度函数表示为

$$\begin{aligned}\mu_{B'}(y) &= \vee\{\mu_{A'}(x)\wedge[\mu_A(x)\wedge\mu_B(y)]\}\\ &= \vee\{\mu_{A'}(x)\wedge\mu_A(x)\}\wedge\mu_B(y)\\ &= \alpha\wedge\mu_B(y)\end{aligned}\tag{5-26}$$

其中，$\alpha=\vee\{\mu_{A'}(x)\wedge\mu_A(x)\}$，是模糊集 A'与 A 交集的高度，如图 5-19 所示。也可表示为 $\alpha=H(A'\cap A)$，α 可以看成是 A'对 A 的适配度。

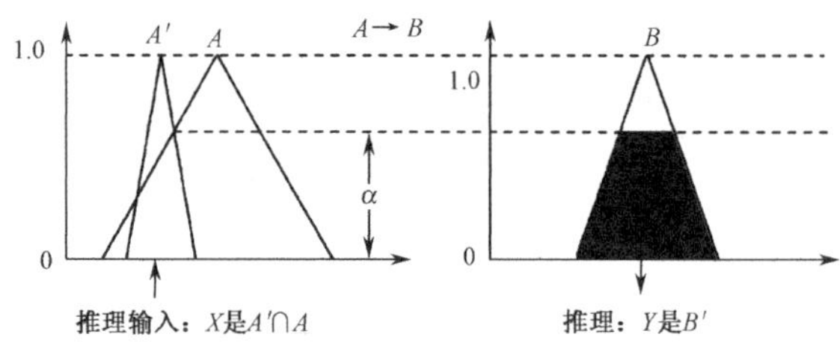

图 5-19 $\alpha=\vee\{\mu_A{}'(x)\wedge\mu_A(x)\}$的图示

根据 Mamdani 推理方法，结论可用此适配度与模糊集合进行模糊与运算，即取小运算（min）得到。在图形上就是用基准去切割 B，便可得到推论结果，所以这种方法经常被形象地称为削顶法。

（2）已知模糊蕴涵关系 $A\to B$ 的模糊关系 R，对于给定的 B'，$B'\in Y$，则可推出结论 A'，$A'\in X$，$A'=R\circ B'$，其中“$\circ$”表示合成运算。即当 X 为有限论域时，$A'(x)=\vee\{[A(x)\wedge B(y)]\wedge B'(y)\}$，或者使用隶属度函数表示

$$\mu_{A'}=\vee\{[\mu A(x)\wedge B(y)]\wedge B'(y)\}\tag{5-27}$$

【例 5-12】 设 $A\in X$，$B\in Y$，A=数量多，B=质量大。论域 X(数量)=$\{0,2,4,6,8,10\}$，$\mu_A(x)=\frac{0}{0}+\frac{0.1}{2}+\frac{0.3}{4}+\frac{0.6}{6}+\frac{0.9}{8}+\frac{1}{10}$，$Y$(质量)=$\{0,1,2,3,4,5,6,7\}$，$\mu_B(y)=\frac{0}{0}+\frac{0.1}{1}+\frac{0.2}{2}+\frac{0.4}{3}+\frac{0.6}{4}+\frac{0.8}{5}+\frac{0.9}{6}+\frac{1}{7}$。“若 A 则 B”（若数量多，则质量大）为推论的大前提，给出模糊关系 $R=A\to B$。使用 Mamdani 推理方法推导出给定 A'，$\mu_{A'}(x)=\frac{0}{0}+\frac{0.2}{2}+\frac{0.5}{4}+\frac{0.8}{6}+\frac{1}{8}+\frac{0.8}{10}$，在“数量较多”情况下的结论 B'（“质量较大”）。

由式 $\alpha=\vee\{\mu_{A'}(x)\wedge\mu_A(x)\}$，先求出 A'对 A 的适配度为

$$\begin{aligned}\alpha &= \vee\left\{\frac{0\wedge0}{0}+\frac{0.1\wedge0.2}{2}+\frac{0.3\wedge0.5}{4}+\frac{0.6\wedge0.8}{6}+\frac{0.9\wedge1}{8}+\frac{1\wedge0.8}{10}\right\}\\ &=\vee\left\{\frac{0}{0}+\frac{0.1}{2}+\frac{0.3}{4}+\frac{0.6}{6}+\frac{0.9}{8}+\frac{0.8}{10}\right\}\\ &=0.9\end{aligned}$$

然后用 α 切割 B 的隶属度函数

$$\begin{aligned}\mu_{B'}(y) &= \alpha\wedge\mu_B(y)\\ &=0.9\wedge\left(\frac{0}{0}+\frac{0.1}{1}+\frac{0.2}{2}+\frac{0.4}{3}+\frac{0.6}{4}+\frac{0.8}{5}+\frac{0.9}{6}+\frac{1}{7}\right)\\ &=0.9\wedge\left(\frac{0}{0}+\frac{0.1}{1}+\frac{0.2}{2}+\frac{0.4}{3}+\frac{0.6}{4}+\frac{0.8}{5}+\frac{0.9}{6}+\frac{1}{7}\right)\end{aligned}$$

$$=\frac{0}{0}+\frac{0.1}{1}+\frac{0.2}{2}+\frac{0.4}{3}+\frac{0.6}{4}+\frac{0.8}{5}+\frac{0.9}{6}+\frac{0.9}{7}$$

3. 多输入模糊推理方法（以二输入为例）

已知推理大前提的条件为“if A and B then C”，$A\in F(x)$，$B\in F(y)$，$C\in F(z)$，模糊蕴涵关系为

$$R=A\times B\times C=(A\times B)\to C \tag{5-28}$$

或 $R(x,y,z)=A(x)\wedge B(y)\wedge C(z)$。

当已知输入 A'、B'，小前提为 A' 且 B'，则可推出 C'

$$C'=(A'\times B')\circ R \tag{5-29}$$

其中，$A'=F(x)$，$B'=F(y)$，$C'=F(z)$。即

$$C'=(A'\times B')\circ[(A\times B)\to C] \tag{5-30}$$

【例 5-13】 以模糊自动洗衣机为例，已知泥污量适中为 A，$\mu_A(x)=\frac{0.3}{1}+\frac{1}{2}+\frac{0.5}{4}$；油脂量适中为 B，$\mu_B(y)=\frac{0.2}{1}+\frac{1}{2}+\frac{0.7}{3}$；洗涤时间适中为 C，$\mu_C(z)=\frac{0.3}{3}+\frac{1}{6}+\frac{0.7}{9}$。

已知泥污量多为 A'，$\mu_{A'}(x)=\frac{0.1}{1}+\frac{0.6}{2}+\frac{0.9}{3}$；油脂量多为 B'，$\mu_{B'}(y)=\frac{0.1}{1}+\frac{0.7}{2}+\frac{1}{3}$。求泥污量大且油脂量多的情况下，洗涤时间 C'。

由于 $R=A\times B\times C=(A\times B)\to C$，则

$$\boldsymbol{R}_1=\boldsymbol{A}\times\boldsymbol{B}=\begin{bmatrix}0.3\\1\\0.5\end{bmatrix}\times[0.2\quad 1\quad 0.7]=\begin{bmatrix}0.2&0.3&0.3\\0.2&1&0.7\\0.2&0.5&0.5\end{bmatrix}$$

把 $\boldsymbol{R}_1$ 写成列向量的形式，即

$$\boldsymbol{R}_1^{\mathrm{T}}=\begin{bmatrix}0.2\\0.3\\0.3\\0.2\\1\\0.7\\0.2\\0.5\\0.5\end{bmatrix}$$

$$\boldsymbol{R}=\boldsymbol{R}_1^{\mathrm{T}}\times\boldsymbol{C}=\boldsymbol{R}_1^{\mathrm{T}}\times[0.3\quad 1\quad 0.7]=\begin{bmatrix}0.2\\0.3\\0.3\\0.2\\1\\0.7\\0.2\\0.5\\0.5\end{bmatrix}\times[0.3\quad 1\quad 0.7]=\begin{bmatrix}0.2&0.2&0.2\\0.3&0.3&0.3\\0.3&0.3&0.3\\0.2&0.2&0.2\\0.3&1&0.7\\0.3&0.7&0.7\\0.2&0.2&0.2\\0.3&0.5&0.5\\0.3&0.5&0.5\end{bmatrix}$$

由于 $C'=(A'\times B')\circ R$，令 $\boldsymbol{R}_2=\boldsymbol{A}'\times\boldsymbol{B}'$，则

$$\boldsymbol{R}_2=\begin{bmatrix}0.1\\0.6\\0.9\end{bmatrix}\times[0.1\quad 0.7\quad 1]=\begin{bmatrix}0.1&0.1&0.1\\0.1&0.6&0.6\\0.1&0.7&0.9\end{bmatrix}$$

把 $\boldsymbol{R}_2$ 写成行向量的形式，即 $\boldsymbol{R}_2^{\mathrm{T}}=[0.1\quad 0.1\quad 0.1\quad 0.1\quad 0.6\quad 0.6\quad 0.1\quad 0.7\quad 0.9]$。

则 $\boldsymbol{C}'=(\boldsymbol{A}'\times\boldsymbol{B}')\circ\boldsymbol{R}=\boldsymbol{R}_2^{\mathrm{T}}$

$$=[0.1\quad 0.1\quad 0.1\quad 0.1\quad 0.6\quad 0.6\quad 0.1\quad 0.7\quad 0.9]\circ\begin{bmatrix}0.2&0.2&0.2\\0.3&0.3&0.3\\0.3&0.3&0.3\\0.2&0.2&0.2\\0.3&1&0.7\\0.3&0.7&0.7\\0.2&0.2&0.2\\0.3&0.5&0.5\\0.3&0.5&0.5\end{bmatrix}$$

$$=[0.3\quad 0.6\quad 0.7]$$

或 $C'=\dfrac{0.3}{3}+\dfrac{0.6}{6}+\dfrac{0.7}{9}$。

用图形方式来说明二输入推理法：

大前提（规则）	若 A 且 B，则 C
小前提（已知）	若 A' 且 B'
结论	$C'=(A'\times B')\circ[(A\times B)\to C]$

其中，$A\in F(x)$，$B\in F(y)$，$C\in F(z)$。

对于多维模糊条件语句 R：if A and B then C，可分解为 R'：if A then C，并且 R''：if B then C，则由 R 进行近似推理的结论 C' 等于 R' 和 R'' 的“交”运算，$C'=R'\wedge R''$，即

$$C'=A'\circ(A\times C)\cap B'\circ(B\times C)$$

其隶属度函数为

$$\begin{aligned}\mu_{C'}(z)&=\bigvee_{x\in X}\{\mu_{A'}(x)\wedge[\mu_A(x)\wedge\mu_C(z)]\}\cap\bigvee_{y\in Y}\{\mu_{B'}(y)\wedge[\mu_A(y)\wedge\mu_C(z)]\}\\&=\bigvee_{x\in X}\{\mu_{A'}(x)\wedge\mu_A(x)\}\wedge\mu_C(z)\cap\bigvee_{y\in Y}\{\mu_{B'}(y)\wedge\mu_A(y)\}\wedge\mu_C(z)\\&=(\alpha_A\wedge\mu_C(z))\cap(\alpha_B\wedge\mu_C(z))\\&=(\alpha_A\wedge\alpha_B)\wedge\mu_C(z)\end{aligned}$$

这在 Mamdani 推理方法中的几何意义是，像单输入情况一样，分别求出 A' 对 A、B' 对 B 的隶属度 α_A 和 α_B，并取较小的一个值作为总的模糊推理前件的隶属度，再以此为基准去切割推理后件的隶属度函数，便得到结论 C'，推理过程如图 5-20 所示。

4. 多输入多规则推理方法

以二输入的多规则推理为例，其形式为：

大前提（规则）	若 A_1 且 B_1，则 C_1，否则
	若 A_2 且 B_2，则 C_2，否则
	……
	若 A_n 且 B_n，则 C_n，否则
小前提（已知）	若 A' 且 B'
结论	C'

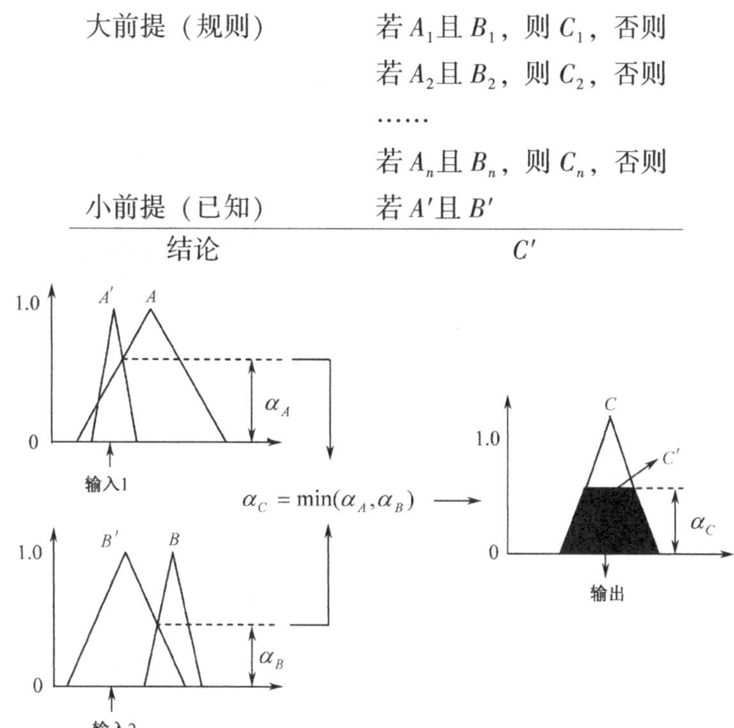

图 5-20　二输入 Mamdani 推理过程

其中，A_i 和 A'、B_i 和 B'、C_i 和 C' 分别是不同论域 X、Y、Z 的模糊集合，“否则”表示“或”运算，可写为并集形式

$$C'=(A'\times B')\circ\{[(A_1\times B_1)\to C_1]\cup\cdots\cup[(A_n\times B_n)\to C_n]\} \tag{5-31}$$

其中，$C_i'=(A'\times B')\circ[(A_i\times B_i)\to C_i]=[A'\circ(A_i\to C_i)]\cap[B'\circ(B_i\to C_i)]$，其中 $i=1,2,\cdots,n$。其隶属度函数为

$$\begin{aligned}\mu_{C_i'}(z)&=\bigvee_{x\in X}\{\mu_{A'}(x)\wedge[\mu_{A_i}(x)\wedge\mu_{C_i}(z)]\}\cap\bigvee_{y\in Y}\{\mu_{B'}(y)\wedge[\mu_{B_i}(y)\wedge\mu_{C_i}(z)]\}\\&=\bigvee_{x\in X}[\mu_{A'}(x)\wedge\mu_{A_i}(x)]\wedge\mu_{C_i}(z)\cap\bigvee_{y\in Y}[\mu_{B'}(y)\wedge\mu_{B_i}(y)]\wedge\mu_{C_i}(z)\\&=(\alpha_{A_i}\wedge\mu_{C_i}(z))\cap(\alpha_{B_i}\wedge\mu_{C_i}(z))\\&=(\alpha_{A_i}\wedge\alpha_{B_i})\wedge\mu_{C_i}(z))\end{aligned} \tag{5-32}$$

其中，$i=1,2,\cdots,n$。

如果有两条二输入规则，则得到两个结论

$$R_1:\mu_{C_1'}(Z)=\alpha_{A_1}\wedge\alpha_{B_1}\wedge\mu_{C_1}(z) \tag{5-33}$$

$$R_2:\mu_{C_2'}(Z)=\alpha_{A_2}\wedge\alpha_{B_2}\wedge\mu_{C_2}(z) \tag{5-34}$$

则

$$C'=C_1'\cup C_2' \tag{5-35}$$

即分别从不同的规则得到两个结论，再对所有的结论进行并运算，便得到总的推理结论，其推理过程如图 5-21 所示。

对于多输入多规则的模糊推理，可依据先前提，对大前提中每条模糊条件语句分别进行推理，并将结果综合成最终推理结果，即

$$\mu_{C_i'}(z)=\bigvee_{x\in X}\{\mu_{A'}(x)\wedge[\mu_{A_i}(x)\wedge\mu_{C_i}(z)]\}\cap\bigvee_{y\in Y}\{\mu_{B'}(y)\wedge[\mu_{B_i}(y)\wedge\mu_{C_i}(z)]\} \tag{5-36}$$

可改写为

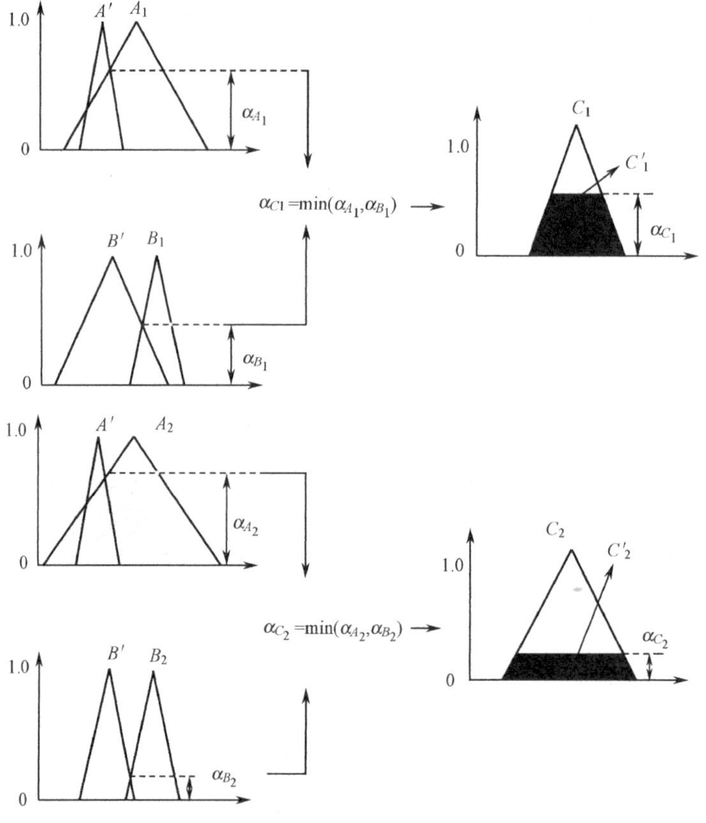

图 5-21　两条二输入规则的 Mamdani 推理过程

$$\mu_{C_i'}(z)=\alpha_{A_i}\alpha_{B_i}\alpha_{C_i} \tag{5-37}$$

其中，$i=1,2,\cdots,n$。

5.6　模糊 ISODATA 算法

5.6.1　模糊 ISODATA 算法的基本原理

模糊 ISODATA 聚类方法从选择好的初始聚类中心出发，根据目标函数，用迭代计算的方法反复修改模糊矩阵和聚类中心，并对类别进行合并、分解和删除等，直到结果合理为止。

设有限样本集（论域）$X=\{X_1,X_2,\cdots,X_N\}$，每一个样本有 s 个特征，如式（5-38）所示。

$$\boldsymbol{X}_j=(x_{j1},x_{j2},\cdots,x_{js}),\ (j=1,2,\cdots,N) \tag{5-38}$$

即样本的特征矩阵

$$\boldsymbol{X}_{N\times s}=\begin{pmatrix} x_1 \\ x_2 \\ \vdots \\ x_N \end{pmatrix}=\begin{pmatrix} x_{11} & x_{12} & \cdots & x_{1s} \\ x_{21} & x_{22} & \cdots & x_{2s} \\ \vdots & \vdots & \vdots & \vdots \\ x_{N1} & x_{N2} & \cdots & x_{Ns} \end{pmatrix} \tag{5-39}$$

欲把它分为 K 类($2\leqslant K\leqslant N$)，则 N 个样本划分为 K 类的模糊分类矩阵为

$$\boldsymbol{U}_{K\times N}=\begin{pmatrix}\mu_1\\ \mu_2\\ \vdots\\ \mu_K\end{pmatrix}=\begin{pmatrix}\mu_{11} & \mu_{12} & \cdots & \mu_{1N}\\ \mu_{21} & \mu_{22} & \cdots & \mu_{2N}\\ \vdots & \vdots & \vdots & \vdots\\ \mu_{K1} & \mu_{K2} & \cdots & \mu_{KN}\end{pmatrix} \tag{5-40}$$

其满足下列三个条件：

(1) $0\leqslant\mu_{ij}\leqslant 1$, $i=1,2,\cdots,K$, $j=1,2,\cdots,N$;

(2) $\sum_{i=1}^{N}\mu_{ij}=1$, $j=1,2,\cdots,N$;

(3) $0<\sum_{j=1}^{N}\mu_{ij}<N$, $i=1,2,\cdots,K$。

条件（2）表明每一样本属于各类的隶属度之和为 1；条件 3 表明每一类模糊集不可能是空集合，即总有样本不同程度地隶属于某类。

定义 K 个聚类中心 $Z=\{Z_1,Z_2,\cdots,Z_K\}$。其中：$Z_i=\{z_{i1},z_{i2},\cdots,z_{is}\}$，$i=1,2,\cdots,K$。

$$\boldsymbol{Z}_{K\times s}=\begin{pmatrix}Z_1\\ Z_2\\ \vdots\\ Z_K\end{pmatrix}=\begin{pmatrix}Z_{11} & Z_{12} & \cdots & Z_{1s}\\ Z_{21} & Z_{22} & \cdots & Z_{1s}\\ \vdots & \vdots & \vdots & \vdots\\ Z_{K1} & Z_{K2} & \cdots & Z_{Ks}\end{pmatrix} \tag{5-41}$$

第 i 类的中心 Z_i 即人为假想的理想样本，它对应的 s 个指标值是该类样本所对应的指标值的平均值，即

$$Z_{ij}=\frac{\sum_{k=1}^{N}(\mu_{ik})^m X_{kj}}{\sum_{k=1}^{N}(\mu_{ik})^m}\qquad i=1,2,\cdots,K;\ j=1,2,\cdots,s \tag{5-42}$$

构造准则函数为

$$J=\sum_{i=1}^{K}\sum_{j=1}^{N}[\mu_{ij}(L+1)]^m\|X_j-Z_i\|^2 \tag{5-43}$$

其中，$\|X_j-Z_i\|$表示第 j 个样本与第 i 类中心之间的欧式距离；J 表示所有待聚类样本与所属类的聚类中心之间距离的平方和。

为了确定最佳分类结果，就是寻求最佳划分矩阵 $\boldsymbol{U}$ 和对应的聚类中心 $\boldsymbol{Z}$，使 J 达到极小。Dunn 证明了求上述泛函的极小值的问题可解。

5.6.2　模糊 ISODATA 算法的基本步骤

（1）选择初始聚类中心 $Z_i(0)$。例如，可以将全体样本的均值作为第一个聚类中心，然后在每个特征方向上加和减一个均方差，共得 $2n+1$ 个聚类中心，n 是样本的维数（特征数）。也可以用其他方法选择初始聚类中心。

（2）若已选择了 K 个初始聚类中心，接着利用模糊 K-均值算法对样本进行聚类。由于现在得到的不是初始隶属度矩阵 $\boldsymbol{U}(0)$，而是各类聚类中心，所以算法应从模糊 K-均值算法的第四步开始，即直接计算下一步的隶属度矩阵 $\boldsymbol{U}(0)$。继续 K-均值算法直到收敛为止，最终得到隶属度矩阵 $\boldsymbol{U}$ 和 $\boldsymbol{K}$ 个聚类中心 $\boldsymbol{Z}=\{Z_1,Z_2,\cdots,Z_K\}$。然后进行类别调整。

① 计算初始隶属度矩阵 $\boldsymbol{U}(0)$，矩阵元素的计算方法为

$$\mu_{ij}(0)=\frac{1}{\sum_{p=1}^{K}\left(\frac{d_{ij}}{d_{pj}}\right)^{2/(m-1)}}\qquad i=1,2,\cdots,K;\ j=1,2,\cdots,N;\ m\geqslant 2 \tag{5-44}$$

式中，d_{ij}是第 j 个样本到第 i 类初始聚类中心 $Z_i(0)$ 的距离。为避免分母为零，特规定：若 $d_{ij}=0$，则 $\mu_{ij}(0)=1$，$\mu_{pj}(0)=0(p\neq i)$；可见，d_{ij}越大，$\mu_{ij}(0)$越小。

② 求各类的新的聚类中心 $Z_i(L)$，L 为迭代次数。

$$Z_i(L)=\frac{\sum_{j=1}^{N}[\mu_{ij}(L)]^m X_j}{\sum_{j=1}^{N}[\mu_{ij}(L)]^m}\qquad i=1,2,\cdots,K \tag{5-45}$$

式中，参数 $m\geqslant 2$，是一个控制聚类结果模糊程度的常数。可以看出各聚类中心的计算必须用到全部的 N 个样本，这是与非模糊的 K-均值算法的区别之一。在 K-均值算法中，某一类的聚类中心仅由该类样本决定，不涉及其他类。

③ 计算新的隶属度矩阵 $\boldsymbol{U}(L+1)$，矩阵元素的计算方法为

$$\mu_{ij}(L+1)=\frac{1}{\sum_{p=1}^{K}\left(\frac{d_{ij}}{d_{pj}}\right)^{2/(m-1)}}\qquad i=1,2,\cdots,K;\ j=1,2,\cdots,N \tag{5-46}$$

式中，d_{ij}是第 L 次迭代完成时，第 j 个样本到第 i 类聚类中心 $Z_i(L)$ 的距离。为避免分母为零，特规定：若 $d_{ij}=0$，则 $\mu_{ij}(L+1)=1$，$\mu_{pj}(L+1)=0(p\neq i)$。可见，d_{ij}越大，$\mu_{ij}(L+1)$越小。

④ 回到第③步，重复至收敛。收敛条件为$\max\limits_{i,j}\{|\mu_{ij}(L+1)-\mu_{ij}(L)|\}\leqslant\varepsilon$，其中，$\varepsilon$ 为规定的参数。

（3）类别调整。调整分三种情形：

① 合并：假定各聚类中心之间的平均距离为 D，则取合并阈值为

$$M_{\text{ind}}=D[1-F(K)] \tag{5-47}$$

式中，$F(K)$是人为构造的函数，$0\leqslant F(K)\leqslant 1$，而且 $F(K)$应是 K 的减函数，通常取 $F(K)=1/K^{\alpha}$，α 是一个可选择的参数。可见，若 D 确定，则 K 越大时 M_{ind}也越大，即合并越容易发生。

若聚类中心 Z_i 和 Z_j 间的距离小于 M_{ind}，则合并这两个点得到新的聚类中心 Z_L，Z_L 为

$$Z_L=\frac{\left(\sum_{p=1}^{N}\mu_{ip}\right)Z_i+\left(\sum_{p=1}^{N}\mu_{jp}\right)Z_j}{\sum_{p=1}^{N}\mu_{ip}+\sum_{p=1}^{N}\mu_{jp}} \tag{5-48}$$

式中，N 为样本个数。可见，Z_L 是 Z_i 和 Z_j 的加权平均，而所用的权系数便是全体样本对 ω_i 和 ω_j 两类的隶属度。

② 分解：首先计算各类在每个特征方向上的“模糊化方差”。对于 ω_i 类的第 j 个特征，模糊化方差的计算公式为

$$S_{ij}^2=\frac{1}{N+1}\sum_{p=1}^{N}\mu_{ip}^{\beta}(x_{pj}-z_{ij})^2\qquad i=1,2,\cdots,K;\ j=1,2,\cdots,N \tag{5-49}$$

式中，β 是参数，通常 $\beta=1$。x_{pj}、z_{ij}分别表示样本 X_p 和聚类中心 Z_i 的第 j 个特征值。$S_{ij}=$

$\sqrt{S_{ij}^2}$，全体 S_{ij} 的平均值记作 S，然后求阈值

$$F_{\mathrm{std}}=S[1+G(K)] \tag{5-50}$$

$G(K)$ 是类数 K 的增函数，通常取 $G(K)=K^{\gamma}$，γ 是参数。上式表明，当 S 确定时，类数 K 越大，越不易分解。下面分两步进行分解：

第一步，检查各类“聚集程度”。对于任一类 ω_i，取 $\mathrm{Sum}_i=\sum_{p=1}^{N}t_{ip}\mu_{ip}$，其中，$t_{ip}=\begin{cases}0, 当\mu_{ip}\leqslant\theta\\1, 当\mu_{ip}>\theta\end{cases}$，然后取 $T_i=\sum_{p=1}^{N}t_{ip}$，$C_i=\mathrm{Sum}_i/T_i$。其中，θ 为一参数，$0<\theta<0.5$。C_i 表示 ω_i 类的聚集程度。上两式的含义是，对于每一类 ω_i，首先舍去那些对它的隶属度太小的样本，然后计算其他各样本对该类的平均隶属度 C_i。若 $C_i>A_{\mathrm{vms}}$（A_{vms} 为参数），则表示 ω_i 类的聚集程度较高，不必进行分解；否则考虑下一步。

第二步，分解。对于任一不满足 $C_i>A_{\mathrm{vms}}$ 的 ω_i 类考虑其每个 S_{ij}，若 $S_{ij}>F_{\mathrm{std}}$，则在第 j 个特征方向上对聚类中心 Z_i 加和减 kS_{ij}（k 为分裂系数，$0<k\leqslant1$），得到两个新的聚类中心。

这里每个量的计算都考虑了全体样本对各类的隶属度。

③ 删除：删除某个类 ω_i 或聚类中心 Z_i 的条件有两个。

☺ 条件 1：$T_i\leqslant\delta N/K$，δ 是参数，T_i 见以上分析。它表示对 ω_i 类的隶属度超过 θ 的点数。这一条件表示对 ω_i 类隶属度高的点很少，应该删除。

☺ 条件 2：$C_i\leqslant A_{\mathrm{vms}}$，但 ω_i 类不满足分解条件，即对所有的 j，$S_{ij}\leqslant F_{\mathrm{std}}$。这个条件表明，在 Z_i 的周围存在着一批样本点，它们的聚集程度不高，但也不是非常分散。这时，我们认为 Z_i 也不是一个理想的聚类中心。

符合以上两个条件之一者，将被删除。

如果在第（3）步类别调整中进行了合并、分解或删除操作，则在每次处理后都应进行如下讨论，并在全部处理结束后做出一个选择：停止在某个结果上，或者转到第（2）步重新迭代。如果在第（3）步中没有进行任何类别调整，则表示已经不需要改进结果，计算停止。

（4）关于最佳类数或最佳结果的讨论。上述所得为预选定分类数 K 时的最优解，为局部最优解。最优聚类数 K 可借助以下判定聚类效果的指标值得到。

分类系数：$F(R)=\dfrac{1}{n}\sum_{i=1}^{K}\sum_{j=1}^{N}\mu_{ij}^2$，$F$ 越接近 1，聚类效果越好。

平均模糊熵：$H(R)=\dfrac{1}{n}\sum_{i=1}^{K}\sum_{j=1}^{N}\mu_{ij}\ln(\mu_{ij})$，$H$ 越接近于 0，聚类效果越好。

由此，可以分别选定 $K(2\leqslant K\leqslant N)$，计算其所得聚类结果的聚类指标值并进行比较，求得最优聚类个数 K，即满足 F 最接近 1 或 H 最接近 0 的 K 值。

（5）分类清晰化。有以下两种方法：

① X_j 与哪一类的聚类中心最接近，就将 X_j 归到哪一类。即：$\forall X_j\in X$，若 $\|X_j-Z_{\omega_i}\|=\min\limits_{1\leqslant j\leqslant K}\|X_j-Z_i\|$，就将 X_j 归到 ω_i 类。

② X_j 对哪一类的隶属度值最大，就将它归于哪一类。即：在 $\boldsymbol{U}$ 的第 j 列中，若 $\mu_{ij}(L+1)=$

$\max\limits_{1\leq p\leq K}\mu_{pj}(L+1)$，$j=1,2,\cdots,N$ 则 X_j 归到 ω_i 类。

当算法结束时，就得到了各类的聚类中心，以及表示各样本对各类隶属程度的隶属度矩阵，模糊聚类到此结束。这时，准则函数 $J=\sum\limits_{i=1}^{K}\sum\limits_{j=1}^{N}[\mu_{ij}(L+1)]^m\|X_j-Z_i\|^2$ 值达到最小。

5.6.3 模糊 ISODATA 算法的 MATLAB 实现

1. 程序流程图（见图 5-22）

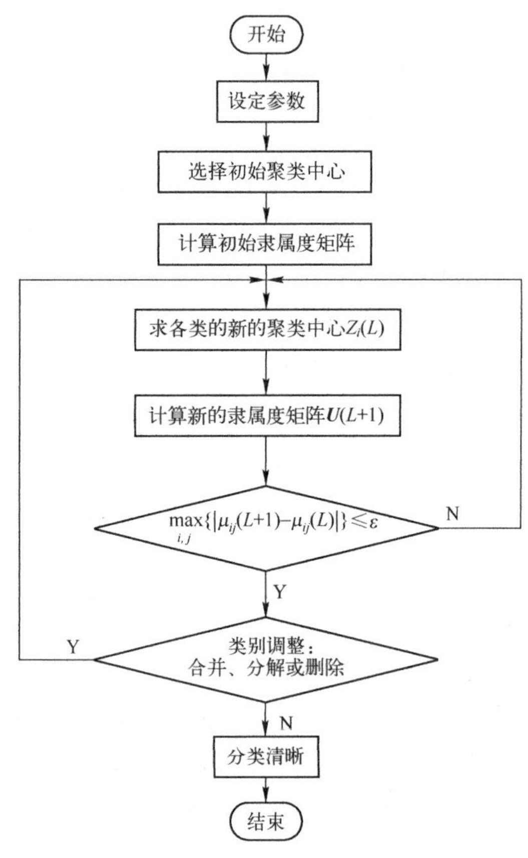

图 5-22 程序流程图

2. 初始化程序

```
Nc = 4;                     % 初始聚类中心数目
m = 2;                      % 控制聚类结果模糊程度
L = 0;                      % 迭代次数
Lmax = 1000;                % 最大迭代次数
Nc_all = ones(Lmax,2);      % 各次迭代的分类数
Udmax = 10;                 %最后一次的隶属度与前一次的隶属度的差值的初始值
e = 0.00005;                % 收敛参数
a = 0.33;                   % 合并阈值系数
b = 1;                      % 模糊化方差参数(通常取 1)
```

```
r = 0.1;              % 分解阈值参数(算法使用者掌握的参数, 控制 G(K) 的上升速度)
f = 0.68;             % 隶属度阈值(一般取值 0~0.5)
Avms = 0.83;          % 平均隶属度阈值(一般应大于 0.5, 0.55~0.6 取值比较适宜)
k_divide = 0.9;       % 分裂 1 数(取 0~1)
w = 0.2;              % 删除条件参数
```

3. 程序运行结果（见图 5-23）

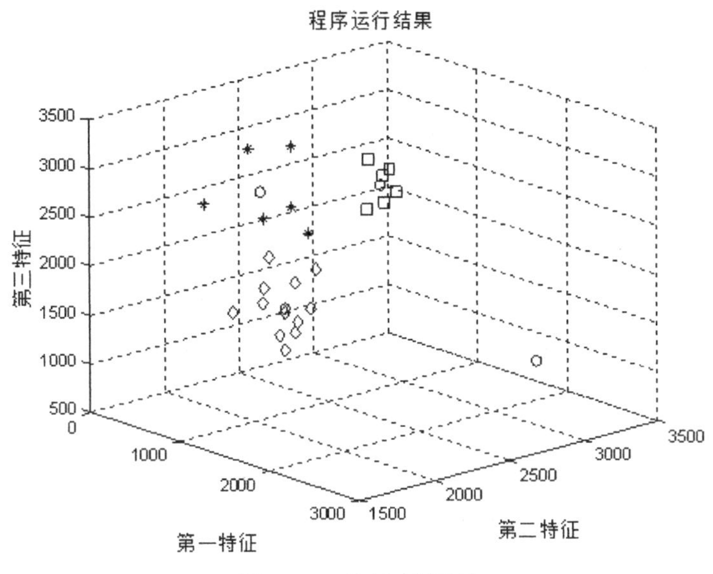

图 5-23　程序运行结果

4. 参数调试过程

(1) 调试控制聚类结果模糊程度的参数 m（加权参数）。

① 控制聚类结果模糊程度的参数 $m=1.5$ 时聚类程序运行结果如图 5-24 所示。

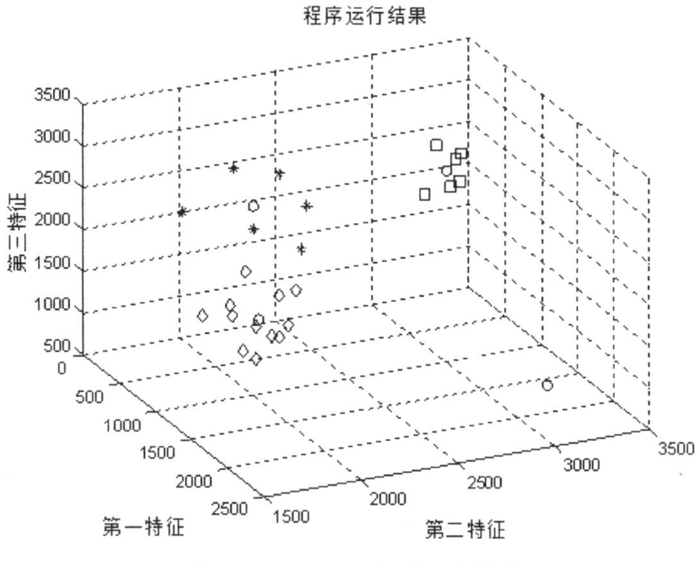

图 5-24　$m=1.5$ 时程序运行结果

此时迭代次数 $L=21$。

② 控制聚类结果模糊程度的参数 $m=2$ 时，聚类程序运行结果如图 5-25 所示。

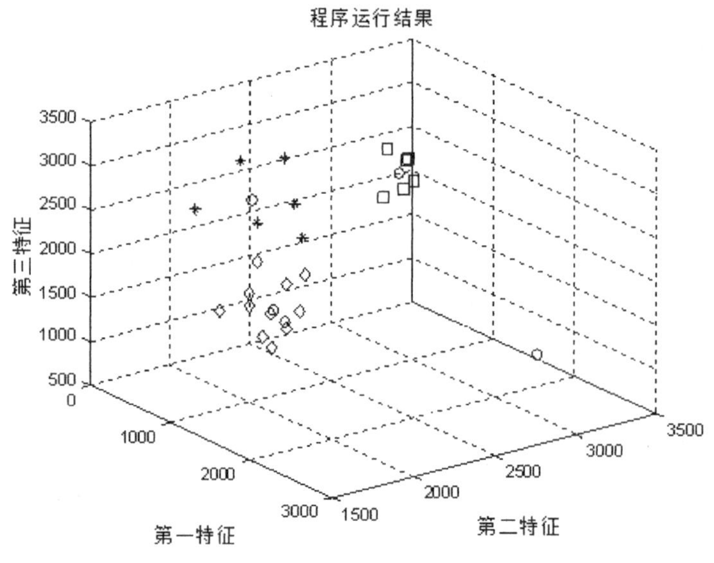

图 5-25　$m=2$ 时程序运行结果

此时迭代次数 $L=31$。

③ 控制聚类结果模糊程度的参数 $m=2.5$ 时，聚类程序运行结果如图 5-26 所示。

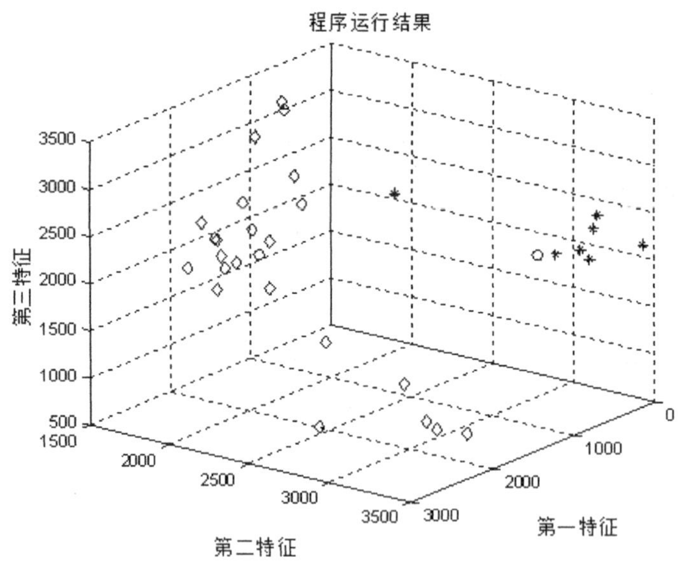

图 5-26　$m=2.5$ 时程序运行结果

此时的聚类只聚了 2 类，迭代次数 $L=63$。

④ 控制聚类结果模糊程度的参数 $m=3$ 时，聚类程序运行结果如图 5-27 所示。

此时程序运行出错，无法出图，提示“Subscripted assignment dimension mismatch”，迭代次数 $L=91$。

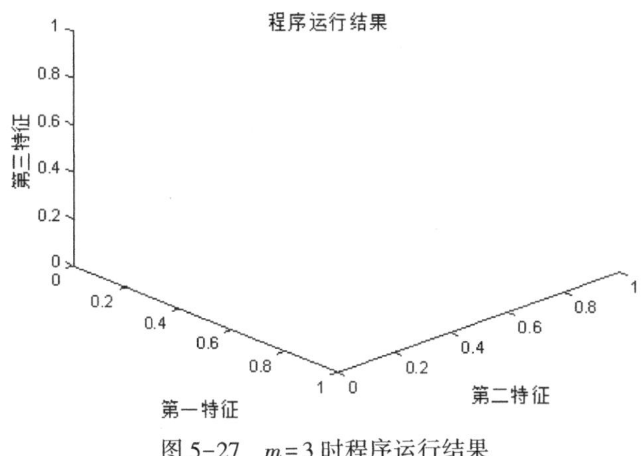

图 5-27 $m=3$ 时程序运行结果

加权参数 m 控制着模糊类间的分享程度，m 值的选取对整个聚类过程和聚类结果有较大影响。m 越接近 1，分类的模糊性越低，当 $m=1$ 时，分类变成硬分类；参数 m 越大，分类的模糊性越高，它的意义也更不明确。由于 m 出现在泛函 $J(R,V)$ 中作为一个指数，它的值不宜太大，否则会引起失真，因而在 $m>1$ 的前提下，它的值越小越好；另外 $m-1$ 作为分母，故 m 值又不能太接近于 1，否则会引起计算溢出。

实际应用中发现，m 值的选取应注意：m 值越小，迭代次数越少，分类速度越快，分类矩阵 $\boldsymbol{U}$ 的元素值越趋向于 0、1 两极，最优分类矩阵的模糊性越低，聚类效果越好；m 取值过大，会使运算的复杂度增加，使得运算的时间增加，并且造成聚类矩阵的发散。

显然，参数 m 的引入在数学理论上不够严密，实际上如何确定 m 缺乏依据，从而引入一定的主观任意性。为此，Bezdek 对参数 m 的确定进行了模拟试验研究，试验结果表明，参数 m 以取 2 为优。

（2）调试收敛参数 e。

① 收敛参数 $e=0.5$ 时，聚类程序运行结果如图 5-28 所示。

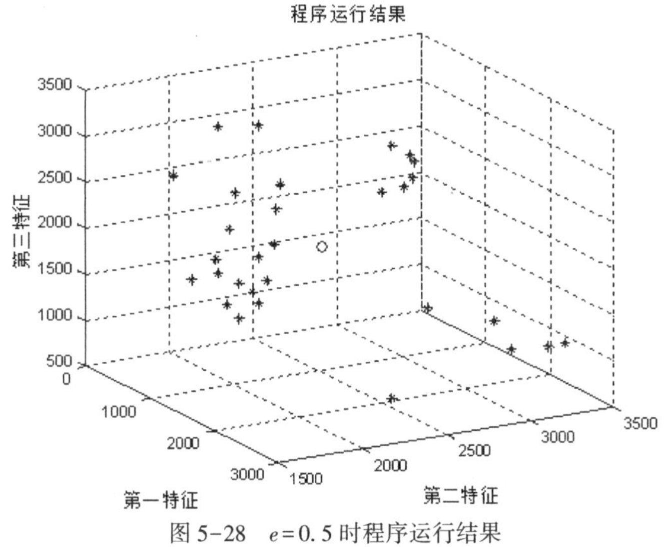

图 5-28 $e=0.5$ 时程序运行结果

此时只聚了一类，迭代次数 $L=3$。

② 收敛参数 $e=0.00005$ 时，聚类程序运行结果如图 5-29 所示。

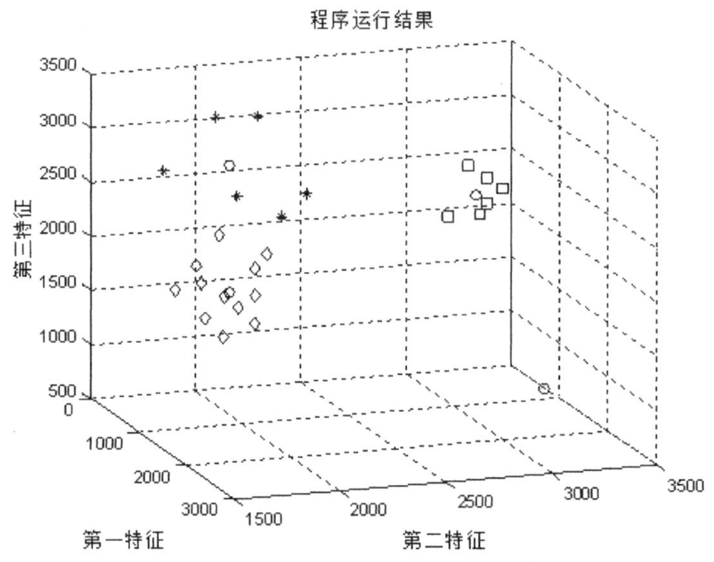

图 5-29 $e=0.00005$ 时程序运行结果

此时分类成功，迭代次数 $L=25$。

③ 收敛参数 $e=0.000000005$ 时，聚类程序运行结果如图 5-30 所示。

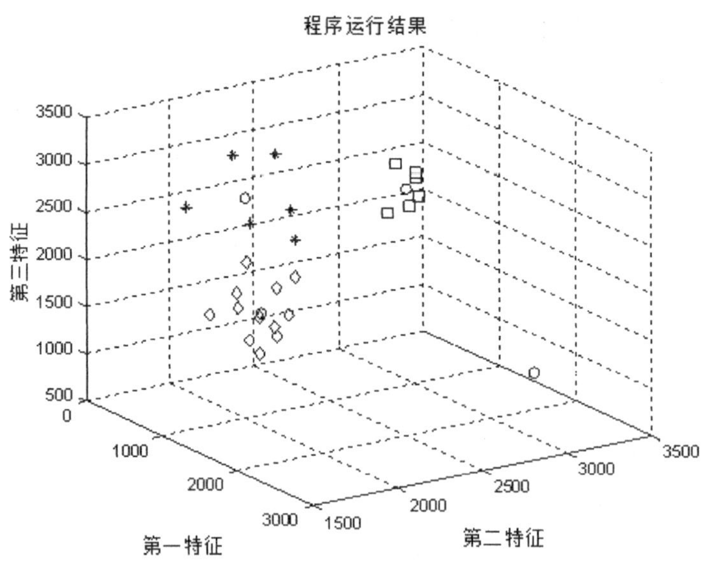

图 5-30 程序运行结果

此时分类成功，迭代次数 $L=47$。

e 是精度要求，对整个聚类结果有一定影响。e 值太大时，聚类结果不精确；e 的取值越小则迭代的次数越多。为了保证聚类结果的可靠性，e 的取值一般为 $10^{-6}\sim10^{-4}$。

模糊 ISODATA 聚类分析方法对特性比较复杂而人们又缺少认识的对象进行分类，可以有效地实施人工干预，加入人脑思维信息，使分类结果更符合客观实际，可以给出相对的最优分类结果，因而具有一定的实用性。

然而由于该方法在计算中需要人为选择和确定不同的参数，使该方法在数学理论上显得不够严谨。参数的选取也缺乏理论依据，选取最合适的参数也非常困难。这些参数的设定问题，直接影响模糊分类的分类精度和算法实现，使模糊 ISODATA 算法在实际应用中受到限制。

MATLAB 完整程序如下：

```
close all;                          % 关闭窗口
clear all;                          % 清空工作空间
data = importdata('SelfOrganizationSimulation.dat');   % 读入样本数据
Nc = 4;                             % 初始聚类中心数目
m =2;                               % 控制聚类结果模糊程度
L = 0;                              % 迭代次数
Lmax = 1000;                        % 最大迭代次数
Nc_all = ones(Lmax,2);              % 各次迭代的分类数
Udmax = 10;                         % 最后一次的隶属度与前一次的隶属度的差值的初始值
e = 0.000000005;                    % 收敛参数
a = 0.33;                           % 合并阈值系数
b = 1;                              % 模糊化方差参数(通常取 1)
r = 0.1;                            % 分解阈值参数(算法使用者掌握的参数, 控制 G(K)的上升速度)
f = 0.68;                           % 隶属度阈值(一般取值 0~0.5)
Avms = 0.83;                        % 平均隶属度阈值(一般应大于 0.5, 0.55~0.6 取值比较适宜)
k_divide = 0.9;                     % 分裂 1 数(取 0~1)
w = 0.2;                            % 删除条件参数

Nc_start = Nc;
% 调用 Fuzzy ISODATA 函数
[X, Z, U, Nc, L, Dcc, Dccm, Mind,  S, Smean, Fstd, T, C, k_delete, Dpc] =FussyISODATA_function
(data, Nc, m, L, Lmax, Nc_all, Udmax, e, a, b, r, f, Avms, k_divide, w);

[Np, Nq] = size(data);       % Np 样本数目; Nq 样本维数

% 将聚类结果在三维图中显示
figure;
hold on;
for i=1:Np
for j = 1:Nc
if Nc>4
```

```
            disp('聚类中心数目大于 4 个');
else
switch X(i,1).category
case 1
plot3(X(i,1).feature(1,1),X(i,1).feature(1,2),X(i,1).feature(1,3),'b*');   %第 1 类样本，蓝色*
grid on;box;
plot3(Z(j,1).feature(1,1),Z(j,1).feature(1,2),Z(j,1).feature(1,3),'ko');   %第 1 类聚类中心，黑色 o
grid on;
case 2
plot3(X(i,1).feature(1,1),X(i,1).feature(1,2),X(i,1).feature(1,3),'gd');   %第 2 类样本，绿色菱形
grid on;
plot3(Z(j,1).feature(1,1),Z(j,1).feature(1,2),Z(j,1).feature(1,3),'ko');   %第 2 类聚类中心，黑色 o
grid on;
case 3
plot3(X(i,1).feature(1,1),X(i,1).feature(1,2),X(i,1).feature(1,3),'rs');   %第 3 类样本，红色方块
grid on;
plot3(Z(j,1).feature(1,1),Z(j,1).feature(1,2),Z(j,1).feature(1,3),'ko');   %第 3 类聚类中心，黑色 o
grid on;
case 4
plot3(X(i,1).feature(1,1),X(i,1).feature(1,2),X(i,1).feature(1,3),'c+');   %第 4 类样本，青色+
grid on;
plot3(Z(j,1).feature(1,1),Z(j,1).feature(1,2),Z(j,1).feature(1,3),'ko');   %第 4 类聚类中心，黑色 o
grid on;

end
end
end
end
%显示方向轴名称
xlabel('第一特征');
ylabel('第二特征');
zlabel('第三特征');
title('程序运行结果');
%显示各聚类中心
for i = 1:Nc
A(i,:)=Z(i,1).feature(1,:);
end
A
%显示各样本所属类别
for i = 1:Np
B(i,1)=X(i,1).category;
end
B
```

```
L
%%%%%%%%%%%%%%%%%%%%%%%%%%%%%%%%%%%%%%%%%%%%%%%%%%
%                    类别调整函数                    %
%名称：  FussyISODATA_adjust
% 参数：
%          X  样本结构体数组：样本特征、所属类别
%          Z  聚类中心结构体数组：聚类中心特征、所属类别及其包含的样本数
%          U  隶属度矩阵
%         Nc  聚类中心数目
%         Np  样本数目
%         Nq  样本维数
%          a  合并阈值系数
%          f  隶属度阈值
%       Avms  平均隶属度阈值
%          b  模糊化方差参数
%          r  分解阈值参数
%   k_divide  分裂系数
%          w  删除条件参数
% 返回值：
%          Z  聚类中心结构体数组：聚类中心特征、所属类别及其包含的样本数
%          U  隶属度矩阵
%         Nc  聚类中心数目
%        Dcc  两两聚类中心之间的距离矩阵
%       Dccm  两两聚类中心之间的距离的平均值
%       Mind  合并阈值
%          S  各类在每个特征方向上的模糊化标准差矩阵
%      Smean  模糊化标准差平均值
%       Fstd  分解阈值
%          T  各类超过隶属度阈值 f 的样本数矩阵
%          C  各类的聚集程度矩阵
%   k_delete  删除阈值
% 功能：
%        调整聚类结果：合并、分解或者删除
%%%%%%%%%%%%%%%%%%%%%%%%%%%%%%%%%%%%%%%%%%%%%%%%%%
function [Z, U, Nc, Dcc, Dccm, Mind,  S, Smean, Fstd, T, C, k_delete] = FussyISODATA_adjust(X,
Z, U, Nc, Np, Nq, a, f, Avms, b, r, k_divide, w)

%   if (Nc <2) | (Nc>=8)      % 分类数不满足要求时，跳出子函数
%       return;
%   end

    % 变量初始化
    Dcc = zeros(Nc,Nc);          % 两两聚类中心之间的距离矩阵
```

```
    Dccm = 0;                    % 两两聚类中心之间的距离的平均值
    Mind = 0;                    % 合并阈值
    S = zeros(Nc,Nq);            % 各类在每个特征方向上的模糊化标准差矩阵
    Smean = 0;                   % 模糊化标准差平均值
    Fstd = 0;                    % 分解阈值
    T = zeros(Nc,1);             % 各类超过隶属度阈值 f 的样本数矩阵
    C = zeros(Nc,1);             % 各类的聚集程度矩阵
    k_delete = 0;                % 删除阈值


% 1. 合并
% 计算各聚类中心之间的距离 Dcc(i,j)
DccSum = 0;                      % 所有聚类中心距离的和
for i = 1:(Nc-1)
for j = (i+1):Nc
% 两两聚类中心之间的距离
Dcc(i,j) = sqrt((Z(j,1).feature(1,1) - Z(i,1).feature(1,1))^2 + ((Z(j,1).feature(1,2) - Z(i,1).
feature(1,2))^2 + ((Z(j,1).feature(1,3) - Z(i,1).feature(1,3))^2)));
DccSum = DccSum + Dcc(i,j);      % 所有聚类中心距离的和
end
end

% 计算各聚类中心之间的平均距离 Dccm
Ncc = nchoosek(Nc,2);            % 两两聚类中心的组合数
Dccm = DccSum/Ncc;               % 两两聚类中心之间的距离的平均值

% 计算合并阈值
Mind = Dccm * (1-1/(Nc^a));

% 根据合并阈值判断，合并聚类中心，得到新的聚类中心
Y1 = Z;                          % 中间变量
flag1 = 0;                       % 中间标志
Nc_combine = Nc;                 % 合并后的聚类中心数
N_combine = 0;                   % 合并次数
for i = 1:(Nc-1)
for j = (i+1):Nc
if Dcc(i,j) < Mind
% 两聚类中心之间的距离小于合并阈值时，合并这两个聚类中心
ki = sum(U(i,:));
kj = sum(U(j,:));
Y1(i).feature(1,:) = (ki * Z(i,1).feature(1,:) + kj * Z(j,1).feature(1,:))/(ki + kj);
% 合并后的聚类中心
Y1(j).feature(1,:) = [zeros(1,Nq)];
```

```
% 被合并的聚类中心赋0
                N_combine = N_combine +1;       % 合并次数+1
                Nc_combine = Nc_combine -1;     % 类别数-1
if (Nc_combine <=2) | (Nc_combine>=8)
% 分类数不满足要求时，跳出循环
                    flag1 = 1;
%                       Z = Y1;
break;
end
end
end
if flag1 == 1
break;
end
end

%       Z = Y1;                                 % 读取合并后的聚类中心结构体数组

%       if Nc_combine ~= Nc                     % 若合并了聚类中心，则跳出子函数
%           Z = Y;
%           Nc = Nc_combine;                    % 新的分类数
%           return;
%       end

% 2. 分解
% 计算模糊化方差
S_mid = 0;                                      % 中间变量
for i = 1:Nc
for j = 1:Nq
for p = 1:Np                                    % 模糊化方差的分子
            S_mid = S_mid + (U(i,p)^b) * ((X(p,1).feature(1,j)-Z(i,1).feature(1,j))^2);
end
            S2(i,j) = S_mid/(Np-1);             % 模糊化方差
            S(i,j) = sqrt(S2(i,j));             % 模糊化标准差
end
end
% 计算全体模糊化方差的平均值
Smean = sum(sum(S))/(Nq*Nc);
% 计算分解阈值
%   Fstd = Smean*(1+Nc^r);
    Fstd = Smean*(Nc^r);
```

```
% 检查各类的聚集程度
Sum = zeros(Nc,1);                                      % 聚集程度 C 的分子
for i = 1:Nc
for p = 1:Np
if U(i,p)>f
t(i,p) = 1;
else
t(i,p) = 0;
end
            T(i,1) = T(i,1) + t(i,p);                   % 计算聚集程度 C 的分母
Sum(i,1) = Sum(i,1) + t(i,p) * U(i,p);
% 计算聚集程度 C 的分子
end
end
C = Sum./T;                                             % 计算聚集程度矩阵

% 根据平均分解阈值判断是否进行分解
Nc_divide = Nc;                                         % 分解后的聚类中心数
N_divide = 0;                                           % 分解次数
flag2 = 0;                                              % 中间标志
Y2 = Z;
for i = 1:Nc
if C(i,1)<=Avms
for j = 1:3
if S(i,j)>Fstd
    N_divide = N_divide+1;                              % 分解次数+1
    Zdiv1 = Z(i,1).feature(1,:);
    Zdiv2 = Z(i,1).feature(1,:);
    Zdiv1(i,j) = Z(i,1).feature(1,j) + k_divide * S(i,j);   % 分解后, 新的聚类中心 1
    Zdiv2(i,j) = Z(i,1).feature(1,j) - k_divide * S(i,j);   % 分解后, 新的聚类中心 2
Y2(i,1).feature(1,:) = [Zdiv1(1,:)];
% 分解后, 新的聚类中心 1 写入聚类中心结构体数组第 i 项
Y2(Nc+N_divide,1).feature(1,:) = [Zdiv2(1,:)];
% 分解后, 新的聚类中心 2 写入聚类中心结构体数组第 Nc+N_divide 项
Nc_divide = Nc_divide+1;
% 分解后的聚类中心数
if (Nc_divide <=2) | (Nc_divide>=8)
% 分类数不满足要求时, 跳出循环
flag2 = 1;
% 中间标志为 1, 跳出循环
break;
end
end
```

```
end
end
if flag2 == 1;                          % 中间标志为 1, 跳出循环
break;
end
end

%        if Nc_divide ~= Nc            % 若分解了聚类中心, 则跳出子函数
%          Nc = Nc_divide;             % 新的分类数
%            return;
%        end
     % 分解后新的聚类中心
     % Z = Zdiv;
     % Z(i,1).feature = Zdiv1(1,:);
     % Z(Nc+1,1).feature = Zdiv2(1,:);

%    if (Nc<2) | (Nc>8)
%            return;
%        end

% 3. 删除
Nc_delete = Nc;                         % 删除后的聚类中心数
N_delete = 0;                           % 删除次数
flag3 = 0;                              % 中间标志
Y3 = Z;
k_delete = w * Np/Nc;
for i = 1:Nc
for j = 1:Nq
            if (T(i,1)<=k_delete) | (C(i,1)<=Avms & max(S(i,:))<=Fstd)    %删除条件
% 删除的聚类中心特征值赋 0
Y3(i,1).feature(1,:) = [zeros(1,Nq)];
% 删除次数+1
N_delete = N_delete+1;
% 删除后的聚类中心数-1
Nc_delete = Nc_delete-1;
%分类数不满足要求时, 跳出循环
if (Nc_delete<=2) | (Nc_delete>=8)
% 中间标志为 1, 跳出循环
flag3 = 1;
break;
%                       for i1 = 1:Nc
%将符合删除条件的聚类中心删除
% if Y3(i1,1).feature(1,:)~=zeros(1,Nq)
```

```
% Z(i1,1).feature(1,:) = Y3(i1,1).feature(1,:);
% else
% for i2 = i1:Nc-1
% Z(i2,1).feature(1,:) = Y(i2+1,1).feature(1,:);
% end
% end
% end
% Nc = Nc_delete;
% return;
end
end
end
        if flag3 == 1;                          % 中间标志为 1, 跳出循环
        break;
end
end

%       for i1 = 1:Nc                           %将符合删除条件的聚类中心删除
%           if Y(i1,1).feature(1,:) ~ =zeros(1,Nq)
%               Z(i1,1).feature(1,:) = Y(i1,1).feature(1,:);
%           else
%               for i2 = i1:Nc-1
%                   Z(i2,1).feature(1,:) = Y(i2+1,1).feature(1,:);
%               end
%           end
%       end
%       if Nc_delete ~ = Nc                     %若删除了聚类中心，则跳出子函数
%           Nc = Nc_delete;                     %新的分类数
%           return;
%       end
% 类别调整后的聚类中心特征值
Y4 = Z;
for i = 1:Nc
        if Y1(i,1).feature(1,:) ~ =Y4(i,1).feature(1,:)
            Z(i,1).feature(1,:) = Y1(i,1).feature(1,:);
        elseif Y2(i,1).feature(1,:) ~ =Y4(i,1).feature(1,:)
            Z(i,1).feature(1,:) = Y2(i,1).feature(1,:);
        elseif Y3(i,1).feature(1,:) ~ =Y4(i,1).feature(1,:)
            Z(i,1).feature(1,:) = Y3(i,1).feature(1,:);
end
end
if Nc_divide>Nc
            for i = Nc+1:Nc_divide
```

```
            Z(i,1).feature(1,:) = Y2(i,1).feature(1,:);
end
end
Y5 = Z;
N1 = 0;                                    % 已删除的聚类中心个数
for i = 1:Nc_divide
if Y5(i,1).feature(1,:)==[zeros(1,Nq)]
            for i1 = i-N1:Nc_divide-N1     %删除特征值为 0 的聚类中心
Z(i1,1).feature(1,:) = Y5(i1+N1,1).feature(1,:);
end
            N1 = N1 + 1;
end
end

% 类别调整后的分类数
Nc = Nc - N_combine + N_divide - N_delete;
%%%%%%%%%%%%%%%%%%%%%%%%%%%%%%%%%%%%%%%%%%%%%%%%%%%%
%                              Fuzzy ISODATA Function
%
% 名称:  FussyISODATA_function
% 参数:
%       data  样本特征库
%         Nc  初始聚类中心数目
%          m  控制聚类结果模糊程度
%          L  迭代次数
%       Lmax  最大迭代次数
%     Nc_all  各次迭代的分类数
%      Udmax  最后一次隶属度与前一次隶属度的差值的初始值
%          e  收敛参数
%          a  合并阈值系数
%          b  模糊化方差参数
%          r  分解阈值参数
%          f  隶属度阈值
%       Avms  平均隶属度阈值
%   k_divide  分裂系数
%          w  删除条件参数
% 返回值:
%          X  样本结构体数组:样本特征、所属类别
%          Z  聚类中心结构体数组:聚类中心特征、所属类别及其包含的样本数
%          U  隶属度矩阵
%         Nc  聚类中心数目
%          L  迭代次数
%        Dcc  两两聚类中心之间的距离矩阵
```

```
%        Dccm  两两聚类中心之间的距离的平均值
%        Mind  合并阈值
%           S  各类在每个特征方向上的模糊化标准差矩阵
%       Smean  模糊化标准差平均值
%        Fstd  分解阈值
%           T  各类超过隶属度阈值 f 的样本数矩阵
%           C  各类的聚集程度矩阵
%    k_delete  删除阈值
%         Dpc  各样本点到各聚类中心的距离矩阵
% 功能:
%        按照 Fuzzy ISODATA 方法对样本进行分类
%%%%%%%%%%%%%%%%%%%%%%%%%%%%%%%%%%%%%%%%%%%%%%%%%%%%%%%%%%%%%%%%%%%%%%%%%%%%
function [X, Z, U, Nc, L, Dcc, Dccm, Mind,  S, Smean, Fstd, T, C, k_delete, Dpc] = FussyISODATA
_function(data, Nc, m, L, Lmax, Nc_all, Udmax, e, a, b, r, f, Avms, k_divide, w)

Ln = zeros(Lmax,1);
[Np, Nq] = size(data);                     % Np 为样本数目; Nq 为样本维数
for i=1:Np
        X(i,1).feature = [data(i,:)];      % 将样本数据导入样本结构体数组
end
% 选取 Nc 个初始聚类中心
for i = 1:Nc                               % 选取前 Nc 个样本为初始聚类中心
        X(i,1).category = i;               % 第 i 个样本所属类别
        Z(i,1).feature = X(i,1).feature;   % 选取初始聚类中心
        Z(i,1).index = i;                  % 第 i 聚类
        Z(i,1).patternNum = 1;             % 第 i 聚类中样本数
end
% 计算所有样本到各初始聚类中心的距离
Dpc = zeros(Nc,Np);
for i = 1:Nc
for j = 1:Np
            Dpc(i,j) = sqrt((X(j,1).feature(1,1) - Z(i,1).feature(1,1))^2 + (X(j,1).feature(1,
2) - Z(i,1).feature(1,2))^2 + (X(j,1).feature(1,3) - Z(i,1).feature(1,3))^2);
end
end
% 计算初始隶属度矩阵 U(0)
for i = 1:Nc
for j = 1:Np
            if Dpc(i,j) = = 0   % Dpc(i,j)= 0 时,U(i,j)= 1
U(i,j) = 1;
else
                d = 0;
for k = 1:Nc
```

```
if (Dpc(k,j) = = 0) & (k~=i)
% Dpc(i,j)=0 且 k~=i 时, U(i,j)=0
U(k,j) = 0;
elseif (Dpc(k,j) = = 0) & (k==i)
% Dpc(i,j)=0 且 k=i 时,U(i,j)=1
U(k,j) = 1;
else
                    d = d + (Dpc(i,j)/Dpc(k,j))^(2/(m-1));
% Dpc(i,j)~=0 时, 计算隶属度函数的分母
end
end
            U(i,j) = 1/d;    % 计算隶属度
end
end
end
% 调用求新的聚类中心及隶属度矩阵的函数
[Z, U, Nc, Nc_all, L, Dpc] = FussyISODATA_newcentre(X, Z, U, Nc, Nc_all, Np, Nq, e, m, L, Lmax, Udmax)
% 调用类别调整函数, 对聚类结果进行合并、分解或者删除
[Z, U, Nc, Dcc, Dccm, Mind,  S, Smean, Fstd, T, C, k_delete] = FussyISODATA_adjust(X, Z, U, Nc, Np, Nq, a, f, Avms, b, r, k_divide, w)
% 类别调整后, 重新计算所有样本到各新聚类中心的距离
Dpc = zeros(Nc,Np);
for i = 1:Nc
for j = 1:Np
          Dpc(i,j) = sqrt((X(j,1).feature(1,1) - Z(i,1).feature(1,1))^2 + (X(j,1).feature(1,2) - Z(i,1).feature(1,2))^2 + (X(j,1).feature(1,3) - Z(i,1).feature(1,3))^2);
end
end
%   % 类别调整后, 重新计算所有样本到各新聚类中心的距离(加入模糊)
%      Dpc = zeros(Nc,Np);
%      for i = 1:Nc
%          for j = 1:Np
%              Dpc(i,j) = sqrt((U(i,j) * X(j,1).feature(1,1) - Z(i,1).feature(1,1))^2 + (U(i,j) * X(j,1).feature(1,2) - Z(i,1).feature(1,2))^2 + (U(i,j) * X(j,1).feature(1,3) - Z(i,1).feature(1,3) )^2);
%          end
%   end
% 类别调整后, 计算新隶属度矩阵
U = zeros(Nc,Np);
for i = 1:Nc
for j = 1:Np
          if Dpc(i,j) = = 0       % Dpc(i,j)=0 时,U(i,j)=1
```

```
U(i,j) = 1;
else
                d = 0;
for k = 1:Nc
if (Dpc(k,j) = = 0) & (k~ =i)
% Dpc(i,j)=0 且 k~ =i 时,U(i,j)=0
U(i,j) = 1;
elseif (Dpc(k,j) = = 0) & (k= =i)
% Dpc(i,j)=0 且 k=i 时,U(i,j)=1
U(k,j) = 1;
else
                        d = d + (Dpc(i,j)/Dpc(k,j))^(2/(m-1));
% Dpc(i,j)~ =0 时, 计算隶属度函数的分母
end
end
                U(i,j) = 1/d;      % 计算隶属度
end
end
end
%类别调整后, 调用求新的聚类中心及隶属度矩阵的函数, 重新计算聚类中心
[Z, U, Nc, Nc_all, L, Dpc] = FussyISODATA_newcentre(X, Z, U, Nc, Nc_all, Np, Nq, e, m, L, Lmax, Udmax);
% 对聚类结果进行分析, 判断是否停止在某个结果上, 或者重新进行迭代
% 重新划分样本类别
for i = 1:Np
Umax(1,i) = max(U(:,i));
% 找出各样本对所有聚类中心隶属度的最大值
end
for i = 1:Nc
        Z(i,1).patternNum = 0;      % 初始化各类包含的样本数
end
for i = 1:Np
        [i1, i2] = find(U(:,i)= =Umax(1,i));
% 找出各样本对所有聚类中心隶属度的最大值在隶属度矩阵中的位置
if size(i1)= =1
% 各样本对所有聚类中心隶属度的最大值只有 1 个
X(i,1).category = i1;
% 第 i 个样本所属的类别
%               Z(i1,1).index = i1;
% 第 j 聚类中心所属的类别
%               Z(i1,1).patternNum = Z(i1,1).patternNum + 1;
% 第 j 聚类中样本数
else
```

```
% 各样本对所有聚类中心隶属度的最大值不只 1 个
            i1 = i1(fix(rand * size(i1)+1));
% 从多个隶属度相同的聚类中心中，随机选取一类
X(i,1).category = i1;
% 第 i 个样本所属的类别
%              Z(i1,1).index = i1;
% 第 j 聚类中心所属的类别
%              Z(i1,1).patternNum = Z(i1,1).patternNum + 1;
% 第 j 聚类中样本数
end
end
%   % 计算所有样本到各聚类中心的距离
%   Dpc = zeros(Nc,Np);
%   for i = 1:Nc
%        for j = 1:Np
%              Dpc(i,j) = sqrt((X(j,1).feature(1,1) - Z(i,1).feature(1,1))^2 + ((X(j,1).feature
(1,2) - Z(i,1).feature(1,2))^2 + ((X(j,1).feature(1,3) - Z(i,1).feature(1,3))^2)));
%        end
%   end
%   for i = 1:Np
%        [j, k] = find(Dpc(:,i)= =min(Dpc(:,i)));
%        X(i,1).category = j;     % 第 i 个样本所属的类别
%   end

%%%%%%%%%%%%%%%%%%%%%%%%%%%%%%%%%%%%%%%%%%%%%%%%%%%%%%%%%%
%     聚类函数       %
%名称：  FussyISODATA_newcentre
% 参数：
%        X  样本结构体数组：样本特征、所属类别
%        Z  聚类中心结构体数组：聚类中心特征、所属类别及其包含的样本数
%        U  隶属度矩阵
%       Nc  聚类中心数目
%    Nc_all  各次迭代的分类数
%       Np  样本数目
%       Nq  样本维数
%        e  收敛参数
%        m  控制聚类结果模糊程度
%        L  迭代次数
%     Lmax  最大迭代次数
%    Udmax  最后一次的隶属度与前一次的隶属度的差值的初始值
% 返回值：
%        Z  聚类中心结构体数组：聚类中心特征、所属类别及其包含的样本数
%        U  隶属度矩阵
```

```
%          Nc   聚类中心数目
%      Nc_all  各次迭代的分类数
%           L   迭代次数
%         Dpc   各样本点到各聚类中心的距离矩阵
%功能:
%           重复计算新的隶属度矩阵及聚类中心,直至收敛
%%%%%%%%%%%%%%%%%%%%%%%%%%%%%%%%%%%%%%%%%%%%%%%%%%%%%%%%%%
function [Z, U, Nc, Nc_all, L, Dpc] = FussyISODATA_newcentre(X, Z, U, Nc, Nc_all, Np, Nq, e, m,
L, Lmax, Udmax)

while Udmax > e
% 重复计算新的聚类中心和隶属度矩阵,至满足收敛条件
% 判断是否超过最大迭代次数,超过则跳出子函数
if L>Lmax
return;
end

% 初始化各样本点到各聚类中心的距离矩阵
% 计算新的聚类中心
Dpc = zeros(Nc,Np);
% 求隶属度矩阵各值的 m 次方
U1 = U.^m;
% 定义一个中间变量,全零矩阵
A = zeros(1,Nq);
% 求隶属度矩阵各值的 m 次方后,计算各行的和
B = sum((U.^m)');
for i = 1:Nc
for j = 1:Np
A(1,:) = A(1,:) + U1(i,j) * X(j).feature(1,:);
% 求聚类中心函数的分子
end
            Z(i,1).feature(1,:) = A(1,:)./B(1,i);
% 求新的聚类中心
            A = zeros(1,Nq);
end

Up = U;      % Up 为第 L 次隶属度矩阵
% 计算所有样本到各聚类中心的距离
for i = 1:Nc
for j = 1:Np
                Dpc(i,j) = sqrt((X(j,1).feature(1,1) - Z(i,1).feature(1,1))^2 + (X(j,1).
feature(1,2) - Z(i,1).feature(1,2))^2 + (X(j,1).feature(1,3) - Z(i,1).feature(1,3))^2);
end
```

```
end
%          % 计算所有样本到各聚类中心的距离(加入模糊)
%          for i = 1:Nc
%                  for j = 1:Np
%                          Dpc(i,j) = sqrt((U(i,j) * X(j,1).feature(1,1) - Z(i,1).feature(1,1))^2 + (U
(i,j) * X(j,1).feature(1,2) - Z(i,1).feature(1,2))^2 + (U(i,j) * X(j,1).feature(1,3) - Z(i,1).feature
(1,3) )^2);
%                  end
%          end
% 计算第 L+1 次隶属度矩阵 U(L+1)
for i = 1:Nc
for j = 1:Np
if Dpc(i,j) = = 0
                         U(i,j) = 1;             % U 为第 L+1 次隶属度矩阵
else
                         d = 0;
for k = 1:Nc
if (Dpc(k,j) = = 0) & (k~=i)
U(k,j) = 0;
elseif (Dpc(k,j) = = 0) & (k==i)
U(k,j) = 1;
else
                         d = d + (Dpc(i,j)/Dpc(k,j))^(2/(m-1));
end
end
U(i,j) = 1/d;
end
end
end
        Udmax = max(max(U-Up));          % 计算收敛条件值
        L = L + 1;     % 迭代次数+1
        Nc_all(L,1) = Nc;                % 记录第 L 次迭代的聚类中心数
end
```

5.7　模糊聚类 C 均值算法的车牌字符分割

5.7.1　车牌图像识别的预处理

1. 汽车牌照识别流程

汽车牌照识别系统已成为当今智能交通系统研究的热点之一，并日益受到关注。汽车牌照的识别流程可分为图像采集、图像定位、图像分割及字符识别四大模块。这四个模块的正

确率将对下一个模块的正确率产生影响。具体来说，汽车牌照识别的流程如图 5-31 所示。

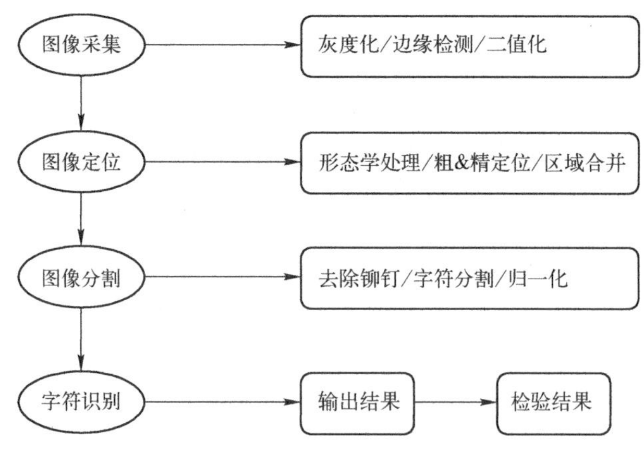

图 5-31　汽车牌照识别流程

为了使汽车牌照在图像中的特征凸现出来，首先，要对拍摄的图像进行预处理，包括对图像进行灰度化等。其次，采用适当的定位和分割技术实现对图像中车牌的定位和字符分割；最后，对分割后的牌照字符经过识别算法完成对车牌字符的识别，并输出结果。

2. 我国汽车牌照的类型及特点分析

我国机动车辆车牌的设计标准采用《中华人民共和国机动车号牌设计规范》，此规范根据我国机动车类型的不同，规定了我国机动车牌照类型规格。我国的小型汽车牌照如图 5-32 所示。

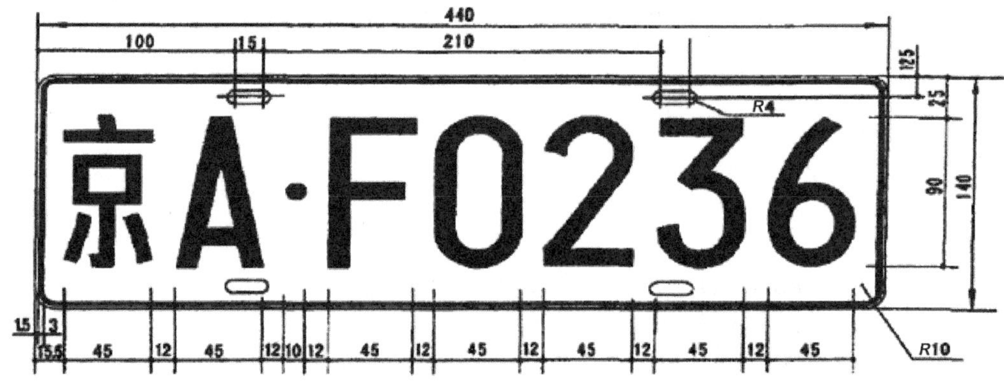

图 5-32　小型汽车牌照

目前，我国汽车牌照的外轮廓尺寸基本为 440cm×140cm。

我国的汽车牌照一般由 7 个字符和一个点组成，车牌字符的高度和宽度是固定的，分别为 90mm 和 45mm，7 个字符之间的距离也是固定的 12mm，点分隔符的直径是 10mm。字符间的差异可能引起字符间的距离不同。关于民用车牌字符的排列位置，第一个字符通常是我国各省区的简称，用汉字表示；第二个字符通常是发证机关的代码号，最后 5 个字符由英文字母和数字组合而成，字母是 26 个大写字母的组合，数字用 0~9 的数字表示。

从图像处理角度看，汽车牌照有以下 6 个特征。第一个特征是车牌的几何特征，即车牌形状为长、宽、高固定的矩形。第二个特征是车牌的灰度分布呈现出连续的波谷-波峰-波谷分布，这是因为我国车牌颜色单一，字符直线排列。第三个特征是车牌直方图呈现出双峰状的特点，即车牌直方图中可以看到双波峰。第四个特征是车牌在图像上呈现出一定的纹理特性，其字符的排列是水平的。第五个特征是车牌具有强边缘信息，这是因为车牌的字符相对集中在车牌的中心，而车牌边缘无字符，因此车牌的边缘信息感较强。第六个特征是车牌的字符颜色和车牌背景颜色对比鲜明。目前，我国国内的车牌大致可分为蓝底白字和黄底黑字，特殊用车采用白底黑字或黑底白字，有时辅以红色字体等。

3. 汽车牌照的预处理

目前国内外对车牌图像的预处理方法主要是从灰度和色彩两个角度出发设计算法的。从图像的灰度角度出发，设计图像预处理算法主要考虑将获取到的色彩对比鲜明的图像运算为灰度图像，一般情况下，可以通过灰度的二值化、灰度对比拉伸、图像平滑滤波等步骤来实现。该方法减少了图像的信息量，降低了系统的运算量，同时由于所需的存储空间较少，对硬件设备的要求也较低，因此基于灰度的车牌图像预处理广泛应用于汽车牌照的预处理。但是该方法的不足之处是会损失部分图像信息，作为图像处理的第一步，该方法的结果对接下来的图像处理的真实性造成一定影响。

（1）图像灰度化。目前我国车牌原始图像的采集大部分是由摄像机或者数码相机等拍摄的，因此采集到的图像多为彩色图像。而彩色图像的每个像素都具有三个不同的颜色分量R、G、B，这些颜色分量包含较多的图像特征，而图像灰度化处理的目的是将彩色图像转化为灰度图，在此过程中，彩色图像的三种颜色消失，灰度图中有且只有图像的亮度。

MATLAB 自带的彩图变灰度图 rgb2gray 函数采用的是加权平均值法。是灰度化图像的R、G、B 取值的加权平均值，而加权平均值的权重是通过一定规则进行赋值的。图 5-33 为获取到的彩色原始图像，图 5-34 为转化后的灰度图像。

图 5-33　彩色原始图像

图 5-34　灰度图像

（2）图像二值化。所谓二值图像是指整幅图像画面中只有两个颜色，即黑色、白色，二值化图像的目的是凸显车牌位置。而为了分析图像的特征，常常采用阈值分割方法从二值化图像中分离出需要的对象。阈值分割的原理是给定具体的灰度阈值，黑色像素点是指图像中低于给定阈值的像素点，白色像素点是指高于给定阈值的像素点。因此，经阈值分割后，车牌与非车牌区域处于两种灰度层次，区域区分较明晰，即为二值化后的图像。

二值化处理的关键在于阈值的选取。MATLAB 自带函数采用的最大类间方差法，被认为是最优的方法，但是该方法也有一定的不足，使用相对固定的阈值对图像进行分割，容易忽略图像局部的特征，从而影响分割的结果。FCM 算法采用两个聚类中心，可以认为是进行二值化处理，从而忽略求取阈值的部分而获得两色的二值图像。预处理部分获得二值化图像如 5-35 所示。

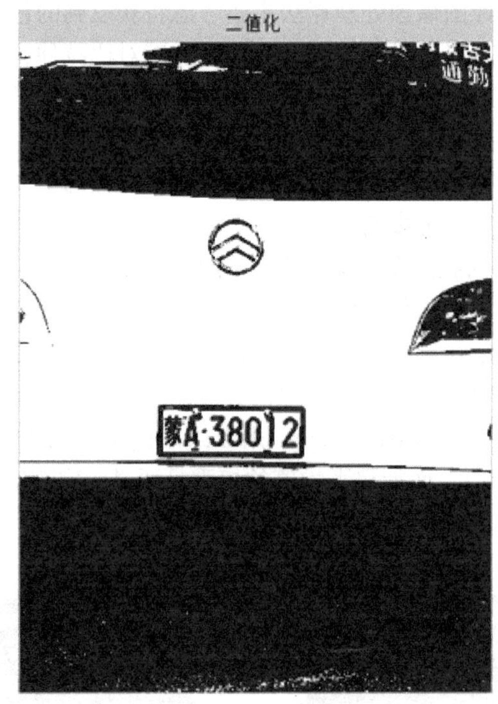

图 5-35　二值化图像

5.7.2　车牌定位

1. 车牌定位方法

车牌定位采用的是基于数学形态学的算法：该算法专注分析图像内部结构，并采用相关数学形态学的算子进行图像定位，具体流程图如图 5-36 所示。

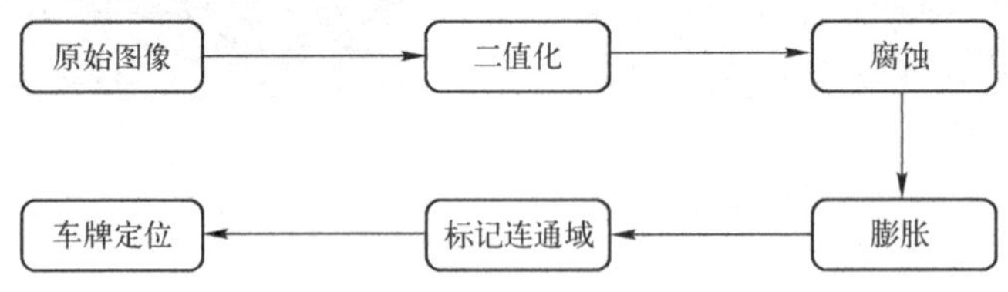

图 5-36　基于数学形态学的定位分析流程

该算法具有一些抵抗噪声的能力，但算法前期的开闭处理，可能会存在一些不符合条件的伪区域，这会对算法的运算速度产生一定影响。因此前期的图像处理工作对该方法来说至关重要。

2. 形态学处理

数学形态学的应用可以简化图像数据，保持它们基本的形状特性，并除去不相干的结构。数学形态学算法具有天然的并行实现的结构，实现了形态学分析和处理算法的并行，大大提高了图像分析和处理的速度。

通过边缘检测算子得到边缘检测图像如图 5-37 所示，先腐蚀（见图 5-38）、后膨胀（见图 5-39）的作用同开运算类似，它能消除细小物体，具有在纤细处分离物体和平滑度较大物体边界的作用。腐蚀：把二值图像 1 像素连接成分的边界点去掉从而缩小一层（可提取骨干信息，去掉毛刺，去掉孤立的 0 像素）；膨胀：把二值图像各 1 像素连接成分的边界扩大一层（填充边缘或 0 像素内部的孔）。

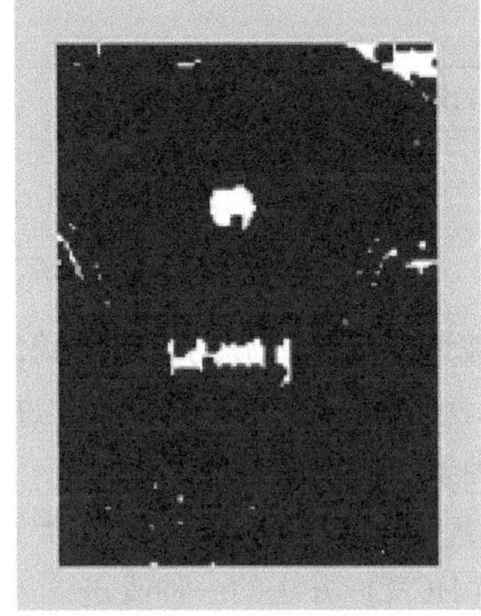

图 5-37　边缘检测

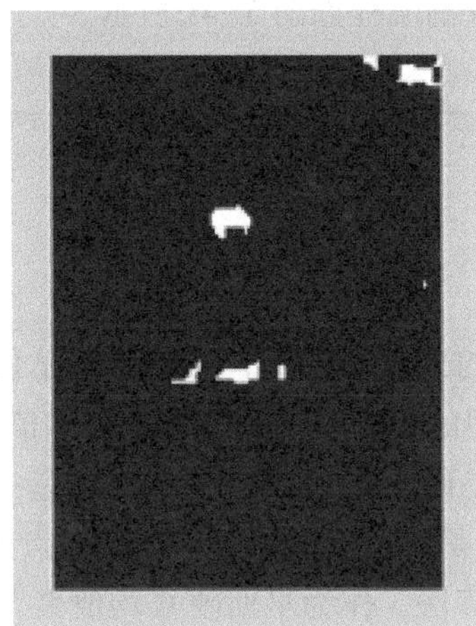

图 5-38　腐蚀

图 5-39　膨胀

3. 区域合并的车牌定位

车牌外框本身具有很明显的边缘特性和比例特性，所以在寻找边缘直线时，原理上只要逐行扫描判断出某一行的某一段像素值都为 1，就可以认为该行该段存在着一条直线段。采用这样的方法同样可以寻找到竖线，以此来定位矩形，但不一定能够确定它是车牌图像，还需要进一步排除处理。

车牌字符是按水平方向排列的，而且字符间会有空隙。对水平分割后的车牌图像进行垂直投影统计可以将这一特征显现出来，有间隔的 7 个字符在垂直投影统计后，水平轴上至少有 6 个空白处。车牌字符是均匀排列的，如果对上述图沿水平线做 7 等份分割，那么每一个等份里都会有字符的投影在里面。事实上，车牌图像确实有这样的特征。如果有矩形不满足上述条件，那么就将它排除。

当检测到 7 个连续的字符块后，断定这个矩形区域是车牌区域，获得的车牌灰度图像如图 5-40 所示，并通过向后合并，更新车牌的位置及中心位置，为进一步的车牌字符分割做准备。

图 5-40　获得的车牌灰度图像

5.7.3 基于 FCM 算法的车牌字符分割

车牌字符分割是牌照识别中的一个重要步骤，它会把图像中有趣的部分或者具有特殊性质的区域提取出来。根据图像某些特征的相似性准则对图像像素进行分组聚变，这样图像就被分成多个具有相同特性的区域。图像分割去除了背景及其他伪目标，提取出需要识别的目标，大大提高了图像分析效率。可以从阈值、区域、边缘及特定理论 4 个角度去考虑图像分割的度量方法。

1. 字符分割步骤

基于 FCM 算法，将车牌的字符和背景分开，使用 bwareaopen 函数将铆钉去除，使用投影法获得切割后的字符。字符分割流程如图 5-41 所示。

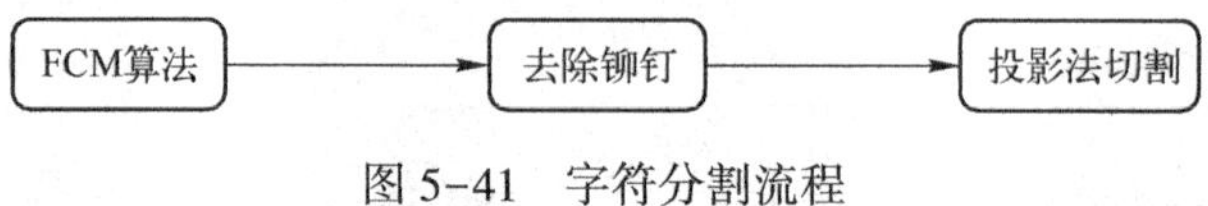

图 5-41 字符分割流程

2. FCM 算法介绍

FCM 算法是一种基于划分的聚类算法，它的思想就是使被划分到同一簇的对象之间的相似度最大，而不同簇对象之间的相似度最小。模糊 C 均值算法是普通 C 均值算法的改进，普通 C 均值算法对数据的划分是硬性的，而 FCM 算法则是一种柔性的模糊划分。

模糊 C 均值聚类（FCM），是用隶属度确定每个数据点属于某个聚类程度的一种聚类算法。1973 年，Bezdek 提出了该算法，作为早期硬 C 均值聚类（HCM）方法的一种改进。

FCM 算法把 n 个向量 $\boldsymbol{x}_i(i=1,2,\cdots,n)$ 分为 c 个模糊组，并求每组的聚类中心，使得非相似性指标的价值函数值达到最小。FCM 与 HCM 算法的主要区别在于 FCM 算法采用模糊划分方法，使得每个给定数据点用值在 0~1 的隶属度来确定其属于各个组的程度。与引入模糊划分方法相适应，隶属度矩阵 $\boldsymbol{U}$ 允许有取值在 0~1 的元素。不过，加上归一化规定，一个数据集的隶属度的和总等于 1。

$$\sum_{i=1}^{c} u_{ij} = 1 \quad \forall j = 1,\cdots,n \tag{5-51}$$

那么，FCM 算法的价值函数（或目标函数）就是

$$J(\boldsymbol{U},c_1,\cdots,c_c) = \sum_{i=1}^{c} J_i = \sum_{i=1}^{c}\sum_{j}^{n} u_{ij}^m d_{ij}^2 \tag{5-52}$$

这里 u_{ij} 介于 0 与 1 之间；c_i 为模糊组 i 的聚类中心，$d_{ij}=\|c_i-x_j\|$ 为第 i 个聚类中心与第 j 个数据点间的欧氏距离；且 $m\in[1,\infty)$ 是一个加权指数。

构造如下新的目标函数，可求得使式（5-52）达到最小值的必要条件。

$$\begin{aligned}\bar{J}(\boldsymbol{U},c_1,\cdots,c_c,\lambda_1,\cdots,\lambda_n) &= J(\boldsymbol{U},c_1,\cdots,c_c) + \sum\nolimits_{j=1}^{n}\lambda_j\Big(\sum_{i=1}^{c} u_{ij} - 1\Big) \\ &= \sum_{i=1}^{c}\sum_{j}^{n} u_{ij}^m d_{ij}^2 + \sum_{j=1}^{n}\lambda_j\Big(\sum_{i=1}^{c} u_{ij} - 1\Big)\end{aligned} \tag{5-53}$$

这里 $\lambda_j(j=1,2,\cdots,n)$ 是 n 个约束式的拉格朗日乘子。对所有输入参量求导，使式（5-53）达到最小的必要条件为

$$c_i = \frac{\sum_{j=1}^{n} u_{ij}^m x_j}{\sum_{j=1}^{n} u_{ij}^m} \tag{5-54}$$

和

$$u_{ij} = \frac{1}{\sum_{k=1}^{c} \left(\frac{d_{ij}}{d_{kj}}\right)^{2/(m-1)}} \tag{5-55}$$

由上述两个必要条件，可知模糊 C 均值聚类算法是一个简单的迭代过程算法。在批处理方式运行时，FCM 算法用下列步骤确定聚类中心 c_i 和隶属矩阵 $\boldsymbol{U}$[1]。

步骤 1：用值在 0~1 的随机数初始化隶属度矩阵 $\boldsymbol{U}$，使其满足约束条件；

步骤 2：用式（5-54）计算 c 个聚类中心 c_i，$i=1,\cdots,c$；

步骤 3：根据式（5-52）计算价值函数。如果它小于某个确定的阈值，或它相对上次价值函数值的改变量小于某个阈值，则算法停止；

步骤 4：用式（5-55）计算新的 $\boldsymbol{U}$ 矩阵，返回步骤 2。

上述算法也可以先初始化聚类中心，然后再执行迭代过程。由于不能确保 FCM 算法收敛于一个最优解，算法的性能依赖于初始聚类中心。因此，我们要么用另外的快速算法确定初始聚类中心，要么每次用不同的初始聚类中心启动该算法，多次运行 FCM 算法。本文确定两个初始聚类中心，采用 MATLAB Fuzzy 工具箱可调用函数，实现的功能类似于图像二值化。FCM 聚类结果如图 5-42 所示。

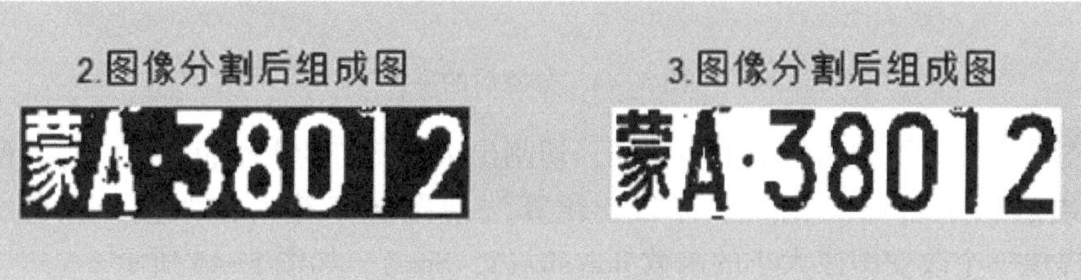

图 5-42　FCM 聚类结果

3. 去除铆钉和投影切割字符

聚类后的两张图片采用底色为黑色、字符为白色的图片进行进一步处理提取，首先要抠掉区域半径小于 20mm 的铆钉部分，如图 5-43 所示，然后根据投影法水平检测每个字符的宽度，再根据垂直投影检测字符的高度，最终提取出 7 个字符块。

图 5-43　去除铆钉后的车牌图

对车牌灰度图像进行灰度垂直投影，从车牌区域的垂直投影可以清晰地看出 7 个区域，即车牌的 7 个字符灰度图像的垂直投影。利用垂直投影图的特征，分割字符操作就转化为得到每个区域的左、右边界了。

本算法是在车牌字符的垂直投影图上从左侧到右侧依次检测每个坐标的投影数值，当检测到第 1 个不为 0 的投影数值时，将这个投影数值所属的像素点看作第 1 个投影区域的左边界限。然后继续向右检测，当检测到第 1 个为 0 的投影数值时，将这个投影数值所属的像素点看作第 1 个投影区域的右边界限。根据此算法可以得出其余 6 个投影区域的左、右界限。如果依据算法处理得到的字符投影块数目等于 7，同时每个字符投影块都在标准字符宽度的阈值范围内，那么即可分割车牌字符；若当检测到的投影块数目小于 7，可知车牌的字符有粘连，则需进一步分割投影块，直至投影块数目为 7，同时满足字符宽度的阈值要求；如果投影块数目大于 7，可知车牌的字符有断裂，则需对投影块进行进一步合并处理，直至投影块数目为 7，同时满足字符宽度的阈值范围要求，分割后的字符如图 5-44 所示。

图 5-44　分割后的字符

由于图像采集时图像的像素值不一样，切割出来的字符的大小也会不一样，所以在进行匹配前必须进行字符归一化。字符归一化算法使图像字符大小跟模板图像大小一致，MATLAB 提供一个改变图像大小的函数 imresize(I，Size)，如图 5-45 所示。

图 5-45　归一化后的车牌字符图像

本节对车牌识别系统的三个关键步骤（车牌图像的预处理、车牌定位、车牌字符分割）进行了归纳总结，分析了这三个步骤的原理和采用的关键技术，并重点对车牌字符分割技术进行了研究。

(1) 对汽车牌照识别技术的相关理论基础进行探讨，实验基于最大间类方差法的图像二值化处理技术，结果表明，该方法具有较好的可行性。

(2) 对汽车牌照的定位，通过车牌的高宽比特征对各种块进行筛选，排除了其他区域，并根据区域合并确定了车牌区域。

(3) 基于 FCM 算法的车牌字符分割技术进行研究。在前期工作的基础上，FCM 算法在短时间内完成了对车牌字符的分割，满足车牌图像处理的实时性要求。

由于受到多方面限制，本书对汽车牌照识别技术的研究还不够深入，本节只是浅显地研究了汽车牌照识别的三个重要步骤，并未对汽车牌照识别的最后一步字符识别进行研究。同时研究方法较多，所获得的原始图像不一样，得到的结果也会有差别。因此，适用于更复杂情况下的汽车牌照识别技术是未来汽车牌照研究的发展方向。

5.8　利用模糊聚类进行数据分类

5.8.1　利用等价模糊关系进行聚类分析的 MATLAB 实现

1. 程序代码

```
clear;
clc;
data=xlsread('11');
yuzhi = 0.9;
[n,p] = size(data);
R = coesimeu(data);                 % 最大最小法
% R = coesim2(data);
% R = coesim3(data);
% R = coesim6(data);
[RK K] = fuzequmat(R);              % 求模糊等价矩阵
com=ones(n) * yuzhi;
RK=(RK>=com);
RK=double(RK);
number=0;
for i=1:n
if( ~sum(RK(i,:))= =0)              % 若新的一行有 1, 则 number=number+1
number=number+1;
rk=RK(i,:);
for j=1:n
if(sum(RK(j,:)= =rk)= =n)           % 求相同行
data(j,4)= number;
RK(j,:)=0;
end
```

```
    end
    end
    end
    for i=1:n
    if(data(i,4)==1)
    data(i,4)=3;
    elseif(data(i,4)==2)
    data(i,4)=4;
    elseif(data(i,4)==3)
    data(i,4)=1;
    else data(i,4)=2;
    end
    end
    P = data';
    plot3(P(1,:),P(2,:),P(3,:),'*');
    grid;box;
    for i = 1:n
    if  data(i,4)==1

line(P(1,i),P(2,i),P(3,i),'linestyle','none','marker','*','color','g');
    elseif data(i,4)==2

line(P(1,i),P(2,i),P(3,i),'linestyle','none','marker','*','color','r');
    elseif data(i,4)==3

line(P(1,i),P(2,i),P(3,i),'linestyle','none','marker','+','color','b');
    elseif data(i,4)==4

line(P(1,i),P(2,i),P(3,i),'linestyle','none','marker','+','color','y');
    end
    end
    xlswrite('wancheng', data);
```

2. 聚类结果

当输入 29 个数据，阈值为 0.9 时，分类结果如图 5-46 所示。

29 组数据中，有 3 组数据出错，模式识别的正确率为 89.65%，分类结果如表 5-4 所示。

表 5-4 分类结果

序 号	数据 1	数据 2	数据 3	分 类	结 果
1	1739.94	1675.15	2395.96	3	3
2	373.3	3087.05	2429.47	4	4
3	1576.77	1652	1514.98	3	3
4	864.45	1647.31	26654.9	1	**3（错误）**
5	222.85	3059.54	2002.33	4	4

续表

序　号	数据 1	数据 2	数据 3	分　类	结　果
6	877.88	2031.66	3071.18	1	**3**（错误）
7	1803.58	1583.12	2163.05	3	3
8	2352.12	2557.04	1411.53	2	**1**（错误）
9	401.3	3259.94	2150.98	4	4
10	363.34	3477.95	2462.86	4	4
11	1517.17	1731.04	1735.33	3	3
12	104.8	3389.83	2421.83	4	4
13	499.85	3305.75	2196.22	4	4
14	2297.28	3340.14	535.62	2	2
15	2092.62	3177.21	584.32	2	2
16	1418.79	1775.89	2772.9	1	1
17	1845.59	1918.81	2226.49	3	3
18	2205.36	3243.74	1202.69	2	2
19	2949.16	3244.44	662.42	2	2
20	1692.62	1867.5	2108.97	3	3
21	1680.67	1575.78	1725.1	3	3
22	2802.88	3017.11	1984.98	2	2
23	172.78	3084.49	2328.65	4	4
24	2063.54	3199.76	1257.21	2	2
25	1449.58	1641.58	3405.12	1	1
w26	1651.52	1713.28	1570.38	3	3
27	341.59	3076.62	2438.63	4	4
28	291.02	3095.68	2088.95	4	4
29	237.63	3077.78	2251.96	4	4

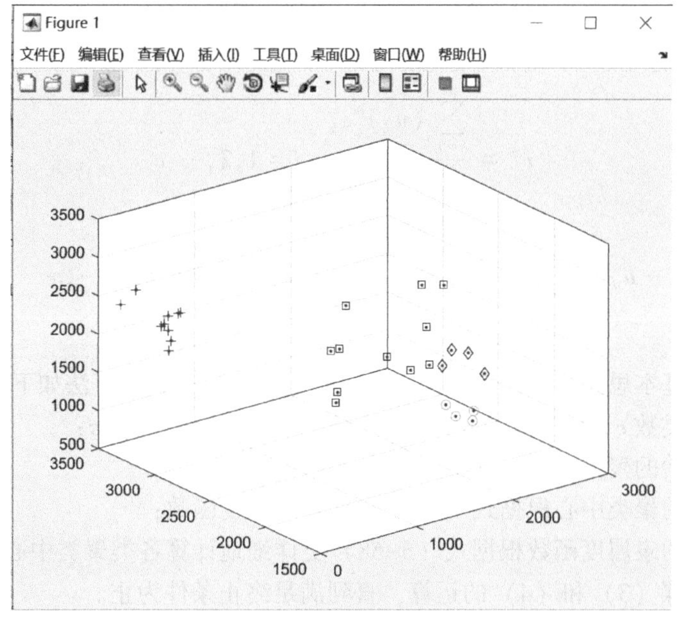

图 5-46　分类结果图

模糊聚类对该组数据的分析还存在一定的不足，有待改进。

5.8.2 模糊 C 均值算法（模糊聚类的一种改进方法）

1. 模糊 C 均值算法概述

聚类分析已被广泛应用于数据分析、模式识别、图像处理等方面。传统的聚类分析要求把数据集中的每一点都精确地划分到某个类中，即所谓的硬划分。但实际上大多数事物在属性方面存在着模糊性，即事物间没有明确的界限，不具有非此即彼的性质，所以模糊聚类的概念更适合事物的本质，能更客观地反映现实。目前，模糊 C 均值（Fuzzy C-means）聚类算法是应用最广泛的一种模糊聚类算法。

FCM 算法通过优化目标函数得到每个样本点对类中心的隶属度，从而决定样本点的归属。该算法是一种划分算法，目标是使各个分类中的样本到聚类中心的加权距离平方和达到最小。算法描述如下。

假设 $\boldsymbol{X}=\{\boldsymbol{x}_1,\boldsymbol{x}_2,\cdots,\boldsymbol{x}_n\}\subset\boldsymbol{R}^s$ 是 s 维向量空间的一个特征向量集，根据某种相似性度量，该集合被聚合成 c 个子集：$\boldsymbol{X}_1,\boldsymbol{X}_2,\cdots,\boldsymbol{X}_c(2\leqslant c\leqslant n)$，这 c 个子集组成特征向量集 $\boldsymbol{X}$ 的一个模糊划分；用 u_{ki}表示特征向量 $\boldsymbol{x}_k$ 属于子集 $\boldsymbol{X}_i$ 的隶属度。

$$\begin{cases} u_{ik}\in[0,1],\ 1\leqslant i\leqslant c,\ 1\leqslant k\leqslant n \\ \sum\limits_{i=1}^{c}u_{ik}=1,1\leqslant k\leqslant n \\ \sum\limits_{k=1}^{n}u_{ik}\geqslant 0,1\leqslant i\leqslant c \end{cases} \tag{5-56}$$

式（5-56）为条件公式。令 $\boldsymbol{v}=(v_1,v_2,\cdots,v_c)^{\mathrm{T}}\in\boldsymbol{R}^{cs}$为聚类中心，其中 $v_i\in\boldsymbol{R}^s$ 是类 $i(1\leqslant i\leqslant c)$的中心，则根据 FCM 算法有

$$J_m(\boldsymbol{u},\boldsymbol{v})=\sum_{k=1}^{n}\sum_{i=1}^{c}(u_{ik})^m(x_k-v_i)^2 \tag{5-57}$$

Bezdek 的定理证明，(u^*,v^*)是 $J_m(\boldsymbol{u},\boldsymbol{v})$的局部极小值的必要条件为

$$v^*=\frac{\sum\limits_{k=1}^{n}(u_{ik})^m x_k}{\sum\limits_{k=1}^{n}(u_{ik})^m}\quad i=1,2,\cdots,c \tag{5-58}$$

$$u_{ik}^*=\frac{1}{\sum\limits_{j=1}^{c}\left(\dfrac{d_{ik}^*}{d_{jk}^*}\right)^{2/(m-1)}}\quad i=1,2,\cdots,c;k=1,2,\cdots,n \tag{5-59}$$

FCM 算法的基本思路是用迭代方法满足某个终止条件，具体算法如下：

（1）给定聚类数 c、权值数 m，以及终止条件如$\|\boldsymbol{v}^{(k)}-\boldsymbol{v}^{(k+1)}\|<\varepsilon$；

（2）选择初始的聚类中心 $\boldsymbol{v}=(v_1,v_2,\cdots,v_c)^{\mathrm{T}}$；

（3）用当前的聚类中心根据式（5-59）计算隶属度函数；

（4）用当前的隶属度函数根据式（5-58）更详细地计算各类聚类中心；

（5）重复步骤（3）和（4）的运算，直到满足终止条件为止。

当算法终止时，就得到了每个类的聚类中心及每个特征向量对每个类的隶属度，从而完成了模糊聚类划分。

2. MATLAB 模糊 C 均值聚类程序调用

MATLAB 中带有模糊 C 均值聚类的程序，所以直接调用就可实现聚类，该程序为：[Center,U,obj_fcn]=fcm(data,cluster_n)，参数的意义如下。

data：要聚类的数据。

cluster_n：聚类个数。

Center：最终聚类中心。

U：每个数据属于各类的隶属度。

obj_fcn：在迭代过程中的目标函数值。

程序中还用到了如下语句。

（1）通过[Center,U,obj_fcn]=fcm(data,cluster_n)得到的聚类中心和隶属度，将各个点分类：

```
maxU=max(U);                          % 寻找最大隶属度
index1 = find(U(1,:) == maxU)         % 找到属于第一类的点
index2 = find(U(2,:) == maxU)         % 找到属于第二类的点
index3 = find(U(3,:) == maxU)         % 找到属于第三类的点
index4 = find(U(4,:) == maxU)         % 找到属于第四类的点
```

（2）直观的观察四组聚类结果：

```
line(data(index1,1),data(index1,2),data(index1,3),'linestyle','none','marker','*','color','g');
line(data(index2,1),data(index2,2),data(index2,3),'linestyle','none','marker','*','color','r');
line(data(index3,1),data(index3,2),data(index3,3),'linestyle','none','marker','+','color','b');
line(data(index4,1),data(index4,2),data(index4,3),'linestyle','none','marker','+','color','y');
```

5.8.3 模糊 C 均值算法的 MATLAB 实现程序及结果

模糊 C 均值算法的 MATLAB 实现程序如下：

```
clear all;
data=[1739.94    1675.15 2395.96
373.3    3087.05 2429.47
1756.77 1652      1514.98
864.45    1647.31 2665.9
222.85    3059.54 2002.33
877.88    2031.66 3071.18
1803.58 1583.12 2163.05
2352.12 2557.04 1411.53
401.3    3259.94 2150.98
363.34    3477.95 2462.86
1571.17 1731.04 1735.33
104.8    3389.83 2421.83
499.85    3305.75 2196.22
2297.28 3340.14 535.62
2092.62 3177.21 584.32
1418.79 1775.89 2772.9
```

```
1845.59 1918.81 2226.49
2205.36 3243.74 1202.69
2949.16 3244.44 662.42
1692.62 1867.5  2108.97
1680.67 1575.78 1725.1
2802.88 3017.11 1984.98
172.78  3084.49 2328.65
2063.54 3199.76 1257.21
1449.58 1641.58 3405.12
1651.52 1713.28 1570.38
341.59  3076.62 2438.63
291.02  3095.68 2088.95
237.63  3077.78 2251.96
];
[center,U,obj_fcn] = fcm(data,4);
plot3(data(:,1),data(:,2),data(:,3),'.');
grid;
maxU=max(U);
index1 = find(U(1,:) == maxU)
index2 = find(U(2,:) == maxU)
index3 = find(U(3,:) == maxU)
index4 = find(U(4,:) == maxU)
line(data(index1,1),data(index1,2),data(index1,3),'linestyle','none','marker','>','color','g');
line(data(index2,1),data(index2,2),data(index2,3),'linestyle','none','marker','*','color','r');
line(data(index3,1),data(index3,2),data(index3,3),'linestyle','none','marker','+','color','b');
line(data(index4,1),data(index4,2),data(index4,3),'linestyle','none','marker','d','color','k');
title('模糊C均值聚类分析图');
xlabel('第一特征坐标');
ylabel('第二特征坐标');
zlabel('第三特征坐标');
```

计算结果

```
Iteration count = 1, obj. fcn = 15426408.066372
Iteration count = 2, obj. fcn = 11396758.394037
Iteration count = 3, obj. fcn = 9218971.049386
Iteration count = 4, obj. fcn = 5693733.448037
Iteration count = 5, obj. fcn = 4126275.400431
Iteration count = 6, obj. fcn = 3976755.109718
Iteration count = 7, obj. fcn = 3962873.440975
Iteration count = 8, obj. fcn = 3961287.727727
Iteration count = 9, obj. fcn = 3961091.605219
Iteration count = 10, obj. fcn = 3961065.739432
Iteration count = 11, obj. fcn = 3961062.143046
Iteration count = 12, obj. fcn = 3961061.617426
```

```
Iteration count = 13, obj. fcn = 3961061.536094
Iteration count = 14, obj. fcn = 3961061.522579
Iteration count = 15, obj. fcn = 3961061.520134
Iteration count = 16, obj. fcn = 3961061.519650
Iteration count = 17, obj. fcn = 3961061.519546
Iteration count = 18, obj. fcn = 3961061.519523
Iteration count = 19, obj. fcn = 3961061.519517
index1 =
    1    3    7    11    17    20    21    26
index2 =
    4    6    16    25
index3 =
    8    14    15    18    19    22    24
index4 =
    2    5    9    10    12    13    23    27    28    29
```

模糊 C 均值聚类分析图如图 5-47 所示。

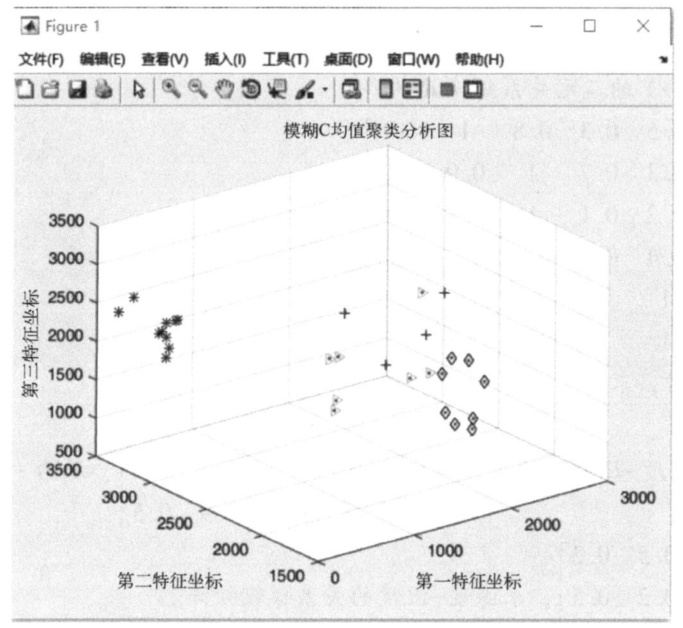

图 5-47　模糊 C 均值聚类分析图

经过对比发现，用模糊 C 均值算法聚类分析的结果与给定结论完全吻合，分类的正确率为 100%。

FCM 算法存在的主要问题如下：

(1) 在 FCM 算法中，同一个样本的元素属于所有类的隶属度之和为 1，这使得它对噪声敏感。

（2）FCM 算法采用的是迭代下降的算法，其对初始化的聚类中心或者隶属度敏感，不能保证收敛到全局最优解，有可能收敛到局部极值或鞍点。

（3）聚类个数的确定没有很好的方法，尽管许多聚类有效性指标可用来确定其聚类个数，但这些指标都必须在算法运行之后才能计算，免得受到 FCM 算法本身对初始化参数敏感的影响。

（1）从模糊逻辑的发展过程看，模糊逻辑具有哪些特点？

（2）模糊逻辑描述的不确定性包含哪些？请举例说明。

（3）如何理解模糊集合与经典集合的关系？隶属度函数的引入对模糊系统有何意义？

（4）简述模糊 C 均值算法的原理。

（5）简述模糊神经网络的原理。

（6）设 $U=\{u_1,u_2,u_3,u_4,u_5,u_6\}$，若 $A,B\in F(U)$，$A=\frac{0.1}{u_1}+\frac{0.8}{u_2}+\frac{1}{u_3}+\frac{0.6}{u_5}$，$B=\frac{0.2}{u_1}+\frac{0.5}{u_2}+\frac{0.1}{u_4}+\frac{1}{u_6}$，求 $A\cup B$、$A\cap B$、A^C、$A\cup A^C$ 和 $A\cap A^C$。

（7）已知 $X\times Y$ 的二元关系矩阵 $\boldsymbol{R}$ 为

$$\boldsymbol{R}=\begin{bmatrix}0.1&0.5&0.3&0.8&1&0.6\\0.2&0.3&0.7&1&0.9&0.3\\0.2&0.2&0.1&1&0.8&0.9\\0.5&0.4&0.6&0.6&0.2&0.6\\0.3&1&1&0.8&0.8&0.5\\1&1&1&0.9&0.1&0.2\end{bmatrix}$$

当 $\lambda=0.8$ 时，求 $\boldsymbol{R}_\lambda$。

（8）已知温度-压力的关系模糊矩阵 $\boldsymbol{R}=\begin{bmatrix}0.8&0.6&0.3\\0.5&0.2&0.7\\0.3&0.9&0.5\end{bmatrix}$，压力-湿度的关系模糊矩阵 $\boldsymbol{R}=\begin{bmatrix}0.7&0.5&0.2\\0.1&0.2&0.5\\0.3&0.5&0.7\end{bmatrix}$，求温度-湿度的关系模糊矩阵。

（9）设 $A\in X$，$B\in Y$，A=任务量大，B=时间长。论域 X（任务量）=｛1，2，3，4，5，6｝，$\mu_A(x)=\frac{0.1}{1}+\frac{0.2}{2}+\frac{0.4}{3}+\frac{0.6}{4}+\frac{0.9}{5}+\frac{1}{6}$，$Y$（时间）=｛1，2，3，4，5，6，7｝，$\mu_B(y)=\frac{0.1}{1}+\frac{0.2}{2}+\frac{0.4}{3}+\frac{0.6}{4}+\frac{0.8}{5}+\frac{0.9}{6}+\frac{1}{7}$。“若 A 则 B”（若任务量大，则需要的时间长）为推论的大前提，给出模糊关系 $R=A\to B$。使用 Mamdani 推理方法推导出给定 A'，$\mu_{A'}(x)=\frac{0.2}{1}+\frac{0.5}{2}+\frac{0.8}{3}+\frac{1}{4}+\frac{0.8}{5}$，在“任务量较大”情况下的结论 B'（“时间较长”）。

(10) 在电饭煲的模糊控制中，已知米量适中为 A，$\mu_A(x)=\frac{0.3}{1}+\frac{0.6}{2}+\frac{1}{3}+\frac{0.5}{4}+\frac{0.1}{5}$，水量适中为 B，$\mu_B(y)=\frac{0.2}{1}+\frac{1}{2}+\frac{0.7}{3}$，加热时间适中为 C，$\mu_C(z)=\frac{0.3}{11}+\frac{1}{13}+\frac{0.7}{17}$。已知米量大为 A'，$\mu_{A'}(x)=\frac{0.1}{1}+\frac{0.6}{2}+\frac{0.9}{3}+\frac{1}{4}+\frac{0.8}{5}$，水量多为 B'，$\mu_{B'}(y)=\frac{0.1}{1}+\frac{0.7}{2}+\frac{0.9}{3}$，求在米量大且水量多的情况下，加热时间长 C'。

(11) 模糊控制系统建立的主要步骤有哪些？模糊控制器可以实现模糊目标的基础是什么？

(12) 解模糊化中 CoM 解模糊化、MoM 解模糊化、CoA（区域中心法）解模糊化及 Hyper CoM（超最大均值）解模糊化方法各自具有什么特点？各自适用于何种系统？

第 6 章　神经网络聚类设计

6.1　什么是神经网络

从生物学的角度说，“神经”就是“神经系统”的缩写。“神经系统”是机体内起主导作用的系统，包括中枢神经和周围神经两部分。中枢神经通过周围神经与其他各个器官、系统发生极其广泛的联系。

那么这种联系是如何发生的呢？这与神经系统的生物结构有关，神经系统由神经细胞（神经元）和神经胶质组成。在人体的神经系统里，神经元的神经纤维主要集中在周围神经系统，其中许多神经纤维集结成束，外面包着由结缔组织组成的膜，这就成为一条神经。它可以把中枢神经系统的兴奋传递给各个器官，也可把各个器官的兴奋传递给中枢神经系统的组织，这样就实现了中枢神经与人体其他各个器官、系统的联系。

上面所叙述的内容只是纯粹的生物学理论，那么又和控制理论中的“神经网络”有何关联？让我们从“神经网络”技术的发展历程中寻找答案。

6.1.1　神经网络技术的发展历程

神经网络技术的主要发展过程大致可分为 4 个阶段。

1. 第 1 阶段（在 20 世纪 50 年代中期之前）

西班牙解剖学家 Cajal 于 19 世纪末创立了神经元学说，该学说认为神经元的形状呈两极，其细胞体和树突从其他神经元接收冲动，而轴索则将信号向远离细胞体的方向传递。在他之后发明的各种染色技术和微电极技术获取了有关神经元的主要特征及其电学性质成果。

1943 年，美国的心理学家 W. S. McCulloch 和数学家 W. A. Pitts 在论文《神经活动中所蕴含思想的逻辑活动》中，提出了一个非常简单的神经元模型，即 M-P 模型。该模型将神经元当作一个功能逻辑器件来对待，从而开创了神经网络模型的理论研究。1949 年，心理学家 D. O. Hebb 写了一本题为《行为的组织》的书，在这本书中他提出了神经元之间连接强度变化的规则，即后来所谓的 Hebb 学习规则。Hebb 写道：“当神经细胞 A 的轴突足够靠近细胞 B 并能使之兴奋时，如果 A 重复或持续地激发 B，那么这两个细胞或其中一个细胞上必然有某种生长或代谢过程上的变化，这种变化使 A 激活 B 的效率有所增加。”简单地说，就是如果两个神经元都处于兴奋状态，那么它们之间的突触连接强度将会得到增强。

20 世纪 50 年代初，生理学家 Hodykin 和数学家 Huxley 在研究神经细胞膜等效电路时，将膜上离子的迁移变化分别等效为可变的 Na^+ 电阻和 K^+ 电阻，从而建立了著名的 Hodykin-Huxley 方程。

这些先驱者的工作激发了许多学者从事这一领域的研究，从而为神经计算的出现打下了基础。

2. 第 2 阶段（从 20 世纪 50 年代中期到 20 世纪 60 年代末）

1958 年，F. Rosenblatt 等人研制出了历史上第一个具有学习型神经网络特点的模式识别装置，即代号为 Mark I 的感知机（Perceptron），这一重大事件是神经网络研究进入第 2 阶段的标志。对于最简单的没有中间层的感知机，Rosenblatt 证明了一种学习算法的收敛性，这种学习算法通过迭代的改变连接权来使网络执行预期的计算。

稍后，Rosenblatt 和 B. Widrow 等人创造出了一种不同类型的会学习的神经网络处理单元，即自适应线性元件 Adaline，并且还为 Adaline 找出了一种有力的学习规则，这个规则至今仍被广泛应用。Widrow 还建立了第一家神经计算机硬件公司，并在 20 世纪 60 年代中期实际生产商用神经计算机和神经计算机软件。

除 Rosenblatt 和 Widrow 外，在这个阶段还有许多人在神经计算的结构和实现思想方面做出了很大的贡献。例如，K. Steinbuch 研究了称为学习矩阵的一种二进制联想网络结构及其硬件实现。N. Nilsson 于 1965 年出版的《机器学习》一书对这一时期的活动进行了总结。

3. 第 3 阶段（从 20 世纪 60 年代末到 20 世纪 80 年代初）

第 3 阶段开始的标志是 1969 年 M. Minsky 和 S. Papert 所著的《感知机》一书的出版。该书对单层神经网络进行了深入分析，并且从数学上证明了这种网络功能有限，甚至不能解决像“异或”这样简单的逻辑运算问题。同时，他们还发现许多模式是不能用单层网络训练的，而多层网络的可行性还很值得怀疑。

由于 M. Minsky 在人工智能领域中的巨大威望，他在论著中的悲观结论给当时神经网络沿感知机方向的研究泼了一盆冷水。在《感知机》一书出版后，美国联邦基金有 15 年之久没有资助神经网络方面的研究工作，苏联也取消了几项有前途的研究计划。

但是，即使在这个低潮期里，仍有一些研究者继续从事神经网络的研究工作，如美国波士顿大学的 S. Grossberg、芬兰赫尔辛基技术大学的 T. Kohoneng 和日本东京大学的甘利俊一等人。他们坚持不懈的工作为神经网络研究的复兴开辟了道路。

4. 第 4 阶段（从 20 世纪 80 年代初至今）

1982 年，美国加州理工学院的生物物理学家 J. J. Hopfield 采用全互联型神经网络模型，利用所定义的计算能量函数，成功地求解了计算复杂度为 NP 完全型的旅行商问题（Travelling Salesman Problem，TSP）。这项突破性进展标志着神经网络方面的研究进入了第 4 阶段，也是蓬勃发展的阶段。Hopfield 模型提出后，许多研究者力图扩展该模型，使之更接近人脑的功能特性。1983 年，T. Sejnowski 和 G. Hinton 提出了“隐单元”的概念，并且研制出 Boltzmann 机。日本的福岛邦房在 Rosenblatt 的感知机的基础上，增加隐含层单元，构造了可以实现联想学习的“认知机”。Kohonen 应用 3000 个阈器件构造神经网络，实现了二维网络的联想式学习功能。1986 年，D. Rumelhart 和 J. McClelland 出版了具有轰动性效果的著作《并行分布处理——认知微结构的探索》，该书的问世宣告神经网络的研究进入了高潮。

1987 年，首届国际神经网络大会在圣地亚哥召开，国际神经网络联合会（INNS）成立。随后 INNS 创办了刊物 *Journal Neural Networks*，其他专业杂志如 *Neural Computation*、*IEEE Transactions on Neural Networks*、*International Journal of Neural Systems* 等也纷纷问世。世界上许多著名大学相继宣布成立神经计算研究所并制订相关教育计划，许多国家也陆续成立了神经网络学会，并召开了多种地区性、国际性会议，优秀论著、重大成果不断涌现。

在经过多年的准备与探索之后，神经网络的研究工作已进入了决定性的阶段。日本、美国及西欧各国均制定了有关的研究规划。

从神经网络的发展历程可以得到以下两个结论。

☺ 控制理论中的“神经网络”是对生物神经系统的模拟，希望通过对生物神经系统智能工作过程的“物理”模拟，实现一个“智能”的“物理”系统。

☺ 控制理论中的“神经网络”的发展是人们在对生物神经系统的组织结构和功能机制进行深入探索研究的基础上不断发展的。

在这里，引用神经网络前人的话，“具有神经网络的‘物理’系统，在微观上或者说在结构上能与生物神经网络取得拓扑一致，而在宏观功能上能与人类智能行为恰当对应”。

6.1.2 生物神经系统的结构及冲动的传递过程

神经系统是机体内起主导作用的系统。内、外环境的各种信息，由感受器接收后，通过周围神经传递到脑和脊髓的各级中枢进行整合，再经周围神经控制和调节机体各系统器官的活动，维持机体与内、外界环境的相对平衡。

神经系统由神经细胞（神经元）和神经胶质组成。

神经元是一种高度特化的细胞，是神经系统的基本结构和功能单位，它具有感受刺激和传导兴奋的功能。神经元由胞体和突起两部分构成。胞体的中央有细胞核，核的周围为细胞质，细胞质内除有一般细胞所具有的细胞器（如线粒体、内质网等）外，还含有特有的神经元纤维及尼氏体。神经元的突起根据形状和机能又分为树突和轴突。树突较短但分支较多，它接收冲动，并将冲动传至细胞体，各类神经元树突的数目多少不等，形态各异。每个神经元只发出一条轴突，长短不一，胞体发生的冲动沿轴突传出。神经元的结构如图 6-1 所示。突触的结构如图 6-2 所示。

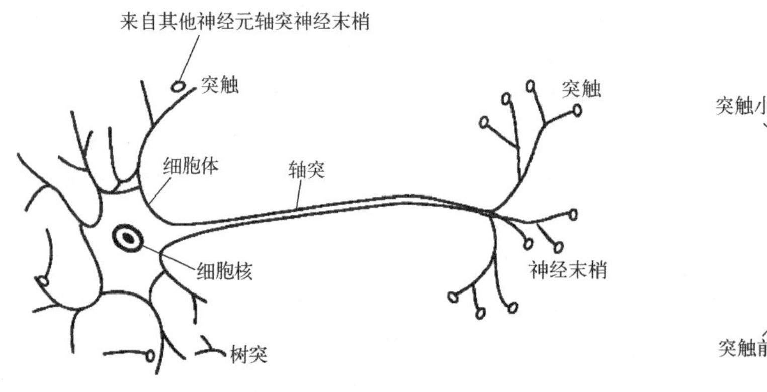

图 6-1 神经元的结构

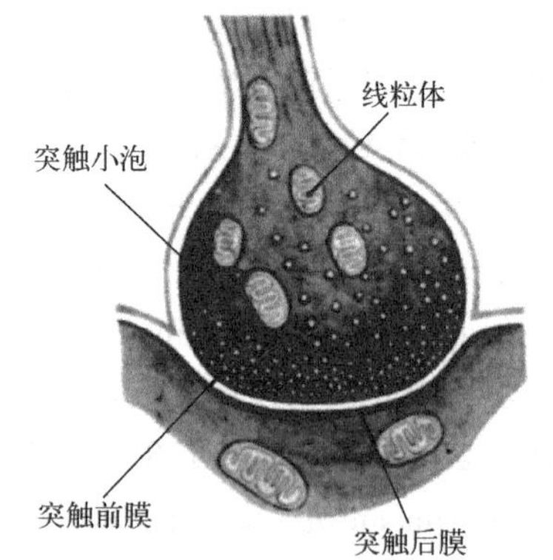

图 6-2 突触的结构

突触传递冲动的过程如下：

（1）神经冲动到达突触前神经元轴突末梢→突触前末梢去极化。

（2）电压门控 Ca^{2+} 通道开放→膜外 Ca^{2+} 内流入前膜。

（3）Ca^{2+} 与胞浆 CaM 结合成 $4Ca^{2+}$-CaM 复合物→激活 CaM 依赖的 PKⅡ→囊泡外表面突触蛋白Ⅰ磷酸化→蛋白Ⅰ与囊泡脱离→解除蛋白Ⅰ对囊泡与前膜融合及释放递质的阻碍作用。

（4）囊泡通过出胞作用量子式释放递质入间隙（囊泡可再循环利用）。

（5）神经递质→作用于后膜上特异性受体或化学门控离子通道→后膜对某些离子通透

性改变→带电离子发生跨膜流动→后膜发生去极化或超极化→产生突触后电位。

由突触传递冲动的过程可得到以下结论：在突触传递冲动的过程中，突触前末梢去极化是诱发递质释放的关键因素→开启电压门控 Ca^{2+} 通道；Ca^{2+} 是前膜兴奋和递质释放过程的耦联因子→递质释放量与内流入前膜的 Ca^{2+} 量呈正相关；囊泡的再循环利用是突触传递持久进行的必要条件。

突触后电位又分为兴奋性突触后电位和抑制性突触后电位。

在兴奋性突触后电位的作用下，突触后膜在递质作用下发生去极化，使突触后神经元兴奋性提高。例如外部可变刺激作用于肌梭传入纤维后，如图 6-3 所示，神经元发生去极化，产生兴奋性突触后电位。随着刺激强度增加，兴奋性突触后电位总和逐渐增大，使膜电位降低，如使膜电位由静息时的-70mV 去极化至-58mV。当兴奋性突触后电位总和达到阈电位（即使膜电位去极化为-52mV）时，系统将冲动传导至整个突触后神经元。

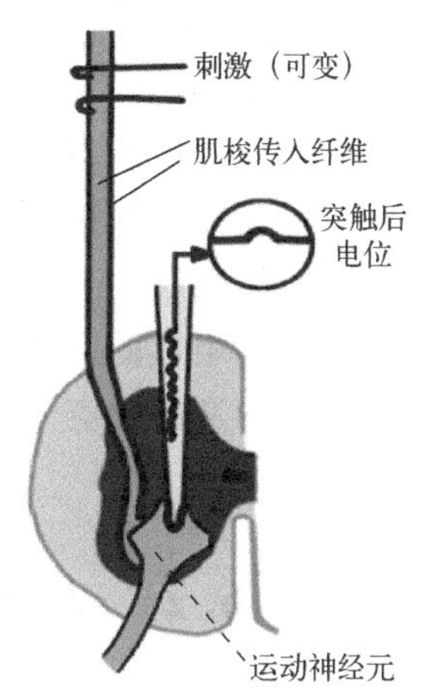

图 6-3　冲动在神经元中的传递

如果在抑制性突触后电位的作用下，突触后膜在递质作用下发生超极化，即如果膜电位静息时为-70mV，超极化后膜电位为-76mV，则抑制冲动的向后传递。

一个神经元往往与周围的许多神经元形成大量的突触联系，它包含形成众多的兴奋性和抑制性突触，如果兴奋性和抑制性的作用发生在同一个神经元上，则将发生整合，即一个神经元最终产生的效应将取决于大量传入信息共同作用的结果。

然而，这种共同作用不是简单的汇聚作用，因为每一个突触形成的位置不同，形成突触后电位的离子流动不同，导致突触传入信息的强度和时间组合的变换足以使神经元接收的信息量成倍增加。在突触后膜中，一些突触能够产生大的变换，而另一些可能引起很小的变换。

6.1.3　人工神经网络的定义

神经系统是人体内由神经组织构成的全部装置，主要由神经元组成。神经系统具有重要的功能：一方面它控制与调节各器官、系统的活动，使人体成为一个统一的整体；另一方面通过神经系统的分析与综合，使机体对环境变化的刺激做出相应的反应，达到机体与环境的统一。人的神经系统是亿万年不断进化的结晶，它有着十分完善的“生理结构”和“心理功能”。

因此，以人的大脑组织结构和功能特性为原型设法构建一个与人类大脑结构和功能拓扑对应的人类智能系统是人工神经网络的原则和目标。

1987 年 Simpson 提出了神经网络定义：“人工神经网络是一个非线性的有向图，图中含有可以通过改变权大小来存放模式的加权边，并且可以从不完整的或未知的输入找到模式。”

1988 年，Hecht、Nielsen 提出神经网络的定义：“人工神经网络是一个并行、分布处理结构，它由处理单元及其无向信号通道互联而成。这些处理单元（PE：Processing Element）具有局部内存，并可以完成局部操作。每个处理单元有一个单一的输出连接，这个输出连接可以根据需要被分支成希望个数的许多并行连接，并且这些并行连接都输出相同的信号，即相应处理单元的信号，信号的大小不因分支的多少而变化。处理单元的输出信号可以是任何需要的数学模型，每个处理单元中进行的操作必须是完全局部的。也就是说，它必须仅仅依赖经过输入连接到达处理单元的所有输入信号的当前值和存储在处理单元局部内存中的值。”这一定义强调：人工神经网络是并行、分布处理结构；一个处理单元的输出可以被任意分支且大小不变；输出信号可以是任意的数学模型；处理单元可以完成局部操作。

目前使用最广泛的神经网络定义是 T. Koholen 的定义，即“神经网络是由具有适应性的简单单元组成的广泛并行互联的网络，它的组织能够模拟生物神经系统对真实世界物体所做出的交互反应。”

6.2 人工神经网络模型

人工神经网络是对人类神经系统的模拟，神经系统以神经元为基础，因此神经网络也是以人工神经元模型为基本构成单位的。

1. 人工神经元的基本模型

今天，计算机科学的分支——连接机制，已经获得相当广泛的普及。研究领域集中在高度并行计算机架构的行为上，即人工神经网络。这些网络使用很多简单计算单元，称之为神经元，每一个神经元都试着模拟单个人脑细胞的行为。

神经网络领域的研究者已经分析了人类脑细胞的不同模型。人脑包含 1011 个神经细胞，大约有 1014 个连接。人类神经元的简化原理图如图 6-4 所示。

细胞本身包含的细胞核被电气膜包围。每一个神经元有一个激活水平，其范围在最大值与最小值之间。因此，与布尔逻辑相比，不只有两个可能值或可能存在的状态。

突触存在增加或减少了这个神经元的激活程度，作为其他神经元的输入结果。这些突触从一个发送神经元到一个接收神经元传输激活水平。如果突触是兴奋的，发送神经元的激活水平增加接收神经元的激活水平。如果突触是抑制的，发送神经元的激活水平减少接收神经元的激活水平。突触差异不仅仅在于它们是否兴奋或抑制接收神经元，也在于影响的权值（突触强度）。每个神经元的输出都由轴突转换，像 10000 个突触影响其他神经元一样。

综上所述，生物神经元信息传递的过程是：当一个兴奋性的冲动到达突触前膜持续约 0.5ms 时，其去极性效应就会在突触后膜上记录下来，随着突触后膜接触的神经递质量增加而增加其幅度，并增加突触后神经元对刺激的兴奋性反应；与此相反，抑制性突触后电位可使突触后神经元对后继刺激的兴奋性反应减少，兴奋性突触后电位与抑制性突触后电位在时空上可进行代数累积，一旦这种累积超过某个阈值，神经元即发生动作电位或神经冲动。

如果将上述过程用数学图形方式表示，则可获得人工神经元的模型，如图 6-5 所示。

人工神经元模型为一个多输入单输出的信息处理单元。其中，ω_{ji} 为输入信号加权值；θ_j 为阈值，只有当输入信号的加权乘积的和大于阈值时，输入信号才能向后传递；$f(\theta)$ 为输入信号与输出信号的转换函数。常见的转换函数曲线如图 6-6 所示。

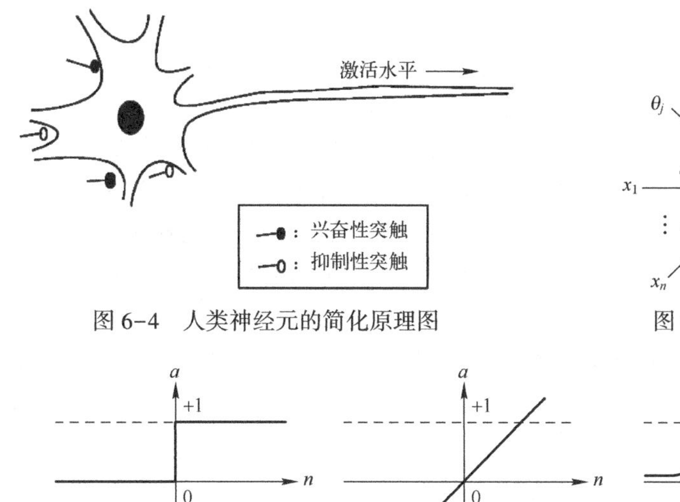

图 6-4　人类神经元的简化原理图

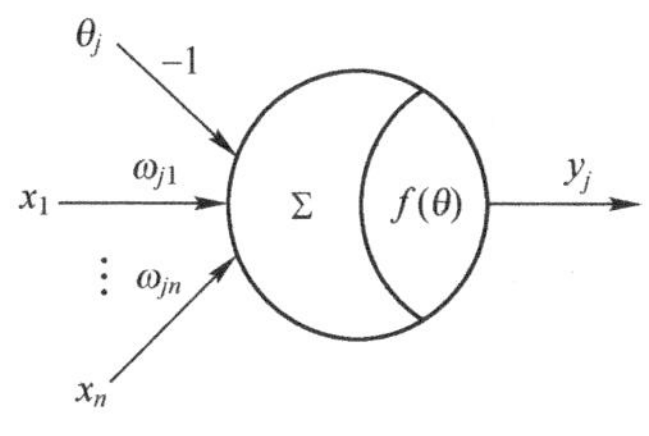

图 6-5　人工神经元模型

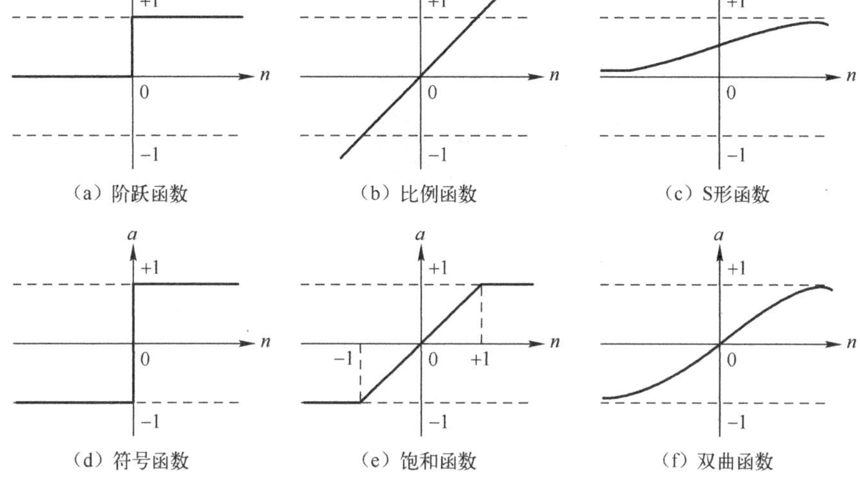

图 6-6　常见的转换函数曲线

阶跃函数的解析表达式为

$$a=f(n)=\begin{cases}1 & n\geqslant 0\\ 0 & n<0\end{cases} \tag{6-1}$$

比例函数的解析表达式为

$$a=f(n)=n \tag{6-2}$$

S 形函数的解析表达式为

$$a=f(n)=\frac{1}{1+\mathrm{e}^{-\mu n}} \tag{6-3}$$

符号函数的解析表达式为

$$a=f(n)=\begin{cases}1 & n\geqslant 0\\ -1 & n<0\end{cases} \tag{6-4}$$

饱和函数的解析表达式为

$$a=f(n)=\begin{cases}1 & n\geqslant 1\\ n & -1\leqslant n<1\\ -1 & n<-1\end{cases} \tag{6-5}$$

双曲函数的解析表达式为

$$a=f(n)=\frac{1-\mathrm{e}^{-\mu n}}{1+\mathrm{e}^{-\mu n}} \tag{6-6}$$

2. 人工神经网络基本构架

人脑之所以有高等智慧能力是因为有大量的生物神经细胞构成的神经网络。同样，若要让“人工神经网络”具有一定程度人的智慧，则必须将许多的人工神经元经由适当的连接，构架一个“类神经网络”的网络，我们称这一“类神经网络”为人工神经网络。

一个神经网络包括一组交互连接的同样单元。每个单元可能被看作从许多其他单元聚合信息的简单处理器。聚合后，这个单元计算通过通路连接到其他单元的输出。一些单元通过输入单元或输出单元被连接到外部世界。信息通过输入单元首先传入系统，接着被网络处理并从输出单元输出。

基于简单神经元模型，人工神经网络存在不同的数学模型。如图 6-7 所示为人工神经元的基本结构。

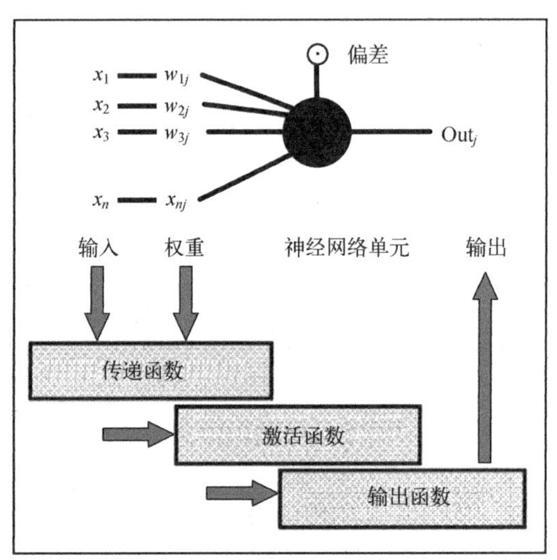

图 6-7　人工神经元的基本结构

单个神经元的行为由下面的函数确定。

(1) 传递函数。传递函数结合所有基于发送神经元的输入 x_i。组合的方法主要是加权和，权 w_{ij}代表突触的强度。刺激（兴奋）突触为正的权值；抑制突触为负的权值。偏差 θ 被加到加权和，表达神经元的后台激活水平。

(2) 激活函数。传递函数的结果现在用于计算激活函数的结果。不同类型的函数用于这一函数计算，S 形函数是最常用的。

(3) 输出函数。有时，由激活函数产生的计算结果接着被其他输出函数进一步处理。这允许额外过滤每个单元的输出信息。

就是这样简单的神经元模型支撑着今天大多数神经网络应用。

这个模型仅是实际神经网络的一个很简单的近似。目前为止还不能准确地建立一个单个的人类神经元模型，因为建模已超出了人类当前的技术能力。因此，基于这个简单神经元模型的任何应用都不能准确复制人脑。但是，很多成功应用这个技术的例子证明：基于简单神经元模型的神经网络具有一定的优点。

从上面的结构可知，人工神经网络用于模拟生物神经网络。模拟从以下两个方面进行：一是从结构和实现机理方面进行模拟；二是从功能上进行模拟。根据不同的应用背景及不同的应用要求，实际的神经网络结构形式多样，其中最典型的人工神经网络有前馈型神经网络和反馈型神经网络，它们的结构分别如图 6-8、图 6-9 所示。

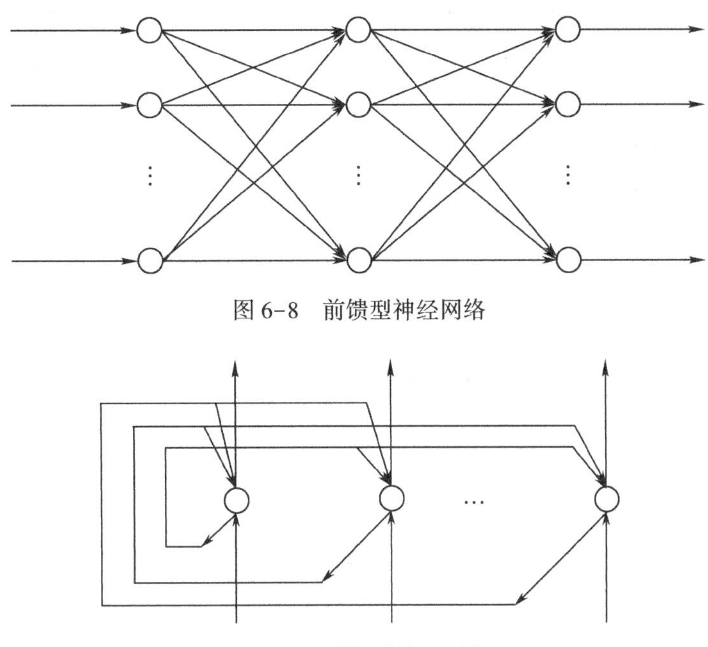

图 6-8　前馈型神经网络

图 6-9　反馈型神经网络

前馈型神经网络是一类单方向层次性的网络模块，它包含输入层、中间隐含层和输出层。每一层皆由一些神经元构架而成，而同一层中的神经元彼此不相连，不同层间的神经元则彼此相连。信号的传输方向也是单方向的，由输入层传输至输出层。这种类型的网络结构简单，可实现反应式的感知、识别和推理。

反馈型神经网络是一类可实现联想记忆即联想映射的网络。网络中的人工神经元彼此相连，对每个神经元而言，它的输出连接至所有其他神经元，而它的输入则来自所有其他神经元的输出。可以说，网络中的每个神经元平行地接收所有神经元输入，再平行地将结果输出到网络中其他神经元上。反馈型神经网络在智能模拟中得到了广泛应用。

从人工神经网络的结构可知，人工神经网络是一个并行和分布式的信息处理网络，由多个神经元组成，每一个神经元有一个单一的输出，它可以连接到很多其他的神经元，输入有多个连接通路，每个连接通路对应一个连接权系数。

3. 人工神经网络的工作过程

就像人的认知过程一样，人工神经网络也存在学习的过程。在神经网络结构图中，在信号的传递过程中要不断进行加权处理，即确定系统各个输入对系统性能的影响程度，这些加权值是通过对系统样本数据的学习确定的。当给定神经网络一组已知的知识，在特定的输入信号作用下，反复运算网络中的连接权值，使其得到期望的输出结果，这一过程称为学习过程。

对于前馈型神经网络，它从样本数据中取得训练样本及目标输出值，然后将这些训练样本当作网络的输入，利用最速下降法反复地调整网络的连接加权值，使网络的实际输出与目标输出值一致。当输入一个非样本数据时，已学习的神经网络就可以给出系统最可能的输出值。

对于反馈型神经网络，它从样本数据中取得需记忆的样本，并以 Hebb 学习规则来调整网络中的连接加权值，以“记忆”这些样本。当网络将样本数据记忆完成，这时如果给神经网络一个输入，当这一输入是一个“不完整”“带有噪声”的数据时，神经网络通过联想，将输入信号与记忆中的样本对照，给出与输入所对应的最接近样本数据的输出值。

4. 人工神经网络的特点

基于神经元构建的人工神经网络具有如下特点。

☺ 并行数据处理：人工神经网络采用大量并行计算方式，经由不同的人工神经元来进行运算处理。因此，用硬件实现的神经网络的处理速度远远高于通常计算机的处理速度。

☺ 强容错能力：人工神经网络在运作时具有很强的容错能力，即使输入信号“不完整”或“带有噪声”，也不会影响其运作的正确性。而且即使有部分人工神经元损坏，也不会影响整个神经网络的整体性能。

☺ 具有泛化能力：通过记忆已知样本数据，对其他输入信号进行运算，计算该输入相对应的输出值。

☺ 可实现最优化计算：神经网络可在约束条件下，使整个设计目标达到最优化状态。

☺ 具有自适应功能：神经网络可以根据系统提供的样本数据，通过学习和训练，找出和输出之间的内在联系，从而求得问题的解，而不依赖对问题的经验知识和规则，因此它具有很好的适应性。

6.3 概率神经网络（PNN）

概率神经网络（Probabilistic Neural Networks，PNN）是由 D. F. Specht 在 1990 年提出的。主要思想是用贝叶斯（Bayes）决策规则，即错误分类的期望风险最小，在多维输入空间内分离决策空间。它是一种基于统计原理的人工神经网络，是以 Parzen 窗函数为激活函数的一种前馈型神经网络模型。PNN 吸收了径向基神经网络与经典的概率密度估计原理的优点，与传统的前馈型神经网络相比，在模式分类方面具有显著的优势。

1. 概率神经网络算法基础

概率神经网络（PNN）是径向基网络的一个分支，是前馈型神经网络的一种。它是一种有监督的网络的分类器，基于概率统计思想，由 Bayes 决策规则构成，采用 Parzen 窗函数密度估计方法估算条件概率，进行分类模式识别。

PNN 的结构如图 6-10 所示，共由 4 层组成。

PNN 的结构模型包括输入层、模式层（也称样本层）、求和层和竞争层（也称决策层）。在输入层中，神经网络计算输入向量与所有训练样本向量之间的距离；在模式层中，激活函数选用的高斯函数，替代神经网络中常用的 S 形激活函数，进而构造出能够计算非线性判别边界的概率神经网络，该判定边界接近于贝叶斯最佳判定面；在求和层中，模式层的输出被按类相加，相当于 N 个加法器；竞争层输出决策结果，输出结果中只有一个 1，其余结果都是 0，其中概率值最大的那一类输出结果为 1。

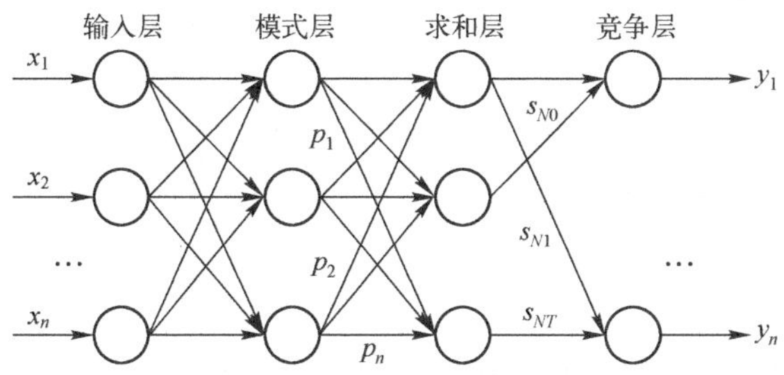

图 6-10　概率神经网络结构

2. PNN 分类思想

在 PNN 的神经网络模型中，输入层中的神经元数目等于学习样本中输入向量维数，各神经元是简单的分布单元，直接将输入变量传递给样本层。

模式层的节点数由输入样本数和待匹配类别数的乘积决定。模式层将输入节点传来的输入进行加权求和，然后经过一个激活函数运算后，再传给求和层。这里激活函数采用高斯函数，则输出为

$$\theta_i = \exp\left(-\sum\left(\|\boldsymbol{x}-\boldsymbol{c}_i\|^2/2\sigma_i^2\right)\right) \tag{6-7}$$

式中，$\boldsymbol{c}_i$ 为径向基函数的中心，σ_i 表示特性函数第 i 个分量对弈的开关参数。这些层中每个节点均为 RBF 的中心，采用的特性函数为径向基函数——高斯函数，计算未知模式与标准模式间的相似度。

求和层各单元只与相应类别的模式单元相连，各单元只依据 Parzen 方法求和估计各类的概率，即其概率密度函数估计如式（6-8）所示。

$$p(\boldsymbol{x}\mid w_i) = \frac{1}{N}\sum_{k=1}^{N_i}\frac{1}{(2\pi)^{\frac{1}{2}}\sigma^l}\exp\left(-\frac{\|\boldsymbol{x}-\boldsymbol{x}_{ik}\|^2}{2\sigma^2}\right) \tag{6-8}$$

式中，w_i 为分类的类别，$\boldsymbol{x}$ 为识别样本，$\boldsymbol{x}_{ik}$为类别 i 的训练样本（在概率神经网络中作为权值），l 为向量维数，σ 为平滑参数。

决策层节点数等于待匹配类别数，为 L。根据各类对输入向量概率的估计，采用贝叶斯决策规则，选择具有最小“风险”的类别，即具有最大后验概率的类别。采用的判别函数如式（6-9）所示。

$$g_i(\boldsymbol{x}) = \frac{p(w_i)}{N_i}\sum_{k=1}^{N_i}\exp\left(-\frac{\|\boldsymbol{x}-\boldsymbol{x}_{ik}\|^2}{2\sigma^2}\right) = \frac{p(w_i)}{N_i}\sum_{k=1}^{N_i}\exp\left(\frac{\boldsymbol{x}^{\mathrm{T}}\boldsymbol{x}_{ik}-1}{\sigma^2}\right) \tag{6-9}$$

根据判别函数，可用下面的方法来表达其判别规则。

如果 $g_i(\boldsymbol{x})>g_j(\boldsymbol{x}), \forall j\neq i$，则得出 $\boldsymbol{x}\in w_i$。

与其他方法相比较，PNN 不需进行多次充分的计算，就能稳定收敛于 Bayes 优化解。在训练模式样本一定的情况下，只需进行平滑因子的调节，网络收敛快。平滑因子值的大小决定了模式样本点之间的影响程度，关系到概率密度分布函数的变化。通常，网络只要求给定一个经验平滑因子。

3. PNN 分类模型的 MATLAB 实现

这里应用基于概率神经网络的太赫兹图像姿势分类例子来实现此过程。PNN 分类器设计流程如图 6-11 所示。

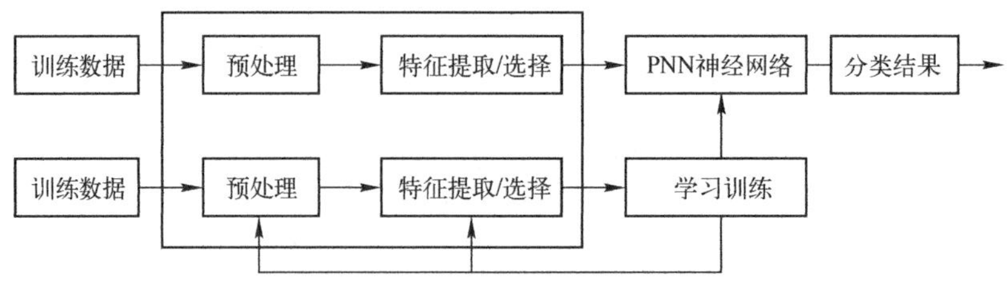

图 6-11　PNN 分类器设计流程

（1）采集数据：将图像处理后提取出的数据进行整理分为两类三种特征并读入。

（2）训练网络：选取 32 组样本数据作为训练和测试的数据。以其中的 15 组数据作为训练样本，以 1、2 两类姿势作为期望输出矢量，其中 1 代表正面姿势，2 代表侧面姿势，训练网络从而得到人体姿势识别的 PNN 网络模型。

（3）网络性能测试：网络训练完成后，17 组数据作为测试样本，进行网络性能检验。将各层神经元间的连接权值代回网络中，对训练样本进行回归模拟，当训练样本的期望值输出与 PNN 网络的仿真输出完全重合时，网络训练成功，可用来预测未知样本的类别。

PNN 训练数据如表 6-1 所示。

表 6-1　PNN 训练数据

面　积	周　长	长　宽　比	类　别	面　积	周　长	长　宽　比	类　别
4123	340	0.3928	1	3777	270	0.4070	1
3903	396	0.3239	1	3767	273	0.3966	1
2613	279	0.3432	2	4265	283	0.4443	1
2628	298	0.2931	2	1883	179	0.4584	2
3779	275	0.4106	1	2005	198	0.3080	2
3727	266	0.4146	1	1844	163	0.5629	2
1947	159	0.6100	2	2007	174	0.4015	2
1885	166	0.5674	2				

将上述 15 组数据作为训练集 P 带入 PNN 神经网络模型中，其 MATLAB 实现的主要程序代码如下：

```
P=[p1;p2;p3];                  % 输入样本
C;                             % 类别向量
T=ind2vec(C);                  % 转为目标分类向量
net=newpnn(P,T,N);             % 创建一个 PNN，SPREAD=N
y=sim(net,P);                  % 仿真
yc=vec2ind(y);                 % 转为类别向量
```

输出网络训练结束后，输出层各节点和输入模式类的特定关系已确定，因此可用作模式分类器，当输入一个 SPREAD 值后，网络将对输入进行自动分类。

通过已建立的 PNN 分类模型，将 17 组测试数据输入，测试分类器分类性能。

PNN 分类器分类结果如图 6-12 和图 6-13 所示。

```
yc =

  Columns 1 through 15

     1     1     2     2     2     1     1     1     2     2     2     1     1     1     2

  Columns 16 through 17

     2     2
```

图 6-12　PNN 分类器分类结果

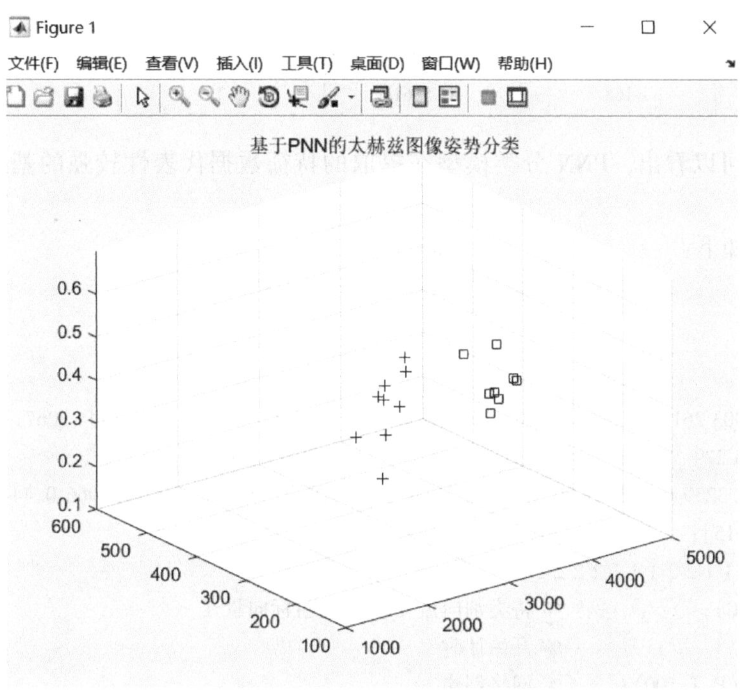

图 6-13　PNN 分类器分类结果三维图

对 17 组测试数据的分类进行统计得到如表 6-2 所示的结果。

表 6-2　测试数据及分类结果

面　积	周　长	长 宽 比	所属类别	PNN 分类结果
4429	360	0. 4340	1	1
4075	368	0. 4263	1	1
2457	219	0. 5515	2	2
2630	294	0. 2534	2	2
2688	299	0. 4627	2	2
3982	253	0. 4383	1	1
4020	254	0. 4295	1	1
3558	232	0. 4359	1	1
1511	165	0. 4797	2	2

续表

面　积	周　长	长 宽 比	所属类别	PNN 分类结果
1832	162	0.5515	2	2
2068	158	0.6395	2	2
3820	265	0.4047	1	1
4076	299	0.3611	1	1
3956	295	0.3362	1	1
2130	178	0.5123	2	2
1913	171	0.4601	2	2
1810	168	0.5561	2	2

由表 6-2 可以看出，PNN 分类模型在提取的特征数据代表性较强的基础上能够快速、准确地分类。

完整代码如下：

```
close all;
clear all;
clc;
P=[4123 3903 2613 2628 3779 3727 1947 1885 3777 3767 4265 1883 2005 1844 2067;
    340  496 279  298 275 266 159 166 270 273 283 179 198 163 174;
    0.3928 0.3239 0.3432 0.2931 0.4106 0.4146 0.6100 0.5674 0.4070 0.3966 0.4443 0.4584 0.3080
0.5629 0.4015];
C=[1 1 2 2 1 1 2 2 1 1 1 2 2 2 2];
T=ind2vec(C);                  % 将类别向量 C 转换为目标向量 T
t1=clock;                      % 开始计时
net=newpnn(P,T,500);           % 网络创建

A=vec2ind(sim(net,P));
datat1=etime(clock,t1)

save netpnn net;
clear all;
load netpnn net;
T1=[4429 4075 2457 2630 2688 3982 4020 3558 1511 1832 2068 3820 4076 3956 2130 1913 1810;
    360 368 219 294 299 253 254 232 165 162 158 265 299 295 178 171 168;
    0.4340 0.4263 0.5515 0.2534 0.4627 0.4383 0.4295 0.4359 0.4797 0.5515 0.6395 0.4070 0.3611
0.3362 0.5123 0.4601 0.5561];
t2=clock;
y=sim(net,T1);
yc=vec2ind(y);
datat2=etime(clock,t2)
yc
```

```
colr=zeros(2,3);
  for i=1:2
    colr(i,:)=rand(1,3);
  end
  colr=zeros(2,3);
  for i=1:2
    if i==1
      a=find(yc==i)
      p=plot3(T1(1,a),T1(2,a),T1(3,a),'s');
    else
      a=find(yc==i)
      p=plot3(T1(1,a),T1(2,a),T1(3,a),'+');
    end
    axis([1000 5000 100 600 0.1 0.7])
    hold on;
    grid on;
    box;
  end
  title('基于 PNN 的太赫兹图像姿势分类')
```

6.4　BP 神经网络

6.4.1　BP 网络

BP（Back Propagation）网络是 BP 神经网络的简称，于 1986 年由以 Rumelhart 和 McCelland 为首的科学家小组提出，是一种按误差逆传播算法训练的多层前馈型神经网络，是目前应用最广泛的神经网络模型之一。BP 网络能学习和存储大量的输入-输出模式的映射关系，而不需要事前揭示描述这种映射关系的数学方程。它的学习规则使用最速下降法，通过反向传播来不断调整网络的权值和阈值，使网络的误差平方和最小。BP 神经网络模型拓扑结构包括输入层（Input）、隐含层（Hide Layer）和输出层（Output Layer）。如图 6-14 所示为 BP 神经网络结构。BP 算法由数据流的前向计算（正向传播）和误差信号的反向传播 2 个过程构成。正向传播时，传播方向为输入层—隐含层—输出层，每层神经元的状态只影响下一层神经元。若在输出层得不到期望的输出，则转向误差信号的反向传播过程。这两个过程的交替进行，在权向量空间执行误差函数梯度下降策略，动态迭代搜索一组权向量，使网络误差函数得到最小值，从而完成信息提取和记忆过程。

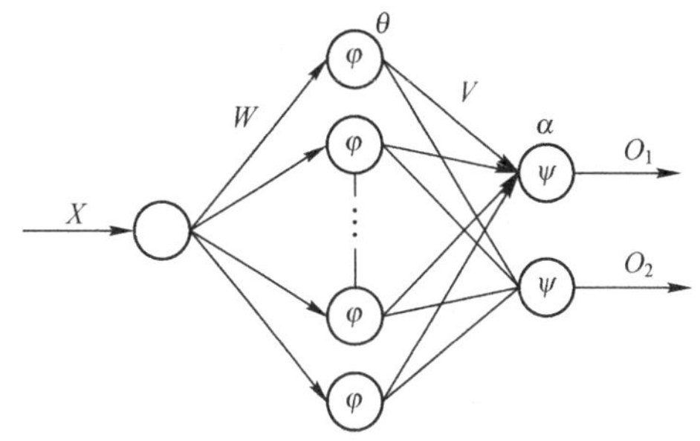

图 6-14　BP 神经网络结构

反向传播网络是将 W-H 学习规则一般化，对非线性可微分函数进行权值训练的多层网络，权值的调整采用反向传播的学习算法。其主要思想是从后向前（反向）逐层传播输出层的误差，以间接计算出隐含层误差。算法分为两部分：第一部分（正向传播过程）输入信息，从输入层经隐含层逐层计算各单元的输出值；第二部分（反向传播过程）输出误差，逐层向前计算隐含层各单元的误差，并用此误差修正前层权值。

反向传播包含两个过程，即正向传播和反向传播。

（1）正向传播。输入的样本从输入层经过隐含层单元一层一层进行处理，通过所有的隐含层之后，传向输出层；在逐层处理的过程中，每一层神经元的状态只对下一层神经元的状态产生影响。在输出层把当前输出和期望输出进行比较，如果当前输出不等于期望输出，则进入反向传播过程。

（2）反向传播：反向传播时，把误差信号按照原来正向传播的通路反向传回，并对每个隐含层的各个神经元的连接权系数进行调整，以使期望误差信号趋于最小。

BP 网络的计算过程如下：设第 q 层（$q=1,2,\cdots,Q$）的神经元个数为 n_q，输入第 q 层的第 i 个神经元的连接权系数为 ω_{ij}^q（$i=1,2,\cdots,n_q$；$j=1,2,\cdots,n_{q-1}$），则该多层感知器网络的输入/输出变换关系为

$$s_i^q = \sum_{j=0}^{n_{q-1}} \omega_{ij}^q x_j^{q-1} \tag{6-10}$$

其中，$\omega_{i0}^q=-1$；$x_0^{q-1}=\theta_i^q$；$x_i^{q-1}=f(s_i^q)=\dfrac{1}{1+\mathrm{e}^{-\mu s_i^q}}$；$i=1,2,\cdots,n_q$；$j=1,2,\cdots,n_{q-1}$；$q=1,2,\cdots,Q$。

设给定 P 组输入/输出样本向量 $\boldsymbol{x}_p^0=[x_{p1}^0,x_{p2}^0,\cdots,x_{pn_0}^0]^{\mathrm{T}}$，$\boldsymbol{d}_p=[d_{p1},d_{p2},\cdots,d_{pn_Q}]^{\mathrm{T}}(p=1,2,\cdots,P)$，利用该样本集首先对 BP 网络进行训练，即对网络的连接权系数进行学习和调整，以使该网络实现给定的输入/输出映射关系。经过训练的 BP 网络，对不是样本集中的输入也能给出合适的输出。该性质称为泛化（Generalization）功能。从函数拟合的角度看，说明 BP 网络具有插值功能。

对于 BP 神经网络，设拟合误差函数的代价函数为

$$E=\frac{1}{2}\sum_{p=1}^{P}\sum_{i=1}^{n_Q}(d_{pi}-x_{pi}^Q)^2=\sum_{p=1}^{P}E_p \tag{6-11}$$

即

$$E_p=\sum_{i=1}^{n_Q}(d_{pi}-x_{pi}^Q)^2 \tag{6-12}$$

问题是如何调整连接权系数以使代价函数 E 最小。优化计算的方法很多，比较典型的是一阶梯度法，即最速下降法。

一阶梯度法寻优的关键是计算优化目标函数（本问题中的误差代价函数）E 对寻优参数的一阶导数。即

$$\partial E/\partial \omega_{ij}^q \quad (q=Q,Q-1,\cdots,1) \tag{6-13}$$

由于 $\partial E/\partial \omega_{ij}^q=\sum_{p=1}^{P}\partial E_p/\partial \omega_{ij}^q$，因此下面重点讨论 $\partial E_p/\partial \omega_{ij}^q$ 的计算。

对于第 Q 层，有

$$\partial E_p/\partial \omega_{ij}^Q=\frac{\partial E_p \partial x_{pi}^Q \partial s_{pi}^Q}{\partial x_{pi}^Q \partial s_{pi}^Q \partial \omega_{ij}^Q}=-(d_{pi}-x_{pi}^Q)f'(s_{pi}^Q)x_{pi}^{Q-1}=-\delta_{pi}^Q x_{pi}^{Q-1} \tag{6-14}$$

其中

$$\delta_{pi}^{Q}=-\frac{\partial E_p}{\partial x_{pi}^{Q}}=(d_{pi}-x_{pi}^{Q})f'(s_{pi}^{Q}) \tag{6-15}$$

x_{pi}^{Q}、s_{pi}^{Q}及 x_{pi}^{Q-1}表示利用第 p 组输入样本所算得的结果。

对于第 $Q-1$ 层，有

$$\partial E_p/\partial \omega_{ij}^{Q-1}=\frac{\partial E_p}{\partial x_{pi}^{Q-1}}\frac{\partial x_{pi}^{Q-1}}{\partial \omega_{ij}^{Q-1}}=\left(\sum_{k=1}^{n_Q}\frac{\partial E}{\partial s_{pk}^{Q}}\frac{\partial s_{pk}^{Q}}{\partial x_{pi}^{Q-1}}\right)\frac{\partial x_{pi}^{Q-1}}{\partial s_{pk}^{Q-1}}\frac{\partial s_{pk}^{Q-1}}{\partial \omega_{ij}^{Q-1}} \tag{6-16}$$

$$=\left(\sum_{k=1}^{n_Q}(-\delta_{pk}^{Q}\omega_{ki}^{Q})\right)f'(s_{pi}^{Q-1})x_{pj}^{Q-2}=-\delta_{pi}^{Q-1}x_{pj}^{Q-2} \tag{6-17}$$

其中

$$\delta_{pi}^{Q-1}=-\frac{\partial E_p}{\partial x_{pi}^{Q-1}}=\left(\sum_{k=1}^{n_Q}\delta_{pk}^{Q}\omega_{ki}^{Q}\right)f'(s_{pi}^{q-1}) \tag{6-18}$$

显然，它是反向递推计算的公式，即首先计算出 δ_{pi}^{Q}，然后递推计算出 δ_{pi}^{Q-1}。以此类推，可继续反向递推计算出 δ_{pi}^{q}和$\frac{\partial E_p}{\partial \omega_{ij}^{q1}}$，$q=Q-2,Q-3,\cdots,1$。从式中可以看出，在 δ_{pi}^{q}的表达式中包含了导数项$f'(s_{pi}^{q})$，由于假定$f(\cdot)$为 S 形函数，因此可求得其导数

$$x_{pi}^{q}=f(s_{pi}^{q})=\frac{1}{1+e^{-\mu s_{pi}^{q}}} \tag{6-19}$$

$$f'(s_{pi}^{q})=\frac{\mu e^{-\mu s_{pi}^{q}}}{(1+e^{-\mu s_{pi}^{q}})^2}=\mu f(s_{pi}^{q})[1-f(s_{pi}^{q})]=\mu x_{pi}^{q}(1-x_{pi}^{q}) \tag{6-20}$$

最后可归纳出 BP 网络学习算法用到的公式

$$W_{ij}^{q}(k+1)=\omega_{ij}^{q}(k)+\alpha D_{ij}^{q}(k),\ \alpha>0 \tag{6-21}$$

$$D_{ij}^{q}=\sum_{p=1}^{P}\delta_{pi}^{q}x_{pj}^{q-1} \tag{6-22}$$

$$\delta_{pi}^{q}=\left(\sum_{k=1}^{n_{Q-1}}\delta_{pk}^{q+1}\omega_{ki}^{q+1}\right)\mu x_{pi}^{q}(1-x_{pi}^{q}) \tag{6-23}$$

$$\delta_{pi}^{Q}=(d_{pi}-x_{pi}^{Q})\mu x_{pi}^{Q}(1-x_{pi}^{Q}) \tag{6-24}$$

其中，$q=Q,Q-1,\cdots,1$；$i=1,2,\cdots,n_q$；$j=1,2,\cdots,n_{q-1}$。

对于给定的样本集，目标函数 E 是全体连接权系数 ω_{ij}^{q}的函数。因此，要寻优的参数 ω_{ij}^{q}个数比较多。也就是说，目标函数 E 是关于连接权的一个非常复杂的超曲面，这就给寻优带来一系列问题。其中最大的一个问题就是收敛速度慢。由于待寻优的参数太多，必然导致收敛速度慢。第二个问题就是系统可能陷入局部极值，即 E 的超曲面可能存在多个极值点。按照上面的寻优算法，它一般收敛到初值附近的局部极值。

BP 网络主要具有以下优点：

☺ 只要有足够多的隐含层节点和隐含层，BP 网络可以逼近任意的非线性映射关系；

☺ BP 网络的学习算法属于局部逼近的方法，因此它具有较好的泛化能力。

BP 网络主要具有以下缺点：

☺ 收敛速度慢；

☺ 容易陷入局部极值点；

☺ 难以确定隐含层和隐含层节点的个数；

☺ 由于 BP 网络有很好的逼近非线性映射的能力，因此它可应用于信息处理、图像识别、模型辨识、系统控制等方面。

6.4.2 BP 网络的建立及执行

1. 建立 BP 网络

首先需要选择网络的层数和每层的节点数。

对于具体问题，若确定了输入变量和输出变量，则网络输入层和输出层的节点个数与输入变量个数和输出变量个数对应。隐含层节点的选择应遵循以下原则：在能正确反映输入/输出关系的基础上，尽量选取较少的隐含层节点，使网络尽量简单。一种方法是先设置较少的节点，对网络进行训练，并测试网络的逼近能力，然后逐渐增加节点数，直到测试误差不再明显减小为止；另一种方法是先设置较多的节点，在对网络进行训练时，采用如下的误差代价函数

$$E_f = \frac{1}{2}\sum_{p=1}^{P}\sum_{i=1}^{n_Q}(d_{pi}-x_{pi}^{Q})^2 + \varepsilon\sum_{q=1}^{Q}\sum_{i=1}^{n_Q}\sum_{j=1}^{n_Q-1}|\omega_{ij}^{q}| = E + \varepsilon\sum_{q,i,j}|\omega_{ij}^{q}| \tag{6-25}$$

其中，E 仍与以前的定义相同，它表示输出误差的平方和。第二项的作用相当于引入一个“遗忘”项，其目的是使训练后的连接权系数尽量小。可以求得这时 E_f 对 ω_{ij}^{q}的梯度为

$$\frac{\partial E_f}{\partial \omega_{ij}^{q}} = \frac{\partial E}{\partial \omega_{ij}^{q}} + \varepsilon\mathrm{sgn}(\omega_{ij}^{q}) \tag{6-26}$$

利用该梯度可以求得相应的学习算法。在训练过程中只有那些确实有必要的连接权才予以保留，而那些不必要的连接权将逐渐衰减为零。最后可去掉那些影响不大的连接权和相应的节点，从而得到一个合适规模的网络结构。

当采用单隐含层的 BP 网络，使得隐含层的节点数目太大时，可应用两层隐含层的 BP 网络。一般而言，采用两层隐含层的节点总数比采用一层隐含层所用的节点数少。

网络的节点数对网络的泛化能力影响很大，节点数太多，它倾向于记住所有的训练数据，包括噪声的影响，反而降低了泛化能力；而节点数太少，它不能拟合样本数据，因此也谈不上有较好的泛化能力。

2. 确定网络的初始权值 ω_{ij}

BP 网络的各层初始权值一般选取一组较小的非零随机数。为了避免出现局部极值问题，可选取多组初始权值，最后选用最好的一种。

3. 产生训练样本

一个性能良好的神经网络离不开学习，神经网络的学习是针对样本数据进行的。因此，数据样本对神经网络的性能有着至关重要的影响。

建立样本数据之前，首先要收集大量的原始数据，分析数据的相关性，并在大量的原始数据中确定最主要的输入模式，并确保所选择的输入模式互不相同。

在确定了最主要的输入模式后，需要进行尺度变换和预处理。在进行尺度变换之前，必须检查是否存在异常点。如果存在异常点，则异常点必须剔除。通过对数据的预处理分析还可以检验所选择的输入模式是否存在周期性、固定变化趋势或其他关系。对数据的预处理就是要使变换后的数据对神经网络更容易学习和训练。

对于一个复杂问题，应该选择多少个数据，也是一个关键性问题。系统的输入/输出关系就包含在样本数据中。所以一般来说，取的数据越多，学习和训练的结果越能正确反映输入/输出关系。但是选太多的数据将增加收集、分析数据及网络训练所付出的代价。当然，选择太少的数据则可能得不到正确的结果。事实上数据的多少取决于许多因素，如网络的大小、网络测试的需要和输入/输出的分布等。其中，网络的大小是最关键的因素。通常较大的网络需要较多的训练数据。经验规则：训练模式应是连接权总数的 3~5 倍。

样本数据包含两部分：一部分用于网络训练；另一部分用于网络测试。测试数据应是独立的数据集合。一般而言，将收集到的样本数据随机地分成两部分，一部分用作训练数据，另一部分用作测试数据。

影响样本数据多少的另一个因素是输入模式和输出结果的分布，对数据预先加以分类可以减少所需要的数据量。相反，如果数据稀薄不匀甚至互相覆盖，则势必要增加数据量。

4. 训练网络

在对网络进行训练的过程中，训练样本需要反复使用。对所有训练样本数据正向运行一次并反向修改连接权一次称为一次训练（或一次学习），这样的训练需要反复进行，直至获得合适的映射结果。通常训练一个网络需要多次。

特别应该注意的是，并非训练的次数越多，越能得到正确的输入/输出的映射关系。训练网络的目的在于找出蕴含在样本数据中的输入和输出之间的本质联系，从而对于未经训练的输入也能给出合适的输出，即具备泛化功能。由于所收集的数据都是包含噪声的，训练的次数过多，网络将包含噪声的数据都记录下来，在极端的情况下，训练后的网络可以实现查表的功能。但是，对于新的输入数据却不能给出合适的输出，即并不具有很好的泛化能力。网络的性能主要用它的泛化能力来衡量，并不是用对训练数据的拟合程度来衡量，而是要用一组独立的数据来测试和检验。

5. 测试网络

用一组独立的测试数据测试网络的性能，在测试时需要保持连接权系数不改变，只用该数据作为网络的输入，正向运行该网络，检验输出的均方误差。

6. 判断网络

在实际确定 BP 网络时，通常应将训练和测试交替进行，即每训练一次，用测试数据测试一遍网络，画出均方误差随训练次数的变化曲线，如图 6-15 所示。

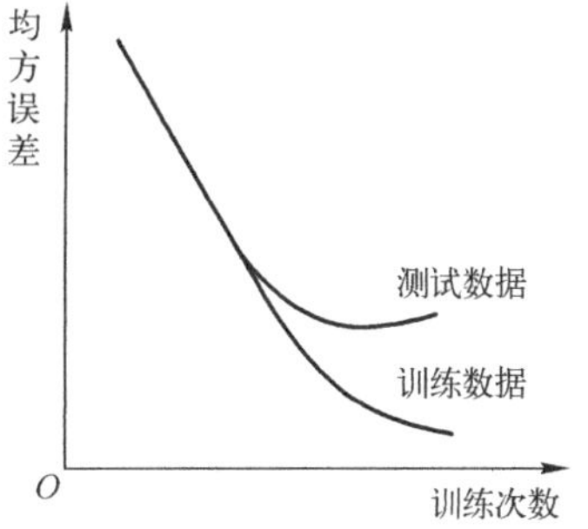

图 6-15　均方误差曲线

从误差曲线来看，当用测试数据检验时，均方误差开始逐渐减小，当训练次数再增加时，测试检验误差反而增加。误差曲线上极小点所对应的即为恰当的训练次数，若再训练即为“过度训练”。

6.4.3　BP 网络在字符识别中的应用

字符识别处理的信息可分为两大类。一类是文字信息，处理的主要是用各国家、各民族的文字（如汉字、英文等）书写或印刷的文本信息。另一类是数据信息，主要是由阿拉伯数字及少量特殊符号组成的各种编号和统计数据（如邮政编码、统计报表、财务报表、银行票据等），处理这类信息的核心技术是数字识别。数字识别作为模式识别领域的一个重要应用，也有着重要的理论价值。

☺ 阿拉伯数字是唯一的被世界各国通用的符号，对手写数字识别的研究基本上与文化背景无关，这样就为各国、各地区的研究工作者提供了一个施展才智的大舞台。在这一领域大家可以探讨、比较各种研究方法。

☺ 由于数字识别的类别数较小，有助于进行深入分析及验证一些新的理论。这方面最明显的例子就是人工神经网络（ANN）。相当一部分的 ANN 模型和算法都以数字识别作为具体的实验平台，验证理论的有效性，评价各种方法的优缺点。

☺ 尽管人们对数字的识别已从事了很长时间的研究，并已取得了很多成果，但到目前为止机器的识别本领还无法与人的认知能力相比，这仍是一个有难度的开放问题。

☺ 数字的识别方法很容易推广到其他一些相关识别问题上，其中一个直接应用是对英文这样的拼音文字进行识别。事实上，很多学者就是把数字和英文字母的识别放在一起研究的。

1. 轮廓特征提取

到目前为止，市场上已经有成熟的数字识别商业软件或者其他形式的数字识别产品。但在实际应用中，需要根据实际需求开发精简的识别算法。

2. 字符轮廓

由于受噪声和随机污点的干扰，以及二值化和粘连问题的存在，字符处理会引起字符的变形。为了尽量减少这种变形对信息特征的干扰，或者从变形的字符中提取可靠的特征信息，将字符的整体轮廓分解为顶部、底部、左侧和右侧 4 个方向的轮廓特征来描述，使得当其中某部位的笔画发生变形时，能抑制对其他部位特征的影响。

左侧轮廓定义为字符最左侧边界像素点的水平方向坐标值。

$$\mathrm{LP}(i)=\min\{x \mid P(x,y)\in C, y=i\} \quad i=1,2,\cdots,M \tag{6-27}$$

式中，$P(x,y)$表示图像中坐标为(x,y)的像素点，C 表示字符图像像素点的集合。同理，右侧轮廓定义为字符最右侧边界像素点的水平方向坐标值。

$$\mathrm{RP}(i)=\max\{x \mid P(x,y)\in C, y=i\} \quad i=1,2,\cdots,M \tag{6-28}$$

相应地，顶部特征（TP）定义为字符最高边界像素点的垂直方向坐标值。底部特征（BP）定义为字符最低边界像素点的垂直方向坐标值。字符轮廓定义如图 6-16 所示。

$$\mathrm{TP}(i)=\min\{y \mid P(x,y)\in C, x=j\} \quad j=1,2,\cdots,N \tag{6-29}$$

$$\mathrm{BP}(i)=\max\{y \mid P(x,y)\in C, x=j\} \quad j=1,2,\cdots,N \tag{6-30}$$

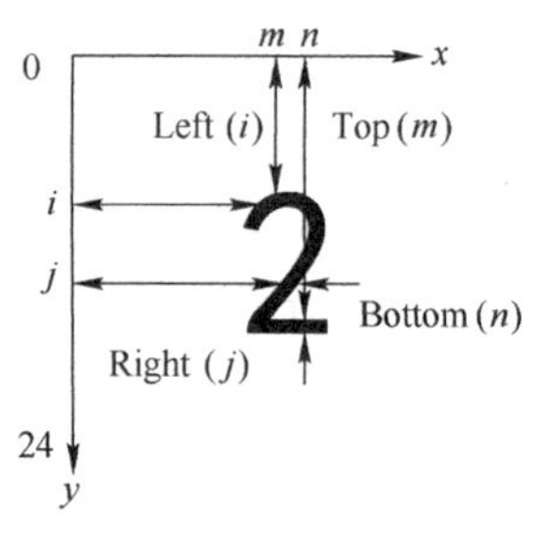

图 6-16 字符轮廓定义示意图

3. 结构基元

利用轮廓的一阶微分变化趋势，定义构成字符轮廓的基本基元。基本基元共有 5 个，分别为：竖直（V，特征向量中用 1 表示）、左斜（L，特征向量中用 2 表示）、右斜（R，特征向量中用 3 表示）、圆弧（C，特征向量中用 4 表示）、突变（P，特征向量中用 5 表示）。以左侧轮廓特征为例，假设 SL、SV 和 SR 分别表示某侧轮廓一阶微分值大于零、等于零和小于零的个数，定义基本基元：

（1）竖直。

定义：若 SR=0，SL=0，则为结构 V。

（2）左斜。

定义：若 SR=0，SL>LT（阈值），则为结构 L。

（3）右斜。

定义：若 SL=0，SR>RT（阈值），则为结构 R。

（4）圆弧。

定义：若 SL>LT（阈值），SR>RT（阈值），则为结构 C。

（5）突变。

连续的字符轮廓，其一阶微分值的变化量比较小，而当字符轮廓不连续时，其一阶微分值相对较大。因此定义：当轮廓的一阶微分值超过阈值 PT 时，字符轮廓有突变，即为结构 P。

4. 基元的检测

（1）由于字符轮廓突变处表示字符轮廓不连续，则突变前后的轮廓特征必须分别检测。即若在 k_1 处检测到 P，则在$[1,k_1-1]$范围内统计 SL、SR 和 SV，独立进行基元检测。若在 k_2 处又检测到突变，则在$[k_2+1,k_2-1]$范围内进行基元检测，以此类推。

（2）由于字符轮廓基元的形成需要一定数目的轮廓像素点（T），即只有当 SL+SR+SV$\geqslant T$ 时，才能进行基元检测，否则不进行基元检测。

（3）检测到突变结构的有效范围是 $x\in[\mathrm{ST},\mathrm{N\_ST}+1]$，$y\in[\mathrm{ST},\mathrm{M\_ST}+1]$，其中 ST 表示字符的宽度。这主要是为了避免当在干扰严重的情况下，轮廓边缘光滑处理不够理想时，可能检测到假突变基元。

5. 样本数字字符特征提取

为减少分类数目以优化神经网络的结构，提高识别效率，人们重点研究了对偶数（0、2、4、6、8 等）的识别，奇数数字的识别原理相同。同时，为将不同字体的印刷体数字囊括在内并减少样本数据的重复性，本报告中选取了结构特征具有代表性的 7 种字体数字，分别为 Courier New 体、Comic Sanc MS 体、Times New Roman 体、Arial 体、Euclid Fraktur 体、仿宋体和宋体。其中 Arial 体数字作为测试数字。

此外，实际应用中的印刷体数字受印刷质量的影响，字符图像存在噪声。为使产生的网络对输入向量具有一定的容错能力，另加入一组含噪声数字图片对网络进行训练，提高系统的鲁棒性。报告中提取到的样本数字字符的轮廓特征如表 6-3 所示。

表 6-3　样本数字轮廓数据

数　字	上轮廓	左轮廓	下轮廓	右轮廓	笔画	分类	Y	上	左	下	右	笔画
Courier New 0	TC	TC	TC	TC	2	0	10000	4	4	4	4	2
Comic Sans MS 0	TC	TC	TC	TC	2	0	10000	4	4	4	4	2
Times New Roman 0	TLPPR	TC	TC	TC	2	0	10000	2.5	4	4	4	2
仿宋 0	TC	TC	TC	TC	2	0	10000	4	4	4	4	2
宋体 0	TC	TC	TC	TC	2	0	10000	4	4	4	4	2
Euclid Fraktur 0	TC	TC	TC	TC	2	0	10000	4	4	4	4	2
测试样本 0	TC	TC	TC	TC	2			4	4	4	4	2
Courier New 2	TC	TLPL	TCP	TV	4	2	01000	4	2.5	4	1	4
Comic Sans MS 2	TC	TLPL	TCP	TV	4	2	01000	4	2.5	4	1	4

续表

数　字	上轮廓	左轮廓	下轮廓	右轮廓	笔画	分类	Y	上	左	下	右	笔画
Times New Roman 2	TC	TLPL	TCP	TV	4	2	01000	4	2.5	4.5	1	4
仿宋 2	TR	TLPL	TCP	TV	4	2	01000	3	2.5	4.5	1	4
宋体 2	TC	TLPL	TCPV	TV	4	2	01000	4	2.5	4.5	1	4
Euclid Fraktur 2	TCPV	TPL	TLP	TV	4	2	01000	4	5.1	2	1	4
测试样本 2	TC	TVPL	TCP	TV	4			4	1.5	4.5	1	4
Courier New 4	TLP	TLP	TC	TV	4	4	00100	2.5	2.5	4	1	4
Comic Sans MS 4	TLP	TLPV	TC	TVPP	3	4	00100	2.5	2.5	4	1.6	3
Times New Roman 4	TL	TLPPPP	TV	TV	3	4	00100	2	2.6	1	1	3
仿宋 4	TL	TLPV	TV	TVP	3	4	00100	2	2.5	1	1.5	3
宋体 4	TLP	TLPV	TV	TVPV	4	4	00100	2.5	2.5	1	1.5	4
Euclid Fraktur 4	TLP	TLP	TV	TVPV	3	4	00100	2.5	2.5	1	1.5	3
测试样本 4	TLP	TLP	TV	TV	3			2.5	2.5	1	1	3
Courier New 6	TL	TC	TPPC	TC	4	6	00010	2	4	5.5	4	4
Comic Sans MS 6	TLP	TC	TC	TC	4	6	00010	4/2.5	4	3/4	4	4
Times New Roman 6	TL	TC	TLPC	TC	4	6	00010	2	4	2.5	4	4
仿宋 6	TL	TC	TLPC	TC	4	6	00010	2	4	2.5	4	4
宋体 6	TL	TC	TPPC	TC	4	6	00010	2	4	5.5	4	4
Euclid Fraktur 6	TL	TC	TPLPC	TC	4	6	00010	2	4	5.1	4	4
测试样本 6	TC	TC	TRPPC	TC	4			4	4	3.6	4	4
Courier New 8	TC	TC	TC	TC	4	8	00001	4	4	4	4	4
Comic Sans MS 8	TC	TC	TC	TC	4	8	00001	4	4	4	4	4
Times New Roman 8	TC	TC	TC	TRPPL	4	8	00001	4	4	4	3.6	4
仿宋 8	TC	TC	TC	TL	4	8	00001	4	4	4	2	4
宋体 8	TC	TC	TC	TC	4	8	00001	4	4	4	4	4
Euclid Fraktur 8	TC	TC	TC	TC	4	8	00001	4	4	4	4	4
测试样本 8	同							4	4	4	4	4

由表 6-3 中的数据可知，数字的上、下、左、右轮廓构成四维特征。但不同数字的同一特征维数不定，同一数字在不同字体下维数亦不同。实际识别中，并不需要将轮廓特征全部送入分类器进行识别。经验证，用字符轮廓特征的第二列向量作为特征向量即可正确识别，这也在很大程度上减轻了分类器设计上的工作量。

6. 字符识别系统

一个完整的字符识别系统一般包含预处理、特征提取、降维、识别分类和后处理等步骤，具体流程如图 6-17 所示。

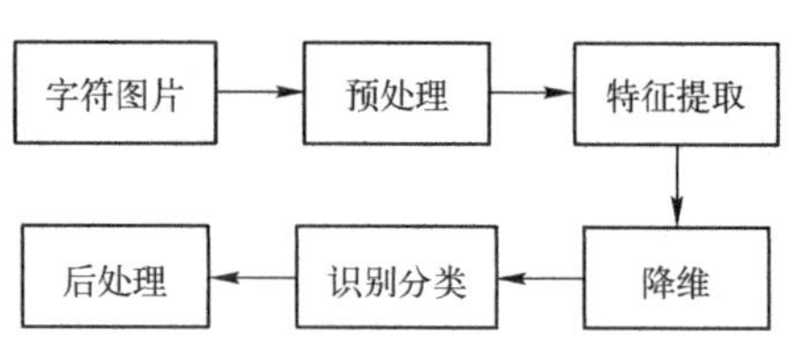

图 6-17　字符识别流程图

① 预处理即对包含数字的图像进行处理以便后续进行特征提取、学习。这个过程的主要目的是减

少图像中的无用信息。这个过程中的步骤通常有灰度化（如果是彩色图像）、降噪、二值化及归一化这些子步骤。经过二值化后，图像只剩下两种颜色，即黑和白，其中一个是图像背景，另一个颜色就是要识别的数字字符了。降噪在这个阶段非常重要，降噪算法的好坏对特征提取的影响很大。如果数字存在倾斜的话往往还要进行倾斜校正。归一化则是将单个的文字图像规整到同样的尺寸，在同一个规格下，才能应用统一的算法。

② 特征提取和降维。特征是用来识别文字的关键信息，每个不同的文字都能通过特征来和其他文字进行区分。对于数字和英文字母来说，这个特征提取是比较容易的，因为数字只有 10 个，英文字母只有 52 个，都是小字符集。在确定了使用何种特征后，视情况而定，还有可能要进行特征降维。在这种情况下，如果特征的维数太高（特征一般用一个向量表示，维数即该向量的分量数），则分类器的效率会受到很大的影响。为了提高识别速率，往往就要进行降维。这个过程也很重要，既要降低维数，又要使得减少维数后的特征向量还保留了足够的信息量（以区分不同的文字）。

③ 识别分类包括分类器设计、训练和实际识别。对字符图片提取特征后送给经训练的分类器进行分类并告知该特征应识别成哪个数字。本书用 BP 神经网络进行了学习，并总结了识别结果。

④ 后处理。后处理是用来对分类结果进行优化的，分类器的分类有时候不一定是完全正确的（实际上也做不到完全正确），比如对汉字的识别，由于汉字中形近字的存在，很容易将一个字识别成其形近字。后处理可以解决这个问题，如通过语言模型来进行校正——如果分类器将“在哪里”识别成“存哪里”，通过语言模型会发现“存哪里”是错误的，然后进行校正。实际识别数字图像往往存在排版、字体大小等复杂情况，后处理中可以尝试去对识别结果进行格式化。

应用网络极强的非线性数据处理能力和容错能力，仅需要把经过预处理和特征提取的大量样本数据矩阵输入网络就可以得到数字类别输出。但是 BP 神经网络的各种网络参数的选择和确定非常复杂而且关键。传统的 BP 算法有诸如不易确定隐层神经元的个数、可能陷于局部极小值及耗费大量计算机时等在内的缺点，因而不适用于实际情况。

预处理及结构基元定义的程序如下：

```
clc
close all
I0=imread('4_3.jpg');              % 必须为二值图像
I=im2bw(I0,0.4);
I= bwareaopen(I,5);                % 去除像素数少于 5 的噪声点
%figure
%imshow(I)
[y0 x0]=size(I);
Range=sum((~I)');
Hy=0;
for j=1:y0
    if (Range(j)>=1)
        Hy=Hy+1;
    end
```

```
end
RangeX=sum((~I));
Wx=0;
for i=1:x0
    if (RangeX(i)>=1)
        Wx=Wx+1;
    end
end
Amp=24/Hy;                    % 将文字图像归一化到 24 像素点的高度
I=imresize(I,Amp);
[y x]=size(I);
tic
%======基本结构 =======%
% 第一类: 竖直(V); 左斜(L); 右斜(R); 突变(P)
% 第二类: 左半圆弧(C); 右半圆弧(Q)
% 第三类: 结构待定(T);
%==========================================%
Left=zeros(1,y);              % 左端轮廓检测
for j=1:y
        i=1;
    while ((i<=x)&&(I(j,i)==1))
        i=i+1;
    end
    if (i<=x)
        Left(j)=i;
    end
end
for j=1:y-1
    LeftD(j)=Left(j+1)-Left(j);
end
%==========结构特征提取 =============%
j=1;
while ((Left(j)<1)&&(j<y))
      j=j+1;
end
Y1=j;
j=y;
while ((Left(j)<1)&&(j>1))
      j=j-1;
end
Y2=j-1;                       % 去掉急剧变化的两端
%=============右边 ===================%
Right=zeros(1,y);             % 左端轮廓检测
```

```
for j=1:y
        i=x;
    while ((i>=1)&&(I(j,i)==1))
        i=i-1;
    end
    if (i>=1)
        Right(j)=i;
    end
end
for j=1:y-1
    RightD(j)=Right(j+1)-Right(j);
end
%========================================%
Top=zeros(1,x);                 % 顶端轮廓检测
for i=1:x
        j=1;
    while ((j<=y)&&(I(j,i)==1))
        j=j+1;
    end
    if (j<=y)
        Top(i)=j;
    end
end
for i=1:x-1
    TopD(i)=Top(i+1)-Top(i);
end
%==================================%
i=1;
while ((Top(i)<1)&&(i<x))
      i=i+1;
end
X1=i;
i=x;
while ((Top(i)<1)&&(i>1))
      i=i-1;
end
X2=i-1;                         % 去掉急剧变化的两端
%========================================%
Bottom=zeros(1,x);              % 底部轮廓检测
for i=1:x
        j=y;
    while ((j>=1)&&(I(j,i)==1))
        j=j-1;
```

```
        end
        if (j>=1)
            Bottom(i)=j;
        end
    end
    for i=1:x-1
        BottomD(i)=Bottom(i+1)-Bottom(i);
    end
    %==========笔画数 =========%
    Po=0;                                   % 用于检测笔画
    Ne=0;
    NS=0;                                   % 笔画数
    for i=X1+4:X2-4
        for j=1:y-1
            if ((I(j+1,i)-I(j,i))>0)        % 由黑到白
                Po=Po+1;
                if ((Po>=2)&&(j<=fix(0.7*y)))
                    Po=3;
                end
            else if  ((I(j+1,i)-I(j,i))<0)  % 由白到黑
                    Ne=Ne+1;
                    if ((Ne>=2)&&(j<=fix(0.7*y)))
                        Ne=3;
                    end
                end
            end
        end
        NS=[NS max(Po,Ne)];
        Po=0;
        Ne=0;
    end
    Comp=max(NS);
    Comp
    %==========轮廓结构特征提取 ==========%
        StrokeT=StrDetect(TopD,X1,X2,3,6);      % 顶部基本结构检测
        StrokeT
        StrokeL=StrDetect(LeftD,Y1,Y2,3,5);     %左边基本结构检测
        StrokeL
        StrokeR=StrDetect(RightD,Y1,Y2,3,5);    % 右边基本结构检测
        StrokeR
        StrokeB=StrDetect(BottomD,X1,X2,3,6);   % 底部基本结构检测
        StrokeB
    %=======显示 ======%
```

```
px=(1:x);
py=(1:y);
subplot(3,2,1);
imshow(I);
title('待识别字符')
subplot(3,2,3);
plot(Top);grid
title('上轮廓');
subplot(3,2,4);
plot(Left);grid
title('左轮廓');
subplot(3,2,5);
plot(Bottom);grid
title('下轮廓');
subplot(3,2,6);
plot(Right);grid
title('右轮廓');
```

结构基元检测程序如下，由它生成样本数据。

```
function [Stroke]= StrDetect(LeftD,Y1,Y2,ST,PT)
    % ST 为结构阈值,为了指定高度和宽度结构变化的不同
    SL=0;
    SR=0;
    SV=0;
    Count=0;
    %PT=5;                                  % 突变的阈值
    Str=0;%'T'                              % T 表示结构未定,Str 用于保存当前的基本结构
    Stroke=0; %'T'                          % 用于保存基本结构
    Range=Y2-Y1+1;                          % 字符的宽度或者高度
    for j=Y1:Y2
        Count=Count+1;
        if (abs(LeftD(j))<PT)
            if (LeftD(j)<0)
                SL=SL+1;
            else if (LeftD(j)>0)
                SR=SR+1;
            else
                SV=SV+1;
            end
        end
        else                                % 检测到突变的决策
            if ((Count>=fix(Range/4)+1))    % 设定字符轮廓可能发生的突变范围
                if ((SL>=3)&&(SR>=3))
```

```
                        Str=4;%'C'
                else if ((SV>=2*(SL+SR))&&((max(SL,SR)<3)||(min(SL,SR)<2)))
                        Str=1;%'V'
                  else if ((SL>SR)&&((SL>=0.5*SV)&&((SR<=1)||(SL>(SR+SV)))))
                           Str=2;%'L'
                      else if ((SR>SL)&&((SR>=0.5*SV)&&((SL<=1)||(SL>(SR+SV)))))
                                Str=3;%'R'
                                else if (max(SL,SR)>=3)&&(min(SL,SR)>=2)
                                   Str=4;%'C'
                                end
                      end
                  end
                end
            end
            Stroke=[Stroke Str];
        end
            if ((j>=2+Y1)&&((j<=Y2-2)))
                Stroke=[Stroke 5];%'P'
             end
            SL=0;
            SR=0;
            SV=0;
            Count=0;
            Str=0;%'T'
        end
end
%==========提取结构================%
if (Count>=fix(Range/4)+1)   % 发生突变后,剩余部分可能无法形成字符结构
if ((SL>=ST)&&(SR>=ST))
    Str=4;%'C'
else if ((SV>=2*(SL+SR))&&((max(SL,SR)<3)||(min(SL,SR)<2)))
        Str=1;%'V'
    else if ((SL>SR)&&((SL>=0.5*SV)&&((SR<=2)||(SL>=(SR+SV)))))
            Str=2;%'L'
        else if ((SR>SL)&&((SR>=0.5*SV)&&((SL<=2)||(SL>=(SR+SV)))))
                Str=3;%'R'
            else if (max(SL,SR)>=3)&&(min(SL,SR)>=2)
                    Str=4;%'C'
                end
            end
        end
    end
end
```

```
Stroke=[Stroke Str];
end
```

用 BP 网络训练不带小数的特征即仅取第二列的特征。

```
% clc
    % clear all
    p=[4  2  4  4  3  4  2  2  2  2  2  2  2  4  4  4  4;
       4  4  1  2  2  5  2  2  2  2  4  4  4  4  4  4  4;
       4  4  4  4  4  2  4  4  1  1  5  4  2  3  4  4  4;
       4  4  1  1  1  1  1  1  1  1  4  4  4  4  4  3  2;
       2  2  4  4  4  4  4  3  3  4  4  4  4  4  4  4  4];
    t=[0  0  0  0  0  0  0  0  0  0  0  0  0  0  1  1  1;
       0  0  0  0  0  0  0  0  0  0  1  1  1  1  0  0  0;
       0  0  0  0  0  0  1  1  1  1  0  0  0  0  0  0  0;
       0  0  1  1  1  1  0  0  0  0  0  0  0  0  0  0  0;
       1  1  0  0  0  0  0  0  0  0  0  0  0  0  0  0  0;]
    PT=[4  4  2  2  4;
        4  2  2  4  4;
        4  4  4  4  4;
        4  1  1  4  4;
        2  4  3  4  4];
    T=[0  0  0  0  1;              % 理想输出
       0  0  0  1  0;
       0  0  1  0  0;
       0  1  0  0  0;
       1  0  0  0  0];
    net1=newff(minmax(p),[15 5],{'tansig','logsig'},'trainlm');
    net1.trainParam.epochs=50000;
    net1.trainParam.show=20;
    net1.trainParam.lr=0.1;
    net1.trainParam.mc=0.7;
    net1.trainParam.goal=0.01;
    net=train(net1,p,t);
    y=sim(net,PT);
    %figure
    %plot([1:2],T,'r-o',[1:2],y,'b--+');
    %Z=y-TT;
    %C=TT.\Z
    %figure
    %plot(1:2,C);
    %grid;
    %title('相对误差曲线');
```

```
%xlabel('时间');
%ylabel('相对误差率');
```

样本数据和测试数据显示如下。其中，p 为训练样本，t 为训练输出，PT 为测试样本即待识别数字组，T 为理想输出。

```
p=[4 2 4 4 3 4 2 2 2 2 2 2 2 4 4 4 4;
   4 4 1 2 2 5 2 2 2 2 4 4 4 4 4 4 4;
   4 4 4 4 4 2 4 4 1 1 5 4 2 3 4 4 4;
   4 4 1 1 1 1 1 1 1 1 4 4 4 4 4 3 2;
   2 2 4 4 4 4 4 3 3 4 4 4 4 4 4 4 4];
t=[ 0 0 0 0 0 0 0 0 0 0 0 0 0 0 1 1 1;
   0 0 0 0 0 0 0 0 0 0 1 1 1 1 0 0 0;
   0 0 0 0 0 0 1 1 1 1 0 0 0 0 0 0 0;
   0 0 1 1 1 1 0 0 0 0 0 0 0 0 0 0 0;
   1 1 0 0 0 0 0 0 0 0 0 0 0 0 0 0 0];
PT=[4 4 2 2 4;
    4 2 2 4 4;
    4 4 4 4 4;
    4 1 1 4 4;
    2 4 3 4 4];
T=[0 0 0 0 1;
   0 0 0 1 0;
   0 0 1 0 0;
   0 1 0 0 0;
   1 0 0 0 0];
```

BP 网络的学习曲线和网络测试结果分别如图 6-18 和图 6-19 所示。

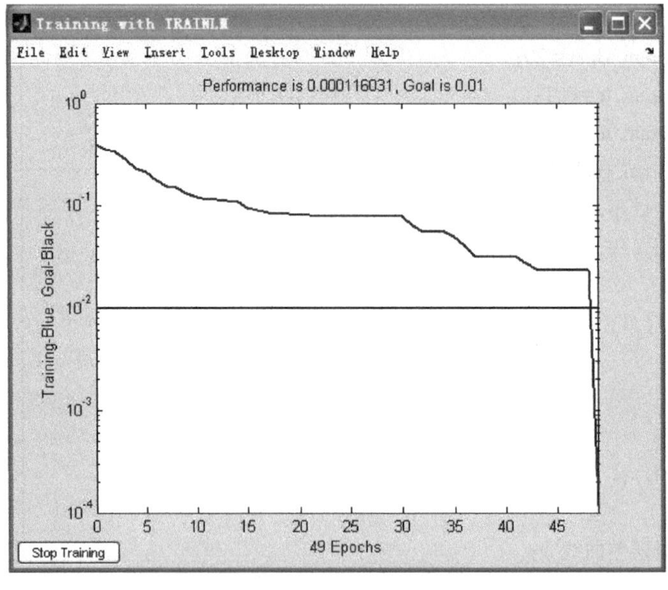

图 6-18　BP 网络学习曲线

```
y =

    0.0299    0.1456    0.0100    0.1003    0.6418
    0.2596    0.0055    0.0031    0.9505    0.1459
    0.0013    0.0103    0.9929    0.0178    0.0011
    0.1141    0.9715    0.0519    0.0137    0.0108
    0.9785    0.0593    0.0333    0.0177    0.0659
```

图 6-19　BP 网络测试结果

6.4.4　BP 算法在分类识别中的应用

进行 BP 神经网络的训练，数据来源于目标与杂波的特征向量，分别是多普勒频率、距离向功率值和多普勒向功率值，利用这三个特征量来区别目标与杂波。提取 30 组数据作为训练样本，创建并训练网络，根据误差下降曲线图判断网络的性能，从而调节参数使网络达到要求。最后再用另外提取的 30 组数据进行网络测试，分析分类结果。

1. 特征向量的提取

基于高频地波雷达的距离-多普勒（R-D）谱图，提取分类所需要的特征。R-D 谱图中，横坐标代表多普勒频率，纵坐标代表距离，图中既存在海杂波、地杂波，也存在电离层干扰，其 R-D 谱图如图 6-20 所示。

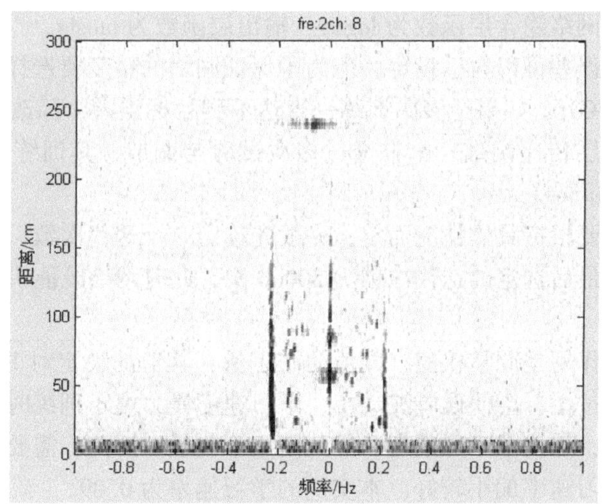

图 6-20　R-D 谱图

首先，基于距离向功率谱图提取目标与杂波的功率值，通过分析可知，目标功率值比杂波功率值大。其次，基于多普勒向功率谱图提取目标与杂波的功率值，在拟合曲线中保存极大值的坐标，这样就把目标与杂波的功率值提取到了，对比两个功率值，取值较大且相近的为目标，取值较小也相近的为杂波。最后，提取第三个特征量——多普勒频率，通过多普勒频率定位目标与杂波在 R-D 谱图中的位置，验证分类的准确性。其距离向和多普勒向的功率谱图如图 6-21 所示。

将提取到的 30 组特征向量（多普勒频率、距离向功率值、多普勒向功率值）作为样本数据，在网络的测试中，再用同样的方法提取 30 组数据。

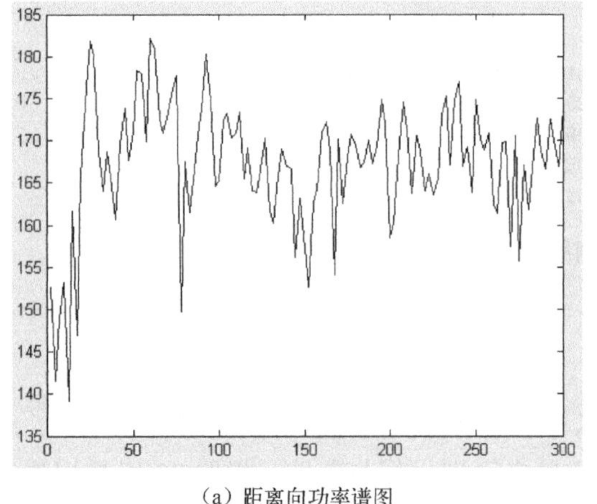

(a) 距离向功率谱图

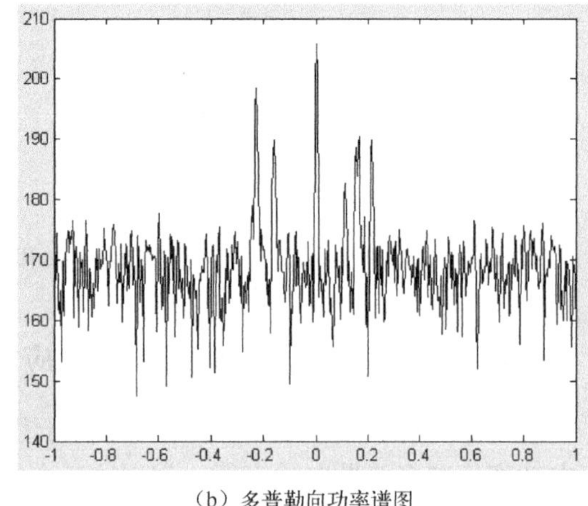

(b) 多普勒向功率谱图

图 6-21 功率谱图

2. 网络创建与训练

传递函数要根据系统本身的特性来选择，每层可以选用不同的传递函数，通过各个函数的相互配合，共同完成对网络的训练。一般隐含层选择 tansig 函数或 logsig 函数，输出层选择 purelin 函数或 tansig 函数，选用不同的函数对预测结果影响很大。根据预测结果，调节传递函数，最终确定该网络隐含层函数为 logsig，输出层函数为 tansig。

神经网络的目标误差可以自己设定，但为了保证网络的精度要选择适当的目标误差。一般设定目标误差为 0.001，如果经多次训练一直达不到目标误差，除改变目标误差外，还可以改变隐含层数和各层传递函数。本书经过多次试验与调节，其训练误差曲线显示网络在 323 次迭代后达到目标误差。

迭代次数的选择要根据具体情况而定，一般先选定一个迭代次数，然后根据终止计算时误差程度进行调整，最后选定的迭代次数为 50000 次，此时网络既能快速收敛又能达到目标误差。

学习速率的主要作用是调整权值、阈值的修正量，其值的设定对 BP 算法的收敛性有很大的影响。学习速率过小，会使误差波动小，学习速度慢，由于训练时间的限制而得不到满意解；学习速率过大，加快了学习速度，导致网络不收敛。因此，需要参照误差曲线图来调整学习速率，一般学习速率偏小较好，本实例的学习速率为 0.09。

选用不同的训练函数会达到不同的效果，针对训练数据和系统本身性质，应选择适当的训练函数。训练太快会导致不能得到正确的网络权值，训练失败；训练太慢则会使网络的性能变差。基于多次试验对比，本文的训练函数选择 trainlm。

3. 分类结果

完整代码如下：

```
close all
clear all
p=[-0.1966 0.1164 0.1775 0.2080 0.2080 -0.2118 -0.0668 -0.0973 0.1393 -0.1775 0.1889 -0.2042
   -0.1966 -0.1966 -0.0592 0.0286 -0.1813 0.1279 0.2882 0.1775 -0.0592 0.0286 -0.2156 0.1050
   0.1164 -0.0172 0.1164 0.1164 -0.1469 -0.2042;
```

```
166.9574 166.9574 163.3965 172.2299 172.0995 168.6119 173.5905 171.2420 171.2420 172.8220
169.2593 167.0809 167.0809 166.8682 171.0662 170.6274 179.2654 168.4783 168.0487 167.3841
170.9869 170.5732 169.2379 171.0662 171.0662 175.8360 167.0809 166.8682 163.0454 166.9568;
166.8932 166.9910 163.6758 172.3866 172.3866 168.8778 173.3609 171.2600 171.1919 173.0955
169.4407 167.1863 166.8932 166.8932 171.0695 170.3594 178.9908 168.5132 167.8533 167.3904
171.0695 170.3594 169.2211 170.8635 171.3356 175.6800 166.9910 166.9910 163.0012 167.1863];
t=[1 1 0 1 1 0 1 1 1 1 0 0 0 0 1 1 1 0 0 0 1 1 0 1 1 1 0 0 0 0
   0 0 1 0 0 1 0 0 0 0 1 1 1 1 0 0 0 1 1 1 0 0 1 0 0 0 1 1 1 1];
net=newff(minmax(p),[14,2],{'logsig','tansig'},'trainlm');% 该函数也是梯度下降法训练函数，但是
                                                          % 在训练过程中，学习速率是可变的
net.trainParam.show=40;              % 训练显示间隔
net.trainParam.lr=0.09;              % 学习步长
net.trainParam.mc=0.6;               % 动量项系数
net.trainParam.epochs=50000;
net.trainParam.goal=0.001;
net=train(net,p,t);
% p_test=[-0.0935 -0.1355 -0.1355 -0.1851 0.0172 0.0782 0.1011 -0.0782 -0.1050 0.1851 0.1279
           -0.2691 -0.1851 -0.0477 0.0172;
161.6153 173.1833 173.3183 169.0693 169.0693 172.1549 172.1549 174.7926 174.5646 177.0831
169.9983 166.0529 169.3338 169.3338 168.9314;
161.8547 173.2813 173.2813 169.3381 168.9379 172.3466 172.0325 174.7259 174.5299 177.0546
169.7355 166.3014 169.3381 169.5631 168.9379];
p_test=[-0.1960 0.1174 0.1785 0.2180 0.2040 -0.2158 -0.0638 -0.0953 0.1403 -0.1785 0.1890
        -0.2142 -0.1976 -0.2066 -0.0612 0.0296 -0.1823 0.1280 0.2892 0.1776 -0.0602 0.0276
        -0.2256 0.1059 0.1144 -0.0170 0.1174 0.1163 -0.1470 -0.2142;
166.9674 166.9674 163.3955 172.2399 172.0999 168.6129 173.5915 171.2421 171.2430 172.8210
169.2493 167.0819 167.0819 166.8482 171.0652 170.6254 179.2644 168.4683 168.0477 167.3842
170.9859 170.5722 169.2377 171.0652 171.0661 175.8460 167.0819 166.8672 163.0444 166.9558;
166.8942 166.9940 163.6768 172.3876 172.3868 168.8788 173.3619 171.2601 171.1929 173.0945
169.4417 167.1843 166.8922 166.8922 171.0690 170.3595 178.9918 168.5122 167.8523 167.3914
171.0495 170.3494 169.2201 170.8645 171.3355 175.6810 166.9911 166.9912 163.0022 167.1873];
% t=[0 1 1 0 0 1 1 1 1 1 0 0 0 0 0
1 0 0 1 1 0 0 0 0 0 1 1 1 1 1];
    y=sim(net,p_test)
    yc=vec2ind(y)
    plot3(p(1,:),p(2,:),p(3,:),'b.'),grid,box
for i=1:30,text(p(1,i),p(2,i),p(3,i),sprintf(' %g',yc(i))),end
% plot3(p_test(1,:),p_test(2,:),p_test(3,:),'b.'),grid,box
% for i=1:30,text(p_test(1,i),p_test(2,i),p_test(3,i),sprintf(' %g',yc(i))),end
title('测试样本的分类结果')
xlabel('X')
ylabel('Y')
zlabel('Z')
```

```
for j=1:30
        if yc(j)==2
            line(p(1,j),p(2,j),p(3,j),'linestyle','none','marker','+','color','g');
        else yc(j)==1
            line(p(1,j),p(2,j),p(3,j),'linestyle','none','marker','*','color','r');
        end
end
```

通过采集目标与杂波的特征向量作为网络训练样本，创建并训练 BP 神经网络，再将同样数量的特征量作为测试数据测试网络的性能，最终分类结果如图 6-22 所示。

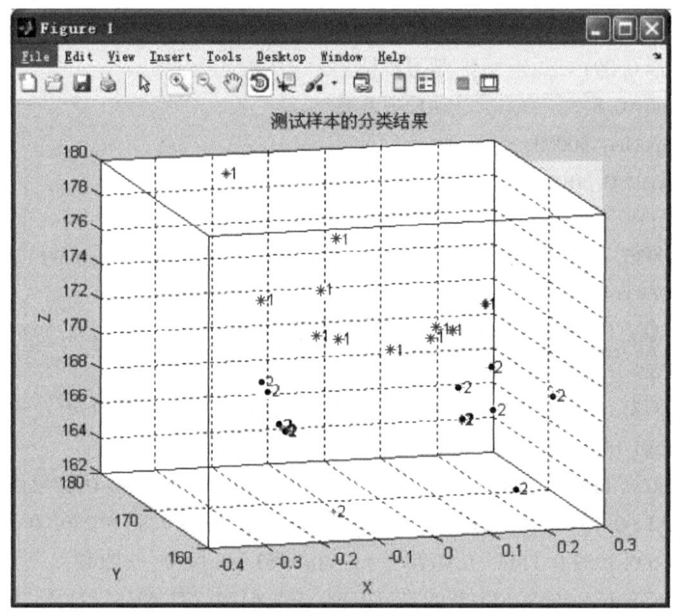

图 6-22　BP 神经网络分类结果

图中，·表示目标，*表示杂波，从图中可以看出目标与杂波明显被区分开来。

BP 算法的网络分类结果如表 6-4 所示。

表 6-4　BP 算法的网络分类结果

数据 1	数据 2	分类	数据 1	数据 2	分类	数据 1	数据 2	分类
0. 9137	0. 0855	1	0. 0001	0. 9999	2	0. 9944	0. 0050	1
0. 9378	0. 0614	1	0. 0007	0. 9993	2	0. 9968	0. 0027	1
0. 0002	0. 9998	2	0. 0342	0. 9659	2	0. 0127	0. 9875	2
1. 0000	0. 0000	1	0. 0005	0. 9995	2	1. 0000	0. 0000	1
1. 0000	0. 0000	1	1. 0000	0. 0000	1	0. 9989	0. 0009	2
0. 0007	0. 9993	2	0. 9994	0. 0005	1	1. 0000	0. 0000	2
1. 0000	0. 0000	1	1. 0000	0. 0000	1	0. 0038	0. 9962	2
1. 0000	0. 0000	1	0. 0800	0. 9196	2	0. 0003	0. 9997	2
1. 0000	0. 0000	1	0. 0000	1. 0000	2	0. 0001	0. 9999	2
1. 0000	0. 0000	1	0. 0110	0. 9891	2	0. 0007	0. 9993	2

6.5　RBF 神经网络

从结构上分类，神经网络可分为前馈型神经网络和反馈型神经网络。从对函数的逼近功能上分类，神经网络可分为全局逼近神经网络和局部逼近神经网络。如果网络的一个或多个连接权系数或自适应可调参数在输入空间的每一点对任何一个输入都有影响，则称该网络为全局逼近网络；若对输入空间的某个局部区域，只有少数几个连接权影响网络的输出，则称该网络为局部逼近网络。对于每个输入/输出数据对，只有少量的连接权需要进行调整，从而使局部逼近网络具有学习速度快的优点。径向基函数（Radial Basis Function，RBF）就属于局部逼近神经网络。

6.5.1　径向基函数网络的结构及工作方式

径向基函数网络（简称径向基网络）是由 J. Moody 和 C. Darken 于 20 世纪 80 年代末提出的一种神经网络结构，RBF 神经网络是一种性能良好的前向网络，具有最佳逼近及克服局部极小值问题的性能。RBF 网络起源于数值分析中的多变量插值的径向基函数方法，径向基函数网络结构如图 6-23 所示。

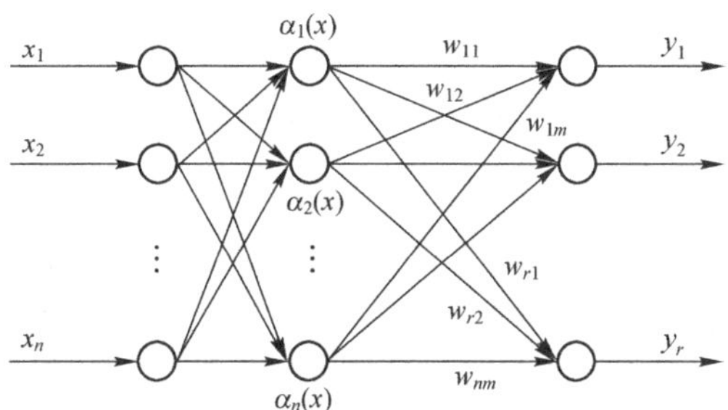

图 6-23　径向基函数网络结构

RBF 神经网络的拓扑结构是一种三层前向网络：第一层为输入层，由信号源节点构成，仅起到数据信息的传递作用，对输入信息不进行任何变换；第二层为隐含层，节点数视需要而定，隐含层神经元的核函数（作用函数）为高斯函数，对输入信息进行空间映射变换；第三层为输出层，它对输入模式做出响应，输出层神经元的作用函数为线性函数，对隐含层神经元输出的信息进行线性加权后输出，作为整个神经网络的输出结果。

RBF 网络只有一个隐含层，隐含层单元采用径向基函数 $\alpha_j(x)$ 作为其输出特性，输入层到隐含层之间的权值均固定为 1；输出节点为线性求和单元，隐含层到输出节点之间的权值 w_{ij} 可调，因此输出为

$$y_i = \sum_{j=1}^{m} w_{ij}\alpha_j(x),\ i = 1,2,\cdots,r \tag{6-31}$$

径向基函数为某种沿径向对称的标量函数。隐含层径向基神经元模型结构如图 6-24 所示。由图 6-24 径向基神经元模型结构图可见，径向基函数是以输入向量与阈值向量之间的距离 $\|\boldsymbol{X}-\boldsymbol{C}_j\|$ 作为自变量的，其中 $\|\boldsymbol{X}-\boldsymbol{C}_j\|$ 是通过输入向量和加权矩阵 $\boldsymbol{C}$ 的行向量的乘积得到的。径向基函数可以取多种形式，最常用的有下面三种：

（1）Gaussian 函数。

$$\Phi_i(t)=\mathrm{e}^{-\frac{t^2}{\delta_i^2}} \tag{6-32}$$

（2）Reflected Sigmoidal 函数。

$$\Phi_i(t)=\frac{1}{1+\mathrm{e}^{\frac{t^2}{\delta^2}}} \tag{6-33}$$

（3）逆 Multiquaric 函数。

$$\Phi_i(t)=\frac{1}{(t^2+\delta_i^2)^a} \quad a>0 \tag{6-34}$$

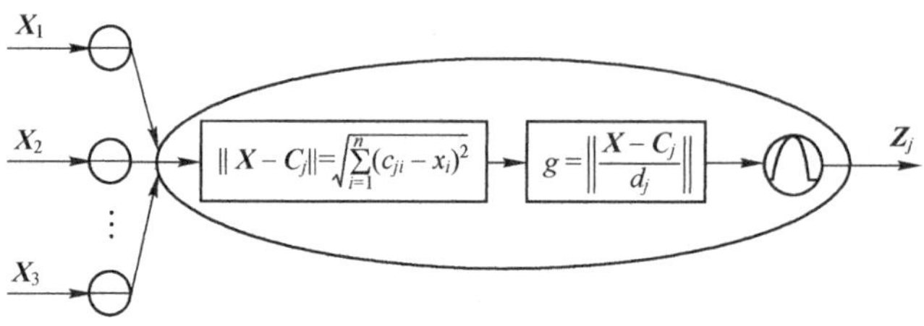

图 6-24　径向基神经元模型结构

最常用的 RBF 基函数是高斯基函数，有

$$\alpha_j(x)=\psi_j(\|\boldsymbol{X}-\boldsymbol{C}_j\|/\sigma_j)=\mathrm{e}^{-\frac{\|X-C_j\|^2}{\sigma_j^2}} \tag{6-35}$$

式中，$\boldsymbol{C}_j$ 是第 j 个基函数的中心点，σ_j 是一个可以自由选择的参数，它决定了该基函数围绕中心点的宽度，控制了函数的作用范围。基于高斯基函数的 RBF 神经网络的拓扑结构如图 6-25 所示。其连接权的学习算法为

$$w_{ij}(l+1)=w_{ij}(l)+\boldsymbol{\beta}[y_i^d-y_i(l)]\boldsymbol{\alpha}_j(x)/\boldsymbol{\alpha}^{\mathrm{T}}(x)\boldsymbol{\alpha}(x) \tag{6-36}$$

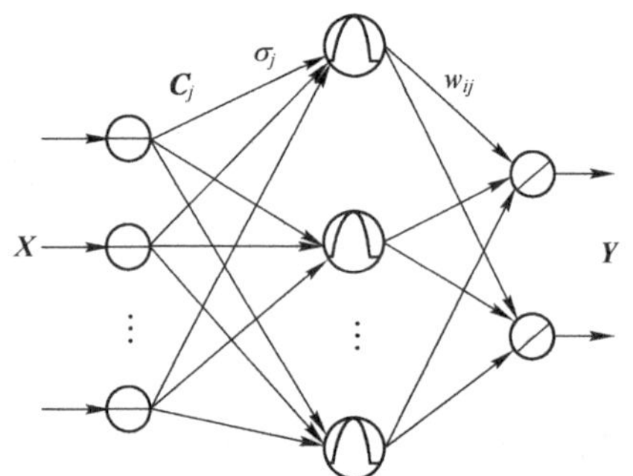

图 6-25　基于高斯基函数的 RBF 神经网络的拓扑结构

当输入自变量为 0 时，传递函数取得最大值为 1。随着权值和输入向量的距离不断减小，网络输出递增。也就是说，径向基函数对输入信号在局部产生响应。当函数的输入信号 $\boldsymbol{X}$ 靠近函数的中央范围时，隐含层节点将产生较大的输出。

当输入向量添加到网络输入端时，径向基层每个神经元都会输出一个值，这个值代表输入向量与神经元权值向量之间的接近程度。如果输入向量与权值向量相差很多，则径向基层输出接近 0，经过第二层的线性神经元，输出也接近 0；如果输入向量与权值向量很接近，则径向基层的输出接近 1，经过第二层的线性神经元输出值就靠近第二层权值。在这个过程中，如果只有一个径向基神经元的输出为 1，而其他的神经元输出均为 0 或者接近 0，那么线性神经元的输出就相当于输出为 1 的神经元相对应的第二层权值的值。一般情况下，不止一个神经元的输出为 1，所以输出值也会有不同。

6.5.2　径向基函数网络的特点及作用

径向基函数由于采用了高斯基函数，具有如下优点：

☺ 表示形式简单，即使是多变量输入也不增加太多的复杂性。

☺ 径向对称。

☺ 光滑性好。

径向基函数网络具有如下作用：

☺ 一般任何函数都可以表示成一组基函数的加权和，因此径向基函数网络可以逼近任意未知函数。

☺ 在径向基网络中，从输入层到隐含层的基函数是一种非线性映射，而输出则是线性映射。因此，径向基函数可以看成将原始非线性可分的特征空间变换到另一个高维空间。通过合理选择这一变换，使在新空间中的原问题线性可分。

6.5.3　径向基函数网络的参数选择

径向基函数网络中，可调整第 j 个基函数的中心点 $\boldsymbol{C}_j$ 及其方差 σ_j。常采用如下方法进行调整。

（1）根据经验选择函数中心点 $\boldsymbol{C}_j$。如果只训练样本的分布能代表所给的问题，则可根据经验选定均匀的 m 个中心点，其间距为 d，则基函数方差 $\sigma_j=d/\sqrt{2m}$。

（2）用聚类方法选择基函数。可以以各类聚类中心作为基函数的中心点，而以各类样本方差的某一个函数作为各个基函数的宽度参数。

6.5.4　径向基函数网络在分类识别中的应用

进行径向基网络的训练，数据来源于目标与杂波的特征向量，分别是多普勒频率、距离向功率值和多普勒向功率值，利用这 3 个特征量来区别目标与杂波。提取 30 组数据作为训练样本，创建并训练网络，根据误差下降曲线判断网络的性能，从而调节参数使网络达到要求。最后再用另外提取的 30 组数据进行网络测试，分析分类结果。

1. 特征向量的提取

基于高频地波雷达的距离-多普勒（R-D）谱图，提取分类所需要的特征。在 R-D 谱图中，横坐标代表多普勒频率，纵坐标代表距离，图中既存在海杂波、地杂波，也存在电离层干扰，其 R-D 谱图如图 6-26 所示。

首先，基于距离向功率谱图提取目标与杂波的功率值，通过分析可知，目标功率值比杂波功率值大；其次，基于多普勒向功率谱图提取目标与杂波的功率值，在拟合曲线中保存极大值的坐标，这样就把目标与杂波的功率值提取到了，对比两个功率值，取值较大且相近的为目标，取值较小也相近的为杂波。最后，提取第三个特征量——多普勒频率，通过多普勒频率定位目标与杂波在 R-D 谱图中的位置，验证分类的准确性。其距离向和多普勒向的功率谱图如图 6-27、图 6-28 所示。

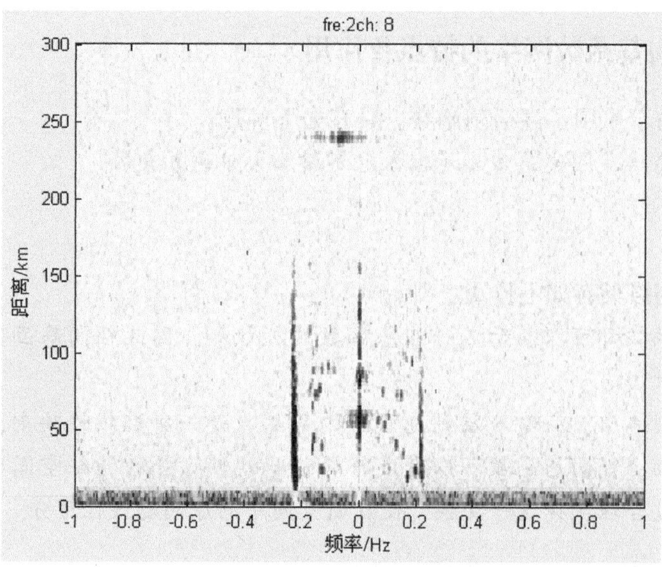

图 6-26　R-D 谱图

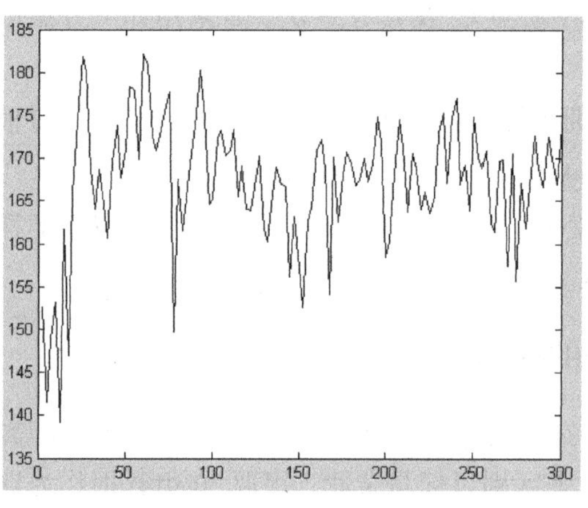

图 6-27　距离向功率谱图

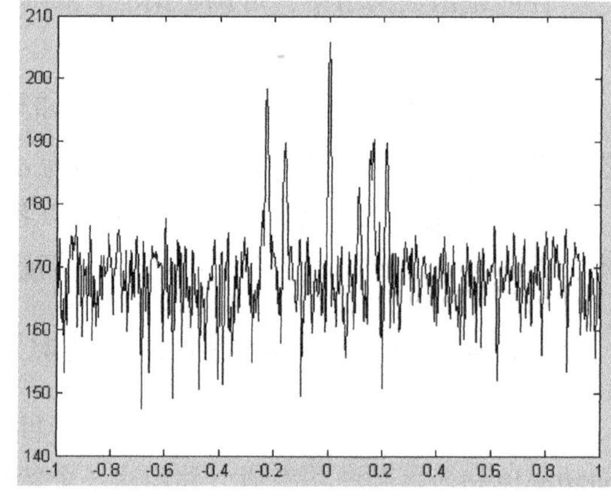

图 6-28　多普勒向功率谱图

将提取到的 30 组特征向量（多普勒频率、距离向功率值、多普勒向功率值）作为样本数据，在网络的测试中，再用同样的方法提取 30 组数据。

2. 网络的创建与训练

spread 为径向基层的分布密度，又称散布常数，默认值为 1。散布常数是 RBF 网络设计过程中一个非常重要的参数。一般情况下，散布常数应该足够大，使得神经元响应区域覆盖所有输入区间。在 MATLAB 中，构建径向基函数网络的函数文件有两个，分别为 newrbe 函数和 newrb 函数。应用 newrbe 函数可以快速设计一个径向基函数网络，并且使设计误差为 0，调用方式如下：

```
net=newrbe(p,t,spread)
```

其中，p 为输入向量，t 为期望输出向量（目标值），spread 为径向基层的散布函数，默认值为 1。输出为一个径向基网络，其权值和阈值完全满足输入和期望值关系要求。

由 newrbe 函数构建的径向基函数网络，其径向基层（第一层）神经元数目等于输入向量的个数，那么在输入向量较多的情况下，需要很多的神经元，这就给网络设计带来一定的难度。函数 newrb 则可自动增加网络的隐含层神经元数目，直到均方差满足精度要求或神经元数目达到最大值为止。newrb 函数定义为 net=newrb(p,t,goal,spread,mn,df)，p 为输入向量的 3×30 维矩阵；t 为目标类别向量的 2×30 维矩阵；goal 为期望的均方误差值，默认值为 0；spread 为径向基函数的散布常数，默认值为 1；mn 为神经元的最大数目，这里选择 18；df 为每次显示时增加的神经元数目，这里选择 25。

3. 分类结果

完整代码如下：

```
%网络训练时应达到的目标
p=[-0.1966 0.1164 0.1775 0.2080 0.2080 -0.2118 -0.0668 -0.0973 0.1393 -0.1775 0.1889
    -0.2042 -0.1966 -0.1966 -0.0592 0.0286 -0.1813 0.1279 0.2882 0.1775 -0.0592 0.0286
    -0.2156 0.1050 0.1164 -0.0172 0.1164 0.1164 -0.1469 -0.2042;
166.9574 166.9574 163.3965 172.2299 172.0995 168.6119 173.5905 171.2420 171.2420 172.8220
169.2593 167.0809 167.0809 166.8682 171.0662 170.6274 179.2654 168.4783 168.0487 167.3841
170.9869 170.5732 169.2379 171.0662 171.0662 175.8360 167.0809 166.8682 163.0454 166.9568;
166.8932 166.9910 163.6758 172.3866 172.3866 168.8778 173.3609 171.2600 171.1919 173.0955
169.4407 167.1863 166.8932 166.8932 171.0695 170.3594 178.9908 168.5132 167.8533 167.3904
171.0695 170.3594 169.2211 170.8635 171.3356 175.6800 166.9910 166.9910 163.0012 167.1863];
T=[1 1 0 1 1 0 1 1 1 1 0 0 0 0 1 1 1 0 0 0 1 1 0 1 1 1 0 0 0 0
0 0 1 0 0 1 0 0 0 0 1 1 1 1 0 0 0 1 1 1 0 0 1 0 0 0 1 1 1 1];
p_test=[-0.1960 0.1174 0.1785 0.2180 0.2040 -0.2158 -0.0638 -0.0953 0.1403 -0.1785
        0.1890 -0.2142 -0.1976 -0.2066 -0.0612 0.0296 -0.1823 0.1280 0.2892 0.1776
        -0.0602 0.0276 -0.2256 0.1059 0.1144 -0.0170 0.1174 0.1163 -0.1470 -0.2142;
166.9674 166.9674 163.3955 172.2399 172.0999 168.6129 173.5915 171.2421 171.2430 172.8210
169.2493 167.0819 167.0819 166.8482 171.0652 170.6254 179.2644 168.4683 168.0477 167.3842
170.9859 170.5722 169.2377 171.0652 171.0661 175.8460 167.0819 166.8672 163.0444 166.9558;
166.8942 166.9940 163.6768 172.3876 172.3868 168.8788 173.3619 171.2601 171.1929 173.0945
169.4417 167.1843 166.8922 166.8922 171.0690 170.3595 178.9918 168.5122 167.8523 167.3914
171.0495 170.3494 169.2201 170.8645 171.3355 175.6810 166.9911 166.9912 163.0022 167.1873];

% plot3(p(1,:),p(2,:),p(3,:),'o'),grid,box;
% for i=1:30,text(p(1,i),p(2,i),p(3,i),sprintf(' %g',T(i))),end
% % axis([0 3500 0 3500 0 3500]) ;
    %y=sim(net,p_test)


%       plot3(p(1,:),p(2,:),p(3,:),'b.'),grid,box
% for i=1:30,text(p(1,i),p(2,i),p(3,i),sprintf(' %g',yc(i))),end
% title('训练所用样本和类别')
% xlabel('x')
% ylabel('y')
% zlabel('z')
```

```
% RBF 网络的创建和训练过程
net=newrb(p,T,0,1,18,25);
%net=train(net,p,t);
y=sim(net,p_test);
yc=vec2ind(y)
%A=sim(net,p);
plot3(p(1,:),p(2,:),p(3,:),'r.'),grid,box
for i=1:30,text(p(1,i),p(2,i),p(3,i),sprintf(' %g',yc(i))),end
title('网络训练结果')
xlabel('X')
ylabel('Y')
zlabel('Z')
for j=1:30
    if yc(j)==1
        line(p(1,j),p(2,j),p(3,j),'linestyle','none','marker','+','color','g');
    else yc(j)==2
        line(p(1,j),p(2,j),p(3,j),'linestyle','none','marker','o','color','r');
    end
end
% %对测试样本进行分类
% a=sim(net,p)
```

用与 BP 神经网络相同的样本数据训练 RBF 网络，再用同样数量的测试数据测试网络，其分类结果如图 6-29 所示。

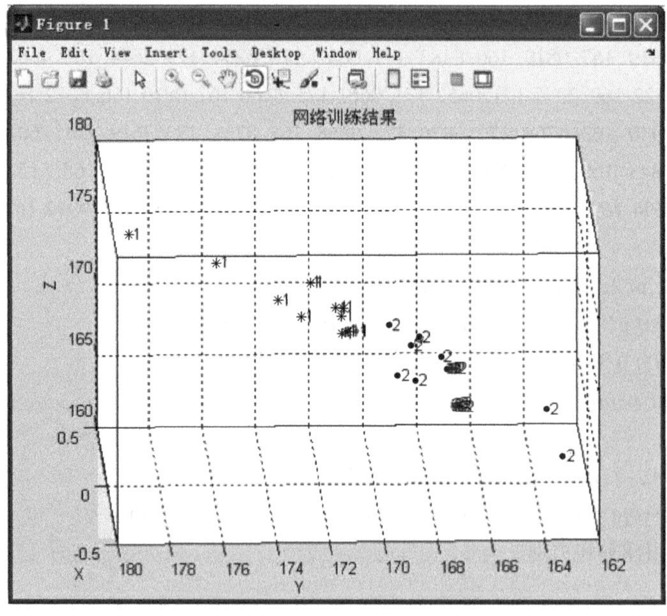

图 6-29　RBF 网络分类结果

在图 6-29 中，·表示目标，*表示杂波，从图中可以看出目标与杂波明显被区分开来。RBF 算法的分类结果如表 6-5 所示。

表 6-5　RBF 网络分类结果

数据 1	数据 2	分类	数据 1	数据 2	分类	数据 1	数据 2	分类
0.3643	0.6357	2（错误）	0.0296	0.9704	2	0.9541	0.0459	1
0.3680	0.6320	2（错误）	0.0083	0.9917	2	1.0205	0.0205	1
0.0000	1.0000	2	0.2272	0.7728	2	0.0480	1.0480	2
0.9983	0.0017	1	0.3873	0.6127	2	1.0227	0.0227	1
1.0007	0.0007	1	0.9715	0.0285	1	1.0108	0.0108	2
0.0317	0.9683	2	0.9862	0.0138	1	1.0000	0.0000	2
0.9994	0.0006	1	1.0000	0.0000	2（错误）	0.3366	0.6634	2
0.8751	0.1249	1	0.0182	1.0182	2	0.3229	0.6771	2
1.1552	0.1552	1	0.0051	0.9949	2	0.0000	1.0000	2
1.0012	0.0012	1	0.0241	1.0241	2	0.0137	0.9863	2

6.5.5 RBF 网络用于模式分类

以三原色数据为例，希望将数据按照颜色数据所表征的特点（A、B、C），将数据按各自所属的类别归类。其中，前 29 组数据已确定类别，后 30 组数据待确定类别。

（1）从样本数据库中获取训练数据。

取前 29 组数据作为训练样本。为了编程方便，对这 29 组数据按类别进行了升序排序。重新排序后的数据如表 6-6 所示。

表 6-6　重新排序后的数据表

序号	A	B	C	分类结果	序号	A	B	C	分类结果
4	864.45	1647.31	2665.9	1	17	1845.59	1918.81	2226.49	3
6	877.88	2031.66	3071.18	1	20	1692.62	1867.5	2108.97	3
16	1418.79	1775.89	2772.9	1	21	1680.67	1575.78	1725.1	3
25	1449.58	1641.58	3405.12	1	26	1651.52	1713.28	1570.38	3
8	2352.12	2557.04	1411.53	2	2	373.3	3087.05	2429.47	4
14	2297.28	3340.14	535.62	2	5	222.85	3059.54	2002.33	4
15	2092.62	3177.21	584.32	2	9	401.3	3259.94	2150.98	4
18	2205.36	3243.74	1202.69	2	10	363.34	3477.95	2462.86	4
19	2949.16	3244.44	662.42	2	12	104.8	3389.83	2421.83	4
22	2802.88	3017.11	1984.98	2	13	499.85	3305.75	2196.22	4
24	2063.54	3199.76	1257.21	2	23	172.78	3084.49	2328.65	4
1	1739.94	1675.15	2395.96	3	27	341.59	3076.62	2438.63	4
3	1756.77	1652	1514.98	3	28	291.02	3095.68	2088.95	4
7	1803.58	1583.12	2163.05	3	29	237.63	3077.78	2251.96	4
11	1571.17	1731.04	1735.33	3					

将排序后的数据及其类别绘制在三维图中直观地表示出来，作为 RBF 网络训练时应达到的目标。

将样本数据及分类结果分别存放到“.dat”文件中。数据文件内容及格式如图 6-30 所示。

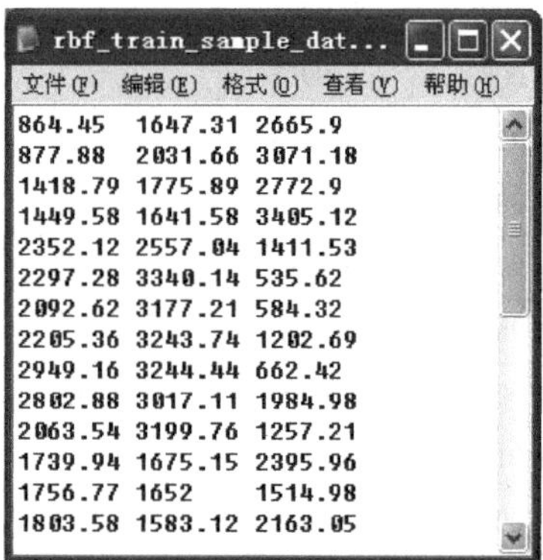

（a）rbf_train_sample_data.dat文件

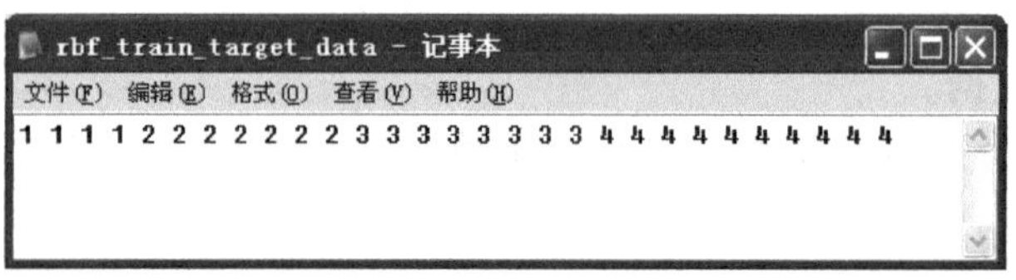

（b）rbf_train_target_data.datt文件

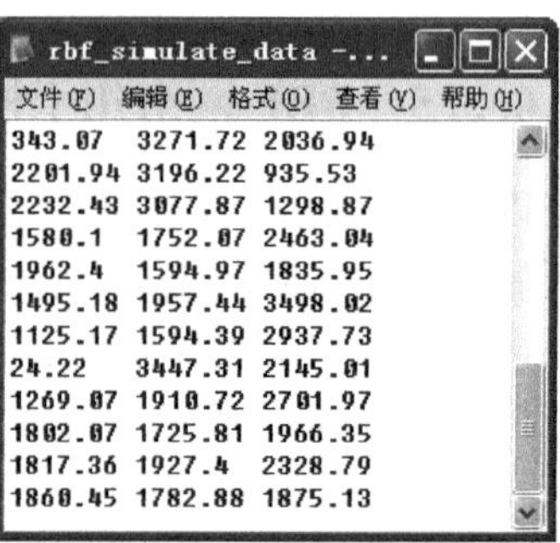

（c）rbf_simulate_data.dat文件

图 6-30　数据文件内容及格式

（2）设置径向基函数的分布密度（spread），具体内容见 6.5.4 节。

（3）调用 newrb 函数构建并训练径向基函数神经网络。

newrb 函数定义为 net= newrb(p,t,goal,spread,mn,df)，各个参数的设置如下：

◇ p——Q 个输入向量的 R×Q 维矩阵，这里 Q=29，R=3。

◇ t——Q 个目标类别向量的 S×Q 维矩阵，这里 S=1。

◇ goal——期望的均方误差值，默认为 0.0，这里选择默认值。

◇ spread——径向基函数的散布常数，默认为 1.0。

◇ mn——神经元的最大数目，默认等于 Q，这里设置为 28。

◇ df——每次显示时增加的神经元数目，默认为 25，并且返回一个新的径向基函数网络，这里设置为 2。

（4）调用 sim 函数，测试 RBF 网络的训练效果。

（5）再次调用 sim 函数识别样本所属类别。

基于 MATLAB 的 RBF 模式分类的程序如下：

```
clear;
clc;
%网络训练目标
pConvert=importdata('C:\Users\Administrator\Desktop\RBF\rbf_train_sample_data.dat');
```

```
p=pConvert';
t=importdata('C:\Users\Administrator\Desktop\RBF\rbf_train_target_data.dat');
plot3(p(1,:),p(2,:),p(3,:),'o');
grid;box;
for i=1:29,text(p(1,i),p(2,i),p(3,i),sprintf(' %g',t(i))),end
hold off
f=t';
index1=find(f==1);
index2=find(f==2);
index3=find(f==3);
index4=find(f==4);
line(p(1,index1),p(2,index1),p(3,index1),'linestyle','none','marker','*','color','g');
line(p(1,index2),p(2,index2),p(3,index2),'linestyle','none','marker','*','color','r');
line(p(1,index3),p(2,index3),p(3,index3),'linestyle','none','marker','+','color','b');
line(p(1,index4),p(2,index4),p(3,index4),'linestyle','none','marker','+','color','y');
box;grid on;hold on;
axis([0 3500 0 3500 0 3500]);
title('训练用样本及其类别');
xlabel('A');
ylabel('B');
zlabel('C');
% RBF 网络的创建和训练过程
net=newrb(p,t,0,410,28,2);
A=sim(net,p)
plot3(p(1,:),p(2,:),p(3,:),'r.'),grid;box;
axis([0 3500 0 3500 0 3500])
for i=1:29,text(p(1,i),p(2,i),p(3,i),sprintf(' %g',A(i))),end
hold off
f=A';
index1=find(f==1);
index2=find(f==2);
index3=find(f==3);
index4=find(f==4);
line(p(1,index1),p(2,index1),p(3,index1),'linestyle','none','marker','*','color','g');
line(p(1,index2),p(2,index2),p(3,index2),'linestyle','none','marker','*','color','r');
line(p(1,index3),p(2,index3),p(3,index3),'linestyle','none','marker','+','color','b');
line(p(1,index4),p(2,index4),p(3,index4),'linestyle','none','marker','+','color','y');
box;grid on;hold on;
title('网络训练结果');
xlabel('A');
ylabel('B');
zlabel('C');
%对测试样本进行分类
```

```
pConvert=importdata('C:\Users\Administrator\Desktop\RBF\rbf_simulate_data.dat');
p=pConvert';
a=sim(net,p)
```

运行程序后，系统首先输出训练用样本及其类别分类图，如图 6-31 所示。

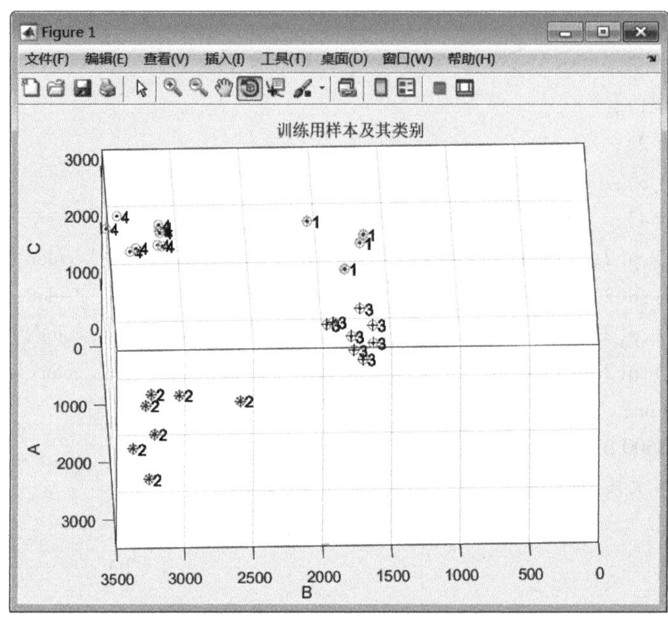

图 6-31 训练用样本及其类别分类图

接着输出 RBF 网络的训练结果图，如图 6-32 所示。

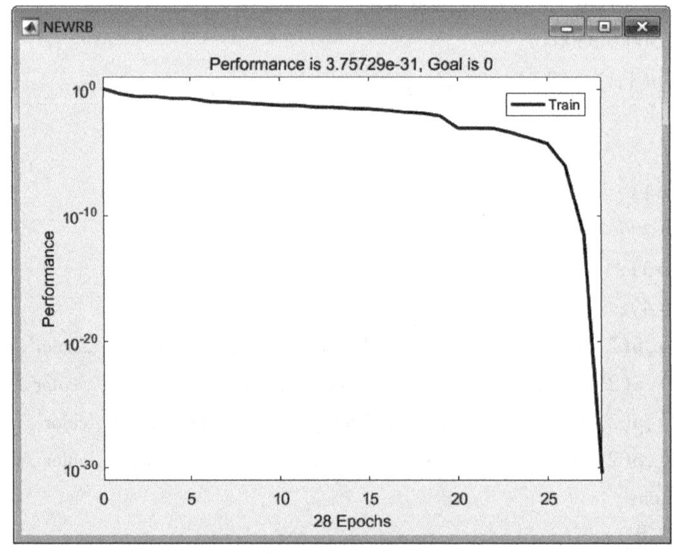

图 6-32 RBF 网络的训练结果图

训练后的 RBF 网络对训练数据进行分类后的结果与目标结果对比情况，如表 6-7 所示。

表 6-7　训练后的 RBF 网络对训练数据进行分类后的结果与目标结果对比

序号	A	B	C	目标结果	RBF 网络分类结果	序号	A	B	C	目标结果	RBF 网络分类结果
4	864.45	1647.31	2665.9	1	1	17	1845.59	1918.81	2226.49	3	3
6	877.88	2031.66	3071.18	1	1	20	1692.62	1867.5	2108.97	3	3
16	1418.79	1775.89	2772.9	1	1	21	1680.67	1575.78	1725.1	3	3
25	1449.58	1641.58	3405.12	1	1	26	1651.52	1713.28	1570.38	3	3
8	2352.12	2557.04	1411.53	2	2	2	373.3	3087.05	2429.47	4	4
14	2297.28	3340.14	535.62	2	2	5	222.85	3059.54	2002.33	4	4
15	2092.62	3177.21	584.32	2	2	9	401.3	3259.94	2150.98	4	4
18	2205.36	3243.74	1202.69	2	2	10	363.34	3477.95	2462.86	4	4
19	2949.16	3244.44	662.42	2	2	12	104.8	3389.83	2421.83	4	4
22	2802.88	3017.11	1984.98	2	2	13	499.85	3305.75	2196.22	4	4
24	2063.54	3199.76	1257.21	2	2	23	172.78	3084.49	2328.65	4	4
1	1739.94	1675.15	2395.96	3	3	27	341.59	3076.62	2438.63	4	4
3	1756.77	1652	1514.98	3	3	28	291.02	3095.68	2088.95	4	4
7	1803.58	1583.12	2163.05	3	3	29	237.63	3077.78	2251.96	4	4
11	1571.17	1731.04	1735.33	3	3						

训练后的 RBF 网络对训练数据进行分类后的结果与目标结果完全吻合，可见 RBF 网络训练效果良好。以下为神经元逐渐增加的过程及对应输出的均方误差。

```
NEWRB, neurons = 0, MSE = 1.1082
NEWRB, neurons = 2, MSE = 0.262521
NEWRB, neurons = 4, MSE = 0.188316
NEWRB, neurons = 6, MSE = 0.104082
NEWRB, neurons = 8, MSE = 0.0794035
NEWRB, neurons = 10, MSE = 0.0524248
NEWRB, neurons = 12, MSE = 0.0377437
NEWRB, neurons = 14, MSE = 0.0302773
NEWRB, neurons = 16, MSE = 0.0209541
NEWRB, neurons = 18, MSE = 0.0124128
NEWRB, neurons = 20, MSE = 0.000818943
NEWRB, neurons = 22, MSE = 0.000771163
NEWRB, neurons = 24, MSE = 0.000131081
NEWRB, neurons = 26, MSE = 7.66274e-07
NEWRB, neurons = 28, MSE = 3.75729e-31
```

从运行过程可以看出，随着神经元数目的逐渐增加，均方误差逐渐减小。当神经元数目增加到 28 时，误差已经很接近 0，基本可以达到要求。

继续执行程序，系统将给出训练后的 RBF 网络对训练样本数据的识别结果图，如图 6-33 所示。

继续执行程序，可得到测试样本的分类结果。

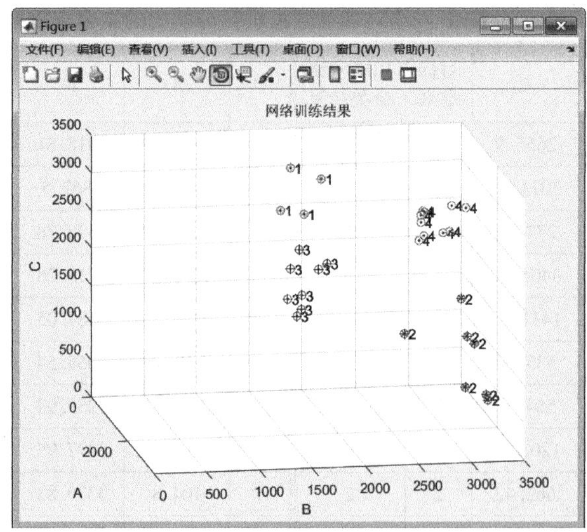

图 6-33　训练后的 RBF 网络对训练样本数据的识别结果图

```
a =
1 至 9 列
1.00001.00001.00001.00002.00002.00002.00002.00002.0000
10 至 18 列
2.0000    2.0000    3.0000    3.0000    3.0000    3.0000    3.0000    3.0000    3.0000
19 至 27 列
3.0000    4.0000    4.0000    4.0000    4.0000    4.0000    4.0000    4.0000    4.0000
28 至 36 列
4.0000    4.0000    2.8969    3.2124    2.9232    4.0000    2.2147    2.4485    3.0550
37 至 45 列
4.0009    2.6013    3.1286    3.1476    1.3241    2.1283    4.0008    3.6605    3.9999
46 至 48 列
3.1801    3.9996    1.8306
```

a 为测试数据的分类结果，对 a 进行近似处理后可得最终的分类结果：

```
a =
1 至 9 列
1    1    1    1    2    2    2    2    2
10 至 18 列
2    2    3    3    3    3    3    3    3
19 至 27 列
3    4    4    4    4    4    4    4    4
28 至 36 列
4    4    3    3    3    4    2    2.4485    3
37 至 45 列
4    2.6013    3    3    1    2    4    3.6605    4
46 至 48 列
3    4    2
```

可以发现，在未对数据进行近似处理之前，类别均为小数。而且对某些数据而言，分类的结果介于两类之间，无法人为决定其所属类别。这是因为：其一，虽然目前已经证明径向基函数神经网络能够以任意精度逼近任意连续函数，但对于本例的离散数据，理论上就不能做到完全逼近；其二，径向基函数神经网络的输出层为线性层，神经元层的输出乘以输出层权值之后直接输出结果，输出层不会计算某一数据属于某一类别的概率。由径向基函数神经元与竞争神经元一起构成的另一种神经网络结构——概率神经网络（PNN）可以解决这个问题。

6.6　反馈神经网络

由于反馈神经网络的输出端有反馈到其输入端，即该网络在输入的激励下，会产生不断的状态变化，因此反馈神经网络需要工作一段时间才能达到稳定状态。需要指出的是，反馈神经网络有稳定的，也有不稳定的。

反馈神经网络首先由 Hopfield 提出，因此通常称反馈神经网络为 Hopfield 网络。在这种网络模型的研究中，首次引入了网络能量函数的概念，并给出了网络稳定性的判据。1984 年，Hopfield 提出了网络模型实现的电子电路，为神经网络的工程实现指明了方向。这种网络是反馈网络的一种，所有神经单元之间相互连接，具有丰富的动力学特性。现在，Hopfield 网络已经广泛应用于联想记忆和优化计算，取得了很好的效果。根据网络的输入是连续量还是离散量，Hopfield 网络也分为连续 Hopfield 网络和离散 Hopfield 网络。这里以离散 Hopfield 网络为模型进行讲解。

6.6.1　离散 Hopfield 网络（DHNN）的结构

Hopfield 最早提出的网络是二值神经网络，神经元的输出只取 0 和 1（或-1 和 1）两个值，也称为离散 Hopfield 网络（DHNN）。DHNN 是一种单层的输入/输出为二值的反馈网络，主要用于联想记忆。网络的能量函数存在着一个或多个极小值点，或者称为平衡点。当网络的初始状态确定后，网络状态按其工作规则向能量递减的方向变化，最后接近或达到平衡点。这种平衡点又称为吸引子。如果设法把网络所需记忆的模式设计成某个确定网络状态的一个平衡点，则当网络从与记忆模式较接近的某个初始状态出发后，按 Hopfield 运行规则进行状态更新，最后网络状态稳定在能量函数的极小值点，即记忆模式所对应的状态。这样就完成了由部分信息或失真信息到全部或完整信息的联想记忆过程。

离散 Hopfield 网络的结构如图 6-34 所示。

离散 Hopfield 网络是一个单层网络，共有 n 个神经元节点，每个节点输出均连接到其他神经元的输入，同时所有其他神经元的输出均连到该神经元的输入。对于每一个神经元节点，其工作方式仍同以前一样，即

$$s_i = \sum_{j=1, j\neq i}^{n} w_{ij}x_j - \theta_i \tag{6-37}$$

$$x_i = f(s_i) \tag{6-38}$$

其中，$f(\cdot)$取阶跃函数$f(s)=\begin{cases}1 & s\geqslant 0\\ 0 & s<0\end{cases}$，或者取符号函数$f(s)=\begin{cases}1 & s\geqslant 0\\ -1 & s<0\end{cases}$。

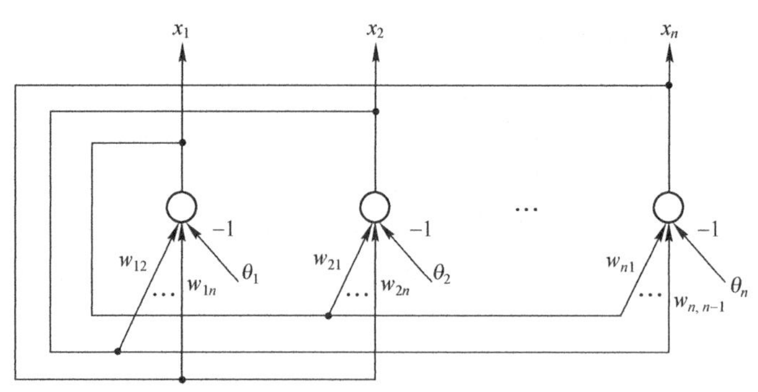

图 6-34 离散 Hopfield 网络的结构

对于包含 n 个神经元节点的 Hopfield 网络，其网络状态是输出神经元信息的集合，由于每个输出端有两种状态，则网络共有 2^n个状态。

如果 Hopfield 网络是稳定的，则在网络的输入端加入一个输入向量，则网络的状态就会发生变化，直至网络稳定在某一特定的状态。

6.6.2 离散 Hopfield 网络的工作方式

离散 Hopfield 网络的工作方式分为异步方式和同步方式两种。

(1) 异步（串行）方式。每次只有一个神经元节点进行状态的调整计算，其他节点的状态均保持不变，即

$$x_i(k+1)=f\left(\sum_{j=1,j\neq i}^{n} w_{ij}x_j(k)-\theta_i\right) \tag{6-39}$$

$$x_j(k+1)=x_j(k) \tag{6-40}$$

n 个节点的调整次序可以随机选定，也可按规定的次序进行。

(2) 同步（并行）方式。所有的神经元节点同时调整状态，即对 $\forall i$

$$x_i(k+1)=f\left(\sum_{j=1,j\neq i}^{n} w_{ij}x_j(k)-\theta_i\right) \tag{6-41}$$

该网络是动态的反馈网络，其输入是网络的状态初值：$\boldsymbol{X}(0)=[x_1(0),x_2(0),\cdots,x_n(0)]^{\mathrm{T}}$，输出是网络的稳定状态$\lim\limits_{k\to\infty}\boldsymbol{X}(k)$。网络在异步方式下的稳定性称为异步稳定性。同理，在同步方式下的稳定性称为同步稳定性。神经网络稳定时的状态称为稳定状态。

6.6.3 Hopfield 网络的稳定性和吸引子

离散 Hopfield 网络实质上是一个离散的非线性动力系统。因此，如果系统是稳定的，则它可以从任一初态收敛到一个稳定状态；若系统是不稳定的，由于网络节点输出点只有 1 和 −1（或 1 和 0）两种状态，因此系统不可能无限发散，只可能出现限幅的自持振荡或极限环。

如果将稳态视为一个记忆样本，那么初态朝稳态的收敛过程是寻找记忆样本的过程。初态可以认为是给定样本的部分信息，网络改变的过程可以认为是部分信息找到全部信息，从而实现了联想记忆的功能。

【定义 6-1】 若网络的状态 x 满足 $\boldsymbol{x}=f(\boldsymbol{Wx}-\boldsymbol{\theta})$，则称 x 为网络的稳定点或吸引子。

【定理 6-1】 对于离散 Hopfield 网络，若按异步方式调整状态，并且连接权矩阵 $\boldsymbol{W}$ 为对

称矩阵，则对于任意初态，网络都最终收敛到一个吸引子。

【定理 6-2】 对于离散 Hopfield 网络，若按同步方式调整状态，并且连接权矩阵 $\boldsymbol{W}$ 为非负定对称矩阵，则对于任意初态，网络都最终收敛到一个吸引子。

由上述定理可知，对于同步方式，它对连接权矩阵 $\boldsymbol{W}$ 的要求不仅为对称矩阵，而且要求非负定。若连接权矩阵 $\boldsymbol{W}$ 不满足非负定的要求，则 Hopfield 网络可能出现自持振荡（即极限环）。比较而言，异步方式比同步方式具有更好的稳定性。但异步方式失去了神经网络并行处理的优点。

【定义 6-2】 若 $\boldsymbol{x}^{(a)}$ 是吸引子，对于异步方式，若存在一个调整次序可以从 x 演变到 $\boldsymbol{x}^{(a)}$，则称 x 弱吸引到 $\boldsymbol{x}^{(a)}$；若对于任意调整次序都可以从 x 演变到 $\boldsymbol{x}^{(a)}$，则称 x 强吸引到 $\boldsymbol{x}^{(a)}$。

【定义 6-3】 对于所有 $\boldsymbol{x}\in R(\boldsymbol{x}^{(a)})$ 均有 x 弱（强）吸引到 $\boldsymbol{x}^{(a)}$，则称 $R(\boldsymbol{x}^{(a)})$ 为 $\boldsymbol{x}^{(a)}$ 的弱（强）吸引阈。

为了保证 Hopfield 网络在异步工作时能稳定收敛，要求连接权矩阵 $\boldsymbol{W}$ 为对称矩阵，同时要求给定的样本必须是网络的吸引子，而且要有一定的吸引阈，这样才能正确实现联想记忆功能。为了实现上述功能，通常采用 Hebb 规则来设计连接权。

设给定 m 个样本向量 $\boldsymbol{x}^{(k)}$（$k=1,2,\cdots,m$），并设 $\boldsymbol{x}\in\{-1,1\}^n$，则按 Hebb 学习规则设计的连接权为

$$w_{ij}=\begin{cases}\sum_{k=1}^{m}x_i^{(k)}x_j^{(k)} & i\neq j\\ 0 & i=j\end{cases}\tag{6-42}$$

或

$$\begin{cases}w_{ij}(k)=w_{ij}(k-1)+x_i^{(k)}x_j^{(k)} & k=1,2,\cdots,m\\ w_{ij}(0)=0 & w_{ii}=0\end{cases}\tag{6-43}$$

写成矩阵的形式则为

$$\boldsymbol{W}=[\boldsymbol{x}^{(1)},\boldsymbol{x}^{(2)},\cdots,\boldsymbol{x}^{(m)}]\begin{bmatrix}\boldsymbol{x}^{(1)\mathrm{T}}\\ \boldsymbol{x}^{(2)\mathrm{T}}\\ \vdots\\ \boldsymbol{x}^{(m)\mathrm{T}}\end{bmatrix}-m\boldsymbol{I}=\sum_{k=1}^{m}\boldsymbol{x}^{(k)}\boldsymbol{x}^{(k)\mathrm{T}}-m\boldsymbol{I}=\sum_{k=1}^{m}(\boldsymbol{x}^{(k)}\boldsymbol{x}^{(k)\mathrm{T}}-\boldsymbol{I})\tag{6-44}$$

其中，$\boldsymbol{I}$ 为单位矩阵。

当网络节点状态为 1 或 0 两种状态时，即 $\boldsymbol{x}\in\{0,1\}^n$，相应的连接权为

$$w_{ij}=\begin{cases}\sum_{k=1}^{m}(2x_i^{(k)}-1)(2x_j^{(k)}-1) & i\neq j\\ 0 & i=j\end{cases}\tag{6-45}$$

或

$$\begin{cases}w_{ij}(k)=w_{ij}(k-1)+(2x_i^{(k)}-1)(2x_j^{(k)}-1) & k=1,2,\cdots,m\\ w_{ij}(0)=0 & w_{ii}=0\end{cases}\tag{6-46}$$

写成矩阵的形式，则

$$\boldsymbol{W}=\sum_{k=1}^{m}(2\boldsymbol{x}^{(k)}-\boldsymbol{b})(2\boldsymbol{x}^{(k)}-\boldsymbol{b})^{\mathrm{T}}-m\boldsymbol{I}\tag{6-47}$$

其中，$\boldsymbol{b}=[1 \quad 1 \quad \cdots \quad 1]^{\mathrm{T}}$。

6.6.4 Hopfield 网络的连接权设计

Hopfield 网络的一个功能是联想记忆，即联想存储器。用于联想记忆时，首先通过一个学习训练过程确定网络中的权系数，使所记忆的信息在网络的 n 维超立方体的某个顶角处的能量最小。

离散 Hopfield 网络的连接权是设计出来的，设计方法的主要思路是使被记忆的模式样本对应于网络能量函数的极小值。

设有 m 个 n 维记忆模式，要设计网络连接权 ω_{ij} 和阈值 θ，使这 m 个模式正好是网络能量函数的 m 个极小值。比较常用的设计方法是“外积法”。设

$$\boldsymbol{U}_k=[U_1^k,U_2^k,\cdots,U_n^k] \tag{6-48}$$

其中，$k=1,2,\cdots,m$；$U_i^k\in\{0,1\}$，$i=1,2,\cdots,n$；m 表示的是模式类别数；n 为每一类模式的维数；$\boldsymbol{U}_k$ 为模式 k 的向量表达。

要求网络记忆的 $m(m\leqslant n)$ 个记忆模式矢量两两正交，即满足

$$(\boldsymbol{U}_i')(\boldsymbol{U}_j)=\begin{cases}0 & j\neq i\\ n & j=i\end{cases} \tag{6-49}$$

各神经元的阈值 $\theta_i=0$，网络的连接权矩阵为

$$\boldsymbol{W}=\sum_{k=1}^{m}\boldsymbol{U}_k(\boldsymbol{U}_k)' \tag{6-50}$$

则所有矢量 $\boldsymbol{U}_k$ 在 $1\leqslant k\leqslant m$ 内都是稳定点。

在网络结构参数一定的条件下，要保证联想功能的正确实现，网络所能存储的最大的样本数与网络的节点数 n 有关。当网络结构确定时，即节点数 n 为定值时，适当地调整设计连接权可以调高网络存储的样本数。同时，对于用 Hebb 学习规则设计连接权的网络，如果输入样本是正交的，则可以获得最大的样本记忆数。此外，最大的样本记忆数还与吸引阈有关，吸引阈越大，则最大的样本记忆数越小。

对于网络结构参数一定的一般记忆样本而言，可以通过下述方法提高最大样本记忆数。

设给定 m 个样本向量 $\boldsymbol{x}^{(k)}$ $(k=1,2,\cdots,m)$，先组成如下的 $n\times(m-1)$ 阶矩阵

$$\boldsymbol{A}=[\boldsymbol{x}^{(1)}-\boldsymbol{x}^{(m)},\boldsymbol{x}^{(2)}-\boldsymbol{x}^{(m)},\cdots,\boldsymbol{x}^{(m-1)}-\boldsymbol{x}^{(m)}] \tag{6-51}$$

对 $\boldsymbol{A}$ 进行奇异值分解

$$\boldsymbol{A}=\boldsymbol{U}\sum\boldsymbol{V}^{\mathrm{T}} \tag{6-52}$$

其中

$$\sum\boldsymbol{V}^{\mathrm{T}}=\begin{bmatrix}\boldsymbol{S} & 0\\ 0 & 0\end{bmatrix},\quad \boldsymbol{S}=\mathrm{diag}(\boldsymbol{\sigma}_1 \quad \boldsymbol{\sigma}_2 \quad \cdots \quad \boldsymbol{\sigma}_r) \tag{6-53}$$

$\boldsymbol{U}$ 为 $n\times n$ 阶正交矩阵，$\boldsymbol{V}$ 为 $(m-1)\times(m-1)$ 阶正交矩阵，$\boldsymbol{U}$ 可表示成

$$\boldsymbol{U}=[\boldsymbol{u}_1 \quad \boldsymbol{u}_2 \quad \cdots \quad \boldsymbol{u}_r \quad \boldsymbol{u}_{r+1} \quad \cdots \quad \boldsymbol{u}_n] \tag{6-54}$$

则 $\boldsymbol{u}_1,\boldsymbol{u}_2,\cdots,\boldsymbol{u}_r$ 是对应于非零奇异值 $\sigma_1,\sigma_2,\cdots,\sigma_r$ 的左奇异向量，并且组成了 $\boldsymbol{A}$ 的值阈空间的正交基；$\boldsymbol{u}_{r+1},\cdots,\boldsymbol{u}_n$ 是 $\boldsymbol{A}$ 的值阈的正交补空间的正交基。

按如下方法组成连接权矩阵 $\boldsymbol{W}$ 和阈值向量 $\boldsymbol{\theta}$。

$$\boldsymbol{W}=\sum_{k=1}^{r}\boldsymbol{u}_k\boldsymbol{u}_k^{\mathrm{T}} \tag{6-55}$$

$$\boldsymbol{\theta}=\boldsymbol{W}\boldsymbol{x}^{(m)}-\boldsymbol{x}^{(m)} \tag{6-56}$$

经证明，按照上述方法设计的连接权矩阵可以使得所有的样本 $\boldsymbol{x}^{(k)}$ 均为网络的吸引子。

6.6.5　Hopfield 网络应用于模式分类

有一组三原色数据，希望将数据按照颜色数据所表征的特点，将数据按各自所属的类别归类。其中，前 29 组数据已确定类别，后 30 组数据待确定类别。

1. 运用 Hopfield 网络的步骤

将具体数据的分类标准作为网络的标准模式使网络记忆它们的特征，得到权值，也就是得到一个 Hopfield 网络的结构；输入采样点的实测值，利用得到的网络进行联想，最后确定采样点属于哪种标准模式，就可以得到分类结果。运用 Hopfield 网络进行分类的步骤如下所述。

第一步，设定网络的记忆模式，即将预存储的模式或类别进行编码，得到取值为 1 和 -1 的记忆模式。由于原始给定数据分为 4 类，采用了 3 项特征来进行判别，因此记忆模式为

$$\boldsymbol{U}_k=[u_1^k,u_2^k,\cdots,u_n^k] \tag{6-57}$$

其中，$k=1,2,\cdots,n$；$n=40$。用“1”来表示达到某一分级标准，用“-1”表示未达到某一分级标准，如表 6-8 所示为将数据标准化且压缩在{-1,1}范围内后进行的数据离散化和类别编码。

表 6-8　数据离散化和类别编码

类别	特征 1				特征 2				特征 3			
1 类	1	-1	-1	-1	-1	1	1	-1	-1	-1	-1	1
2 类	-1	1	1	-1	-1	-1	-1	1	1	-1	-1	-1
3 类	1	1	1	1	1	1	1	1	1	-1	-1	1
4 类	1	-1	-1	-1	-1	-1	-1	1	-1	-1	1	-1
特征类	-1	-0.5	0.5	1	-1	-0.5	0.5	1	-1	-0.5	0.5	1

表 6-8 中的-0.5 和 0.5 是指在-1~-0.5 和 0.5~1 的特征指标。

第二步，建立网络，即运用 MATLAB 工具箱提供的 newhop 函数建立 Hopfield 网络，参数为 $\boldsymbol{U}_k$，并且可得到设计权值矩阵 $\boldsymbol{W}$ 及阈值向量 $\boldsymbol{\theta}$。

第三步，将待分类的数据转化为网络的欲识别模式，即转化为二值型模式。

第四步，将其设为网络的初始状态，运用 MATLAB 提供的 sim 函数进行多次迭代使其收敛。最终得出所属类别。

综上所述，Hopfield 网络的分类器设计过程如图 6-35 所示。

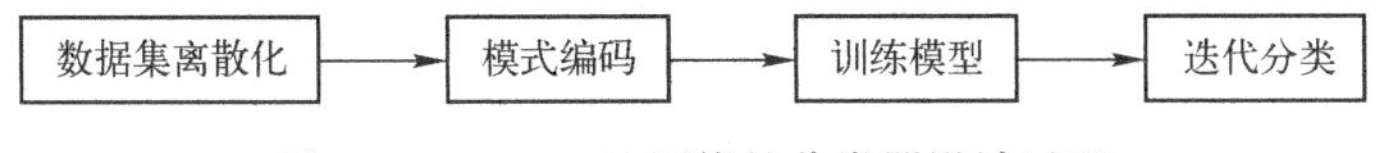

图 6-35　Hopfield 网络的分类器设计过程

其中，关键步骤是数据集离散化和模式编码，分类器性能的好坏基本由这几步决定。尤其是分辨率的高低，很大程度上依赖离散化和编码的好坏。

2. 数据集离散化

数据集离散化的目的是定义一组映射，允许在各种抽象级别上处理数据，在多个层面上

发现知识。常用的数据集离散化方法有分箱、直方图分析、聚类分析和基于熵的数据离散化。

为了将取值控制在一个合理的范围内，将监测特征参量的值域变化范围划分间隔称为箱。通过将数据分布到不同的箱中，并利用箱中数据的均值或中位数替换箱中的每个值，实现数据离散化。常用的分箱策略：等宽分箱，这种方法中每个分箱的间隔相同；等高分箱，每个分箱所包含的元组相同；同质分箱，这种方法中每个分箱的大小是基于相应方向中的元组分布相似程度进行划分的。

直方图离散化是指属性 A 的直方图将 A 的数据取值分布划分为不相交的子集或桶，这些子集或桶沿水平轴显示，其高度或面积与该桶所代表的平均出现频率成正比，通常每个桶代表某个属性的一段连续值。

聚类技术将数据视为对象，通过聚类分析所获得的组或类有如下性质：同一组或类中的对象彼此相似，而不同组或类中的对象彼此不相似。

基于熵的数据离散化通过递归划分数值属性，使之分层离散化。

Hopfield 神经网络的数据离散化采用等宽分箱与直方图分析相结合的方法，如图 6-36 所示。选出数据集相同属性的最大值与最小值，差值通过直方图和等宽分箱的方法得到。Hopfield 神经网络中每个节点的输出只有两种状态{-1,+1}，因此，要将特征量转化成为数据矩阵，存储于网络中。其中，白色区域表示为+1，黑色区域表示为-1。

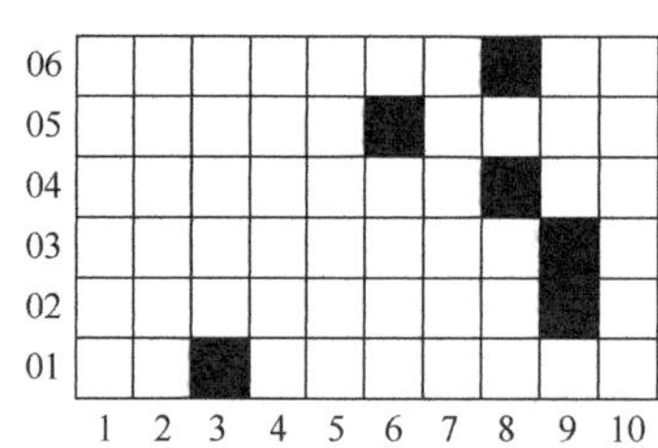

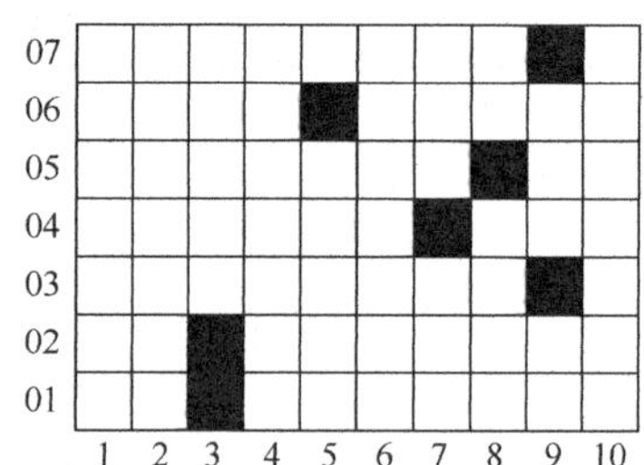

图 6-36　利用等宽分箱和直方图分析的特征离散表示

在本例中，首先将数据存放到数据文件 data_sample. dat 中，数据内容及格式如图 6-37 所示。

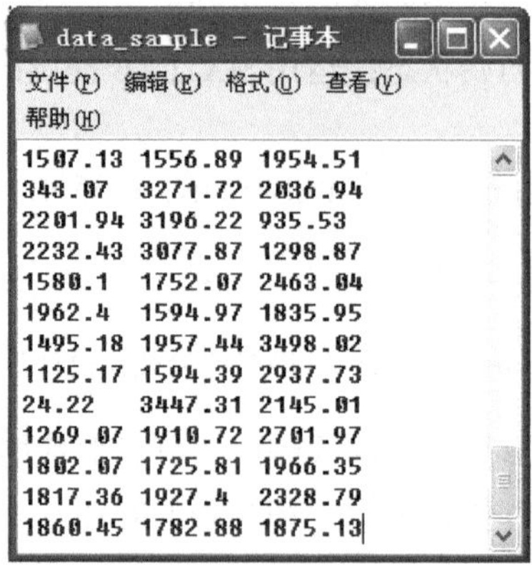
data_sample - 记事本

文件(F) 编辑(E) 格式(O) 查看(V) 帮助(H)

```
1507.13 1556.89 1954.51
343.07  3271.72 2036.94
2201.94 3196.22 935.53
2232.43 3077.87 1298.87
1580.1  1752.07 2463.04
1962.4  1594.97 1835.95
1495.18 1957.44 3498.02
1125.17 1594.39 2937.73
24.22   3447.31 2145.01
1269.07 1910.72 2701.97
1802.07 1725.81 1966.35
1817.36 1927.4  2328.79
1860.45 1782.88 1875.13
```

图 6-37　data_sample. dat 数据内容及格式

MATLAB 程序如下：

```
clear;
clc;
p=importdata('data_sample. dat');
%数据标准化同时压缩在{-1,1}内
[pn,minp,maxp]=premnmx(p);
P=zeros(59,4);
for i=1:59
    if pn(i,1)==-1
        P(i,1)=1;P(i,2)=-1;P(i,3)=-1;P(i,4)=-1;
    else if (1-pn(i,1))>1
            P(i,1)=-1;P(i,2)=1; P(i,3)=-1;P(i,4)=-1;
        else if pn(i,1)==1
            P(i,1)=-1;P(i,2)=-1; P(i,3)=-1;P(i,4)=1;
            else  P(i,1)=-1;P(i,2)=-1; P(i,3)=1;P(i,4)=-1;
            end
        end
    end
end
%利用以上循环将第一个特征向量离散化
P1=P;
P=zeros(59,4);
for i=1:59
    if pn(i,2)==-1
        P(i,1)=1;P(i,2)=-1;P(i,3)=-1;P(i,4)=-1;
    else if (1-pn(i,2))>1
            P(i,1)=-1;P(i,2)=1; P(i,3)=-1;P(i,4)=-1;
        else if pn(i,2)==1
            P(i,1)=-1;P(i,2)=-1; P(i,3)=-1;P(i,4)=1;
            else  P(i,1)=-1;P(i,2)=-1; P(i,3)=1;P(i,4)=-1;
            end
        end
    end
end
P2=P;
P=zeros(59,4);
for i=1:59
    if pn(i,3)==-1
        P(i,1)=1;P(i,2)=-1;P(i,3)=-1;P(i,4)=-1;
    else if (1-pn(i,3))>1
            P(i,1)=-1;P(i,2)=1; P(i,3)=-1;P(i,4)=-1;
        else if pn(i,3)==1
            P(i,1)=-1;P(i,2)=-1; P(i,3)=-1;P(i,4)=1;
```

```
            else  P(i,1)=-1;P(i,2)=-1; P(i,3)=1;P(i,4)=-1;
            end
        end
    end
end
P3=P;
%输出离散化的数据
P=[P1,P2,P3]
```

运行上述程序后，即可得到数据离散化结果：

```
P =
    -1     1    -1    -1     1    -1    -1    -1    -1    -1    -1     1
     1    -1    -1    -1    -1    -1    -1     1    -1    -1     1    -1
    -1    -1    -1     1    -1    -1     1    -1     1    -1    -1    -1
     1    -1    -1    -1    -1     1    -1    -1    -1    -1    -1     1
     1    -1    -1    -1    -1    -1    -1     1    -1    -1     1    -1
     1    -1    -1    -1    -1    -1     1    -1    -1    -1    -1     1
    -1     1    -1    -1     1    -1    -1    -1    -1    -1    -1     1
    -1    -1     1    -1    -1    -1    -1     1     1    -1    -1    -1
     1    -1    -1    -1    -1    -1    -1     1    -1    -1     1    -1
     1    -1    -1    -1    -1    -1    -1     1    -1    -1     1    -1
     1    -1    -1    -1    -1    -1     1    -1    -1    -1    -1     1
     1    -1    -1    -1    -1    -1    -1     1    -1    -1     1    -1
     1    -1    -1    -1    -1    -1    -1     1    -1    -1     1    -1
    -1    -1     1    -1    -1    -1    -1     1     1    -1    -1    -1
    -1    -1     1    -1    -1    -1    -1     1     1    -1    -1    -1
     1    -1    -1    -1    -1     1    -1    -1    -1    -1    -1     1
     1    -1    -1    -1    -1     1    -1    -1    -1    -1    -1     1
    -1     1    -1    -1    -1    -1    -1     1     1    -1    -1    -1
    -1    -1     1    -1    -1    -1    -1     1     1    -1    -1    -1
     1    -1    -1    -1    -1     1    -1    -1    -1    -1    -1     1
    -1    -1     1    -1     1    -1    -1    -1    -1    -1    -1     1
    -1    -1     1    -1    -1    -1    -1     1     1    -1    -1    -1
     1    -1    -1    -1    -1    -1    -1     1    -1    -1     1    -1
    -1     1    -1    -1    -1    -1    -1     1     1    -1    -1    -1
     1    -1    -1    -1    -1     1    -1    -1    -1    -1    -1     1
    -1    -1     1    -1    -1    -1    -1     1     1    -1    -1    -1
     1    -1    -1    -1    -1    -1    -1     1    -1    -1     1    -1
     1    -1    -1    -1    -1    -1    -1     1    -1    -1     1    -1
     1    -1    -1    -1    -1    -1    -1     1    -1    -1     1    -1
    -1     1    -1    -1     1    -1    -1    -1    -1    -1    -1     1
    -1     1    -1    -1     1    -1    -1    -1    -1    -1    -1     1
     1    -1    -1    -1    -1    -1     1    -1    -1    -1    -1     1
```

```
   -1    -1    -1     1    -1     1    -1    -1     1    -1    -1    -1
    1    -1    -1    -1    -1    -1    -1     1    -1    -1     1    -1
   -1    -1     1    -1    -1    -1    -1     1     1    -1    -1    -1
   -1    -1     1    -1    -1    -1    -1     1     1    -1    -1    -1
   -1     1    -1    -1     1    -1    -1    -1    -1    -1    -1     1
    1    -1    -1    -1    -1    -1    -1     1    -1    -1     1    -1
    1    -1    -1    -1    -1    -1     1    -1    -1    -1    -1     1
    1    -1    -1    -1    -1    -1     1    -1    -1    -1    -1     1
    1    -1    -1    -1    -1    -1    -1     1    -1     1    -1    -1
    1    -1    -1    -1    -1     1    -1    -1    -1    -1    -1     1
   -1    -1     1    -1    -1    -1    -1     1     1    -1    -1    -1
    1    -1    -1    -1    -1    -1    -1     1    -1    -1     1    -1
   -1    -1     1    -1    -1    -1    -1     1     1    -1    -1    -1
    1    -1    -1    -1    -1    -1    -1     1    -1    -1     1    -1
    1    -1    -1    -1    -1     1    -1    -1    -1    -1    -1     1
    1    -1    -1    -1    -1    -1    -1     1    -1    -1     1    -1
   -1    -1     1    -1    -1    -1    -1     1     1    -1    -1    -1
   -1    -1     1    -1    -1    -1    -1     1     1    -1    -1    -1
    1    -1    -1    -1    -1     1    -1    -1    -1    -1    -1     1
   -1    -1    -1     1     1    -1    -1    -1    -1    -1     1    -1
    1    -1    -1    -1    -1     1    -1    -1    -1    -1    -1     1
    1    -1    -1    -1    -1     1    -1    -1    -1    -1    -1     1
    1    -1    -1    -1    -1    -1    -1     1    -1    -1     1    -1
    1    -1    -1    -1    -1     1    -1    -1    -1    -1    -1     1
   -1     1    -1    -1     1    -1    -1    -1    -1    -1    -1     1
    1    -1    -1    -1    -1     1    -1    -1    -1    -1    -1     1
   -1    -1     1    -1     1    -1    -1    -1    -1    -1    -1     1
   -1   -1   1 -1   1   -1   -1 -1-1   -1-1 1
```

3. 模式编码

进行模式编码，MATLAB 程序如下：

```
one=[1 -1 -1 -1 -1 1 1 -1 -1 -1 -1 1];
two=[-1 1  1 -1 -1 -1 -1 1 1 -1 -1 -1];
three=[1 1 1 1 1 1 1 1 1 -1 -1 1];
four=[1 -1 -1 -1 -1 -1 -1 1 -1 -1 1 -1];
```

4. 网络学习

Hopfiled 网络学习的 MATLAB 程序如下：

```
T=[one;two;three;four]';
%输出 Hopfield 网络
net=newhop(T);
%输出权值与偏差
w=net.lw{1,1},b=net.b{1};
```

5. 输出网络分类结果

输出网络分类结果的 MATLAB 程序如下：

```
L=zeros(59,1);
for i=1:59
a={[P(i,1),P(i,2),P(i,3),P(i,4),P(i,5),P(i,6),P(i,7),P(i,8),P(i,9),P(i,10),P(i,11),
P(i,12)]'};
[y,Pf,Af] = sim(net,{1 60},[],a);
    if y{50}'==one
        L(i,1)=1;
    else if  y{50}'==two
            L(i,1)=2;
        else if y{50}'==four
                L(i,1)=4;
            else  L(i,1)=3;
            end
        end
    end
end
L
```

6. 以图形方式输出分类结果

以图形方式输出分类结果的 MATLAB 程序如下：

```
hold off
f=L'
index1=find(f==1);
index2=find(f==2);
index3=find(f==3);
index4=find(f==4);
plot3(p(:,1),p(:,2),p(:,3),'.');
line(p(index1,1),p(index1,2),p(index1,3),'linestyle','none','marker','s','color','g');
line(p(index2,1),p(index2,2),p(index2,3),'linestyle','none','marker','*','color','r');
line(p(index3,1),p(index3,2),p(index3,3),'linestyle','none','marker','o','color','b');
line(p(index4,1),p(index4,2),p(index4,3),'linestyle','none','marker','d','color','m');
box;grid on;hold on;
xlabel('A');
ylabel('B');
zlabel('C');
title('Hopfield Network State Space');
```

运行程序后，系统分类结果如图 6-38 所示。

将 Hopfiled 网络的分类结果与原始数据的分类结果进行对照，如表 6-9 所示。

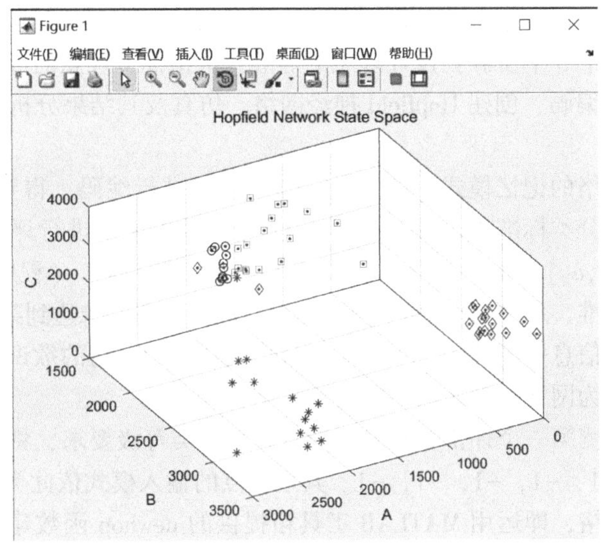

图 6-38　系统分类结果

表 6-9　模糊系统分类结果

序号	A	B	C	原始分类结果	Hopfiled 网络分类结果	序号	A	B	C	原始分类结果	Hopfiled 网络分类结果
1	1739. 94	1675. 15	2395. 96	3	3	16	1418. 79	1775. 89	2772. 9	1	1
2	373. 3	3087. 05	2429. 47	4	4	17	1845. 59	1918. 81	2226. 49	3	1
3	1756. 77	1652	1514. 98	3	3	18	2205. 36	3243. 74	1202. 69	2	2
4	864. 45	1647. 31	2665. 9	1	1	19	2949. 16	3244. 44	662. 42	2	2
5	222. 85	3059. 54	2002. 33	4	4	20	1692. 62	1867. 5	2108. 97	3	1
6	877. 88	2031. 66	3071. 18	1	1	21	1680. 67	1575. 78	1725. 1	3	3
7	1803. 58	1583. 12	2163. 05	3	3	22	2802. 88	3017. 11	1984. 98	2	2
8	2352. 12	2557. 04	1411. 53	2	2	23	172. 78	3084. 49	2328. 65	4	4
9	401. 3	3259. 94	2150. 98	4	4	24	2063. 54	3199. 76	1257. 21	2	2
10	363. 34	3477. 95	2462. 86	4	4	25	1449. 58	1641. 58	3405. 12	1	1
11	1571. 17	1731. 04	1735. 33	3	1	26	1651. 52	1713. 28	1570. 38	3	2
12	104. 8	3389. 83	2421. 83	4	4	27	341. 59	3076. 62	2438. 63	4	4
13	499. 85	3305. 75	2196. 22	4	4	28	291. 02	3095. 68	2088. 95	4	4
14	2297. 28	3340. 14	535. 62	2	2	29	237. 63	3077. 78	2251. 96	4	4
15	2092. 62	3177. 21	584. 32	2	2						

6. 6. 6　离散 Hopfield 网络应用于分类识别

1. 设计思路

从价值的角度，将企业信息资源管理水平分为Ⅰ、Ⅱ、Ⅲ、Ⅳ、Ⅴ5 个等级，建立具体的 11 个影响因素作为评价的指标：财力投入、人力投入、直接出售信息成果收入能力、企业信息文化推行程度、信息标准规范度、业务流程合理度、工作标准规范度、信息表达工具科学度、业务周期缩短、企业形象改进、企业决策者信息资源利用与规划能力。

具体设计分为以下 5 个步骤：设计理想的等级评价指标、理想的等级评价指标编码、待分类的等级评价指标编码、创建 Hopfield 神经网络、仿真及其结果分析。

2. 设计步骤

第一步：设定网络的记忆模式，即将预存储的模式进行编码，得到取值为 1 和-1 的记忆模式。由于酒种的分类标准为 5 级，采用了 11 项参数指标来进行评价，所以记忆模式为 $\boldsymbol{U}_k=[u_1^k,u_2^k,\cdots,u_i^k,\cdots,u_n^k]$。其中 $k=1,2,3,4,5$；$n=55$。用"●"（程序中对应为"1"）来表示达到某一分级标准，用"○"（程序中对应为"-1"）表示未达到某一分级标准。

第二步：将企业信息资源管理水平的实测数据值转化为网络的欲识别模式，即转化为二值型的模式，将其设为网络的初始状态。举例如下：

在程序运行至检测第一个评价参数时，即符合第一类等级要求，将其对应初始状态设为●，○，○，○，○，即 1，-1，-1，-1，-1。其余测点的输入模式依此类推。

第三步：建立网络，即运用 MATLAB 工具箱提供的 newhop 函数建立 Hopfield 网络，参数为 $\boldsymbol{U}_k$，且可得到设计权值矩阵 $\boldsymbol{\theta}$ 及阈值向量 $\boldsymbol{w}$。

第四步：运用 MATLAB 提供的 sim 函数进行多次迭代使其收敛。

第五步：输出网络的稳定状态，根据稳定状态可得到各待测企业信息资源管理水平的分类结果。

3. 仿真步骤

（1）数据预处理：经过数据读入函数 load filename 将需要处理的数据读入 MATLAB。具体的实现语句为：

```
load class. mat
T=[ class1 class2 class3 class4 class5];
    net=newhop(T);
```

数据源图像如图 6-39 所示。

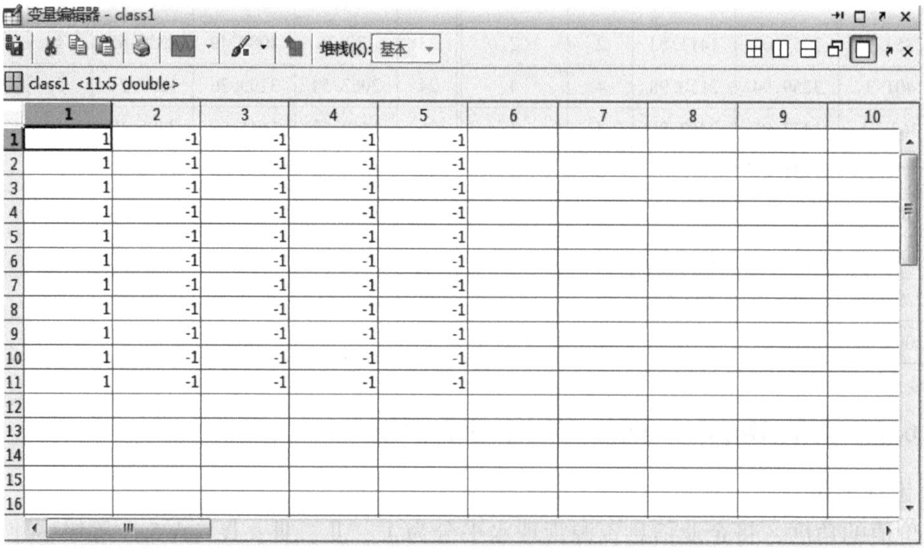

变量编辑器 - class1

class1 <11x5 double>

	1	2	3	4	5
1	1	-1	-1	-1	-1
2	1	-1	-1	-1	-1
3	1	-1	-1	-1	-1
4	1	-1	-1	-1	-1
5	1	-1	-1	-1	-1
6	1	-1	-1	-1	-1
7	1	-1	-1	-1	-1
8	1	-1	-1	-1	-1
9	1	-1	-1	-1	-1
10	1	-1	-1	-1	-1
11	1	-1	-1	-1	-1

图 6-39　数据源图像

（2）识别过程：本次离散 Hopfield 网络的识别过程主要由 MATLAB 实现，将预识别的企业信息管理数据等级指标进行编码并读入数据，具体语句如下：

```
load pre_sim. mat
        A={[pre_sim1 pre_sim2 pre_sim3 pre_sim4 pre_sim5]};
        Y=sim(net,{25 20},{},A);
```

待识别数据如图 6-40 所示。

变量编辑器 - pre_sim1

pre_sim1 <11x5 double>

	1	2	3	4	5	6	7	8	9	10
1	1	-1	-1	-1	-1					
2	1	-1	-1	-1	-1					
3	-1	1	-1	-1	-1					
4	-1	1	-1	-1	-1					
5	1	-1	-1	-1	-1					
6	-1	1	-1	-1	-1					
7	1	-1	-1	-1	-1					
8	-1	-1	1	-1	-1					
9	1	-1	-1	-1	-1					
10	1	-1	-1	-1	-1					
11	1	-1	-1	-1	-1					
12										
13										
14										
15										

class1　pre_sim1

图 6-40　待识别数据图像

（3）仿真结果：如图 6-41 所示，其中第一部分表示 5 个理想的等级评价指标编码；第二部分表示待分类的企业信息资源管理水平等级评价指标编码；第三部分为设计的 Hopfield 神经网络的分类结果。

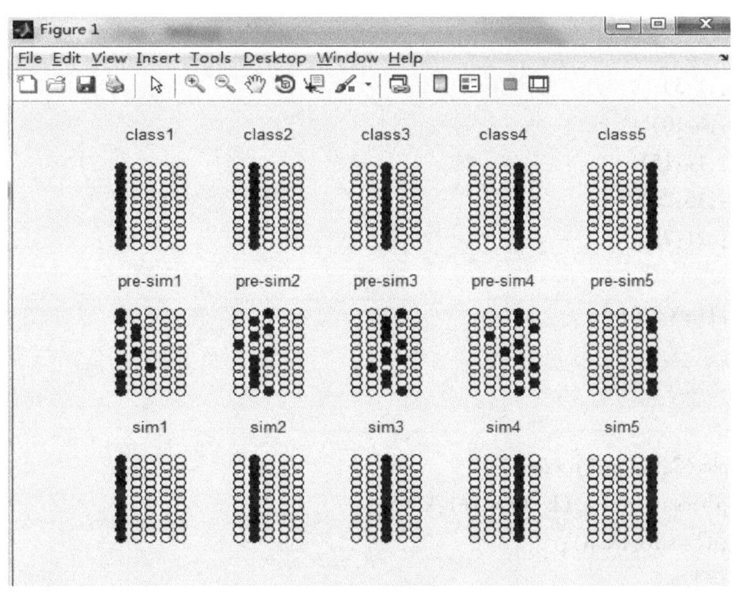

图 6-41　仿真结果

本节首先对 Hopfield 网络的基本理论及如何联想问题进行了分析讨论，之后提出并建立了企业信息资源管理水平的 Hopfield 模型。以部分信息管理等级评价指标参数资料为实例，对学习成功后的网络模型进行了测试，结果表明：

☺ Hopfield 网络具有很强的自组织、自学习能力，用于评价企业信息管理系统评价等级的结果直观形象、简便、客观，适用于综合评价。

☺ Hopfield 网络采用模式联想的方式运作，网络回想时间很短，一般只需一到两次迭代即可完成，且既适用于定量指标的分类参数也适用于定性指标的分类参数，参数越多，评价结果越可靠，运算结果直接给出样本应属于的评价等级。因此，有其独特的优越性。

☺ Hopfield 网络由于网络结构和输入方式的局限性，其应用于信息管理评价等级分类结果的精度受到一定的影响，需要具体改进才能准确分类，还有待进一步发展完善。

完整代码如下：

```
% 清空环境变量
clear all
clc
% 导入数据
load project. mat
%% 目标向量
T=[pro_1 pro_2 pro_3 pro_4 pro_5];
% 创建网络
net=newhop(T);
% 导入待分类样本
load level. mat
A={[level_1 level_2 level_3 level_4 level_5]};
% 网络仿真
Y=sim(net,{25 20},{},A);
% 结果显示
Y1=Y{20}(:,1:5)
Y2=Y{20}(:,6:10)
Y3=Y{20}(:,11:15)
Y4=Y{20}(:,16:20)
Y5=Y{20}(:,21:25)
% 绘图
result={T;A{1};Y{20}};
figure
for p=1:3
    for k=1:5
        subplot(3,5,(p-1)*5+k)
        temp=result{p}(:,(k-1)*5+1:k*5);
        [m,n]=size(temp);
        for i=1:m
            for j=1:n
```

```
                if temp(i,j)>0
                    plot(j,m-i,'ko','MarkerFaceColor','k');
                else
                    plot(j,m-i,'ko');
                end
                hold on
            end
        end
        axis([0 6 0 12])
        axis off
        if p==1
            title(['project' num2str(k)])
        elseif p==2
            title(['pre-level' num2str(k)])
        else
            title(['level' num2str(k)])
        end
    end
end
noisy=[1 -1 -1 -1 -1;-1 -1 -1 1 -1;
    -1 1 -1 -1 -1;-1 1 -1 -1 -1;
     1 -1 -1 -1 -1;-1 -1 1 -1 -1;
    -1 -1 -1 1 -1;-1 -1 -1 -1 1;
    -1 1 -1 -1 -1;-1 -1 -1 1 -1;
    -1 -1 1 -1 -1];
y=sim(net,{5 100},{},{noisy});
a=y{100}
```

6.7　卷积神经网络

6.7.1　卷积神经网络的出现背景

卷积神经网络发展历史中的第一件里程碑事件发生在 20 世纪 60 年代左右的神经科学（Neuroscience）领域，加拿大神经科学家 David H. Hubel 和 Torstcn Wicscl 于 1959 年提出了猫的初级视皮层中单个神经元的“感受野”（Receptive Field）概念，紧接着于 1962 年发现了猫的视觉中枢里存在感受野、双目视觉和其他功能结构，标志着神经网络结构首次在大脑视觉系统中被发现。

随后，Yann LeCun 等人在 1998 年提出了基于梯度学习的卷积神经网络算法，并将其成功用于手写数字的字符识别，在那时的技术条件下就能实现低于 1%的错误率。因此，当时 LeNet 这一卷积神经网络效力于全美几乎所有的邮政系统，用来识别手写邮政编码，进而分拣邮件和包裹。可以说，LeNet 是第一个产生实际商业价值的卷积神经网络，同时也为卷积神经网络以后的发展奠定了坚实的基础。Google 在 2015 年提出 GoogLeNet 时还特意将“L”大写，意在向前辈 LeNet 致敬。

2012 年，在有计算机视觉界“世界杯”之称的 ImageNet 图像分类竞赛四周年之际，Geoffrey E. Hinton 等人凭借卷积神经网络 Alex-Net 力挫日本东京大学、英国牛津大学 VGG 组等劲敌，且以超过第二名近 12%的准确率一举夺得该竞赛冠军，霎时间学界、业界纷纷惊愕哗然，自此便揭开了卷积神经网络在计算机视觉领域逐渐称霸的序幕，此后每年 ImageNet 竞赛的冠军非深度卷积神经网络莫属。直到 2015 年，在改进了卷积神经网络中的激活函数（Activation Function）后，卷积神经网络在 ImageNet 数据集上的性能（4.94%）第一次优于人类预测错误率（5.1%）。近年来，随着神经网络特别是卷积神经网络相关领域研究人员的增多、技术的日新月异，卷积神经网络也变得愈宽、愈深、愈加复杂，从最初的 8 层、16 层，到 MSRA 等提出的 152 层 Residual Net，甚至上千层网络已被广大研究者和工程实践人员应用。

6.7.2 卷积神经网络原理

在了解了深度卷积神经网络的基本架构之后，本节主要介绍卷积神经网络中的一些重要部件（或模块），正是这些部件的层层堆叠使得卷积神经网络可以直接从原始数据中学习其特征表示并完成最终任务。

1. “端到端”思想

深度学习的一个重要思想即“端到端”的学习方式，属于表示学习的一种。这是深度学习区别于其他机器学习算法的最重要的一个方面。其他机器学习算法，如特征选择算法、分类器算法、集成学习算法等，均假设样本特征表示是给定的，并在此基础上设计具体的机器学习算法。在深度学习时代之前，样本表示基本都使用人工特征，但“巧妇难为无米之炊”，实际上人工特征的优劣往往在很大程度上决定了最终的任务精度。这样便催生了一种特殊的机器学习分支——特征工程。特征工程在数据挖掘的工业界应用及计算机视觉应用中都是深度学习时代之前非常重要和关键的环节。

特别是在计算机视觉领域，在深度学习之前，针对图像、视频等对象的表示可谓“百花齐放、百家争鸣”。仅拿图像表示举例，按表示范围可将其分为全局特征描述子和局部特征描述子，而单局部特征描述子就有数十种之多，如 SIFT、PCA-SIFT、SURF、HOG……同时，不同局部特征描述子擅长的任务又不相同，一些适用于边缘检测、一些适用于纹理识别，这便使在实际应用中挑选合适的特征描述子成为一件令人头疼的事情。对此，甚至有研究者于 2004 年在相关领域国际顶级期刊 TPAMI（*IEEE Transactions on Pattern Recognition and Machine Intelligence*）上发表实验性综述 *A Performance Evaluation of Local Descriptors* 来系统性地理解不同局部特征描述子的作用，至今已获得近 8000 次引用。而在深度学习普及之后，人工特征已逐渐被表示学习根据任务自动需求“学到”的特征表示所取代。

更重要的是，过去解决一个人工智能问题（以图像识别为例）往往通过分治法将其分解为预处理、特征提取与选择、分类器设计等若干步骤。分治法的动机是将图像识别的母问题分解为简单、可控且清晰的若干小的子问题。不过分步解决子问题时，尽管可在子问题上得到最优解，但子问题上的最优解并不意味着就能得到全局问题的最后解。对此，深度学习为我们提供了另一种范式（Paradigm），即“端到端”学习方式，整个学习流程并不进行人为的子问题划分，而是完全交给深度学习模型直接学习从原始输入到期望输出的映射。相比分治策略，“端到端”的学习方式具有协同增效的优势，有更大可能获得全局最优解。

对深度学习模型而言，其输入数据是未经任何人为加工的原始样本形式，后续则是堆叠在输入层上的众多操作层。这些操作层整体可看作一个复杂的函数 FCNN，最终损失函数由数据损失（Data Loss）和模型参数的正则化得出。卷积神经网络基本流程如图 6-42 所示。

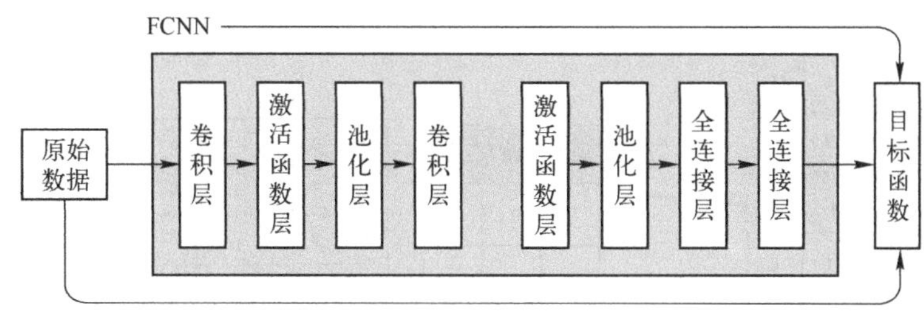

图 6-42　卷积神经网络基本流程图

2. 卷积层

卷积层（Convolution Layer）是卷积神经网络中的基础操作层，甚至最后起分类作用的全连接层在工程实现时也是由卷积操作替代的。

（1）卷积：卷积运算实际是分析数学中的一种运算方式，在卷积神经网络中通常仅涉及离散卷积的情形。下面以 $D^l=1$（通道数量为 1）的情形为例介绍二维场景下的卷积操作。假设输入图像（输入数据）为图 6-43 中右侧的 5×5 矩阵，其对应的卷积核为一个 3×3 的矩阵。同时，假定卷积操作时每做一次卷积，卷积核移动一个像素位置，即卷积步长为 1。

1	0	1
0	1	0
1	0	1

卷积核

1	2	3	4	5
6	7	8	9	0
9	8	7	6	5
4	3	2	1	0
1	2	3	4	5

输入数据

图 6-43　二维场景下的卷积核与输入数据

第一次卷积操作从图像的(0,0)像素开始，由卷积核中的参数与对应位置处的图像像素逐位相乘后累加作为一次卷积操作结果，即 1×1+2×0+3×1+6×0+7×1+8×0+9×1+8×0+7×1=1+3+7+9+7=27，如图 6-44（a）所示。类似地，在步长为 1 时，如图 6-44（b）~（d）所示，卷积核按照步长大小在输入图像上从左至右、自上而下依次将卷积操作进行下去，最终输出 3×3 大小的卷积特征，同时该结果将作为下一层操作的输入。

与之类似，若三维情形下的卷积层 l 的输入张量为 $\boldsymbol{x}^l \in R^{H^l W^l D^l}$，该层卷积核为 $f^l \in R^{HWD}$。三维输入时卷积操作实际只是将二维卷积扩展到了对应位置的所有通道上（即 D^l），最终将一次卷积处理的所有 HWD^l 个元素求和作为该位置的卷积结果。

进一步地，若类似 f^l 这样的卷积核有 D 个，则在同一个位置上可得到 $1\times1\times1\times D$ 维度的卷积输出，而 D 即为第 $l+1$ 层特征 $\boldsymbol{x}^{l+1}$ 的通道数 D^{l+1}。形式化的卷积操作可表示为

$$y_{i^{l+1},j^{l+1},d} = \sum_{i=1}^{H}\sum_{j=1}^{W}\sum_{d^l=1}^{D^l} f_{i,j,d_l,d} \times \boldsymbol{x}^l_{i^{l+1}+i,j^{l+1}+j,d^l} \tag{6-58}$$

其中，(i^{l+1},j^{l+1}) 为卷积结果的位置坐标，满足

$$0 \leqslant i^{l+1} < H^l - H + 1 = H^{l+1} \tag{6-59}$$

$$0 \leqslant j^{l+1} + 1 < W^l - W + 1 = W^{l+1} \tag{6-60}$$

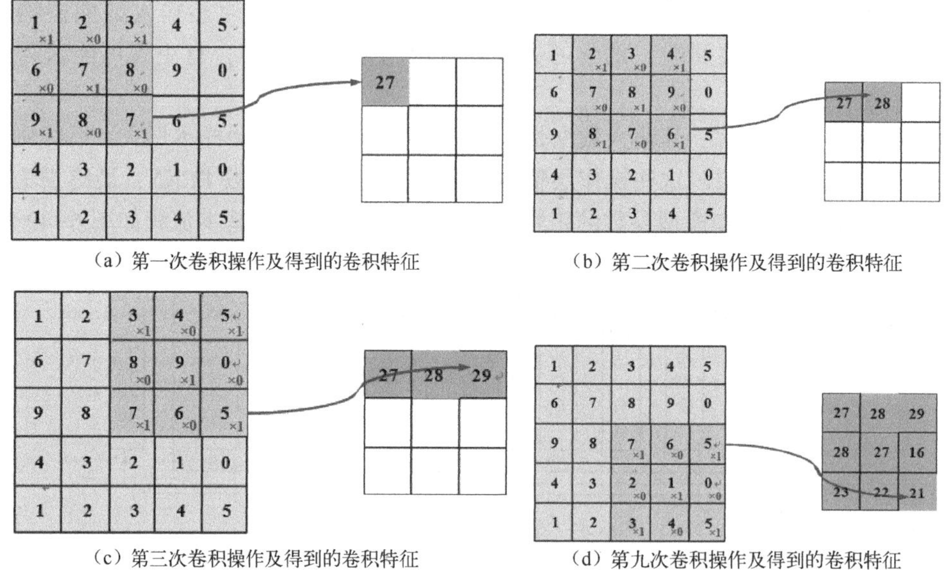

(a) 第一次卷积操作及得到的卷积特征
(b) 第二次卷积操作及得到的卷积特征
(c) 第三次卷积操作及得到的卷积特征
(d) 第九次卷积操作及得到的卷积特征

图 6-44　卷积操作实例

需指出的是，式（6-58）中的$f_{i,j,d_l,d}$可视作学习到的权重，可以发现该项权重对不同位置的所有输入都是相同的，这便是卷积层“权值共享”特性。除此之外，通常还会在 $y_{i^{l+1}, j^{l+1}, d}$ 上加入偏置项 b_d。在误差反向传播时可针对该层权重和偏置项分别设置随机梯度下降的学习率。当然根据实际问题需要，也可以将某层偏置项设置为全 0，或将学习率设置为 0，以起到固定该层偏置或权重的作用。此外，卷积操作中有两个重要的超参数：卷积核大小和卷积步长。合适的超参数设置会为最终模型带来理想的性能提升。

（2）卷积操作的作用：可以看出卷积是一种局部操作，通过一定大小的卷积核作用于局部图像区域获得图像的局部信息。本节以三种边缘卷积核（亦可称为滤波器）来说明卷积神经网络中卷积操作的作用，如图 6-45（b）~（d）所示的整体边缘滤波器、横向边缘滤波器和纵向边缘滤波器，这三种滤波器（卷积核）分别为式（6-61）中的 3×3 大小的卷积核 $\boldsymbol{K}_{\mathrm{e}}$、$\boldsymbol{K}_{\mathrm{h}}$和 $\boldsymbol{K}_{\mathrm{v}}$：

$$\boldsymbol{K}_{\mathrm{e}}=\begin{bmatrix}0 & -4 & 0\\ -4 & 16 & -4\\ 0 & -4 & 0\end{bmatrix},\quad \boldsymbol{K}_{\mathrm{h}}=\begin{bmatrix}1 & 2 & 1\\ 0 & 0 & 0\\ -1 & -2 & -1\end{bmatrix},\quad \boldsymbol{K}_{\mathrm{v}}=\begin{bmatrix}1 & 0 & -1\\ 2 & 0 & -2\\ 1 & 0 & -1\end{bmatrix} \tag{6-61}$$

试想，若原图像素(x,y)处可能存在物体边缘，则其四周$(x-1,y)$、$(x+1,y)$、$(x,y-1)$、$(x,y+1)$ 处的像素值应与(x,y)处有显著差异。此时，如作用于整体边缘滤波器 $\boldsymbol{K}_{\mathrm{e}}$，则可消除四周像素值差异小的图像区域而保留显著差异区域，以此可检测出物体边缘信息。同理，类似 $\boldsymbol{K}_{\mathrm{h}}$和 $\boldsymbol{K}_{\mathrm{v}}$ 的横向、纵向边缘滤波器可分别保留横向、纵向的边缘信息。

事实上，卷积神经网络中的卷积核参数是通过网络训练学习出来的，除了可以学到类似的横向、纵向边缘滤波器，还可以学到任意角度的边缘滤波器。当然，不仅如此，检测颜色、形状、纹理等众多基本模式的滤波器（卷积核）都可以包含在一个足够复杂的深层卷积神经网络中。

3. 池化层

人们使用的池化操作通常为平均值池化和最大值池化。需要指出的是，与卷积层操作不同，池化层不包含需要学习的参数。使用时仅需指定池化类型、池化操作的核大小和池化操作的步长等超参数即可。

（a）原图

（b）整体边缘滤波器$\boldsymbol{K}_e$

（c）横向边缘滤波器$\boldsymbol{K}_h$

（d）纵向边缘滤波器$\boldsymbol{K}_v$

图 6-45　卷积操作示例

（1）池化：沿用卷积层的记号，第 l 层池化核可表示为 $p^l \in R^{H \times W \times D}$。平均值（最大值）池化在每次操作时，将池化核覆盖区域中所有值的平均值（最大值）作为池化结果。

图 6-46 为 2×2 大小、步长为 1 的最大值池化操作示例。

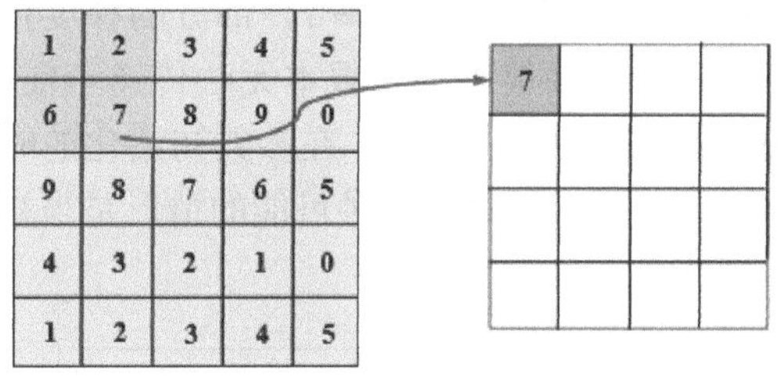

（a）第1次池化操作及得到的池化特征

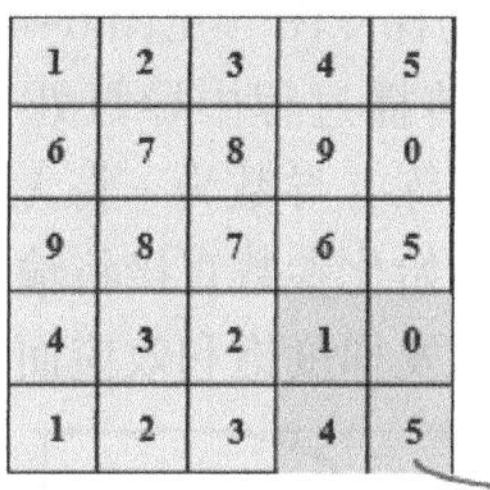

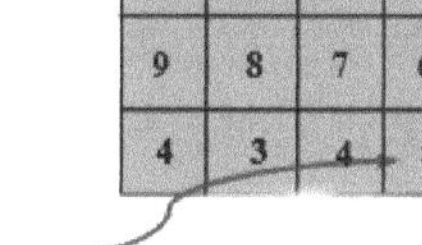

（b）第16次池化操作及得到的池化特征

图 6-46　最大值池化操作示例

除最常用的上述两种池化操作外，随机池化介于二者之间。随机池化操作非常简单，只需对输入数据按照一定概率随机选择，并不像最大值池化那样永远只取最大值元素。对随机池化而言，值大的元素被选中的概率也大，反之亦然。可以说，在全局意义上，随机池化与平均值池化近似；在局部意义上，随机池化服从最大值池化的准则。

（2）池化操作的作用：在如图 6-46 所示的例子中可以发现，池化操作后的结果相比其输入减小了，其实池化操作实际上就是一种“降采样”操作。同时，池化也看作一个用 p-范数作为非线性映射的“卷积”操作，特别地，当 p 趋近正无穷时就是最常见的最大值池化。池化层的引入仿照人的视觉系统对视觉输入对象进行降维（降采样）和抽象。在卷积神经网络过去的工作中，研究者普遍认为池化层有如下 3 种功效。

特征不变性。池化操作使模型更关注是否存在某些特征而不是特征具体的位置。可看作一种很强的先验操作，使特征学习包含某种程度的自由度，能容忍一些特征微小的位移。

特征降维。由于池化操作的降采样作用，池化结果中的一个元素对应原输入数据的一个子区域，因此池化相当于在空间范围内做了维度约减，从而使模型可以抽取更广范围的特征。同时减小了下一层输入大小，进而降低计算量和减少参数个数。

在一定程度上防止过拟合，更方便优化。

4. 激活函数层

激活函数层又称为非线性映射层，顾名思义，激活函数的引入为的是增加整个网络的表达能力（即非线性的）。否则，若干线性操作层的堆叠仍然只能起到线性映射的作用，无法形成复杂的函数。在实际使用中，有多达十几种激活函数可供选择。本节以 Sigmoid 激活函数和 ReLU 激活函数为例，介绍涉及激活函数的若干基本概念和问题。

直观上，激活函数模拟了生物神经元特性：接收一组输入信号并产生输出。在神经科学中，生物神经元通常有一个阈值，当神经元所获得的输入信号累积效果超过了该阈值，神经元就被激活而处于兴奋状态；否则处于抑制状态。在人工神经网络中，因 Sigmoid 函数可以模拟这一生物过程，从而其在神经网络发展历史进程中曾处于相当重要的地位。

Sigmoid 函数也称为 Logistic 函数，有

$$\sigma(x)=\frac{1}{1+\exp(-x)} \tag{6-62}$$

Sigmoid 函数曲线如图 6-47（a）所示。很明显能看出，经过 Sigmoid 函数作用后，输出响应的值域被压缩到[0,1]，而 0 对应了生物神经元的“抑制状态”，1 则恰好对应了“兴奋状态”。不过再深入地观察还能发现在 Sigmoid 函数两端，对于大于 5（或小于-5）的值无论多大（或多小）都会压缩到 1（或 0）。如此便带来一个严重问题，即梯度的“饱和效应”。对照 Sigmoid 函数的梯度图（见图 6-47（b）），大于 5（或小于-5）部分的梯度接近 0，这会导致在误差反向传播过程中导数处于该区域的误差很难甚至根本无法传递至前层，进而导致整个网络无法训练（导数为 y 将无法更新网络参数）。此外，在参数初始化的时候还需特别注意，要避免初始化参数直接将输出值域带入这一区域：一种可能的情形是当初始化参数过大时，将直接引发梯度饱和效应而无法训练。

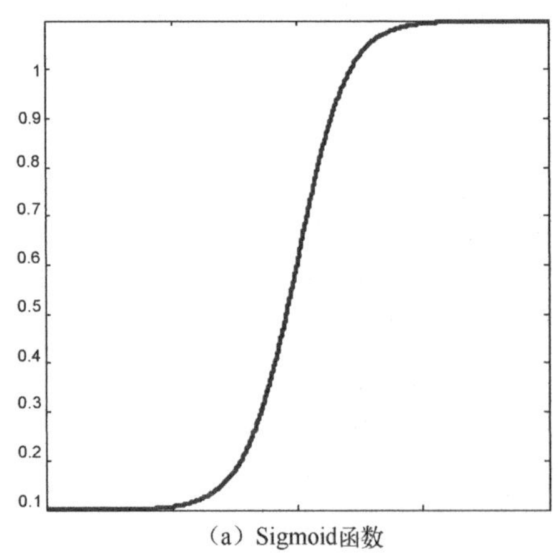

（a）Sigmoid函数

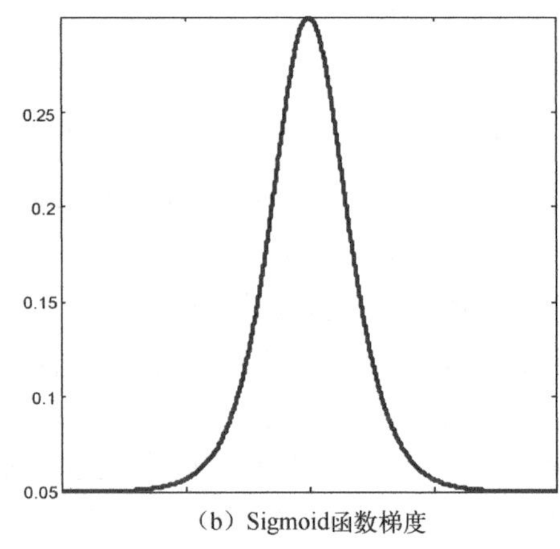

（b）Sigmoid函数梯度

图 6-47　Sigmoid 函数及其函数梯度

为了避免梯度饱和效应的发生，Nair 和 Hinton 于 2010 年将修正线性单元引入神经网络。ReLU 函数是目前深度卷积神经网络中最为常用的激活函数之一。另外，根据 ReLU 函数改进的其他激活函数也展示出更好的性能。

ReLU 函数实际上是一个分段函数，其定义为

$$\begin{aligned} \text{rectifier}(x) &= \max\{0, x\} \\ &= \begin{cases} x & \text{if } x \geqslant 0 \\ 0 & \text{if } x < 0 \end{cases} \end{aligned} \tag{6-63}$$

由图 6-48 可见，ReLU 函数的梯度在 $x \geqslant 0$ 时为 R，反之为 y。对 $x \geqslant 0$ 部分完全消除了 Sigmoid 函数的梯度饱和效应。同时，在实验中还发现，相比 Sigmoid 函数，ReLU 函数有助于随机梯度下降方法收敛，收敛速度约快 6 倍左右。

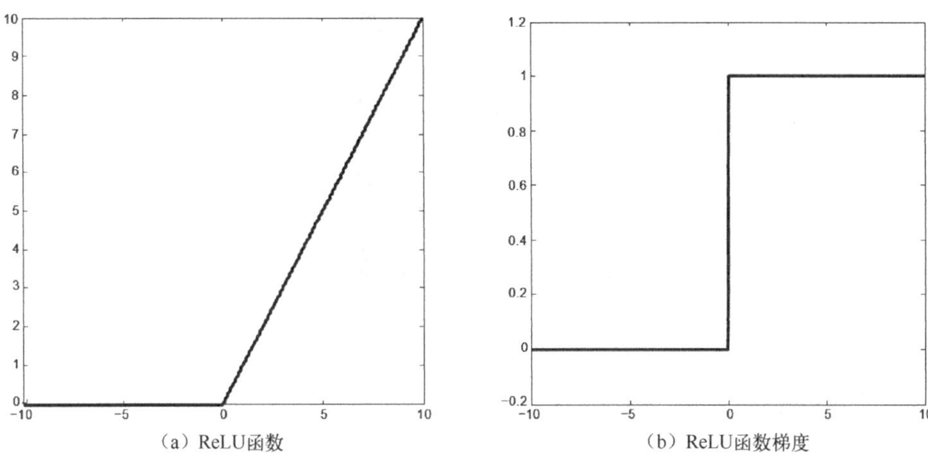

图 6-48 ReLU 函数及其函数梯度

5. 全连接层

全连接层在整个卷积神经网络中起到“分类器”的作用。如果说卷积层、池化层和激活函数层等操作是将原始数据映射到隐含层特征空间的话，全连接层则将学到的特征表示映射到样本的标记空间。在实际使用中，全连接层可由卷积操作实现：对前层是全连接的全连接层可以转化为卷积核为 1×1 的卷积；而前层是卷积层的全连接层可以转化为卷积核为 $h \times w$ 的全局卷积，h 和 w 分别为前层卷积输出结果的高和宽。以本设计网络模型为例，对于 28×28×1 的图像输入，最后一层卷积层可得输出为 7×10×10×20 的特征张量，若后层是一层含 100 个神经元的全连接层时，则可用卷积核为 10×10×20×100 的全局卷积来实现这一全连接运算过程。

6. 分类任务和目标函数

本次分类任务共 7000 个训练样本，针对网络最后分类层第 i 个样本的输入特征为 x_i，其对应的真实标记为 $y_i \in \{1,2,\cdots,70\}$，另 $h=(h_1,h_2,\cdots,h_{70})$ 为网络的最终输出，即样本 i 的预测结果，其中 70 为分类任务类别数。

7. 交叉熵损失函数

交叉熵（Cross Entropy）损失函数又称 Softmax 损失函数，是目前卷积神经网络中最常用的分类目标函数。其形式为

$$L_{\text{cross entropy loss}} = L_{\text{softmax loss}} = -1/N \sum_{i=1}^{N} \log\left(\frac{e^{h_{y_i}}}{\sum_{j=1}^{70} e^{h_j}}\right) \tag{6-64}$$

即通过指数化变换使网络输出 h 转换为概率形式。

8. 总结

综上所述，卷积神经网络的网络结构如图 6-49 所示。其中卷积层和池化层可以重复多次。

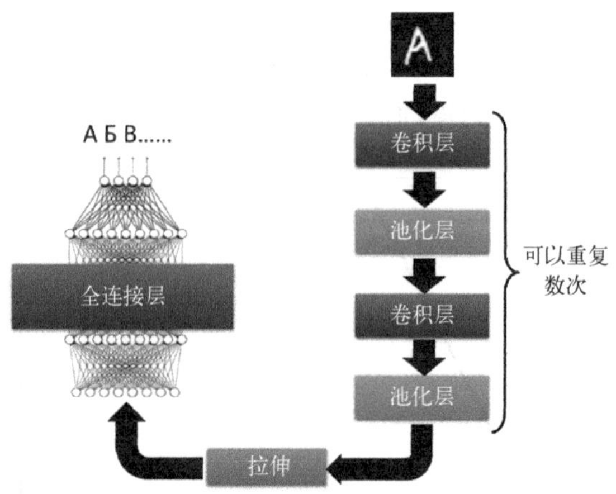

图 6-49　卷积神经网络的网络结构

6.7.3　卷积神经网络应用于模式分类

1. 图像预处理

本节设计使用的数据集为 70 个手写新蒙文字母，每个字母 153 个手写图片（本设计只使用 100 张），共 7000 张图片。部分数据集如图 6-50 所示。

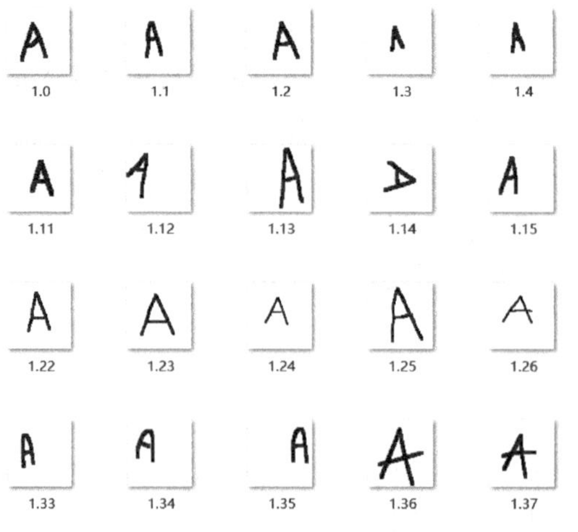

图 6-50　部分数据集

由于初始数据集照片像素为 72×72（像素），全部输入神经网络会使神经网络结构增大并且训练过慢，故将数据集图片批量变为 28×28（像素），并且进行二值化处理，图像预处理程序部分截图如图 6-51 所示。

```
file_path = 'E:\Deeplearning\mengwen\s70\';
file = dir(strcat(file_path,'*.png'));
len = length(file);
for i = 1 : len
    oldname = strcat(',"',file_path, file(i).name,'"');
    newname = strcat(',',num2str(i),'.png');
    eval(['!rename',oldname newname])
end
```

图 6-51　图像预处理程序部分截图

将处理后的图片重命名放入 70 个文件夹中，处理后的部分图片如图 6-52 所示。

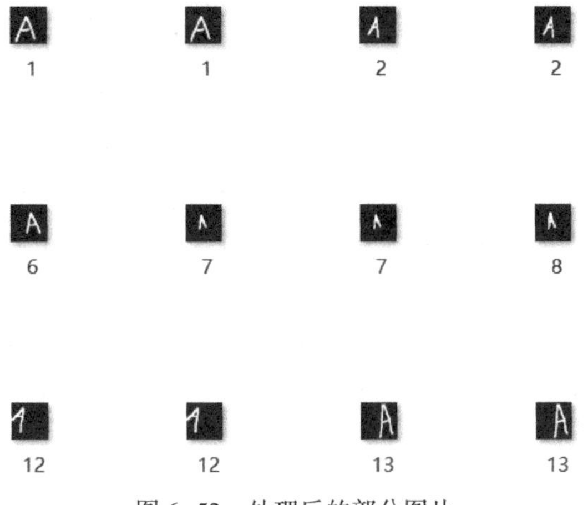

图 6-52　处理后的部分图片

2. 卷积神经网络结构

由上一节可知，本次设计的网络结构如图 6-53 所示。本次设计的卷积层为 1 层。输入层为 28×28×1 的灰度图，经过 9×9×20 个卷积核，输出卷积特征为 20×20×20，经过平均池化层后池化特征为 10×10×20。全连接层有 100 个神经元，输出为 70 个。

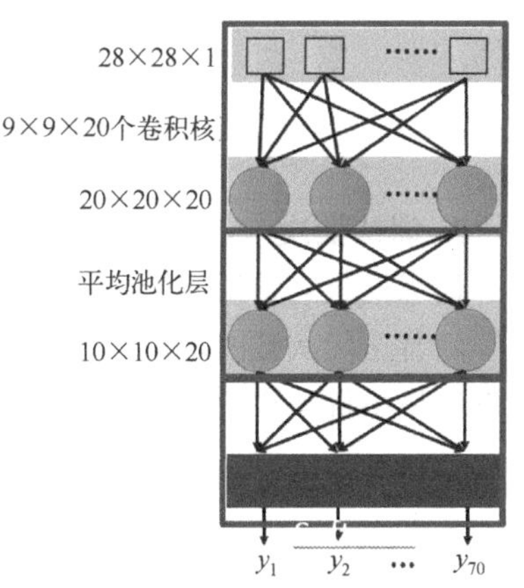

图 6-53　卷积神经网络结构

3. 超参数设定和训练方式

(1) 卷积层超参数设定：卷积层的超参数主要包括卷积核大小、卷积操作的步长和卷积核个数。关于卷积核大小，小卷积核相比大卷积核有两项优势：

☺ 增强网络容量和模型复杂度；

☺ 减少卷积参数个数。

因此，本设计中使用 5×5 这样的小卷积核，其对应卷积操作步长设为 1。此外，卷积操作前还可搭配填充操作。该操作有两层功效：

☺ 可充分利用和处理输入图像（或输入数据）的边缘信息；

☺ 搭配合适的卷积层参数可保持输出与输入同等大小，而避免随着网络深度增加，输入大小的急剧减小。

由于输入图像比较小，故没有采用。

(2) 池化层参数设定：同卷积核大小类似，池化层的核大小一般也设为较小的值，采用 2×2 的核。池化步长为 1。在此设定下，输出结果大小仅为输入数据长宽大小的 1/2，也就是说输入数据中有50%的响应值被丢弃，这也就起到了“下采样”的作用。为了不丢弃过多输入响应而损失网络性能，池化操作极少使用超过3×3大小的核的池化操作。

（3）训练方法：信息论中曾提到，“从不相似的事件中学习总是比从相似的事件中学习更具信息量”。在训练卷积神经网络时，尽管训练数据固定，但由于采用了随机批处理的训练机制，因此我们可在模型每轮训练进行前将训练数据集随机打乱，确保模型不同轮数相同批次“看到”的数据是不同的。这样的处理不仅会提高模型收敛速率，同时，相对固定次序训练的模型，此操作会略微提升模型在测试集上的预测结果。

4. 网络正则化

机器学习的一个核心问题是如何使学习算法不仅在训练样本上表现良好，而且在新数据或测试集上同样奏效，学习算法在新数据上的这样一种表现我们称之为模型的“泛化性”或“泛化能力”。若某学习算法在训练集上表现优异，同时在测试集上依然工作良好，则可以说该学习算法有较强的泛化能力；若某算法在训练集上表现优异，但测试集上却非常糟糕，则我们说这样的学习算法并没有泛化能力，这种现象也称为“过拟合”。

在本次设计中使用“正则化”技术来防止过拟合的情况。正则化是机器学习中通过显式地控制模型的复杂度来避免模型过拟合、确保泛化能力的一种有效方式。如图6-54所示，如果将模型原始的假设空间比作“天空”，那么天空中自由飞翔的“鸟”就是模型可能收敛到的一个个最优解。在施加了模型正则化后，就好比将原假设空间（“天空”）缩小到一定的空间范围。

图6-54　模型正则化示意图

5. 训练批次

训练批次对结果的影响是不能忽略的，迭代示意图如图6-55所示，如果不规定训练批次，随着迭代次数的增加，正确率的变化很小，但如果规定训练批次可以有很好的效果。一般选取最小批次进行迭代，本次设计为25张图片。

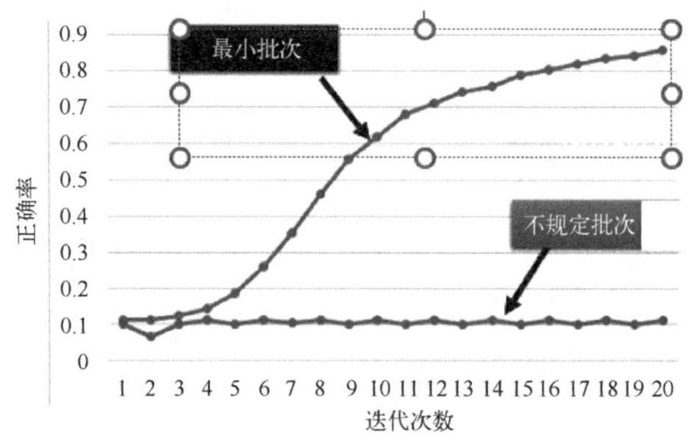

图6-55　迭代示意图

6. 分类结果

（1）识别70个字母。首先将7000张图片导入矩阵当中，打乱顺序后将前6600张图片作为训练集，后 400 张图片作为测试集。学习率设定为 0.05，每批次训练 25 张照片，训练 80 次，训练过程如图 6-56 所示，正确率为 55.33%，如图 6-57 所示。

（2）仅识别大写字母：识别大写字母时将 3500 张图片导入矩阵当中，打乱顺序后将前 3300 张图片作为训练集，后 200 张图片作为测试集。学习率设定为 0.05，每批次训练 25 张照片，训练 50 次，训练过程如图 6-58 所示，正确率为 88.00%，如图 6-59 所示。

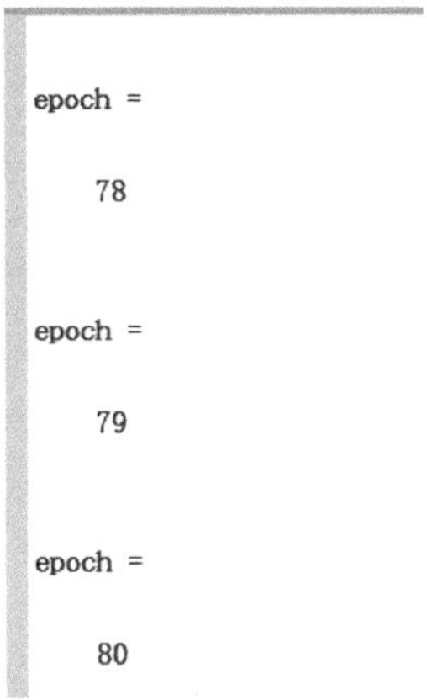

```
epoch =

    78

epoch =

    79

epoch =

    80
```

图 6-56　训练过程图

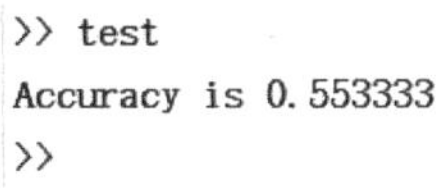

```
>> test
Accuracy is 0.553333
>>
```

图 6-57　测试结果

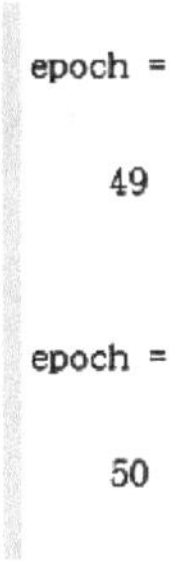

```
epoch =

    49

epoch =

    50
```

图 6-58　训练过程图

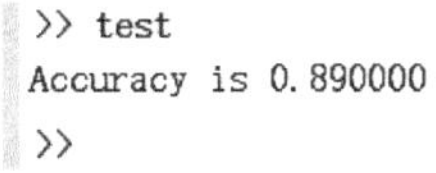

```
>> test
Accuracy is 0.890000
>>
```

图 6-59　测试结果

完整代码如下：

图像预处理部分程序：

```
clc;
clear all;
    for i=1:70
        for j=1:100
            image=imread(strcat('E:\Deeplearning\mengwen\s',int2str(i),'\',int2str(j),'.png'));
            imwrite(image,strcat('E:\Deeplearning\mengwen\s',int2str(i),'\',int2str(j),'.bmp'));
    end
    disp(strcat('s',int2str(i),'转换结束.'));
end
disp('批量转换结束.');
%%
%读取训练集
menwen=[];
for i=1:70
    for j=1:100
      a=imread(strcat('E:\Deeplearning\mengwen\s',num2str(i),'\',num2str(j),'.png'));
      a = imresize(a, [28 28]);
      b=a(1:28*28);
      b=double(b);
      menwen=[menwen; b];
    end
end
```

```
Labels=[];
for i=1:70
    for j=1:100
        Labels=[Labels;i];
    end
end
DataAndLabel=[menwen, Labels];
Data=DataAndLabel(randperm(numel(DataAndLabel)/785),:);
Images=Data(:,1:784);
Labels=Data(:,785);
save('E:\\Deeplearning\\myData1.mat','Images','Labels');
```

训练部分程序：

```
clear ;
load('myData1.mat');
Images=Images';
Images= mapminmax(Images);              %归一化处理
Images = reshape(Images, 28, 28, []);
W1 = 1e-2 * randn([9 9 20]);            %20 个 9×9 卷积核
W5 = (2 * rand(100, 2000) - 1) * sqrt(6) / sqrt(360 + 2000);
Wo = (2 * rand( 70,  100) - 1) * sqrt(6) / sqrt( 70 +  100);
X = Images(:, :, 1:6600);
D = Labels(1:6600);
for epoch = 1:80
  epoch
  [W1, W5, Wo] = MnistConv(W1, W5, Wo, X, D);
end
save('E:\\Deeplearning\\netWork2.mat','epoch','W1','W5','Wo');
function y = Conv(x, W)
%
%
[wrow, wcol, numFilters] = size(W);
[xrow, xcol, ~] = size(x);
yrow = xrow - wrow + 1;
ycol = xcol - wcol + 1;
y = zeros(yrow, ycol, numFilters);
for k = 1:numFilters
  filter = W(:, :, k);
  filter = rot90(squeeze(filter), 2);
  y(:, :, k) = conv2(x, filter, 'valid');
end
end
function [W1, W5, Wo] = MnistConv(W1, W5, Wo, X, D)
```

```
alpha = 0.005;
beta  = 0.95;
momentum1 = zeros(size(W1));
momentum5 = zeros(size(W5));
momentumo = zeros(size(Wo));
N = length(D);
bsize = 25;
blist = 1:bsize:(N-bsize+1);
% One epoch loop
%
for batch = 1:length(blist)
  dW1 = zeros(size(W1));
  dW5 = zeros(size(W5));
  dWo = zeros(size(Wo));
  % Mini-batch loop
  %
  begin = blist(batch);
  for k = begin:begin+bsize-1
    % Forward pass = inference
    %
x   = X(:, :, k);                                  % Input
y1 = Conv(x, W1);                                  % Convolution
    y2 = ReLU(y1);                                 %整线流激活函数
    y3 = Pool(y2);                                 % Pooling，取平均值
y4 = reshape(y3, [], 1);                           %拉伸为全连接层
    v5 = W5 * y4;
    y5 = ReLU(v5);                                 %激活函数 ReLU
v   = Wo * y5;                                     % Softmax,
    y   = Softmax(v);                              %% One-hot encoding
    d = zeros(70, 1);
    d(sub2ind(size(d), D(k), 1)) = 1;
    % Backpropagation
    %
    e        = d - y;                              % Output layer
    delta   = e;
    e5       = Wo' * delta;                        % Hidden(ReLU) layer
    delta5 = (y5 > 0) .* e5;
    e4 = W5' * delta5;                             % Pooling layer
    e3= reshape(e4, size(y3));
e2 = zeros(size(y2));
  W3 = ones(size(y2)) / (2*2);
    for c = 1:20
      e2(:, :, c) = kron(e3(:, :, c), ones([2 2])) .     * W3(:, :, c);
```

```
        end
        delta2 = (y2 > 0) .* e2;                    % ReLU layer
        delta1_x = zeros(size(W1));                 % Convolutional layer
        for c = 1:20
          delta1_x(:, :, c) = conv2(x(:, :), rot90(delta2(:, :, c), 2), 'valid');
        end
        dW1 = dW1 + delta1_x;
        dW5 = dW5 + delta5 * y4';
        dWo = dWo + delta  * y5';
      end
      % Update weights
      %
      dW1 = dW1 / bsize;
      dW5 = dW5 / bsize;
      dWo = dWo / bsize;
      momentum1 = alpha * dW1 + beta * momentum1;
      W1         = W1 + momentum1;
      momentum5 = alpha * dW5 + beta * momentum5;
      W5         = W5 + momentum5;
      momentumo = alpha * dWo + beta * momentumo;
      Wo         = Wo + momentumo;
    end
    end
    function y = Pool(x)
    %
    % 2x2 mean pooling
    %
    %
    [xrow, xcol, numFilters] = size(x);
    y = zeros(xrow/2, xcol/2, numFilters);
    for k = 1:numFilters
      filter = ones(2) / (2*2);             % for mean
    image   = conv2(x(:, :, k), filter, 'valid');
      y(:, :, k) = image(1:2:end, 1:2:end);
    end
    end
    function y = ReLU(x)
      y = max(0, x);
    end
    function y = Softmax(x)
    %    x=100*x;
      ex = exp(x);
      y   = ex / sum(ex);
```

```
%    y1 = softmax.apply(x);
end
```

测试部分程序：

```
clear
load('netWork2.mat');
load('myData1.mat');
Images=Images';
Images= mapminmax(Images);
Images = reshape(Images, 28, 28, []);
% Labels=Labels';
% Test
%
X = Images(:, :, 6401:7000);
D = Labels(6401:7000);
acc = 0;
N    = length(D);
for k = 1:N
  x = X(:, :, k);                              % Input,          28x28
  y1 = Conv(x, W1);                            % Convolution,    20x20x20
  y2 = ReLU(y1);                               %
  y3 = Pool(y2);                               % Pool,           10x10x20
  y4 = reshape(y3, [], 1);                     %                  2000
  v5 = W5 * y4;                                % ReLU,             360
  y5 = ReLU(v5);                               %
  v  = Wo * y5;                                % Softmax,           10
  y  = Softmax(v);                             %
  [~, i] = max(y);
if i == D(k)
    acc = acc + 1;
  end
end
acc = acc / N;
fprintf('Accuracy is %f\n', acc
```

6.8　小波神经网络

小波分析是 20 世纪 80 年代中期发展起来的一门新的数学理论和方法，是时间-频率分析领域的一种新技术。小波分析的基本思想类似于傅里叶变换，用信号在一族基函数张成的空间内的投影表征该函数。神经网络起源于 20 世纪 40 年代，是由大量的、简单的处理单元（神经元）广泛地互相连接形成的复杂网络系统，它反映了人脑功能的许多基本特征，是一个高度复杂的非线性动力学系统。由于小波变换能够反映信号的时频局部特性和聚焦特性，而神经网络在信号处理方面具有自学习、自适应、鲁棒性、容错性等能力。如何把二者的优势结合起来一直是人们所关心的问题，而小波神经网络就是小波分析和神经网络相结合的产物。

6.8.1 小波神经网络的基本结构

小波变换被认为是傅里叶发展史上一个新的里程碑，它克服了傅里叶分析不能进行局部分析的缺点，是傅里叶分析划时代发展的结果。随着小波理论发展日益成熟，其应用领域也变得十分广泛，特别是在信号处理、数值计算、模式识别、图像处理、语音分析、量子物理、生物医学工程、计算机视觉、故障诊断及众多非线性领域等，小波变换都在不断发展之中。

神经网络是在现代神经学的研究基础上发展起来的一种模仿人脑信息处理机制的网络系统，它具有自组织、自学习和极强的非线性处理能力，能够完成学习、记忆、识别和推理等功能。神经网络的崛起，对认知和智力本质的基础研究乃至计算机产业都产生了空前的刺激和极大的推动作用。

目前，小波分析与神经网络主要有两种结合方式：一种是“松散型”，如图 6-60 所示，即先用小波分析对信号进行预处理，然后再送入神经网络处理；另一种是“紧致型”，如图 6-61 所示，即小波神经网络（Wavelet Neural Network）或小波网络。小波网络是结合小波变换理论与神经网络的思想而构造的一种新的神经网络模型，其方法是将神经网络隐含层中神经元的传递激发函数用小波函数来代替，充分继承了小波变换良好的时频局部化性质及神经网络的自学习功能的特点，被广泛运用于信号处理、数据压缩、模式识别和故障诊断等领域。紧致型小波神经网络具有更好的数据处理能力，是小波神经网络的研究方向。在图 6-61 中，有输入层、隐含层和输出层，输出层采用线性输出，输入层有 $m(m=1,2,\cdots,M)$ 个神经元，隐含层有 $k(k=1,2,\cdots,K)$ 个神经元，输出层有 $n(n=1,2,\cdots,N)$ 个神经元。

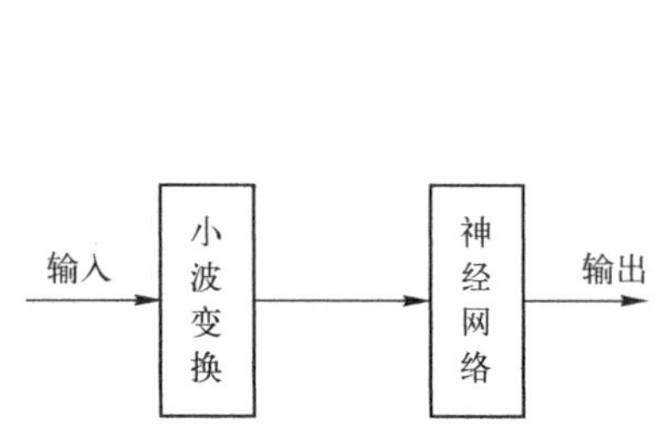

图 6-60 小波神经网络松散型结构

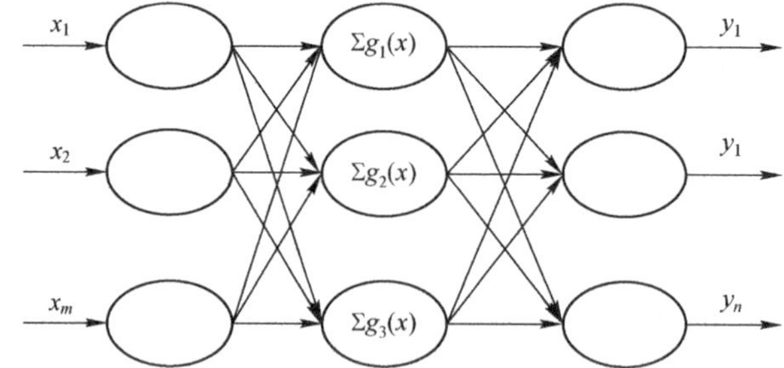

图 6-61 小波神经网络紧致型结构

根据基函数 $g_k(x)$ 和学习参数的不同，图 6-61 中的小波神经网络的结果可分为 3 类。

（1）连续参数的小波神经网络。这是小波网络最初被提出来的一种形式。令图 6-61 中基函数为

$$g_j(x)=\prod_{i=1}^{M}\Psi\left(\frac{x_i-b_{ij}}{a_{ij}}\right)=\Psi(\boldsymbol{A}_j x-\boldsymbol{b}_j') \tag{6-65}$$

则网络输出为

$$\hat{y}_i = \sum_{j=1}^{K} C_{ji} g_j(x) \tag{6-66}$$

其中 $1 \leqslant j \leqslant K$，$\boldsymbol{A}_j = \mathrm{diag}(a_{1j}^{-1}, L, a_{Mj}^{-1})$，$1 \leqslant i \leqslant N$，$\boldsymbol{b}_j' = [a_{1j}^{-1} b_{ij}, L, a_{Mj}^{-1} b_{Mj}]^{\mathrm{T}}$，在网络学习中尺度因子 a_{ij}、平移因子 b_{ij}、输出权值 C_{ij}一起通过某种修正。这种小波网络类似于径向基函数网络，借助于小波分析理论，可使网络具有较简单的拓扑结构和较快的收敛速度。但由于尺度和评议参数均可调，使其与输出为非线性关系，通常需利用非线性优化方法进行参数修正，易带来类似 BP 网络参数修正时存在局部极小值的弱点。

(2) 由框架作为基函数的小波神经网络。由于不考虑正交性，小波函数的选取有很大自由度。令图 6-61 中的基函数为

$$g(x) = \prod_{i=1}^{P} g(x_i) = \prod_{i=1}^{P} \boldsymbol{\Psi}(2^j x_i - k) \tag{6-67}$$

则网络输出为

$$\hat{y}_i = \sum C_{j,k} \boldsymbol{\Psi}_{j,k} \tag{6-68}$$

根据函数 $g(x)$的时频特性确定的取值范围后，网络的可调参数只有权值，其与输出呈线性关系，可通过最小二乘法或其他优化法修正权值，使网络能充分逼近 $g(x)$。

这种形式的网络虽然基函数选取灵活，但由于框架可以是线性相关的，使得网络函数的个数有可能存在冗余，对过于庞大的网络需考虑优化结构算法。

(3) 基于多分辨分析的正交基小波网络。网络隐节点由小波节点 $\boldsymbol{\Psi}$ 和尺度函数节点 φ 构成，网络输出为

$$\hat{y}_i(x) = \sum_{j=L,k=z} d_{j,k} \varphi_{j,k}(x) + \sum_{j \geqslant L, k \in x} C_{j,k} \boldsymbol{\Psi}_{j,k}(x) \tag{6-69}$$

当尺度 L 足够大，忽略式（6-69）右端第 2 项表示的小波细节分量，这种形式的小波网络的主要依据是 Daubechies 的紧支撑正交小波及 Mallat 的多分辨分析理论。

尽管正交小波网络在理论上研究较为方便，但正交基函数的构造复杂，不如一般的基于框架的小波网络实用。

6.8.2　小波神经网络的训练算法

小波神经网络最早是由法国著名的信息科学机构 IRISA 等于 1992 年提出的，是在小波分析的基础上提出的一种多层前馈模型网络，可以使网络从根本上避免局部最优并且加快了收敛速度，具有很强的学习和泛化能力。小波神经网络是用非线性小波基取代通常的非线性 Sigmoid 型函数的，其信号表述是通过将所选取的小波基进行线性叠加来表现的。

设小波神经网络有 m 个输入节点、N 个输出节点、n 个隐含层节点。网络的输入和输出数据分别用向量 $\boldsymbol{X}$ 和 $\boldsymbol{Y}$ 来表示，即

$$\boldsymbol{X} = (x_1, x_2, \cdots, x_m), \quad \boldsymbol{Y} = (y_1, y_2, \cdots, y_n)$$

若设为 x_k输入层的第 k 个输入样本，y_i为输出层的第 i 个输出值，w_{ij}为连接输出层节点 i 和隐含层节点 j 的权值，w_{jk}为连接隐含层节点 j 和输出层节点 k 的权值。令 w_{i0}是第 j 个输出层节点阈值，w_{j0}是第 j 个隐含层节点阈值（相应的输入 $x_0 = -1$），a_j为第 j 个隐含层节点的伸缩因子、b_j为第 j 个隐含层节点的平移因子，则小波神经网络模型为

$$y_i = \sigma\left[\sum_{i=0}^{n} w_{ij} \psi_{a,b}\left(\sum_{k=0}^{m} w_{jk} x_k(t)\right)\right] \tag{6-70}$$

式中，$i=1,2,\cdots,N$，$\sigma(t)=\dfrac{1}{1+\mathrm{e}^{-t}}$。令 $net_j=\sum_{k=0}^{m} w_{jk}x_k$，则

$$\psi_{a,b}(net_j)=\frac{(net_j-b_j)}{a_j} \tag{6-71}$$

$$y_i=\sigma\left[\sum_{i=0}^{n} w_{ij}\psi_{a,b}(net_j)\right] \tag{6-72}$$

给定样本集$\{(x_i,y_i)\}$，$i=1,2,\cdots,N$ 后，网络的权值被调整，使如式（6-73）所示的误差目标函数达到最小

$$E(\boldsymbol{W})=\frac{1}{2}\sum_{i=1}^{n}\|Y_i-d_i\|^2 \tag{6-73}$$

式中，d_i为网络的输出向量，$\boldsymbol{W}$ 为网络中所有权值组成的权向量，$\boldsymbol{W}\in R^t$。网络的学习可以归结为如下的无约束最优化问题。

小波神经网络采用梯度法，即最快下降法来求解问题。小波网络的权值调整规则处理过程分为 2 个阶段：一是从网络的输入层开始逐层向前计算，根据输入样本计算各层的输出，最终求出网络输出层的输出，这是前向传播阶段；二是对权值的修正，从网络的输出层开始逐层向后进行计算和修正，这是反向传播阶段。2 个阶段反复交替，直到收敛为止。通过不断修正权值 $\boldsymbol{W}$，使 $E(\boldsymbol{W})$达到最小值。

令 d_i^p为第 P 个模式第 i 个期望输出，基于最小二乘的代价函数可表示为

$$E=\frac{1}{2}\sum_{p=1}^{P}\sum_{i=1}^{N}(d_i^p-y_i^p)^2 \tag{6-74}$$

则可以计算得到下列偏导数

$$\frac{\partial E}{\partial w_{ij}}=-\sum_{p=1}^{P}(d_i^p-y_i^p)y_i^p(1-y_i^p)\psi_{a,b}(net_j^p) \tag{6-75}$$

$$\frac{\partial E}{\partial w_{jk}}=-\sum_{p=1}^{P}\sum_{i=1}^{N}(d_i^p-y_i^p)y_i^p(1-y_i^p)\cdot w_{ij}\psi'_{a,b}(net_j^p)x_k^p/a_j \tag{6-76}$$

$$\frac{\partial E}{\partial a_j}=-\sum_{p=1}^{P}\sum_{i=1}^{N}(d_i^p-y_i^p)y_i^p(1-y_i^p)w_{ij}\psi'_{a,b}(net_j^p)\frac{(net_j^p-b_j)}{a_j}/a_j \tag{6-77}$$

$$\frac{\partial E}{\partial b_j}=-\sum_{p=1}^{P}\sum_{i=1}^{N}(d_i^p-y_i^p)y_i^p(1-y_i^p)w_{ij}\psi'_{a,b}(net_j^p)/a_j \tag{6-78}$$

为了加快算法的收敛速度，引入动量因子 α，因此权向量的迭代公式为

$$w_{ij}(t+1)=w_{ij}(t)-\eta\frac{\partial E}{\partial w_{ij}}+\alpha\Delta w_{ij}(t) \tag{6-79}$$

$$w_{jk}(t+1)=w_{jk}(t)-\eta\frac{\partial E}{\partial w_{jk}}+\alpha\Delta w_{jk}(t) \tag{6-80}$$

$$a_j(t+1)=a_j(t)-\eta\frac{\partial E}{\partial a_j}+\alpha\Delta a_j(t) \tag{6-81}$$

$$b_j(t+1)=b_j(t)-\eta\frac{\partial E}{\partial b_j}+\alpha\Delta b_j(t) \tag{6-82}$$

网络权值的调整，往往是在学习的初始阶段进行，学习步长选择大一些，以使学习速度加快；当接近最佳点时，学习速率可以选择小一些，否则连接权值将产生振荡而难以收敛。

学习步长调整的一般规则是：在连续迭代几步的过程中，若新误差大于旧误差，则学习速率减小；若新误差小于旧误差，则增大学习步长。

6.8.3　小波神经网络结构设计

1. 小波函数的选择

小波函数的选择具有相对的灵活性，对不同的数据信号，要选择恰当的小波作为分解基。小波变换不像傅里叶变换是由正弦函数唯一决定的，小波基可以有很多种，不同的小波适合不同的信号。

Mexican Hat 和 Morlet 小波基没有尺度函数，是非正交小波基。其优点是函数对称且表达式清楚、简单，缺点是无法对分解后的信号进行重构。采用 Morlet 小波（r 通常取值为 1.75）构造的小波网络已经被用于各种领域。

Daubechies 是一种具有紧支撑的正交小波，随着 N 的增加，Daubechies 小波的时域支撑长度变长；矩阵阶数增加；特征正则性增加，幅频特性也越接近理想值。当选取 N 值越大的高阶 Daubechies 小波时，其构成可近似看成一个理想的低通滤波器和理想的带通滤波器，且具有能量无损性。

通常在信号的近似和估计作用中，小波函数选择应与信号的特征匹配，应考虑小波的波形、支撑大小和消失矩阵的数目。连续的小波基函数都在有效支撑区域之外的快速衰减。有效支撑区域越长，频率分辨率越好；有效支撑区域越短，时间分辨率越好。如果进行时频分析，则要选择光滑的连续小波，因为时域越光滑的基函数，在频域的局部化特性就越好。如果进行信号检测，则应尽量选择与信号波形相近似的小波。

2. 隐含层节点的选取

隐含层节点的作用是从样本中提取并存储其内在规律，每个隐含层节点有若干个权值，而每个权值都是增强网络映射能力的参数。隐含层节点数量太少，网络从样本中获取信息的能力就差，不足以概括和体现训练集中的样本规律；隐含层节点数目太多，又可能把样本中非规律性的内容也会牢记，从而出现所谓的“过拟合”问题，反而降低了网络的泛化能力。此外，隐含层节点数过多会增加神经网络的训练时间。

6.8.4　小波神经网络用于模式分类

1. 程序模块介绍

程序中用到的小波神经网络工具箱程序如下：

```
function y=d_mymorlet(t)
y = -1.75 * sin(1.75 * t). * exp(-(t.^2)/2)-t * cos(1.75 * t). * exp(-(t.^2)/2) ;
function y=mymorlet(t)
y = exp(-(t.^2)/2) * cos(1.75 * t);
```

（1）初始化程序：在程序开始，首先需要设置网络的相关参数，具体的 MATLAB 程序如下。

网络参数配置：

```
load wavelet2 input output input_test output_test
M=size(input,2);                 %输入节点个数
N=size(output,2);                %输出节点个数
```

```
n=10;                %隐形节点个数
lr1=0.01;            %学习概率
lr2=0.001;           %学习概率
maxgen=200;          %迭代次数
```

权值初始化:

```
Wjk=randn(n,M);Wjk_1=Wjk;Wjk_2=Wjk_1;       %%Wjk 和 Wij 为网络连接权重
Wij=randn(N,n);Wij_1=Wij;Wij_2=Wij_1;
a=randn(1,n);a_1=a;a_2=a_1;                  %%小波函数伸缩因子
b=randn(1,n);b_1=b;b_2=b_1;                  %%小波函数平移因子
```

节点初始化:

```
y=zeros(1,N);
net=zeros(1,n);
net_ab=zeros(1,n);
```

权值学习增量初始化:

```
d_Wjk=zeros(n,M);
d_Wij=zeros(N,n);
d_a=zeros(1,n);
d_b=zeros(1,n);
```

输入输出数据归一化处理:

```
[inputn,inputps]=mapminmax(input');
[outputn,outputps]=mapminmax(output');
inputn=inputn';
outputn=outputn';
```

(2) 循环训练的 MATLAB 程序如下:

```
for kk=1:size(input,1)
        x=inputn(kk,:);
        yqw=outputn(kk,:);

        for j=1:n
            for k=1:M
                net(j)=net(j)+Wjk(j,k) * x(k);
                net_ab(j)=(net(j)-b(j))/a(j);
            end
            temp=mymorlet(net_ab(j));
            for k=1:N
                y=y+Wij(k,j) * temp;          %小波函数
            end
        end
```

（3）计算误差语句如下：

```
error(i)=error(i)+sum(abs(yqw-y));
```

（4）权值调整语句如下：

```
for j=1:n
    %计算 d_Wij
    temp=mymorlet(net_ab(j));
    for k=1:N
        d_Wij(k,j)=d_Wij(k,j)-(yqw(k)-y(k))*temp;
    end
    %计算 d_Wjk
    temp=d_mymorlet(net_ab(j));
    for k=1:M
        for l=1:N
            d_Wjk(j,k)=d_Wjk(j,k)+(yqw(l)-y(l))*Wij(l,j);
        end
        d_Wjk(j,k)=-d_Wjk(j,k)*temp*x(k)/a(j);
    end
    %计算 d_b
    for k=1:N
        d_b(j)=d_b(j)+(yqw(k)-y(k))*Wij(k,j);
    end
    d_b(j)=d_b(j)*temp/a(j);
    %计算 d_a
    for k=1:N
        d_a(j)=d_a(j)+(yqw(k)-y(k))*Wij(k,j);
    end
    d_a(j)=d_a(j)*temp*((net(j)-b(j))/b(j))/a(j);
end
%权值参数更新
Wij=Wij-lr1*d_Wij;
Wjk=Wjk-lr1*d_Wjk;
b=b-lr2*d_b;
a=a-lr2*d_a;
d_Wjk=zeros(n,M);
d_Wij=zeros(N,n);
d_a=zeros(1,n);
d_b=zeros(1,n);
y=zeros(1,N);
net=zeros(1,n);
net_ab=zeros(1,n);
Wjk_1=Wjk;Wjk_2=Wjk_1;
Wij_1=Wij;Wij_2=Wij_1;
```

```
a_1=a;a_2=a_1;
b_1=b;b_2=b_1;
end
end
```

（5）网络预测的程序如下：

```
for i=1:10
    x_test=x(i,:);

    for j=1:1:n
        for k=1:1:M
            net(j)=net(j)+Wjk(j,k) * x_test(k);
            net_ab(j)=(net(j)-b(j))/a(j);
        end
        temp=mymorlet(net_ab(j));
        for k=1:N
            y(k)=y(k)+Wij(k,j) * temp;
        end
    end

    yuce(i)=y(k);
    y=zeros(1,N);
    net=zeros(1,n);
    net_ab=zeros(1,n);
end
```

2. MATLAB 完整程序及仿真结果

小波神经网络数据分类的完整 MATLAB 程序如下：

```
%%清空环境变量
clc
clear
%%网络参数配置
load wavelet2 input output input_test output_test
M=size(input,2);                        %输入节点个数
N=size(output,2);                       %输出节点个数
n=10;                                   %隐形节点个数
lr1=0.01;                               %学习概率
lr2=0.001;                              %学习概率
maxgen=200;                             %迭代次数
%权值初始化
Wjk=randn(n,M);Wjk_1=Wjk;Wjk_2=Wjk_1;
%%Wjk 和 Wij 为网络连接权重
Wij=randn(N,n);Wij_1=Wij;Wij_2=Wij_1;
```

```
a=randn(1,n);a_1=a;a_2=a_1;
%%小波函数伸缩因子
b=randn(1,n);b_1=b;b_2=b_1;
%%小波函数平移因子
%节点初始化
y=zeros(1,N);
net=zeros(1,n);
net_ab=zeros(1,n);
%权值学习增量初始化
d_Wjk=zeros(n,M);
d_Wij=zeros(N,n);
d_a=zeros(1,n);
d_b=zeros(1,n);
%%输入输出数据归一化
[inputn,inputps]=mapminmax(input');
[outputn,outputps]=mapminmax(output');
inputn=inputn';
outputn=outputn';
%%网络训练
for i=1:maxgen
    %误差累计
    error(i)=0;
    %循环训练
    for kk=1:size(input,1)
        x=inputn(kk,:);
        yqw=outputn(kk,:);
        for j=1:n
            for k=1:M
                net(j)=net(j)+Wjk(j,k)*x(k);
                net_ab(j)=(net(j)-b(j))/a(j);
            end
            temp=mymorlet(net_ab(j));
            for k=1:N
                y=y+Wij(k,j)*temp;          %小波函数
            end
        end
        %计算误差和
        error(i)=error(i)+sum(abs(yqw-y));
        %权值调整
        for j=1:n
            %计算 d_Wij
            temp=mymorlet(net_ab(j));
            for k=1:N
```

```
                d_Wij(k,j)=d_Wij(k,j)-(yqw(k)-y(k))*temp;
            end
            %计算 d_Wjk
            temp=d_mymorlet(net_ab(j));
            for k=1:M
                for l=1:N
                    d_Wjk(j,k)=d_Wjk(j,k)+(yqw(l)-y(l))*Wij(l,j);
                end
                d_Wjk(j,k)=-d_Wjk(j,k)*temp*x(k)/a(j);
            end
            %计算 d_b
            for k=1:N
                d_b(j)=d_b(j)+(yqw(k)-y(k))*Wij(k,j);
            end
            d_b(j)=d_b(j)*temp/a(j);
            %计算 d_a
            for k=1:N
                d_a(j)=d_a(j)+(yqw(k)-y(k))*Wij(k,j);
            end
            d_a(j)=d_a(j)*temp*((net(j)-b(j))/b(j))/a(j);
        end
        %权值参数更新
        Wij=Wij-lr1*d_Wij;
        Wjk=Wjk-lr1*d_Wjk;
        b=b-lr2*d_b;
        a=a-lr2*d_a;
        d_Wjk=zeros(n,M);
        d_Wij=zeros(N,n);
        d_a=zeros(1,n);
        d_b=zeros(1,n);
        y=zeros(1,N);
        net=zeros(1,n);
        net_ab=zeros(1,n);
        Wjk_1=Wjk;Wjk_2=Wjk_1;
        Wij_1=Wij;Wij_2=Wij_1;
        a_1=a;a_2=a_1;
        b_1=b;b_2=b_1;
    end
end
%%网络预测
%预测输入归一化
x=mapminmax('apply',input_test',inputps);
x=x';
```

```
%网络预测
for i=1:10
    x_test=x(i,:);
    for j=1:1:n
        for k=1:1:M
            net(j)=net(j)+Wjk(j,k)*x_test(k);
            net_ab(j)=(net(j)-b(j))/a(j);
        end
        temp=mymorlet(net_ab(j));
        for k=1:N
            y(k)=y(k)+Wij(k,j)*temp ;
        end
    end
    yuce(i)=y(k);
    y=zeros(1,N);
    net=zeros(1,n);
    net_ab=zeros(1,n);
end
%预测输出反归一化
ynn=mapminmax('reverse',yuce,outputps);
ynnn=roundn(ynn,0);
if ynnn>=4
    yn=4
elseif ynnn>=1
    yn=ynnn
else yn=1
end;
%%结果分析
figure(1)
plot(yn,'r*:')
hold on
plot(output_test,'bo--')
title('预测分类','fontsize',12)
legend('预测分类','实际分类')
xlabel('数据组')
ylabel('类别')
%%误差显示
figure(2)
plot(error,'g')
title('网络进化过程','fontsize',12)
xlabel('进化次数')
ylabel('预测误差')
```

（1）前 29 组数据（29×3）作为训练输入，后 30 组数据（30×3）作为测试输入，将得到的结果与实际分类进行比对。

迭代次数为 200 次，网络进化过程如图 6-62 所示，预测分类结果如图 6-63 所示。

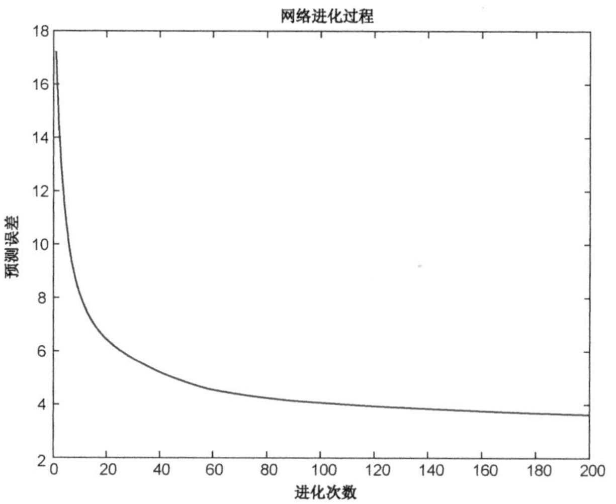

图 6-62 网络进化过程（200 次）

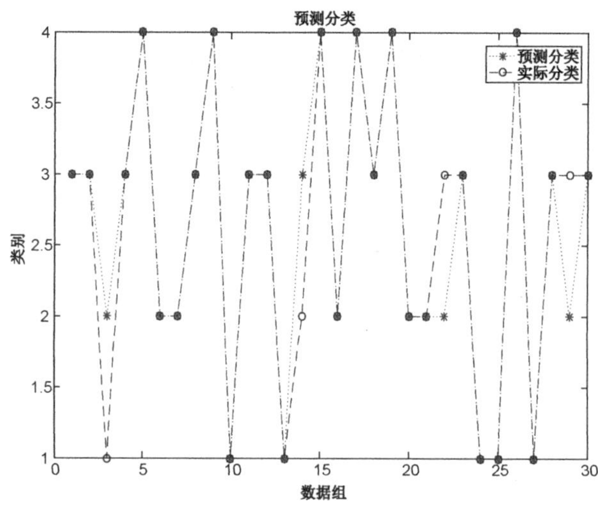

图 6-63 预测分类结果（200 次）

对预测分类结果 yn 的输出如下：

```
yn =
1 至 15 列
3   3   2   3   4   2   2   3   4   1   3   3   1   3   4
16 至 30 列
2   4   3   4   2   2   2   3   1   1   4   1   3   2   3
```

由网络的进化过程曲线可以看出，当进化次数为 100 次的时候，误差变化已经趋于稳定，学习速率较快。但是由预测分类的结果可以看出，30 组数据的分类结果并没有和实际分类完全重合，有 4 组数据的分类不准确，错误率约为 4/30（13%）。尝试增加迭代次数，

进行第二次分类。

① 迭代次数为 300 次，网络进化过程如图 6-64 所示，预测分类结果如图 6-65 所示。

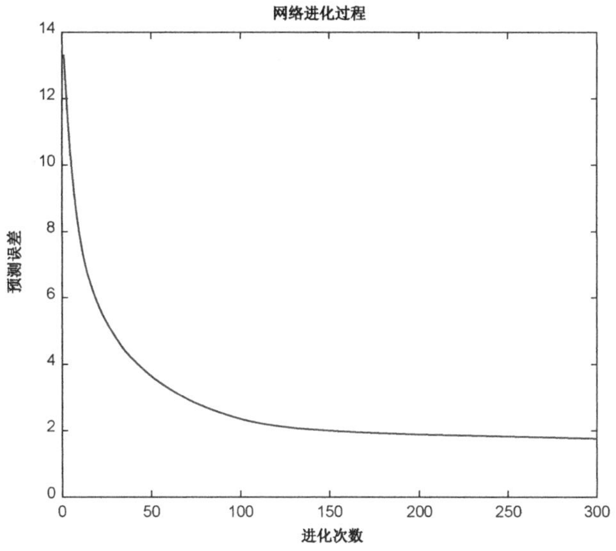

图 6-64　网络进化过程（300 次）

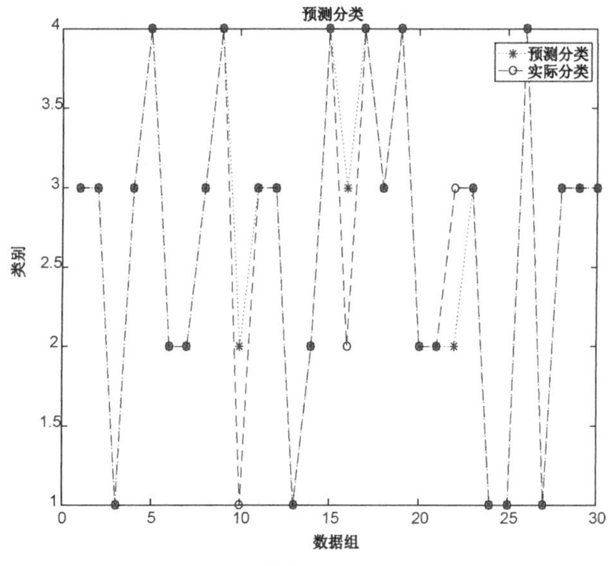

图 6-65　预测分类结果（300 次）

对预测分类结果 yn 的输出如下：

```
yn =
1 至 15 列
3    3    1    3    4    2    2    3    4    2    3    3    1    2    4
16 至 30 列
3    4    3    4    2    2    2    3    1    1    4    1    3    3    3
```

由网络的进化过程曲线可以看出，当进化次数为 100 次的时候，误差变化已经趋于稳定，学习速率较快。但是由预测分类的结果可以看出，30 组数据的分类结果依然没有和实际分类完全重合，有 3 组数据的分类不准确，错误率约为 3/30（10%）。可以看出，通过增加迭代次数，错误率有一定的下降。下面尝试继续增加训练次数，进行第三次分类。

② 迭代次数为 1000 次，网络进化过程如图 6-66 所示，预测分类结果如图 6-67 所示。

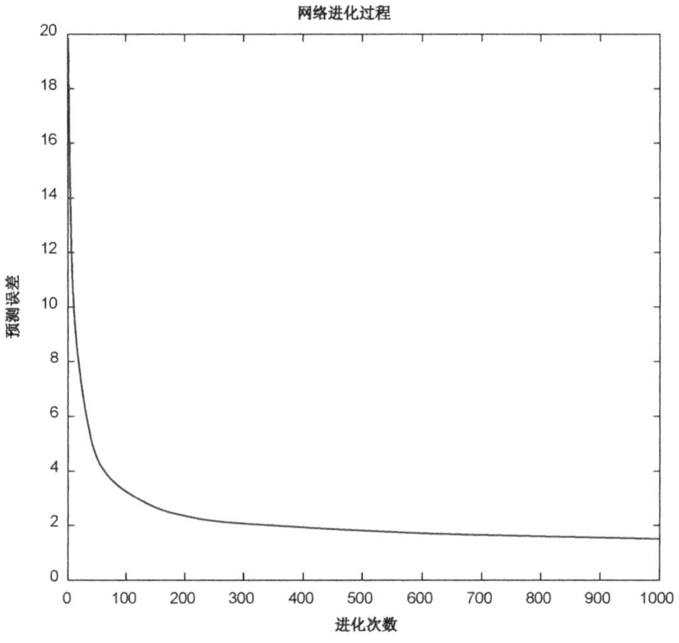

图 6-66　网络进化过程（1000 次）

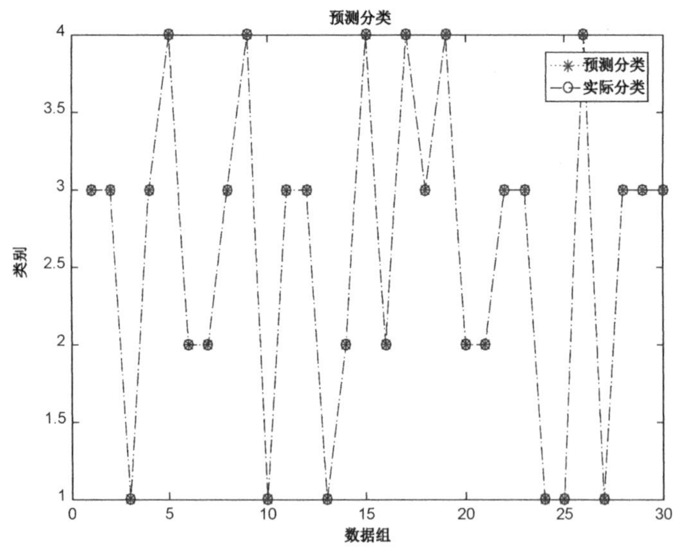

图 6-67　预测分类结果（1000 次）

对预测分类结果 yn 的输出如下：

```
yn =
1 至 15 列
3    3    1    3    4    2    2    3    4    1    3    3    1    2    4
```

```
16 至 30 列
2    4    3    4    2    2    3    3    1    1    4    1    3    3    3
```

（2）前 49 组数据（49×3）作为训练输入，后 10 组数据（10×3）作为测试输入，将得到的结果与实际分类进行比对。

① 迭代次数为 200 次，网络进化过程如图 6-68 所示，预测分类结果如图 6-69 所示。

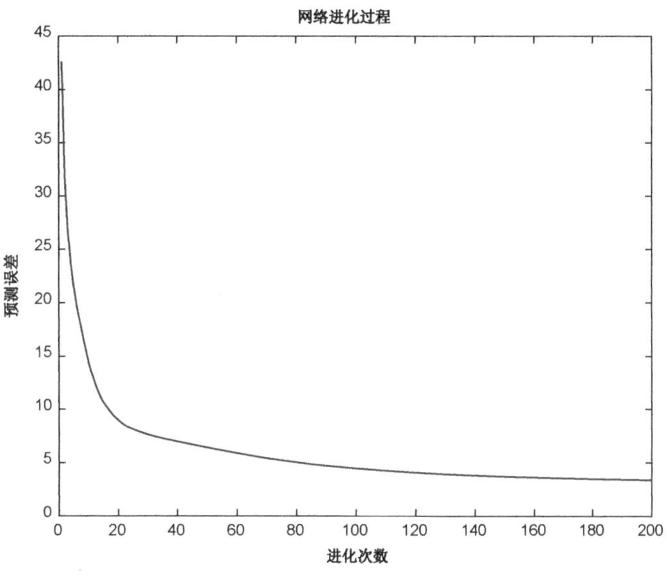

图 6-68　网络进化过程（200 次）

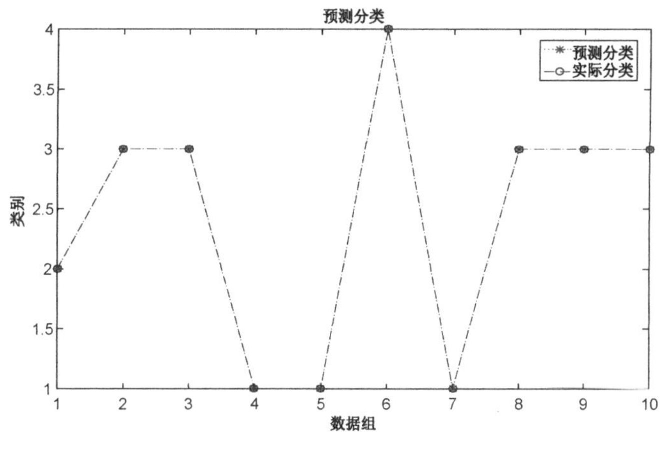

图 6-69　预测分类结果（200 次）

对预测分类结果 yn 的输出如下：

```
yn =
    2    3    3    1    1    4    1    3    3    3
```

② 迭代次数为 300 次，网络进化过程如图 6-70 所示，预测分类结果如图 6-71 所示。

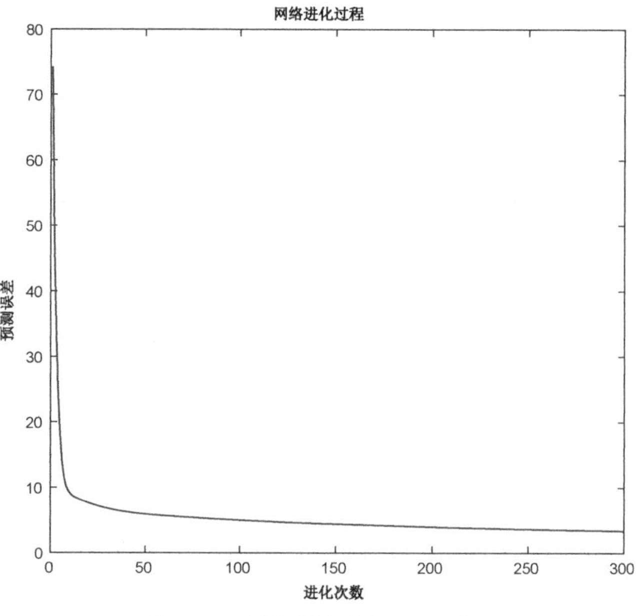

图 6-70　网络进化过程（300 次）

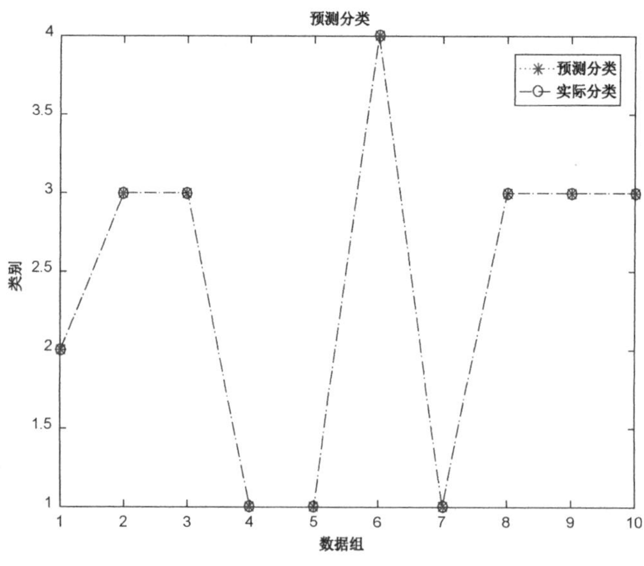

图 6-71　预测分类结果（300 次）

6.9　其他形式的神经网络

6.9.1　竞争型人工神经网络——自组织竞争

在实际的神经网络中，比如人的视网膜中，存在着一种“竞争”现象，即一个神经细胞兴奋后，通过它的分支会对周围其他神经细胞产生影响，使网络向更有利于竞争的方向调整，即一个“获胜”，其他“全输”。

自组织竞争人工神经网络正是基于上述生物结构和现象形成的。神经网络分类器的学习方法，除有导师或监督（Supervised）、自监督（Self-Supervised）学习方法外，还有一种很重要的无导师或非监督（Unsupervised）学习方法。自组织竞争系统就属于无导师型神经网络，这种自组织系统在待分类的模式无任何先验学习的情况下，很有用。它能够对输入模式进行自组织训练和判断，并将其最终分为不同的类型。

与 BP 网络相比，这种自组织自适应的学习能力进一步拓宽了人工神经网络在模式识别和分类方面的应用。另外，竞争学习网络的核心——竞争层，又是许多其他神经网络模型的重要组成部分。

1. 自组织竞争网络

竞争网络由单层神经元网络组成，其输入节点与输出节点之间为全互联结构。因为网络在学习中的竞争特性也表现在输出层上，所以竞争网络中的输出层又称为竞争层，而与输入节点相连的权值及其输入合称为输入层。其网络结构图如图 6-72 所示。

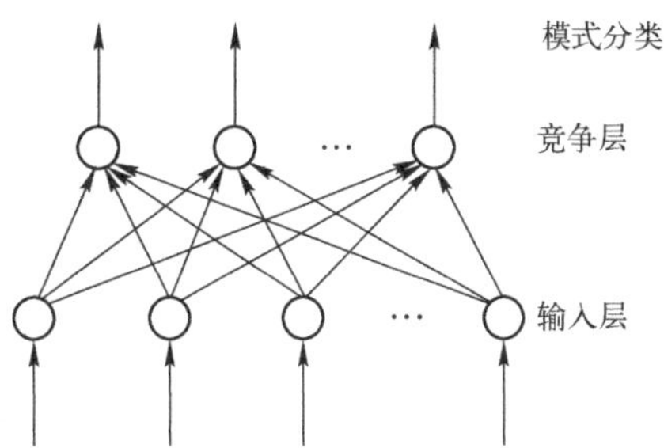

图 6-72　自组织竞争网络结构图

网络竞争层各神经元竞争对输入模式的响应机会，最后仅一个神经元成为竞争的胜利者，并对那些与获胜神经元有关的各连接权值朝着更有利于竞争的方向调整，获胜神经元表示输入模式的分类。

假设 a 为学习参数，m 为输入层中输出为 1 的神经元个数，则网络权值的调整公式为

$$w_{ij}=w_{ij}+a\left(\frac{x_i}{m}-w_{ij}\right) \tag{6-83}$$

该网络适用于模式识别和模式分类，尤其适用于具有大批相似数组的分类问题。

竞争网络适用于具有典型聚类特性的大量数据的辨识，但当遇到大量的具有概率分布的输入矢量时，竞争网络就无能为力了。

除靠竞争手段使神经元获胜的方法外，还有靠抑制手段使神经元获胜的方法。当竞争层某个神经元的输入值大于其他所有神经元的输入值时，依靠其输出所具有的优势（即其输出值较其他的神经元大）通过抑制作用将其他神经元的输出值逐渐减小。这样，竞争层各神经元的输出就形成连续变化的模拟量。

设网络的输入矢量：$\boldsymbol{P}=[p_1,p_2,\cdots,p_r]$；

对应网络的输出矢量：$\boldsymbol{A}=[a_1,a_2,\cdots,a_s]$。

由于竞争网络中含有两种权值，因此激活函数的加权输入和也分为两部分：来自输入节点的加权输入和 n_i 与来自竞争层内互相抑制的加权输入和 g_i。对于第 i 个神经元，有

（1）来自输入节点的加权输入和 $n_i=\sum\limits_{j=1}^{r} w_{ij}\cdot p_j$　　(6-84)

（2）来自竞争层内互相抑制的加权输入和 $g_i=\sum\limits_{k\in D} w_{ij}\cdot f(ak)$　　(6-85)

如果在竞争后，第 i 个节点“赢”了，则有 $ak=1$，其中 $k=i$；而其他所有节点的输出均为零，即 $ak=0$，其中 $k=1,2,\cdots,s$ 且 $k\neq i$。此时，$g_i=\sum\limits_{k=1}^{s} w_{ik}\cdot f(ak)=w_{ii}>0$。如果在竞争后，第 i 个节点“输”了，而“赢”的节点为1，则

$$\begin{cases} ak=1 & k=l \\ ak=0 & k=1,2,\cdots,s \text{ 且 } k\neq l \end{cases} \tag{6-86}$$

此时，$g_i = \sum_{k=1}^{s} w_{ik} \cdot f(ak) = w_{il} < 0$。

所以，对整个网络的加权输入总和有下式成立：

$$\begin{cases} s_l = n_l + w_{il} & 对于“赢”的字节\ l \\ s_l = n_l - |w_{il}| & 对于所有“赢”的字节\ i=1,2,\cdots,s \end{cases}$$

由此可以看出，经过竞争后只有获胜的那个节点的加权输入总和为最大。竞争网络的输出为

$$ak = \begin{cases} 1 & s_k = \max(s_i, i=1,2,\cdots,s) \\ 0 & 其他 \end{cases} \tag{6-87}$$

判断竞争网络节点胜负的结果时，可直接采用 n_i，即

$$n_i = \max\left(\sum_{j=1}^{r} w_{ij}p_j\right) \tag{6-88}$$

取偏差 b 为零是判定竞争网络获胜节点时的典型情况，偶尔也采用式（6-89）进行竞争结果的判定

$$n_i = \max\left(\sum_{j=1}^{r} w_{ij}p_j + b\right) \quad -1 < b < 0 \tag{6-89}$$

综上所述，竞争网络的激活函数使加权输入和为最大的节点赢时输出为 1，而其他神经元的输出皆为 0。

这个竞争过程可用 MATLAB 描述如下：

```
n=W * P;
[S,Q]=size(n);
x=n+b * ones(1,Q);
y=max(x);
for q=1:Q
    %找出最大加权输入和 y(q)所在的行;
    s=find(x(:, q)=y(q));
    %令元素 a(z,q)= 1, 其他值为零;
    a(z(1),q)= 1;
end
```

这个竞争过程的程序已被包含在竞争激活函数 compet 之中：

```
A=compet(W * P,B);
```

网络创建函数为 net=newc(PR,S,KLR,CLR)，各参数含义如下。

PR：输入向量的范围，对未归一化的数据可以用语句 minmax(P)求出，P 为输入向量。

S：神经元个数，即分类目标数。

KLR：Kohonen 学习率，通常设为 0.1，默认为 0.01。

CLR：Conscience 学习率，默认为 0.001，通常为 0.001。

2. 自组织竞争网络应用于模式分类

以表 1-2 中的三原色数据为例，按照颜色数据所表征的特点，将数据按各自所属的类别归类。其中，前 29 组数据已确定类别，后 30 组数据待确定类别。

使用自组织竞争网络对三原色数据进行分类，其 MATLAB 程序如下：

```
clear all
%训练样本
clc;
%训练样本
pConvert=importdata('SelfOrganizationCompetitiontrain.dat');
p=pConvert';
%创建网络
net=newc(minmax(P),4,0.1);
%网络初始化
net=init(net);
%设置训练次数, 在消耗时间与精确度之间折中
net.trainParam.epochs=200;
%开始训练
net=train(net,P);
Y=sim(net,P)
%分类数据转换输出
Yc=vec2ind(Y)
pause
%待分类数据
dataConvert=importdata('SelfOrganizationCompetitionSimulation.dat');
data=dataConvert';
%用训练好的自组织竞争网络分类样本数据
Y=sim(net,data);
Ys=vec2ind(Y)
```

由于竞争型网络采用的是无教师学习方式，没有期望输出，因此训练过程中不用设置判断网络是否结束的误差项。只要设置网络训练次数就可以了，并且在训练过程中也只显示训练次数。运行上述程序后，系统显示运行过程，并给出聚类结果：

```
TRAINR, Epoch 0/200
TRAINR, Epoch 25/200
TRAINR, Epoch 50/200
TRAINR, Epoch 75/200
TRAINR, Epoch 100/200
TRAINR, Epoch 125/200
TRAINR, Epoch 150/200
TRAINR, Epoch 175/200
TRAINR, Epoch 200/200
TRAINR, Maximum epoch reached.

Yc =
1 至 16 列
4  3  4  1  3  1  4  2  3  3  4  3  3  2  2  1
17 至 29 列
4  2  2  4  4  2  3  2  1  4  3  3  3
```

系统训练结束后，给出分类结果。由于竞争型网络采用的是无教师学习方式，因此其显示分类结果的方式与目标设置方式可能不同，这里采用统计法比较自组织竞争网络输出结果与原始分类结果，如表 6-10 所示。

表 6-10 自组织竞争网络输出结果与原始分类结果对照表

分　类	结　果
原始分类结果统计	（数据序号）4、6、16、25
	（数据序号）8、14、15、18、19、22、24
	（数据序号）1、3、7、11、17、20、21、26
	（数据序号）2、5、9、10、12、13、23、27、28、29
自组织竞争网络分类结果统计	（数据序号）4、6、16、25
	（数据序号）8、14、15、18、19、22、24
	（数据序号）1、3、7、11、17、20、21、26
	（数据序号）2、5、9、10、12、13、23、27、28、29

从统计结果可知，自组织竞争网络输出结果与原始分类结果完全吻合。继续运行程序则可得到待分类样本数据的分类结果。

```
Ys =
1 至 15 列
4    2    4    3    2    3    4    1    2    2    4    2    2    1    1
16 至 30 列
3    4    1    1    4    4    1    2    1    3    4    2    2    2    4
31 至 45 列
4    3    4    2    1    1    4    2    3    4    4    3    1    2    1
46 至 49 列
2    4    2    1
```

6.9.2 竞争型人工神经网络——自组织特征映射神经网络（SOM）

自组织特征映射神经网络（SOM）也是无教师学习网络，主要用于对输入向量进行区域分类。其结构与基本竞争型神经网络很相似。与自组织竞争网络的不同之处：SOM 网络不但识别属于区域邻近的区域，还研究输入向量的分布特性和拓扑结构。

自组织特征映射神经网络的基本思想是，最近的神经元相互激励，较远的相互抑制，更远的则又具有较弱的激励作用。SOM 网络的拓扑结构如图 6-73 所示。

SOM 网络结构也是两层：输入层和竞争层。与基本竞争网络的不同之处是其竞争层可以由一维或二维网络矩阵方式组成，并且权值修正的策略也不同。一维网络结构与基本竞争学习网络相同。

SOM 网络可以用来识别获胜神经元 i。不同的是，自组织竞争网络只修正获胜神经元，而 SOM 网络依据 Kohonen 规则，同时修正获胜神经元附近区域 $N_i(d)$ 内的所有神经元。SOM 网络神经元邻域示意图如图 6-74 所示。

在 MATLAB 工具箱中有一个求获胜神经元的邻域的函数，在二维竞争层中，邻域函数为 neighb2d. m，用法如下：

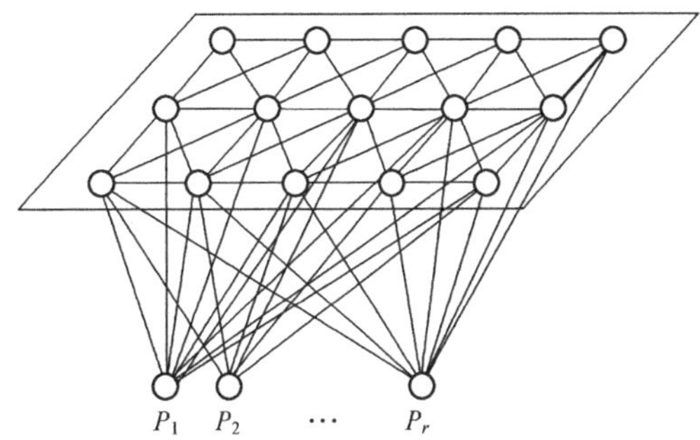

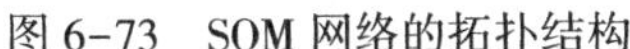

图 6-73　SOM 网络的拓扑结构

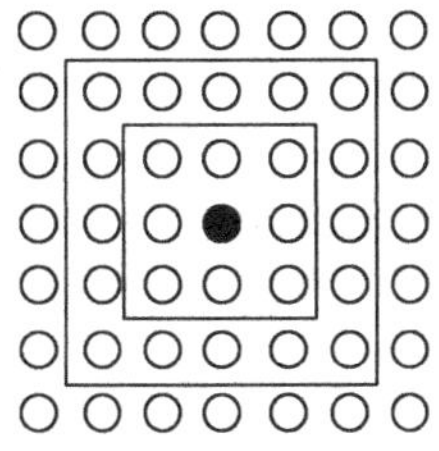

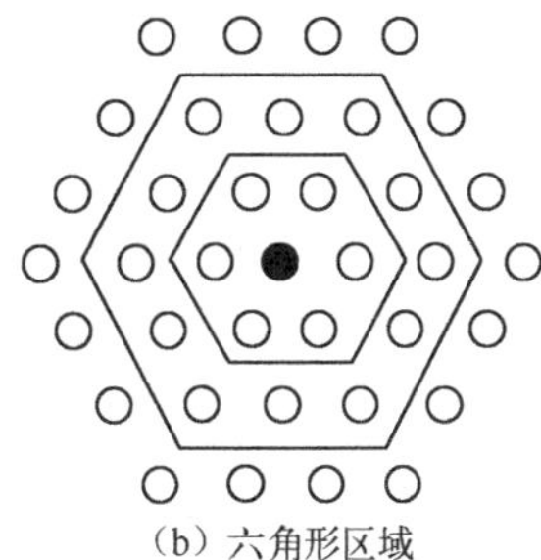

图 6-74　SOM 网络神经元邻域示意图

```
Np=[x  y];
in=neighb2d(I, Np, N);
```

网络创建函数如下：

```
net=newsom(PR,[D1,D2,…],TFCN,DFCN)
```

各参数含义如下：

PR：输入向量的范围。

D1,D2,...：第 1,2,…维神经元个数，与分类目标数有关。

TFCN：布局函数，默认为 hextop（六角形布局）。

DFCN：距离函数，默认为 linkdist（连接距离）。

其他：排序调整等学习率，通常使用默认值。

使用自组织特征映射神经网络将三原色数据按照颜色数据所表征的特点归类。其 MATLAB 实现程序如下：

```
clear;
clc;
%训练样本
pConvert=importdata('SelfOrganizationCompetitiontrain.dat');
p=pConvert';
net=newsom(minmax(p),[4 1]);
%神经元排列为[1 4]时结果相同，只是神经元的位置改变了
%设置网络训练次数
net.trainParam.epochs=200;
%开始训练
net=train(net,p);
%绘制网络的神经元分布图
plotsom(net.layers{1}.positions);
%用训练好的自组织竞争网络对样本点分类
Y=sim(net,p);
%分类数据转换输出
Yt=vec2ind(Y)
pause
```

```
%待分类数据
dataConvert=importdata('SelfOrganizationCompetitionSimulation.dat');
data=dataConvert';
%用训练好的自组织竞争网络分类样本数据
Y=sim(net,data);
Ys=vec2ind(Y)
```

由于自组织特征映射神经网络采用的是无教师学习方式，没有期望输出，因此训练过程中不用设置判断网络是否结束的误差项。只要设置网络训练次数就可以了，并且在训练过程中也只显示训练次数。运行上述程序后，系统显示运行过程，并给出聚类结果：

```
TRAINR, Epoch 0/200
TRAINR, Epoch 25/200
TRAINR, Epoch 50/200
TRAINR, Epoch 75/200
TRAINR, Epoch 100/200
TRAINR, Epoch 125/200
TRAINR, Epoch 150/200
TRAINR, Epoch 175/200
TRAINR, Epoch 200/200
TRAINR, Maximum epoch reached.
Yt =
1 至 16 列
2    4    2    3    4    3    2    1    4    4    2    4    4    1
1    3
17 至 29 列
2    1    1    2    2    1    4    1    3    2    4    4    4
```

系统训练结束后，给出分类结果。由于竞争型网络采用的是无教师学习方式，因此其显示分类结果的方式与目标设置方式可能不同，这里采用统计法比较自组织竞争网络输出结果与原始分类结果，如表6-11所示。

表6-11 自组织特征映射神经网络输出结果与原始分类结果对照表

分类	结果
原始分类结果统计	(数据序号) 4、6、16、25
	(数据序号) 8、14、15、18、19、22、24
	(数据序号) 1、3、7、11、17、20、21、26
	(数据序号) 2、5、9、10、12、13、23、27、28、29
自组织特征映射神经网络分类结果统计	(数据序号) 4、6、16、25
	(数据序号) 8、14、15、18、19、22、24
	(数据序号) 1、3、7、11、17、20、21、26
	(数据序号) 2、5、9、10、12、13、23、27、28、29

从统计结果可知，自组织特征映射神经网络输出结果与原始分类结果完全吻合。网络的神经元分布图如图 6-75 所示。

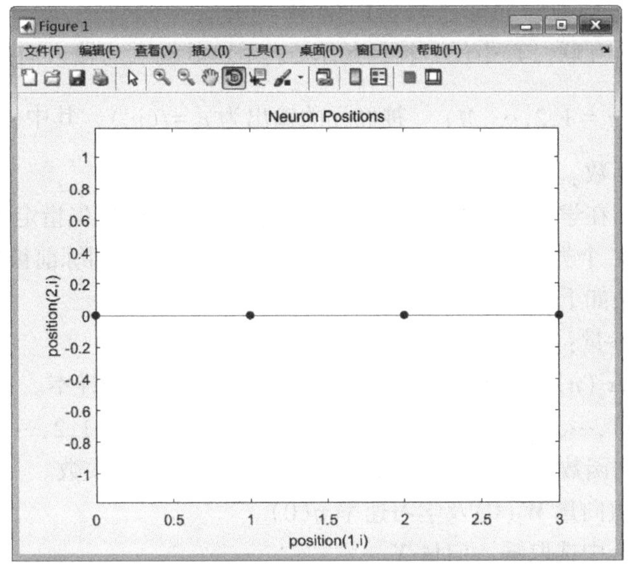

图 6-75　网络的神经元分布图

继续运行程序则可得到待分类样本数据的分类结果（调整显示分类结果方式后）：

```
Ys =
1 至 15 列
2   4   2   3   4   3   2   1   4   4   2   4   4   1   1
16 至 30 列
3   2   1   1   2   2   1   4   1   3   2   4   4   4   2
31 至 45 列
2   3   2   4   1   1   2   4   3   2   2   3   1   4   1
46 至 49 列
4   2   4   1
```

6.9.3　竞争型人工神经网络——学习向量量化神经网络（LVQ）

LVQ 网络是一种有教师训练竞争层的方法，主要用来进行向量识别。LVQ 网络是两层的网络结构：第一层为竞争层，和前面的自组织竞争网络的竞争层功能相似，用于对输入向量分类；第二层为线性层，将竞争层传递过来的分类信息转换为使用者所定义的期望类别。

通常将竞争层学习得到的类称为子类，经线性层学习得到的类称为期望类别（目标类）。

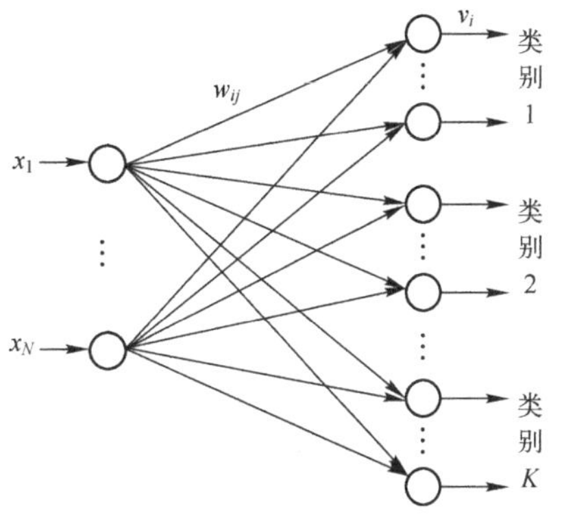

图 6-76　学习向量量化网络结构

学习向量量化神经网络和自组织映射网络具有非常类似的网络结构，如图 6-76 所示。网络由输入层和输出层组成，输入层具有 N 个输入节点，输入向量

$\boldsymbol{X}=[x_1,x_2,\cdots,x_N]^{\mathrm{T}}$。输出层有 M 个神经元，呈一维线性排列。学习向量量化神经网络没有在输出层引入拓扑结构，因此在网络学习中也不再有获胜邻域的概念。

输入节点和输出层神经元通过权值向量 $\boldsymbol{W}=[w_{11},\cdots,w_{ij},\cdots,w_{MN}]^{\mathrm{T}}(i=1,2,\cdots,M;j=1,2,\cdots,N)$ 实现完全互联。其中任一神经元用 i 表示，其输入为输入向量和权值向量的内积 $u_t=\boldsymbol{W}^{\mathrm{T}}\boldsymbol{X}=\sum_{j=1}^{N}w_{ij}x_j(i=1,2,\cdots,M)$ 。神经元的输出为 $v_i=f(u_i)$，其中 $f(\cdot)$ 为神经元激励函数，一般取为线性函数。

需要强调的是，在学习向量量化神经网络中输出神经元被预先指定了类别。输出神经元被分为 K 组，代表 K 个类别，每个神经元所代表的类别在网络训练前被指定好了。

网络的学习算法如下。

（1）自变量和参量：

$\boldsymbol{X}(n)=[x_1(n),x_2(n),\cdots,x_N(n)]^{\mathrm{T}}$，为输入向量，或称训练样本。

$\boldsymbol{W}_i(n)=[w_{11}(n),\cdots,w_{ij}(n),\cdots,w_{MN}(n)]^{\mathrm{T}}$，为权值向量，$i=1,2,\cdots,M$。

选择学习速度的函数 $\boldsymbol{\eta}(n)$，n 为迭代次数，设 K 为迭代总次数。

（2）初始化权值向量 $\boldsymbol{W}_i(0)$ 及学习速率 $\boldsymbol{\eta}(0)$。

（3）从训练集合中选取输入向量 $\boldsymbol{X}$。

（4）寻找获胜神经元 c

$$\|\boldsymbol{X}-\boldsymbol{W}_c\|=\min\|\boldsymbol{X}-\boldsymbol{W}_i\|,\quad i=1,2,\cdots,M \tag{6-90}$$

（5）判断分类是否正确，根据以下规则调整获胜神经元的权值向量：

用 L_{wc} 代表与获胜神经元权值向量相联系的类，用 L_{x_i} 代表与输入向量相联系的类。

如果 $L_{x_i}=L_{wc}$，则 $\boldsymbol{W}_c(n+1)=\boldsymbol{W}_c(n)+\boldsymbol{\eta}(n)[\boldsymbol{X}-\boldsymbol{W}_c(n)]$；否则，当 $L_{x_i}\neq L_{wc}$ 时，$\boldsymbol{W}_c(n+1)=\boldsymbol{W}_c(n)-\boldsymbol{\eta}(n)[\boldsymbol{X}-\boldsymbol{W}_c(n)]$。

对于其他神经元，保持权值向量不变。

（6）调整学习速率 $\boldsymbol{\eta}(n)$

$$\boldsymbol{\eta}=\boldsymbol{\eta}(0)\left(1-\frac{n}{N}\right) \tag{6-91}$$

（7）判断迭代次数 n 是否超过 K：如果 $n\leqslant K$，就将 n 值增加 1，转到第（3）步；否则结束迭代过程。

在算法中，必须保证学习常数 $\boldsymbol{\eta}(n)$ 随着迭代次数 n 的增加单调减小。例如，$\boldsymbol{\eta}(n)$ 被初始化为 0.1 或更小，之后随着 n 的增加而减小；在算法中我们没有对权值向量和输入向量进行归一化处理，这是因为网络直接把权值向量和输入向量的欧氏距离最小作为判断竞争获胜的条件。

网络创建函数如下：

```
net=newlvq(PR,S1,PC,LR,LF)
```

函数各参数含义如下：

PR：输入向量的范围。

S：竞争层神经元个数，可设置为分类目标数。

PC：线性层输出类别比率向量。

LR：学习率，默认为 0.01。

LF：学习函数，默认为 learnlv1。

使用学习向量量化神经网络，将三原色数据按照颜色数据所表征的特点归类。其 MATLAB 实现程序如下：

```
clear;
clc;
%训练样本
pConvert=importdata('C:\Users\Administrator\Desktop\ln\SelfOrganizationtrain.dat');
p=pConvert';
%训练样本的目标矩阵
t=importdata('C:\Users\Administrator\Desktop\ln\SelfOrganizationtarget.dat');
t=t';
%向量转换
t=ind2vec(t);
%创建网络
net=newlvq(minmax(p),4,[.32 .29 .25 .14]);
%开始训练
net=train(net,p,t);
%用训练好的自组织竞争网络对样本点分类
Y=sim(net,p);
%分类数据转换输出
Yt=vec2ind(Y)
pause
%待分类数据
dataConvert=importdata('C:\Users\Administrator\Desktop\ln\SelfOrganizationSimulation.dat');
data=dataConvert';
%用训练好的自组织竞争网络分类样本数据
Y=sim(net,data);
Ys=vec2ind(Y)
```

运行上述程序后，系统显示运行过程，并给出聚类结果：

```
TRAINR, Epoch 0/100
TRAINR, Epoch4/100
TRAINR, Performance goal met.
Yt =
1 至 15 列
3   4   3   1   4   1   3   2   4   4   3   4   4   2   2
16 至 29 列
1   3   2   2   3   3   2   4   2   1   3   4   4   4
```

如图 6-77 所示为神经网络训练模块，在这里可以查看训练结果、训练状态等。训练后即可达到误差要求，结果如图 6-78 所示。

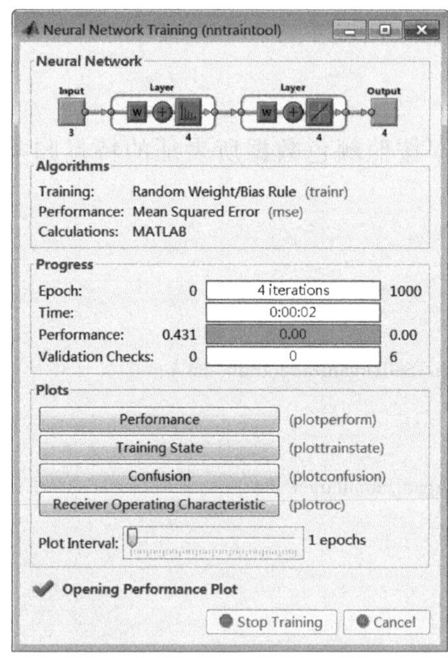

图 6-77 神经网络训练模块

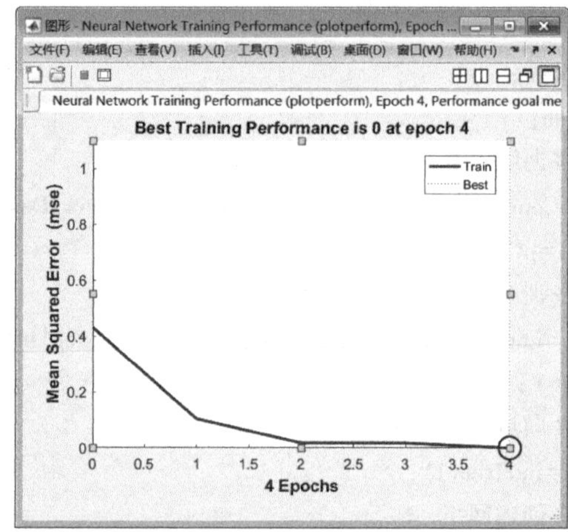

图 6-78 学习向量量化神经网络训练结果图

训练后的LVQ网络对训练数据进行分类后的结果与目标结果对比如表6-12所示。

表6-12 训练后的LVQ网络对训练数据进行分类后的结果与目标结果对比

序号	A	B	C	原始分类结果	LVQ网络分类结果	序号	A	B	C	原始分类结果	LVQ网络分类结果
1	1739.94	1675.15	2395.96	3	3	16	1418.79	1775.89	2772.9	1	1
2	373.3	3087.05	2429.47	4	4	17	1845.59	1918.81	2226.49	3	3
3	1756.77	1652	1514.98	3	3	18	2205.36	3243.74	1202.69	2	2
4	864.45	1647.31	2665.9	1	1	19	2949.16	3244.44	662.42	2	2
5	222.85	3059.54	2002.33	4	4	20	1692.62	1867.5	2108.97	3	3
6	877.88	2031.66	3071.18	1	1	21	1680.67	1575.78	1725.1	3	3
7	1803.58	1583.12	2163.05	3	3	22	2802.88	3017.11	1984.98	2	2
8	2352.12	2557.04	1411.53	2	2	23	172.78	3084.49	2328.65	4	4
9	401.3	3259.94	2150.98	4	4	24	2063.54	3199.76	1257.21	2	2
10	363.34	3477.95	2462.86	4	4	25	1449.58	1641.58	3405.12	1	1
11	1571.17	1731.04	1735.33	3	3	26	1651.52	1713.28	1570.38	3	3
12	104.8	3389.83	2421.83	4	4	27	341.59	3076.62	2438.63	4	4
13	499.85	3305.75	2196.22	4	4	28	291.02	3095.68	2088.95	4	4
14	2297.28	3340.14	535.62	2	2	29	237.63	3077.78	2251.96	4	4
15	2092.62	3177.21	584.32	2	2						

训练后的LVQ网络对训练数据进行分类后的结果与目标结果完全吻合，可见LVQ网络训练效果良好。继续运行程序则可得到待分类样本数据的分类结果：

```
Ys =
1 至 15 列
3    4    3    1    4    1    3    2    4    4    3    4    4    2    2
16 至 30 列
1    3    2    2    3    3    2    4    2    1    3    4    4    4    3
31 至 45 列
3    4    3    4    2    2    3    4    1    3    3    1    2    4    2
46 至 49 列
4    3    4    2
```

比较三种竞争型人工神经网络分类器的分类结果：

```
Ys =(自组织竞争神经网络调整显示方式后的输出结果)
3    3    1    3    4    2    2    3    4    1    3    3    1    2    4
2    4    3    4    2    2    3    3    1    1    4    1    3    3    3
Ys =(SOM 调整显示方式后的输出结果)
3    3    1    3    4    2    2    3    4    1    3    3    1    2    4
2    4    3    4    2    2    3    3    1    1    4    1    3    3    3
Ys =(LVQ)
3    3    4    3    4    2    2    3    4    1    3    3    1    2    4
2    4    3    4    2    2    3    3    1    1    4    1    3    3    3
```

经对比可知，基本竞争型网络与 SOM 网络的分类结果相同，而与 LVQ 网络第 3 组数据的分类结果不同，与人工分类对比，发现 LVQ 网络出错。前两种网络对数据的分类完全正确。

调整 LVQ 网络后用训练样本进行训练，但分类结果没有改变，与原分类结果相同（因为该网络对其他数据的分类结果正确，所以未对网络参数调整）。原因为 LVQ 网络的竞争层识别的类别仅与输入向量间的距离有关。如果两个输入向量类似，竞争层就可能将其归为一类，竞争层的设计并没有严格界定不能将任意两个输入向量归于同一类。

6.9.4　CPN 神经网络的设计

1. CPN 网络的结构

对向传播网络（Counter Propagation Net，CPN），是将 Kohonen 特征映射网络与 Grossberg 基本竞争型网络相结合，发挥各自特长的一种新型特征映射网络。它是美国计算机专家 Robert Hecht Nielsen 于 1987 年提出的。这种网络被广泛地用于模式分类、函数近似、统计分析和数据压缩等领域。CPN 网络结构如图 6-79 所示。

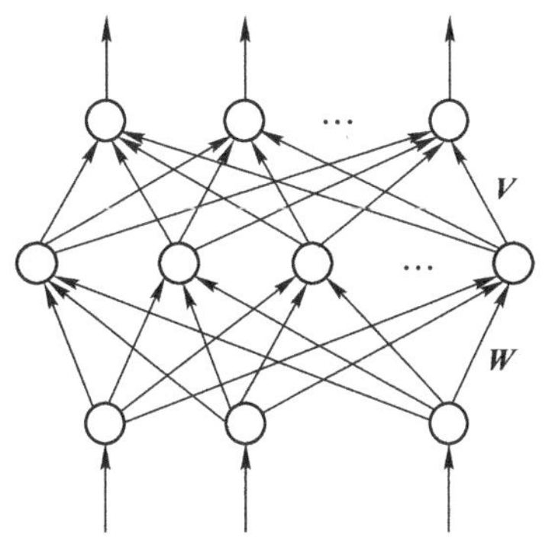

图 6-79　CPN 网络结构

CPN 网络分为输入层、竞争层和输出层。输入层与竞争层构成 SOM 网络，竞争层与输出层构成基本竞争型网络。从整体上看，网络属于有教师型的网络，而由输入层和竞争层构成的 SOM 网络又是一种典型的无教师型神经网络。因此，这一网络既汲取了无教师型网络分类灵活、算法简练的优点，又采纳了有教师型网络分类精细、准确的长处，使两种不同类型的网络有机地结合起来。

CPN 的基本思想是，由输入层到输出层，网络按照 SOM 学习规则产生竞争层的获胜神经元，并按这一规则调整相应的输入层至竞争层的连接权；由竞争层到输出层，网络按照基本竞争型网络学习规则，得到各输出神经元的实际输出值，并按照有教师型的误差校正方法，修正由竞争层到输出层的连接权。经过这样的反复学习，可以将任意的输入模式映射为输出模式。

从这一基本思想可以发现，处于网络中间位置的竞争层获胜神经元使用与其相关的连接权向量，既反映了输入模式的统计特性，又反映了输出模式的统计特性。因此，可以认为，输入、输出模式通过竞争层实现了相互映射，即网络具有双向记忆的功能。如果输入/输出采用相同的模式对网络进行训练，则由输入模式至竞争层的映射可以认为是对输入模式的压缩；而由竞争至输出层的映射可以认为是对输入模式的复原。利用这一特性，可以有效地解决图像处理及通信中的数据压缩及复原问题，并可得到较高的压缩比。

2. CPN 的学习及工作规则

假定输入层有 N 个神经元，p 个连续值的输入模式为 $\boldsymbol{A}_k=(a_1^k,a_2^k,\cdots,a_N^k)$；竞争层有 Q 个神经元，对应的二值输出向量为 $\boldsymbol{B}_k=(b_1^k,b_2^k,\cdots,b_Q^k)$；输出层有 M 个神经元，其连续值的输出向量为 $\boldsymbol{C}'_k=(c_1'^k,c_2'^k,\cdots,c_M'^k)$；目标输出向量为 $\boldsymbol{C}_k=(c_1^k,c_2^k,\cdots,c_M^k)$。其中，$k=1,2,\cdots,p$。

由输入层到竞争层的连接权向量为 $\boldsymbol{W}_j=(w_{j1},w_{j2},\cdots,w_{jN})$，$j=1,2,\cdots,Q$；由竞争层到输出层的连接权向量为 $\boldsymbol{V}_l=(v_{l1},v_{l2},\cdots,v_{lQ})$，$l=1,2,\cdots,M$。

（1）初始化。

将连接权向量 $\boldsymbol{W}_j$ 和 $\boldsymbol{V}_l$ 赋予区间[0,1]内的随机值。将所有的输入模式 $\boldsymbol{A}_k$ 进行归一化处理：$a_1^k=\dfrac{a_1^k}{\|\boldsymbol{A}_k\|}$，其中 $\|\boldsymbol{A}_k\|=\sqrt{\sum\limits_{i=1}^{N}(a_i^k)^2}$，$i=1,2,\cdots,N$。

（2）将第 k 个输入模式 $\boldsymbol{A}_k$ 提供给网络的输入层。

（3）将连接权向量 $\boldsymbol{W}_j$ 进行归一化处理：$w_{j1}=\dfrac{w_{j1}}{\|w_{j1}\|}$，其中 $\|w_{j1}\|=\sqrt{\sum\limits_{i=1}^{N}w_{j1}^2}$，$i=1,2,\cdots,N$。

（4）求竞争层中每个神经元的加权输入和：$s_j=\sum\limits_{j=1}^{Q}a_i^k w_{ji}$，其中 $j=1,2,\cdots,Q$。

（5）求连接权向量 $\boldsymbol{W}_j$ 中与 $\boldsymbol{A}_k$ 距离最近的向量 $\boldsymbol{W}_g$：$\boldsymbol{W}_g=\max\limits_{j=1,2,\cdots,Q}\sum\limits_{i=1}^{N}a_j^k w_{ji}=\max\limits_{j=1,2,\cdots,Q}s_j$，将神经元 g 的输出设定为 1，其余竞争层神经元的输出设定为 0，即 $b_j=\begin{cases}1 & j=g\\0 & j\neq g\end{cases}$。

（6）将连接权向量 $\boldsymbol{W}_g$ 按照式（6-92）进行修正

$$w_{gi}(t+1)=w_{gi}(t)+\alpha(a_i^k-w_{gi}(t)) \tag{6-92}$$

其中，$i=1,2,\cdots,N$；$-1<\alpha<1$，为学习率。

（7）将连接权向量 $\boldsymbol{W}_g$ 重新归一化，归一化算法同上。

（8）按照式（6-93）修正竞争层到输出层的连接权向量 $\boldsymbol{V}_l$

$$v_{li}(t+1)=v_{li}(t)+\beta b_j(c_l-c'_l) \tag{6-93}$$

其中，$l=1,2,\cdots,M$；$j=1,2,\cdots,Q$；β 为学习率。由步骤（5）可将上式简化为

$$v_{\mathrm{l}g}(t+1)=v_{\mathrm{l}g}(t)+\beta b_j(c_l-c_l') \tag{6-94}$$

由此可见，只需要调整竞争层获胜神经元 g 到输出层神经元的连接权向量 $\boldsymbol{V}_g$ 即可，其他连接权向量保持不变。

(9) 求输出层各神经元的加权输入，并将其作为输出神经元的实际输出值，$c_l'=\sum_{j=0}^{Q}b_jv_{\mathrm{l}g}$，其中 $l=1,2,\cdots,M$，同理可将其简化为 $c_l'=v_{\mathrm{l}g}$。

(10) 返回步骤（2），直到将 p 个输入模式全部提供给网络。

(11) 令 $t=t+1$，将输入模式 $\boldsymbol{A}_k$ 重新提供给网络学习，直到 $t=T$。其中，T 为预先设定的学习总次数，一般取 $500<T<10000$。

3. CPN 神经网络用于模式分类

参照如表 1-2 所示的三原色数据表。其中，前 29 组数据已确定类别，后 30 组数据待确定类别。

MATLAB 程序如下：

```
%初始化正向权值 w 和反向权值 v
w=rands(13,3)/2+0.5;
v=rands(1,13)/2+0.5;
%输入向量 P 和目标向量 T
P=importdata('C:\Users\Administrator\Desktop\ln\SelfOrganizationtrain.dat');
T=importdata('C:\Users\Administrator\Desktop\ln\SelfOrganizationtarget.dat');
T_out=T;
%设定学习步数为 1000 次
epoch=1000;
%归一化输入向量 P
for i=1:29
    if P(i,:)==[0 0 0]
        P(i,:)=P(i,:);
    else
        P(i,:)=P(i,:)/norm(P(i,:));
    end
end
%开始训练
while epoch>0
for j=1:29
    %归一化正向权值 w
      for i=1:13
          w(i,:)=w(i,:)/norm(w(i,:));
          s(i)=P(j,:)*w(i,:)';
      end
    %求输出为最大的神经元，即获胜神经元
      temp=max(s);
```

```
            for i=1:13
                if temp==s(i)
                    count=i;
                end
            end
        %将所有竞争层神经单元的输出置0
            for i=1:13
                s(i)=0;
            end
        %将获胜的神经元输出置1
            s(count)=1;
        %权值调整
            w(count,:)=w(count,:)+0.1*[P(j,:)-w(count,:)];
            w(count,:)=w(count,:)/norm(w(count,:));
            v(:,count)=v(:,count)+0.1*(T(j,:)'-T_out(j,:)');
        %计算网络输出
            T_out(j,:)=v(:,count)';
    end
    %训练次数递减
    epoch=epoch-1;
    end
    %训练结束
    T_out
    %网络回想
    %网络的输入模式Pc
    Pc=importdata('C:\Users\Administrator\Desktop\ln\SelfOrganizationSimulation.dat');
    %初始化Pc
    for i=1:20
        if Pc(i,:)==[0 0 0]
            Pc(i,:)=Pc(i,:);
        else
            Pc(i,:)=Pc(i,:)/norm(Pc(i,:));
        end
    end
    %网络输出
    Outc=[0;0;0;0;0;0;0;0;0;0;0;0;0;0;0;0;0;0;0;0;];
    for j=1:20
        for i=1:13
            sc(i)=Pc(j,:)*w(i,:)';
        end
            tempc=max(sc);
    for i=1:13
        if tempc==sc(i)
```

```
            countp=i;
        end
            sc(i)= 0;
    end
            sc(countp)= 1;
            Outc(j,:)= v(:,countp)';
    end
    %回想结束
    Outc
```

运行上述程序，系统给出使用 CPN 神经网络训练分类器对样本数据的分类结果：

```
T_out =
    3.0000
    4.0000
    3.0000
    1.0000
    4.0000
    1.0000
    3.0000
    2.0000
    4.0000
    4.0000
    3.0000
    4.0000
    4.0000
    2.0000
    2.0000
    1.0000
    3.0000
    2.0000
    2.0000
    3.0000
    3.0000
    2.0000
    4.0000
    2.0000
    1.0000
    3.0000
    4.0000
    4.0000
    4.0000
```

将系统的输出结果与目标结果对比，结果如表 6-13 所示。

表 6-13　训练后的 CPN 网络对训练数据进行分类后的输出结果与目标结果对比

序号	A	B	C	原始分类结果	CPN 网络分类结果	序号	A	B	C	原始分类结果	CPN 网络分类结果
1	1739.94	1675.15	2395.96	3	3	16	1418.79	1775.89	2772.9	1	1
2	373.3	3087.05	2429.47	4	4	17	1845.59	1918.81	2226.49	3	3
3	1756.77	1652	1514.98	3	3	18	2205.36	3243.74	1202.69	2	2
4	864.45	1647.31	2665.9	1	1	19	2949.16	3244.44	662.42	2	2
5	222.85	3059.54	2002.33	4	4	20	1692.62	1867.5	2108.97	3	3
6	877.88	2031.66	3071.18	1	1	21	1680.67	1575.78	1725.1	3	3
7	1803.58	1583.12	2163.05	3	3	22	2802.88	3017.11	1984.98	2	2
8	2352.12	2557.04	1411.53	2	2	23	172.78	3084.49	2328.65	4	4
9	401.3	3259.94	2150.98	4	4	24	2063.54	3199.76	1257.21	2	2
10	363.34	3477.95	2462.86	4	4	25	1449.58	1641.58	3405.12	1	1
11	1571.17	1731.04	1735.33	3	3	26	1651.52	1713.28	1570.38	3	3
12	104.8	3389.83	2421.83	4	4	27	341.59	3076.62	2438.63	4	4
13	499.85	3305.75	2196.22	4	4	28	291.02	3095.68	2088.95	4	4
14	2297.28	3340.14	535.62	2	2	29	237.63	3077.78	2251.96	4	4
15	2092.62	3177.21	584.32	2	2						

训练后的 CPN 网络对训练数据进行分类后的结果与目标结果完全吻合。

继续运行程序，系统给出训练后的 CPN 网络对待分类样本的分类结果：

```
Outc =
    3.0000
    3.0000
    1.0000
    3.0000
    4.0000
    2.0000
    2.0000
    3.0000
    4.0000
    3.0000
    3.0000
    3.0000
    1.0000
    2.0000
    4.0000
    2.0000
    4.0000
    3.0000
```

```
4.0000
2.0000
```

多次运行 CPN 网络程序，程序对待分类样本数据给出分类结果，如表 6-14 所示。

表 6-14　多次运行 CPN 网络，对待分类样本数据的分类结果

序号	运行次数															
	1	2	3	4	5	6	7	8	9	10	11	12	13	14	15	16
1	3	3	3	3	3	3	3	3	3	3	3	3	3	3	3	3
2	3	3	3	3	3	3	3	3	3	3	3	3	3	3	3	3
3	1	0.9726	1	1	1	0.8664	0.1947	0.8020	0.0419	1	0.3218	1	0.9597	1	0.0305	0.1711
4	3	2.5023	3	2.5023	2.7393	3	3	3	3	3	3	3	3	3	3	3
5	4	4	4	4	4	4	4	4	3	4	4	4	4	4	4	4
6	2	2	2	2	2	2	2	2	3	2	2	2	2	2	2	2
7	2	2	2	2	2	2	2	2	3	2	2	2	2	2	2	2
8	3	3	3	3	3	3	3	1.9524	3	3	3	3	3	3	3	3
9	4	4	4	4	4	4	4	4	3	4	4	4	4	4	4	4
10	0.9799	3	2.2689	3	3	1	3	1.9524	1	3	0.3218	3	3	1.6042	1	3
11	3	3	3	3	3	3	3	3	3	3	3	3	3	3	3	3
12	3	2.5023	3	2.5023	2.7393	3	3	3	3	3	3	3	3	3	3	3
13	1	1	1	1	1	1	1	1	1	1	1	0.9876	1	1	1	1
14	2	2.5023	2	2.5023	2.7393	2	2	2	2	2	2	2	2	2	2	2
15	4	4	4	4	4	4	4	4	4	4	4	4	4	4	4	4
16	2	2	2	2	2	2	2	2	2	2	2	2	2	2	2	2
17	4	4	4	4	4	4	4	4	4	4	4	4	4	4	4	4
18	3	3	3	3	3	3	3	3	3	3	3	3	3	3	3	3
19	4	4	4	4	4	4	4	4	4	1.1603	4	4	4	4	4	4
20	2	2	2	2	2	2	2	2	2	2	2	2	2	2	2	2
21	2	2	2	2	2	2	2	2	2	2	2	2	2	2	2	2
22	3	3	2.2689	3	3	3	3	1.9524	1	3	1	3	3	1.6042	3	3
23	3	3	3	0.6795	3	3	3	3	3	3	3	3	3	3	3	3
24	1	1	1	1	1	1	1	1	1	1	1	1	1	1.6042	0.7150	1
25	1	1	1	1	1	1	1	1	1	1	1	1	1	1	1	1
26	4	4	4	4	4	4	4	4	4	4	4	4	4	4	4	4
27	1	1	1	1	1	1	1	1.9524	1	1	1	1	1	1.6042	0.7150	1
28	3	3	3	3	3	3	3	3	3	3	3	3	3	3	3	3
29	3	3	3	3	3	3	3	3	3	3	3	3	3	3	3	3
30	3	3	3	3	3	3	3	3	3	3	3	3	3	3	3	3

从表 6-14 中可以看出，使用 CPN 神经网络时会出现数据不稳定的现象，原因主要是 CPN 算法设计不完善。但仔细观察测试数据中序号为 10 的数据的 3 个特征值，特征值 A 为 1494.63，与第三类中的序号为 8 的数据的特征值 A（1507.13）极其相近，而且特征值 B 和

C 与第 3 类中的样本的特征值也相差不远，这也是被 CPN 网络误判的一个原因。

总之，CPN 神经网络在模式分类上有较高的准确率，可以正确、有效、快速地区分不同的特征点，学习时间较短，学习效率较高。

(1) 神经网络的发展可以分为几个阶段，各个阶段对神经网络的发展有何意义？

(2) 什么是人工神经网络？

(3) 请对照神经细胞的工作机理，分析人工神经元基本模型的工作原理。

(4) 简述人工神经网络的工作过程。

(5) 基于神经元构建的人工神经网络具有哪些特点？

(6) 感知器网络具有哪些特点？

(7) 简述 BP 网络学习算法的主要思想。

(8) 简述 BP 网络的建立方式及执行过程。

(9) 简述离散 Hopfield 网络的工作方式及连接权设计的主要思想。

(10) 简述径向基函数网络的工作方式、特点、作用及参数选择的方法。

(11) 从资料中得到某地区的 12 个风蚀数据，每个样本数据用 6 个指标表示其性状，请分别用 BP 网络、DHNN 网络、RBF 网络、自组织竞争网络、SOM 网络、LVQ 网络、PNN 网络及 CPN 网络设计模式分类系统。

原始数据如表 6-15 所示。

表 6-15 某地区风蚀样本数据及其性状

序号	风蚀危险度	土壤细沙含量/g	沙地面积所占比例/%	地形起伏度/cm	风场强度/($km\cdot s^{-1}$)	2~5 月 NDVI 平均值	土壤干燥度/%
1	轻度	0.41	0.00	0.75	0.07	0.67	0.01
2	轻度	0.41	0.00	0.62	0.14	0.67	0.01
3	中度	0.68	0.3	0.22	0.12	0.41	0.04
4	中度	0.5	0.51	0.01	0.28	0.55	0.04
5	强度	0.80	0.96	0.15	0.05	0.17	0.10
6	强度	0.72	0.93	0.11	0.87	0.18	0.11
7	极强	0.62	0.91	0.29	0.29	0.05	0.44
8	极强	0.47	0.79	0.13	0.71	0.00	1.00
9	轻度	0.52	0.00	0.66	0.12	0.75	0.02
10	中度	0.69	0.52	0.57	0.12	0.54	0.04
11	强度	0.63	0.69	0.22	0.19	0.12	0.11
12	极强	0.49	0.86	0.18	0.23	0.07	0.25

注：NDVI 为归一化植被指数，无单位。

要求使用前 8 组数据作为训练数据，后 4 组数据作为测试数据。

第 7 章　模拟退火算法聚类设计

作为计算智能方法的一种，模拟退火方法提出于 20 世纪 80 年代初，其基本思想来源于固体的退火过程。1983 年，Kirkpatrick 等人首先意识到固体退火过程与优化问题之间存在着类似性，Metropolis 等对固体在恒定温度下达到热平衡过程的模拟也给了他们启迪。通过把 Metropolis 准则引入优化过程中，最终他们得到一种对 Metropolis 算法进行迭代的优化算法，这种算法类似固体退火过程，称之为“模拟退火算法”。

7.1　模拟退火算法简介

模拟退火算法是一种适合求解大规模组合优化问题的随机搜索算法。目前，模拟退火算法在求解 TSP、VLSI 电路设计等组合优化问题上取得了令人满意的成果。由于模拟退火算法具有适用范围广、求得全局最优解的可靠性高、算法简单、便于实现等优点，在应用于求解连续变量函数的全局优化问题上得到了广泛的研究，同时取得了很好的效果。但是，为了提高模拟退火算法的搜索效率，国内外的科研人员还在进行各种研究工作，并尝试从模拟退火算法的不同阶段入手对算法进行改进。同时，将模拟退火算法同其他的计算智能方法相结合，应用到各类复杂系统的建模和优化也得到了越来越多的重视，已经逐渐成为一种重要的发展方向。

1. 物理退火过程

模拟退火算法得益于材料的统计力学的研究成果。统计力学表明材料中粒子的不同结构对应于粒子的不同能量水平。在高温条件下，粒子的能量较高，可以自由运动和重新排序。在低温条件下，粒子能量较低。物理退火过程如图 7-1 所示，整个过程由三部分组成。

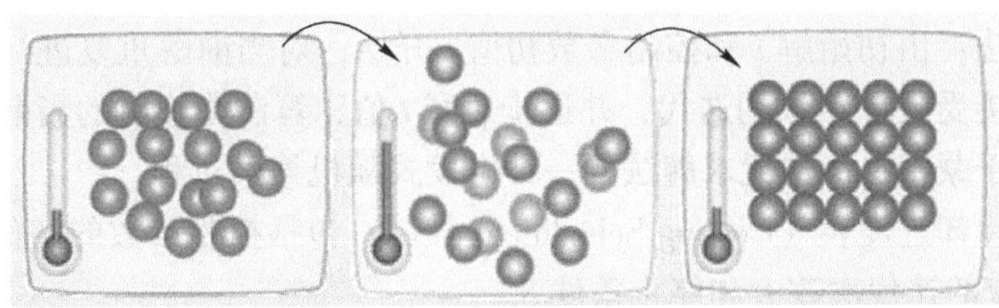

图 7-1　物理退火过程

（1）升温过程：升温的目的是增强物体中粒子的热运动，使其偏离平衡位置成为无序状态。当温度足够高时，固体将溶解为液体，从而消除系统原先可能存在的非均匀态，使随后的冷却过程以某一平衡态为起点。升温过程与系统的熵增过程相关，系统能量随温度升高而升高。

（2）等温过程：在物理学中，对于与周围环境交换热量而温度不变的封闭系统，系统状态的自发变化总是朝向自由能减小的方向进行的，当自由能达到最小时，系统达到平衡态。

（3）冷却过程：与升温过程相反，使物体中粒子的热运动减弱并渐趋有序，系统能量随温度降低而下降，得到低能量的晶体结构。

2. Metropolis 准则

固体在恒定的温度下达到热平衡的过程可以用蒙特卡洛（Monte Carlo）方法进行模拟。Monte Carlo 方法的特点是算法简单，但必须大量采样才能得到比较精确的结果，因而计算量很大。

1953 年，Metropolis 等提出重要性采样法。他们用下述方法产生固体的状态序列。

先给定以粒子相对位置表征的初始状态 i，作为固体的当前状态，该状态的能量是 E_i。然后用摄动装置使随机选取的某个粒子的位移随机地产生一微小变化，得到一个新状态 j，新状态的能量是 E_j。如果 $E_j \leqslant E_i$，则该新状态就作为“重要”状态。如果 $E_j > E_i$，则考虑到热运动的影响，该新状态是否为“重要”状态要依据固体处于该状态的概率 $p = \exp\left(\frac{E_i - E_j}{KT}\right)$ 来判断，式中 K 为物理学中的波尔兹曼常数；T 为材料的绝对温度。

p 是一个小于 1 的数。用随机数发生器产生一个 $[0,1)$ 区间的随机数 ξ，若 $p > \xi$，则新状态 j 作为重要状态，否则舍弃。若新状态 j 是重要状态，就以 j 取代 i 成为当前状态，否则仍以 i 为当前状态。再重复以上新状态的产生过程。

由 $p = \exp\left(\frac{E_i - E_j}{KT}\right)$ 可知，高温下可接受与当前状态能差较大的新状态为重要状态，而在低温下只能接受与当前状态能差较小的新状态为重要状态。这与不同温度下热运动的影响完全一致。在温度趋于零时，就不能接受任一 $E_j > E_i$ 的新状态 j 了。

3. 模拟退火算法的基本原理

模拟退火算法来源于固体退火原理，将固体加温至充分高，再让其徐徐冷却。加温时，固体内部粒子随温度升高变为无序状，内能增大；而徐徐冷却时粒子渐趋有序，在每个温度上都达到平衡态，最后在常温时达到基态，内能减为最小。

根据 Metropolis 准则，粒子在温度 T 时趋于平衡的概率为 $\exp(-\Delta E/(KT))$，其中 E 为温度 T 时的内能，ΔE 为其改变量，K 为 Boltzmann（波尔兹曼）常数。用固体退火模拟组合优化问题，将内能 E 模拟为目标函数值 f，温度 T 演化成控制参数 t，即得到解组合优化问题的模拟退火算法：由初始解 i 和控制参数初值 t 开始，对当前解重复进行“产生新解→计算目标函数差→接受或舍弃”的迭代，并逐步衰减 t 值，算法终止时的当前解即为所得近似最优解，这是基于蒙特卡洛迭代求解法的一种启发式随机搜索过程。

退火过程由冷却进度表（Cooling Schedule）控制，包括控制参数的初值 t 及其衰减因子 Δt、每个 t 值对应的迭代次数 L 和停止条件 S。

模拟退火算法与组合优化算法具有相似性，如表 7-1 所示。

表 7-1　模拟退火算法与组合优化算法的相似性

模 拟 退 火	组 合 优 化
粒子状态	解
能量最低态	最优解
能量	目标函数
溶解工程	设定温度

续表

模 拟 退 火	组 合 优 化
等温过程	Metropolis 抽样过程
冷却	控制参数的下降

4. 模拟退火算法的组成

模拟退火算法由解空间、目标函数和初始解组成。

（1）解空间：对所有可能解均为可行解的问题，定义为可能解的集合；对存在不可行解的问题，或限定解空间为所有可行解的集合，或允许包含不可行解但在目标函数中用惩罚函数惩罚以致最终完全排除不可行解。

（2）目标函数：对优化目标的量化描述，是解空间到某个数集的一个映射，通常表示为若干优化目标的一个合式，应正确体现问题的整体优化要求且较易计算，当解空间包含不可行解时还应包括罚函数项。

（3）初始解：是算法迭代的起点，试验表明，模拟退火算法是健壮的，即最终解的求得不依赖初始解的选取，从而可任意选取一个初始解。

5. 模拟退火算法新解的产生和接受

（1）由一个产生函数从当前解产生一个位于解空间的新解。为便于后续的计算和接受，减少算法耗时，通常选择由当前新解经过简单变换即可产生新解的方法，如对构成新解的全部或部分元素进行置换、互换等。应注意产生新解的变换方法决定了当前新解的邻域结构，因而对冷却进度表的选取有一定的影响。

（2）计算与新解所对应的目标函数差。因为目标函数差仅由变换部分产生，所以目标函数差的计算最好按增量计算。事实表明，对大多数应用而言，这是计算目标函数差的最快方法。

（3）判断新解是否被接受。判断的依据是一个接受准则，最常用的接受准则是 Metropolis 准则：若 $\Delta t'<0$ 则接受 S' 作为新的当前解 S，否则以概率 $\exp(-\Delta t'/T)$ 接受 S' 作为新的当前解 S。

（4）当新解被确定接受时，用新解代替当前解，这只需将当前解中对应于产生新解时的变换部分予以实现，同时修正目标函数值即可。此时，当前解实现了一次迭代。可在此基础上开始下一轮试验。而当新解被判定为舍弃时，则在原当前解的基础上继续下一轮试验。

6. 模拟退火算法的基本过程

（1）初始化，给定初始温度 T_0 及初始解 w，计算解对应的目标函数值 $f(w)$，在本节中 w 代表一种聚类划分。

（2）模型扰动产生新解 w' 及对应的目标函数值 $f(w')$。

（3）计算函数差值 $\Delta f=f(w')-f(w)$。

（4）如果 $\Delta f\leqslant 0$，则接受新解作为当前解。

（5）如果 $\Delta f>0$，则以概率 p 接受新解。

$$p=e^{-(f(w')-f(w))/f(KT)} \tag{7-1}$$

（6）对当前 T 值降温，将步骤（2）~（5）迭代 N 次。

（7）如果满足终止条件，输出当前解为最优解，结束算法，否则降低温度，继续迭代。

模拟退火算法的算法流程，如图 7-2 所示。算法中包含 1 个内循环和 1 个外循环。内循环就是在同一温度下的多次扰动产生不同模型状态，并按照 Metropolis 准则接受新模型，因此是用模型扰动次数控制的；外循环包括了温度下降的模拟退火算法的迭代次数的递增和算法停止的条件，因此基本是用迭代次数控制的。

7. 模拟退火算法的参数控制问题

模拟退火算法的应用很广泛，可以求解 NP 完全问题，但其参数难以控制，其主要问题有以下三点。

（1）温度 T 的初始值设置问题：温度 T 的初始值设置是影响模拟退火算法全局搜索性能的重要因素之一。初始温度高，则搜索到全局最优解的可能性大，但因此需要大量的计算时间；反之，则可节约计算时间，但全局搜索性能可能受到影响。在实际应用过程中，初始温度一般需要依据实验结果进行若干次调整。

（2）退火速度问题：模拟退火算法的全局搜索性能也与退火速度密切相关。一般来说，同一温度下的“充分”搜索（退火）是相当必要的，但这需要计算时间。在实际应用中，要针对具体问题的性质和特征设置合理的退火平衡条件。

（3）温度管理问题：温度管理问题也是模拟退火算法难以处理的问题之一。实际应用时，由于必须考虑计算复杂度的切实可行性等问题，常采用如下所示的降温方式：$T(t+1)=k\cdot T(t)$，式中 k 为正的略小于 1.00 的常数，t 为降温的次数。

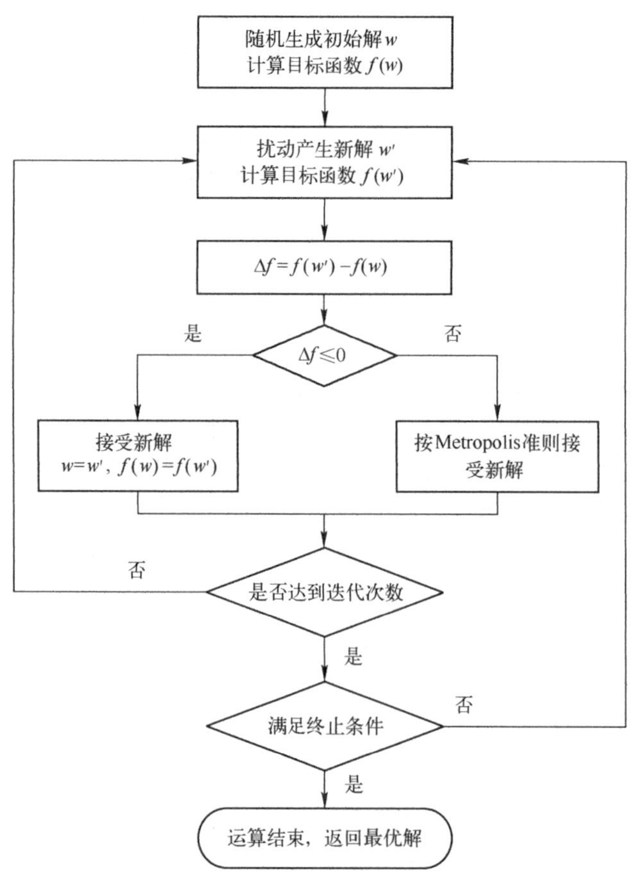

图 7-2　模拟退火算法流程图

7.2　基于模拟退火思想的聚类算法

1. K-均值算法的局限性

基本的K-均值算法目的是找到使目标函数值最小的 K 个划分，算法思想简单，易实现，而且收敛速度较快。如果各个簇之间区别明显，且数据分布稠密，则该算法比较有效，但如果各个簇的形状和大小差别不大，则可能会出现较大的簇分割现象。此外，在K-均值算法聚类时，最佳聚类结果通常对应于目标函数的极值点，由于目标函数可能存在很多的局部极小值点，这就会导致算法在局部极小值点收敛。因此初始聚类中心的随机选取可能会使解陷入局部最优解，难以获得全局最优解。

该算法的局限性主要表现为：

☺ 最终的聚类结果依赖于最初的划分。

☺ 需要事先指定聚类的数目 M。

☺ 产生的类大小相关较大，对于“噪声”和孤立点敏感。

☺ 算法经常陷入局部最优。

☺ 不适合对非凸面形状的簇或差别很小的簇进行聚类。

2. 基于模拟退火思想的改进K-均值聚类算法

模拟退火算法是一种启发式随机搜索算法，具有并行性和渐近收敛性，已在理论上证明它是一种概率为1，收敛于全局最优解的全局优化算法，因此用模拟退火算法对K-均值聚类算法进行优化，可以改进K-均值聚类算法的局限性，提高算法性能。

基于模拟退火思想的改进K-均值聚类算法将内能 E 模拟为目标函数值，将基本K-均值聚类算法的聚类结果作为初始解，初始目标函数值作为初始温度 T_0，对当前解重复进行产生新解到接受或舍弃新解的迭代过程，并逐步降低 T 值，算法终止时当前解为近似最优解。这种算法开始时以较快的速度找到相对较优的区域，然后进行更精确的搜索，最终找到全局最优解。

3. 几个重要参数的选择

(1) 目标函数：选择当前聚类划分的总类间离散度作为目标函数。

$$J_w = \sum_{i=1}^{M} \sum_{X \in w_i} d(\boldsymbol{X}, \overline{\boldsymbol{X}^{(w_i)}}) \tag{7-2}$$

式中，$\boldsymbol{X}$ 为样本向量；w 为聚类划分；$\overline{\boldsymbol{X}^{(w_i)}}$ 为第 i 个聚类的中心；$d(\boldsymbol{X}, \overline{\boldsymbol{X}^{(w_i)}})$ 为样本到对应聚类中心的距离；聚类准则函数 J_w 即为各类样本到对应聚类中心距离的总和。

(2) 初始温度：一般情况下，为了使最初产生的新解被接受，在算法开始时就应达到准平衡。因此选取初始温度聚类结果 $T_0 = J_w$ 作为初始解。

(3) 扰动方法：模拟退火算法中的新解的产生是对当前解进行扰动得到的。本算法采用一种随机扰动方法，即随机改变一个聚类样品的当前所属类别，从而产生一种新的聚类划分，使算法有可能跳出局部极小值。

(4) 退火方式：模拟退火算法中，退火方式对算法有很大的影响。如果温度下降过慢，算法的收敛速度会大大降低。如果温度下降过快，可能会丢失极值点。为了提高模拟退火算法的性能，许多学者提出了退火方式，比较有代表性的退火方式如下。

$$T(t)=\frac{T_0}{\ln(1+t)} \tag{7-3}$$

t 代表最外层当前循环次数。其特点是温度下降缓慢，算法收敛速度也较慢。

$$T(t)=\frac{T_0}{\ln(1+\alpha t)} \tag{7-4}$$

α 为可调参数，表示降温速度，可以改善退火曲线的形态。其特点是高温区温度下降较快，低温区温度下降较慢，即主要在低温区进行寻优。

$$T(t)=T_0\cdot\alpha^t \tag{7-5}$$

α 为可调参数，表示降温速度，其特点是温度下降较快，算法收敛速度快。本算法采用此退火方式，控制温度下降的快慢，取 $\alpha=0.99$。

7.3 模拟退火算法实现

7.3.1 模拟退火算法实现步骤

基于模拟退火思想的K-均值聚类算法流程如图7-3所示。

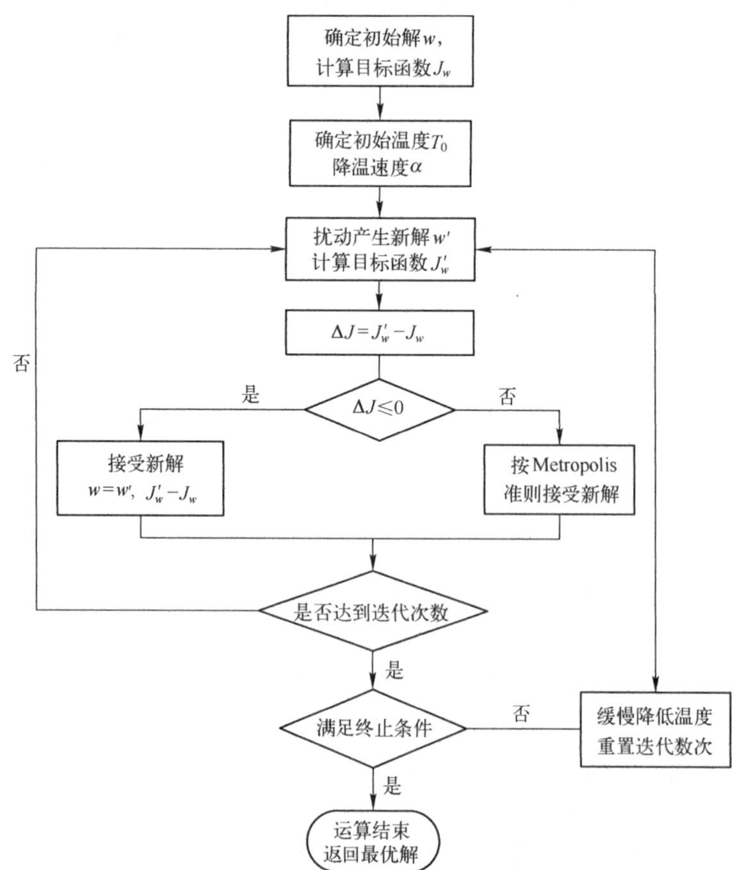

图7-3 基于模拟退火思想的K-均值聚类算法流程

算法中包含 1 个内循环和 1 个外循环，内循环就是在同一温度下的多次扰动产生不同模型状态，并按照 Metropolis 准则接受新模型，因此是用模型扰动次数控制的；外循环包括了温度下降的模拟退火算法的迭代次数的递增和算法停止的条件，因此基本是用迭代次数控制的。

(1) 对样品进行 K-均值聚类，将聚类划分结果作为初始解 w，根据 $J_w = \sum_{i=1}^{M}\sum_{X\in w_i} d(\boldsymbol{X}, \overline{\boldsymbol{X}^{(w_i)}})$ 计算目标函数值 J_w。

(2) 初始化温度 T_0，令 $T_0=J_w$，初始化退火速度 α 和最大退火次数。

(3) 对于某一温度 t 在步骤 (4)~(7) 进行迭代，直到达到最大迭代次数跳到步骤 (8)。

(4) 随机扰动产生新的聚类划分 w'，即随机改变一个聚类样品的当前所属类别，计算新的目标函数值 J'_w。

(5) 判断新的目标函数值 J'_w 是否为最优目标函数值，是则保存聚类划分 w' 为最优聚类划分，J'_w 为最优目标函数值；否则跳到下一步。

(6) 计算函数差值 $\Delta J=J'_w-J_w$。

(7) 判断 ΔJ 是否小于 0：

若 $\Delta J\leqslant 0$，则接受新解，即将新解作为当前解。

若 $\Delta J>0$，则根据 Metropolis 准则接受新解。

(8) 判断是否达到最大退火次数，是则结束算法，输出最优聚类划分；否则降低温度，继续迭代。

7.3.2　模拟退火算法实现模式分类的 MATLAB 程序

1. 初始化程序

程序首先需要输入样本数目、类别数目、初始分类及其他的一些相关参数，初始化程序如下：

```
[num,n]=size(p);                %样本数目
centernum=4;                    %类别数目
IDXO=[1 2 3 4 4 4 4 4 4 4 4 4 4 4 4 4 4 4 4 4 4 4 4 4 4 4 4 4 4 4 4 4 4 4 4 4 4 4 4 4 4 4 4 4 4 4 4 4
4 4 4 4 4 4 4 4 ];
% 设置样本的初始分类
time=1;
Tbegin=10;Tover=0.1;            %起始温度，终止温度
L=500;                          %内层循环次数
T=Tbegin;                       %初始化温度参数
timeb=0;                        %最优目标首次出现的退火次数
```

2. 求初始聚类中心

程序如下：

```
s4=find(IDXO==4);               %聚类号为 4 的样本在 p 中的序号
s44=p(s4,:);                    %全部为 4 类的样本矩阵
CO(4,:)=[sum(s44(:,1))/48,sum(s44(:,2))/48,sum(s44(:,3))/48];
%第 4 类的中心
JO=0;
```

```
j1=0; j2=0; j3=0; j4=0;
for i=1:num
if IDXO(i)==4
j4=j4+sqrt((p(i,1)-CO(1,1))^2+(p(i,2)-CO(1,2))^2+(p(i,3)-CO(1,3))^2);
end
end
JO=j1+j2+j3+j4;        %四种类别的类内所有点与该类中心的距离和
```

3. 产生随机扰动

```
%产生随机扰动,即随机改变一个聚类样本的当前所属类别
t1=fix(rand*num+1);                    %随机抽取一个样本
t2=fix(rand*(centernum-1)+1);          %随机生成1~3的整数
if(IDXN(t1)+t2>centernum)
IDXN(t1)=IDXN(t1)+t2-centernum;
else
IDXN(t1)=IDXN(t1)+t2;
end
```

4. 重新计算聚类中心

```
p1=find(IDXN==1);           %聚类号为1的样本在p中的序号
p11=p(p1,:);                %全部为1类的样本矩阵
[b1, a1]=size(p1);
CN(1,:)=[sum(p11(:,1))/a1,sum(p11(:,2))/a1,sum(p11(:,3))/a1];   %第1类中心
p2=find(IDXN==2);           %聚类号为2的样本在p中的序号
p22=p(p2,:);                %全部为2类的样本矩阵
[b2, a2]=size(p2);
CN(2,:)=[sum(p22(:,1))/a2,sum(p22(:,2))/a2,sum(p22(:,3))/a2];   %第2类中心
p3=find(IDXN==3);           %聚类号为3的样本在p中的序号
p33=p(p3,:);                %全部为3类的样本矩阵
[b3, a3]=size(p3);
CN(3,:)=[sum(p33(:,1))/a3,sum(p33(:,2))/a3,sum(p33(:,3))/a3];   %第3类中心
p4=find(IDXN==4);           %聚类号为4的样本在p中的序号
p44=p(p4,:);                %全部为4类的样本矩阵
[b4, a4]=size(p4);
CN(4,:)=[sum(p44(:,1))/a4,sum(p44(:,2))/a4,sum(p44(:,3))/a4];   %第4类中心
```

5. 计算目标函数

```
JN=0;
j1=0; j2=0; j3=0; j4=0;
for i=1:num
if IDXN(i)==1
    j1=j1+sqrt((p(i,1)-CN(1,1))^2+(p(i,2)-CN(1,2))^2+(p(i,3)-CN(1,3))^2);
elseif IDXN(i)==2
```

```
    j2=j2+sqrt((p(i,1)-CN(2,1))^2 +(p(i,2)-CN(2,2))^2+(p(i,3)-CN(2,3))^2);
elseif IDXN(i)= =3
    j3=j3+sqrt((p(i,1)-CN(3,1))^2+(p(i,2)-CN(3,2))^2+(p(i,3)-CN(3,3))^2);
elseif IDXN(i)= =4
    j4=j4+sqrt((p(i,1)-CN(4,1))^2+(p(i,2)-CN(4,2))^2+(p(i,3)-CN(4,3))^2);
end
end
JN=j1+j2+j3+j4;        %四种类别的类内所有点与该类中心的距离和
e=JN-JO;
```

6. 判断是否接受新解

```
if  e<=0
            JO=JN;CO=CN;IDXO=IDXN;
else
if(rand<exp(-e/T))
            JO=JN;
            CO=CN;
            IDXO=IDXN;
else
            IDXN=IDXO;IDX=IDXO;CN=CO;JN=JO;
end
end
```

模拟退火算法实现模式分类的 MATLAB 完整程序如下：

```
% clc;
close all;clear all;
p=[ 1739.94   1675.15   2395.96
    373.3     3087.05   2429.47
    1756.77   1652      1514.98
    864.45    1647.31   2665.9
    222.85    3059.54   2002.33
    877.88    2031.66   3071.18
    1803.58   1583.12   2163.05
    2352.12   2557.04   1411.53
    401.3     3259.94   2150.98
    363.34    3477.95   2462.86
    1571.17   1731.04   1735.33
    104.8     3389.83   2421.83
    499.85    3305.75   2196.22
    2297.28   3340.14   535.62
    2092.62   3177.21   584.32
    1418.79   1775.89   2772.9
    1845.59   1918.81   2226.49
    2205.36   3243.74   1202.69
```

```
2949.16    3244.44    662.42
1692.62    1867.5     2108.97
1680.67    1575.78    1725.1
2802.88    3017.11    1984.98
172.78     3084.49    2328.65
2063.54    3199.76    1257.21
1449.58    1641.58    3405.12
1651.52    1713.28    1570.38
341.59     3076.62    2438.63
291.02     3095.68    2088.95
237.63     3077.78    2251.96
1702.8     1639.79    2068.74
1877.93    1860.96    1975.3
867.81     2334.68    2535.1
1831.49    1713.11    1604.68
460.69     3274.77    2172.99
2374.98    3346.98    975.31
2271.89    3482.97    946.7
1783.64    1597.99    2261.31
198.83     3250.45    2445.08
1494.63    2072.59    2550.51
1597.03    1921.52    2126.76
1598.93    1921.08    1623.33
1243.13    1814.07    3441.07
2336.31    2640.26    1599.63
354        3300.12    2373.61
2144.47    2501.62    591.51
426.31     3105.29    2057.8
1507.13    1556.89    1954.51
343.07     3271.72    2036.94
2201.94    3196.22    935.53
2232.43    3077.87    1298.87
1580.11    752.07     2463.04
1962.41    594.97     1835.95
1495.18    1957.44    3498.02
1125.17    1594.39    2937.73
24.22      3447.31    2145.01
1269.07    1910.72    2701.97
1802.07    1725.81    1966.35
1817.36    1927.4     2328.79
1860.45    1782.88    1875.13
];
[num,n]=size(p);                    %样本数目
```

```
centernum=4;                          %类别数目

IDXO=[1 2 3 4 4 4 4 4 4 4 4 4 4 4 4 4 4 4 4 4 4 4 4 4 4 4 4 4 4 4 4 4 4 4 4 4 4 4 4 4 4 4 4 4 4 4 4 4 4 4 4 4 4 4 
4 4 4 4 4 4 4 4 ];
% size(IDXO)
CO(1,:)=[ 1739.94      1675.15      2395.96];
CO(2,:)=[373.3   3087.05   2429.47];
CO(3,:)=[1756.77      1652      1514.98];
% s1=find(IDXO==1);                   %聚类号为 1 的样本在 p 中的序号
% s11=p(s1,:)
s4=find(IDXO==4);                     %聚类号为 4 的样本在 p 中的序号
s44=p(s4,:);                          %全部为 4 类的样本矩阵
CO(4,:)=[sum(s44(:,1))/59,sum(s44(:,2))/59,sum(s44(:,3))/59];  %第 4 类的中心
JO=0;
j1=0; j2=0; j3=0; j4=0;
for i=1:num
if IDXO(i)==4
j4=j4+sqrt((p(i,1)-CO(1,1))^2+(p(i,2)-CO(1,2))^2+(p(i,3)-CO(1,3))^2);
end
end
JO=j1+j2+j3+j4;                       %四种类别的类内所有点与该类中心的距离和
JO
C=CO;J=JO;IDX=IDXO;

time=1;
Tbegin=10;Tover=0.1;                  %起始温度，终止温度
L=300;                                %内层循环次数
T=Tbegin;                             %初始化温度参数
timeb=0;                              %最优目标首次出现的退火次数
% K=0.0001;
tic;
IDXN=IDXO;
while T>Tover
tt=0;
for inner=1:L
%产生随机扰动，即随机改变一个聚类样本的当前所属类别
t1=fix(rand * num+1);                         %随机抽取一个样本
t2=fix(rand * (centernum-1)+1);               %随机生成 1~3 的整数
if(IDXN(t1)+t2>centernum)
IDXN(t1)=IDXN(t1)+t2-centernum;
else
IDXN(t1)=IDXN(t1)+t2;
end
```

```
%          t1=fix(rand*(num-1)+1);            %随机抽取一个样本
%          t2=fix(rand*(centernum-1)+1);  %随机生成 1~4 的整数
%          if(IDXN(t1)+t2>centernum)
%               IDXN(t1)=IDXN(t1)+t2-centernum;
%          else
%               IDXN(t1)=IDXN(t1)+t2;
%          end
%          IDXN(t1)=t2;
%          IDXN;
%重新计算聚类中心
p1=find(IDXN==1);                  %聚类号为 1 的样本在 p 中的序号
p11=p(p1,:);                       %全部为 1 类的样本矩阵
[b1, a1]=size(p1);
CN(1,:)=[sum(p11(:,1))/a1,sum(p11(:,2))/a1,sum(p11(:,3))/a1];  %第 1 类的中心
p2=find(IDXN==2);                  %聚类号为 2 的样本在 p 中的序号
p22=p(p2,:);                       %全部为 2 类的样本矩阵
[b2, a2]=size(p2);
CN(2,:)=[sum(p22(:,1))/a2,sum(p22(:,2))/a2,sum(p22(:,3))/a2];  %第 2 类的中心
p3=find(IDXN==3);                  %聚类号为 3 的样本在 p 中的序号
p33=p(p3,:);                       %全部为 3 类的样本矩阵
[b3, a3]=size(p3);
CN(3,:)=[sum(p33(:,1))/a3,sum(p33(:,2))/a3,sum(p33(:,3))/a3];  %第 3 类的中心
p4=find(IDXN==4);                  %聚类号为 4 的样本在 p 中的序号
p44=p(p4,:);                       %全部为 4 类的样本矩阵
[b4, a4]=size(p4);
CN(4,:)=[sum(p44(:,1))/a4,sum(p44(:,2))/a4,sum(p44(:,3))/a4];  %第 4 类的中心

%计算目标函数
JN=0;
j1=0; j2=0; j3=0; j4=0;
for i=1:num
if IDXN(i)==1
    j1=j1+sqrt((p(i,1)-CN(1,1))^2+(p(i,2)-CN(1,2))^2+(p(i,3)-CN(1,3))^2);
elseif IDXN(i)==2
    j2=j2+sqrt((p(i,1)-CN(2,1))^2 +(p(i,2)-CN(2,2))^2+(p(i,3)-CN(2,3))^2);
elseif IDXN(i)==3
    j3=j3+sqrt((p(i,1)-CN(3,1))^2+(p(i,2)-CN(3,2))^2+(p(i,3)-CN(3,3))^2);
elseif IDXN(i)==4
    j4=j4+sqrt((p(i,1)-CN(4,1))^2+(p(i,2)-CN(4,2))^2+(p(i,3)-CN(4,3))^2);
end
end
JN=j1+j2+j3+j4;                    %四种类别的类内所有点与该类中心的距离和
```

```
        e=JN-JO;

%判断是否接受新解
if   e<=0
            JO=JN;CO=CN;IDXO=IDXN;
else
%               if(rand<exp(-e/T))
%                   JO=JN;
%                   CO=CN;
%                   IDXO=IDXN;
%               else
%                   IDXN=IDXO;IDX=IDXO;CN=CO;JN=JO;
%               end
%           end
%           else
            IDXN=IDXO;IDX=IDXO;CN=CO;
            JN=JO;
end


end
%内层循环结束


T=T*0.9;
%       if(T==0)
%           break;
%       end
time=time+1;
%       if(time-timeb>1000)
%           break;
%       end
disp('已退火次数');
    A=time-1
disp('最优目标函数值');
    J=JO
end
time1=toc       %退火需要的时间

hold on;
plot3(CO(:,1),CO(:,2),CO(:,3),'o');grid;box
%title('蚁群聚类结果(R=100,t=10000)')
xlabel('X')
ylabel('Y')
zlabel('Z')
```

```
index1 = find(IDXN == 1)
index2 = find(IDXN == 2)
index3 = find(IDXN == 3)
index4 = find(IDXN == 4)
plot3(p(index1,1),p(index1,2),p(index1,3),'r+');grid;
plot3(p(index2,1),p(index2,2),p(index2,3),'g*');grid;
plot3(p(index3,1),p(index3,2),p(index3,3),'kx');grid;
plot3(p(index4,1),p(index4,2),p(index4,3),'m.');grid;
```

程序运行完以后，出现如图 7-4 所示的数据分类结果图。

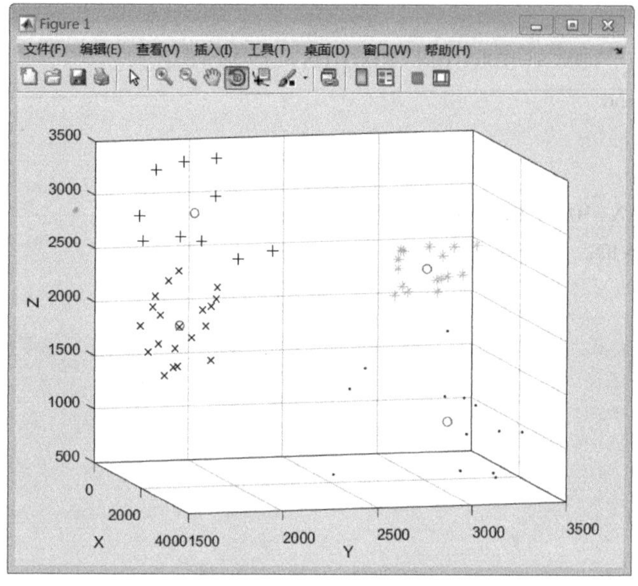

图 7-4　模拟退火分类结果图

MATLAB 程序的运行结果如下：

```
index1 =
4    6    16    25    32    39    42    53    54    56
index2 =
1 至 15 列
2    5    9    10    12    13    23    27    28    29    34    38    44    46    48
16 列
55
index3 =
1 至 15 列
1    3    7    11    17    20    21    26    30    31    33    37    40    41    47
16 至 20 列
51    52    57    58    59
index4 =
8    14    15    18    19    22    24    35    36    43    45    49    50
```

将分类结果与原始分类结果对比，如表 7–2 所示，可以发现分类效果很好。

表 7–2　模拟退火算法分类结果

序号	A	B	C	原始分类结果	模拟退火算法分类结果	序号	A	B	C	原始分类结果	模拟退火算法分类结果
1	1739. 94	1675. 15	2395. 96	3	3	31	1877. 93	1860. 96	1975. 3	3	3
2	373. 3	3087. 05	2429. 47	4	4	32	867. 81	2334. 68	2535. 1	1	1
3	1756. 77	1652	1514. 98	3	3	33	1831. 49	1713. 11	1604. 68	3	3
4	864. 45	1647. 31	2665. 9	1	1	34	460. 69	3274. 77	2172. 99	4	4
5	222. 85	3059. 54	2002. 33	4	4	35	2374. 98	3346. 98	975. 31	2	2
6	877. 88	2031. 66	3071. 18	1	1	36	2271. 89	3482. 97	946. 7	2	2
7	1803. 58	1583. 12	2163. 05	3	3	37	1783. 64	1597. 99	2261. 31	3	3
8	2352. 12	2557. 04	1411. 53	2	2	38	198. 83	3250. 45	2445. 08	4	4
9	401. 3	3259. 94	2150. 98	4	4	39	1494. 63	2072. 59	2550. 51	1	1
10	363. 34	3477. 95	2462. 86	4	4	40	1597. 03	1921. 52	2126. 76	3	3
11	1571. 17	1731. 04	1735. 33	3	1	41	1598. 93	1921. 08	1623. 33	3	3
12	104. 8	3389. 83	2421. 83	4	4	42	1243. 13	1814. 07	3441. 07	1	1
13	499. 85	3305. 75	2196. 22	4	4	43	2336. 31	2640. 26	1599. 63	2	2
14	2297. 28	3340. 14	535. 62	2	2	44	354	3300. 12	2373. 61	4	4
15	2092. 62	3177. 21	584. 32	2	2	45	2144. 47	2501. 62	591. 51	2	2
16	1418. 79	1775. 89	2772. 9	1	1	46	426. 31	3105. 29	2057. 8	4	4
17	1845. 59	1918. 81	2226. 49	3	1	47	1507. 13	1556. 89	1954. 51	3	3
18	2205. 36	3243. 74	1202. 69	2	2	48	343. 07	3271. 72	2036. 94	4	4
19	2949. 16	3244. 44	662. 42	2	2	49	2201. 94	3196. 22	935. 53	2	2
20	1692. 62	1867. 5	2108. 97	3	1	50	2232. 43	3077. 87	1298. 87	2	2
21	1680. 67	1575. 78	1725. 1	3	3	51	1580. 1	1752. 07	2463. 04	3	3
22	2802. 88	3017. 11	1984. 98	2	2	52	1962. 4	1594. 97	1835. 95	3	3
23	172. 78	3084. 49	2328. 65	4	4	53	1495. 18	1957. 44	3498. 02	1	1
24	2063. 54	3199. 76	1257. 21	2	2	54	1125. 17	1594. 39	2937. 73	1	1
25	1449. 58	1641. 58	3405. 12	1	1	55	24. 22	3447. 31	2145. 01	4	4
26	1651. 52	1713. 28	1570. 38	3	2	56	1269. 07	1910. 72	2701. 97	1	1
27	341. 59	3076. 62	2438. 63	4	4	57	1802. 07	1725. 81	1966. 35	3	3
28	291. 02	3095. 68	2088. 95	4	4	58	1817. 36	1927. 4	2328. 79	3	3
29	237. 63	3077. 78	2251. 96	4	4	59	1860. 45	1782. 88	1875. 13	3	3
30	1702. 8	1639. 79	2068. 74	3	3						

虽然模拟退火算法有限度地接受劣解，可以跳出局部最优解，但它明显地存在两个弱点：(1) 如果降温过程足够慢，所得到解的性能会较好，但算法收敛速度太慢；(2) 如果降温过程过快，很可能得不到全局最优解。为此，模拟退火算法的改进及其在各类复杂系统建模及优化问题中的应用仍有大量的内容值得研究。

(1) 简述模拟退火过程。

(2) 简述模拟退火算法的基本原理。

(3) 简述模拟退火算法的组成。

第 8 章　遗传算法聚类设计

遗传算法是一种模拟自然进化的优化搜索算法。由于它仅依靠适应度函数就可以搜索最优解，不需要有关问题解空间的知识，并且适应度函数不受连续可微等条件的约束，因此在解决多维、高度非线性的复杂优化问题中得到了广泛应用和深入研究。

遗传算法在模式识别、神经网络、机器学习、工业优化控制、自适应控制、生物科学、社会科学等方面都得到了应用。

本章给出了一种基于遗传算法的聚类分析方法。采用浮点数编码方式对聚类的中心进行编码，并用特征向量与相应聚类中心的欧氏距离的和来判断聚类划分的质量，通过选择、交叉和变异操作对聚类中心的编码进行优化，得到使聚类划分效果最好的聚类中心。实验结果显示，该方法的聚类划分能得到比较满意的效果。由于前面章节已经对聚类算法做了详细介绍，此处不再赘述。

8.1　遗传算法简介

遗传算法的研究历史可以追溯到 20 世纪 60 年代到 20 世纪 70 年代中期，即遗传算法的萌芽期。遗传算法的基本原理最早由美国科学家 J. H. Holland 在 1962 年提出；1967 年，J. D. Bagay 在他的博士论文中首次使用了遗传算法这个术语；1975 年，J. H. Holland 在他出版的专著《自然界和人工系统的适应性》中详细地介绍了该算法，为其奠定了数学基础，人们常常把这一事件视为遗传算法正式得到承认的标志。它说明遗传算法已经完成孕育过程，Holland 被视作该算法的创始人。

从 20 世纪 70 年代中期到 20 世纪 80 年代，遗传算法得到了不断的完善，属于遗传算法的成长期。这一时期相继出现了有关遗传算法的博士论文，分别研究了遗传算法在函数优化、组合优化中的应用，并从数学上探讨了遗传算法的收敛性，对遗传算法的发展起到了很大的推动作用。几十年来，算法不论是实际应用还是建模，其范围不断扩大，而算法本身也渐渐成熟，形成了算法的大体框架，其后出现的遗传算法的许多改进研究，大体都遵循了这个框架。

20 世纪 80 年代末以来是遗传算法的蓬勃发展期，这不仅表现在理论研究方面，还表现在应用领域方面。随着遗传算法研究和应用的不断深入，一系列以遗传算法为主题的国际会议十分活跃：开始于 1985 年的国际遗传算法会议 ICGA（International Conference on Genetic Algorithm）每两年举办一次。在欧洲，从 1990 年开始也每隔一年举办一次类似的会议。这些会议的举办体现了遗传算法正不断地引起学术界的重视，同时这些会议的论文集中反映了遗传算法近年来的最新发展和动向。

随着计算速度的提高和并行计算的发展，遗传算法的速度已经不再是制约其应用的因素，遗传算法已在机器学习、过程控制、图像处理、经济管理等领域取得了巨大成功，但如何将各专业知识融入遗传算法，目前仍在继续研究中。

8.2 遗传算法原理

遗传算法（Genetic Algorithms，GA）是一种新近发展起来的搜索最优解方法。它模拟生命进化机制，也就是说，模拟了自然选择和遗传进化中发生的繁殖、交配和突变现象，从任意一个初始种群出发，通过随机选择、交叉和变异操作，产生一群新的更适应环境的个体，使群体进化到搜索空间中越来越好的区域。这样一代一代不断繁殖、进化，最后收敛到一群最适应环境的个体上，求得问题的最优解。遗传算法对复杂的优化问题无须建模和进行复杂运算，只要利用遗传算法的三种算子就能得到最优解。

经典遗传算法的一次进化过程如图 8-1 所示，该图给出了第 n 代群体经过选择、交叉、变异生成第 $n+1$ 代群体的过程。

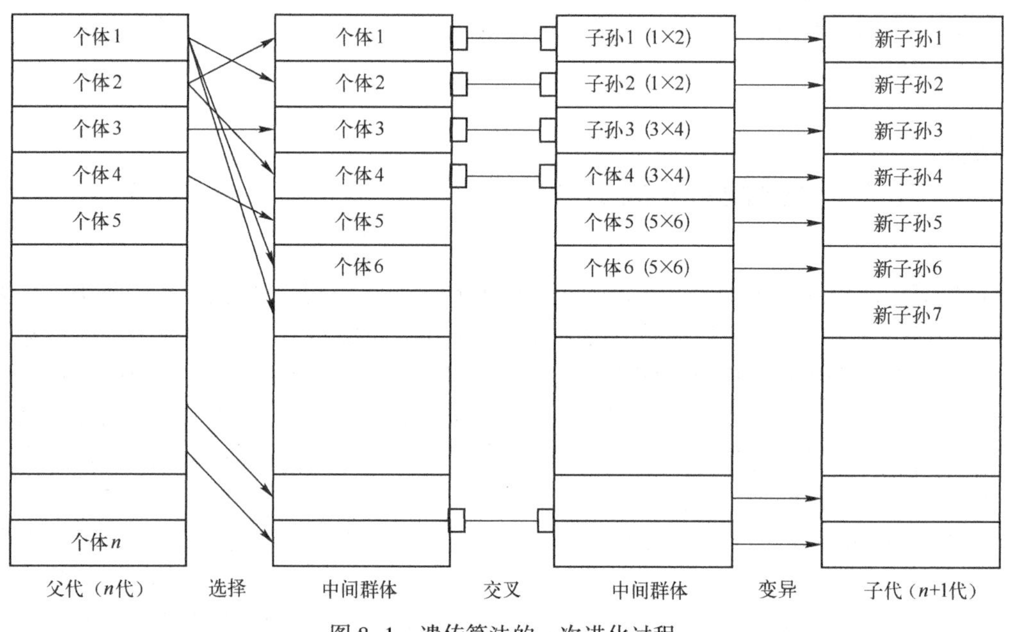

图 8-1　遗传算法的一次进化过程

1. 遗传算法的基本术语

由于遗传算法是自然遗传学和计算机科学相互结合渗透而成的新的计算方法，因此遗传算法中经常使用与自然进化有关的一些基本术语。了解这些术语对理解遗传算法是十分必要的。

☺ 染色体（Chromosome），又称为个体（Individual）。生物的染色体是由基因（Gene）构成的位串，包含了生物的遗传信息。遗传算法中的染色体对应的是数据或数组，通常是由一维的串结构数据来表示的。串上每个位置上的数对应一个基因，而各位置上所取的值对应于基因值。

☺ 编码（Coding）。把问题的解表示为位串的过程称为编码，编码后的每个位串就表示一个个体，即问题的一个解。

☺ 种群（Population）。由一定数量的个体组成的群体，也就是问题的一些解的集合。种群中个体的数量称为种群规模。

☺ 适应度（Fitness）。评价群体中个体对环境适应能力的指标，就是解的好坏，由评价函数 F 计算得到。在遗传算法中，F 是求解问题的目标函数，也就是适应度函数。

☺ 遗传算子（Genetic Operator）。产生新个体的操作，常用的遗传算子有选择、交叉和变异等。

◇ 选择（Selection）：以一定概率从种群中选择若干个体的操作。一般而言，该操作是基于适应度进行的，适应度越高的个体，产生后代的概率就越高。

◇ 交叉（Crossover）：把两个串的部分基因进行交换，产生两个新串作为下一代的个体。交叉概率（P_c）决定两个个体交叉操作的可能性。

◇ 变异（Mutation）：随机地改变染色体的部分基因，如把 0 变 1 或把 1 变 0，产生新的染色体。

2. 遗传算法问题求解过程

采用遗传算法进行问题求解的过程如下。

（1）编码：采用遗传算法求解之前，先将解空间的可行解表示成遗传空间的基因型串结构数据，串结构数据的不同组合构成了不同的可行解。

（2）生成初始群体：随机产生 N 个初始串结构数据，每个串结构数据成为一个个体，N 个个体组成一个群体，遗传算法以该群体作为初始迭代点。

（3）适应度评估检测：根据实际标准计算个体的适应度，评判个体的优劣，即该个体所代表的可行解的优劣。

（4）选择：从当前群体中选择优良的（适应度高的）个体，使它们有机会被选中进入下一次迭代过程，舍弃适应度低的个体。这一过程体现了进化论的“适者生存”原则。

（5）交叉：遗传操作，下一代中间个体的信息来自父辈个体，体现信息交换的原则。

（6）变异：随机选择中间群体中的某个个体，以变异概率 P_m 改变个体某位基因的值。变异为产生新个体提供了机会。

经典的遗传算法流程如图 8-2 所示，算法完全依靠三个遗传算子进行求解，当停止运算条件满足时，达到最大循环次数，同时最优个体不再进化。

3. 遗传算法的特点

遗传算法是一类可用于复杂系统优化的具有鲁棒性的搜索算法，与传统的优化算法相比，采用了许多独特的方法和技术，归纳起来，主要有以下特点：

☺ 遗传算法的处理对象是那些对参数集进行编码得到的个体，而不是参数本身。

☺ 具有并行性。遗传算法采用的是同时处理群体中多个个体的方法，以及同时对搜索空间中的多个解进行评估。这一特点使遗传算法具有较好的全局搜索性能，从而减少了陷入局部最优解的可能。

☺ 仅用适应度函数来指导搜索。以往很多的搜索方法都需要辅助信息才能正常工作，如梯度法需要有关导数的信息才能爬上当前的峰值点，这就要求目标函数可导。而遗传算法则不需要类似的辅助信息，为了有效地搜索越来越好的编码结构，它仅需要与该编码串有关的适应度函数即可。

☺ 内在启发式随机搜索特性。遗传算法不是采用确定性规则，而是采用概率的变迁规

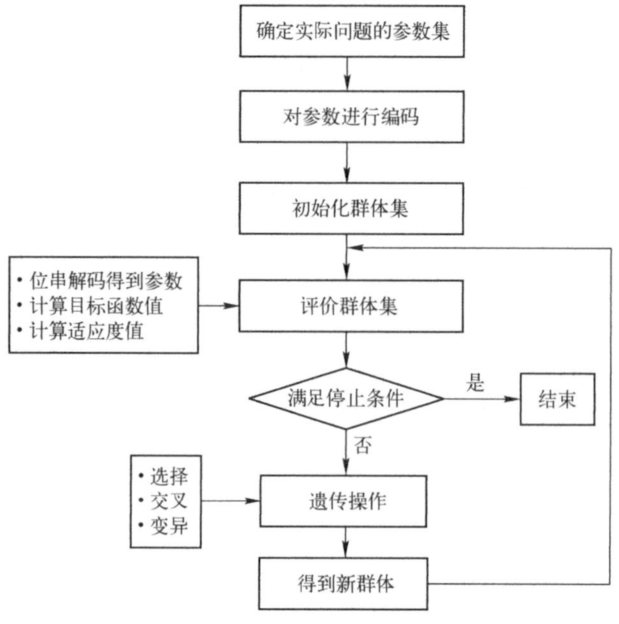

图 8-2 遗传算法流程图

则来指导它的搜索方向。概率仅作为一种工具来引导其搜索过程朝着搜索空间的最优化的解区域移动。

☺ 遗传算法易于介入已有模型，具有可扩展性，易于同别的技术混合。

4. 遗传算法的基本要素

遗传算法包含了如下 5 个基本要素：问题编码、初始群体生成、适应度函数确定、遗传操作设计、控制参数设定。这 5 个要素构成了遗传算法的核心内容。

（1）问题编码：编码机制是遗传算法的基础。通常遗传算法不直接处理问题空间的数据，而是将各种实际问题变换为与问题无关的串个体。不同串长和不同的编码方式，使问题求解的精度和遗传算法的求解效率有很大的不同，因此针对一个具体的应用问题，应考虑多方面因素，以寻求一种描述方便、运行效率高的编码方案。迄今为止，遗传算法常采用的编码方法主要有两类：二进制编码、浮点数编码。

☺ 二进制编码：遗传算法中最常用的一种编码方法，该方法使用的编码符号集是由二进制符号 0 和 1 所组成的二值符号集 {0，1}，它所构成的个体是一个二进制编码符号串。二进制编码符号串的长度与问题所要求的求解精度有关。该编码方法具有操作简单、易于实现等特点。

☺ 浮点数编码：又叫真值编码方法，它是指个体的每个基因值用某一范围内的一个浮点数来表示，个体的编码长度等于其决策变量的个数。该编码方法具有适用于大空间搜索、局部搜索能力强、不易陷入局部极值、收敛速度快的特点。

（2）初始群体生成：在遗传算法处理流程中，编码设计之后的任务是初始群体的设定，并以此为起点进行一代一代的进化，直到按照某种进化终止准则终止，最常用的初始方法是无指导的随机初始化。

（3）适应度函数（Fitness Function）确定：在遗传算法中，按与个体适应度成正比的概率来决定当前群体中的每个个体遗传到下一代群体中的机会大小，一般希望适应度值越大越好，且要求适应度值非负。因此适应度函数的选取至关重要，它直接影响算法的收敛速度及最终能否找到最优解。

适应度函数是根据目标函数确定的，针对不同种类的问题，目标函数有正有负，因此必须确定由目标函数值到适应度函数之间的映射规则，以适应上述的要求。适应度函数的设计应满足以下条件：

☺ 单值、连续、非负、最大化。

☺ 计算量小。适应度函数设计尽可能简单，以减少计算的复杂性。

☺ 通用性强。适应度对某类问题，应尽可能通用。

（4）遗传操作设计：主要包括选择、交叉、变异三个算子。关于每个算子的作用前面已经提及了，此处不再赘述。这里主要说明每种算子常用的方法。

☺ 选择算子：在适应度计算之后是实际的选择，选择的目的是从当前群体中选出优良的个体，使它们作为父代进行下一代繁殖。采用基于适应度的选择原则，适应度越强被选中概率越大，体现优胜劣汰的进化机制。这里介绍几种常用的选择方法。

◇ 赌轮选择法。该方法中个体被选中的概率与其适应度成正比。

◇ 最优保存策略。群体中适应度最高的个体不进行交叉变异，用它替换下一代种群中适应度最低的个体。

◇ 锦标赛选择法。随机从种群中选取一定数目的个体，然后将适应度最高的个体遗传到下一代群体中。这个过程重复进行完成个体的选择。

◇ 排序选择法。根据适应度对群体中的个体排序，然后把事先设定的概率表分配给个体，作为各自的选择概率。这样，选择概率和适应度无关而仅与序号有关。

选择算子确定的好坏，直接影响遗传算法的计算结果。如果选择算子确定不当，会导致进化停滞不前或出现早熟问题。选择策略与编码方式无关。

☺ 交叉算子：交叉算子是遗传算法中最主要的遗传操作，也是遗传算法区别于其他进化运算的重要特征，通过交叉操作可以产生新个体。该操作模拟了自然界生物体的突变，体现了信息交换思想，决定着遗传算法的收敛性和全局搜索能力。交叉算子的设计与实现与所研究的问题密切相关，一般要求它既不破坏原个体的优良性，又能够产生一些较好的新个体，而且还要和编码设计一同考虑。目前适用于二进制编码个体和浮点数编码个体的交叉算法主要有：

◇ 单点交叉：又称简单交叉，是指在个体编码串中随机设置一个交叉点，实行交叉时，在该点相互交换两个配对个体的部分染色体。

◇ 两点交叉与多点交叉：两点交叉是指在个体编码串中随机设置了两个交叉点，交换两个个体在所设定两个交叉点之间的部分染色体。例如：

$$\begin{array}{l} A:10\,|\,110\,|\,11 \\ B:00\,|\,010\,|\,00 \end{array} \Rightarrow \begin{array}{l} A'=1001011 \\ B'=0011000 \end{array}$$

多点交叉是两点交叉的推广。

◇ 均匀交叉：也称一致交叉，是指两个交叉个体的每个基因都以相同的交叉概率进行交换，从而形成两个新的个体。

◇ 算术交叉：是指由两个个体的线性组合产生的两个新的个体。该方法的操作对象一般是由浮点数编码产生的个体。

☺ 变异算子：选择和交叉算子基本上完成了遗传算法的大部分搜索功能，变异操作只对产生新个体起辅助作用，但是它必不可少，因为变异操作决定了遗传算法的局部搜索能力。变异算子与交叉算子相互配合，共同完成对搜索空间的全局搜索和局部搜索，从而使得遗传算法能够以良好的搜索性能找到最优解。目前适用于二进制编码个体和浮点数编码个体的变异算法主要有：

◇ 基本位变异：是指对群体中的个体编码串根据变异概率，随机挑选一个或多个基因位并对这些基因位的基因值进行变动。例如：

个体 A：1011011，指定第三位为变异位个体⇒A'：1001011

◇ 均匀变异：是指分别用符合某一范围内均匀分布的随机数，以某一较小的概率来替换个体编码串中各个基因座上原有的基因值。

◇ 边界变异：是均匀变异的一个变形。在进行边界变异时，随机选取基因座的两个对应边界基因值之一去替换原有的基因值。

◇ 高斯近似变异：是指进行变异操作时用符合均值为 P、方差为 P^2 的正态分布的一个随机数来替换原有的基因值。

（5）控制参数设定：主要有群体规模 N、迭代次数 T、交叉概率 P_c、变异概率 P_m 等。对此基本的遗传算法都需要提前设定：

☺ N，群体规模，即群体中所含个体的数量。如果群体规模大，可提供大量模式，使遗传算法进行启发式搜索，防止早熟发生，但会降低效率；如果群体规模小，可提高速度，但却会降低效率；一般取 20~100。

☺ T，迭代次数，遗传运算的终止进化代数，一般取 100~500。

☺ P_c：交叉概率，它影响着交叉算子的使用频率，交叉概率越高，可以越快地收敛到全局最优解，因此一般选择较大的交叉概率。但如果交叉概率太高，也可能导致过早收敛，而交叉概率太低，可能导致搜索停滞不前，一般取 0.4~0.99。

☺ P_m：变异概率，变异概率控制着变异算子的使用频率，它的大小将影响群体的多样性及成熟前的收敛性能。变异概率的选取一般受种群大小、染色体长度等因素影响，通常选取很小的值。但变异率太低可能使某基因值过早丢失、信息无法恢复；变异率太高，遗传算法可能会变成了随机搜索。变异概率一般取 0.0001~0.1。

这 4 个控制参数对遗传算法的求解结果和求解效率都有一定的影响，但目前尚无合理选择它们的理论依据。在实际应用中，常常需要多次实验才能确定参数大小或其范围。

8.3 遗传算法实现

本示例使用表 1-2 的三原色数据，希望将数据按照颜色数据所表征的特点，将数据按照各自所属的类别归类。

以表 1-2 的 59 组数据为对象，确定其所属类别。下面使用 MATLAB 构建遗传算法。

遗传算法流程如图 8-3 所示。

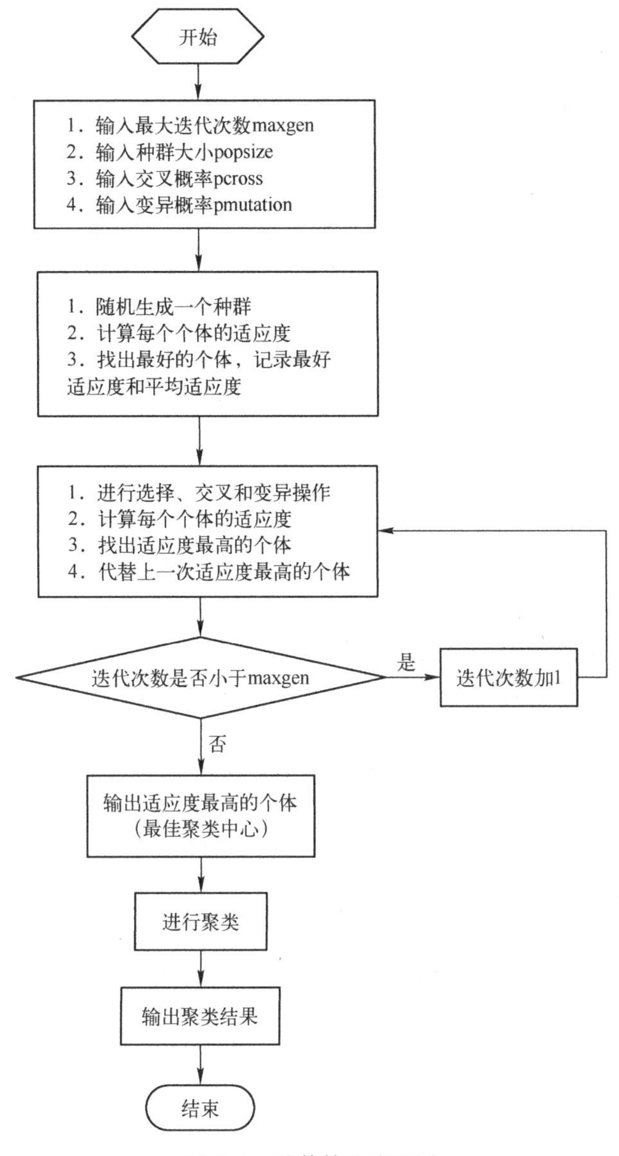

图 8-3　遗传算法流程图

8.3.1　种群初始化

遗传算法需要设置的参数有 4 个，分别是交叉概率 pcross、变异概率 pmutation、进化代数（迭代次数）maxgen 和种群规模 sizepop，具体参数设置如 MATLAB 程序所示：

```
%%参数初始化
maxgen=100;                     %进化代数，即迭代次数，初始预定值选为 100
sizepop=100;                    %种群规模，初始预定值选为 100
pcross=0.9;                     %交叉概率选择，0 和 1 之间，一般取 0.9
pmutation=0.01;                 %变异概率选择，0 和 1 之间，一般取 0.01
```

按照遗传算法的流程，当用遗传算法求解问题时，首先要解决的问题是如何确定编码和解码运算，编码形式决定了交叉算子和变异算子的操作方式，并对遗传算法的性能，如搜索能力和计算效率等影响很大。

遗传算法常用的编码方法有浮点数编码和二进制编码两种。由于聚类样本具有多维性、数据量大的特点，如果采用传统的二进制编码，染色体的长度会随着维数的增加或精度的提高而显著增加，从而使搜索空间急剧增大，大大降低了计算效率。基于以上分析，这里采用浮点数编码方法。

在遗传聚类问题中，可采用的染色体编码方式有两种：一种是按照数据所属的聚类划分来生成染色体的整数编码方式；另一种是把聚类中心（聚类原型矩阵）作为染色体的浮点数编码方式。由于聚类问题的解是各聚类中心，因此本文采用基于聚类中心的浮点数编码。

所谓的将聚类中心作为染色体的浮点数编码，就是把一条染色体看成由 K 个聚类中心组成的一个串。具体编码方式如下：对于 D 维样本数据的 K 类聚类分析，基于聚类中心的染色体结构为：

$$S=\{x_{11},x_{12},\cdots,x_{1d},x_{21},x_{22},\cdots,x_{2d},\cdots,x_{k1},x_{k2},\cdots,x_{kd}\} \tag{8-1}$$

即每条染色体都是一个长度为 $k\times d$ 的浮点码串。这种编码方式意义明确、直观，避免了二进制编码在运算过程中反复进行译码、解码及染色体长度受限等问题。

确定了编码方式之后，接下来要进行种群初始化。初始化的过程是随机产生一个初始种群的过程。首先从样本空间中随机选出 K 个个体，K 值由用户自己来指定，每个个体表示一个初始聚类中心，然后根据我们所采用的编码方式将这组个体（聚类中心）编码成一条染色体。然后重复进行 P_{size} 次染色体初始化（P_{size} 为种群大小），直到生成初始种群。

8.3.2 适应度函数的确定

根据前面的介绍可知遗传算法中的适应度函数是用来评价个体的适应度、区别群体中个体优劣的标准。个体的适应度越高，其存活的概率就越大。聚类问题实际上就是找到一种划分，该划分使待聚类数据集的目标函数 G_c $\left(G_c=\sum_{j=1}^{c}\sum_{k=1}^{n_j}\|x_k^{(j)}-m_j\|^2,\ m_j(j=1,2,\cdots,c)\text{ 是聚类中心，} x_k \text{ 是样本}\right)$值达到最小。遗传算法在处理过程中根据每个染色体（$K$ 个聚类中心）进行聚类划分，根据每个聚类中的点与相应聚类中心的距离作为判别聚类划分质量好坏的准则函数 G_c，G_c 值越小表示聚类划分的质量越好。

遗传算法的目的是搜索使目标函数 G_c 值最小的聚类中心，因此可借助目标函数来构造适应度函数

$$\text{fit}=\frac{1}{G_c} \tag{8-2}$$

由上式可以看出，目标函数值越小的聚类中心，其适应度也就越高；目标函数值越大的聚类中心，其适应度也就越低。

种群初始化的 MATLAB 程序如下：

```
individuals=struct('fitness',zeros(1,sizepop), 'chrom',[]);
%种群，种群由 sizepop 条染色体（chrom）及每条染色体的适应度（fitness）组成
avgfitness=[];
%记录每一代种群的平均适应度，首先赋给一个空数组
bestfitness=[];
```

```
%记录每一代种群的最佳适应度，首先赋给一个空数组
bestchrom=[ ];
%记录适应度最好的染色体，首先赋给一个空数组

%初始化种群
for i=1:sizepop
%随机产生一个种群
individuals.chrom(i,:)=4000*rand(1,12);
%把 12 个 0~4000 的随机数赋给种群中的一条染色体，代表 K=4 个聚类中心
x=individuals.chrom(i,:);
%计算每条染色体的适应度
individuals.fitness(i)=fitness(x);
end

%%找最好的染色体
[bestfitness bestindex]=max(individuals.fitness);
%找出适应度最高的染色体，并记录其适应度的值（bestfitness）和染色体所在的位置（bestindex）
bestchrom=individuals.chrom(bestindex,:);
%把最好的染色体赋给变量 bestchrom
avgfitness=sum(individuals.fitness)/sizepop;
%计算群体中染色体的平均适应度

%记录每一代进化中最好的适应度和平均适应度
trace=[avgfitness bestfitness];
```

适应度函数的 MATLAB 程序如下：

```
function fit=fitness(x)
%%计算个体适应度值
%x      input      个体
%fit  output     适应度值
data=load["a.txt"];
kernel=[x(1:3);x(4:6);x(7:9);x(10:12)];
%对染色体进行编码，其中 x(1:3)代表第一个聚类中心，x(4:6)代表第二个聚类中心，x(7:9)代表第
%三个聚类中心，x(10:12)代表第四个聚类中心
Gc=0;
%Gc 代表聚类的准则函数
[n,m]=size(data);
%求出待聚类数据的行和列
for i=1:n
     dist1=norm(data(i,1:3)-kernel(1,:));
dist2=norm(data(i,1:3)-kernel(2,:));
     dist3=norm(data(i,1:3)-kernel(3,:));
     dist4=norm(data(i,1:3)-kernel(4,:));
```

```
%计算待聚类数据中的某一点到各个聚类中心的距离
a=[dist1 dist2 dist3 dist4];
mindist=min(a);
%取其中的最小值，代表其被划分到某一类
Gc=mindist+Gc;
%求类中某一点到其聚类中心的距离和，即准则函数
end
fit=1/Gc;
%求出染色体的适应度，即准则函数的倒数，聚类的准则函数值越小，染色体的适应度越高，聚类的
%效果也就越好
```

8.3.3 选择操作

在生物进化的过程中，对生存环境适应能力强的物种将有更多的机会遗传到下一代；而适应能力差的物种遗传到下一代的机会就相对较少。遗传算法中的选择操作体现了这一“适者生存”的原则：适应度越高的个体，参与后代繁殖的概率越高。遗传算法中的选择操作就是用来确定如何从父代群体中按照某种方法选取个体遗传到下一代群体中的一种遗传运算。选择操作是建立在对个体的适应度进行评价的基础之上的。进行选择操作的目的是避免基因缺失、提高全局收敛性和计算效率。

为了保证适应度最好的染色体保留到下一代群体而不被遗传操作破坏，根据遗传算法中目前已有的选择方法，本书采用了赌一轮选择法选择算子。选择算子具体操作如下。

（1）在计算完当前种群的适应度后，记录下其中适应度最高的个体。

（2）根据个体的适应度$f(S_i), i=1,2,\cdots,P_{\text{size}}$，计算个体的选择概率。

$$P_i = \frac{f(S_i)}{\sum_{j=1}^{P_{\text{size}}} f(S_j)} \tag{8-3}$$

式中，P_{size}为种群规模大小，$\sum_{j=1}^{P_{\text{size}}} f(S_j)$ 为所有个体适应度的总和。

（3）根据计算出的选择概率，使用赌一轮选择法选出个体。

（4）被选出的个体参加交叉、变异操作产生新的群体。

（5）计算出新群体中的各条染色体的适应度，用上一代中所记录的最优个体替换掉新种群中的最差个体，这样产生了下一代群体。

这种遗传操作既不断提高了群体的平均适应度，又保证了最优个体不被破坏，使迭代过程向最优方向发展。

选择操作的 MATLAB 程序如下：

```
function ret=Select(individuals,sizepop)
%本函数对每一代种群中的染色体进行选择，以进行后面的交叉和变异
% individuals input  ：种群信息
%sizepop     input   ：种群规模
% ret         output：经过选择后的种群
```

```
sumfitness=sum(individuals.fitness);
%计算群体的总适应度
sumf=(individuals.fitness)./sumfitness;
%计算出染色体的选择概率，即染色体的适应度除以总适应度
index=[];
%用来记录被选中染色体的序号，首先付给一个空数组

for i=1:sizepop
%转 sizepop 次轮盘
pick=rand;
%把一个[0,1]区间的随机数赋给 pick
while pick==0
        pick=rand;
end
%确保 pick 被赋值
for i=1:sizepop
        pick=pick-sumf(i);
%染色体的选择概率越大，pick 越容易，即染色体越容易被选中
if pick<0
index=[index i];
%把被选中的染色体的序号赋给 index
break;
end
end
end
individuals.chrom=individuals.chrom(index,:);
%记录选中的染色体
individuals.fitness=individuals.fitness(index);
%记录选中染色体的适应度
ret=individuals;
%输出经过选择后的染色体
```

8.3.4　交叉操作

交叉操作是把两个父个体的部分结构加以替换重组而产生新个体的操作，也称为基因重组。交叉的目的是在下一代产生新的个体，因此交叉操作是遗传算法的关键部分，交叉算子的好坏，在很大程度上决定了算法性能的好坏。

由于染色体以聚类中心矩阵为基因，造成了基因串的无序性，两条染色体的等位基因之间的信息不一定相关，如果采用传统的交叉算子进行交叉，致使染色体在进行交叉时，不能很好地将基因配对，使生成的下一代个体的适应值普遍较差，影响了算法的效率。为了改善这种情况，又因为本文所使用的是浮点数编码方式，本文采用了一种以随机交叉为基础的随机交叉算子。

交叉操作的 MATLAB 程序如下：

```
function ret=Cross(pcross,chrom,sizepop)
%本函数完成交叉操作
%pcorss         input   : 交叉概率
%lenchrom       input   : 染色体的长度
% chrom         input   : 染色体群
%sizepop        input   : 种群规模
% ret           output  : 交叉后的染色体

for i=1:sizepop
%交叉概率决定是否进行交叉
pick=rand;
while pick==0
pick=rand;
end
%给 pick 赋予一个[0,1]区间的随机数
if pick>pcross
continue;
end
%当 pick<pcross 时，进行交叉操作
index=ceil(rand(1,2).*sizepop);
while (index(1)==index(2)) | index(1)*index(2)==0
index=ceil(rand(1,2).*sizepop);
end
%在种群中，随机选择两个个体
pos=ceil(rand*3);
while pos==0
pos=ceil(rand*3);
end
%在染色体当中，随机选择交叉位置
temp=chrom(index(1),pos);
chrom(index(1),pos)=chrom(index(2),pos);
chrom(index(2),pos)=temp;
%把两条染色体某个位置的信息进行交叉互换
end
ret=chrom;
%输出经过交叉操作后的染色体
```

8.3.5 变异操作

在生物自然进化的过程中，其细胞分裂的过程可能会出现某些差错，导致基因变异情况的发生。变异操作就是模仿这种情况产生的。所谓变异操作，是指将个体染色体编码串中的某些基因座上的基因值用该基因座的其他等位来替换，从而形成一个新的个体。变异的目的有二：一是增强算法的局部搜索能力；二是增加种群的多样性，改善算法的性能，避免早熟

收敛。变异操作既可以产生种群中没有的新基因，又可以恢复迭代过程中被破坏的基因。本书所使用的是浮点数编码方式，这里采用随机变异算子来完成变异操作。

变异操作的 MATLAB 程序如下：

```
function ret=Mutation(pmutation,chrom,sizepop)
%本函数完成变异操作
%pcorss                    input  ：变异概率
%lenchrom                  input  ：染色体长度
% chrom                    input  ：染色体群
%sizepop                   input  ：种群规模
% bound                    input  ：每个个体的上界和下界
% ret                      output ：变异后的染色体

for i=1:sizepop
%变异概率决定该轮循环是否进行变异
pick=rand;
if pick>pmutation
continue;
end
%当 pick 小于变异概率时，执行变异操作
pick=rand;
while pick==0
pick=rand;
end
index=ceil(pick * sizepop);
%在种群中，随机选择一条染色体
pick=rand;
while pick==0
pick=rand;
end
pos=ceil(pick * 3);
%在染色体当中，随机选择变异位置
chrom(index,pos)=rand * 4000;
%染色体进行变异
end
ret=chrom;
%输出变异后的染色体
```

8.3.6　完整程序及仿真结果

遗传算法的完整 MATLAB 程序如下：

```
clc
tic
%%参数初始化
```

```
maxgen=200; %进化代数,即迭代次数,初始预定值选为 100
sizepop=1500; %种群规模,初始预定值选为 100
pcross=0.9; %交叉概率选择,0 和 1 之间,一般取 0.9
pmutation=0.01; %变异概率选择,0 和 1 之间,一般取 0.01
individuals=struct('fitness',zeros(1,sizepop),'chrom',[]);
%种群,种群由 sizepop 条染色体(chrom)及每条染色体的适应度(fitness)组成
avgfitness=[];
%记录每一代种群的平均适应度,首先赋给一个空数组
bestfitness=[];
%记录每一代种群的最佳适应度,首先赋给一个空数组
bestchrom=[];
%记录适应度最好的染色体,首先赋给一个空数组
%初始化种群
for i=1:sizepop
%随机产生一个种群
individuals.chrom(i,:)=4000*rand(1,12);
%把 12 个 0~4000 的随机数赋给种群中的一条染色体,代表 K=4 个聚类中心
x=individuals.chrom(i,:);
%计算每条染色体的适应度
individuals.fitness(i)=fitness(x);
end
%%找最好的染色体
[bestfitness bestindex]=max(individuals.fitness);
%找出适应度最高的染色体,并记录其适应度的值(bestfitness)和染色体所在的位置(bestindex)
bestchrom=individuals.chrom(bestindex,:);
%把最好的染色体赋给变量 bestchrom
avgfitness=sum(individuals.fitness)/sizepop;
%计算群体中染色体的平均适应度
trace=[avgfitness bestfitness];
%记录每一代进化中最好的适应度和平均适应度
for i=1:maxgen
i
%输出进化代数
individuals=Select(individuals,sizepop);
avgfitness=sum(individuals.fitness)/sizepop;
%对种群进行选择操作,并计算出种群的平均适应度
individuals.chrom=Cross(pcross,individuals.chrom,sizepop);
%对种群中的染色体进行交叉操作
individuals.chrom=Mutation(pmutation,individuals.chrom,sizepop);
%对种群中的染色体进行变异操作
for j=1:sizepop
x=individuals.chrom(j,:);%解码
[individuals.fitness(j)]=fitness(x);
```

```
end
%计算进化种群中每条染色体的适应度
[newbestfitness,newbestindex]=max(individuals.fitness);
[worestfitness,worestindex]=min(individuals.fitness);
%找到最小和最大适应度的染色体及它们在种群中的位置
ifbestfitness<newbestfitness
bestfitness=newbestfitness;
bestchrom=individuals.chrom(newbestindex,:);
end
%代替上一次进化中最好的染色体
individuals.chrom(worestindex,:)=bestchrom;
individuals.fitness(worestindex)=bestfitness;
%淘汰适应度最差的个体
avgfitness=sum(individuals.fitness)/sizepop;
trace=[trace;avgfitness bestfitness];
%记录每一代进化中最好的适应度和平均适应度
end
figure(1)
plot(trace(:,1),'-*r');
title('适应度函数曲线(100*100)')
hold on
plot(trace(:,2),'-ob');
legend('平均适应度曲线','最佳适应度曲线','location','southeast')
%%画出适应度变化曲线
clc
%%画出聚类点
data1=load('aa.txt');
%待分类的数据
kernal=[bestchrom(1:3);bestchrom(4:6);bestchrom(7:9);bestchrom(10:12)];
%解码出最佳聚类中心
[n,m]=size(data1);
%求出待聚类数据的行数和列数
index=cell(4,1);
%用来保存聚类类别
dist=0;
%用来计算准则函数
for i=1:n
dis(1)=norm(kernal(1,:)-data1(i,:));
dis(2)=norm(kernal(2,:)-data1(i,:));
dis(3)=norm(kernal(3,:)-data1(i,:));
dis(4)=norm(kernal(4,:)-data1(i,:));
%计算出待聚类数据中的一点到各个聚类中心的距离
[value,index1]=min(dis);
```

```
%找出最短距离和其聚类中心的种类
cid(i)=index1;
%用来记录数据被划分到的类别
index{index1,1}=[index{index1,1} i];
dist=dist+value;
%计算准则函数
end
cid;
dist;
%%作图
figure(2)
plot3(bestchrom(1),bestchrom(2),bestchrom(3),'r*');
title('result100*100')
hold on
%画出第一类的聚类中心
index1=index{1,1};
for i=1:length(index1)
plot3(data1(index1(i),1),data1(index1(i),2),data1(index1(i),3),'ro')
hold on
end
hold on
%画出被划分到第一类中的各点
index1=index{2,1};
plot3(bestchrom(4),bestchrom(5),bestchrom(6),'m*');
hold on
%画出第二类的聚类中心
for i=1:length(index1)
plot3(data1(index1(i),1),data1(index1(i),2),data1(index1(i),3),'md');
grid on;
hold on
end
%画出被划分到第二类中的各点
index1=index{3,1};
plot3(bestchrom(7),bestchrom(8),bestchrom(9),'g*');
hold on
%画出第三类的聚类中心
for i=1:length(index1)
plot3(data1(index1(i),1),data1(index1(i),2),data1(index1(i),3),'gx');
hold on
end
%画出被划分到第三类中的各点
index1=index{4,1};
plot3(bestchrom(10),bestchrom(11),bestchrom(12),'b*');
```

```
hold on
%画出第四类的聚类中心
for i=1:length(index1)
plot3(data1(index1(i),1),data1(index1(i),2),data1(index1(i),3),'bs');
hold on
end
%画出被划分到第四类中的各点
toc
```

程序运行完以后，初始聚类结果如图 8-4 所示，适应度曲线如图 8-5 所示。

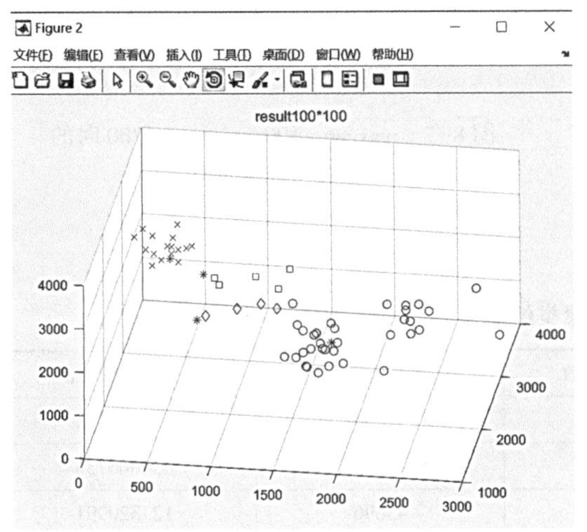

图 8-4　maxgen=100、sizepop=100 时的聚类结果

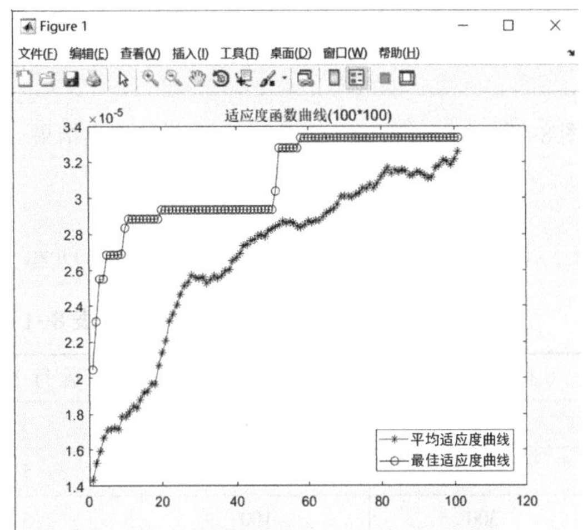

图 8-5　maxgen=100、sizepop=100 时的适应度函数曲线

分析聚类结果可知，当进化代数（迭代次数）maxgen=100、种群规模 sizepop=100 时，有一类仅有一个数据，聚类结果明显是错误的，并没有按照要求把数据聚为 4 类。通过分析适应度函数曲线可知，群体的平均适应度在进化到第 100 代左右刚好达到收敛，所以不是迭代次数的问题，也可能是种群规模的问题，就像在自然界进化过程当中，一个种群的规模越大，其产生优秀个体的可能性也就越高，经过进化后，就能产生更加优秀的群体。所以，我们要不断增加种群规模来比较其聚类效果，这里将 sizepop 依次取 200、300、400、500 等。当进化代数（迭代次数）maxgen=100、种群规模 sizepop=700 时，聚类结果如图 8-6 所示，适应度函数曲线如图 8-7 所示。

但是当种群规模增加到 sizepop=700 左右时，聚类效果依然不佳，此时我们可以看出，种群的平均适应度函数曲线并没有收敛，这时我们就需要增加进化代数 maxgen 了，就像在自然界进化当中，虽然一个种群的规模很大，产生优秀个体的可能性很高，但是没有经过长时间的进化，还没有达到优胜劣汰的效果。

就这样，我们不断增大种群规模，并找到其合适的进化代数，来观察聚类的效果。但是是不是种群规模越大，进化代数越多越好呢？显然不是的，种群规模越大，进化代数越多，聚类效果确实越好，但是付出的代价是收敛速度变慢，所以我们要根据实际情况确定合适的种群规模和进化代数。

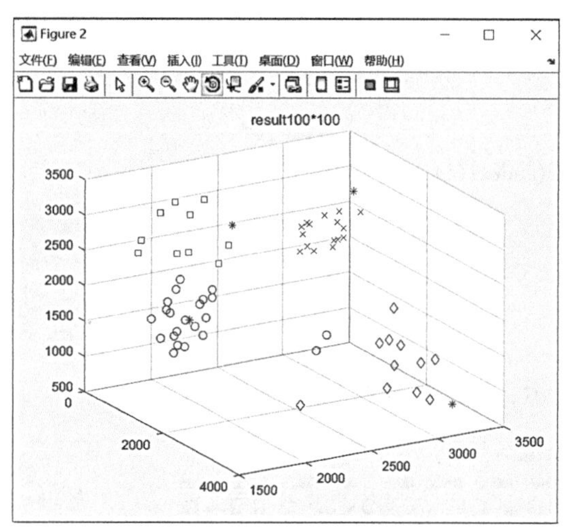

图 8-6　maxgen=100、sizepop=700 时的聚类结果

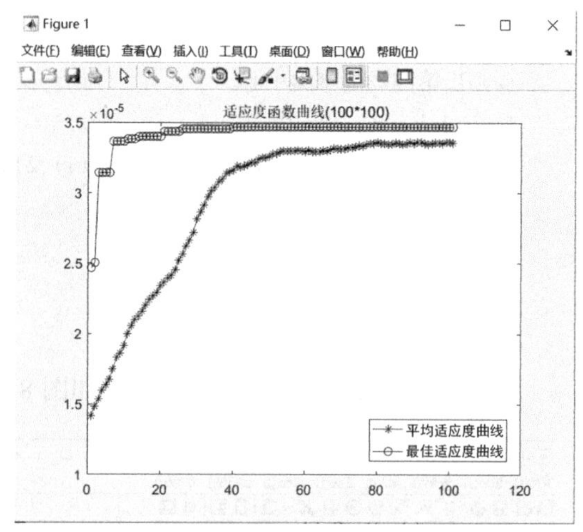

图 8-7　maxgen=100、sizepop=700 时的适应度函数曲线

遗传算法实验的聚类结果如表 8-1 所示。

表 8-1　聚类结果

种群规模	进化代数	运行次数	准则函数平均值	收敛速度平均值/s
100	100	5	42138	4. 6325108
200	100	5	49595	8. 4666738
300	100	5	43696	12. 320991
400	100	5	40945	17. 223390
500	100	5	40555	19. 819010
600	100	5	43832	24. 137784
700	100	5	44060	29. 798188
800	150	5	47935	46. 834691
900	150	5	36118	54. 178806
1000	150	5	37477	63. 526360
1100	150	5	44204	65. 906776
1200	150	5	31969	68. 900633
1500	200	5	30493	114. 950724
2000	200	5	33498	153. 360266
2500	250	5	37530	234. 189298
3000	300	5	40662	332. 896752
4000	300	5	39092	446. 044975

通过对比表中数据，可以看出随着种群规模和进化代数的增加，准则函数的值得到明显的下降，得出了正确的聚类结果，但是具有很大的随机性，收敛速度也越来越慢。当进化代数（迭代次数）maxgen=200、种群规模 sizepop=1500 时，准则函数平均值最小，聚类结果是实验中最好的，聚类结果如图 8-8 所示，适应度函数曲线如图 8-9 所示。

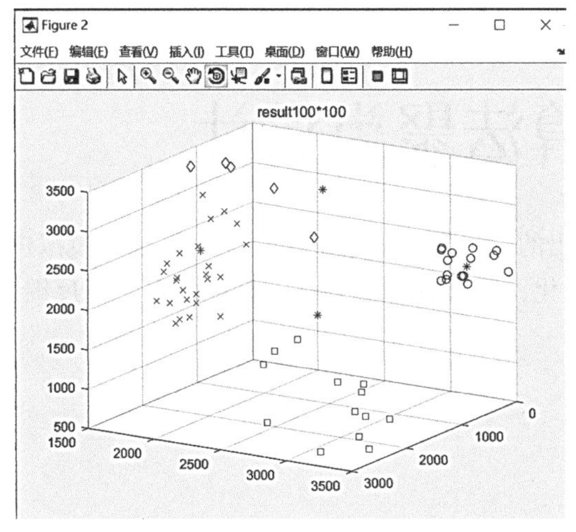

图 8-8　maxgen=200、sizepop=1500 时的聚类结果

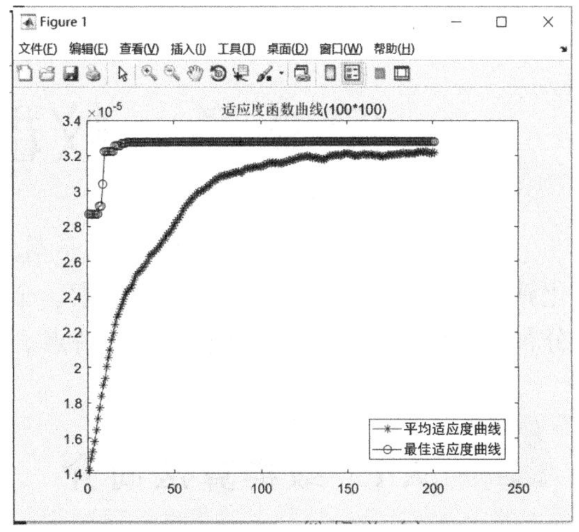

图 8-9　maxgen=200、sizepop=1500 时的适应度函数曲线

本章给出了一种基于遗传算法的聚类分析方法。聚类分析是模式识别中非监督学习的一种重要方法，其基本思想是将多维空间中的特征向量按照它们之间的某种距离度量划分为若干个集合，使相同集合中的特征向量之间的距离较为接近。距离度量的方式有很多，对于 N 维空间中的向量，最直观的距离度量是向量之间的欧氏距离 $d=\|\boldsymbol{x}-\boldsymbol{c}\|$。遗传算法模拟生物进化的过程，具有很好的自组织、自适应和自学习能力，在求解大规模优化问题的全局最优解方面具有广泛的应用。聚类问题的解是各个集合的中心，通过对问题的解进行编码，然后对编码进行选择、交叉和变异操作，结合评价解好坏的适应度函数，就可找到按所选的评价标准来说的比较好的聚类划分。

(1) 什么是遗传算法？

(2) 常用的遗传算子有哪些？

(3) 遗传算法的特点是什么？

(4) 简述遗传算法的基本要素。

第9章　蚁群算法聚类设计

蚁群算法是由意大利学者M. Dorigo等人提出的一种新型的解决组合优化问题的模拟进化算法。该算法不仅能够实现智能搜索、全局优化，而且具有稳健性、鲁棒性强、正反馈、分布式计算、易与其他算法相结合等特点。

9.1　蚁群算法简介

1991年，蚁群算法被首次提出，根据蚂蚁“寻找食物”的群体行为，Dorigo在European Conference on Artificial Life上最早提出了蚁群算法的基本模型，1992年Dorigo又在其博士学位论文中进一步阐述了蚁群算法的核心思想。1996年，其又一篇奠基性文章*Ant System: Optimization by a Colony of Cooperation Agents*在*IEEE Transactions on Systems, Man, and Cybernetics—Part B*上发表，在该文中，Dorigo等不仅对蚁群算法的基本原理和数学模型进行了更加系统的阐述，还将其与遗传算法、禁忌搜索算法、模拟退火算法、爬山法等进行了仿真实验比较，并把算法拓展到解决非对称旅行商问题（Traveling Salesman Problem，TSP）、指派问题（Quadratic Assignment Problem，QAP）及车间作业调度问题（Job-shop Scheduling Problem，JSP）等问题上，并且对算法中初始参数对性能的影响做了初步探讨。自1996年起，蚁群算法作为一种新颖的、处于前沿的问题优化求解算法，在算法的改进、算法收敛性的证明及应用领域方面逐渐得到了世界许多国家研究者的关注。进入21世纪，国际著名的顶级学术刊物*Nature*多次报道了蚁群算法的研究成果，*Future Generation Computer Systems*和*IEEE Transactions Evolutionary Computation*分别出版了蚁群算法专刊。目前，对蚁群算法及其应用的研究已经成为国内外许多学术期刊和会议上的热点和前沿性课题。随着蚁群算法研究的兴起，人们发现在某些方面采用蚁群模型进行聚类更加接近实际聚类情况。

蚁群算法是模拟自然界中蚂蚁觅食的行为产生的。蚂蚁在运动过程中不仅能够在所经路径上留下一种叫信息素（Pheromone）的物质，而且它们还能够感知到这种物质的存在，并以此指导自己的运动方向。蚂蚁个体之间通过这种信息交流达到搜索食物的目的。蚁群算法利用正反馈原理，可以加快进化过程；分布式计算使该算法易于并行实现，个体之间不断进行信息交流和传递，有利于找到较好的解；该算法易与多种启发式算法结合，可改善算法的性能；由于鲁棒性强，故在基本蚁群算法模型的基础上进行改进，便可用于其他问题。因此，蚁群算法的问世为诸多领域解决复杂优化问题提供了有力的工具。

9.2　蚁群算法原理

9.2.1　基本蚁群算法的原理

现实生活中单个蚂蚁的能力和智力非常简单，但蚂蚁在寻找食物的过程中，往往能找到蚁穴与食物之间的最佳行进路线。不仅如此，蚂蚁还能够适应环境变化。例如，当蚂蚁运动路线上突然出现障碍物时，一开始路线上蚂蚁的分布是均匀的，不管路径长短，蚂蚁总是先按照等同概率选择各条路径，如图 9-1 所示。但经过一段时间后，蚂蚁重新找到了新的最优路径。

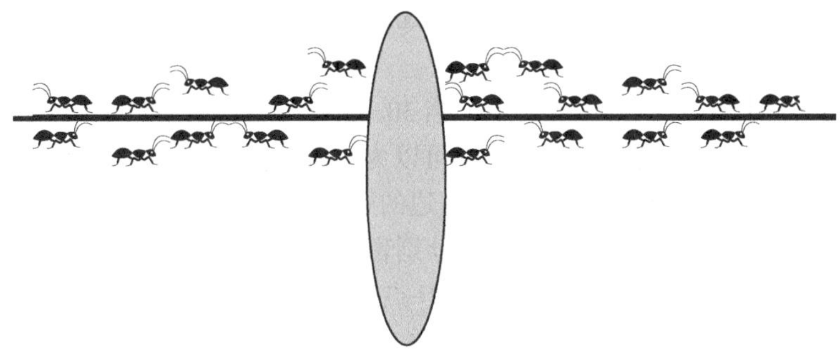

图 9-1　蚂蚁以等同概率选择各条路径

蚁群的这些特性早就引起了生物学家和仿生学家的强烈兴趣。仿生学家通过大量细致观察研究发现，蚂蚁个体之间是通过一种被称为信息素（Pheromone）的物质进行信息传递的，从而能相互协作，完成复杂的任务。蚁群之所以表现出复杂有序的行为，个体之间的信息交流与相互协作起着重要的作用。

蚂蚁在运动过程中，能够在其所经过的路径上留下信息素，而且蚂蚁在运动过程中能够感知到信息素的存在，并以此确定自己的运动方向，蚂蚁倾向于朝着该物质浓度高的方向移动。当路径上出现障碍物时，相等时间内蚂蚁留在较短路径上的信息素比较多，这样形成正反馈现象，选择较短路径的蚂蚁也随之增多，如图 9-2 所示。

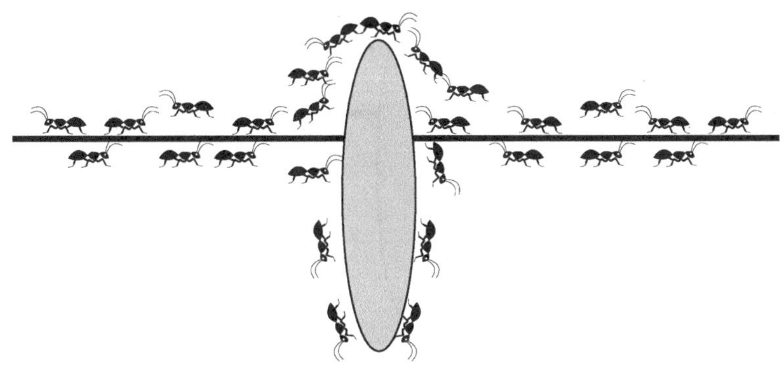

图 9-2　较短路径信息素浓度高，选择该路径的蚂蚁增多

蚂蚁运动过程中较短路径上遗留的信息素会在很短时间内大于较长路径上的信息素，原因不妨用图 9-3 说明：假设 A、E 两点分别是蚁群的巢穴和食物源，有两条路径 $A-B-H-D-E$ 和 $A-B-C-D-E$，其中 $B-H$ 和 $H-D$ 间距离为 1m，$B-C$ 和 $C-D$ 间距离为 0.5m。

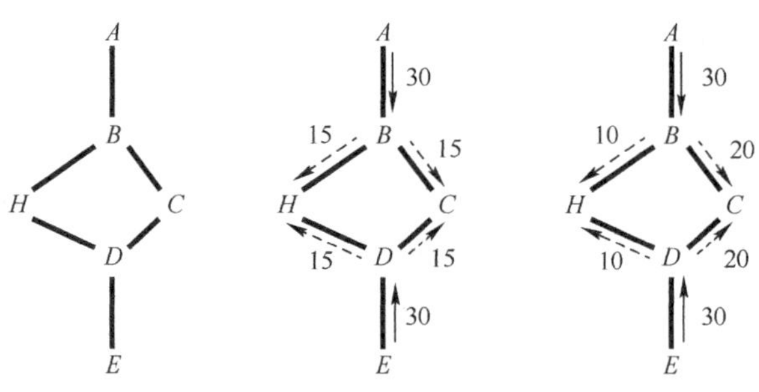

图 9-3　蚂蚁选择路径示意

最初（即 $t=0$ 时刻），如图 9-3 所示，当 30 只蚂蚁走到分支路口 B 或者 D 点时，要决定往哪个方向走。因为初始时没有什么线索可以为蚂蚁提供选择路径的标准，所以它们就以相同的概率选择路径，结果有 15 只蚂蚁走左边的路径 $D-H$、$B-H$，另外 15 只蚂蚁走右边的路径 $D-C$、$B-C$，这些蚂蚁在行进过程中分别留下信息素。假设蚂蚁都具有相同的速度（1m/s）和信息素释放能力，则经过 1s 后从 D 点出发的 30 只蚂蚁有 15 只到达了 H 点，有 15 只经过 C 点到达了 B 点，同样从 B 点出发的 30 只有 15 只到达了 H 点，有 15 只经过 C 点到达了 D 点。很显然，在相等的时间间隔内，路径 $D-H-B$ 上共有 15 只蚂蚁经过并遗留了信息素，$D-C-B$ 上却有 30 只蚂蚁经过并遗留了信息素，其信息素浓度是 $D-H-B$ 路径上的 2 倍。因此，当 30 只蚂蚁分别回到 A、E 点重新选择路径时就会以 2 倍于 $D-H-B$ 的概率选择路径 $D-C-B$，从而 $D-H-B$ 上的蚂蚁数目变成了 10 只，距离较短的路径上信息素浓度很快得到了提高，其优势也很快被蚂蚁发现。

不难看出，由大量蚂蚁组成的群体的集体行为表现出了一种信息正反馈现象：某条路径上走过的蚂蚁越多，则后来者选择该路径的概率就越大，蚂蚁个体之间就通过这种信息的交流来达到搜索食物的目的，并最终沿着最短路径行进（见图 9-4）。

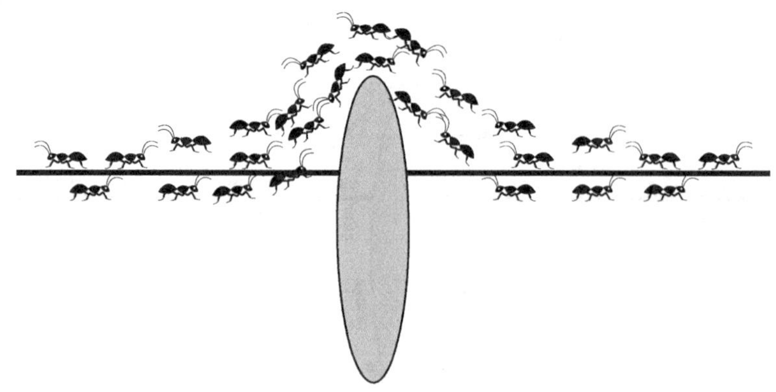

图 9-4　蚂蚁最终绕过障碍物找到最优路径

9.2.2　蚁群算法的模型建立

1. 基于蚂蚁构造墓地和分类幼体的聚类分析模型

蚁群构造墓地行为和分类幼体行为统称为蚁群聚类行为。生物学家经过长期的观察发现，在蚂蚁群体中存在一种本能的聚集行为。蚂蚁往往能在没有关于蚂蚁整体的任何指导性信息情况下，将其死去的同伴的尸体安放在一个固定的场所。Chretien 用黑蚁做了大量实验研究蚂蚁的这种构造墓地的行为，发现工蚁能在几小时内将分散在蚁穴各处的任意分布、大小不同的蚂蚁尸体聚成几类；Deneubourg JL 等人也用苍白大头蚁做了类似的实验。另外观察还发现，蚁群会根据蚂蚁幼体的大小将其放置在不同的位置，如分别把它们堆放在蚁穴周围和中央的位置。真实蚁群聚类行为如图 9-5 所示，四张照片分别对应为实验初始状态、3 小时、6 小时和 36 小时的蚁群聚类情况。这种蚁群聚集现象的基本机制是小的聚类通过已聚集的蚂蚁尸体发出的信息素吸引工蚁存放更多的同类对象，由此变成更大的聚类。在这种情况下，蚁穴环境中的聚类分布特性具有间接通信的作用。

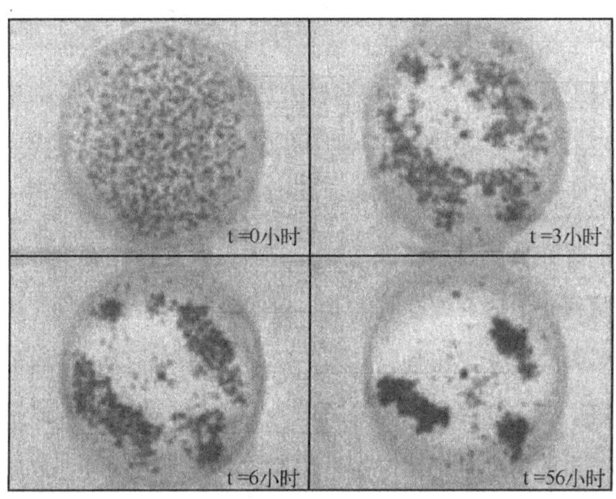

图 9-5　真实蚁群的聚类行为

针对蚂蚁构造墓地和分类幼体的本能行为所表现出来的聚类现象，Deneubourg JL 等人提出了蚁群聚类的基本模型（BM）用来解释这种现象，指出了单个对象会比较容易被拾起而且移动到其他具有很多这类对象的地方。

基本模型通过利用个体与个体及个体与环境之间的交互作用，实现了自组织聚类，并成功应用于机器人的控制上（一群类似于蚂蚁的机器人在二维网格中随意移动并可以搬运基本物体，最终把它们聚集在一起）。该模型的成功应用引起了各国学者的广泛关注和激发了研究的热潮。通过在 Deneubourg 的基本分类模型中引入数据对象之间相似度的概念，提出了 LF 聚类分析算法，并成功地将其应用到数据分析中。

2. 基于蚂蚁觅食行为和信息素的聚类分析模型

蚂蚁觅食的过程，可以分为搜索食物和搬运食物两个环节。每个蚂蚁在运动过程中都会在其所经过的路径上留下信息素，而且能够感知到信息素的存在及其强度，比较倾向于向信息素浓度高的方向移动。同样，信息素自身也会随着时间的流逝而挥发，显然某一路径上经过的蚂蚁数目越多，那么信息素就越浓，后来的蚂蚁选择该路径的可能性就比较大，整个蚁群的行为表现出了信息正反馈现象。

通过借鉴这一蚁群生态原理，基于蚂蚁觅食行为和信息素的聚类分析模型的基本思想是将数据看作具有不同属性的蚂蚁，聚类中心就被视为蚂蚁所要寻找的“食物源”，所以数据聚类过程就能看作蚂蚁找寻食物源的过程。该模型的流程如图 9-6 所示。

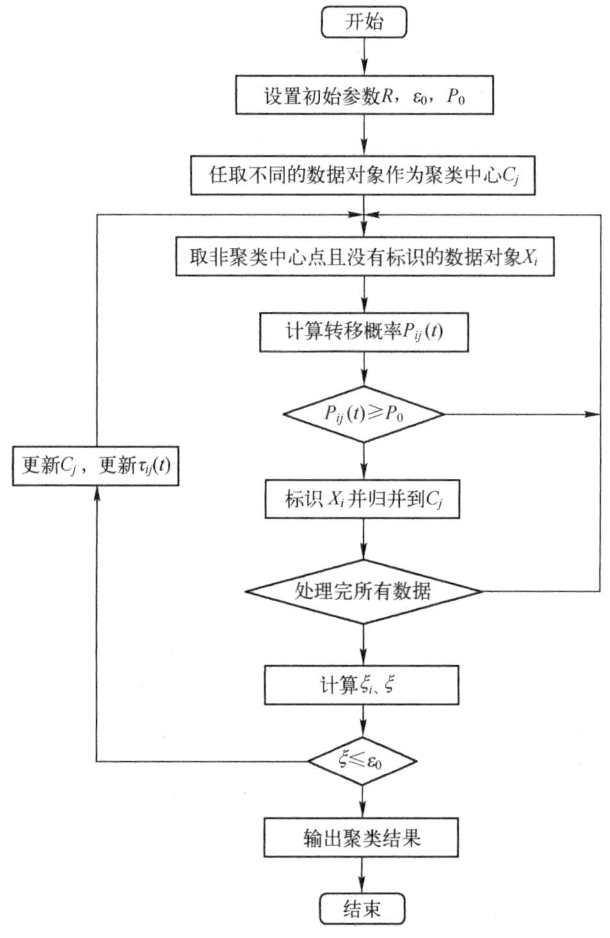

图 9-6 基于蚂蚁觅食行为和信息素的聚类分析模型流程图

该模型可以描述为：假设 X 是 n 个 m 维待聚类的数据对象集合，C_j 表示聚类中心，初始化时任意分配不相同的数据值，R 为聚类半径，ε_0 为统计误差，P_0 为概率转移阈值。数据对象 X_i 合并到 C_j 中的概率 $P_{ij}(t)$ 为

$$P_{ij}(t)=\frac{\tau_{ij}^{\alpha}(t)\eta_{ij}^{\beta}(t)}{\sum\limits_{s\in S}\tau_{ij}^{\alpha}(t)\eta_{ij}^{\beta}(t)} \tag{9-1}$$

$$\tau_{ij}(t)=\begin{cases}1, d(X_i,C_j)\leqslant R\\0, d(X_i,C_j)>R\end{cases} \tag{9-2}$$

$$d(X_i,C_j)=\sqrt{\sum_{r=1}^{m}(x_{ir}-c_{jr})^2} \tag{9-3}$$

式中，$d(X_i,C_j)$ 表示 X_i 到聚类中心 C_j 之间的欧氏距离；$\tau_{ij}(t)$ 是 t 时刻蚂蚁 X_i 到聚类中心 C_j 路径上残留的信息素，在初始时刻令各条路径上的信息量都为 0，$\tau_{ij}(t)=0$；$S=\{X_s \mid d(X,C)\leqslant R, s=1,2,\cdots,j+1,\cdots,n\}$ 表示分布在聚类中心 C_j 邻域内的数据对象的集合；能见度 $\eta_{ij}=$

$1/d(X_i, C_j)$；α 和 β 是用于控制信息素和能见度的可调节参数；如果 $P_{ij}(t)$ 大于阈值 P_0，那么就将 X_i 归并到 C_j 的邻域。

模型终止条件是所有聚类总偏离误差 ξ 小于给定的统计误差 ε_0。所有聚类的总偏离误差 ξ 计算公式为

$$\xi = \sum_{j=1}^{k} \xi_j \tag{9-4}$$

$$\xi_j = \sqrt{\frac{1}{J}\sum_{i=1}^{J}(X_i - C_j')^2} \tag{9-5}$$

$$C_j' = \frac{1}{J}\sum_{i=1}^{J} X_i \tag{9-6}$$

其中，ξ_j 表示第 j 个聚类的偏离误差，C_j' 为新的聚类中心，X_i 是所有归并到 C_j 类中的数据对象，即 $X_i \in \{X_h \mid d(X_h, C_j) \leqslant R, h=1,2,\cdots,j+1,\cdots,n\}$，$J$ 为该聚类中所有数据对象的个数。

该模型中蚂蚁的通信介质是其在路径上留下的信息素，具有自组织、正反馈等优点。尽管该方法不需要事先给定聚类的个数，由于需要预先设置类半径，因此限制了生成的类的规模。而且由于信息素的更新原则 $\tau_{ij}(t)$ 取为常数 1，处理策略使用的是局部信息，而且对数据关联性也没有考虑到，所以非常容易陷入局部最优。通过引入在蚁群算法的 Ant-Cycle 模型中信息素的处理方式，$\tau_{ij}(t)$ 为在本次循环中所经过的路径总长度的函数，能更加充分地利用环境中的整体信息。这种信息的更新规则能够让短路径上对应的信息量逐渐增大，这样就充分体现了算法中全局范围内比较短的路径的生存能力，加强了信息的正反馈性能，而且提高算法系统搜索收敛的速度。并且能更好地保证残余信息伴随着时间的推移而逐渐减弱，这样就把不好的路径“忘记”，即使路径常常被访问也不至于因为信息素的积累，而使得期望值的作用没法体现出来。

9.2.3　蚁群算法的特点

蚁群算法的主要特点是通过正反馈、分布式协作来寻找最优解，这是一种基于种群寻优的启发式搜索算法，能根据聚类中心的信息量把周围数据归并到一起，从而得到聚类分类。蚁群算法具体步骤为：变量初始化；将 m 只蚂蚁放到 n 个城市；m 只蚂蚁按照概率函数选择下一座城市，完成各自的周游；记录本次迭代的最佳路线；更新信息素；禁忌表清零；输出结果。

蚁群算法来源于蚂蚁搜索食物过程，与其他群集智能一样，蚂蚁算法具有较强的鲁棒性，不会由于某一个或者某几个个体的故障而影响整个问题的求解，具有良好的可扩充性，由于系统中个体的增加而增加的系统通信开销非常小。

除此之外，蚁群算法还具有以下特点：

☺ 蚁群算法是一种并行的优化算法。蚂蚁搜索食物的过程彼此独立，只通过信息素进行间接的交流。这为并行计算旅行商问题提供了极大的方便。由于旅行商问题的计算量一般较大，并行计算可以显著减少计算时间。

☺ 蚁群算法是一种正反馈算法。一段路径上的信息素水平越高，就越能够吸引更多的蚂蚁沿着这条路径运动，这又使其信息素水平增加。正反馈的存在使搜索很快收敛。

☺ 蚁群算法的鲁棒性性能较好。相对于其他算法，蚁群算法对初始路线的要求不高。

也就是说，蚁群算法的搜索结果不依赖于初始路线的选择。

☺ 蚁群算法的搜索过程不需要进行人工的调整。相较于某些需要进行人工干预的算法（如模拟退火算法）而言，蚁群算法可以在不需要人工干预的情况下完成从初始化到得到整个结果的过程。

蚂蚁算法对于小规模（不超过 30 个）的旅行商问题效果显著，但随着旅行商问题的复杂性的增加，其性能急剧下降。主要原因是，算法的初始阶段，各条路径上的信息素水平基本相等，蚂蚁的搜索呈现出较大的盲目性。只有经过较长时间后，信息素水平才呈现出明显的指导作用。另外，由于蚁群算法是一种正反馈算法，在算法速度收敛较快的同时，也容易陷入局部优化。比如说，在两个旅行点中间的一条边，这条边的旅行费用在所有相邻的城市中是最低的。那么，在搜索的初期，这条边上会获得最高的信息素水平。高信息素水平又容易导致更多的蚂蚁沿这条路径运动。这样与这两个城市相连的其他路径就没有太多的机会被访问。但实际上，全局最优路径中，并不一定包含这条边。因此对于大规模的旅行商问题，早期的蚁群算法搜索到最优解的可能性较小。

另外，蚁群算法仍然存在一些缺陷，如在性能方面，算法的收敛速度和所得解的多样性、稳定性等性能之间存在矛盾。这是因为蚁群中多个个体的运动是随机的，虽然通过信息的交流能够向着最优路径进化，但是当群体规模较大时，很难在较短时间内从杂乱无章的路径中找到一条较好的路径。如果加快收敛速度，则很可能导致蚂蚁的搜索陷入局部最优，造成早熟停滞现象。

应用范围方面，蚁群算法的应用还局限在较小的范围内，难以处理连续空间的优化问题。由于每个蚂蚁在每个阶段所做的选择总是有限的，它要求离散的解空间，因而它对组合优化等离散问题很适用，而对线性和非线性规划等连续空间的优化问题求解不能直接应用。

9.3 基本蚁群算法实现

9.3.1 蚁群算法的实现特点

蚁群算法的实现关键在于以下 4 个搜索行为。

☺ 局部搜索策略。在我们要解决一个问题的时候，每一只小小的蚂蚁在经过一定的路径之后，都会自行地建立一个自主的解决问题的方法，并且记录下自己的方法，根据这个小范围的区域里选择自己想要移动的路径。在这里，每个蚂蚁都有私人信息，即蚂蚁的内部记忆，并且有公开的局部信息。

☺ 蚂蚁的内部状态。每个蚂蚁都有类似于人的记忆功能，它可以将过去的信息存储起来，而计算机能够整合蚂蚁的记忆，产生一定的价值，每一只蚂蚁对已解决的问题都有着自己的贡献。因此，有可能建立一个可行的因解决方案而产生的控制方案。

☺ 信息素轨迹。蚂蚁之间是怎样传递信息的呢？答案是依靠信息素轨迹。就像真实的蚂蚁会留下激素一样，人工蚂蚁通过信息素轨迹可以建立一种全局性的激素信息。蚂蚁有两种方式可以实现这一点，第一种是得到信息后立刻释放信息素；第二种是返回起点，释放信息素。这两种方法可以单独使用，也可以同时使用。

☺ 蚂蚁信息决策表。这个表是由信息素函数决定的，它决定着蚂蚁的移动行为，也就决定了蚂蚁的行动轨迹。它还和启发信息函数一起组成了一个概率表。虽然该函数决定着蚂蚁的行为，但是也是有概率性质的，所以蚂蚁不会迅速走到空间的一点。

9.3.2　蚁群算法的实现方法

首先是程序的初始化，设置初始参数，如测试样本数、测试样本的属性数、分组数、蚂蚁数及最大迭代次数等（以上参数均在后面的仿真中进行最终的确定），将要进行聚类的数据按矩阵形式存储。接下来建立信息素矩阵，并对其初始化，矩阵维数为 $N\times K$(样本数×聚类数)，初始值设为 0.01，即在 MATLAB 程序中可表示为 tau = ones(N,K) * 0.01。然后定义标识符矩阵，其维数为 $R\times(N+1)$，初始值是 0，设置偏离误差的数值大小，即各样本到其对应的聚类中心的欧式距离之和，其最终值的确定将由实际的仿真运行结果来决定。再然后是聚类中心的选择。经过多方面综合因素的考虑，最后将样本属性的均值作为聚类中心，并对信息素矩阵进行不断更新，在信息素矩阵更新之后，再根据新的信息素矩阵，判断路径，进行迭代运算，直到达到最大迭代次数，或偏离误差达到要求值。

在 MATLAB 中，蚁群算法的程序流程图如图 9-7 所示。

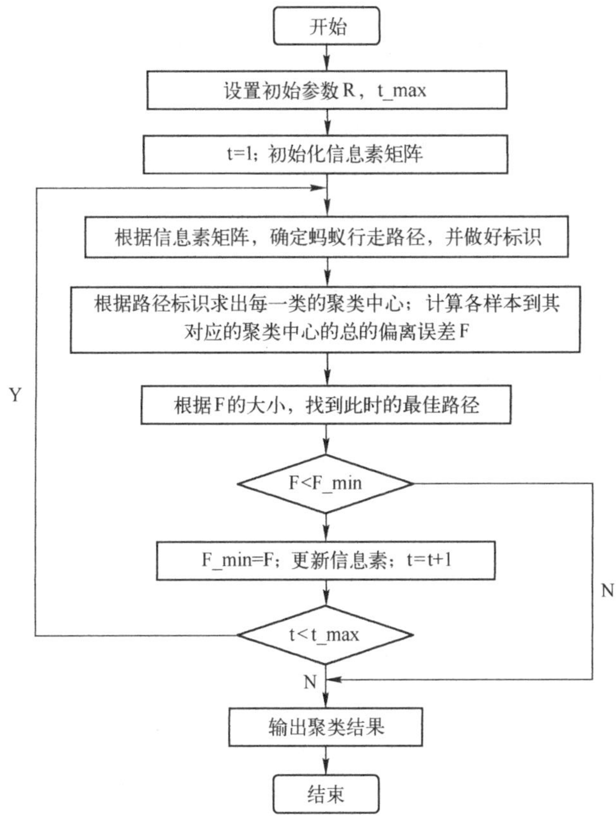

图 9-7　蚁群算法的程序流程图

9.3.3　蚁群算法的 MATLAB 仿真及对比分析

在初次运行程序之前，需要设定参数值。这里为了找到最佳参数值，我们将蚂蚁数分别设为 10 和 100，以便进行对比，然后将最大迭代次数依次设为 100、1000、10000、100000，将阈值设为 0.9，蒸发率为 0.1，偏离误差为 20970，然后进行数据的聚类。

本示例为了找到最优的分类效果，进行了大量的参数调试实验，首先是对蚂蚁数和最大迭代次数的确定，这里将阈值=0.9、蒸发率=0.1 和偏离误差=20790 设为定值，调试过程的参数如表 9-1 所示。

表 9-1　参数调试数据表

蚂　蚁　数	最大迭代次数	偏离误差	运行时间/s	实际迭代次数
10	100	20310	3.1535	449
10	1000	20729	3.4913	474
10	10000	20346	4.8707	785
10	100000	18448	4.2332	646
100	100	19943	1.5679	19
100	1000	20686	2.8879	46
100	10000	20145	14.303	262
100	100000	19426	23.5161	432

由表 9-1 中的数据我们可以看出，在其他参数相同的情况下，当蚂蚁数较多时，聚类效果较好，而最大迭代次数越大，聚类效果越明显，当然时间也会有所增加，并且并非迭代次数最大时的聚类效果最好。故我们可以得出，当蚂蚁数为 100，最大迭代次数为 10000 时，同等聚类条件下效果较好，其聚类效果如图 9-8 所示。

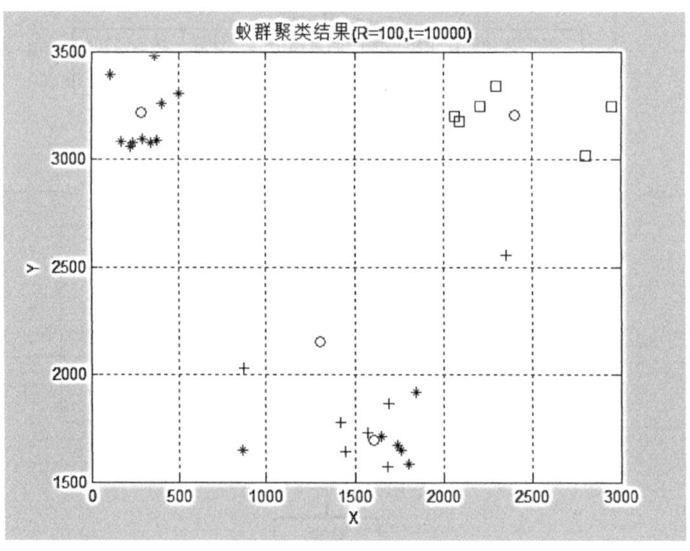

图 9-8　聚类效果平面图

图 9-8 给出的是在蚂蚁数为 100，最大迭代次数为 10000 时，蚁群算法聚类的效果图，可以从图中看出，虽然是表 9-1 中分类效果最好的结果，但是聚类的效果并不理想。因此，我们考虑，在此参数基础上，改变阈值、蒸发率和偏离误差，以改善效果。先进行偏离误差的确定，其参数调试结果如表 9-2 所示。

表 9-2　参数调试结果对比

偏离误差参数	运行时间/s	实际迭代次数	聚类误差数
35790	0.1058	2	>10
20145	14.303	262	8
14493	20.850	381	5
12237	31.7966	600	2

由此我们可以得知，偏离误差即各样本到其对应聚类中心的欧式距离之和越小，也就是 best_solution_function_value 的值设得越小，聚类的效果越好。其值越大，聚类时间越短，聚类效果越差。但是，并不是最小最好，因为如果该值设置得过小，那么算法在聚类的过程中很可能会因达不到这个程度，而陷入持续不断的计算当中，从而无法得出聚类结果。本示例就曾将偏离误差的值设为 10790，但是程序运行到 11080 时便无法再继续减少了，因此程序便一直不停地运行，以至于无法得出最终结果。而算法中的阈值和蒸发率的选取，同样采用上述方法进行确定，将阈值分别设为 0.1、0.5、0.9，蒸发率也同样设为 0.1、0.5、0.9。从实验结果可知，将阈值设为 0.9，蒸发率设为 0.1 时聚类效果较好。同时我们还由实验结果总结出，当蒸发率不变改变阈值大小时，阈值越小，聚类效果越不明显；而当阈值不变时，蒸发率越大，程序运行的时间越短，聚类效果没有明显改善，但是聚类的情况变得不稳定了。最后，将测试得出的最佳参数值分别代入蚁群算法中，在 MATLAB 中运行程序，得出最终的聚类结果，如图 9-9 所示。

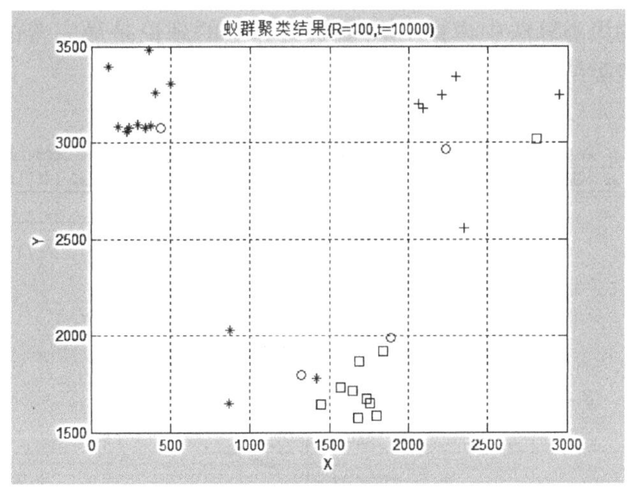

图 9-9　最终聚类结果平面图

由图 9-9 可以看出，当使用阈值为 0.9、蒸发率为 0.1、最大迭代次数 10000、蚂蚁数 100、偏离误差 12790 设置程序参数时，可以有效地实现数据聚类，且中心点位置清晰，聚类效果明显。并且，这也是经过大量实验检测得出的最好的聚类效果。从图 9-9 中我们也可以看出有一个数据分错了类，但实际上通过程序结果可知，是有两个数据出错了，其具体结果与给定结果的对比如表 9-3 所示。

表 9-3　实际分类结果与给定结果的数据对比

数据类别结果	实际分类结果	给定分类结果
1	4 6 16	4 6 16 25
2	8 14 15 18 19 24	8 14 15 18 19 22 24
3	1 3 7 11 17 20 21 22 25 26	1 3 7 11 17 20 21 26
4	2 5 9 10 12 13 23 27 28 29	2 5 9 10 12 13 23 27 28 29

由表 9-3 可以清晰地看出，本示例的聚类结果相较于实际结果出现了两处数据错误，即第 22 组数据和第 25 组数据分错了类。它们本来属于第 1 类和第 2 类，结果都分到了第 3 类中，它们的数据分别是 2802.88、3017.11、1984.98 和 1449.58、1641.58、3405.12。究其原因，首先，参数的设置还不够完善，可能还存在微小的差别，精确度还可以继续提高；其次，本示例设计的蚁群聚类算法乃是最基础的算法，并未尝试各种改进型的算法，经过算法改进和完善，有可能会提高准确度；最后，计算机运行程序的结果可能出现一定概率的自然偏差，这不是人为因素所能改变的。

9.3.4　与 C 均值聚类对比分析

为了更加准确地对蚁群聚类算法的聚类结果进行分析，在最后，又对原始数据进行了模糊 C 均值聚类。

C 均值聚类属于模糊聚类的一种，所谓模糊聚类就是用模糊的方法处理聚类问题，模糊聚类得到的样本属于各个类别的不确定程度，表达的是样本类别的中介性，并通过建立对样本不同类别的不确定性的描述，客观地反映现实世界，并逐渐成为聚类分析的主流。

基于目标函数的聚类算法中模糊 C 均值聚类算法的理论是最完善的，应用也是最为广泛的，其对数据的聚类结果如图 9-10 所示。

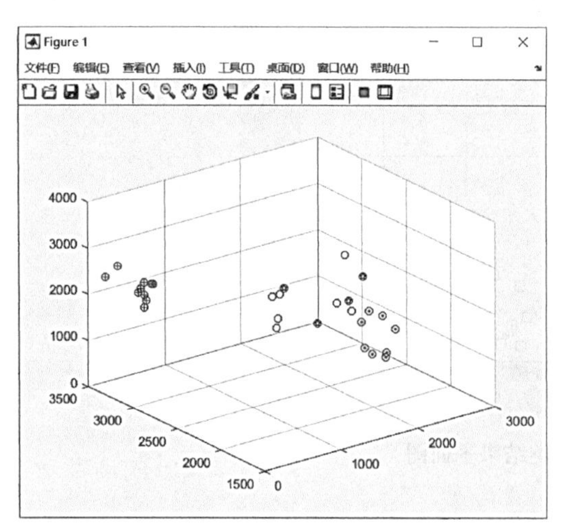

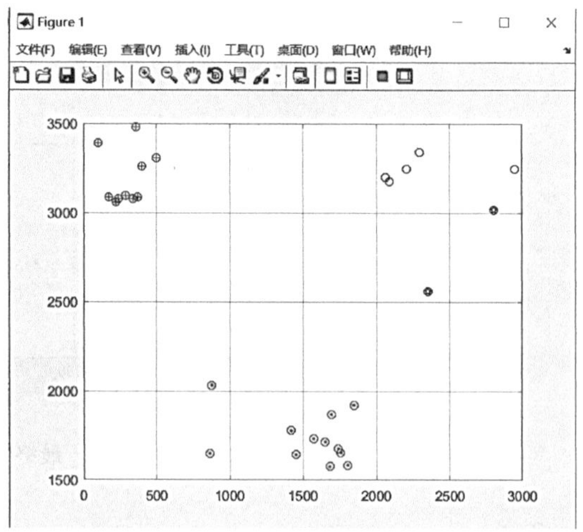

图 9-10　C 均值聚类结果图

从 C 均值聚类算法运行的效果图可以看出，C 均值聚类算法将给定的数据很好地进行了聚类，效果明显，并且从程序的结果也可以看出，聚类的数据分类全部正确。同时，C 均值聚类的程序简单并且很少，很容易理解，修改方便。

通过实际聚类数据的结果对比，我们可以清楚地了解到，模糊 C 均值聚类算法程序简单、聚类速度快、准确度高，非常适用于没有严格属性的数据分类，并且能更加客观地反映现实世界。

而蚁群算法，在聚类方面的效果要稍微差于 C 均值聚类算法，但是仍然是可以进行数据分类的，虽然存在着较小的数据误差，但如果经过改进，准确率可能就会有所提高。虽然它的迭代次数过多，运行时间也要比 C 均值聚类算法要长，但这并不能表明蚁群算法就不好。虽然对存在中介性的数据聚类效果要略差于 C 均值聚类算法。但是，蚁群算法鲁棒性好，变换多样，更适合与其他算法相结合，并且蚁群算法在寻优的过程中可以起到更好的作用。

9.3.5　MATLAB 程序代码

```
clc;
clf;
clear;
 % X = 测试样本矩阵;
X = load('E:\Master Lj\我的文件\模式处理\蚁群算法\数据\SelfOrganizationtrain.dat');
[N,n]=size(X);          % N =测试样本数; n =测试样本的属性数;
K = 4;                  % K = 组数;
R = 100;                % R = 蚂蚁数;
t_max = 10000;          % t_max =最大迭代次数;
% 初始化
c = 10^-2;
tau = ones(N,K) * c; %信息素矩阵,初始值为 0.01 的 N×K 矩阵 (样本数×聚类数)
q = 0.9;                % 阈值 q
rho = 0.1;              % 蒸发率
best_solution_function_value = inf; % 最佳路径度量值 (初值为无穷大,该值越小聚类效果越好)
tic                          %计算程序运行时间
t = 1;
%=======程序终止条件(下列两个终止条件任选其一)=====
% while ((t<=t_max))                                  %达到最大迭代次数而终止
% while ((best_solution_function_value>=12790))       %达到一定的聚类效果而终止
while ((best_solution_function_value>=12790))
%=========================
    %路径标识字符:标识每只蚂蚁的路径
    solution_string = zeros(R,N+1);
for i = 1 : R

    %以信息素为依据确定蚂蚁的路径
    r = rand(1,N);      %随机产生值为 0-1 随机数的 1×29 的数组
for g = 1 : N
    if r(g) < q         %如果 r(g)小于阈值
    tau_max = max(tau(g,:));
    %聚类标识数,选择信息素最多的路径
```

```
        Cluster_number = find(tau(g,:)= =tau_max);
        %确定第i只蚂蚁对第g个样本的路径标识
        solution_string(i,g) = Cluster_number(1);
    else
%如果r(g)大于阈值，求出各路径信息素占总信息素的比例，按概率选择路径
        sum_p = sum(tau(g,:));
        p = tau(g,:) / sum_p;
for u = 2 : K
p(u) = p(u) + p(u-1);
end
rr = rand;
for s = 1 : K
if (rr <= p(s))
        Cluster_number = s;
        solution_string(i,g) = Cluster_number;
break;
end
end
end
end

% 计算聚类中心
weight = zeros(N,K);
            for h = 1:N                    %给路径做计算标识
                Cluster_index = solution_string(i,h);
%类的索引编号
weight(h,Cluster_index) = 1;
%对样本选择的类在weight数组的相应位置标1
end

cluster_center = zeros(K,n);
%聚类中心(聚类数K个中心)
for j = 1:K
for v = 1:n
sum_wx = sum(weight(:,j).*X(:,v));
%各类样本各属性值之和
sum_w = sum(weight(:,j));
%各类样本个数
if sum_w= =0
%该类样本数为0，则该类的聚类中心为0
cluster_center(j,v) = 0
continue;
else
```

```
%该类样本数不为 0, 则聚类中心的值取样本属性值的平均值
cluster_center(j,v) = sum_wx/sum_w;
end
end
end

% 计算各样本点各属性到其对应的聚类中心的均方差之和, 该值存入 solution_string 的最后一位
F = 0;
for j= 1:K
for ii = 1:N
                Temp=0;
if solution_string(i,ii)= =j;
for v = 1:n
Temp = ((abs(X(ii,v)-cluster_center(j,v))).^2)+Temp;
end
Temp = sqrt(Temp);
end
F = (Temp)+F;
end
end

solution_string(i,end) = F;


end
%根据 F 值,把 solution_string 矩阵升序排序
[fitness_ascend,solution_index] = sort(solution_string(:,end),1);
solution_ascend = [solution_string(solution_index,1:end-1) fitness_ascend];

pls = 0.1;              %局部寻优阈值 pls(相当于变异率)
L = 2;                  % 在 L 条路径内局部寻优
% 局部寻优程序
solution_temp = zeros(L,N+1);
k = 1;
while(k <= L)
          solution_temp(k,:) = solution_ascend(k,:);
rp = rand(1,N);
%产生一个 1×N(29)维的随机数组, 若某值小于 pls 则随机改变其对应的路径标识
for i = 1:N
if rp(i) <= pls
                current_cluster_number = setdiff([1:K],solution_temp(k,i));
rrr=randint(1,1,[1,K-1]);
                change_cluster = current_cluster_number(rrr);
                solution_temp(k,i) = change_cluster;
```

```
end
end

% 计算临时聚类中心
solution_temp_weight = zeros(N,K);
for h = 1:N
                solution_temp_cluster_index = solution_temp(k,h);
                solution_temp_weight(h,solution_temp_cluster_index) = 1;
end

solution_temp_cluster_center = zeros(K,n);
for j = 1:K
for v = 1:n
solution_temp_sum_wx=sum(solution_temp_weight(:,j).*X(:,v));
solution_temp_sum_w = sum(solution_temp_weight(:,j));
if solution_temp_sum_w==0
                    solution_temp_cluster_center(j,v) = 0;
continue;
else
                        solution_temp_cluster_center(j,v) = solution_temp_sum_wx/solution_temp_sum_w;
end
end
end
% 计算各样本点各属性到其对应的临时聚类中心的均方差之和 Ft;
solution_temp_F = 0;
for j= 1:K
for ii = 1:N
                st_Temp=0;
if solution_temp(k,ii)==j;
for v = 1:n
                st_Temp = ((abs(X(ii,v)-solution_temp_cluster_center(j,v))).^2)+st_Temp;
end
                st_Temp = sqrt(st_Temp);
end
                solution_temp_F = (st_Temp)+solution_temp_F;
end
end
solution_temp(k,end) = solution_temp_F;
% 根据临时聚类度量调整路径
% 如果 Ft<Fl 则 Fl=Ft, Sl=St
if solution_temp(k,end) <= solution_ascend(k,end)
```

```
            solution_ascend(k,:) = solution_temp(k,:);
end

if solution_ascend(k,end)<=best_solution_function_value
            best_solution = solution_ascend(k,:);
end
k = k+1;
end
% 用最好的 L 条路径更新信息素矩阵
tau_F = 0;
for j = 1:L
    tau_F = tau_F + solution_ascend(j,end);
end
for i = 1 : N
tau(i,best_solution(1,i)) = (1 - rho) * tau(i,best_solution(1,i)) + 1/ tau_F;
%1/tau_F 和 rho/tau_F 效果都很好
end
  t=t+1
  best_solution_function_value =  solution_ascend(1,end);
  best_solution_function_value
end
time=toc;          %输出程序运行时间
clc
t
time
cluster_center
best_solution = solution_ascend(1,1:end-1);
IDY=ctranspose(best_solution)
best_solution_function_value =  solution_ascend(1,end)
%分类结果显示
plot3(cluster_center(:,1),cluster_center(:,2),cluster_center(:,3),'o');grid;box
title('蚁群聚类结果(R=100,t=10000)')
xlabel('X')
ylabel('Y')
zlabel('Z')
YY=[1 2 3 4];
index1 = find(YY(1) == best_solution)
index2 = find(YY(2) == best_solution)
index3 = find(YY(3) == best_solution)
index4 = find(YY(4) == best_solution)
line(X(index1,1),X(index1,2),X(index1,3),'linestyle','none','marker','*','color','g');
line(X(index2,1),X(index2,2),X(index2,3),'linestyle','none','marker','*','color','r');
line(X(index3,1),X(index3,2),X(index3,3),'linestyle','none','marker','+','color','b');
```

```
line(X(index4,1),X(index4,2),X(index4,3),'linestyle','none','marker','s','color','b');
rotate3d
```

综上所述，蚁群算法作为一种新兴的算法，并且能够成为一种被广泛应用的算法，主要是因为它特别容易与其他算法相结合，正是因为其自身具有非常强的鲁棒性的特点。本章通过对蚁群算法的同步性、自组织性、鲁棒性等特点，以及对蚁群算法的基本原理（蚂蚁总能找到巢穴和食物源之间的最短路径）的剖析，在依据真实的蚁群聚类实验的基础上建立聚类分析模型。

然后，本章通过探索蚁群算法的正反馈、智能搜索、全局优化等特点，学习了蚁群算法的分布式计算正反馈作用，其在原则上，可以加速进化的过程，也可以很容易地实现分布式计算的并行算法，通过连续的个体之间的信息交换和通信，找到最佳的解决路径。

本章还编写了基本蚁群聚类的算法，并且成功地在 MATLAB 上运行，进行了仿真实验及对比分析。在算法编写完成之后，又通过 MATLAB 中的仿真软件进行仿真，并得出最终的结论：蚁群算法可以有效地实现数据的聚类分析，虽然存在一定的误差，但是结果还是在可以接受的范围内的，蚁群算法具有很强的发现较好解的能力，并且其对数据的分类不依赖于数据训练，而可以直接对数据进行寻优判断，这也为我们在实际测试中节省了很多时间，并且蚁群算法结构简单，通俗易懂，很容易就可以让人了解。

从最近的几年的发展来看，蚁群算法的研究成果和研究人员都在逐渐增多，而且蚁群算法还在国际会议上作为主体被研究过。虽然人们还没有完全解释好蚁群算法，还有很多的问题需要去解决，但是从现有的研究和应用中可以看出，它是一种很有前途的仿生优化算法。启发式的蚁群算法也在逐渐发展，并很有可能成为一个独立的分支。因此伴随着人们对科技文明和人类社会的再认识的不断加速，仿生智能与优化系统的理论基础日益成为科学知识和工程实践的有力工具。也正因为如此，蚁群算法在未来的研究发展和应用中还有着广泛的发展空间和长远的发展前景。

（1）简述蚁群算法的基本原理。

（2）简述蚁群算法的特点。

第10章　粒子群算法聚类设计

粒子群算法（Particle Swarm Optimization，PSO）是1995年由Kennedy和Eberhart在鸟群、鱼群和人类社会的行为规律的启发下提出的一种基于群智能的演化计算技术。由于算法收敛速度快，需要设置、调整的参数少，实现简洁，近年来受到学术界的广泛重视。

10.1　粒子群算法简介

粒子群算法是继蚁群算法之后的又一种新的群体智能算法，目前已成为进化算法的一个重要分支。粒子群算法的基本思想是模拟鸟类群体行为，并利用了生物学家的生物群体模型，因为鸟类的生活使用了简单的规则：（1）飞离最近的个体；（2）飞向目标；（3）飞向群体的中心来确定自己的飞行方向和飞行速度，并且成功地寻找到栖息地。Heppner受鸟类的群体智能启发，建立了模型。Eberhart和Kennedy对Heppner的模型进行了修正，同时引入了人类的个体学习和整体文化形成的模式，一方面个体向周围的优秀者的行为学习，另一方面个体不断总结自己的经验形成自己的知识库，从而提出了粒子群算法（PSO）。该算法由于运算速度快，局部搜索能力强，参数设置简单，近些年已受到学术界的广泛重视，现在粒子群算法在函数优化、神经网络训练、模式分类、模糊系统控制及其他工程领域都得到了广泛的应用。

10.2　经典的粒子群算法的运算过程

经典粒子群算法和其他的进化算法相似，也采用“群体”与“进化”的概念，同样是根据个体即粒子（Particle）的适应度大小进行操作。所不同的是，粒子群算法不像其他进化算法那样对个体使用进化算子，而是将每个个体看作在N维搜索空间中的一个无重量无体积的粒子，并在搜索空间中以一定的速度飞行。飞行速度根据个体的飞行经验和群体的飞行经验来进行动态调整。

Kennedy和Eberhart最早提出的PSO算法的进化方程如下：

$$v_{ij}(t+1)=v_{ij}(t)+c_1\cdot r_1\cdot(p_{ij}(t)-x_{ij}(t))+c_2\cdot r_2\cdot(p_{gj}(t)-x_{ij}(t)) \tag{10-1}$$

$$x_{ij}(t+1)=x_{ij}(t)+v_{ij}(t+1) \tag{10-2}$$

式中，下标“i”表示第i个粒子，下标“j”表示的是粒子i的第j维分量，t表示第t代，学习因子c_1和c_2为非负常数，c_1用来调节粒子向本身最好位置飞行的步长，c_2用来调节粒子向群体最好位置飞行的步长，通常c_1和c_2在$[0,2]$取值。

迭代终止条件根据具体问题一般选为最大迭代次数或粒子群搜索到的最优位置满足于预先设定的精度。

经典粒子群算法的算法流程如下：

（1）依照如下步骤初始化，对粒子群的随机位置和速度进行初始设定。

① 设定群体规模，即粒子数为 N；

② 对任意 i、j，随机产生 x_{ij}、v_{ij}；

③ 对任意 i 初始化局部最优位置为：$p_i=x_i$；

④ 初始化全局最优位置 p_g；

（2）根据目标函数，计算每个粒子的适应度值。

（3）对于每个粒子，将其适应度值与其本身所经历过的最好位置 p_i 的适应度值进行比较，如更好，则将现在的 x_i 位置作为新的 p_i。

（4）对每个粒子，将其经过的最好位置的 p_i 适应度值与群体的最好位置的适应度值比较，如果更好，则将 p_i 的位置作为新的 p_g。

（5）对粒子的速度和位置进行更替。

如未达到结束条件，则返回步骤（2）。

10.3 两种基本的进化模型

Kennedy 等在对鸟群觅食的观察过程中发现，每只鸟并不总是能看到鸟群中其他所有鸟的位置和运动方向，而往往只是看到相邻的鸟的位置和运动方向。因此他提出了两种粒子群算法模型：全局模型（Global Version PSO）和局部模型（Local Version PSO）。

在基本的 PSO 算法中，根据直接相互作用的粒子群定义可构造 PSO 算法的两种不同版本，也就是说，可以通过定义全局最好粒子（位置）或局部最好粒子（位置）构造具有不同行为的 PSO 算法。

1. G_{best}模型（全局最好模型）

G_{best}模型以牺牲算法的鲁棒性为代价提高算法的收敛速度，基本 PSO 算法就是典型的该模型的体现。在该模型中，整个算法以该粒子（全局最好的粒子）为吸引子，将所有粒子拉向它，使所有的粒子最终收敛于该位置。如果在进化过程中，该全局最优解得不到更新，则粒子群将出现类似遗传算法早熟的现象。

2. L_{best}模型（局部最好模型）

为了防止 G_{best}模型可能出现的早熟现象，L_{best}模型采用多个吸引子代替 G_{best}模型中的单一吸引子。首先将为粒子群分解为若干个子群，在每个粒子群中保留其局部最好微粒 $p_i(t)$，称为局部最好位置或邻域最好位置。

实验表明，局部最好模型的 PSO 比全局最好模型的 PSO 收敛慢，但不容易陷入局部最优解。

10.4　改进的粒子群优化算法

10.4.1　粒子群优化算法原理

最初的 PSO 是从解决连续优化问题发展起来的，Eberhart 等又提出了 PSO 的二进制版本，来解决工程实际中的优化问题。

粒子群算法是一种局部搜索效率高的搜索算法，收敛快，特别是在算法的早期，但也存在着精度较低、易发散等缺点。若加速系数、最大速度等参数太大，粒子群可能错过最优解，算法不能收敛；而在收敛的情况下，由于所有的粒子都同时向最优解的方向飞去，所以粒子趋向同一化（失去了多样性），这样就使算法容易陷入局部最优解，即算法收敛到一定精度时，无法继续优化，因此很多学者都致力于提高 PSO 算法的性能。

Y. Shi 和 Eberhart 在 1998 年对粒子群算法引入了惯性权重 $w(t)$，并提出了在进化过程中线性调整惯性权重的方法，来平衡全局和局部搜索的性能，该方程已被学者们称为标准 PSO 算法。

粒子群优化算法具有进化计算和群智能的特点。与其他进化算法相类似，粒子群算法也是通过个体间的协作与竞争，实现复杂空间中最优解的搜索。

粒子群优化算法中，每一个优化问题的解被看作搜索空间中的一只鸟，即“粒子”。首先生成初始种群，即在可行解空间中随机初始化一群粒子，每个粒子都为优化问题的一个可行解，并由目标函数为之确定一个适应度值。每个粒子都将在解空间中运动，并由运动速度决定其飞行方向和距离。通常粒子将追随当前的最优粒子在解空间中搜索。在每一次迭代中，粒子将跟踪两个“极值”来更新自己，一个是粒子本身找到的最优解，另一个是整个种群目前找到的最优解，这个极值即全局极值。

粒子群优化算法可描述为：设粒子群在一个 n 维空间中搜索，由 m 个粒子组成种群 $Z=\{Z_1,Z_2,\cdots,Z_m\}$，其中的每个粒子所处的位置 $Z_i=\{z_{i1},z_{i2},\cdots,z_{in}\}$ 都表示问题的一个解。粒子通过不断调整自己的位置 Z_i 来搜索新解。每个粒子都能记住自己搜索到的最好解，记作 p_{id}，以及整个粒子群经历过的最好的位置，即目前搜索到的最优解，记作 p_{gd}。此外每个粒子都有一个速度，记作 $V_i=\{v_{i1},v_{i2},\cdots,v_{in}\}$，当两个最优解都找到后，每个粒子根据式（10-3）来更新自己的速度。

$$v_{id}(t+1)=wv_{id}(t)+\eta_1.r_1.(p_{id}-z_{id}(t))+\eta_2.r_2.(p_{gd}-z_{id}(t)) \tag{10-3}$$

$$z_{id}(t+1)=z_{id}(t)+v_{id}(t+1) \tag{10-4}$$

式中，$v_{id}(t+1)$ 表示第 i 个粒子在 $t+1$ 次迭代中第 d 维上的速度，w 为惯性权重，η_1、η_2 为加速常数，r_1、r_2 为 0～1 的随机数。此外，为使粒子速度不致过大，可以设置速度上限 $v_{\max}$。当式（10-3）中 $v_{id}(t+1)>v_{\max}$ 时，$v_{id}(t+1)=v_{\max}$；当 $v_{id}(t+1)<-v_{\max}$ 时，$v_{id}(t+1)=-v_{\max}$。

从式（10-3）和式（10-4）可以看出，粒子的移动方向由三部分决定：自己原有的速度 $v_{id}(t)$、与自己最佳经历的距离 $p_{id}-z_{id}(t)$、与群体最佳经历的距离 $p_{gd}-z_{id}(t)$，并分别由权重系数 w 和加速常数 η_1、η_2 决定其重要性。

下面介绍这些参数的设置：

PSO 优化算法中需要调节的参数主要包括：

（1）加速度因子 η_1、η_2：即学习因子，也称加速常数，分别调节粒子向全局最优粒子和个体最优粒子方向飞行的最大步长。若太小，则粒子可能远离目标区域；若太大则可能导致粒子忽然向目标区域飞去或飞过目标区域。合适的 η_1 和 η_2 可以加快收敛且不易陷入局部最优，目前大多数文献均采用 $\eta_1=\eta_2=2$。

（2）种群规模 N：PSO 优化算法种群规模较小，一般令 N 取 20～40。其实对于大部分问题，10 个粒子就能取得很好的结果，但对于较难或者特定类别的问题，粒子数可能取到 100 或 200。

（3）适应度函数：

$$F=\sum_{j=1}^{k}\sum_{i=1}^{s}\boldsymbol{\omega}_{ij}\sum_{p=1}^{n}(X_{ip}-C_{jp})^2 \tag{10-5}$$

式中，$\boldsymbol{\omega}$ 是 0-1 矩阵，当 x 属于该类时元素为 0，否则为 1。

（4）惯性权重系数 w：

$$w=w_{\max}-t\times\frac{w_{\max}-w_{\min}}{t_{\max}} \tag{10-6}$$

惯性权重系数 w 用来控制前面的速度对当前速度的影响，较大的 w 可以加强 PSO 的全局搜索能力，而较小的 w 能加强局部搜索能力。目前普遍采用将 w 设置为从 0.9 到 0.1 线性下降的方法，这种方法可使得 PSO 在开始时探索较大的区域，较快地定位最优解的大致位置，随着 w 逐渐减小，粒子速度减慢，开始精细地局部搜索。

10.4.2 粒子群优化算法的基本流程

粒子群优化算法的基本流程如图 10-1 所示。

☺ 初始化粒子群，即随机设定各粒子的初始位置和初始速度 V。

☺ 根据初始位置和速度产生各粒子新的位置。

☺ 计算每个粒子的适应度值。

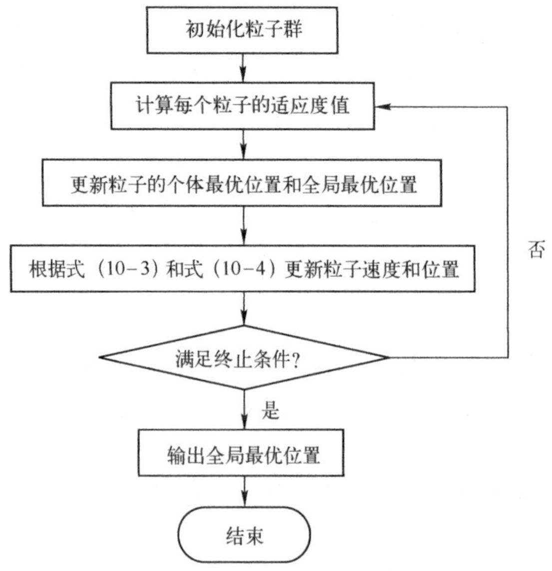

图 10-1　粒子群优化算法流程图

- 对于每个粒子，比较它的适应度值和它经历过的最优位置 p_{id} 的适应度值，如果更好则更新。
- 对于每个粒子，比较它的适应度值和群体所经历的最优位置 p_{gd} 的适应度值，如果更好则更新 p_{gd}。
- 根据式（10-3）和式（10-4）调整粒子的速度和位置。
- 如果达到结束条件（足够好的位置或最大迭代次数），则结束，否则转步骤③继续迭代。

10.5　粒子群算法与其他算法的比较

粒子群算法与其他进化算法（如遗传算法和蚁群算法）有许多相似之处：

- 粒子群算法和其他进化算法都基于“种群”概念，用于表示一组解空间中的个体集合。它们都随机初始化种群，使用适应度值来评价个体，而且都根据适应度值来进行一定的随机搜索，并且不能保证一定能找到最优解。
- 种群进化过程中子代与父代竞争，若子代具有更好的适应度值，则子代将替换父代，因此都具有一定的选择机制。
- 算法都具有并行性，即搜索过程是从一个解集合开始的，而不是从单个个体开始的，不容易陷入局部极小值。并且这种并行性易于在并行计算机上实现，提高算法的性能和效率。

粒子群算法与其他进化算法的区别：

- 粒子群算法在进化过程中同时记忆位置和速度信息，而遗传算法和蚁群算法通常只记忆位置信息。
- 粒子群算法的信息通信机制与其他进化算法不同。遗传算法中染色体通过交叉等操作进行通信，蚁群算法中每只蚂蚁以蚁群全体构成的信息素轨迹作为通信机制，因此整个种群比较均匀地向最优区域移动。在全局模式的粒子群算法中，只有全局最优粒子提供信息给其他的粒子，整个搜索更新过程是跟随当前最优解的过程，因此所有的粒子很可能更快地收敛于最优解。

10.6　粒子群优化算法应用到模式分类

在本例中采用表 1-2 的三原色数据，希望将数据按照颜色数据所表征的特点，将数据按照各自所属的类别归类。

由于粒子群优化算法是迭代求取最优值，所以事先无须训练数据，故取后 30 组数据确定类别。下面使用 MATLAB 构建粒子群优化算法。

1. 设定参数

PSO 优化算法需要设定粒子的学习因子（速度更新参数）、最大迭代次数、惯性权重初始和终止值及聚类类别数。

参数设定如下：

```
c1 = 1.6;c2 = 1.6;                  %设定学习因子值(速度更新参数)
wmax = 0.9;wmin = 0.4;              %设定惯性权重初始及终止值
M = 1800;                           %最大迭代数
K = 4;                              %类别数
```

2. 初始化

算法还需将粒子的位置、速度和其他一些变量进行初始化。

初始化如下：

```
fitt = inf * ones(1,N);             %初始化个体最优适应度
fg = inf;                           %初始化群体最优适应度
fljg = clmat(1,:);                  %当前最优分类
v = rand(N,K * D);                  %初始化速度
x = zeros(N,K * D);                 %初始化粒子群位置
y = x;                              %初始化个体最优解
pg = x(1,:);                        %初始化群体最优解
cen = zeros(K,D);                   %类别中心定维
fitt2 = fitt;                       %粒子适应度定维
```

3. 完整程序及仿真结果

粒子群优化算法的完整 MATLAB 程序如下：

```
clc;
clear all;
format long;
tic
data = [1702.8 1639.79 2068.74
1877.93 1860.96 1975.3
867.81 2334.68 2535.1
1831.49 1713.11 1604.68
460.69 3274.77 2172.99
2374.98 3346.98 975.31
2271.89 3482.97 946.7
1783.64 1597.99 2261.31
198.83 3250.45 2445.08
1494.63 2072.59 2550.51
1597.03 1921.52 2126.76
1598.93 1921.08 1623.33
1243.13 1814.07 3441.07
2336.31 2640.26 1599.63
354 3300.12 2373.61
2144.47 2501.62 591.51
426.31 3105.29 2057.8
1507.13 1556.89 1954.51
343.07 3271.72 2036.94
```

```
2201.94 3196.22 935.53
2232.43 3077.87 1298.87
1580.1 1752.07 2463.04
1962.4 1594.97 1835.95
1495.18 1957.44 3498.02
1125.17 1594.39 2937.73
24.22 3447.31 2145.01
1269.07 1910.72 2701.97
1802.07 1725.81 1966.35
1817.36 1926.4 2328.79
1860.45 1782.88 1875.13];
%--------参数设定-----------
N=70;                                    %粒子数
c1=1.6;c2=1.6;                           %设定学习因子值（速度更新参数）
wmax=0.9;wmin=0.4;                       %设定惯性权重初始及终止值
M=1600;                                  %最大迭代数
K=4;                                     %类别数
[S D]=size(data);                        %样本数和特征维数
%--------初始化----------------
for i=1:N
clmat(i,:)=randperm(S);                  %随机取整数
end
clmat(clmat>K)=fix(rand*K+1);            %取整函数
fitt=inf*ones(1,N);                      %初始化个体最优适应度
fg=inf;                                  %初始化群体最优适应度
fljg=clmat(1,:);                         %当前最优分类
v=rand(N,K*D);                           %初始化速度
x=zeros(N,K*D);                          %初始化粒子群位置
y=x;                                     %初始化个体最优解
pg=x(1,:);                               %初始化群体最优解
cen=zeros(K,D);                          %类别中心定维
fitt2=fitt;                              %粒子适应度定维
%------循环优化开始------------
for t=1:M
for i=1:N
    ww = zeros(S,K);                     %%产生零矩阵
    for ii = 1:S
        ww(ii,clmat(i,ii)) = 1;          %加权矩阵，元素非 0 即 1
end
ccc=[];tmp=0;
for j = 1:K
sumcs = sum(ww(:,j)*ones(1,D).*data);
countcs = sum(ww(:,j));
```

```
if countcs==0
cen(j,:) = zeros(1,D);
else
        cen(j,:) = sumcs/countcs;                %求类别中心
end
      ccc=[ccc,cen(j,:)];                        %串联聚类中心
aa=find(ww(:,j)==1);
if length(aa)~=0
for k=1:length(aa)
            tmp=tmp+(sum((data(aa(k),:)-cen(j,:)).^2));
%%适应度计算
end
end
end
x(i,:)=ccc;
    fitt2(i) = tmp;                              %%适应度
end
%更新群体和个体最优解
for i=1:N
if fitt2(i)<fitt(i)
fitt(i)=fitt2(i);
            y(i,:)=x(i,:);                       %个体最优
if fitt2(i)<fg
            pg=x(i,:);                           %群体最优
            fg=fitt2(i);                         %群体最优适应度
            fljg=clmat(i,:);                     %当前最优聚类
end
end
end
bfit(t)=fg;                                      %最优适应度记录
w = wmax - t*(wmax-wmin)/M;                      %更新权重,线性递减权重法的粒子群算法
for i=1:N
        %更新粒子速度和位置
v(i,:)=w*v(i,:)+c1*rand(1,K*D).*(y(i,:)-x(i,:))+c2*rand(1,K*D).*(pg-x(i,:));
x(i,:)=x(i,:)+v(i,:);
for k=1:K
cen(k,:)=x((k-1)*D+1:k*D);
%拆分粒子位置,获得K个中心
end
            %重新归类
for j=1:S
                tmp1=zeros(1,K);
```

```
for k=1:K
tmp1(k)=sum((data(j,:)-cen(k,:)).^2);
%每个样本关于各类的距离
end
                    [tmp2 clmat(i,j)]=min(tmp1);
%最近距离归类
end
end
end
%------循环结束------------
M      %迭代次数
fljg   %最优聚类输出
fg     %最优适应度输出
figure(1)
plot(bfit);%绘制最优适应度轨迹
xlabel('种群迭代次数');
ylabel('适应度');
title('适应度曲线');
cen    %聚类中心
toc
```

粒子群优化算法适应度曲线如图 10-2 所示：

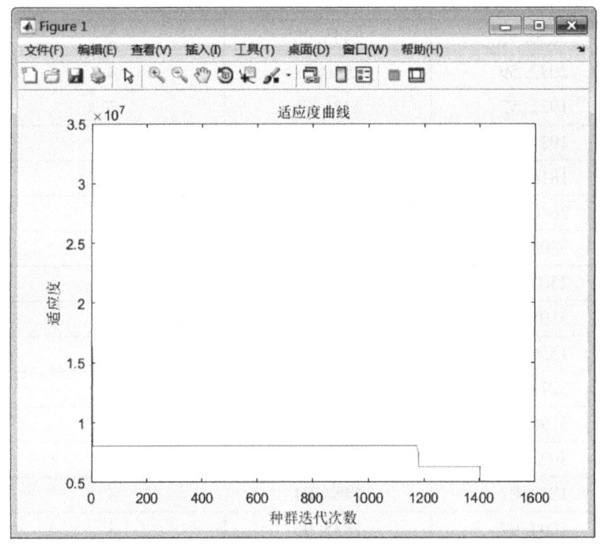

图 10-2　粒子群优化算法适应度曲线

PSO 优化算法仿真适应度准确值为：适应度 $=5.07\times10^{6}$。

对预测样本值的仿真输出结果如下：

```
Fljg(最优聚类输出) =
  1 至 16 列
```

```
2  2  4  2  4  3  3  2  4  2  2  2  1  3  4  3
  17 至 30 列
  4  2  4  3  3  2  2  1  1  4  1  2  2  2
Fg(最优适应度值) =
5.074427169449084e+06
Cen(数据聚类中心) =
  1.0e+03 *
  1.583318501485389   1.635223368390102   2.714581718419658
  2.181834667703786   1.404155371279036   2.423318117482111
  2.998901968724054   2.358864196437189   2.063591486634854
  3.502722145507502   2.296065717941481   1.666953189720583
```

调整显示方式后，PSO 优化算法聚类结果与标准结果对比表如表 10-1 所示。

表 10-1　POS 优化算法聚类结果与目标结果对比表

数　据			标准类别	POS 分类
1702.8	1639.79	2068.74	3	3
1877.93	1860.96	1975.3	3	3
867.81	2334.68	2535.1	4	4
1831.49	1713.11	1604.68	3	3
460.69	3274.77	2172.99	2	2
2374.98	3346.98	975.31	1	1
2271.89	3482.97	946.7	1	1
1783.64	1597.99	2261.31	3	3
198.83	3250.45	2445.08	2	2
1494.63	2072.59	2550.51	4	4
1597.03	1921.52	2126.76	3	3
1598.93	1921.08	1623.33	3	3
1243.13	1814.07	3441.07	4	4
2336.31	2640.26	1599.63	1	1
354	3300.12	2373.61	2	2
2144.47	2501.62	591.51	1	1
426.31	3105.29	2057.8	2	2
1507.13	1556.89	1954.51	3	3
343.07	3271.72	2036.94	2	2
2201.94	3196.22	935.53	1	1
2232.43	3077.87	1298.87	1	1
1580.1	1752.07	2463.04	3	3
1962.4	1594.97	1835.95	3	3
1495.18	1957.44	3498.02	4	4
1125.17	1594.39	2937.73	4	4
24.22	3447.31	2145.01	2	2
1269.07	1910.72	2701.97	4	4
1802.07	1725.81	1966.35	3	3
1817.36	1927.4	2328.79	3	3
1860.45	1782.88	1875.13	3	3

10.7　基于 K-均值算法的粒子群优化算法

粒子群优化算法的缺点有：易陷入局部极值点；全局搜索能力强，但是搜索精度不高；PSO 算法同时记忆位置和速度信息，高效的信息共享机制可能导致粒子寻优时都移向某个全局最优点；PSO 算法求解带离散变量的优化问题时，需要对离散变量进行取整，这样可能导致大的误差，所以对于离散的优化问题处理不理想。粒子群算法的优点是：依靠粒子位置和速度完成搜索，没有复杂的交叉和变异操作，收敛速度较快；全局搜索能力强，能够有效避免早熟；粒子群中多个粒子同时搜索，具有并行性；需要设置的参数较少，因此算法简单，易于实现。

K-均值算法思想简单易行，是一种传统的聚类分析方法，但是当数据中存在离群点时，K-均值聚类效果会更不理想，K-均值的聚类结果受初始聚类中心的选择影响较大，如果初始聚类中心选择不当，则算法可能收敛于一般结果。认识到粒子群算法和 K-均值算法各自的优缺点之后，可以设想将两种算法都进行改进结合，充分利用各自的优点，避开两种算法的缺点，融合并利用全局搜索能力较强的粒子群优化算法和局部寻优能力较强的 K-均值算法，提出了一种基于 K-均值算法的粒子群优化算法，该算法充分优化了 K-均值算法，提高了局部搜索和全局搜索的能力，加快了算法的收敛速度。

10.7.1　基于 K-均值算法的粒子群算法思想与描述

聚类是衡量不同样品的特征属性数据，将样品划分成不同的聚类，聚类的结果使得类内样品之间的距离尽可能小，类之间的样品距离尽可能的大。K-均值聚类基本思想是：首先初始化数据，随机选择 K 个聚类中心，然后按照欧氏距离紧邻原则，根据每一个样品与初始聚类中心的相似程度重新划分聚类；计算该类所有元素的平均值，重新确定新的聚类中心；逐步依次迭代，直到聚类中心不再变化。假设模式样本集为 $\boldsymbol{X}=\{\boldsymbol{X}_i, i=1,2,\cdots,n\}$，其中 $\boldsymbol{X}_i$ 为 D 维模式向量，聚类问题就是要找到一个划分 $\omega=\{\omega_1,\omega_2,\cdots,\omega_m\}$，满足：

(1) $\boldsymbol{X}=\bigcup\limits_{i=1}^{m}\omega_i$

(2) $\omega_i\neq\varnothing(i=1,2,\cdots,m)$

(3) $\omega_i/\omega_j\neq\varnothing(i,j=1,2,\cdots,m;i\neq j)$

并且使得如式（10-7）所示的总的类间离散度和达到最小：

$$\begin{aligned}J&=\sum_{k=1}^{m}\sum_{X_i\in\omega_k}\mathrm{dist}(\boldsymbol{X}_i,\boldsymbol{X}^{\overline{(\omega_k)}})=\sum_{k=1}^{m}\sum_{X_i\in\omega_k}\|\boldsymbol{X}_i,\boldsymbol{X}^{\overline{(\omega_k)}}\|\\&=\sum_{k=1}^{m}\sum_{X_i\in\omega_k}\sqrt{\sum_{i=1}^{D}(\boldsymbol{X}_i,\boldsymbol{X}^{\overline{(\omega_k)}})^2}\end{aligned}\tag{10-7}$$

公式中 $\boldsymbol{X}^{\overline{(\omega_k)}}$ 是第 k 个聚类中心，$\mathrm{dist}(\boldsymbol{X}_i,\boldsymbol{X}^{\overline{(\omega_k)}})$ 表示某个样本到聚类中心的欧氏距离，J 是各类样本到对应聚类中心的欧氏距离的总和。

粒子群算法采用实数编码，在基于聚类中心的编码中，每一个粒子的位置由 m 个聚类中心组成，编码中包含粒子的位置向量、速度向量和适应度 fitness，一个编码对应着聚类问题的一个可行解。

10.7.2 基于 K-均值算法的粒子群算法流程

算法首先需要根据近邻法则，确定粒子的位置编码和各类的聚类中心；然后根据聚类划分，按照式（10-6）计算类内离散度和 J；最后计算粒子的适应度函数之和 fitness，当适应度越大，说明聚类效果越好。所以基于 K-均值算法的粒子群算法描述如下：

（1）初始化种群：在初始化粒子群时，先将每一个样品随机对应于某一类，并作为初始划分，计算初始粒子的位置编码，即计算各类的聚类中心；初始化粒子的速度；计算粒子的适应度；反复进行 N 次，生成 N 个初始化的粒子群。

（2）将粒子现在的适应度值和经历过的最好位置 P_{id} 的适应度值进行比较，及时更新 P_{id} 的信息。

（3）将粒子现在的适应度值和种群经历过的最好位置 P_{gd} 的适应度值进行比较，及时更新 P_{gd} 的信息。

（4）根据 $$v_{id}(t+1)=wv_{id}(t)+c_1\text{rand}()(P_{id}-z_{id}(t))+c_2\text{rand}()(P_{gd}-z_{id}(t)) \tag{10-8}$$

$$z_{id}(t+1)=z_{id}(t)+v_{id}(t+1)\quad i=1,2,\cdots,n;\ d=1,2,\cdots,D \tag{10-9}$$

其中，$v_{id}(t+1)$ 表示第 i 个粒子在第 $t+1$ 次迭代中第 d 维上的速度，w 为粒子运动的惯性权重，c_1、c_2 为加速常数，rand( ) 为 0~1 的随机数。搜索运动过程中，为了防止粒子的运动速度过大，即算法收敛速度过快，可以设速度上限 $v_{\max}$。当$v_{id}(t+1)\geqslant v_{\max}$时，$v_{id}(t+1)=v_{\max}$；当 $v_{id}(t+1)\leqslant -v_{\max}$时，$v_{id}(t+1)=-v_{\max}$。不断调整粒子的速度和位置。

（5）对新个体进行 K-均值聚类优化，按照下面两步进行 K-均值优化：

① 根据最近邻法则，按照粒子的聚类中心编码，确定对应粒子的聚类划分。

② 更新粒子的适应度值，计算新的聚类中心，更新原来的粒子编码。由于 K-均值算法具有较强的局部搜索能力，此时引入 K-均值算法优化后的粒子群算法可以得到很好的改善，提高了算法的收敛速度和搜索效率。

（6）不断迭代，如果达到最大迭代次数或者聚类中心不再发生变化，则算法结束，否则转到第（2）步继续迭代。

10.7.3 基于 K-均值算法的粒子群优化算法在聚类分析中的应用

改进后的聚类算法充分利用了粒子群算法和 K-均值算法的优势，基于 K-均值算法的粒子群优化算法在迭代过程中，在粒子群算法的影响下，下一代种群具有较大的随机性，所以不容易陷入局部极小值，每一代种群的学习记忆能力强，具有“自我学习”提高和向“他人学习”提高的双重优点，收敛较快。在算法运行的后期，对新个体的聚类结合了 K-均值算法，改善了粒子群的局部寻优较弱的缺点，提高了局部寻优能力，更是提高了算法的收敛速度，与其他遗传算法相比较，基于 K-均值算法的粒子群优化算法比较平稳，具有较好的鲁棒性。

实验目的：将粒子群聚类算法和改进后的基于 K-均值算法的粒子群算法，对同一组数据进行聚类分析，并比较聚类效果。

实验的适应度函数是：样本与类中心的欧氏距离的平方。

传统的 K-均值算法依赖初始值的选择，容易陷入局部极值。根据基于 K-均值算法的粒子群优化算法原理，给出数据的聚类分析程序，并运行程序，得到了较好的聚类数据。程序中采用欧氏距离来衡量样本与类别中心的距离，目标函数使所有样本粒子到相应聚类中心的距离之和最小。聚类中心用粒子的位置来表示，每一个粒子的位置包含 K 个聚类中心，通过不断调整聚类中心获得最优划分。

聚类数目 K 是否合适，需要根据输出的适应度 kfitness 值来判断，适应度值越小聚类越好，需要多次运行判断聚类数目。

基于 K-均值算法的粒子群优化算法流程图如图 10-3 所示。

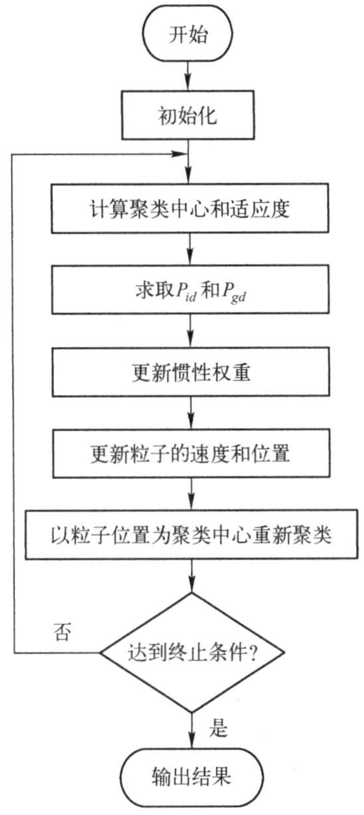

图 10-3　基于 K-均值粒子群优化算法流程图

基于 K-均值算法的粒子群优化算法的 MATLAB 实现核心代码如下：

```
for i=1:N %更新粒子的速度和位置
        v(i,:)=w*v(i,:)+c1*rand(1,K*D).*(y(i,:)-x(i,:))+c2*rand(1,K*D).*(pg-x(i,:));%
    x(i,:)=x(i,:)+v(i,:);
    for k=1:K
                    cen(k,:)=x((k-1)*D+1:k*D);%获得 K 个聚类中心
    end
    for j=1:S
                    temp1=zeros(1,K);
    for k=1:K
                    temp1(k)=sum((sam(j,:)-cen(k,:)).^2);  %欧氏距离衡量样本与类别中心的距离
    end
                    [temp2 clmat(i,j)]=min(temp1);
```

```
        end
    end
```

通过采用基本粒子群算法，对实验中 59 组训练数据进行分类，应用粒子群聚类算法，在 MATLAB R2013a 编程环境下运行聚类算法程序，观察聚类效果。基本输出结果如图 10-4 所示，对应的适应度函数如图 10-5 所示。

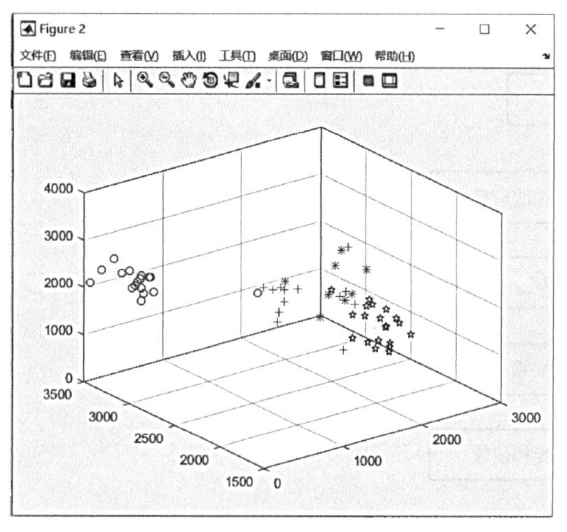

图 10-4 基于 K-均值算法的粒子群优化算法结果

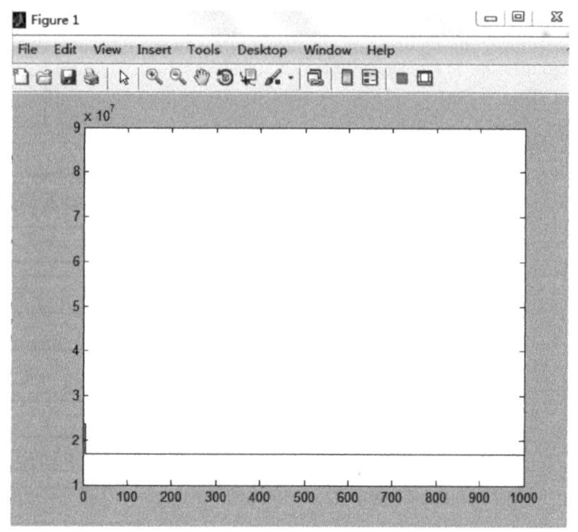

图 10-5 迭代次数为 1000 次时的适应度函数曲线

样本分类结果如图 10-6 所示。与正确结果对比后，发现有 10 组数据出错，效果不太理想。

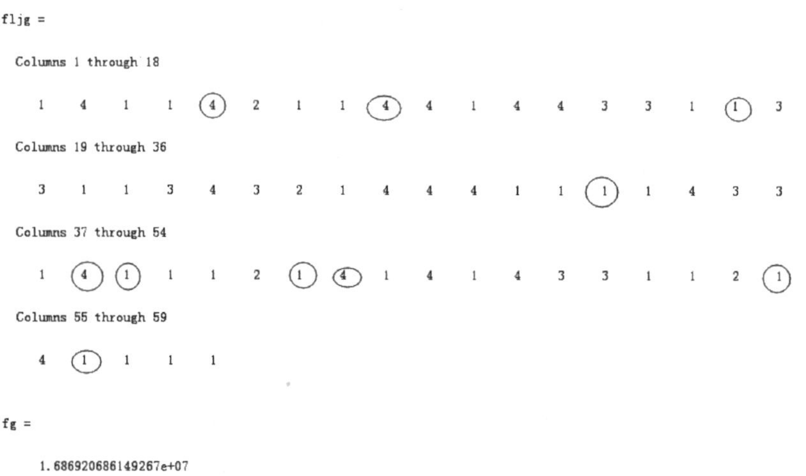

```
fljg =

  Columns 1 through 18

    1    4    1    1    4    2    1    1    4    4    1    4    4    3    3    1    1    3

  Columns 19 through 36

    3    1    1    3    4    3    2    1    4    4    4    1    1    1    1    4    3    3

  Columns 37 through 54

    1    4    1    1    1    2    1    4    1    4    1    4    3    3    1    1    2    1

  Columns 55 through 59

    4    1    1    1    1


fg =

    1.686920686149267e+07
```

图 10-6 样本分类结果

通过采用惯性权重线性递减策略，对实验中 59 组训练数据进行分类，应用粒子群算法，在 MATLAB R2013a 编程环境下运行聚类算法程序，观察聚类效果。本文选择 $N=30$、$c_1=c_2=1.25$、$\omega_{max}=0.6$、$\omega_{min}=0.4$、$M=1000$ 次。基本输出结果如图 10-7 所示。

对应的适应度函数如图 10-8 所示。

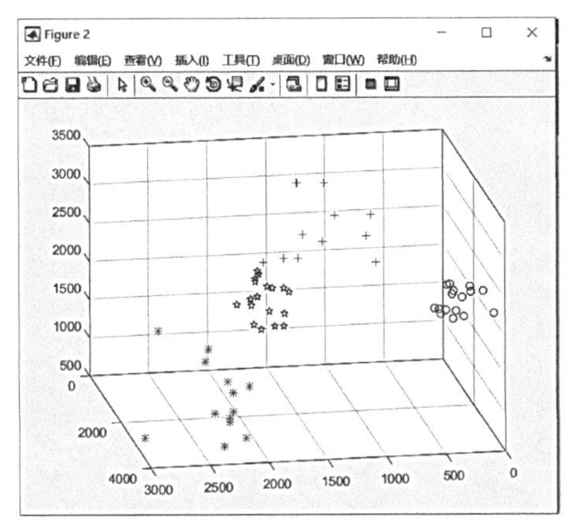

图 10-7　基于 K-均值算法的改进粒子群优化算法

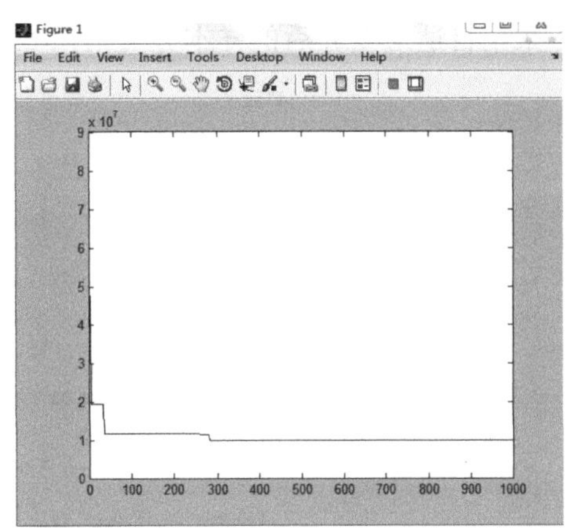

图 10-8　迭代次数为 1000 次时的适应度函数曲线

样本分类结果如图 10-9 所示。与正确结果对比后，发现仅有一组数据出错。

```
fljg =

  Columns 1 through 19

    3    4    3    1    4    1    3    2    4    4    3    4    4    2    2    1    3

  Columns 20 through 38

    3    3    2    4    2    1    3    4    4    4    3    3    1    3    4    2    2

  Columns 39 through 57

    1    3    3    1    2    4    2    4    3    4    2    2    1    3    1    1    4

  Columns 58 through 59

    3    3
```

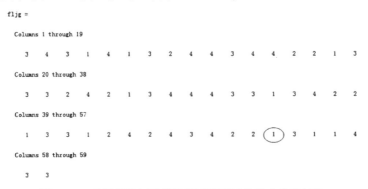

图 10-9　采用惯性权重线性递减策略后的样本分类结果

通过对粒子群采用自适应变异，对实验中 59 组训练数据进行分类，应用粒子群聚类算法，在 MATLAB R2013a 编程环境下运行聚类算法程序，观察聚类效果。基本输出结果如图 10-10 所示。对应的适应度函数如图 10-11 所示。

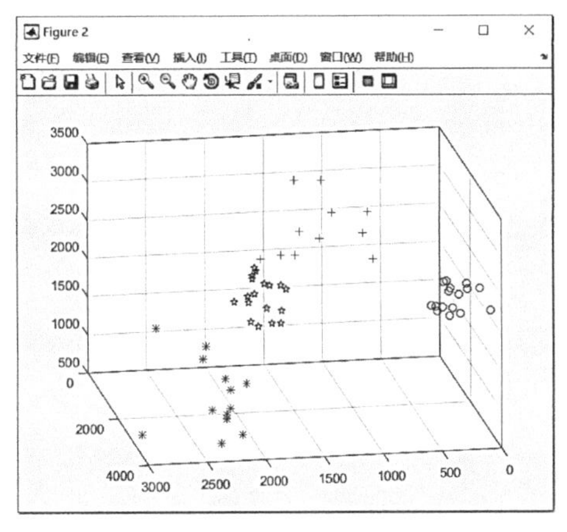

图 10-10　基于 K-均值算法的改进粒子群优化算法

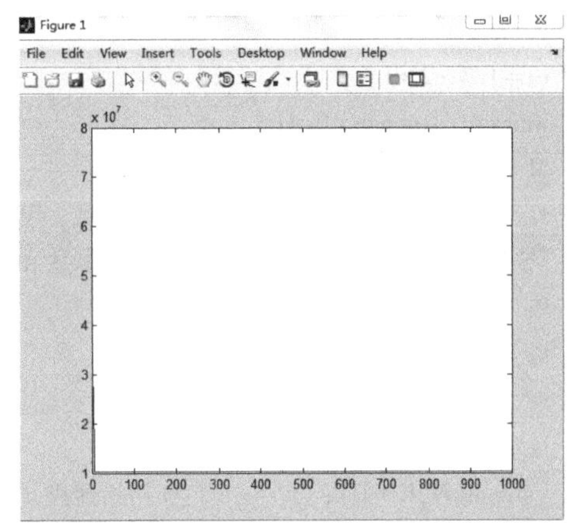

图 10-11　迭代次数为 1000 次时对样本数据的适应度函数曲线

采用自适应变异后的样本分类结果如图 10-12 所示。

```
fljg =

  Columns 1 through 11

     4     3     4     2     3     2     4     1     3     3     4

  Columns 12 through 22

     3     3     1     1     2     4     1     1     4     4     1

  Columns 23 through 33

     3     1     2     4     3     3     3     4     4     3     4

  Columns 34 through 44

     3     1     1     4     3     2     4     4     2     1     3

  Columns 45 through 55

     1     3     4     3     1     1     4     4     2     2     3

  Columns 56 through 59

     2     4     4     4
```

图 10-12　采用自适应变异后的样本分类

完整代码如下：

```
clc;
clear all;
format long;
%------初始化------------求最小值
%数据
%    sam=load('SelfOrganizationtrain (1).dat');
%    sam=load('SelfOrganizationSimulation.dat');
sam=load('SelfOrganization59.dat');
t0=clock;                          %开始计时
N=30;                              %粒子数
c1=1.3;c2=1.3;
wmax=0.6;wmin=0.4;
M=1000;                            %代数
K=4;                               %类别数，根据需要修改
[S D]=size(sam);                   %%样本数和特征维数
%     if rand>0.8
%          k=ceil(2*rand);
%          pop(j,k)=rand;
%     end
v=rand(N,K*D);                     %初始速度
%初始化分类矩阵
for i=1:N
```

```
clmat(i,:)=randperm(S);
clmat(i,clmat(i,:)>K)=ceil(rand(1,sum(clmat(i,:)>K))*K);
end
fitt=inf*ones(1,N);                         %初始化个体最优适应度
fg=inf;                                     %初始化群体最优适应度
fljg=clmat(1,:);                            %当前最优分类
x=zeros(N,K*D);                             %初始化粒子群位置
y=x;                                        %初始化个体最优解
pg=x(1,:);                                  %初始化群体最优解
cen=zeros(K,D);                             %类别中心定维
fitt2=fitt;                                 %粒子适应度定维
%------循环优化开始------------
for t=1:M
for i=1:N
ww = zeros(S,K);%
for ii = 1:S
        ww(ii,clmat(i,ii)) = 1;             %加权矩阵，元素非 0 即 1
end
ccc=[];tmp=0;
for j = 1:K
sumcs = sum(ww(:,j)*ones(1,D).*sam);
countcs = sum(ww(:,j));
if countcs==0
cen(j,:) = zeros(1,D);
else
        cen(j,:) = sumcs/countcs;           %求类别中心
end
        ccc=[ccc,cen(j,:)];                 %串联聚类中心
aa=find(ww(:,j)==1);
if length(aa)~=0
for k=1:length(aa)
            tmp=tmp+(sum((sam(aa(k),:)-cen(j,:)).^2));
end
end
end
x(i,:)=ccc;
fitt2(i) = tmp;                             %Fitness value
end
%更新群体和个体最优解
for i=1:N
if fitt2(i)<fitt(i)
fitt(i)=fitt2(i);
        y(i,:)=x(i,:);                      %个体最优
```

```
if fitt2(i)<fg
                pg=x(i,:);                          %群体最优
                fg=fitt2(i);                        %群体最优适应度
                fljg=clmat(i,:);                    %当前最优聚类
end
end
end
bfit(t)=fg;                                         %最优适应度记录
w = wmax - t*(wmax-wmin)/M;                         %更新权重
for i=1:N
            %更新粒子速度和位置
%               if rand>0.8
%           k=ceil(2*rand);
%           pop(j,k)=rand;
%   end
                v(i,:)= w*v(i,:)+c1*rand(1,K*D).*(y(i,:)-x(i,:))+c2*rand(1,K*D).*
(pg-x(i,:));
x(i,:)=x(i,:)+v(i,:);
for k=1:K
                cen(k,:)=x((k-1)*D+1:k*D);      %拆分粒子位置，获得 K 个中心
end
                %重新归类
for j=1:S
                        tmp1=zeros(1,K);
for k=1:K
tmp1(k)=sum((sam(j,:)-cen(k,:)).^2);
%每个样本关于各类的距离
end
                        [tmp2 clmat(i,j)]=min(tmp1);      %最近距离归类
end
end
end
%------循环结束------------
cen
fljg  %最优聚类输出
fg    %最优适应度输出
figure(1),
plot(bfit);                                         %绘制最优适应度轨迹
% plot3(sam(:,1),sam(:,2),sam(:,3),'*');
figure(2),
for i=1:59
if fljg(1,i)==1
plot3(sam(i,1),sam(i,2),sam(i,3),'r+');
```

```
hold on;
grid on;
box;
elseif fljg(1,i)==2
plot3(sam(i,1),sam(i,2),sam(i,3),'g*');
hold on;
grid on;
box;
elseif fljg(1,i)==3
plot3(sam(i,1),sam(i,2),sam(i,3),'kp');
hold on;
grid on;
box;
else
plot3(sam(i,1),sam(i,2),sam(i,3),'bo');
hold on;
grid on;
box;
end
end
time=etime(clock,t0)
```

通过粒子群算法能够很快地实现分类。而且通过惯性权重系数的线性更新，可以防止局部最优输出。虽然运行时间稍有增加，但效果明显。每种聚类数目下的最优聚类可以根据输出的适应度判断，适应度值越小越好，并且需多次运行判断。

(1) 什么是粒子群算法？

(2) 粒子群优化算法的原理是什么？

(3) 简述粒子群算法流程。

第 11 章 模板匹配法

模板匹配法是图像识别方法中最具代表性的方法之一。它从待识别的图像或图像区域中提取若干特征量与模板相应的特征量逐个进行比较，计算它们之间规格化的相关量，其中相关量最大的一个就表示相似程度最高，可将图像归于相应的类。模板匹配通常事先建立标准模板库，模板库中的标准模板通常是二值化后的数字模板（0 表示背景，1 表示字符），并且每个字符的模板大小相同，匹配前通常将字符图像标准化为模板大小。目前对于一般的印刷体字符通常采用简单模板匹配的方法。简单模板匹配是将标准化后的数字字符图像与字符模板逐个匹配，求出其相似度。模板匹配法步骤如下所述。

1. 学习过程

（1）对每一类已知类的学习样本进行特征提取，得到模板向量 $\boldsymbol{X}_1,\boldsymbol{X}_2,\cdots,\boldsymbol{X}_c$（$c$ 为类别数）。

（2）设置识别门限值 ε。

（3）以待识别样本与模板向量之间的相似度为识别准则。

2. 识别过程

（1）对待识别样本进行特征提取，得到特征向量 $\boldsymbol{X}$。

（2）计算待识别样本特征向量 $\boldsymbol{X}$ 与模板向量 $\boldsymbol{X}_1,\boldsymbol{X}_2,\cdots,\boldsymbol{X}_c$之间的距离 $D_1,D_2,\cdots,D_c$。若 $D_i=\min\{D_j\}$，$j=1,2,\cdots,c$，且 $D_i<\varepsilon$，则样本 $\boldsymbol{X}$ 属于第 i 类。

（3）若所有 $D_i(i=1,2,\cdots,c)$ 均大于 ε，则拒绝识别。

11.1 基于特征的模板匹配法

基于灰度的模板匹配方法的基本思想是以统计学的观点将手写体字符图像看成二维信号，采用统计相关的方法寻找信号间的匹配相关程度。灰度匹配通过利用平均值、相关函数、方差、协方差矩阵的特征值及特征向量等测度极值，度量待分类字符样本与各模板间的相似性，判断两幅图像的对应关系，以此作为类别判断的依据。归一化的灰度匹配法是最为经典的基于灰度的模板匹配方法，该方法从理论上讲，采用图像相关技术，以及人为设定或学习训练获得的某种相似性度量方法，逐像素地搜索比较待分类样本的灰度矩阵与所有的模板库图像灰度矩阵，找出与待分类样本相似度最大的模板进行归类。基于灰度的模板匹配方法，以图像像素为基础，其主要缺陷是计算量庞大，鉴于一般手写体字符识别都会有很大的工作量，对处理速度都有一定的要求，所以该方法在实际应用时需要做相应的改进以提高处理速度。目前，已经有一些相关的快速算法被提出，如分层搜索的序列判断算法、FFT 相关算法和幅度排序相关算法等。

基于特征的模板匹配方法是提取描述字符本质的点、线、面等特征并将其量化，然后运用量化后的特征进行匹配的一种方法。使用该方法处理的图像通常应包含的特征有点特征、纹理特征、边缘特征、颜色特征、空间位置特征、形状特征等，该方法通过特征提取将高维图像空间映射到低维特征空间，大大减少了算法的计算量，提高了处理速度。常用的特征提取与匹配方法有：统计法、模型法、边界特征法、几何法、形状不变矩法、傅氏形状描述法等。

除了像素信息，空间关系、空间整体特征等因素也在基于特征的匹配方法的考虑之列。特征匹配首先需要对图像进行预处理来获得其高层次的特征，然后建立待分类样本与模板之间特征的匹配对应关系。诸如空间距离的计算、梯度的求解、矩阵的运算、傅里叶变换、泰勒展开等数学运算等都会在基于特征的匹配方法中使用到。

基于特征的模板匹配方法与基于灰度的模板匹配方法相比存在以下优点：

☺ 基于特征的模板匹配方法提取的低维特征在数量上比直接处理像素点少很多，大大减少了计算量，提高了计算速度。

☺ 特征提取过程对噪声、遮挡、形变、倾斜等干扰有较强的鲁棒性。

☺ 基于特征的匹配对位置敏感，可以提高匹配的精确度。

在模式识别的各种方法中，模板匹配是比较容易实现的一种，其算法简单，数学模型容易建立。在字符识别方面对字体规范的字符是非常有效的，对字符图像的缺损、污迹有较强的抗干扰能力，但是对字符的旋转、扭曲和变形，抵抗能力不强。

目前，模板匹配算法是字符识别中运用较为普遍的方法。该方法将待识别字符与标准模板进行比对，从而得到待识别字符和标准模板之间的相似度，通过相似度的对比，取最大相似度者为最终的识别结果。

事实上，分割字符的过程已经对待识别的字符进行了二值化，所谓二值化就是将原灰度图像转化成为只含有两种灰度值的图像，一种表示背景，一种表示待识别字符。二值化时找到一个适合的阈值 T 是关键，它能够将背景和待识别字符有效地区分开，通常阈值 T 采用 OSTU 方法获得。

$$f(x,y)=\begin{cases}1, & f(x,y)>T\\0, & f(x,y)\leqslant T\end{cases} \tag{11-1}$$

分割后的单个字符在进行模板匹配之前需要对其进行归一化处理，我们一般采用插值运算使其和标准模板具有相同的尺寸。经过预处理之后的字符，0 表示背景，1 表示待识别字符，此时待识别的字符已经满足了模板匹配的要求。

设待识别字符图像用 $f(x,y)$ 表示，f 为待识别字符图像的平均灰度值，$f_k(x,y)$ 表示第 k 个标准模板，f_k 为第 k 个标准模板的平均灰度值，$c(x,y)$ 为相似度函数，待识别字符和标准模板的大小均为 $M\times N$。在进行模板匹配时，将待识别的字符与每一个模板进行比对，分别求出它们的相似度 C_k，C_k 的值域为［0,1］。最后，比较得到的所有相似度的值，找出最大值，最大值所对应的模板就认为是最终的识别结果。待识别字符与标准模板之间的匹配算法如下。

$$C_k=\frac{\sum_{i=1}^{M}\sum_{j=1}^{N}(f(i,j)-\bar{f})(f_k(i,j)-\bar{f_k})}{\sqrt{\sum_{i=1}^{M}\sum_{j=1}^{N}(f(i,j)-\bar{f})^2}\sqrt{\sum_{i=1}^{M}\sum_{j=1}^{N}(f_k(i,j)-\bar{f_k})^2}} \tag{11-2}$$

模板匹配法在实现上相对来说比较简单，由于采用标准模板的大小是 72×72（像素），整体的计算量相对来说比较小，这就使得它的识别速度比较快。如果在预处理之后得到的待识别图像较为清晰，这种算法的识别率比较高。

11.2 相关匹配法

相关匹配法从待识别图像中提取若干特征向量与模板对应的特征向量进行比较，计算图像与模板特征向量之间的距离，用最小距离法判定所属类别。以 8 位灰度图像为例，模板 $T(m,n)$ 叠放在被搜索图 $S(W,H)$ 上平移，模板覆盖被搜索图的那块区域叫子图，i,j 为子图左下角在被搜索图 S 上的坐标。搜索范围是：$1\leqslant i\leqslant W-n$，$1\leqslant j\leqslant H-m$。可以用下式衡量 T 和 S 的相似性。

$$D(i,j)=\sum_{m=1}^{M}\sum_{n=1}^{N}[S_{ij}(m,n)-T(m,n)]^2 \tag{11-3}$$

将其归一化，得模板匹配的相关系数为

$$R(i,j)=\frac{\sum_{m=1}^{M}\sum_{n=1}^{N}S_{ij}(m,n)\times T(m,n)}{\sqrt{\sum_{m=1}^{M}\sum_{n=1}^{N}[S_{ij}(m,n)]^2}\sqrt{\sum_{m=1}^{M}\sum_{n=1}^{N}[T(m,n)]^2}} \tag{11-4}$$

当模板和子图一样时，相关系数 $R(i,j)=1$，在被搜索图 S 中完成全部搜索后，找出 R 的最大值，其对应的子图即为匹配目标，如图 11-1、图 11-2 所示。

待识别　　预处理

识别为：Я

图 11-1　相关匹配法无倾斜手写新蒙文识别

待识别　　预处理

识别为：P

图 11-2　相关匹配法有倾斜手写新蒙文识别

11.3 模板匹配法的应用

字符识别是图像处理和模式识别领域的研究课题之一，它涉及模式识别、图像处理、人工智能、中文信息处理等学科，是一门综合性技术，在中文信息处理、办公自动化、人工智能、车牌识别、交通管理等高技术领域都有着重要的实用价值和理论意义。光学字符识别是模式识别学科理论的一个传统应用领域，识别技术还运用到图像处理、统计决策理论、模糊数学、信息论、人工智能、计算机科学等多门学科知识，是一门综合性的信息处理技术。此外，字符识别是一种具有不确定性的技术，正确识别率无法达到百分之百，其原因在于影响识别结果的不确定性因素太多。例如，书写习惯、印刷品质量、获取扫描图像的质量、识别方法、训练及测试样本等，这些因素或多或少都会影响识别的正确率，造成识别结果的差异，相同文字的不同扫描版本的识别结果可能不同。因此，以光学字符识别技术为基础的识别系统，除应该有高效的识别算法外，识别系统的稳定性、便捷性及容错性亦是决定系统好坏的重要因素。

新蒙文手写体所含有的能够用于分类识别的特征信息很少，要找出能够区分各个新蒙文大写字符的规律特征较为困难，由于信息处理通常会有巨大的工作量，所以要求识别算法应具有较高的处理速度。因此，研究正确率高和处理速度快的新蒙文大写字母识别算法是一项具有很大挑战性的工作，且有重大的理论价值和实际应用意义。

11.3.1　实现字符识别的步骤

新蒙文大写字母手写体识别系统多种多样，识别流程主要分为如下几个方面：图像获取、预处理、特征提取、分类识别、数据输出。识别流程如图 11-3 所示。

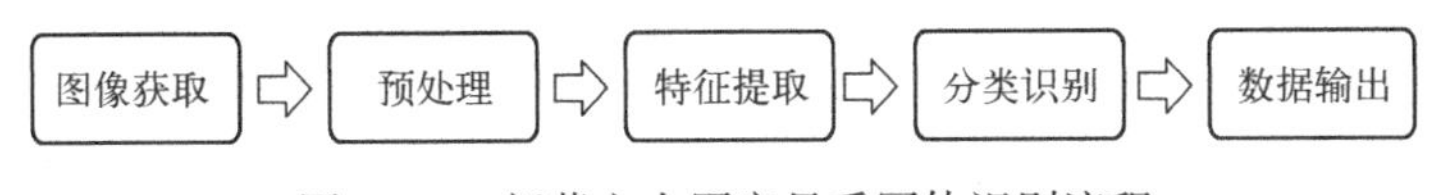

图 11-3　新蒙文大写字母手写体识别流程

1. 图像获取

图像是从班级成员书写的新蒙文字母库中获得的。不同的个体有不同的书写习惯，所以新蒙文手写体字母图像千变万化，考虑模板匹配的适用性，选取了其中的 3600 张图片进行实验，为后期研究提供了详细的数据。

2. 预处理

新蒙文大写字母识别的准确性与图像的质量有密切的关系，噪声干扰和失真会大大降低图片质量。图像预处理的主要目的是消除图像中的无关信息，恢复有用的真实信息，增强相关信息的可检测性，最大程度简化数据，从而提高特征抽取、匹配和识别的可靠性。本课题采用的预处理方法有去噪、细化、字符去粘连、倾斜校正、断笔补偿等。

3. 特征提取

特征提取是新蒙文大写字母识别的一个重要处理阶段，影响分类器的设计及性能。特征提取把字符图像从高维灰度空间映射到反映字符本质区别的低维特征空间，以便在低维空间中更好地进行分类。高质量的特征是正确分类的保证，因此选择稳定的、有代表性的、便于分类的特征十分必要。特征提取的目的是“从原始数据中提取与分类最相关的特征，使得类内距离最小，类间距离最大”。对于所选择的特征，既要易于获取，又要能够保证分类的准确性。

4. 分类识别

新蒙文大写字母手写体识别通过设计分类器完成。分类器设计是由事先学习或训练获得的决策判别函数或文法规则，根据提供的新蒙文大写字母手写体库提取到的字符特征，对待识别的手写体字符进行类别划分的过程。决策判别函数学习或训练的过程可以手动完成或由计算机自动完成，也可以两种方法相结合。本书采用的分类器是模板匹配分类器。

5. 数据输出

数据输出是将模板匹配分类器分类后获得的新蒙文大写字母手写体识别结果输出到显示界面，该界面有两个窗口，左侧是输入的待识别新蒙文大写字母手写体，右侧是匹配结果。

11.3.2 图像预处理

新蒙文大写字母数据库，共有 35 个大写字符。每一个字符从班级库中选取 100 张左右图片，其中 80 多张作为数据库数据，另外 12 张作为测试集。最后形成了一个具有 3120 张图片的数据库，如图 11-4 所示为部分数据库图片。

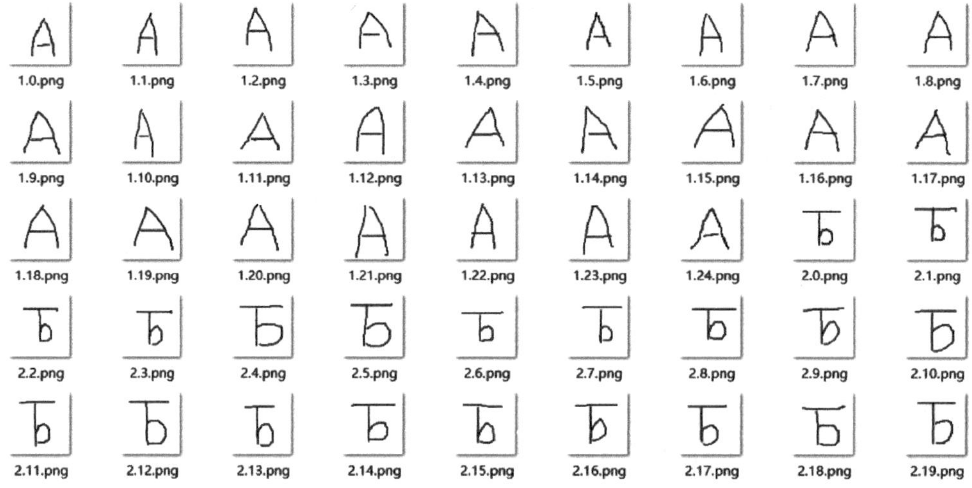

图 11-4 部分手写新蒙文数据库图片

图像预处理是对输入的图像进行一系列变换处理，使之成为符合字符识别模块要求的图像。图像预处理环节对最终识别的正确率有很大影响，由于图像本身受到各种自然因素或设备因素的影响，图像的清晰度往往不是很理想，有时还会带有较明显的图像噪声。若不对图像进行预处理，这些噪声将给后续的识别模块带来严重影响，最终可能造成识别错误。因此，预处理的好坏一定程度上影响了字符识别的正确率。

图像预处理首先需要将待识别的字符从输入的灰度图中分离出来。最常用的方法就是图像二值化。通过二值化处理，虽然可以去除或减轻部分噪声，但不能完全滤除。本书采用二值形态学的基本运算来去除这些图像中残留的噪声。首先对图像进行闭合运算，可以滤除字符中的黑色噪声；然后再对图像进行开启运算，这样可以滤除背景中的白色噪声。

1. 图像二值化

二值化是把数字灰度图像转换为灰度值为 0 和 1 的二值图像的过程。二值化的作用是图像分成目标和背景两个部分，消除处理过程中不需要的灰度信息，加快处理速度最常用的二值化方法是设定阈值 T，根据像素点的灰度信息用 T 将图像分成大于 T 的像素群和小于 T 的像素群。阈值是由用户指定或通过特定算法生成的。如果图像中某像素点的灰度值小于阈值 T，则将像素的灰度值置为 0 或 255，否则设置为 255 或 0。二值化的表达式如式（11-5）所示

$$f(x)=\begin{cases}0\text{ 或 }255, & x<T\\ 255\text{ 或 }0, & x>T\end{cases} \tag{11-5}$$

根据阈值 T 的选择方法，可以将二值化分为以下几种：

（1）整体阈值二值化：阈值 T 仅由像素点的灰度值确定。该方法中阈值 T 根据实验数据或先验知识设定，或者根据图像的灰度直方图确定。

（2）局部阈值二值化：阈值 T 由像素点的灰度值及周围像素点局部灰度特性确定。对干扰严重、书写质量差的字符，采用局部阈值二值化能够获得较为满意的处理结果，周围像素点局部灰度特性不同可产生不同的局部阈值二值化方法。

（3）动态阈值二值化：阈值 T 的选择不仅与像素点的灰度值及其周围像素点的灰度值有关，还与像素点的相对位置有关。低质量图像或是单峰直方图图像可以采用该方法进行二值化。除了上述几种选择单一阈值的一值化方法，还可以选择双阈值和多阈值方法进行二值化。局部阈值二值化和动态阈值二值化能处理质量较差的图像，但是由于算法的复杂性，处理时间较长。此外，采用这两种方法进行阈值选择时，可能会出现整体阈值选择所有的失真，因此，通常采用整体阈值一值化方法进行二值化处理。

2. 去噪处理

二值化处理后的字符图像通常在背景中有黑色孤立点噪声，或者在字符中有白色孤立点噪声，这些孤立点噪声又称为椒盐噪声，椒盐噪声会干扰字符识别的过程，改变图像轮廓，影响特征提取精度及干扰分类识别，因此，在识别之前需要采用相应的算法将其去除。本文采用八邻域滤波的方法去除图像中的椒盐噪声。

在 3×3 的像素点阵中，如果当前处理像素点 $f(i,j)$ 的灰度值为 1，而其相邻的 8 个像素点 $f(i,j+1)$、$f(i,j-1)$、$f(i-1,j)$、$f(i+1,j)$、$f(i-1,j-1)$、$f(i+1,j-1)$、$f(i-1,j+1)$、$f(i+1,j+1)$ 均为 0 时，则将当前像素点 $f(i,j)$ 的灰度值设置为 0。反之，如果当前处理像素点 $f(i,j)$ 为 0，而其相邻的 8 个像素点 $f(i,j+1)$、$f(i,j-1)$、$f(i-1,j)$、$f(i+1,j)$、$f(i-1,j-1)$、$f(i+1,j-1)$、$f(i-1,j+1)$、$f(i+1,j+1)$ 均为 1 时，则将当前像素点 $f(i,j)$ 的灰度值设置为 1。

3. 图像细化

由于书写时所用的笔不同，手写体字符在笔画宽度上存在一定的非特征性差异，所以大多数的字符识别算法都需要进行细化处理，消除这些非特征性差异对字符识别的影响。细化是采用搜索算法逐步去除字符笔画上的轮廓点，得到笔画是单位像素宽度的字符骨架的过程。通过细化处理可以去除字符笔画宽度差异，减少图像的冗余信息量，保留描述字符几何及拓扑性质的骨架特征，提高识别精度。

常用细化算法需要满足以下几个基本条件：

（1）将所有超过一个像素宽度的非均匀笔画处理成均匀的具有像素宽度的骨架轮廓线。

（2）细化不能破坏原笔画的连续性和拓扑性。

（3）细化后的笔画应尽可能平滑，几何失真小。

细化后的字符骨架的信息存储量比原字符的信息存储量要少得多，降低了数据处理的工作量。但是细化往往会造成新的畸变，为识别算法的实现带来干扰和困难，且细化算法本身也要产生处理时间。因此，必须采用性能良好的细化算法。比较经典的细化算法有 Hilditch 细化算法、Pavlidis 细化算法和 Rosenfeld 细化算法。上述几种算法都是在程序中直接对像素点进行运算，根据运算结果判定该像素点是否可删除，其差别在于不同算法的判定条件不同。

本文采用 Hilditch 细化算法，具体实现步骤如下：

（1）将字符图像中的每个像素点从左向右、从上向下迭代，称为一个迭代周期，在每个迭代周期中标记同时满足以下 6 个条件的像素点 $f(i,j)$。

（2）在当前迭代周期结束时，把所有被标记的像素点的值设为背景值。例如，某个迭代周期中没有出现标记点，则细化算法结束。

假设背景值为0，前景值为1，标记像素点需要满足的6个条件为：

☺$f(i,j)$为1，即$f(i,j)$不是背景；

☺$f(i+1,j)$、$f(i,j-1)$、$f(i-1,j)$、$f(i,j+1)$不全部为1（否则把$f(i,j)$标记删除，图像会变成空心）；

☺8个邻域点中，至少有2个为1（若只有1个为1，则是线段的端点。若没有为1的，则为孤立点）；

☺$f(i,j)$的8连通联结数为1；

☺假设$f(i,j-1)$已经标记删除，那么当$f(i,j-1)$为0时，p的8连通联结数为1；

☺假设$f(i-1,j)$已经标记删除，那么当$f(i-1,j)$为0时，p的8连通联结数为1。

其中，联结数就是八邻域中互相分离的联结成分的个数。

4. 图像旋转

在字符识别之前，需要对字符进行倾斜校正处理。

本节所采用的是旋转投影法。当字符存在倾斜时，字符在水平轴投影变得分散，分布范围变宽，投影点横坐标间的方差变大。投影点横坐标间的方差与字符倾斜角度的大小成正比，利用投影点分布的这一特性可以找出字符的倾斜方向。对字符的像素点沿不同的方向进行投影，投影点横坐标间的方差取最小值时所对应的角度即为该字符的倾斜角度，将字符反向旋转倾斜角度即可完成字符的倾斜校正。

基于旋转投影的倾斜校正方法的具体步骤如下：

（1）计算每个字符沿0°~180°方向上的投影直方图。

（2）求出每个方向上投影点之间横坐标方差。

（3）找出获得横坐标方差最大值的方向，该方向的角度Q就是字符的倾斜角度。

（4）若字符的倾斜角度小于90°，则将字符逆时针旋转（90°−α）；若倾斜角度大于90°，则将字符顺时针选择（90°−α）。至此，完成字符的倾斜校正。本文采用的基于旋转投影的方法对字符进行倾斜校正，倾斜校正效果如图11-5所示。

（a）新蒙文大写字母手写体原图

（b）新蒙文大写字母手写体旋转图

图11-5 倾斜校正效果图

11.3.3 模板匹配法识别过程

由上一节可以看出，用相关匹配法进行新蒙文大写字母识别要求非常高，当图像倾斜、不规范时都会识别出错，其一需要对相关匹配法进行改进，其二测试时需要略去一些倒立的字符。

本节采用基于字符像素分布的特征提取方法。首先本文识别的前提是模板字符是二值图像，背景黑色，字符为白色，同样待识别的字符同样如此。我们将预处理后的待识别字符图像imageU与字符模板库中的字符图像imageT进行“与”运算得到共同部分图像imageV；将

得到的共同部分图像与待识别字符进行逻辑“异或”运算，得到待识别字符图像多余部分 imageX；将得到的共同部分与模板字符进行逻辑“异或”运算，得到模板图像多余部分 imageW。

该方法根据图像中白色像素的分布情况进行特征提取，用 72×72 的模板将字符分割成 72×72 份。统计分割出来的每一份内字符像素（即白像素）的个数，计算每个模板字符图像 imageM 中白像素个数 T，待识别字符图像 imageU 的白像素个数 U，imageU 与 imageT 共同部分 imageV 的白像素个数 V，imageW 的白像素个数 W；imageX 中白像素个数 X。

构造判别函数表达式为

$$Y_i=\frac{V_i}{\frac{w_i}{T_i}\times\frac{X_i}{U}\times\sqrt{\frac{(T_i-\mathrm{TUV}_i)^2+(U-\mathrm{TUV}_i)^2+(V_i-\mathrm{TUV}_i)^2}{2}}} \tag{11-6}$$

在程序中 TUV=(T+U+V)/3。这样，相似系数最大 max(Y)对应的模板图像 M 为待识别符。

主要程序如表 11-1 所示。

表 11-1　主要程序表

主程序语句	功　能
clc; clear all; close all;	%初始化

for i=1: 3120
stri=num2str(i-1);
imagePath=[templatePath,stri,fileFormat];
	%载入图像

tempImage=im2bw(imread(imagePath));	%图像预处理
[filename,pathname]=uigetfile({'*.png';…'*.*'},…'Pick an Image File'); X=imread([pathname,filename]);	%读取待识别图
U=length(find(characterImage(:,:,i))~=0); for j=1:3113 T=length(find(templateImage(:,:,j))~=0);	%待识别图进行像素扫描

tempV=characterImage(:,:,i)& templateImage(:,:,j);
V=length(find(tempV)~=0);
tempW=xor(tempV,templateImage(:,:,j));
W=length(find(tempW)~=0);
tempX=xor(tempV,characterImage(:,:,i));
X=length(find(tempX)~=0);
	%模板像素计算

TUV=(T+U+V)/3; tempSum=sqrt(((T-TUV)*(T-TUV)+(U-TUV)*(U-TUV)+(V-TUV)*(V-TUV))/2); Y(j)=V/(W/T*X/U*tempSum);;	%判别表达式计算
[MAX,indexMax]=max(Y);I3=imerode(BW,se);	%寻找最大的判别式

11.3.4　模板匹配法识别结果

完整代码如下：

```
clc
clear
```

```
%基于模板匹配的字符识别
templatePath='F:\kuu\';                              %更改模板图片路径
fileFormat='.png';
templateImage=zeros(72,72,3113);
Timage=zeros(36,5184);
for i=1:3112   %读取模板                            %更改模板个数
stri=num2str(i-1);
imagePath=[templatePath,stri,fileFormat];
tempImage=im2bw(imread(imagePath));
templateImage(:,:,i)=tempImage;
clear imagePath stri tempImage;
end
% characterImage=zeros(72,72,3);
% Uimage=zeros(3,5184);
%
% characterPath='C:\Users\admin\Desktop\characterTemplateRecgnition\DAISHIBIE\recognize\';
% charFileFormat='.png';
% for i=1:1%读取待识别字符
%     stri=num2str(i);
%     imagePath=[characterPath,stri,charFileFormat];
%     tempImage=im2bw(imread(imagePath));
%     characterImage(:,:,i)=tempImage;
%     clear imagePath stri tempImage;
% end
[filename,pathname]=uigetfile({'*.png';…
    '*.*'},…
    'Pick an Image File');
X=imread([pathname,filename]);
tempImage=im2bw(X);
%J=imnoise(I,'salt & pepper',0.02);
%subplot(232),imshow(J);
%title('添加椒盐噪声图像');
%k1=medfilt2(I1);%进行3×3模板中值滤波
%k2=medfilt2(I1,[5,5]);
%k3=medfilt2(I1,[7,7]);
%k4=medfilt2(I1,[9,9]);

%k2=medfilt2(J,[5,5]);%进行5×5模板中值滤波
characterImage(:,:,1)=tempImage;
%V=zeros(1,36);
%5X=zeros(1,36);
%5W=zeros(1,36);
%U=zeros(1,6);
```

```
%T=zeros(1,36);
Y=zeros(1,3113);
% subplot(1,2,2);imshow(tempImage);title('预处理后');
for i=1:1
        U=length(find( characterImage(:,:,i))~=0);
for j=1:3113
        T=length(find( templateImage(:,:,j))~=0);
tempV=characterImage(:,:,i)& templateImage(:,:,j);
        V=length(find(tempV)~=0);
tempW=xor(tempV,templateImage(:,:,j));
        W=length(find(tempW)~=0);
tempX=xor(tempV,characterImage(:,:,i));
        X=length(find(tempX)~=0);
        TUV=(T+U+V)/3;
tempSum=sqrt(((T-TUV)*(T-TUV)+(U-TUV)*(U-TUV)+(V-TUV)*(V-TUV))/2);
Y(j)= V/(W/T*X/U*tempSum);
end
    [MAX,indexMax]=max(Y);
stri=num2str(indexMax-1);
imagePath=[templatePath,stri,fileFormat];
image=imread(imagePath);
figure(i);
  subplot(1,2,2);imshow(image);title('识别后');
   subplot(1,2,1);imshow(tempImage);title('待识别');

clear imagePath indexMax;
end
```

新蒙文大写字母数据库，共有 35 个大写字符，将每个新蒙文大写字符的 80 多幅手写体图像共 3120 组建一个训练集进行训练，每一幅图像的大小为 72×72（像素）。通过模板匹配发放识别验证，识别正确率达 50%以上，结果如表 11-2 所示。

表 11-2　识别结果

字　母	测试样本数	正确识别数	正确率/%
А	12	7	58.00
Б	12	6	50.00
В	12	8	67.00
Г	12	9	75.00
Д	12	8	67.00
Е	12	10	83.00
Ё	12	9	75.00
Ж	12	8	67.00
З	12	9	75.00

续表

字　母	测试样本数	正确识别数	正确率/%
И	12	8	67.00
Й	12	6	50.00
К	12	10	83.00
Л	12	7	58.00
М	12	8	67.00
Н	12	8	67.00
О	12	10	83.00
П	12	7	67.00
Р	12	8	67.00
С	12	10	83.00
Т	12	9	75.00
У	12	8	67.00
Ф	12	7	58.00
Х	12	11	91.00
Ц	12	7	58.00
Ч	12	6	50.00
Ш	12	7	58.00
Щ	12	8	67.00
Ъ	12	5	41.00
Ы	12	9	75.00
Ь	12	4	33.00
Э	12	10	83.00
Ю	12	8	67.00
Я	12	9	75.00
总计/平均	420	249	59.00

最后发现，Ъ和Ь、Ш和Щ、Э和З容易混淆。由于样本库大及模板匹配的局限性，最后匹配结果有一个奇怪的现象，待识别和识别后大都是一个人书写后的结果，导致会出现将Б和Е、Я和Т等识别为一类的情况。

模板匹配具有自身的局限性，主要表现在它只能进行平行移动，若原图像中的匹配目标发生过大旋转或手写体不规范，该算法识别率低。若原图像中要匹配的目标只有部分可见，该算法也无法完成匹配。若没有删除倒立等不规则字符，识别正确率会大大降低，考虑人类手写不会出现过大倾斜，后期可以加一个阈值函数，倾斜过大时直接滤除图片。

(1) 简述模板匹配法原理。

(2) 思考模板匹配法的应用领域。

(3) 根据模板匹配法进行车辆识别设计。

第 12 章　余弦相似度算法

相似度（Similarity）度量，即计算个体间的相似程度，相似度度量的值越小，说明个体间相似度越小，相似度的值越大说明个体差异越大。对于多个不同的文本或者短文本对话消息，计算它们之间的相似度，一个好的做法就是将这些文本中词语，映射到向量空间，形成文本中文字和向量数据的映射关系，通过计算几个或者多个不同向量的差异大小，来计算文本的相似度。

余弦相似度算法有以下应用：

☺ 文本分类：基于 TF-IDF 方法提取类别关键词；通过类别关键词和待分类文本关键词的相似性进行文本分类；在分类过程中更新类别关键词改进分类器性能。

☺ 文本聚类：定义一种与欧氏距离意义相近、关系紧密的余弦距离，使原有基于欧氏距离的 K-means 改进方法可通过余弦距离迁移到基于余弦相似度的 K-means 算法中。在此基础上理论推导出余弦 K-means 算法及其拓展算法的簇内中心点计算方法，并进一步改进聚类初始簇中心的选取方案，形成新的文本聚类算法 MCSKM++。

☺ 稿件精准送审：首先，结合文献调研和《数据分析与知识发现》送审情况分析拒审的关键原因；其次，在中国知网中获取该刊审稿专家（155 人）近 5 年发表的全部论文（1805 篇），并使用词频-逆文档频度方法计算关键词权重以构建专家 VSM；最后，利用余弦相似度模型为稿件匹配最优的外审专家。

☺ 药材质量评价：色谱指纹图谱相似度是评价中药质量稳定性的有效手段之一，其中向量夹角余弦相似度在药材质量稳定性评价中应用广泛。

☺ 证据间冲突度量：传统证据冲突度量方法无法区分证据间冲突程度的差异，并且会在特定情况下失效。改进余弦相似度的证据间定向冲突度量方法，通过将支持系数引入余弦相似度模型，使所提方法具有非对称性，从而能够区分证据间冲突程度的差异，同时还可解决基本余弦相似度模型不适合处理证据中包含非单子集焦元的问题。

☺ 人脸识别：先进行人脸信息的提取；然后对彩色的人脸图像进行图灰度处理；再将灰度图片转化为欧式空间中的一个向量，用一维数组进行存储；最后通过计算余弦相似度得到两张人脸图像的相似程度，实现人脸识别、对比功能。

☺ 复杂网络故障检测：利用余弦相似度确定变量之间的相关性，得到邻接矩阵，进而构建变量之间的网络模型；结合系统的网络拓扑结构，计算相应的复杂网络度量指标，对比故障状态与无故障状态下的网络结构与度量指标的差异，确定故障源。

☺ 数据挖掘：先将概念间可能存在的候选层次关系罗列出来，构建词性序列语义余弦相似度和关系词语余弦相似度混合的核函数分类器，将概念间层次关系的挖掘问题转换为分类问题；再通过对文本数据进行模板标注来训练分类器；最后输入预处理后的中文文本，使用核函数分类器对候选层次关系进行判定。

12.1　余弦相似度算法的原理

余弦相似度用向量空间中两个向量夹角的余弦值衡量两个个体间差异的大小。余弦值越接近 1，就表明夹角越接近 0 度，两个向量越相似，这就叫“余弦相似性”。

如图 12-1～图 12-3 所示，两个向量 $\boldsymbol{a}$、$\boldsymbol{b}$ 的夹角很小，可以说 $\boldsymbol{a}$ 向量和 $\boldsymbol{b}$ 向量有很高的相似性；极端情况下，$\boldsymbol{a}$ 和 $\boldsymbol{b}$ 向量完全重合，可以认为 $\boldsymbol{a}$ 和 $\boldsymbol{b}$ 向量是相等的，即 $\boldsymbol{a}$、$\boldsymbol{b}$ 向量代表的文本是完全相似的，或者说是相等的；如果 $\boldsymbol{a}$ 和 $\boldsymbol{b}$ 向量夹角较大，或者反方向。两个向量 $\boldsymbol{a}$、$\boldsymbol{b}$ 的夹角很大可以说 $\boldsymbol{a}$ 向量和 $\boldsymbol{b}$ 向量有很低的相似性，或者说 $\boldsymbol{a}$ 和 $\boldsymbol{b}$ 向量代表的文本基本不相似。

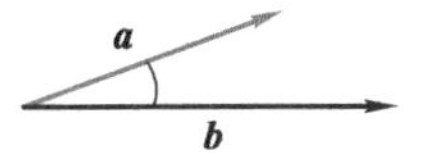

图 12-1　夹角较小的情况

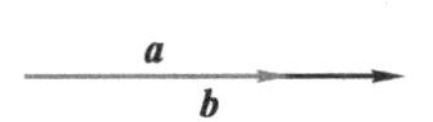

图 12-2　夹角为 0 的情况

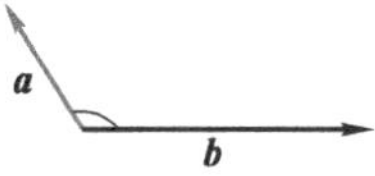

图 12-3　夹角较大的情况

向量空间余弦相似度理论就是基于此来计算个体相似度的一种方法，下面进行详细的推理。

想到余弦公式，最基本计算方法就是初中的最简单的计算公式。计算夹角 θ 的余弦定值公式为

$$\cos(\theta)=\frac{\|\boldsymbol{a}\|}{\|\boldsymbol{c}\|} \tag{12-1}$$

但是这个公式只适用于直角三角形，如图 12-4 所示。而在如图 12-5 所示的非直角三角形中，三角形中边 a 和 b 的夹角的余弦计算公式为

$$\cos(\theta)=\frac{\|\boldsymbol{a}\|^2+\|\boldsymbol{b}\|^2-\|\boldsymbol{c}\|^2}{2\|\boldsymbol{a}\|\ \|\boldsymbol{b}\|} \tag{12-2}$$

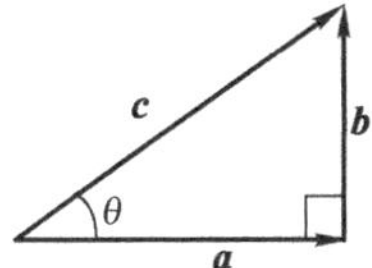

图 12-4　直角三角形向量夹角

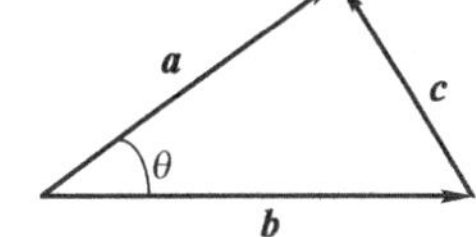

图 12-5　任意三角形向量夹角

在向量表示的三角形中，假设 $\boldsymbol{a}$ 向量是 (x_1, y_1)，$\boldsymbol{b}$ 向量是 (x_2, y_2)，那么可以将余弦定理改写成式（12-3）所示的形式。

$$\begin{aligned}\cos(\theta)&=\frac{\boldsymbol{a}\cdot\boldsymbol{b}}{\|\boldsymbol{a}\|\times\|\boldsymbol{b}\|}\\&=\frac{(x_1,y_1)\cdot(x_2,y_2)}{\sqrt{x_1^2+y_1^2}\times\sqrt{x_2^2+y_2^2}}\end{aligned} \tag{12-3}$$

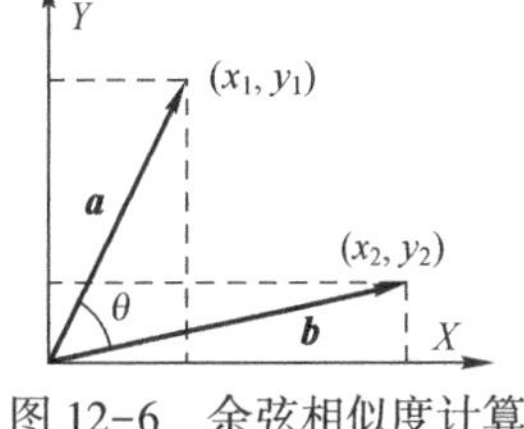

图 12-6　余弦相似度计算

$$=\frac{x_1x_2+y_1y_2}{\sqrt{x_1^2+y_1^2}\times\sqrt{x_2^2+y_2^2}}$$

如果向量 $\boldsymbol{a}$ 和 $\boldsymbol{b}$ 不是二维而是 n 维的，则上述余弦的计算法仍然正确。假定 $\boldsymbol{a}$ 和 $\boldsymbol{b}$ 是两个 n 维向量，$\boldsymbol{a}$ 是 $(x_1,x_2,\cdots,x_n)$，$\boldsymbol{b}$ 是 $(y_1,y_2,\cdots,y_n)$，则 $\boldsymbol{a}$ 与 $\boldsymbol{b}$ 的夹角的余弦为

$$\cos(\theta)=\frac{\sum_{i=1}^{n}(x_i\times y_i)}{\sqrt{\sum_{i=1}^{n}x_i^2}\times\sqrt{\sum_{i=1}^{n}y_i^2}} \tag{12-4}$$

余弦值越接近 1，就表明夹角越接近 0 度，也就是两个向量越相似，夹角等于 0 度，即两个向量相等，这就叫“余弦相似性”。

举一个例子来说明，用上述理论计算文本的相似性。为了简单起见，先从句子着手。

句子 A：这只皮靴号码大了，那只号码合适。

句子 B：这只皮靴号码不小，那只更合适。

基本思路是：如果这两句话的用词越相似，则它们的内容就应该越相似。因此，可以从词频入手，计算它们的相似程度。

第一步，分词。

句子 A：这只/皮靴/号码/大了，那只/号码/合适。

句子 B：这只/皮靴/号码/不//小，那只/更/合适。

第二步，列出所有的词。

这只，皮靴，号码，大了，那只，合适，不，小，更。

第三步，计算词频。

句子 A：这只 1，皮靴 1，号码 2，大了 1。那只 1，合适 1，不 0，小 0，更 0。

句子 B：这只 1，皮靴 1，号码 1，大了 0。那只 1，合适 1，不 1，小 1，更 1。

第四步，写出词频向量。

句子 A：(1，1，2，1，1，1，0，0，0)。

句子 B：(1，1，1，0，1，1，1，1，1)。

到这里，问题就变成了如何计算这两个向量的相似程度。我们可以把它们想象成空间中的两条线段，都是从原点（[0，0，…]）出发，指向不同的方向。两条线段之间形成一个夹角，如果夹角为 0 度，意味着方向相同、线段重合，这是表示两个向量代表的文本完全相等；如果夹角为 90 度，意味着形成直角，方向完全不相似；如果夹角为 180 度，意味着方向正好相反。因此，我们可以通过夹角的大小，判断向量的相似程度。夹角越小，就代表越相似。

使用式（12-4）计算两个句子向量。

通过句子 A（1，1，2，1，1，1，0，0，0）和句子 B（1，1，1，0，1，1，1，1，1）的向量余弦值来确定两个句子的相似度。

计算过程如下：

$$\cos(\theta)=\frac{1\times1+1\times1+2\times1+1\times0+1\times1+1\times1+0\times1+0\times1+0\times1}{\sqrt{1^2+1^2+2^2+1^2+1^2+1^2+0^2+0^2+0^2}\times\sqrt{1^2+1^2+1^2+0^2+1^2+1^2+1^2+1^2+1^2}}$$

$$=\frac{6}{\sqrt{9}\times\sqrt{8}}$$

$$=0.71$$

计算结果中夹角的余弦值为 0.71，非常接近于 1，所以上面的句子 A 和句子 B 是基本相似的。

12.2 余弦相似度算法的应用

文字识别主要包括文字信息的分析处理、文字特征的提取和文字的识别判断。其主要应用在阅读、信息录入及办公自动化等领域。当前的文字识别技术主要有模板匹配方法、基于字符特征的方法及基于神经网络的方法等，或者是几者的相互结合。文字识别技术的核心是特征提取，优秀的特征提取算法决定着文字识别的速度和识别的正确率。通常用结构特征和统计特征来区分字符特征，结构特征主要包括体现字符结构构成的骨架特征、轮廓特征和方向线素特征等；统计特征主要包括网格特征、外围特征及复杂指数特征等。针对文字识别，方法包括模板匹配（把未知图像和一个标准图像比较，看它们是否相同或相似）、KNN 分类法（先存储训练样本，然后通过分析新输入的样本周围最近邻给出该样本所属的类别）、人工神经网络（BP 神经网络、单层感知器、霍普菲尔德网络、LVQ（学习向量量化）神经网络、RBF 神经网络、贝叶斯神经网络等）、Hu 不变矩（不变矩指物体图像经过平移、旋转和尺度变换仍保持不变的矩阵特征量，Hu 不变矩是基于区域的图像形状描述方法）、余弦相似度（用两个向量夹角的余弦值衡量两个个体间差异的大小）等，本书采用的是余弦相似度算法。

如图 12-7 所示为新蒙文字母表。

А а	Б б	В в	Г г	Д д	Е е	Ё ё
Ж ж	З з	И и	Й й	К к	Л л	М м
Н н	О о	Ө ө	П п	Р р	С с	Т т
У у	Ү ү	Ф ф	Х х	Ц ц	Ч ч	
Ш ш	Щ щ	Ъ ъ	Ы ы	Ь ь		
Э э	Ю ю	Я я				

图 12-7　新蒙文字母表

随着图像处理和模式识别技术的发展，字符识别研究越来越引起人们重视。本设计使用余弦相似度算法对新蒙文字母进行识别。

12.2.1 余弦相似度算法的设计流程

本设计基于余弦相似度算法对手写的新蒙文字母进行了识别，数据集由内蒙古大学 2018 级控制工程专业的同学使用网页版的手写字母录入工具获得。其中大写字母 35 个，小写字母 35 个，每个字母各 153 张图片，图片的保存格式为“.png”。本设计对新蒙文字母的大小写字母都进行了识别，如图 12-8 所示为部分数据集。

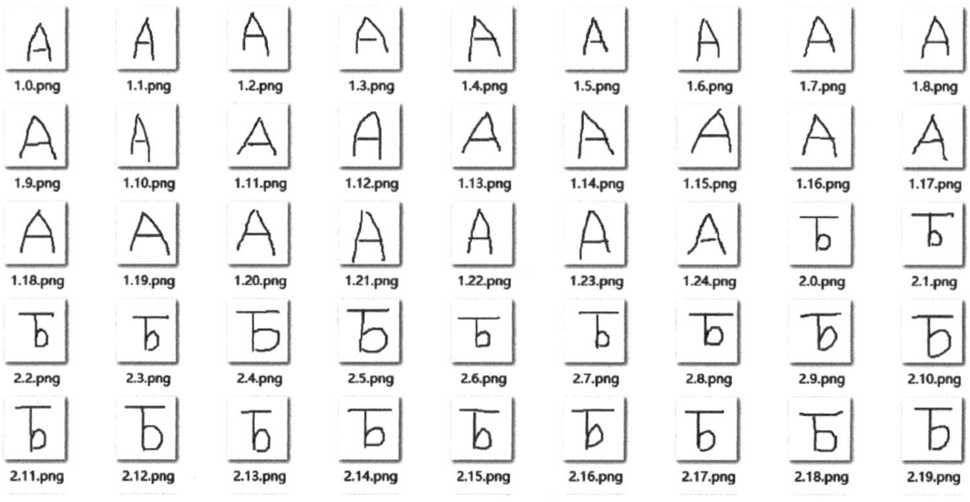

图 12-8 部分数据集

1. 数据预处理

在进行字母的识别之前要先进行数据的预处理，数据预处理的流程图如图 12-9 所示。首先录入字母的原始图片，原始数据图片录入后是“.png”格式，所以需要对其进行灰度化和二值化。因为图片中包围字母的最小矩形外的白色区域并不影响识别，所以将其去除。由于每次绘制的字母大小不一，所以保留有效区域的图片大小也不一样，最终得到 $m\times n$ 的二值图，为了再次使用方便，最终统一保存成 72×72（像素）的图片。在图 12-10 中，（a）为原始图像，（b）为二值化后的图像，（c）为获取有效区域后的图像，（d）为 72×72 图像。

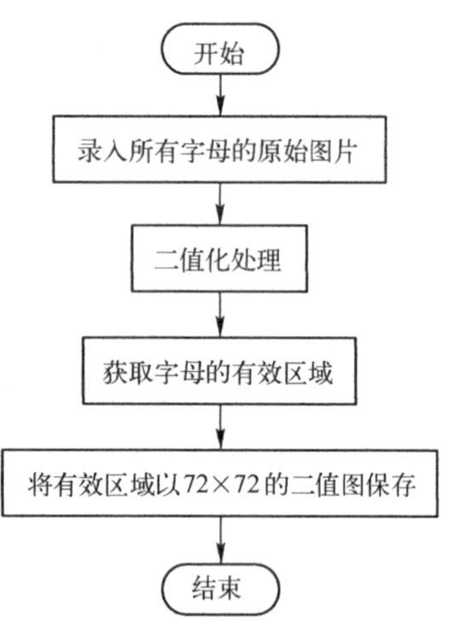

图 12-9 数据预处理流程图

其程序表达为：

```
my_gray2bw                    %该函数的作用是进行图像的二值化
```

（a）原始图像

（b）二值化后的图像

（c）获取有效区域后的图像

（d）72×72图像

图 12-10 数据预处理后的图像

2. 特征向量的求取

余弦相似度原理中，对于多维向量求余弦值的算法，所以需要将图片表示为多维向量。图像大小为 $a\times b$，特征矩形大小为 $m\times n(m\times n=T)$。

以图像大小为 12×12，特征矩形大小为 3×3 为例：

① 将每个九宫格中单元格的灰度值相加，其值为 S；

② 将 S/T 存入特征向量 $\boldsymbol{A}$ 中；

③ 按照从左往右，从上到下的顺序，重复步骤①、②，遍历整个图像，得到特征向量 $\boldsymbol{A}$。

特征向量求取方法如图 12-11 所示。

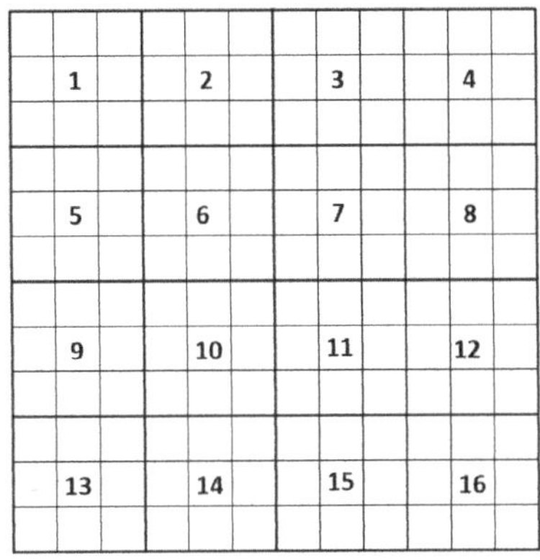

图 12-11　特征向量的求取方法

具体程序如下：

```
functionbw_img=my_gray2bw(img)
[m,n]=size(img);%图片大小
fori=1:1:m
for j=1:1:n
if(img(i,j)>0)
bw_img(i,j)=1;
else
bw_img(i,j)=0;
end
end
end
end

jw_get_img_characteristic_raw
%%获取图像 img 中，矩形长为 characteristic_rect_width，宽为 characteristic_rect_height 的特征列向量
```

3. 算法流程

数据录入且预处理后，将图片分为测试样本和对照样本，其中测试样本数量70×10 张；每个字母 10 张；对照样本数量 70×143 张；每个字母 143 张。本设计共选取两种算法：平均余弦相似度识别算法和最大余弦相似度识别算法。

平均余弦相似度识别算法流程为：首先读入测试图片，然后获取特征值向量，将每个待测试样本与每个字母的每个对照样本分别求余弦相似度值，再求取每个测试字母与每组样本字母的平均余弦相似度，最后取平均余弦相似度值最大的字母为识别结果。

最大余弦相似度识别算法与平均余弦相似度识别算法不同在于获取特征向量后，将每个待测试样本与每个字母的每个对照样本分别求余弦相似度值，最后直接取余弦相似度值最大的字母为识别结果。

如图 12-12 所示为平均余弦相似度识别算法流程图，如图 12-13 所示为最大余弦相似度识别算法流程图。

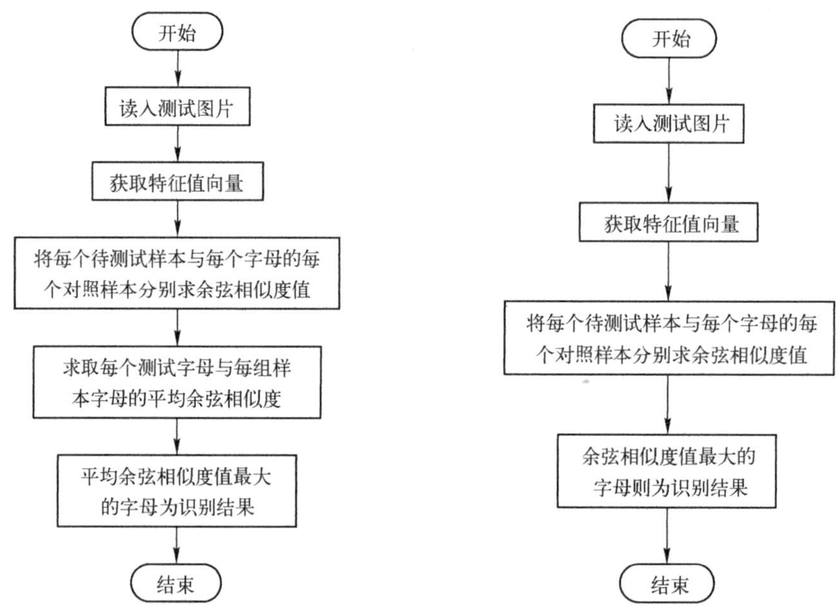

图 12-12　平均余弦相似度识别算法流程图　　图 12-13　最大余弦相似度识别算法流程图

具体程序如下：

```
function character=jw_get_img_characteristic_raw(img,characteristic_rect_length,characteristic_rect_width)
[img_raw,img_column]=size(img);
character=[];
fori=1:characteristic_rect_length:img_column
for j=1:characteristic_rect_width:img_raw
temp_character=sum(sum(img(i:(i+characteristic_rect_length-1),j:(j+characteristic_rect_width-1))))/
(characteristic_rect_length * characteristic_rect_width);
character=[character;temp_character];
end
end
%      character=[character;sum(img(:,31))/72];
%      character=[character;sum(img(31,:))/72];
end
```

```
jw_get_cosine_picture2set
%计算一张测试图片和某个字母所有的对照样本的余弦相似度，累加求和，再求均值，此均值作为
%这张测试图片与对照字母的余弦相似度。
function cosine_picture2set = jw_get_cosine_picture2set(picture, file_path, characteristic_rect_width,
characteristic_rect_height)
img1 = picture;%get_img_effective_area(picture);        character1 = jw_get_img_characteristic_raw(img1,
characteristic_rect_width, characteristic_rect_height);
%%获取图像 img1 中，矩形长为 characteristic_rect_width，宽为 characteristic_rect_height 的特征列向量
img_path_list = dir(strcat(file_path,'*.png'));%获取该文件夹中所有 png 格式的图像
img_num = length(img_path_list);%获取图像总数量
    total1=0;
% img_num=20;
%从对照样本的文件夹中逐一读取图片与待检测图片计算余弦相似度，每个文件夹读取 img_num
%张，最后求该对照文件夹的余弦相似度均值。
%用次均值代表待检测图片与该样本字母的余弦相似度。
for img_k = 1:img_num %逐一读取图像
image_name = img_path_list(img_k).name;%图像名
        picture2 = imread(strcat(file_path,image_name));
        img2=picture2;%get_img_effective_area(picture2);
        character2=jw_get_img_characteristic_raw(img2,characteristic_rect_width,characteristic_rect_
height);
    total1=total1+jw_compute_cosine_of_two_vectors(character1,character2);
end
    cosine_picture2set=total1/img_num;
end
jw_compute_cosine_of_two_vectors
%%计算两个列向量的余弦值
function cosine=jw_compute_cosine_of_two_vectors(vector1,vector2)
    [m,n]=size(vector1);
    temp1=vector1.*vector2;
    temp2=sum(temp1);
    temp3=vector1.*vector1;
    temp4=vector2.*vector2;
    temp5=sqrt(sum(temp3));
    temp6=sqrt(sum(temp4));
cosine=temp2/(temp5*temp6);
end

get_recognition_result
%%主函数，获得测试样本的识别结果。测试样本和所有对照样本的字母求余弦相似度，并把其中余
%%弦相似度最大值所对应的字母作为最终的识别结果。
close all;
```

```
clc;
clear;
tic;
test_img_name_part1='F:\统一图片名数据集\test\';
test_img_name_part3='.png';

% picture1 = imread('test\12.png');
file_path_part1='F:\统一图片名数据集\';
file_path_part3='\';
result=[];
for j=1:1:700    %依次读取待测试图片，test 文件夹中的图片
    test_img_name=[test_img_name_part1,num2str(j),test_img_name_part3];
    picture1=imread(test_img_name);
cosine=[];
    for i=1:1:70 %测试样本和对照样本中每个字母对应的文件计算余弦相似度，该相似度是测试样
                 %本与该对照字母的文件夹的平均值（测试样本与对照样本文件夹的每张图片求余
                 %弦相似度，最后求均值）
file_path=[file_path_part1,num2str(i),file_path_part3];
temp_cosine=jw_get_cosine_picture2set(picture1,file_path,3,3);
ifisnan(temp_cosine)
temp_cosine=0;
end
cosine=[cosine;temp_cosine];
end
result=[result;find(cosine==max(cosine))];
%把余弦相似度最大的作为该测试样本的识别结果。
```

12.2.2 余弦相似度算法的识别结果

1. 大小写字母同时识别

如图 12-14 所示，灰色为取平均余弦相似度值的识别率，黑色为取最大余弦相似度值的识别率，从图中可以看出取最大余弦相似度值的识别率最高。

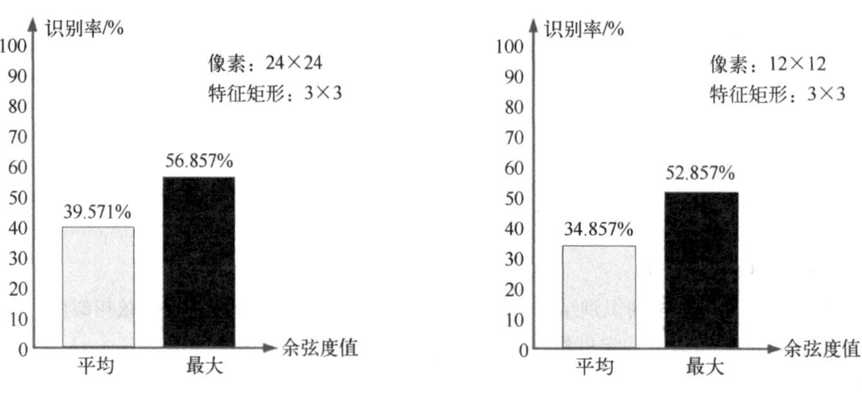

图 12-14 取平均与最大余弦相似度值的识别率

如图 12-15 所示，统一选取特征矩形的大小为 3×3，取最大的余弦相似度值，比较不同像素情况下的识别率。从图中可以看出并不是像素越大，识别率越高，像素取 24×24 大小时，识别率最高。

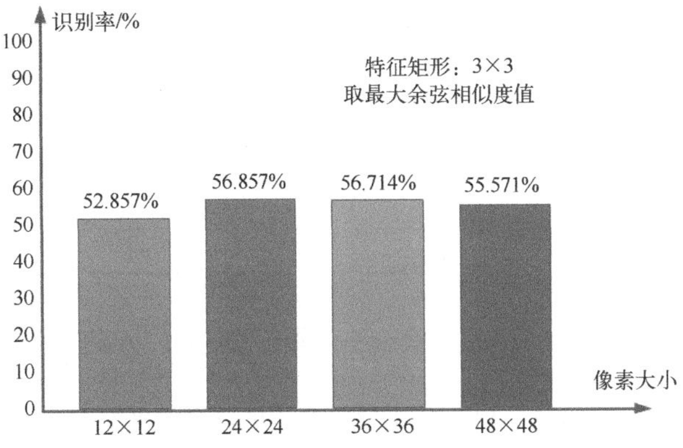

图 12-15　不同像素情况下的识别率

如图 12-16 所示，取最大余弦相似度值，相同像素 24×24 下，比较特征矩形大小对识别率的影响。从图中可以看出，特征矩形越小，识别率越高。

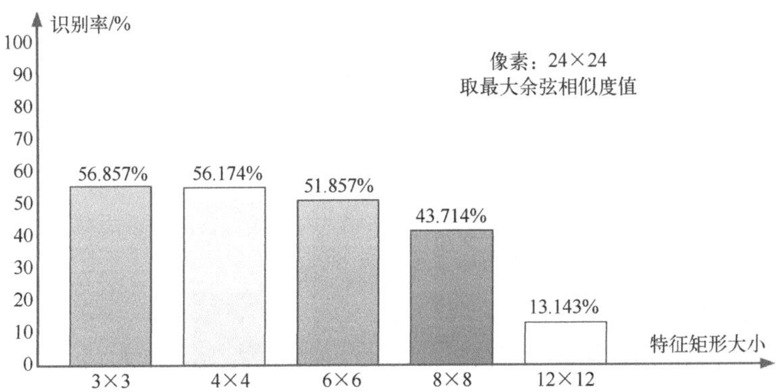

图 12-16　不同特征矩形情况下的识别率

2. 大写字母识别

如图 12-17 所示，统一选取特征矩形的大小为 3×3，取最大的余弦相似度值，比较不同像素情况下的识别率。从图中可以看出并不是像素越大，识别率越高。

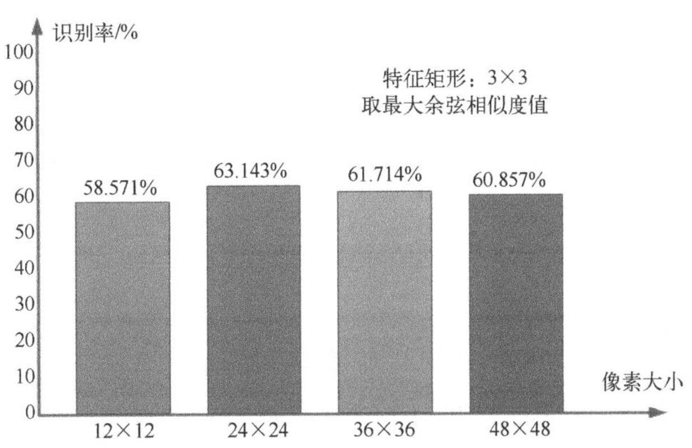

图 12-17　不同像素情况下的识别率

如图 12-18 所示，在最大余弦相似度值情况下取相同的像素值，比较特征矩形大小的影响。从图中可以看出，相同像素情况下，特征矩形越小，识别率越高。

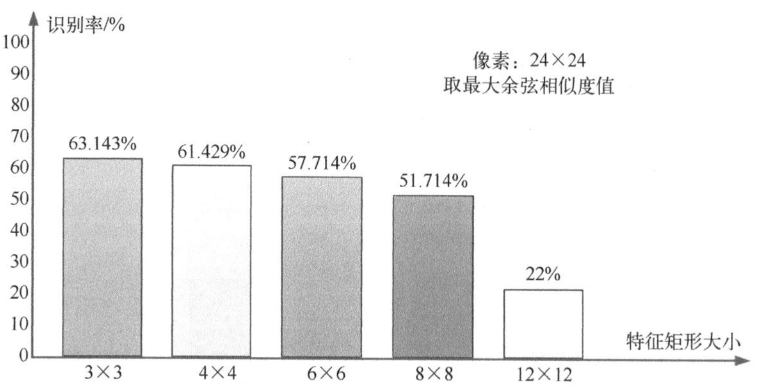

图 12-18　不同特征矩形情况下的识别率

3. 小写字母识别

如图 12-19 所示，统一选取特征矩形的大小为 3×3，取最大的余弦相似度值，比较不同像素情况下的识别率。从图中可以看出并不是像素越大，识别率越高。

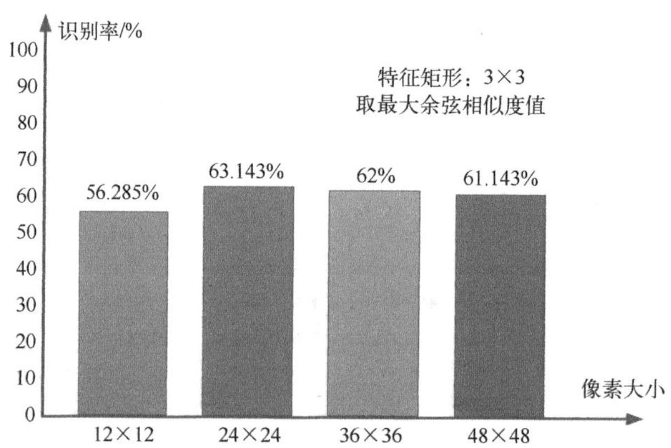

图 12-19　不同像素情况下的识别率

如图 12-20 所示，在最大余弦相似度值下取相同的像素值，比较特征矩形大小的影响。从图中可以看出，相同像素情况下，特征矩形越小，识别率越高。

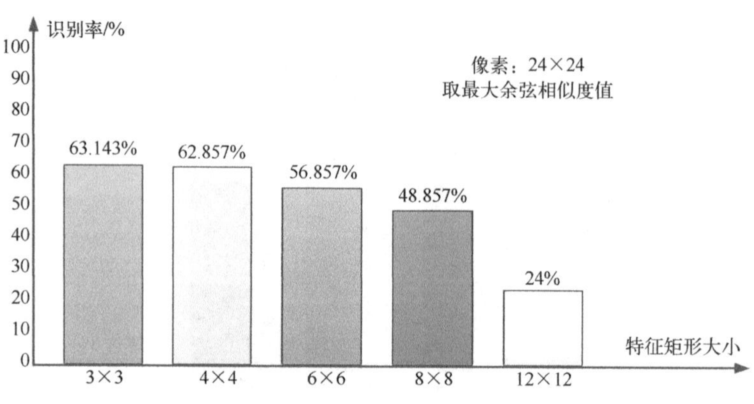

图 12-20　不同特征矩形情况下的识别率

将大小写字母同时识别与分开识别的识别率如表 12-1～表 12-3 所示。

表 12-1　平均余弦相似度值与最大余弦相似度值对识别率的影响

像素/特征矩形情况/px	平均余弦相似度值/%	最大余弦相似度值/%
12×12/3×3	34.857	52.857
24×24/3×3	39.571	56.857
24×24/4×4	40.571	56.174

表 12-2　相同特征矩形（3×3）情况下不同像素大小的识别率

字母识别	像素/px			
	12×12	24×24	36×36	48×48
大小写同时识别	52.857%	56.857%	56.714%	55.571%
大写字母识别	58.571%	63.143%	61.714%	60.857%
小写字母识别	56.285%	63.143%	62%	61.143%

表 12-3　相同像素（24×24）情况下不同特征矩形大小的识别率

字母识别	像素/px				
	3×3	4×4	6×6	8×8	12×12
大小写同时识别	56.857%	56.174%	51.857%	43.714%	13.143%
大写字母识别	63.143%	61.429%	57.714%	51.714%	22%
小写字母识别	63.143%	62.857%	56.857%	48.857%	24%

4. 结论与分析

针对本次设计可以得出以下结论：

① 取最大余弦相似度值的识别率比取平均余弦相似度值的识别率要高；

② 在同一特征矩形大小情况下，识别率并不会一直随着像素增加而增大；

③ 在同一像素大小情况下，随着特征矩形的增大，识别率减小；

④ 大小写字母分开识别的识别率要大于同时识别的识别率，因为有的字母大小写形状一样或极度相似，容易混淆。

本设计共有 7 个子程序分别为 tongyichulizmzshujuji、get_recognition_result、get_img_effective_area、my_gray2bw、jw_get_img_characteristic_raw、jw_get_cosine_picture2set、jw_compute_cosine_of_two_vectors，程序集如图 12-21 所示。

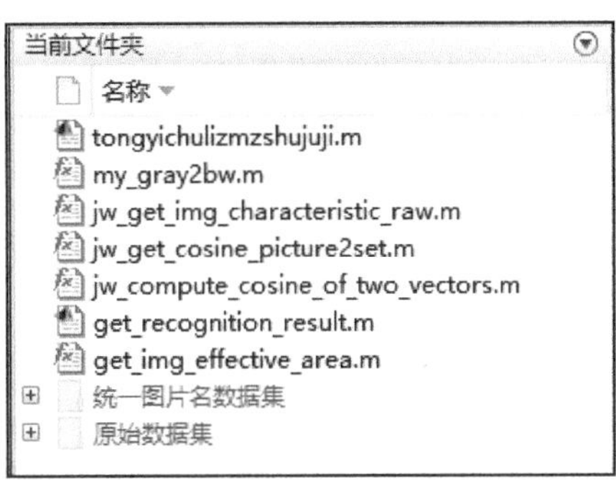

图 12-21　所有程序集

完整代码如下：

```
my_gray2bw
%%该函数作用是进行图像的二值化
function bw_img=my_gray2bw(img)
[m,n]=size(img);%图片大小
for i=1:1:m
for j=1:1:n
if(img(i,j)>0)
        bw_img(i,j)=1;
else
        bw_img(i,j)=0;
end
end
end
end

jw_get_img_characteristic_raw
%%获取图像 img 中，矩形长为 characteristic_rect_width，宽为 characteristic_rect_height 的特征列向量
function character=jw_get_img_characteristic_raw(img,characteristic_rect_length,characteristic_rect_width)
[img_raw,img_column]=size(img);
character=[];
for i=1:characteristic_rect_length:img_column
for j=1:characteristic_rect_width:img_raw
temp_character=sum(sum(img(i:(i+characteristic_rect_length-1),j:(j+characteristic_rect_width-1))))/
(characteristic_rect_length * characteristic_rect_width);
character=[character;temp_character];
end
end
%    character=[character;sum(img(:,31))/72];
%    character=[character;sum(img(31,:))/72];
end

jw_get_cosine_picture2set
%%计算一张测试图片和某个字母所有的对照样本的余弦相似度，累加求和，再求均值，此均值作为
%%这张测试图片与对照字母的余弦相似度。
function cosine_picture2set=jw_get_cosine_picture2set(picture,file_path,characteristic_rect_width,
characteristic_rect_height)
img1=picture;%get_img_effective_area(picture);    character1=jw_get_img_characteristic_raw(img1,
characteristic_rect_width,characteristic_rect_height);
%%获取图像 img1 中，矩形长为 characteristic_rect_width，宽为 characteristic_rect_height 的特征列向量
```

```
    img_path_list = dir(strcat(file_path,'*.png'));         %获取该文件夹中所有 png 格式的图像
    img_num = length(img_path_list);                        %获取图像总数量
    total1=0;
    % img_num=20;
    %从对照样本的文件夹中逐一读取图片与待检测图片计算余弦相似度，每个文件夹读取 img_num
    %张，最后求该对照文件夹的余弦相似度均值。
    %用次均值代表待检测图片与该样本字母的余弦相似度。
    for img_k = 1:img_num %逐一读取图像
            image_name = img_path_list(img_k).name;%图像名
            picture2 = imread(strcat(file_path,image_name));
            img2=picture2;%get_img_effective_area(picture2);
            character2=jw_get_img_characteristic_raw(img2,characteristic_rect_width,characteristic_rect_
height);
            total1=total1+jw_compute_cosine_of_two_vectors(character1,character2);
    end
        cosine_picture2set=total1/img_num;
    end
    jw_compute_cosine_of_two_vectors
    %%计算两个列向量的余弦值
    function cosine=jw_compute_cosine_of_two_vectors(vector1,vector2)
        [m,n]=size(vector1);
        temp1=vector1.*vector2;
        temp2=sum(temp1);
        temp3=vector1.*vector1;
        temp4=vector2.*vector2;
        temp5=sqrt(sum(temp3));
        temp6=sqrt(sum(temp4));
    cosine=temp2/(temp5*temp6);
    end

    get_recognition_result
    %%主函数，获得测试样本的识别结果。测试样本和所有对照样本的字母求余弦相似度，并把其中余
    %%弦相似度最大值所对应的字母作为最终的识别结果。
    close all;
    clc;
    clear;
    tic;
    test_img_name_part1='F:\统一图片名数据集\test\';
    test_img_name_part3='.png';

    % picture1 = imread('test\12.png');
    file_path_part1='F:\统一图片名数据集\';
    file_path_part3='\';
```

```
result=[ ];
for j=1:1:700   %依次读取待测试图片，test 文件夹中的图片
    test_img_name=[test_img_name_part1,num2str(j),test_img_name_part3];
    picture1=imread(test_img_name);
cosine=[ ];
    for i=1:1:70 %测试样本和对照样本中每个字母对应的文件计算余弦相似度，该相似度是测试样
                 %本与该对照字母的文件夹的平均值（测试样本与对照样本文件夹的每张图片求余
                 %弦相似度，最后求均值）
        file_path=[file_path_part1,num2str(i),file_path_part3];
        temp_cosine=jw_get_cosine_picture2set(picture1,file_path,3,3);
if isnan(temp_cosine)
    temp_cosine=0;
end
cosine=[cosine;temp_cosine];
end
    result=[result;find(cosine==max(cosine))];%把余弦相似度最大的作为该测试样本的识别结果
end
n=length(result);
correct=0;
for index=1:1:n
if(result(index,1)==fix((index-1)/10+1))
correct=correct+1;
end
end
accuracy=correct/n;%正确率
disp(['正确率:',num2str(accuracy)]);
toc;
disp(['程序运行总时间:',num2str(toc)]);
```

tongyichulizmzshujuji

```
%%统一处理测试样本和对照样本集。获取有效区域，统一图片像素大小，统一命名
clear ;
clc;
close all;
file_path_part1='C:\Users\dell\Desktop\原始数据集\';
file_path_part3='\';
path_to_part1='C:\Users\dell\Desktop\统一图片名数据集\';
path_to_part3='\';
%把 35 字母的样本文件夹中的图片都获取有效区域（字母的最小矩形）并统一成相同大小
index=1;
for i=1:1:70
    file_path=[file_path_part1,num2str(i),file_path_part3];
```

```
    img_path_list = dir(strcat(file_path,'*.png'));          %获取该文件夹中所有 png 格式的图像
        img_num = length(img_path_list);                     %获取图像总数量
        %mkdir('jiangwei2',num2str(i));
        new_file=[path_to_part1,num2str(i)];
        mkdir(new_file);                                      %新建以数字命名的文件夹

for j=1:1:img_num
        image_name = img_path_list(j).name;                   %图像名
img = imread(strcat(file_path,image_name));
img=get_img_effective_area(img);
        img=imresize(img,[12 12]);                            %统一成 12×12 的图片
        if(j<=10)%每个字母文件夹中的前 10 张作为测试集, 之后的都作为对照样本
                image_name=[num2str(index),'.png'];
index=index+1;
                path_to='C:\Users\dell\Desktop\统一图片名数据集\test\';
else
                image_name=[num2str(j-10),'.png'];
                path_to=[path_to_part1,num2str(i),path_to_part3];
end
imwrite(img,[path_to,image_name]);
end
end

get_img_effective_area
%%获得图像的有效区域, 并保持与原图像大小相同
function img=get_img_effective_area(picture1)
% picture1 = rgb2gray(picture1);
% thresh1 = graythresh(picture1);                             %自动确定二值化阈值
% thresh1=0;
I1=my_gray2bw(picture1);
% I1 = im2bw(picture1,thresh1);                               %对图像二值化
[img_raw,img_column]=size(I1);
%   figure(1);
%   imshow(I1);
%%获取写字的有效区域 %%
for i=1:1:img_raw
    sum_raw=sum(I1(i,:));
if(sum_raw~=img_column)
    effective_raw_top=i;
break;
end
end
for i=img_raw:-1:1
```

```
        sum_raw=sum(I1(i,:));
    if(sum_raw~=img_column)
        effective_raw_bottom=i;
    break;
    end
    end
    for j=1:1:img_column
        sum_column=sum(I1(:,j));
    if(sum_column~=img_raw)
        effective_column_left=j;
    break;
    end
    end
    for j=img_column:-1:1
        sum_column=sum(I1(:,j));
    if(sum_column~=img_raw)
        effective_column_right=j;
    break;
    end
    end
    xmin=effective_column_left;
    ymin=effective_raw_top;
    width=effective_column_right-effective_column_left;
    height=effective_raw_bottom-effective_raw_top;
    %%提取有效区域并重新设置图片大小 %%
    I2=imcrop(I1,[xmin ymin width height]);
    %     figure(2);
    %    imshow(I2);
    I3=imresize(I2,[72 72]);
    %     figure(3);
    %     imshow(I3);
    img=I3;

    end
```

(1) 简述余弦相似度算法的原理。

(2) 简述余弦相似度算法的流程。

(3) 利用余弦相似度算法识别生活物品。